"十四五"国家重点出版物出版规划项目
广东省优秀科技专著出版基金项目

粤港澳大湾区可持续发展研究系列丛书

# 粤港澳大湾区城市群生态系统变化研究

黄光庆　杨　龙　蒋　冲　等　著

SPM 南方传媒 | 广东科技出版社
全国优秀出版社
·广州·

图书在版编目（CIP）数据

粤港澳大湾区城市群生态系统变化研究 / 黄光庆，杨龙，蒋冲，等著. —广州：广东科技出版社，2022. 10
（粤港澳大湾区可持续发展研究系列丛书）
ISBN 978-7-5359-7841-7

Ⅰ. ①粤… Ⅱ. ①黄… ②杨… ③蒋… Ⅲ. ①城市群－生态环境－研究－广东、香港、澳门 Ⅳ. ①X321.265

中国版本图书馆CIP数据核字（2022）第061663号

粤港澳大湾区城市群生态系统变化研究
YUEGANG' AO DAWANQU CHENGSHI QUN SHENGTAI XITONG BIANHUA YANJIU

出 版 人：严奉强
责任编辑：严 旻
装帧设计：友间文化
责任校对：陈 静 高锡全 李云柯
责任印制：彭海波
出版发行：广东科技出版社
（广州环市东路水荫路 11 号 邮政编码：510075）
销售热线：020-37607413
http：//www.gdstp.com.cn
E-mail：gdkjbw@nfcb.com.cn
经 销：广东新华发行集团股份有限公司
印 刷：广州彩源印刷有限公司
（广州黄埔区百合三路 8 号 201 栋 邮政编码：510700）
规 格：889 mm × 1 194 mm 1/16 印张 24.75 字数 495 千
版 次：2022 年 10 月第 1 版
2022 年 10 月第 1 次印刷
审 图 号：GS 粤（2022）345 号
定 价：388.00 元

# 《粤港澳大湾区城市群生态系统变化研究》编委会人员

顾　问：周成虎　傅伯杰

著　者：黄光庆　杨　龙　蒋　冲　温美丽　宫清华　赵玲玲　王长建

孙中宇　付淑清　王　钧　陈彩霞　耿守保　徐　飞

成　员（按姓氏音序排列）：

陈彩霞　陈　军　戴佳玲　党东良　窦华顺　付淑清

耿守保　宫清华　黄光庆　蒋　冲　李聪颖　刘　亮

刘栩成　裴男才　孙中宇　王长建　王　钧　王欣驰

温美丽　吾木提·艾山江　熊海仙　徐　飞　杨　龙

杨志远　叶玉瑶　尹小玲　袁少雄　张海燕　赵玲玲

钟霆堃　Lev Labzovsky

# 代序 1

位于珠江与南海交汇处的粤港澳大湾区，属河口型湾区，几千年来珠江三角洲沉积平原在湾区内不断增长，其岸线向海推移了近 100 km。不断“生长”的珠江三角洲，其生态系统一直处于未成熟状态，不断变化是它的特色。作为河口型湾区，这一地区始终保持着海港与河港兼备的特点，是千年来传统的对外贸易区、全球的物流集散地。粤港澳大湾区以其独特的自然禀赋，及其文化开放、产业发达等特征，在世界经济发展中具有重要地位，是当今国际经济版图的突出亮点。

过去 40 多年（1978 年以来）是珠江三角洲经济飞速发展的时期，同时也是其生态环境剧烈变化的时期。受高强度的人类活动影响，粤港澳大湾区正面临前所未有的环境压力和生态安全风险。一是在快速城镇化过程中，农田和森林、湿地等生态用地被大量挤占，城市土地开发强度过高，部分城市土地开发强度超过 40%，导致下垫面的不透水面不断扩大，河网的微循环体系被阻断，自然过程被分割，直接影响大湾区的生态格局和生态安全。二是河流水系环境质量达标率较低，跨区污染及城市黑臭水体问题严重；大气环境呈现区域性复合污染新特征；农业面源污染与土壤重金属污染严重；珠江口海洋污染呈扩散趋势。三是在全球环境变化和人类剧烈活动的双重影响下，自然灾害对人口密集区的风险显著提升。四是森林、农田、海洋、湿地等生态系统服务功能呈下降趋势，城市生态系统自我调节能力变差。

大湾区城市群是一个复合型生态系统，在时空多尺度的背景下存在大量的不确定因素，亟待寻求破解不确定因素的数据支撑。本书从粤港澳大湾区的人地关系、土地利用与生态景观格局、水资源与承载力、土壤环境、植被及其环境效应、自然灾害、生态系统服务功能等多个方面，研究近 40 年来粤港澳大湾区生态系统变化和存在的问题。其成果可为构建大湾区“空、天、地”立体化的观测体系，构建从街区微循环到城市群大循环的生态系统观测技术体系，建立全空间观测手段和大数据平台，解决在全球环境变化和人类活动干扰背景下城市群生态系统在不同时空尺度上的循环和调控机理问题提供基础数据支撑，也可为大湾区环境保护、生态安全保障和空间优化提供依据。

中国科学院院士 周成虎

2022 年 5 月

# 代序2

粤港澳大湾区是与美国纽约湾区、旧金山湾区和日本东京湾区比肩的世界四大湾区之一。近40年来，粤港澳大湾区随着城市化与工业化的超高速发展，人地交互作用日益剧烈，是城市群生态系统的典型代表。在城市群发展过程中，海-陆-人-地交互作用强烈，导致原有的城市系统复杂性在城市群多层式网络结构中被高度放大，由之产生了更多、更显著且更复杂的区域性生态问题。粤港澳大湾区在长时间的快速发展中积累了许多深层次的矛盾和问题。城市化和工业化成为自然改造、资源消耗、污染排放、环境变化、生态破坏的主要推动力。高强度的人类活动造成大湾区生态严重透支，大湾区的水、土、气、生等自然要素经历了大规模改造、破坏、修复的反复过程，生态资源量质并降，诸如三角洲水网微循环系统破坏，基塘生态农业系统大量消失，土地系统迅速退化等尤为严重，这也是中国整体面临的严峻生态挑战的一个缩影。

破解生态环境压力、推进生态文明建设和提供良好生态系统服务功能，无不凸显出粤港澳大湾区生态环境的重要性，以及开展粤港澳大湾区生态系统研究的紧迫性。粤港澳大湾区城市群生态系统是人文-自然多系统耦合的复杂系统，人文-自然是两个不同性质的系统，其主要的水、土、气、生、人等子系统之间存在着本质的内在联系，但其各自的生存和发展都受其他系统结构、过程和功能的制约。因此，亟待开展基于人地关系地域系统研究、面向人地系统耦合的大湾区城市群生态系统研究。本书通过梳理近40年来粤港澳大湾区城市群生态系统变化，系统开展大湾区城市群水体的变迁与人类活动、土地利用/景观格局变化与生态系统服务、土壤环境变化与人类活动、植被变化与人类活动、地质环境变化与人类活动等研究，系统开展城市群生态系统结构、过程和功能的演变研究。其成果可为粤港澳大湾区生态环境的综合治理、生物多样性保护与生态恢复等宏观决策的制定提供依据，服务于建设更加健康和美好的“绿色湾区”。

中国科学院院士 傅伯杰

2022年5月

# 前 言

本书基于粤港澳大湾区城市群生态系统观测研究站和粤港澳大湾区战略研究院的平台，由广东省优秀科技专著出版基金、广东省科技计划项目“粤港澳大湾区城市群生态系统观测研究站”（2018B030324002）、广东省科学院建设国内一流研究机构行动专项资金项目“粤港澳大湾区城市群生态系统观测与研究”（2020040100１）、广东省科学院建设国内一流研究机构行动专项资金项目“粤港澳大湾区陆地生态安全与绿色可持续发展”（2020030103）资助出版。

全书的框架及统稿由黄光庆、杨龙负责。第一章概述统稿人、执笔人：王长建（广东省科学院广州地理研究所），参编：叶玉瑶（广东省科学院广州地理研究所）；第二章土地利用/覆被与景观变化部分统稿人、执笔人：蒋冲（广东省科学院广州地理研究所），参编：杨志远（澳大利亚墨尔本大学）、李聪颖（广东省科学院广州地理研究所、华南农业大学）、王欣驰（南方科技大学）、刘栩成（广东省科学院广州地理研究所、广州大学）、Lev Labzovsky（韩国国立气象科学研究所）、张海燕（中国科学院地理科学与资源研究所）；第三章水资源与承载力部分统稿人、执笔人：赵玲玲（广东省科学院广州地理研究所）、陈彩霞（广东省科学院广州地理研究所）、尹小玲（广东省科学院广州地理研究所），参编：徐飞（广东省科学院广州地理研究所）；第四章土壤及其环境变化部分统稿人、执笔人：温美丽（广东省科学院广州地理研究所）、付淑清（广东省科学院广州地理研究所）、刘亮（广东省科学院广州地理研究所），参编：钟霆堃（广东省科学院广州地理研究所、昆明理工大学）；第五章植被及其环境效应部分统稿人、执笔人：孙中宇（广东省科学院广州地理研究所）、耿守保（广东省科学院广州地理研究所），参编：戴佳玲（广东省科学院广州地理研究所）、裴男才（中国林业科学研究院热带林业研究所）；第六章地质环境与地质灾害部分统稿人、执笔人：宫清华（广东省科学院广州地理研究所）、王钧（广东省科学院广州地理研究所），参编：袁少雄（广东省科学院广州地理研究所）、陈军（广东省科学院广州地理研究所）、熊海仙（广东省科学院广州地理研究所、香港大学）；第七章城市群生态系统服务功能演变与驱动因素统稿人、执笔人：蒋冲（广东省科学院广州地理研究所），参编：窦华顺（北京师范大学）、党东良（北京师范大学）、王欣驰（南方科技大学）、杨志远（澳大利亚墨尔本大学）、李聪颖（广东省科学院广州地理研究所、华南农业大学）、吾木提·艾山江（广东省科学院广州地理研究所）。

在整个研究过程中，得到了广东省科学院广州地理研究所、香港大学、中国科学院广州地球化学研究所、澳门大学、广东省科学院微生物研究所、广东省科学院测试分析研究所、广东省林业科学研究院、中国科学院华南植物园、中国林业科学研究院热带林业研究所、珠海市水库管理中心、珠江水利委员会珠江水利科学研究院、《热带地理》编辑部等部门老师的大力支持，特此致谢！

由于水平有限，错误和疏漏之处在所难免，望批评指正。

著者

2022年5月

# 目　录


第一章　概　　述 ……………………………………………………………… 1

第一节　城市群生态系统 ………………………………………………… 1
第二节　粤港澳大湾区城市群发展历程及特点 ………………………… 1
一、近40年发展历程 ……………………………………………………… 1
二、特点与差异 …………………………………………………………… 4
第三节　粤港澳大湾区生态系统的人地关系 …………………………… 7
一、主要问题 ……………………………………………………………… 7
二、面向人地耦合生态系统的可持续发展 ……………………………… 10

第二章　土地利用/覆被与景观格局变化 ……………………………… 13

第一节　土地利用/覆被的宏观结构变化 ……………………………… 13
一、土地利用/覆被的遥感影像解译 …………………………………… 13
二、土地利用/覆被的时空变化分析 …………………………………… 17
第二节　土地利用/覆被的空间异质性与城乡梯度差异 ……………… 40
一、土地利用/覆被的空间异质性与城乡梯度差异分析 ……………… 40
二、土地利用/覆被城乡梯度差异的热环境效应 ……………………… 44
第三节　景观格局的时空变化及其成因分析 …………………………… 52
一、城市群景观格局的时空演变 ………………………………………… 52
二、城市群不透水层的时空变化 ………………………………………… 57
三、基于夜间灯光指数的城市扩张动态分析 …………………………… 59
第四节　植被覆盖与生产力变化及其成因分析 ………………………… 69
一、城市群植被覆盖状况变化 …………………………………………… 69
二、城市群植被生产力变化 ……………………………………………… 75

第三章 水资源与承载力 …… 83

第一节 水文与地表水资源特征 …… 83
一、水文特征 …… 83
二、水资源特征 …… 87
第二节 地表水域空间演变与人类活动 …… 89
一、水域空间变化分析数据来源与数据更新 …… 89
二、研究方法 …… 91
三、区域水域时空分布变化 …… 92
四、分类水域时空变化 …… 97
第三节 水资源开发利用与配置 …… 106
一、水资源利用量特征及变化过程 …… 106
二、水资源利用效率特征及变化过程 …… 113
三、水资源供给格局及调配过程 …… 118
第四节 水资源承载能力 …… 127
一、评价指标 …… 127
二、评价方法 …… 129
三、评价结果 …… 131
四、水资源超载原因分析 …… 138

第四章 土壤及其环境变化 …… 141

第一节 土壤类型与分布 …… 141
一、土壤类型 …… 141
二、土壤面积统计情况 …… 146
第二节 土壤侵蚀 …… 148
一、土壤侵蚀特点 …… 148
二、土壤侵蚀现状 …… 151
第三节 土壤环境质量40年变化 …… 160
一、土壤环境质量的定义 …… 160
二、土壤环境40年变化趋势 …… 161
三、讨论与展望 …… 178

第五章 植被及其环境效应 …… 180

第一节 自然特征 …… 180
一、地理和气候条件 …… 180

二、植被特征 …… 181
第二节 生态系统格局演变 …… 184
第三节 植被变化 …… 190
一、植被分布面积变化 …… 190
二、植被分布类型变化 …… 215
三、植被覆盖度变化 …… 240
第四节 植被与热环境效应 …… 258
一、数据采集与处理 …… 259
二、植被覆盖度变化 …… 261
三、地表热环境变化 …… 265
四、植被覆盖度与城市群热岛时空演变 …… 271

第六章 地质环境与地质灾害 …… 277

第一节 地质环境 …… 277
一、地层岩性 …… 277
二、花岗岩 …… 279
三、第四系地层 …… 279
四、断裂构造与地震 …… 280
五、水文地质环境 …… 282
第二节 地质灾害 …… 283
一、地质灾害类型 …… 283
二、地质灾害特点和影响因素 …… 288
三、地质灾害灾情特点 …… 298

第七章 城市群生态系统服务功能演变与驱动因素 …… 300

第一节 生态系统服务功能评估概述 …… 300
一、生态系统服务的研究背景 …… 300
二、生态系统服务研究的现实意义 …… 301
三、生态系统服务的理论发展历程 …… 303
四、生态系统服务的研究现状 …… 305
第二节 评估指标体系和评估时段 …… 307
第三节 评估数据基础 …… 308
一、基础地理信息数据 …… 308
二、遥感影像和社会经济统计数据 …… 309
三、水文、气象数据 …… 309

四、土壤、植被和生态监测数据 …… 309
第四节 生态系统服务功能评估方法 …… 310
一、土壤保持功能评估 …… 310
二、生态系统固碳功能评估 …… 313
三、生物多样性保护功能评估 …… 314
四、水源涵养和水质净化功能评估 …… 317
五、生态系统服务功能变化成因分析方法 …… 319
第五节 生态系统服务功能评估结果 …… 320
一、土壤保持功能 …… 320
二、生态系统固碳功能 …… 324
三、生物多样性保护功能 …… 326
四、水源涵养和水质净化功能 …… 333
五、生态系统服务功能权衡协同关系分析 …… 352
六、生态系统服务功能变化成因分析 …… 355

主要参考文献 …… 360

# 第一章 概 述

## 第一节 城市群生态系统

生态系统就是在一定区域内，生物和它们的非生物环境之间进行连续的能量和物质交换所形成的一个生态学功能单位。能量流动、物质循环和信息传递是生态系统的三大功能。生态系统是人类生存和繁衍的必要条件，更是区域健康可持续发展的物质基础（马世骏 等，1984）。城市是人类经济和社会活动最集中的区域，全球城市区域仅占地球陆地的3%左右，却生产了全球75%以上的生产总值（GDP）（Acuto et al.，2018；Elmqvist et al.，2019）。城市区域的生态系统主要受人类生产活动影响，是人为改变了物质循环和能量转化的生态系统（马世骏 等，1984）。城市生态系统具有一般生态系统的特征，即生物群落和周围环境的相互关系，以及能量流动、物质循环和信息传递的能力（宋永昌 等，1999），同时，城市生态系统的结构、过程和功能与一般自然生态系统又有所不同，是以人为主体的人文-自然交互的复合生态系统。

城市群作为城镇化和工业化发展到高级阶段的产物，是高度一体化和同城化的城市群体，城市群的形成和发育过程是一个各城市之间由竞争变为竞合的漫长自然过程，遵循自然发展规律（方创琳 等，2018）。特别是大城市群，即以1～2个特大型城市为核心，包括周围若干个城市所组成的内部具有垂直的和横向的经济联系，并具有发达的一体化管理的基础设施系统给以支撑的经济区域（陆大道，2017），往往是一个国家或地区参与全球竞争的对外开放枢纽，是一个国家或地区最具发展潜力和发展动力的区域。大城市群作为频繁的贸易流、资金流、信息流、货物流、技术流、人才流、资源流等实体流和虚拟流的交汇点，其生态系统的物质循环和能量流动受到高强度的人工干扰。大城市群建设用地的快速扩张和开发强度的持续提升，导致自然生境的逐步退化与丧失，并带来生态空间破碎、生物多样性降低、外来物种入侵、地质灾害频发、生态系统功能下降等一系列生态问题，使得城市群生态系统的人文-自然交互的系统性、复杂性和脆弱性等特点更加显著。

## 第二节 粤港澳大湾区城市群发展历程及特点

### 一、近40年发展历程

粤港澳大湾区包括广东省广州、深圳、珠海、佛山、惠州、东莞、中山、江门、肇庆（以下称珠三角九市）及香港特别行政区和澳门特别行政区，总面积5.6万 $km^2$。近40年来粤港澳大湾区城市群发展大致经历了以下几个阶段。

## （一）面向香港窗口的粗放型发展阶段（1978年至20世纪90年代中期）

1978年后中国实行改革开放，1980年成立深圳经济特区和珠海经济特区，珠江三角洲地区工业化、城市化快速发展。1985年珠江三角洲（珠三角）地区列入国家沿海开放区，香港和澳门成为珠三角对外的重要通道和外资来源地，珠三角地区引入低增值和劳动密集的产业。珠三角地区以廉价的土地和人力资源为代价，形成了粤港澳三地在加工制造业领域“前店后厂”式的跨地域产业分工协作体系。随着制造业向珠三角地区转移，香港的金融、贸易、航运中心地位确立。这一时期，地方与中央税收的“分权改革”也促进了珠江三角洲乡镇和民营企业的迅速发展，农村城镇化是珠三角在当时展现出的一种全新城镇化现象（许学强 等，2009）。城、镇、村各自发展，大量农用地变成工业用地（林初昇，1997），形成各自工业园区，催生了以专业镇和专业村为主导的产业集群，城乡界线变得越来越模糊，并逐步连接成一体。

## （二）以广州与深圳为核心的城市群发展阶段（20世纪90年代中期至2002年）

随着珠三角地区与港澳地区经济往来不断加强，非珠三角地区与珠三角地区的贫富差距逐步扩大。1993年，中共广东省第七次代表大会即提出“中部地区领先，东西两翼齐飞，广大山区崛起”的区域发展战略。随后将中部地区、东西两翼和广大山区这三大层次细分为五个区域层次，提出要发挥好广州中心城市和深圳经济中心城市的龙头带动作用，把广州、深圳作为一个经济发展层次来考虑。广州和深圳成为珠三角城市群区域联系的中心，其中心城市的职能地位逐步强化（张虹鸥 等，2004）。这一时期，继续延续上一阶段的粗放型发展，城镇和工业园区快速扩展，在珠江口西部逐步形成以广州为核心的城市群发展带，在珠江口东部形成以深圳为核心的城市群发展带。

## （三）“双转移”到功能区引领的差异化协调发展阶段（2002年至2017年）

珠江三角洲地区由于多年的粗放型快速发展，土地资源、水质环境、生态承载力与社会经济发展的矛盾越来越突出。招商引资优势逐步弱化，经济发展动能明显不足。资源环境约束凸显，传统发展模式难以为继。2008年全球金融危机使得外需急剧减少与部分行业产能过剩交织在一起，人民币持续升值、以劳动力为核心的生产要素成本上涨等因素使珠三角的产业迫切需要转型升级，一些污染型和低增值企业开始往珠三角外围及其他地区转移。2008年，发布《中共广东省委 广东省人民政府关于推进产业转移和劳动力转移的决定》。2012年广东省政府印发《广东省主体功能区规划》，推进形成人口、经济和资源环境相协调的国土空间开发格局。这一时期，粤港澳三地更加注重在制度方面的联动发展，共同打造区域协调发展的新格局，联合组织编制了全国首个跨不同制度边界的《大珠江三角洲城镇群协调发展规划研究》，聚焦空间发展、跨界交通和生态环境等三地共同关心且需要三方协同解决的关键议题。《珠江三角洲地区改革发展规划纲要（2008—2020年）》进一步将与港澳紧密合作的相关内容纳入规划，随着粤港、粤澳合作框架协议的出台，粤港澳区域合作在推进重大基础设施建设、加强产业合作、共建优质生活圈、创新合作方式等的基础上，走向更紧密的融合发展阶段。

## （四）粤港澳大湾区建设的协同发展新阶段（2017年以来）

2015年国家发展改革委、外交部、商务部联合发布的《推动共建丝绸之路经济带和21世纪海上丝绸之路的愿景与行动》中，首次明确提出“深化与港澳台合作，打造粤港澳大湾区”。2016年《广东省国民经济和社会发展第十三个五年规划纲要》明确提出“发展具有全球影响力和竞争力的粤港澳大湾区经济”。2017年3月，国务院总理李克强在关于政府工作的报告中，明确提出“要推动内地与港澳深化合作，研究制定粤港澳大湾区城市群发展规划”。2017年7月，国家主席习近平出席《深化粤港澳合作 推进大湾区建设框架协议》签署仪式，正式标志着“粤港澳大湾区”被纳入国家顶层设计，上升为国家战略。2017年12月，中央经济工作会议明确提出“科学规划粤港澳大湾区建设”，标志着粤港澳大湾区战略即将全面启动。2019年2月，中共中央、国务院印发《粤港澳大湾区发展规划纲要》，标志着粤港澳大湾区建设进入全面实施的阶段，进一步体现“粤港澳大湾区”在国家发展战略中的关键地位和重要作用。2019年7月24日，广东省委和省政府印发《关于构建“一核一带一区”区域发展新格局促进全省区域协调发展的意见》，明确提出“全面落实《粤港澳大湾区发展规划纲要》，携手港澳共同打造国际一流湾区和世界级城市群”。这一时期，粤港澳大湾区以“湾区经济”为载体共同参与国际高端竞争，致力于打造政策协同、创新协同、产业协同、人才协同、生态协同的全方位协同协调区域发展格局。

截至2017年，粤港澳大湾区的经济格局已经由早期的香港一极独大逐步形成了广州、深圳、香港和澳门多中心的区域经济格局，广州和深圳均为总人口超过1 000万、GDP超过2万亿元的超级大城市，香港是国际金融、航运、贸易中心，澳门是世界旅游休闲中心。粤港澳大湾区以占全国0.58%的国土面积，贡献了11.6%的GDP，集聚了5.0%的常住人口，新城、新区、新兴工业区等不断快速兴起，围绕珠江河口湾的香港、深圳、东莞、广州、佛山、中山、珠海、澳门等诸多城市已连成一个世界级城市群。

依据2018年粤港澳大湾区各地市的GDP，可以将大湾区内的城市划分为三个梯队：第一梯队由深圳、香港和广州三个城市组成，其GDP总量分别为24 221.98亿元人民币、24 000.98亿元人民币和22 859.35亿元人民币，GDP年均增长速度远远高于全国平均水平，在内地城市GDP排名中，深圳和广州仅仅落后于上海和北京，位列全国城市GDP的第三和第四，特别是深圳GDP在2016年超越广州之后，在2018年首次超过香港。第二梯队由大湾区的重要工业制造业基地佛山和东莞组成，其GDP总量分别为9 935.88亿元人民币和8 278.59亿元人民币。第三梯队主要由惠州、中山、澳门、珠海、江门和肇庆等城市组成。

粤港澳大湾区城市之间人均GDP存在较大的空间差异，澳门和香港是粤港澳大湾区人均GDP最高的两个城市，2018年人均GDP分别为82 609美元和48 673美元。澳门和香港的人均GDP水平远远高于内地平均水平，在全球城市排名中位列第三名和第十七名。珠三角九市中，深圳、珠海和广州的人均GDP相对较高，2018年分别为189 568元、159 428元、155 491元，人均GDP均在15万元以上；其次是佛山和中山，分别为127 691元和110 585元；东莞、惠州、江门、肇庆分别为98 939元、85 418元、63 328元、53 267元。

得益于强大的制造业基础和快速增长的服务业，粤港澳大湾区的经济增长逐步由制造业带动向服务业拉动转变。2018年珠三角九市的三次产业结构比例为第一产业：第二产业：第三产业（1.5：41.2：57.3），服务业在澳门和香港产业结构中占据绝对主导地位，占GDP比重分别为94.9%和92.4%，粤港澳大湾区产业结构整体以第三产业为主。珠三角九市中，2018年广州第三产业比重为71.7%，深圳为58.8%，东莞为51.1%，中山、珠海、肇庆、江门、惠州和佛山均在40%~50%。粤港澳大湾区既存在较强的产业分工，又存在较为严重的产业同构现象，珠三角九市间产业同构现象需要进一步统筹协调解决（刘毅 等，2020）。

## 二、特点与差异

粤港澳大湾区与其他三大世界级湾区相比，存在较大差异。纽约湾区、旧金山湾区、东京湾区经过较长时期的发育与成长，其交通区位优势、集聚辐射功能、国际交往能力不断提升，进一步强化了其国际化、开放性和创新性的重要特征。美国的纽约湾区是世界金融的核心中枢，全球金融、证券、期货、保险和外贸等近3 000家机构总部设于此。美国的旧金山湾区是“高科技湾区”，拥有世界知名的硅谷以及以斯坦福大学、加州大学伯克利分校、加州大学圣克鲁兹分校、加州大学戴维斯分校、圣何塞州立大学为代表的20多所著名科技研究型大学，也是Google，Apple，Intel，Facebook等全球科技领先企业总部聚集地，吸引着来自世界各地的科技精英在此聚集。东京湾区被冠名“产业湾区”，大致聚集了日本1/3的人口，2/3的经济总量，3/4的工业总产值，在几十年产业转移、产业集聚与产业升级的过程中，明确各区域的产业分工角色，充分发挥各区域的特色优势，形成从沿海到内陆“研发中心+生产中心”梯次式升级的制造业分布格局，成为日本参与全球竞争的关键地区。

从主要经济发展指标看（表1-1），粤港澳大湾区的人口、港口集装箱吞吐量、机场旅客吞吐量，都高于全球其他三个湾区，体现出其体量和流量的优势；其GDP总量低于东京湾区和纽约湾区，高于旧金山湾区；而其第三产业增加值比重和世界500强企业总部数量都与其他三大湾区存在较大差距，体现出发展阶段和全球控制力的差距。总体分析，粤港澳大湾区在规模体量、经济总量、交通流量等方面具备优势，具备全球一流湾区的总量规模和潜力条件，但是其经济增长质量不高，高端服务业具有巨大的增长空间，全球影响力和创新引领能力需要全面提升，内部要素高效流通仍存在一定的制度障碍，相对缺乏具有国际竞争力和影响力的世界级城市。区域协同联动发展是粤港澳大湾区的必然选择和未来趋势（张虹鸥 等，2018）。

表1-1 四大湾区主要经济指标对比（2018年）

| 指标 | 纽约湾区 | 东京湾区 | 旧金山湾区 | 粤港澳大湾区 |
| --- | --- | --- | --- | --- |
| 土地面积/万km$^2$ | 3.449 | 3.689 | 1.804 | 5.610 |
| 城镇数量/个 | 31县 | 1都7县 | 9县 | 9+2 |
| 人口/万人 | 2 268 | 4 418 | 967 | 7 116 |
| GDP/亿美元 | 20 013.5 | 20 091.8 | 10 642.5 | 16 419.7 |
| GDP实际增速/% | 1.8 | 2.1 | 5.7 | 5.9 |
| 人均GDP/（万美元·人$^{-1}$） | 8.824 | 4.548 | 11.006 | 2.307 |
| 人均建设用地/（km·万人$^{-1}$） | 2.63 | 1.60 | 2.87 | 1.29 |
| 地均GDP/（万美元·km$^{-1}$） | 5 802.70 | 5 446.41 | 5 899.39 | 2 926.86 |
| 港口集装箱吞吐量/（万标箱·年$^{-1}$） | 718.0 | 824.2 | 242.1 | 7 441.9 |
| 机场旅客吞吐量/（亿人次·年$^{-1}$） | 1.38 | 1.26 | 0.86 | 2.14 |
| 机场货物吞吐量/万t | 221.3 | 349.2 | 123.4 | 832.3 |

注：①表中社会类指标来源刘毅等，2020。

②土地面积等数据来源European Space Agency，ESA，https://www.esa-Landcover-cci.org/。

从土地资源与建设用地规模看（图1-1），四大湾区中土地资源最为丰富的是粤港澳大湾区，2018年土地面积为5.61万 km$^2$，其中建设用地面积9 206.01 km$^2$；土地资源最为紧缺的是旧金山湾区，土地面积为1.8万 km$^2$。四大湾区中耕地资源最为丰富的是粤港澳大湾区，2017年耕地面积为12 841.29 km$^2$，远高于东京湾区的9 624.26 km$^2$、旧金山湾区的2 338.33 km$^2$、纽约湾区的1 361.61 km$^2$；粤港澳大湾区的耕地占比为22.89%，略低于东京湾区的26.09%，远高于旧金山湾区的12.96%和纽约湾区的3.95%（表1-2）。

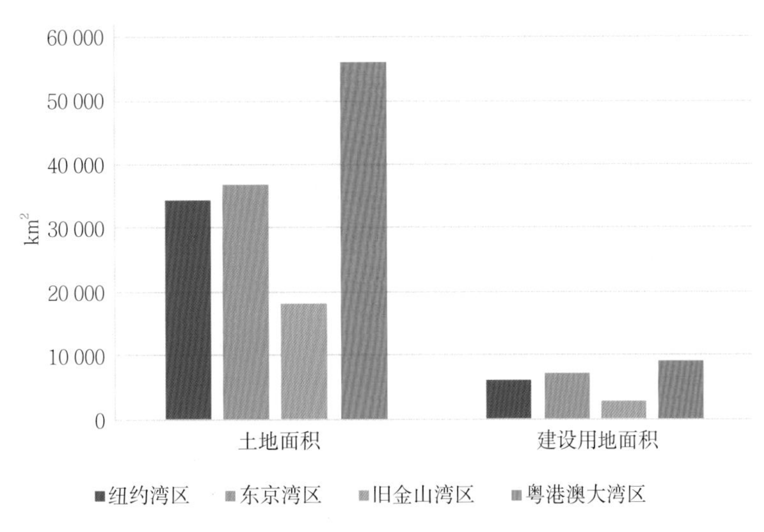


图1-1 四大湾区土地面积及建设用地面积对比分析

从用地效益看（图1-2），四大湾区中人均建设用地面积最大的为旧金山湾区，2018年人均建设用地面积为2.87 km$^2$/万人，高于纽约湾区的2.63 km$^2$/万人，远远高于东京湾区的1.60 km$^2$/万人、粤港澳大湾区的1.29 km$^2$/万人。四大湾区中用地经济效益最高的为旧金山湾区和纽约湾区，2018年地均GDP分别为5 899.39万美元/ km$^2$和5 802.70万美元/ km$^2$；用地效益最低的为粤港澳大湾区，2018年地均GDP为2 926.86万美元/ km$^2$。

**表1-2　2017年四大湾区土地覆盖现状**

| 地类名称 | 四大湾区土地覆盖类型面积占比/% | | | |
|---|---|---|---|---|
| | 东京湾区 | 旧金山湾区 | 纽约湾区 | 粤港澳大湾区 |
| 耕地 | 26.09 | 12.96 | 3.95 | 22.89 |
| 林地 | 49.69 | 33.81 | 62.07 | 49.89 |
| 草地 | 0.01 | 23.20 | 7.15 | 2.24 |
| 灌木地 | 2.87 | 9.98 | 4.96 | 0.73 |
| 湿地 | 0.70 | 1.90 | 1.50 | 0.24 |
| 水域 | 1.41 | 2.71 | 2.80 | 7.06 |
| 不透水面（建设用地） | 19.22 | 15.40 | 17.30 | 16.41 |
| 裸露地 | 0.01 | 0.04 | 0.27 | 0.54 |
| 总面积/万km$^2$ | 3.689 | 1.804 | 3.449 | 5.610 |

注：土地面积及不同类型土地覆盖数据来源European Space Agency，ESA，https://www.esa-Landcover-cci.org/，由执笔人汇总计算整理。

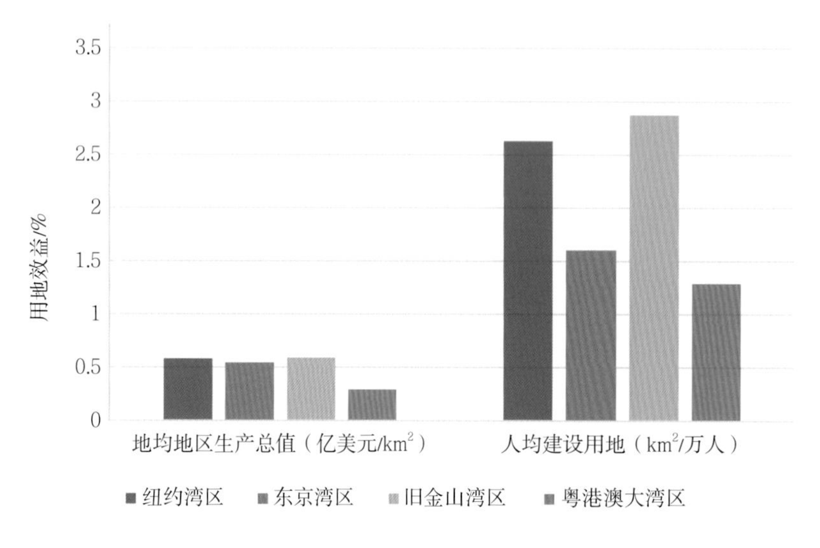


**图1-2　2018年四大湾区用地效益对比分析**

从森林资源看，四大湾区中森林资源最为丰富的是粤港澳大湾区，林地面积27 988.29 km$^2$，远高于纽约湾区的21 407.87 km$^2$、东京湾区的18 330.31 km$^2$、旧金山湾区的6 098.84 km$^2$；但是，粤港澳大湾区的森林资源占比为49.89%，远低于纽约湾区的62.07%，略高于东京湾区的49.69%，高于旧金山湾区的33.81%（表1-2）。粤港澳大湾区的森林资源以常绿阔叶林为主，旧金山湾区以常绿针叶林为主，纽约湾区以落叶阔叶林为主，东京湾区以混交林、落叶阔叶林为主。

从水资源看，四大湾区中水域资源最为丰富的是粤港澳大湾区，水域面积3 960.66 $km^2$，远远高于纽约湾区的966.88 $km^2$、东京湾区的519.84 $km^2$、旧金山湾区的488.32 $km^2$；同时，粤港澳大湾区的水域占比为7.06%，远高于纽约湾区的2.80%、旧金山湾区的2.71%和东京湾区的1.41%（表1-2）。四大湾区湿地资源的规模和占比均相对较低，占比分别为粤港澳大湾区0.24%、东京湾区0.70%、纽约湾区1.50%、旧金山湾区1.90%。粤港澳大湾区湿地是全国重要湿地区之一，湿地资源十分丰富、类型多样。湿地生物多样性丰富，有中华白海豚、黑脸琵鹭、岩鹭等十多种国家重点保护野生动物；珠江口有天然红树植物十多种，红树林植物群落发达［珠江三角洲地区湿地公园体系建设与发展规划（2012—2020年）］。

从海岸资源看，四大湾区中海岸线最长的为纽约湾区，海岸线长3 258 km，远远高于粤港澳大湾区的2 108 km、东京湾区的1 337 km、旧金山湾区的1 178 km。绵长的海岸带为城市拓展空间提供了良好的可能性，旧金山湾区、纽约湾区和东京湾区都较为关注海岸带的开发利用，注重湾区宜居品质的提升。

从矿产资源看，四大湾区中矿产资源比较丰富的为旧金山湾区、纽约湾区和粤港澳大湾区，东京湾区矿产资源极为匮乏。旧金山湾区是美国有色金属矿产资源主要分布区，代表性矿种主要有金、铅锌、铜等。旧金山湾区具有独有的自然禀赋，被誉为“黄金乡”。纽约湾区及其周边地区矿产资源相对较少，主要是煤、铜、铁等。东京湾区矿产资源最为匮乏，几乎未发现有储量的矿种。粤港澳大湾区矿产种类较多，优势矿产为金、石灰岩、大理岩、铌钽、稀土和地热等。

# 第三节　粤港澳大湾区生态系统的人地关系

## 一、主要问题

由于区域发展战略、社会经济模式与生态环境变化的交互耦合关系，粤港澳大湾区城市各阶段所面临的生态环境压力既有共性的特点又有差异的特性。一方面，生态环境问题已经成为制约粤港澳大湾区绿色可持续发展的关键问题；另一方面，经济发展模式不同，决定了区域所面临的环境问题具有阶段差异性（Wang et al.，2017）。改革开放以来，珠三角工业化和城镇化进程快速推进，环境污染问题逐步呈现。随着“前店后厂”模式的逐渐确立，珠三角经济持续高速增长，土地开发强度急剧提升，部分河段（河涌）纳污量超出流域环境容量，酸雨频率居高不下，近海海域赤潮频发，造成生态环境功能严重退化。中国加入WTO以来，珠三角加工制造业进一步加速发展，资源利用依然相对粗放，珠三角环境容量逼近极限容量，工业“三废”排放量持续上升，跨界河流断面水质达标率低，入海河口近海水域氮磷污染严重。随着“双转移”战略、主体功能区战略的实施，珠三角污染密集型和劳动密集型产业向东西两翼、粤北山区转移，减缓了珠三角本地的生态环境风险。但是，黑臭水体、大气污染（以臭氧为首要污染物）、土壤污染治理仍然任重道远。

## （一）土地开发强度大

传统、粗放、受制于外力的发展模式，使得珠三角土地利用效益偏低，土地斑块破碎程度和土地利用功能混乱程度全球少有，土地开发强度早已超过德国、法国、荷兰等国家和东京、伦敦等大都市圈（樊杰 等，2009）。截至2015年，珠三角现状建设用地占适宜开发建设土地比重较高，剩余适宜开发建设土地规模不大。深圳和东莞的土地开发强度已逼近50%，分别为48%和47%；中山和佛山的土地开发强度均在30%以上；广州和珠海的土地开发强度逼近30%。在广州番禺区、南沙区的工业化和城镇化进程中，大部分“曲水芦苇荡、万顷荷色美”的湿地景观被桥梁、道路和港口等基础设施建设取代（李志刚 等，2010），可开发利用土地与用地需求之间的供需矛盾十分尖锐。

## （二）绿色基础设施与生态服务不平衡

截至2019年，珠三角地区建设区绿化覆盖率45.95%，区域森林覆盖率达51.8%，建成区人均公园绿地面积19.2 $m^2$。珠三角各市建成区绿地率和人均公园绿地面积逐年增加，绿化面积不断增长，珠三角地区人均公园绿地面积普遍高于非珠三角地区人均公园绿地面积。但是，珠三角内部人均公园绿地面积的空间差异依然显著，东莞、广州和肇庆的人均公园绿地面积均高于20 $m^2$，珠海、中山、惠州、江门、深圳和佛山的人均公园绿地面积低于20 $m^2$。佛山人均公园绿地面积相对较低，多为零散绿地及道路绿化，绿地布局有待优化。珠三角绿地系统结构亟待优化，在工业企业、交通路网等密集布局区域，城市绿网往往被隔断，且绿地防护设施不尽完善。

## （三）环境污染压力大

1997—2017年，珠三角工业废气排放量总体呈上升趋势（图1-3），东莞、佛山和深圳工业废气排放量增长明显，虽然广州的工业废气排放量有所降低，但东莞和广州依然是珠三角各市中工业废气排放量最大的城市。虽然全省城市空气质量达标天数总体呈现上升趋势，但是广州、佛山、东莞、肇庆、江门等城市稳定达标仍有较大难度。水环境质量达标压力较大，城市黑臭水体问题依然严峻，依据《广东统计年鉴》，珠三角废水排放总量呈上升趋势，尤其是生活污水排放量，2017年广州、东莞和深圳是珠三角乃至全省生活污水排放量最大的城市，分别为17.27亿t、12.42亿t和11.92亿t。东莞和广州是珠三角乃至全省工业废水排放量最大的城市，分别为2.07亿t和2.06亿t。珠三角由于水污染物排放量巨大，部分河段纳污量已超出环境容量，造成水质性缺水情况比较严重。局部海域富营养化问题突显，东莞、广州、深圳西部珠江口近岸海域水质状况较差。危险废物焚烧、填埋设施主要集中在珠三角，固体废物处理处置能力缺口较大，深圳、珠海、佛山、东莞、中山等城市危险废物就地就近安全利用处置难度仍然较大。

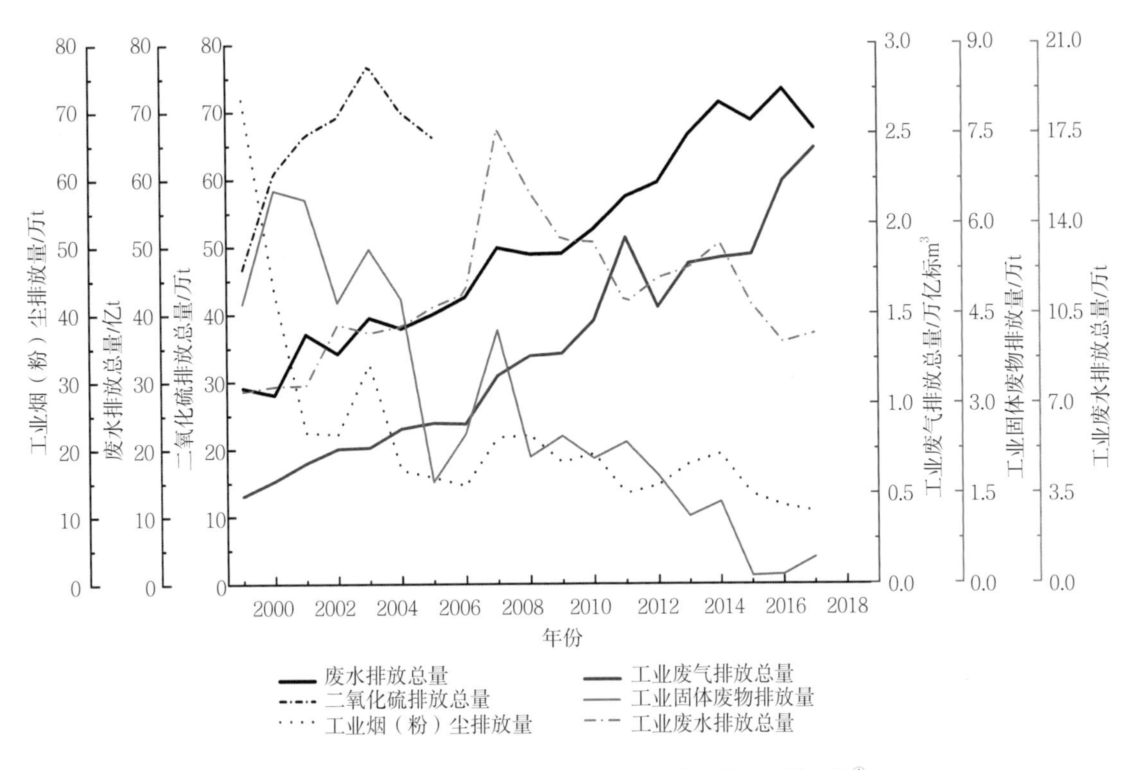


图1-3　1999—2017年珠三角主要污染物排放总量变化[①]

## （四）耕地和生态用地保护力度不足

珠三角耕地资源相对匮乏，农业基础设施相对薄弱。加之人地矛盾愈发突出，导致基塘等传统特色农耕系统逐步萎缩甚至退化。以桑基鱼塘为代表的珠三角传统农业模式，是一个水陆相互作用的人工生态系统，集中分布在佛山、广州番禺、中山、江门等地（钟功甫，1980）。但是，因快速的工业化、城镇化进程导致土地增值、环境污染加剧，基塘农业用地大部分被工业、交通、住房等建设用地占用，当初以先进生产方式出现的桑基鱼塘在珠三角盛行数百年之后，已不再适于在珠三角大规模发展（郭盛晖 等，2010）。

## （五）海陆统筹关系失衡

粤港澳大湾区天然湿地面积减少幅度较大，湿地生态功能退化明显。由于快速的工业化和城镇化进程，外来人口涌入和国际产业转移带来城市建设的土地紧缺和用地失控，迫使沿海地区以围填海的方式满足用地需求，导致天然湿地面积大幅减少。环珠江口作为大型港口区，码头及配套设施建设占用了大量的滩涂资源。环珠江口是人类活动最为剧烈的地理区域，城镇密集、企业广布、人口众多带来的港口建设、道路建设、园区建设、住房建设等人为活动频繁，近岸海域污染加剧，河口、港湾、滨海湿地等生态系统功能下降，对海岸带生

① 图1-3数据来源《广东统计年鉴》，由于2005年之后《广东统计年鉴》中各地市“三废”排量不再统计二氧化硫，因此没有2005年之后数据。

态环境的影响不容忽视。

随着珠江口经济的飞速发展，自然岸线比例不断下降，人工岸线比例不断上升，内伶仃洋四周都在大规模填海造地，伶仃洋西滩已经填海造地近120 $km^2$，东滩将近50 $km^2$，内伶仃洋的轮廓已大为改观，尤以原万顷沙、鸡抱沙、横门滩填海造地面积最大（李平日 等，2017）。环珠江口城市2012—2015年已经批准的围填海面积，深圳为13.48 $km^2$，珠海为8.17 $km^2$，惠州为3.39 $km^2$，江门为1.92 $km^2$，广州为1.58 $km^2$，东莞为1.49 $km^2$。2017年国家海洋局印发《海岸线保护与利用管理办法》，明确建立自然岸线保有率控制制度，确定全国大陆自然岸线保有率不低于35%的目标。广东省沿海经济带2015年大陆自然岸线保有率为36.2%，粤港澳大湾区的自然岸线比例或许已超过/接近这一限制，亟待严格控制开发强度和围填海规模。

## 二、面向人地耦合生态系统的可持续发展

基于粤港澳大湾区的关键生态问题分析，粤港澳大湾区在长时间的快速发展中积累了许多深层次的矛盾和问题。工业化和城市化成为自然改造、资源消耗、污染排放、环境变化、生态破坏的主要推动力。高强度人类活动造成大湾区生态严重透支，大湾区的水、土、气、生等自然系统经历了大规模改造、破坏、修复的反复过程，生态资源量质并降，诸如三角洲水网微循环系统破坏，基塘生态农业系统大量消失，土地系统迅速退化等尤为严峻，这也是中国整体面临的严峻生态挑战的一个缩影。

粤港澳大湾区城市群生态系统的显著特点：①高强度人类活动影响下的人工复合生态系统，兼有复杂的人文属性和自然属性两方面的内容。②海陆交互关系密切的河口三角洲，粤港澳大湾区是一个陆海相连、山水相依的湾区城市群生态系统。③多尺度交互影响的城市群生态系统，粤港澳大湾区城市群生态系统的能量流动、物质循环和信息传递在城市内部、城市与郊区、城市与城市、城市群外部等多个区域尺度交互耦合。

破解生态环境压力、推进生态文明建设和提供良好生态系统服务功能，无不凸显出粤港澳大湾区生态环境的重要性，以及开展粤港澳大湾区生态系统研究的紧迫性。针对粤港澳大湾区城市群生态系统的显著特点，首先，应着力打破社会科学和自然科学等各个领域的学科界限，实现自然科学、社会科学和技术科学的多学科交叉与融合，实现城市群生态系统研究的跨学科发展。其次，粤港澳大湾区城市群生态系统是人文-自然多系统耦合的复杂系统，人文-自然是两个不同性质的系统，其主要的水、土、气、生、人等子系统之间存在着本质的内在联系，并且以人类系统为主导。但其各自的生存和发展都受其他系统结构、过程和功能的制约，必须当成一个复合系统来考虑。因此，亟待开展基于人地关系地域系统研究、面向人地系统耦合的大湾区城市群生态系统研究。

人地关系是可持续科学的核心研究命题，其经典解释就是人类社会及其活动与自然环境之间的关系（吴传钧，1991）。在中国开展人地关系研究尤为重要，40多年高速的经济社会发展和高强度的资源开发与承载能力严重不足的国土空间耦合带来了人地关系的频繁冲突（刘毅 等，2014），如何协调人地关系、提升资源环境适应能力，已经成为实现可持续发展的关键科学问题和重大战略问题（蔡运龙，1995；傅伯杰，2018）。以往的人地关系研

究，过多关注如何突破资源环境的约束，提升资源环境的承载能力。人地关系研究的切入点呈现精细化趋势，使人们对人地关系中单一要素的把握愈发深化。研究范式更多体现在水、土、气、生各圈层的单一要素和单一系统研究，各要素与各系统之间相互分离，忽视了人地关系地域系统是由水、土、气、生、人多要素相互作用形成的复杂系统（Fu et al.，2018）。因为，仅仅掌握要素虽然有助于了解人地系统但并不能够把握整个人地系统的行为特征，人地关系地域系统（樊杰，2018；方创琳，2004；陆大道 等，1998；吴传钧，1991）是由生态系统和人类活动两个子系统交错而成的复杂开放巨系统，要素之间以及要素与系统之间还存在复杂的相互作用和反馈关系，这一特性决定了对其精准把控必将经历长期大量的理论和实践积累。时至今日，如何精细认知和科学评价人地关系依然面临着理论和方法上的诸多挑战（杨宇 等，2019）。尤其是地球进入“人类世”以来（Chin et al.，2013；Messerli et al.，2000；Messerli et al.，2001），以工业化和城镇化为代表的高强度人类活动加快，人类对自然环境的影响加剧，人地关系研究面临重大变革。人类社会发展不断赋予人地关系研究新的时代内涵（郑度，2002），新技术、新因素的出现也在不断改变着人地相互作用的方式、广度和深度（樊杰，2014；傅伯杰，2014；陆大道，2002）。国内外大量的实证研究表明，人地关系的研究依然重点关注地球表层系统，人地关系的耦合研究仍然不足以完美揭示人地系统的复杂性（Liu et al.，2007a；Liu et al.，2007b），由人地关系耦合转向人地系统耦合（Coupled human and natural systems），系统性和集成性成为人地关系研究的新特点（Liu et al.，2015b；史培军 等，2019）。人与自然耦合系统的集成研究可以揭示新的、复杂的格局和过程，而单独的自然科学或者社会科学的研究不能揭示这种规律（陆大道，2014）。

水、土、气、生、人多要素、多过程、多尺度的集成研究，依然是人地耦合研究的关键所在。当前研究已经开始转向多要素的耦合及其过程，例如水土过程耦合，水土过程与其他自然地理要素耦合等（Fu et al.，2013；Tian et al.，2018；Wang et al.，2018）。未来应加强水、土、气、生、人多要素集成，全面观测和解释人地系统的变化趋势。开展行星边界（Planetary Boundaries）（Hoekstra et al.，2014；Steffen et al.，2015）框架下的各种地球系统过程研究，由单一过程单一尺度向多过程多尺度发展，注重各圈层相互作用，关注人类活动对自然地理过程的干扰，实现从要素研究到系统研究的提升。

人地系统的近程耦合（peri-coupling）研究深入，远程耦合（Tele-coupling）关注不足。当前主要关注自然-社会系统近程要素之间存在的一对一、一对多和多对多的非线性交互胁迫与交互促进关系，忽视了社会经济和生态环境系统跨越距离的远程相互作用，以及远程耦合系统的主控因素、作用机理及动态演变过程对于当地人地耦合关系的影响（Hubacek et al.，2014；Liu et al.，2013；Liu et al.，2015a；Yu et al.，2013）。急需从尺度耦合角度分析人文与自然之间的近远程耦合关系，提出近远程耦合模式（方创琳 等，2017；马恩朴 等，2019）。

人地系统之间的互馈机制和溢出效应有待提升。开放系统和流动空间将会导致以往静止空间下的基本规律发生变形，甚至出现全面重构（樊杰，2018）。通过人类活动及其环境影响的定量表征，揭示自然和人文系统耦合影响及其双向反馈机制（Fu et al.，2016）。系统分析人文与自然系统相互作用的空间溢出效应，科学定量和揭示其社会经济效应和生态环境效应，全面揭示自然-社会系统互馈过程机理，是当前人地关系研究亟待加强的主要方向之一。

面向人地系统可持续性的动态模拟较为薄弱。由人文-自然大数据（程昌秀 等，2018；裴韬 等，2019）和人地系统动力学等模型推动（Motesharrei et al.，2016；史培军，1997）的人地系统模拟，是提升资源环境适应能力和实现可持续目标的重要手段。但是基于可持续发展调控的复杂人地耦合系统模拟，依然存在技术和方法上的瓶颈（毛汉英，2018）。不同类型精度的海量地理空间数据，使得单一要素模型、单一过程模拟的经验模型向着多模型集成、对复杂过程模拟的系统模型发展，助推人地系统可持续研究由模型模拟走向模式模拟（傅伯杰，2018）。大数据和人工智能，使得面向预测的多圈层要素耦合的地球系统模式成为可能。人地系统集成模型与决策支持系统，是未来人地关系研究从理论研究到应用研究的重要转变。

鉴于此，本书系统开展“粤港澳大湾区城市群土地利用/景观格局变化与生态系统服务”“粤港澳大湾区城市群水体的变迁与人类活动”“粤港澳大湾区城市群土壤环境变化与人类活动”“粤港澳大湾区城市群植被变化与人类活动”“粤港澳大湾区城市群地质环境变化与人类活动”等研究，系统开展城市群生态系统结构、过程和功能的演变研究，以期实现研究大湾区城市群生态系统科学的理论创新。再次，粤港澳大湾区城市群生态系统的空间尺度多元，从城市内部街区、城市与郊区，一直延伸到城市与城市、城市群外部等。在时空多尺度的背景下，城市群生态系统中存在大量的不确定因素，亟待寻求破解不确定因素的数据支撑。当然，在大数据时代下产生的海量数据未得到有效挖掘和利用，本书系统阐释如何构建大湾区“空、天、地”立体化的观测体系，构建从街区微循环到城市群大循环的生态系统观测技术体系，突破城市复合生态系统的海量异构数据集成和融合计算难题。通过大数据和云计算等技术，利用全空间观测手段和大数据平台，采用宏观、中观、微观相嵌套，系统性、复杂性、确定性与模糊性相结合的方法，解决在全球环境变化和人类干扰背景下城市群生态系统在不同时空尺度上的循环和调控机理问题，为城市群可持续发展提供决策依据。

# 第二章　土地利用/覆被与景观格局变化

## 第一节　土地利用/覆被的宏观结构变化

土地利用/覆被变化是表征人类活动对地球表层系统影响的最直接的表现形式，在全球环境变化过程中扮演着非常重要的角色（Mooney et al.，2013；Lawler et al.，2014；Wulder et al.，2008）。人类活动通过对生物圈与大气圈的交互，直接或间接地影响地表反照率、比辐射率、地表粗糙度、光合有效辐射以及蒸散发等地表生物物理参数，进而对地表辐射能量平衡、生物地球化学循环以及生态系统服务功能产生深远影响（Deng et al.，2014；Zhu et al.，2014；Meyfroidt et al.，2013）。土地利用/覆被变化也是表征人类活动对全球变化响应的重要因素之一，是模拟全球气候效应和生物地球化学效应的重要输入参数，其时空过程的量测、模拟与动力学机制的理解已经成为科学界关注的前沿内容。1995年“国际地圈与生物圈计划”（IGBP）和“全球变化人文因素计划”（IHDP）共同制订的“土地利用/覆被变化科学研究计划”以及2005年发布的全球土地计划（Global Land Project，GLP），将土地利用/覆被变化作为全球变化研究的核心内容（Wright et al.，2013；Howells et al.，2013；GLP，2005；Turner et al.，1995；Lambin et al.，1999）。2012年由国际科学理事会（ICSU）和国际社会科学理事会（ISSC）发起“未来地球（Future Earth）”研究计划，土地利用/覆被时空过程量测是加深其研究计划动态星球（Dynamic Planet）的理解以及未来可持续目标实现的重要内容（Future Earth，2013）。土地利用/覆被变化的监测与模拟已逐渐成为研究关注的焦点。

进入21世纪以来，随着社会经济持续快速发展，我国进入了快速城市化和工业化阶段，由此迈入战略转型关键时期。为有效保护和开发国土资源，优化开发结构，加强国土空间格局管控和生态保护，“十二五”期间，国家实施了一系列国土空间管控策略。2010年，国务院发布了《全国主体功能区规划》，规划将国土空间按开发方式分为优化开发区域、重点开发区域、限制开发区域和禁止开发区域4类主体功能区，各区将依据各类主体功能区定位选择合理的开发和保护方式（樊杰，2015）。其间实施的生态文明建设规划，突出国家重点生态功能区、生物多样性保护优先区、自然保护区等重要生态空间的保护和管理。国家实施的一系列重大战略决策等因素，会对土地利用变化产生深刻的影响。本研究以面临快速社会经济发展和城镇化进程的粤港澳大湾区为例，以多源遥感数据为基础，在多个尺度上分析城市群土地利用/覆被结构和景观格局变化，为该地区国土空间优化布局和生态环境保护提供科技支撑。

### 一、土地利用/覆被的遥感影像解译

改革开放以来，中国经济的快速发展对土地利用模式产生了深刻的影响。同时，中国又

具有复杂的自然环境背景和广阔的陆地面积，其土地利用变化不仅对国家发展，还对全球环境变化产生了重要的影响。为了恢复和重建我国土地利用变化的现代过程，更好地预测、预报土地利用变化趋势，中国科学院在国家资源环境数据库基础上，以美国陆地卫星Landsat遥感影像数据作为主信息源，通过人工目视解译，建成了国家尺度1：10比例尺多时期土地利用/土地覆盖专题数据库。

中国多时期土地利用土地覆被变化遥感监测数据集（CNLUCC）的构建由中国科学院地理科学与资源研究所牵头，联合中国科学院遥感应用研究所、东北地理与农业生态研究所、武汉测量与地球物理研究所、新疆生态与地理研究所、寒区旱区环境与工程研究所、成都山地灾害与环境研究所等多家单位共同完成。数据集包括20世纪70年代末期（1970s）、80年代末期（1980s）、90年代中期（1995/1996年）、90年代末期（1999/2000年）以及2005年、2010年、2015年和2017年8期。

中国多时期土地利用土地覆被变化遥感监测数据集（CNLUCC）的分类系统采用三级分类系统（表2-1）。一级分为6类，主要根据土地资源及其利用属性，分为耕地、林地、草地、水域、建设用地（城乡、工矿、居民用地）和未利用土地；二级主要根据土地资源的自然属性，分为25个类型；三级类型8个，主要根据耕地的地貌部位分类。具体分类如下：耕地分为水田和旱地（二级类型），水田根据其所处的地貌位置又分为4个三级类型——山地水田（111）、丘陵水田（112）、平原水田（113）和大于25° 坡地水田（114），旱地根据其所处的地貌位置又分为4个三级类型——山地旱地（121）、丘陵旱地（122）、平原旱地（123）、大于25° 坡地旱地（124）。具体解译过程中遥感影像（标准假彩色合成）的解译判读标志和识别标准见表2-2，其他技术细节参考刘纪远等的文献（2000，2002，2005，2014，2018）。

为保证各时期土地利用数据解译的质量和一致性，数据集进行统一的质量控制和核对检查：① 全国范围内分区分组开展野外考察，实地调查各省土地利用情况，获取大量的外业调查记录、相机照片和无人机航拍图像。② 在分区内部，按照地类分层随机采样，通过与GF-2、无人机图像以及野外调查资料实地验证，进行数据质量改进。③ 在全国范围内进行统一集成、质量检验，在同行专家的认定下进行数据质量改进，最终通过混淆矩阵进行分类精度及总精度评价。土地利用现状一级类型综合评价精度达到93%以上，二级类型分类综合精度达90%以上，满足1：10万比例尺用户制图精度（刘纪远 等，2014，2018）。

**表2-1　土地利用/覆被分类内容及含义**

| 一级类型 | | 二级类型 | | 含义 |
|---|---|---|---|---|
| 编号 | 名称 | 编号 | 名称 | |
| 1 | 耕地 | — | — | 指种植农作物的土地，包括熟耕地、新开荒地、休闲地、轮歇地、草田轮作物地；以种植农作物为主的农果、农桑、农林用地；耕种三年以上的滩地和海涂 |
| — | — | 11 | 水田 | 指有水源保证和灌溉设施，在一般年景能正常灌溉，用以种植水稻、莲藕等水生农作物的耕地，包括实行水稻和旱地作物轮种的耕地 |

续表

| 一级类型 | | 二级类型 | | 含义 |
| --- | --- | --- | --- | --- |
| 编号 | 名称 | 编号 | 名称 | |
| — | — | 12 | 旱地 | 指无灌溉水源及设施，靠天然水生长作物的耕地；有水源和浇灌设施，在一般年景下能正常灌溉的旱作物耕地；以种菜为主的耕地；正常轮作的休闲地和轮歇地 |
| 2 | 林地 | — | — | 指生长乔木、灌木、竹类以及沿海红树林地等林业用地 |
| — | — | 21 | 有林地 | 指郁闭度>30%的天然林和人工林。包括用材林、经济林、防护林等成片林地 |
| — | — | 22 | 灌木林 | 指郁闭度>40%、高度在2 m以下的矮林地和灌丛林地 |
| — | — | 23 | 疏林地 | 指林木郁闭度为10%～30%的林地 |
| — | — | 24 | 其他林地 | 指未成林造林地、迹地、苗圃及各类园地（果园、桑园、茶园、热作林园等） |
| 3 | 草地 | — | — | 指以生长草本植物为主，覆盖度在5%以上的各类草地，包括以牧为主的灌丛草地和郁闭度在10%以下的疏林草地 |
| — | — | 31 | 高覆盖度草地 | 指覆盖>50%的天然草地、改良草地和割草地。此类草地一般水分条件较好，草被生长茂密 |
| — | — | 32 | 中覆盖度草地 | 指覆盖度在20%～50%的天然草地和改良草地。此类草地一般水分不足，草被较稀疏 |
| — | — | 33 | 低覆盖度草地 | 指覆盖度在5%～20%的天然草地。此类草地水分缺乏，草被稀疏，牧业利用条件差 |
| 4 | 水域 | — | — | 指天然陆地水域和水利设施用地 |
| — | — | 41 | 河渠 | 指天然形成或人工开挖的河流及主干常年水位以下的土地。人工渠包括堤岸 |
| — | — | 42 | 湖泊 | 指天然形成的积水区常年水位以下的土地 |
| — | — | 43 | 水库坑塘 | 指人工修建的蓄水区常年水位以下的土地 |
| — | — | 44 | 永久性冰川雪地 | 指常年被冰川和积雪所覆盖的土地 |
| — | — | 45 | 滩涂 | 指沿海大潮高潮位与低潮位之间的潮浸地带 |
| — | — | 46 | 滩地 | 指河、湖水域平水期水位与洪水期水位之间的土地 |
| 5 | 城乡、工矿、居民用地 | — | — | 指城乡居民点及其以外的工矿、交通等用地 |
| — | — | 51 | 城镇用地 | 指大、中、小城市及县镇以上建成区用地 |
| — | — | 52 | 农村居民点 | 指独立于城镇以外的农村居民点 |
| — | — | 53 | 其他建设用地 | 指厂矿、大型工业区、油田、盐场、采石场等用地以及交通道路、机场及特殊用地 |
| 6 | 未利用土地 | — | — | 目前还未利用的土地，包括难利用的土地 |
| — | — | 61 | 沙地 | 指地表为沙覆盖，植被覆盖度在5%以下的土地，包括沙漠，不包括水系中的沙漠 |
| — | — | 62 | 戈壁 | 指地表以碎砾石为主，植被覆盖度在5%以下的土地 |
| — | — | 63 | 盐碱地 | 指地表盐碱聚集，植被稀少，只能生长强耐盐碱植物的土地 |

续表

| 一级类型 | | 二级类型 | | 含义 |
|---|---|---|---|---|
| 编号 | 名称 | 编号 | 名称 | |
| — | — | 64 | 沼泽地 | 指地势平坦低洼，排水不畅，长期潮湿，季节性积水或常年积水，表层生长湿生植物的土地 |
| — | — | 65 | 裸土地 | 指地表土质覆盖，植被覆盖度在5%以下的土地 |
| — | — | 66 | 裸岩石质地 | 指地表为岩石或石砾，其覆盖面积>5%的土地 |
| — | — | 67 | 其他 | 指其他未利用土地，包括高寒荒漠、苔原等 |
| 9 | — | 99 | 海洋 | 最早的分类系统中没有海洋，因为在陆地开展监测。在数据更新中由于填海造陆涉及海洋而补充了新代码 |

**表2-2　遥感影像（标准假彩色合成）解译判读标志**

| 类型 | | 空间分布位置 | 影像特征 | | |
|---|---|---|---|---|---|
| | | | 形态 | 色调 | 纹理 |
| 耕地 | 水田 | 主要分布在山区沟谷、丘陵河流、陡坡地带、滨海平原、河流冲积与洪积平原，以及山区河谷平原 | 几何特征较为明显，边界清晰、田块均成条带分布，多有渠道灌溉设施，多呈大面积分布 | 深绿色、深蓝色、近黑色、浅蓝色（春）、粉红色（夏）、绿色与橙色相间（收割后） | 影像纹理较均一 |
| | 旱地 | 主要分布在山区、坡地、丘陵缓坡地带、河流冲积洪积平原、滨海平原台地、山前平原 | 沿山脚低缓坡不规则条带状或大面积分布，边界不清楚 | 影像色调多样，一般为浅绿色、浅灰色、浅黄色（春）、红色或浅红色（夏）、褐色（收割后） | 影像结构粗糙、纹理明显，有条状纹理，有田块形状，可见农田防护林网格 |
| 林地 | 有林地 | 不同地貌区域均有分布，以大兴安岭、小兴安岭、长白山等山地为主 | 受地形控制边界自然圆滑，呈不规则形状 | 深红色、暗红色，色调均匀 | 有绒状纹理 |
| | 灌木林地 | 主要分布在丘陵及河谷两侧 | 受地形控制边界自然圆滑，呈不规则形状 | 浅红色，色调均匀 | 影像结构较粗糙 |
| | 疏林地 | 主要分布在山区、丘陵地带 | 受地形控制边界自然圆滑，呈不规则形状 | 红色、浅红色，色调杂乱 | 影像结构细腻 |
| | 其他林地 | 山地、平原、丘陵均有分布 | 几何特征明显，边界规则，呈块状、不规则面状，边界清晰 | 影像色调多样 | 影像结构不一 |
| 草地 | 高覆盖度草地 | 主要分布在低洼地或平地，山地丘陵的阳坡及顶部也有分布 | 面状、条带状、块状，边界清晰 | 红色、黄色、褐色、绿色 | 影像结构较均一，边界清晰，无纹理 |
| | 中覆盖度草地 | 主要分布在低洼地及山地丘陵的阳坡或顶部 | 面状、条带状、块状，边界清晰 | 黄色、褐色、绿色或白色 | 影像结构较均一 |
| | 低覆盖度草地 | 山地丘陵阳坡或顶部，主要分布在辽西山地，西部低洼地也有分布 | 不规则斑块 | 不均匀浅绿色及黄色 | 影像结构较均一 |

续表

| 类型 | | 空间分布位置 | 影像特征 | | |
|---|---|---|---|---|---|
| | | | 形态 | 色调 | 纹理 |
| 水域 | 河渠 | 主要分布在平原及山区沟谷 | 几何特征明显，自然弯曲或局部明显平直，边界明显 | 深蓝色、蓝色、浅蓝色 | 影像结构均一 |
| | 湖泊 | 主要分布在平原 | 几何特征明显，呈现自然形态 | 深蓝色、蓝色、浅蓝色 | 影像结构均一 |
| | 水库坑塘 | 主要分布在平原、丘陵区的耕地周围 | 几何特征明显，有人工塑造痕迹 | 深蓝色、蓝色、浅蓝色 | 影像结构均一 |
| | 滩地 | 主要分布在沿河流两侧或湖泊周围 | 沿河湖呈条带状或片状分布 | 灰白色、白色、黄白色 | 影像结构比较均一 |
| 城乡、工矿、居民用地 | 城镇用地 | 主要分布于平原、沿海及山间谷地 | 几何形状特征明显，边界清晰 | 青灰色，杂有白色或杂色矢量状斑点 | 影像结构粗糙 |
| | 农村居民点 | 各地貌类型区均有分布 | 几何形状特征明显，边界清晰 | 青色、灰色，杂有其他地类色调 | 影像结构粗糙 |
| | 其他建设用地 | 主要分布在城镇及经济发达区周围或交通沿线 | 边界清晰 | 灰色或色调不均 | 影像结构较粗糙 |
| 未利用土地 | 沙地 | 主要分布在湖积平原及西部风沙区 | 逐渐过渡，边界不清晰 | 浅绿色 | 影像结构比较均匀 |
| | 盐碱地 | 主要分布在西部低洼地 | 边界较清晰 | 白色，夹蓝色或红色斑点 | 影像结构粗糙 |
| | 沼泽地 | 主要分布在河流沿岸及平原上的低洼地及沿海 | 几何形状明显，边界清楚 | 红色、紫色、黑色 | 影像结构细腻 |
| | 裸土地 | 主要分布在丘陵、平原及居民点附近 | 边界清楚 | 白色或色调不均 | 比较均一 |
| | 裸岩石质地 | 主要分布在山顶或山脚 | 边界清楚 | 白色或色调不均 | 比较均一 |

# 二、土地利用/覆被的时空变化分析

粤港澳大湾区1980—2017年土地利用/覆被空间分布见图2-1。改革开放初期（1980年前后）该地区景观以林地、基塘、湿地和耕地为主，城镇居民用地所占的面积比重比较小。基塘、湿地、水域和水田主要集中在珠江三角洲平原地区，且呈现集中连片分布的特点；林地广泛分布在三角洲平原外围的山地和丘陵地区；城乡、工矿和居民用地在这一时期占地面积很小。1990—1995年环珠江口地区的城乡、工矿和居民用地迅速扩张，湿地、水域、耕地面积萎缩的态势较为明显，以深圳、东莞、广州、佛山地区最为突出。2000年以来粤港澳大湾区进入社会经济发展和城市建设的快车道，这一时期土地利用/覆被类型的空间转换非常剧烈。2000—2017年，佛山东南部和中山北部地区的湿地和水域被大量占用，取而代之的是城乡、工矿和居民用地。与此同时，珠江口东岸和北部多个城市的城镇化进程迅猛，东莞、深圳、佛山等城市的城乡、工矿和居民用地所占面积比例接近一半。

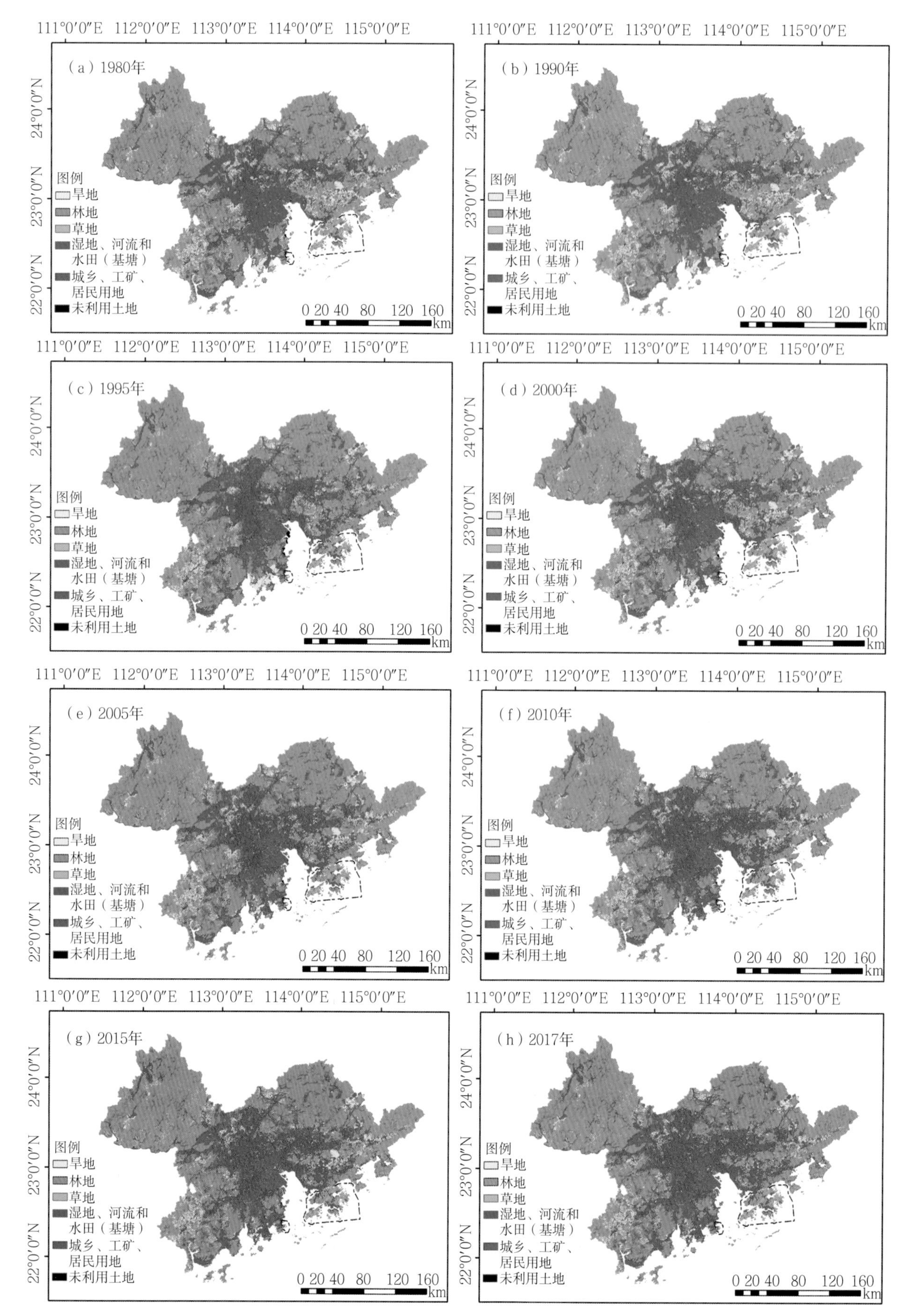


图2-1 1980—2017年粤港澳大湾区土地利用/覆被空间分布

研究采用转移矩阵的方法分析粤港澳大湾区1980—2017年城市和城市群尺度土地利用/覆被的空间流转特征，划分出1980—1990年、1990—2000年、2000—2017年和1980—2017年4个研究时段，在城市尺度上分别进行专题分析。大湾区整体和各城市土地利用转移空间分布图分别见图2-2和图2-3～图2-10，转移矩阵统计表分别见表2-3和表2-4～表2-14。1980—1990年，粤港澳大湾区土地利用/覆被的总体格局相对稳定，耕地、林地、草地、湿地/水域分别有312.2 km$^2$、34.4 km$^2$、1.3 km$^2$、14.8 km$^2$的面积转换为城乡、工矿、居民用地，以耕地流失的面积最大，耕地部分也有295.0 km$^2$转换为湿地/水域；1990—2000年，耕地、林地、草地、湿地/水域分别有838.2 km$^2$、293.9 km$^2$、35.4 km$^2$、122.4 km$^2$的面积转换为城乡、工矿、居民用地，该地类面积累计增加1 289.9 km$^2$；2000—2017年，耕地、林地、草地、湿地/水域分别有2 206.1 km$^2$、961.1 km$^2$、80.0 km$^2$、647.1 km$^2$的面积转换为城乡、工矿、居民用地，转移速度明显快于前两个时段；1980—2017年，耕地、林地、草地、湿地/水域分别减少5 175.7 km$^2$、1 707.1 km$^2$、235.8 km$^2$、1 073.5 km$^2$，而城乡、工矿、居民用地增加5 432.5 km$^2$。农用地减少的地区广泛分布在珠江口两岸地区，特别是东岸和北部地区，以东莞、深圳、惠州、广州、佛山最为典型，而湿地/水域转换为城乡、工矿、居民用地的地区集中于佛山、中山地区。

香港和澳门在过去的38年间，土地利用/覆被格局相对稳定，没有发生明显的空间转换。对于香港而言，1980—2017年，耕地、林地、草地、湿地/水域分别减少39.1 km$^2$、23.7 km$^2$、13.2 km$^2$、6.7 km$^2$；城乡、工矿、居民用地增加85.3 km$^2$。农用地减少的地区分布在香港北部地区靠近深圳一侧；对于澳门而言，土地利用/覆被变化非常微小。香港和澳门地区发展历史悠久，在1980年以前就已经具有相当发展规模，可供城市建设开发的用地面积非常有限，因此在1980—2017年间，这两个地区的土地利用/覆被类型转换不甚明显。

广州在1980—2017年，耕地、林地、草地、湿地/水域分别减少952.0 km$^2$、202.9 km$^2$、19.8 km$^2$、36.9 km$^2$，而城乡、工矿、居民用地增加957.9 km$^2$。其中，1980—1990年耕地、林地、草地、湿地/水域分别有77.9 km$^2$、2.9 km$^2$、0.1 km$^2$、0.9 km$^2$的面积转换为城乡、工矿、居民用地，以耕地流失的面积最大，转换类型呈现均匀零散分布，没有明显的空间聚集特征；1990—2000年，耕地、林地、草地、湿地/水域分别有183.2 km$^2$、19.8 km$^2$、1.1 km$^2$、1.0 km$^2$的面积转换为城乡、工矿、居民用地，该用地面积累计增加210.1 km$^2$；2000—2017年，耕地、林地、草地、湿地/水域分别有523.8 km$^2$、136.8 km$^2$、12.4 km$^2$、36.8 km$^2$的面积转换为城乡、工矿、居民用地，转移速度明显快于前两个时段。

佛山在1980—2017年，耕地、林地、草地、湿地/水域分别减少815.0 km$^2$、94.5 km$^2$、4.4 km$^2$、547.1 km$^2$，城乡、工矿、居民用地增加887.0 km$^2$。其中，1980—1990年耕地、林地、草地、湿地/水域分别有32.2 km$^2$、0.8 km$^2$、0.1 km$^2$、2.0 km$^2$的面积转换为城乡、工矿、居民用地，转换类型呈现均匀零散分布，没有明显的空间聚集特征；1990—2000年，耕地、林地、草地、湿地/水域分别有163.2 km$^2$、10.0 km$^2$、0.1 km$^2$、36.6 km$^2$的面积转换为城乡、工矿、居民用地，城乡、工矿、居民用地面积累计增加210.0 km$^2$，主要分布在佛山东部地区；2000—2017年，耕地、林地、草地、湿地/水域分别有344.4 km$^2$、69.7 km$^2$、3.3 km$^2$、237.2 km$^2$的面积转换为城乡、工矿、居民用地，转移速度明显快于前两个时段，且空间分布上广泛分布于三水区、南海区、禅城区和顺德区，耕地减少的地区与2000—2017年基本一致，而湿地/水域转换成耕地（主要是水田、基塘）或城乡、工矿、居民用地的地区集中于顺德地区。

东莞在1980—2017年，耕地、林地、草地、湿地/水域分别减少725.1 $km^2$、360.1 $km^2$、38.6 $km^2$、48.8 $km^2$，城乡、工矿、居民用地增加966.9 $km^2$。其中，1980—1990年，耕地、林地、草地、湿地/水域分别有46.1 $km^2$、3.9 $km^2$、0.2 $km^2$、1.9 $km^2$的面积转换为城乡、工矿、居民用地，以耕地流失的面积最大，转换类型呈现均匀零散分布，没有明显的空间聚集特征；1990—2000年，耕地、林地、草地、湿地/水域分别有161.0 $km^2$、102.9 $km^2$、7.9 $km^2$、5.7 $km^2$的面积转换为城乡、工矿、居民用地，该用地面积累计增加277.4 $km^2$，主要分布在东莞北部地区；2000—2017年，耕地、林地、草地、湿地/水域分别有361.6 $km^2$、214.7 $km^2$、20.2 $km^2$、63.1 $km^2$的面积转换为城乡、工矿、居民用地，转移速度明显快于前两个时段，且空间分布上广泛分布于东莞辖区。

深圳在1980—2017年，耕地、林地、草地、湿地/水域分别减少401.9 $km^2$、261.4 $km^2$、33.5 $km^2$、18.6 $km^2$，而城乡、工矿、居民用地增加683.1 $km^2$。其中，1980—1990年，耕地、林地、草地、湿地/水域分别有71.5 $km^2$、13.9 $km^2$、0.1 $km^2$、0.1 $km^2$的面积转换为城乡、工矿、居民用地，以耕地流失的面积最大，转换类型呈现均匀零散分布，没有明显的空间聚集特征，但宝安区和南山区耕地流失面积稍大，耕地转换成湿地/水域的地区也集中在宝安区的沿海一带；1990—2000年，耕地、林地、草地、湿地/水域分别有97.4 $km^2$、99.6 $km^2$、20.8 $km^2$、19.9 $km^2$的面积转换为城乡、工矿、居民用地，该用地面积累计增加243.1 $km^2$，主要分布在宝安和龙岗地区；2000—2017年，耕地、林地、草地、湿地/水域分别有162.8 $km^2$、146.8 $km^2$、11.4 $km^2$、55.7 $km^2$的面积转换为城乡、工矿、居民用地，转移速度明显快于前两个时段，且空间分布上广泛分布于宝安区和龙岗区。

中山在1980—2017年，耕地、林地、草地、湿地/水域分别减少350.9 $km^2$、64.0 $km^2$、1.8 $km^2$、214.1 $km^2$，而城乡、工矿、居民用地增加439.5 $km^2$。其中，1980—1990年，耕地、林地、草地、湿地/水域分别有14.6 $km^2$、0.6 $km^2$、0.1 $km^2$、0.4 $km^2$的面积转换为城乡、工矿、居民用地，以耕地流失的面积最大，转换类型呈现均匀零散分布，没有明显的空间聚集特征；1990—2000年，耕地、林地、草地、湿地/水域分别有60.3 $km^2$、10.0 $km^2$、0.1 $km^2$、25.9 $km^2$的面积转换为城乡、工矿、居民用地，该用地面积累计增加96.2 $km^2$，耕地转换成湿地/水域的面积也高达100.0 $km^2$，主要集中在中山的中部和北部地区，可能是由基塘养殖规模扩大导致的；2000—2017年，耕地、林地、草地、湿地/水域分别有145.0 $km^2$、46.1 $km^2$、1.0 $km^2$、139.7 $km^2$的面积转换为城乡、工矿、居民用地，转移速度明显快于前两个时段，且空间分布上广泛分布于中山的中部和北部地区。

珠海在1980—2017年，耕地、林地、草地、湿地/水域分别减少375.5 $km^2$、54.6 $km^2$、4.3 $km^2$、58.3 $km^2$，城乡、工矿、居民用地增加266.5 $km^2$。其中，1980—1990年，耕地、林地、草地、湿地/水域分别有0.7 $km^2$、0.7 $km^2$、0.1 $km^2$、0.2 $km^2$的面积转换为城乡、工矿、居民用地，转换类型呈现均匀零散分布，没有明显的空间聚集特征；1990—2000年，耕地、林地、草地、湿地/水域分别有76.2 $km^2$、26.9 $km^2$、1.6 $km^2$、22.2 $km^2$的面积转换为城乡、工矿、居民用地，该用地面积累计增加133.2 $km^2$，耕地转换成湿地/水域的面积也达到29.2 $km^2$，主要集中在珠海的北部地区（斗门区和金湾区），可能是由水库建设引起的；2000—2017年，耕地、林地、草地、湿地/水域分别有81.9 $km^2$、23.1 $km^2$、1.9 $km^2$、33.4 $km^2$的面积转换为城乡、工矿、居民用地，空间分布上广泛分布于斗门区和金湾区。

惠州在1980—2017年，耕地、林地、草地、湿地/水域分别减少532.3 $km^2$、203.9 $km^2$、

43.2 km²、31.8 km²，城乡、工矿、居民用地增加489.6 km²。其中，1980—1990年，整体土地利用/覆被格局相对稳定，耕地、林地、草地、湿地/水域分别有12.8 km²、2.1 km²、0.3 km²、3.9 km²的面积转换为城乡、工矿、居民用地；1990—2000年，耕地、林地、草地、湿地/水域分别有10.1 km²、6.7 km²、2.1 km²、0.1 km²的面积转换为城乡、工矿、居民用地，该用地面积累计增加20.6 km²，耕地转换成湿地/水域的面积也达到12.8 km²，主要集中在惠东县，可能是由水库建设引起的；2000—2017年，耕地、林地、草地、湿地/水域分别有293.8 km²、129.9 km²、16.0 km²、20.1 km²的面积转换为城乡、工矿、居民用地，转移速度明显快于前两个时段，且空间分布上集中于惠阳区、惠城区和博罗县靠近东莞和深圳的部分。

江门在1980—2017年，耕地、林地、草地、湿地/水域分别减少543.4 km²、251.7 km²、56.0 km²、86.1 km²，城乡、工矿、居民用地增加397.9 km²。其中，1980—1990年，整体土地利用/覆被格局相对稳定，耕地、林地、草地、湿地/水域分别有31.6 km²、2.3 km²、0.3 km²、0.7 km²的面积转换为城乡、工矿、居民用地；1990—2000年，耕地、林地、草地、湿地/水域分别有47.7 km²、13.1 km²、1.0 km²、9.1 km²的面积转换为城乡、工矿、居民用地，该用地面积累计增加70.9 km²，耕地转换成湿地/水域的面积也达到176.8 km²，主要集中在新会区和台山市靠近珠海和中山的地区，可能是由于水产养殖业规模扩大和水库建设引起的；2000—2017年，耕地、林地、草地、湿地/水域分别有157.8 km²、111.3 km²、9.9 km²、33.3 km²的面积转换为城乡、工矿、居民用地，转移速度明显快于前两个时段，且空间分布上相对均匀，没有明显的空间聚集性。

肇庆在1980—2017年，耕地、林地、草地、湿地/水域分别减少439.1 km²、190.0 km²、21.0 km²、24.9 km²，城乡、工矿、居民用地增加212.3 km²。其中，1980—1990年，整体土地利用/覆被格局相对稳定，耕地、林地、草地、湿地/水域分别有11.4 km²、1.7 km²、0.2 km²、0.1 km²的面积转换为城乡、工矿、居民用地；1990—2000年，耕地、林地、草地、湿地/水域分别有34.6 km²、0.4 km²、0.9 km²、1.8 km²的面积转换为城乡、工矿、居民用地，该用地面积累计增加37.7 km²，耕地转换成湿地/水域的面积也达到76.7 km²，主要集中在四会市、鼎湖区和高要区靠近佛山三水区的地区，可能是由水产养殖业规模扩大和水库建设引起的；2000—2017年，耕地、林地、草地、湿地/水域分别有115.5 km²、69.0 km²、2.7 km²、24.0 km²的面积转换为城乡、工矿、居民用地，转移速度明显快于前两个时段，且空间分布上相对均匀，没有明显的空间聚集性，耕地转换成湿地/水域的面积也达到148.9 km²，主要集中在四会市、鼎湖区和高要区靠近佛山三水区的地区。

（a）1980—1990年

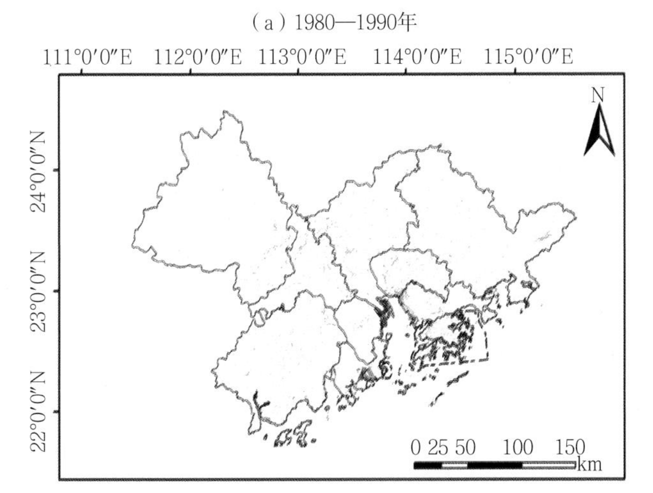


（b）1990—2000年

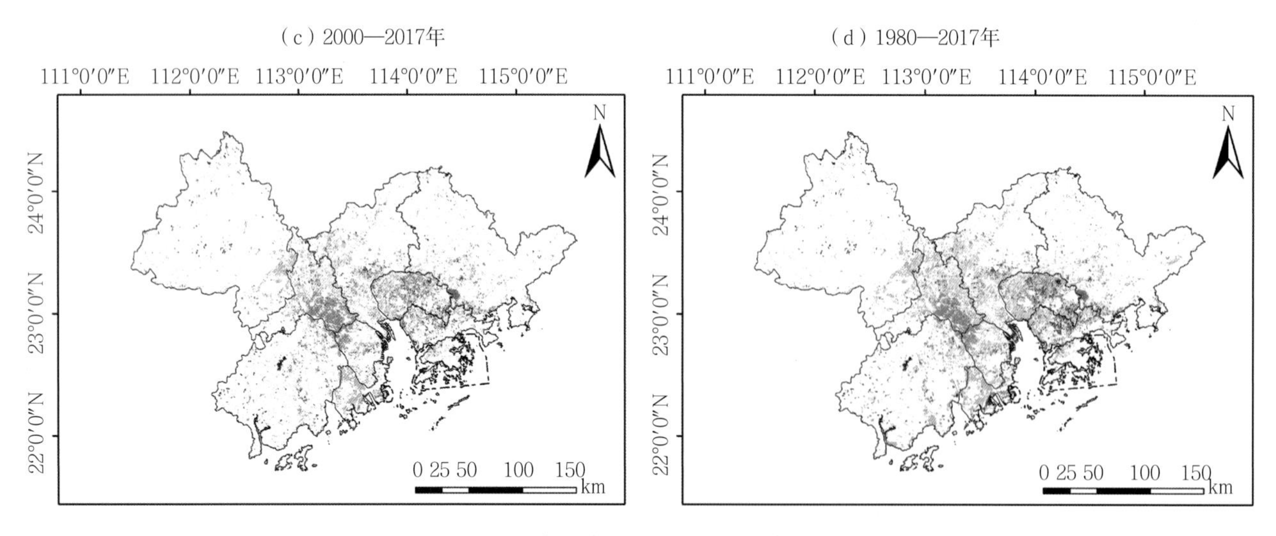


图2-2　粤港澳大湾区土地利用/覆被转移分布

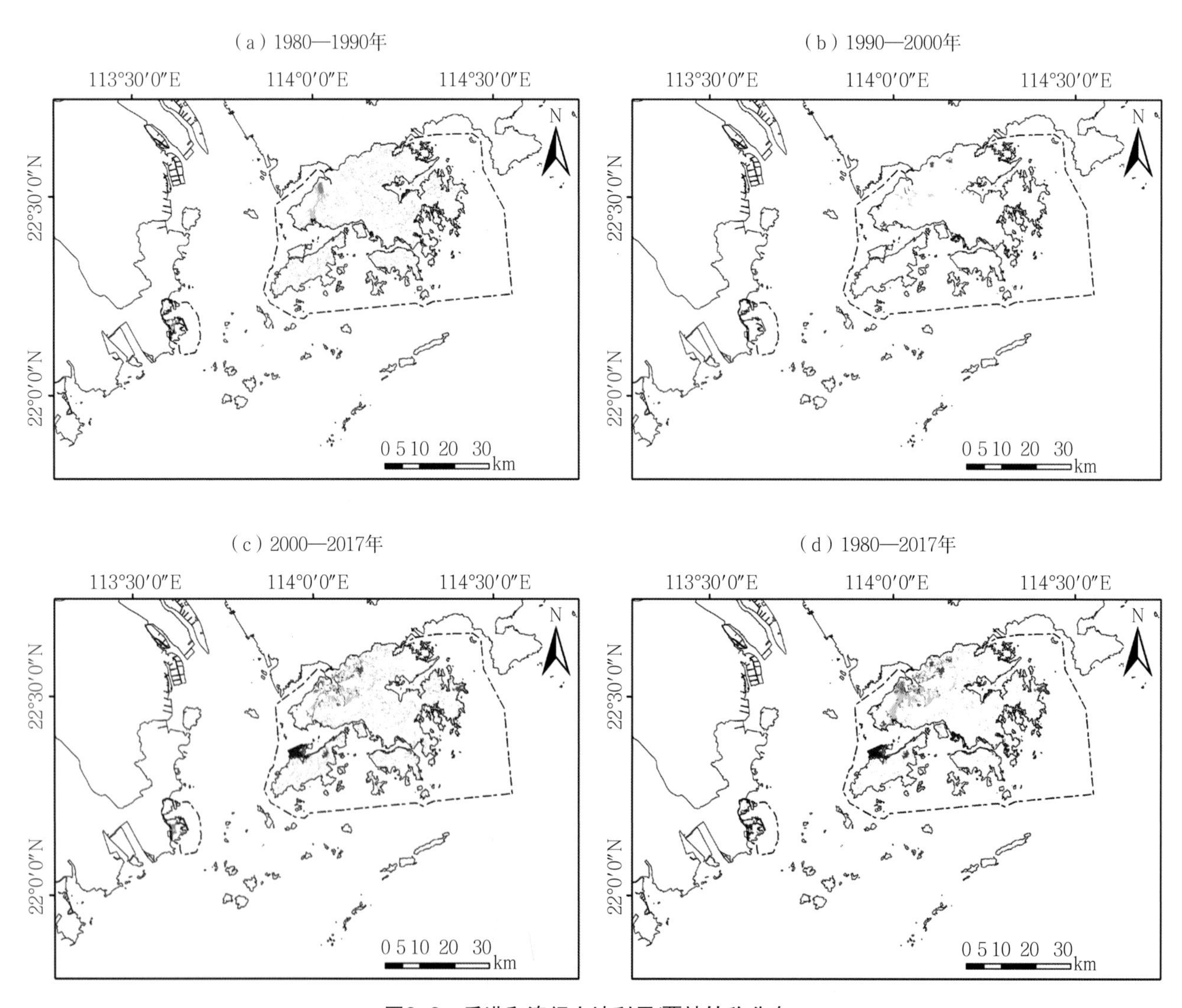


图2-3　香港和澳门土地利用/覆被转移分布

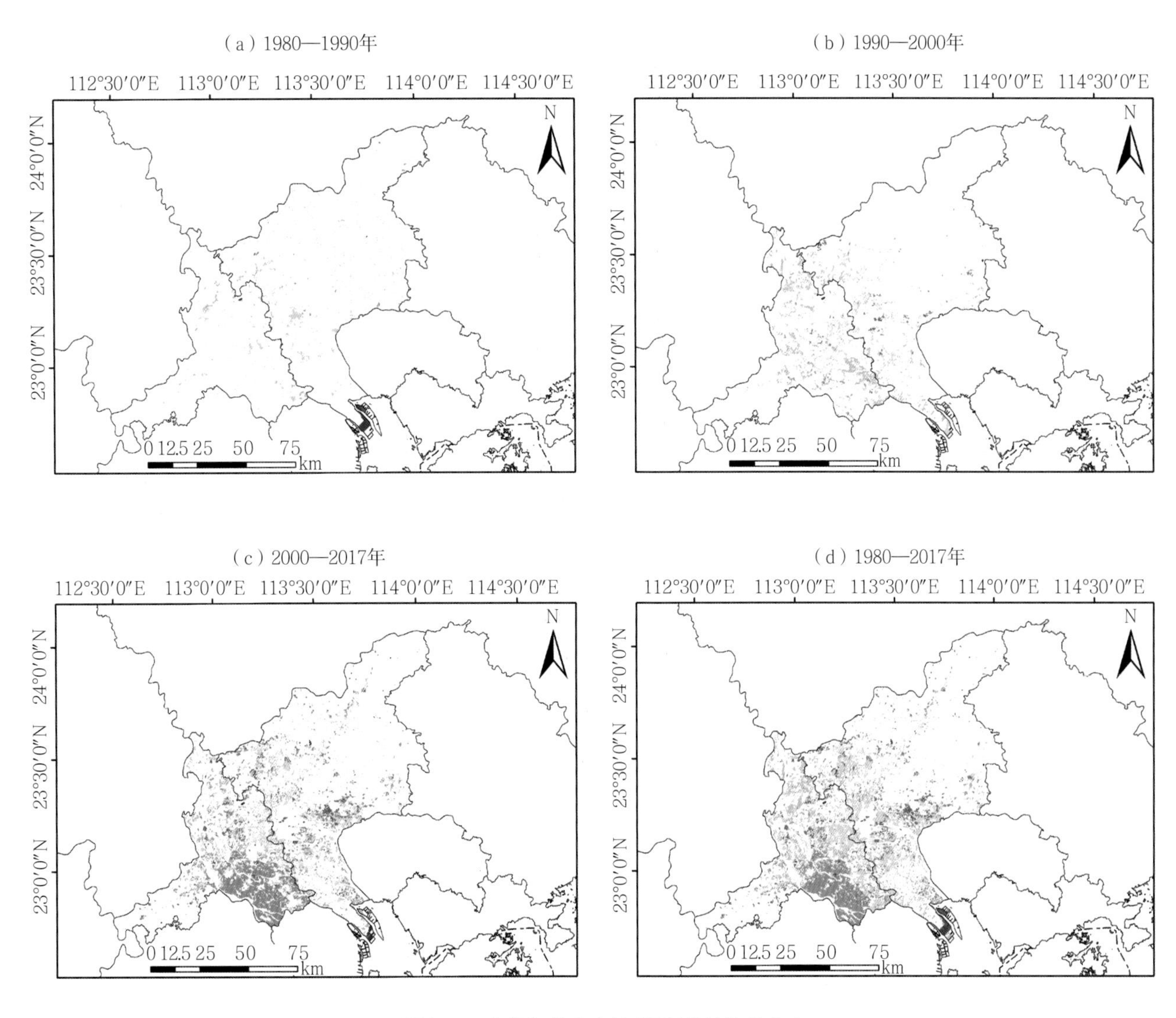


图2-4　广州和佛山土地利用/覆被转移分布

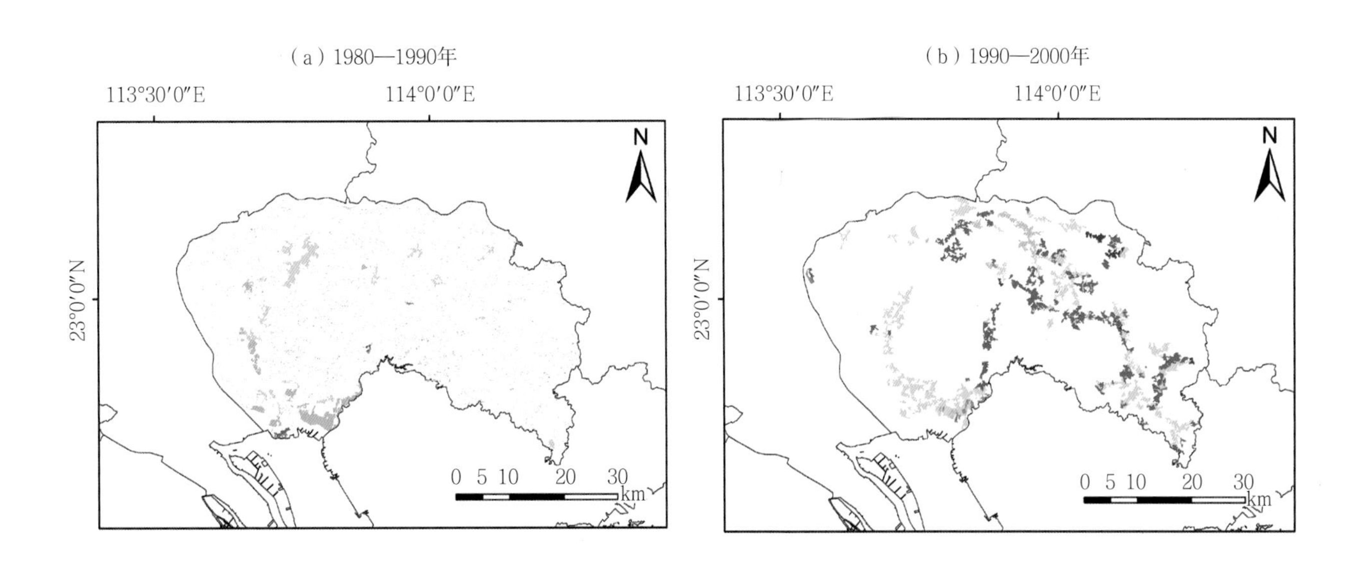

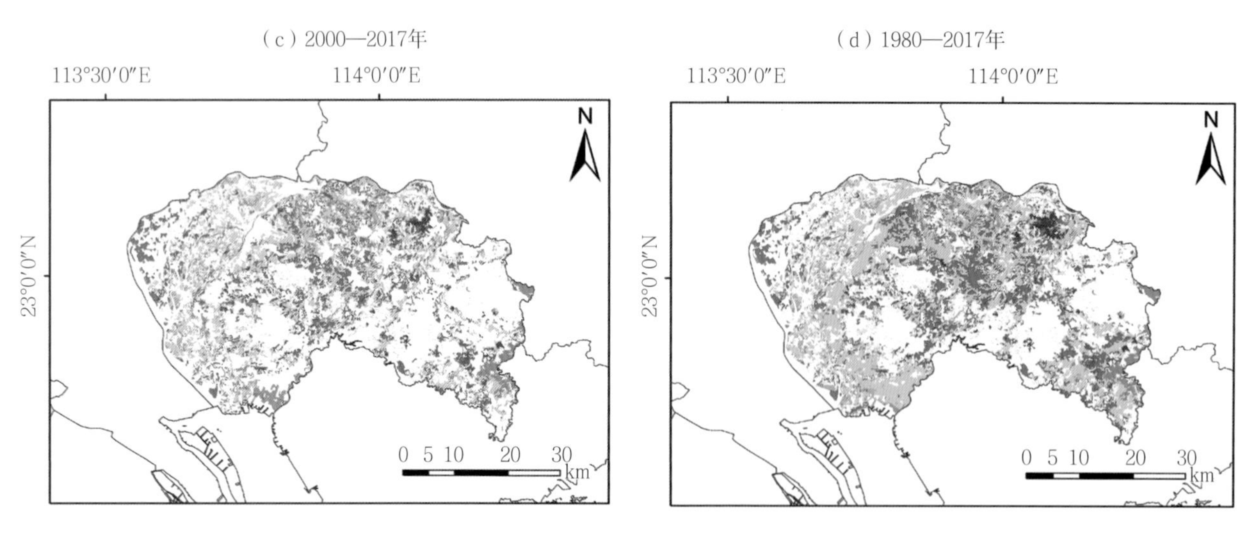


图2-5 东莞土地利用/覆被转移分布

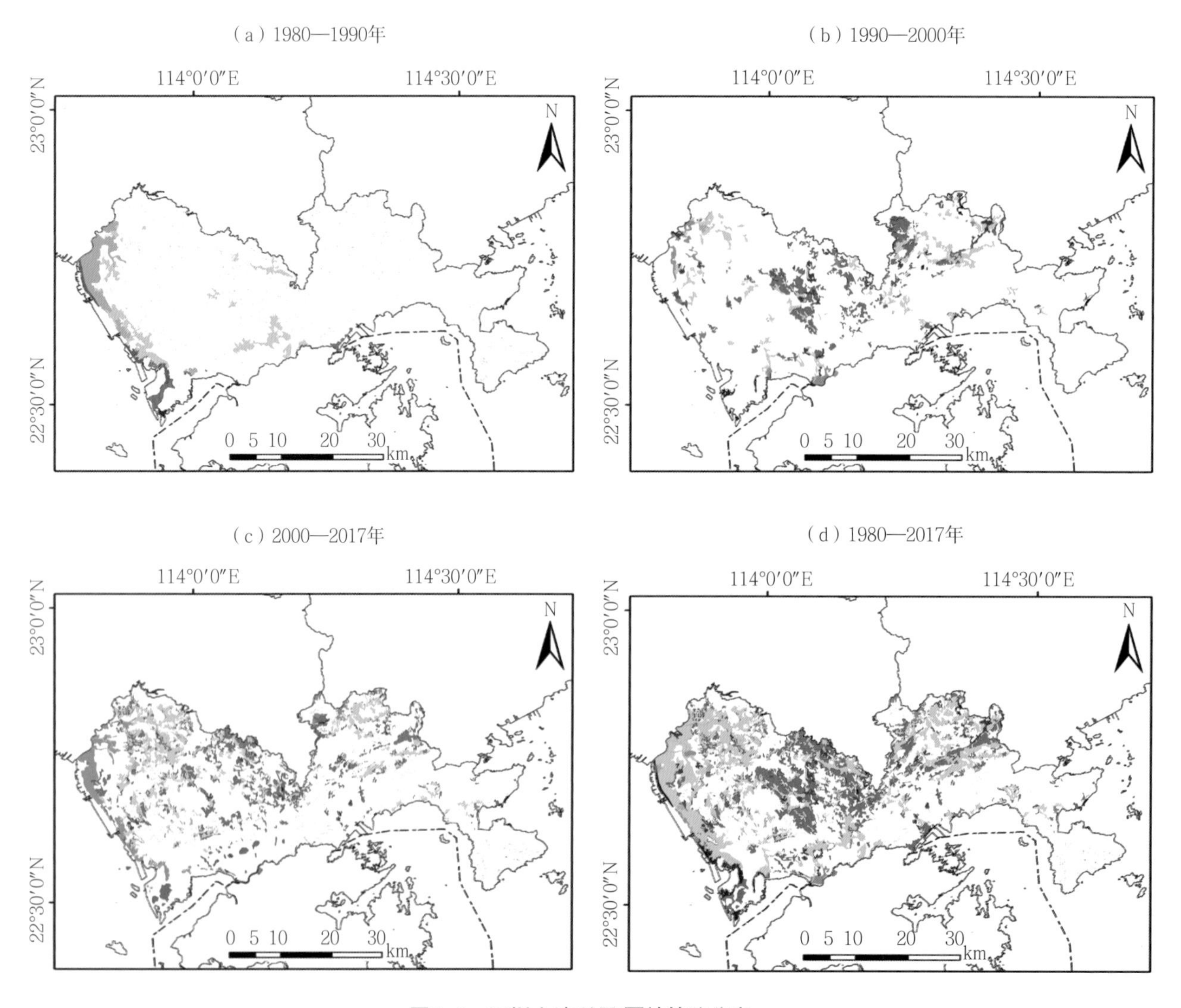


图2-6 深圳土地利用/覆被转移分布

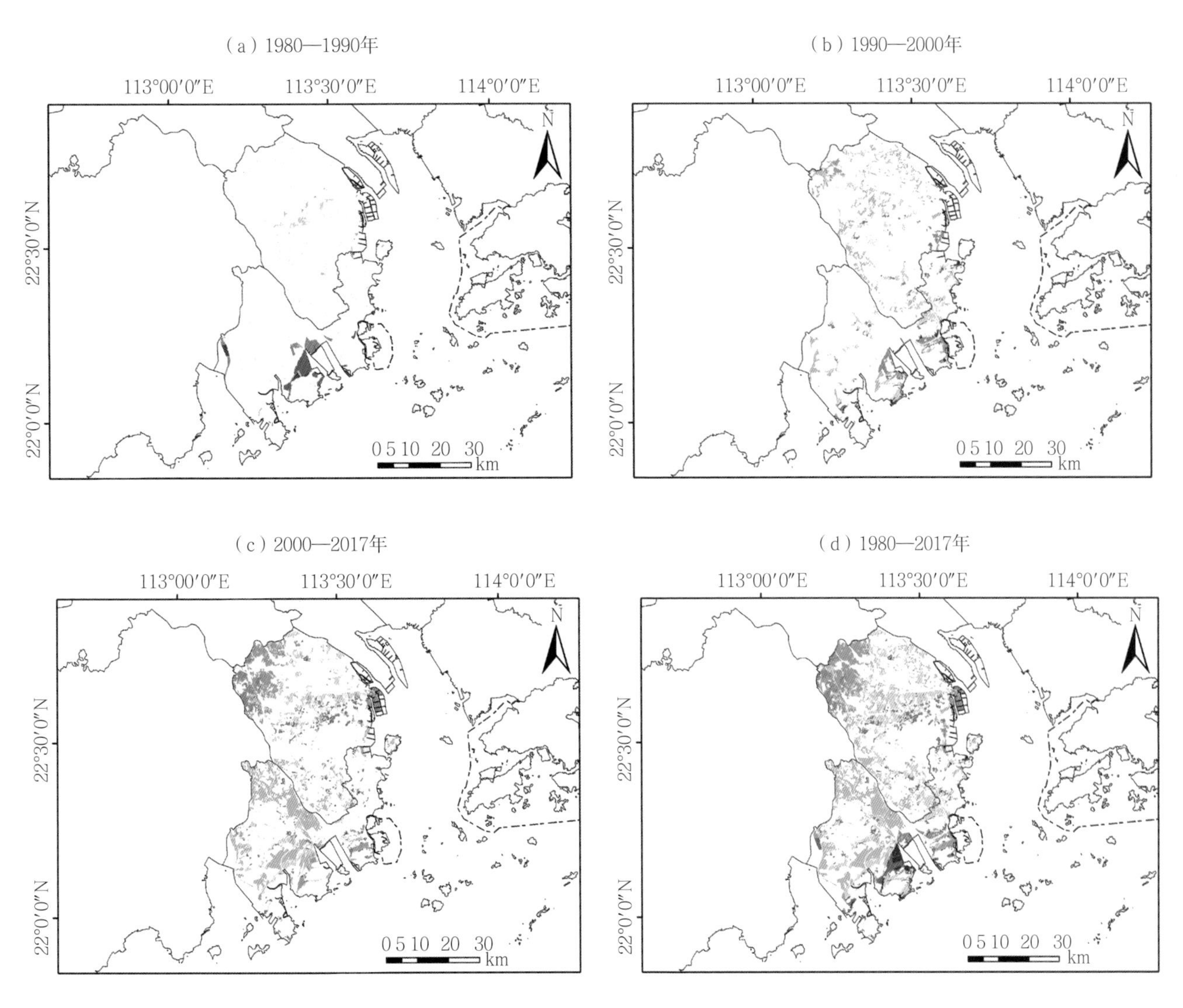


图2-7 中山和珠海土地利用/覆被转移分布

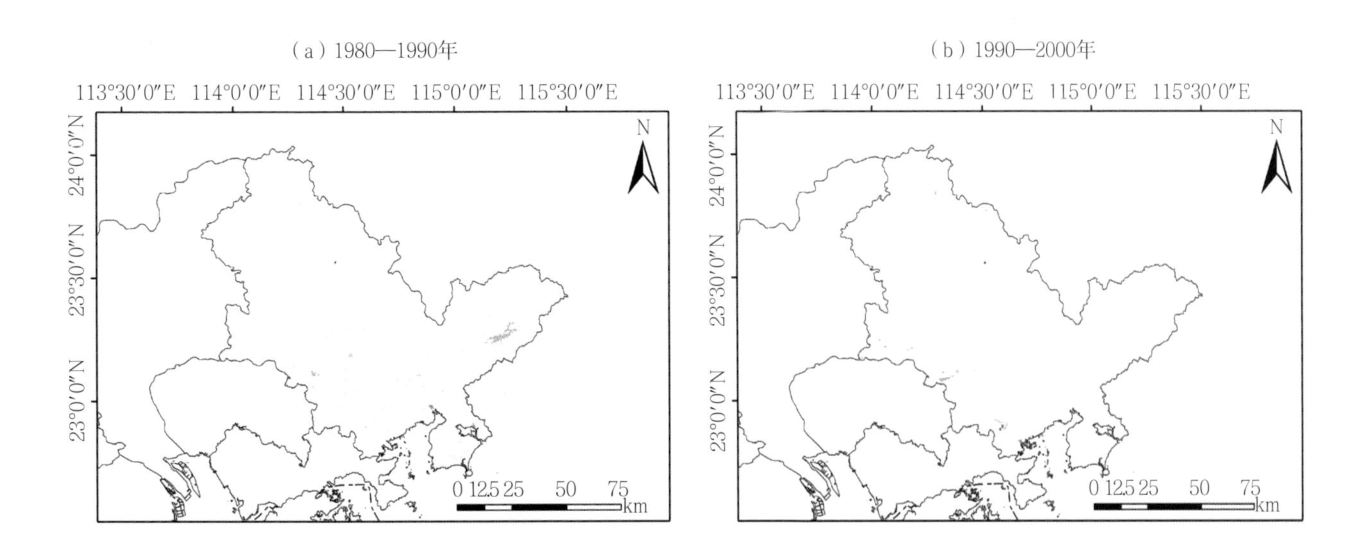

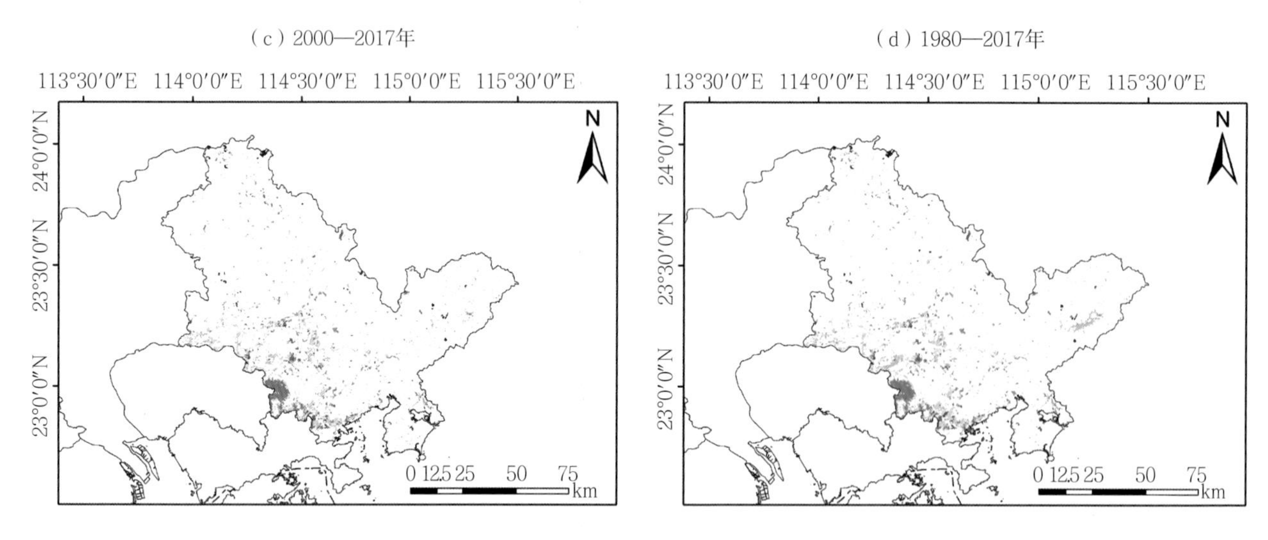


图2-8 惠州土地利用/覆被转移分布

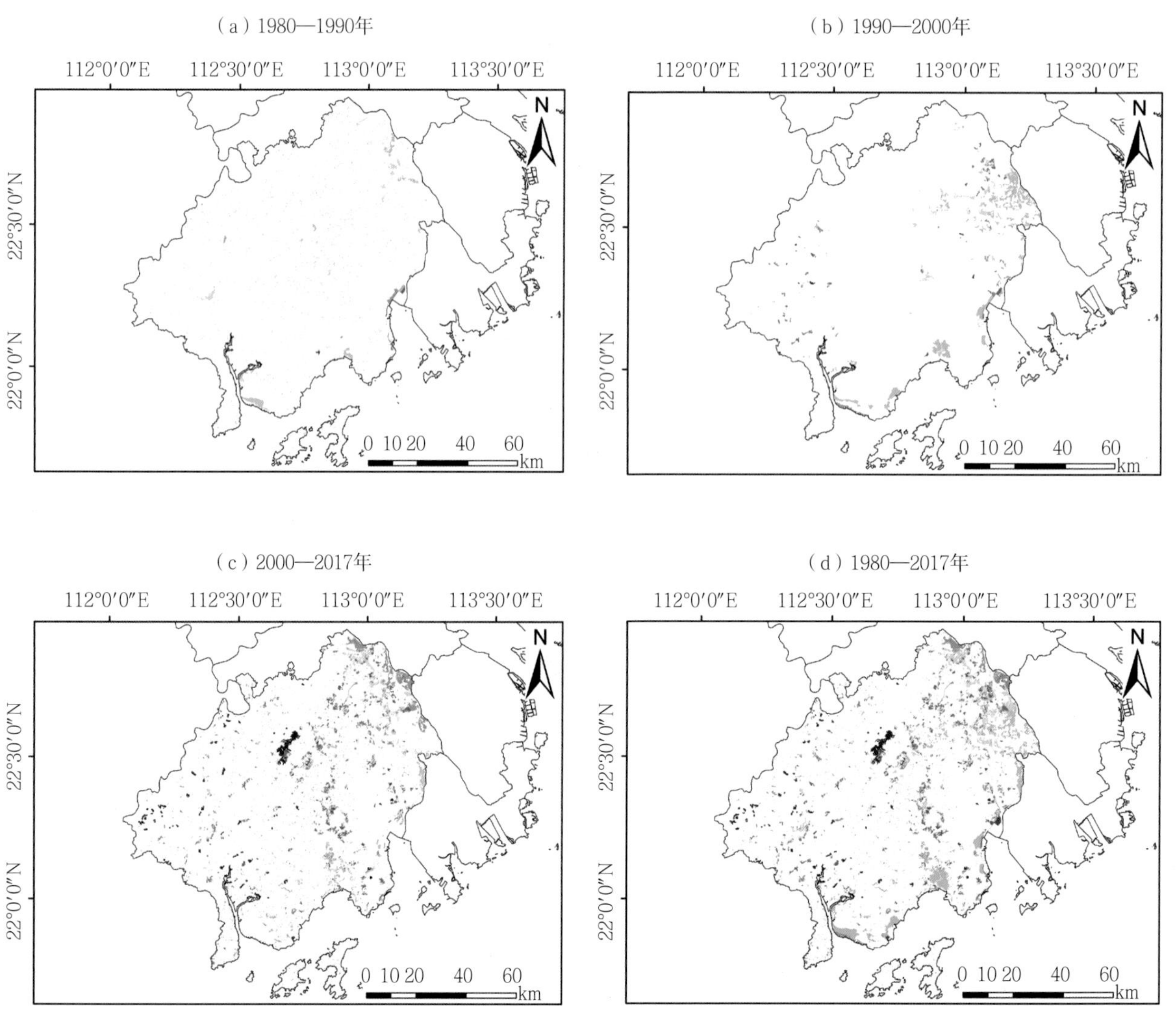


图2-9 江门土地利用/覆被转移分布

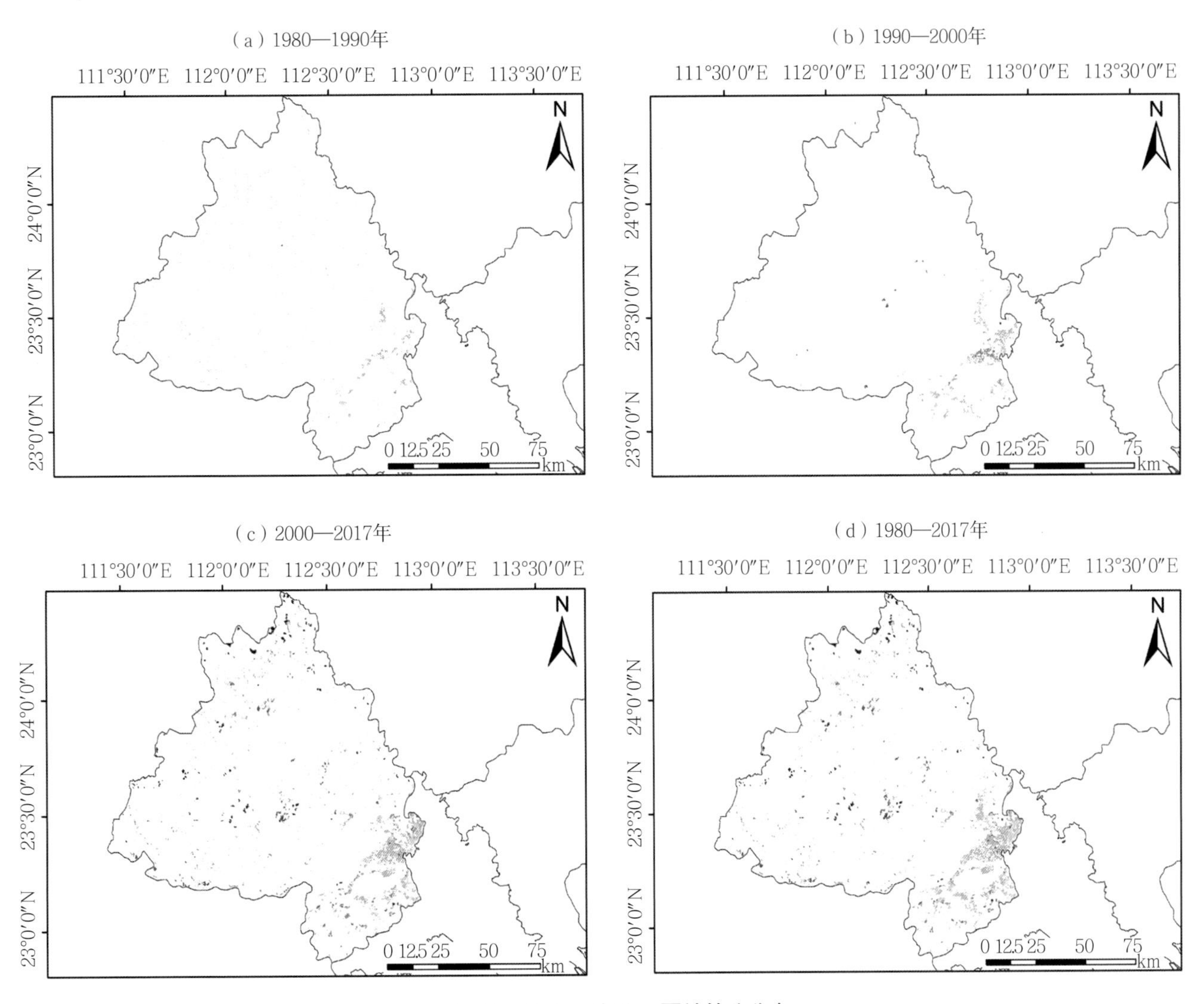


图2-10 肇庆土地利用/覆被转移分布

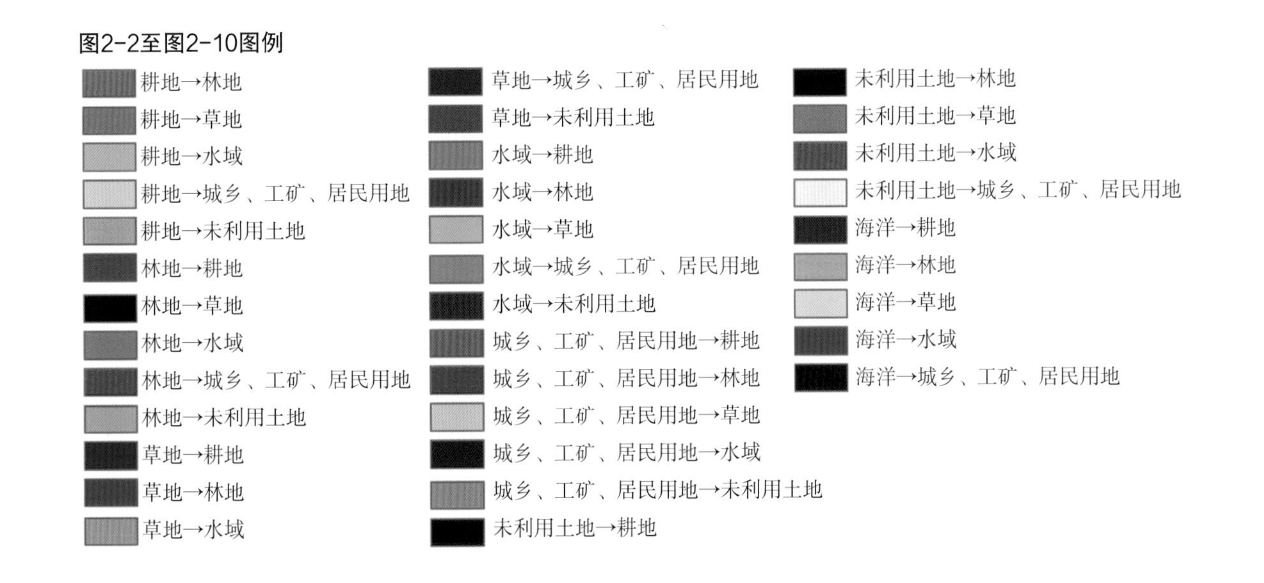

表2-3 粤港澳大湾区1980—2017年土地利用/覆被类型转移矩阵 单位：km²

| 1980—1990年 | | | | | | | | |
| --- | --- | --- | --- | --- | --- | --- | --- | --- |
| 土地利用/覆被类型 | 耕地 | 林地 | 草地 | 湿地、水域 | 城乡、工矿、居民用地 | 未利用土地 | 海洋 | 转移总面积 |
| 耕地 | 15 619.1 | 119.2 | 7.8 | 295.0 | 312.2 | 2.2 | 0.0 | 736.4 |
| 林地 | 112.7 | 30 707.3 | 23.4 | 23.0 | 34.4 | 0.2 | 0.4 | 194.0 |
| 草地 | 7.8 | 20.4 | 1 236.0 | 2.0 | 1.3 | 0.1 | 0.0 | 31.5 |
| 湿地、水域 | 73.5 | 21.2 | 2.5 | 3 309.4 | 14.8 | 0.0 | 1.4 | 113.5 |
| 城乡、工矿、居民用地 | 37.4 | 15.2 | 1.3 | 7.0 | 2 757.0 | 0.0 | 0.2 | 61.1 |
| 未利用土地 | 0.1 | 0.1 | 0.0 | 0.1 | 0.0 | 21.1 | 0.0 | 0.4 |
| 海洋 | 45.3 | 6.0 | 0.1 | 67.8 | 9.2 | 0.0 | 35.8 | 128.4 |
| 转移总面积 | 276.8 | 182.1 | 35.1 | 394.8 | 372.0 | 2.5 | 2.0 | — |
| 1990—2000年 | | | | | | | | |
| 土地利用/覆被类型 | 耕地 | 林地 | 草地 | 湿地、水域 | 城乡、工矿、居民用地 | 未利用土地 | 海洋 | 转移总面积 |
| 耕地 | 14 302.7 | 36.7 | 0.1 | 718.7 | 838.2 | 0.0 | 0.0 | 1 593.6 |
| 林地 | 44.9 | 30 539.1 | 9.4 | 6.0 | 293.9 | 0.0 | 0.0 | 354.2 |
| 草地 | 0.9 | 22.6 | 1 212.6 | 0.4 | 35.4 | 0.0 | 0.0 | 59.3 |
| 湿地、水域 | 68.2 | 4.6 | 0.0 | 3 509.5 | 122.4 | 0.0 | 0.0 | 195.3 |
| 城乡、工矿、居民用地 | 3.2 | 1.9 | 0.0 | 0.1 | 3 124.9 | 0.0 | 0.0 | 5.2 |
| 未利用土地 | 0.0 | 0.1 | 0.0 | 0.0 | 0.0 | 23.5 | 0.0 | 0.1 |
| 海洋 | 0.5 | 0.0 | 0.2 | 21.1 | 0.0 | 0.0 | 16.1 | 21.9 |
| 转移总面积 | 117.7 | 65.9 | 9.7 | 746.3 | 1 289.9 | 0.0 | 0.0 | — |
| 2000—2017年 | | | | | | | | |
| 土地利用/覆被类型 | 耕地 | 林地 | 草地 | 湿地、水域 | 城乡、工矿、居民用地 | 未利用土地 | 海洋 | 转移总面积 |
| 耕地 | 11 095.5 | 405.1 | 9.9 | 703.3 | 2 206.1 | 0.2 | 0.0 | 3 324.6 |
| 林地 | 177.1 | 29 190.8 | 195.3 | 77.2 | 961.1 | 0.4 | 0.0 | 1 411.1 |
| 草地 | 11.4 | 83.6 | 1 034.8 | 11.8 | 80.0 | 0.0 | 0.0 | 186.8 |
| 湿地、水域 | 579.0 | 41.0 | 7.8 | 2 958.8 | 647.1 | 0.2 | 0.0 | 1 275.2 |
| 城乡、工矿、居民用地 | 128.3 | 110.7 | 3.0 | 78.2 | 4 114.1 | 0.1 | 0.0 | 320.3 |
| 未利用土地 | 2.3 | 1.1 | 0.0 | 2.3 | 10.1 | 7.6 | 0.0 | 15.9 |
| 海洋 | 0.0 | 0.1 | 0.0 | 0.0 | 15.7 | 0.0 | 0.0 | 15.9 |
| 转移总面积 | 898.2 | 641.6 | 216.1 | 872.8 | 3 920.1 | 0.9 | 0.0 | — |
| 1980—2017年 | | | | | | | | |
| 土地利用/覆被类型 | 耕地 | 林地 | 草地 | 湿地、水域 | 城乡、工矿、居民用地 | 未利用土地 | 海洋 | 转移总面积 |
| 耕地 | 11 180.2 | 429.9 | 9.1 | 1 278.2 | 3 458.1 | 0.4 | 0.0 | 5 175.7 |
| 林地 | 184.0 | 29 197.1 | 199.8 | 81.0 | 1 241.8 | 0.4 | 0.0 | 1 707.1 |
| 草地 | 12.2 | 99.8 | 1 032.1 | 11.5 | 112.3 | 0.0 | 0.0 | 235.8 |
| 湿地、水域 | 501.6 | 37.3 | 5.2 | 2 349.6 | 529.4 | 0.0 | 0.0 | 1 073.5 |
| 城乡、工矿、居民用地 | 95.0 | 66.5 | 2.4 | 51.7 | 2 602.9 | 0.1 | 0.0 | 215.6 |
| 未利用土地 | 0.3 | 1.1 | 0.0 | 2.3 | 10.2 | 7.6 | 0.0 | 11.3 |
| 海洋 | 20.6 | 2.9 | 2.4 | 57.9 | 80.6 | 0.0 | 0.0 | 164.5 |
| 转移总面积 | 813.7 | 637.5 | 218.9 | 1 482.6 | 5 432.5 | 0.9 | 0.0 | — |

表2-4　香港1980—2017年土地利用/覆被类型转移矩阵　　单位：$km^2$

| 1980—1990年 | | | | | | | | |
|---|---|---|---|---|---|---|---|---|
| 土地利用/覆被类型 | 耕地 | 林地 | 草地 | 湿地、水域 | 城乡、工矿、居民用地 | 未利用土地 | 海洋 | 转移总面积 |
| 耕地 | 62.9 | 1.4 | 0.2 | 0.1 | 13.4 | 0.0 | 0.0 | 15.1 |
| 林地 | 1.3 | 606.2 | 4.5 | 0.6 | 5.3 | 0.0 | 0.3 | 12.0 |
| 草地 | 0.2 | 4.9 | 155.4 | 0.1 | 0.1 | 0.0 | 0.0 | 5.3 |
| 湿地、水域 | 0.1 | 0.6 | 0.1 | 38.5 | 4.0 | 0.0 | 0.0 | 4.8 |
| 城乡、工矿、居民用地 | 0.4 | 2.0 | 0.2 | 0.2 | 136.8 | 0.0 | 0.2 | 3.0 |
| 未利用土地 | 0.0 | 0.0 | 0.0 | 0.0 | 0.0 | 0.1 | 0.0 | 0.0 |
| 海洋 | 0.0 | 0.1 | 0.0 | 0.2 | 7.2 | 0.0 | 0.0 | 7.5 |
| 转移总面积 | 1.9 | 9.1 | 5.0 | 1.1 | 30.1 | 0.0 | 0.5 | — |
| 1990—2000年 | | | | | | | | |
| 土地利用/覆被类型 | 耕地 | 林地 | 草地 | 湿地、水域 | 城乡、工矿、居民用地 | 未利用土地 | 海洋 | 转移总面积 |
| 耕地 | 60.5 | 0.0 | 0.0 | 0.0 | 4.4 | 0.0 | 0.0 | 4.4 |
| 林地 | 0.0 | 612.2 | 0.0 | 0.0 | 4.6 | 0.0 | 0.0 | 4.6 |
| 草地 | 0.0 | 3.0 | 158.0 | 0.0 | 0.0 | 0.0 | 0.0 | 3.0 |
| 湿地、水域 | 0.0 | 0.1 | 0.0 | 39.5 | 0.1 | 0.0 | 0.0 | 0.2 |
| 城乡、工矿、居民用地 | 0.0 | 1.4 | 0.0 | 0.0 | 166.3 | 0.0 | 0.0 | 1.4 |
| 未利用土地 | 0.0 | 0.0 | 0.0 | 0.0 | 0.0 | 0.1 | 0.0 | 0.0 |
| 海洋 | 0.0 | 0.0 | 0.0 | 0.0 | 6.0 | 0.0 | 13.8 | 6.0 |
| 转移总面积 | 0.0 | 4.4 | 0.0 | 0.0 | 15.1 | 0.0 | 0.0 | — |
| 2000—2017年 | | | | | | | | |
| 土地利用/覆被类型 | 耕地 | 林地 | 草地 | 湿地、水域 | 城乡、工矿、居民用地 | 未利用土地 | 海洋 | 转移总面积 |
| 耕地 | 37.8 | 1.9 | 0.1 | 1.2 | 19.5 | 0.0 | 0.0 | 22.7 |
| 林地 | 1.5 | 593.8 | 4.7 | 1.8 | 13.5 | 0.0 | 0.0 | 21.5 |
| 草地 | 0.2 | 11.4 | 144.7 | 0.1 | 1.2 | 0.0 | 0.0 | 12.9 |
| 湿地、水域 | 1.0 | 1.5 | 0.1 | 36.0 | 0.9 | 0.0 | 0.0 | 3.4 |
| 城乡、工矿、居民用地 | 2.3 | 7.0 | 0.3 | 2.6 | 168.3 | 0.0 | 0.0 | 12.3 |
| 未利用土地 | 0.0 | 0.0 | 0.0 | 0.0 | 0.0 | 0.1 | 0.0 | 0.0 |
| 海洋 | 0.0 | 0.1 | 0.0 | 0.0 | 13.6 | 0.0 | 0.0 | 13.7 |
| 转移总面积 | 4.9 | 21.8 | 5.2 | 5.8 | 48.7 | 0.0 | 0.0 | — |
| 1980—2017年 | | | | | | | | |
| 土地利用/覆被类型 | 耕地 | 林地 | 草地 | 湿地、水域 | 城乡、工矿、居民用地 | 未利用土地 | 海洋 | 转移总面积 |
| 耕地 | 39.0 | 1.9 | 0.1 | 1.8 | 35.4 | 0.0 | 0.0 | 39.1 |
| 林地 | 1.0 | 595.6 | 1.9 | 1.5 | 19.3 | 0.0 | 0.0 | 23.7 |
| 草地 | 0.1 | 12.0 | 147.7 | 0.0 | 1.0 | 0.0 | 0.0 | 13.2 |
| 湿地、水域 | 1.0 | 1.7 | 0.0 | 36.7 | 4.0 | 0.0 | 0.0 | 6.7 |
| 城乡、工矿、居民用地 | 1.7 | 4.3 | 0.3 | 1.6 | 132.3 | 0.0 | 0.0 | 7.8 |
| 未利用土地 | 0.0 | 0.0 | 0.0 | 0.0 | 0.0 | 0.1 | 0.0 | 0.0 |
| 海洋 | 0.0 | 1.1 | 0.0 | 0.3 | 25.6 | 0.0 | 0.0 | 26.9 |
| 转移总面积 | 3.8 | 20.9 | 2.2 | 5.1 | 85.3 | 0.0 | 0.0 | — |

表2-5 澳门1980—2017年土地利用/覆被类型转移矩阵 单位：$km^2$

1980—1990年

| 土地利用/覆被类型 | 耕地 | 林地 | 草地 | 湿地、水域 | 城乡、工矿、居民用地 | 未利用土地 | 海洋 | 转移总面积 |
|---|---|---|---|---|---|---|---|---|
| 耕地 | 0.8 | 0.0 | 0.0 | 0.0 | 0.0 | 0.0 | 0.0 | 0.0 |
| 林地 | 0.0 | 6.4 | 0.0 | 0.0 | 0.1 | 0.0 | 0.0 | 0.2 |
| 草地 | 0.0 | 0.0 | 0.0 | 0.0 | 0.0 | 0.0 | 0.0 | 0.0 |
| 湿地、水域 | 0.0 | 0.0 | 0.0 | 1.2 | 0.1 | 0.0 | 0.0 | 0.1 |
| 城乡、工矿、居民用地 | 0.0 | 0.1 | 0.0 | 0.1 | 8.8 | 0.0 | 0.1 | 0.3 |
| 未利用土地 | 0.0 | 0.0 | 0.0 | 0.0 | 0.0 | 0.0 | 0.0 | 0.0 |
| 海洋 | 0.0 | 0.1 | 0.0 | 3.6 | 0.3 | 0.0 | 3.5 | 4.0 |
| 转移总面积 | 0.0 | 0.2 | 0.0 | 3.7 | 0.5 | 0.0 | 0.1 | — |

1990—2000年

| 土地利用/覆被类型 | 耕地 | 林地 | 草地 | 湿地、水域 | 城乡、工矿、居民用地 | 未利用土地 | 海洋 | 转移总面积 |
|---|---|---|---|---|---|---|---|---|
| 耕地 | 0.8 | 0.0 | 0.0 | 0.0 | 0.1 | 0.0 | 0.0 | 0.1 |
| 林地 | 0.0 | 6.6 | 0.0 | 0.0 | 0.0 | 0.0 | 0.0 | 0.0 |
| 草地 | 0.0 | 0.0 | 0.0 | 0.0 | 0.0 | 0.0 | 0.0 | 0.0 |
| 湿地、水域 | 0.0 | 0.0 | 0.0 | 5.0 | 0.0 | 0.0 | 0.0 | 0.0 |
| 城乡、工矿、居民用地 | 0.0 | 0.0 | 0.0 | 0.0 | 9.4 | 0.0 | 0.0 | 0.0 |
| 未利用土地 | 0.0 | 0.0 | 0.0 | 0.0 | 0.0 | 0.0 | 0.0 | 0.0 |
| 海洋 | 0.0 | 0.0 | 0.0 | 0.0 | 1.6 | 0.0 | 0.0 | 1.6 |
| 转移总面积 | 0.0 | 0.0 | 0.0 | 0.0 | 1.7 | 0.0 | 0.0 | — |

2000—2017年

| 土地利用/覆被类型 | 耕地 | 林地 | 草地 | 湿地、水域 | 城乡、工矿、居民用地 | 未利用土地 | 海洋 | 转移总面积 |
|---|---|---|---|---|---|---|---|---|
| 耕地 | 0.0 | 0.8 | 0.0 | 0.0 | 0.0 | 0.0 | 0.0 | 0.8 |
| 林地 | 0.0 | 6.4 | 0.0 | 0.0 | 0.2 | 0.0 | 0.0 | 0.2 |
| 草地 | 0.0 | 0.0 | 0.0 | 0.0 | 0.0 | 0.0 | 0.0 | 0.0 |
| 湿地、水域 | 0.0 | 0.0 | 0.8 | 1.4 | 2.8 | 0.0 | 0.0 | 3.6 |
| 城乡、工矿、居民用地 | 0.0 | 0.3 | 0.4 | 0.0 | 10.3 | 0.0 | 0.0 | 0.8 |
| 未利用土地 | 0.0 | 0.0 | 0.0 | 0.0 | 0.0 | 0.0 | 0.0 | 0.0 |
| 海洋 | 0.0 | 0.0 | 0.0 | 0.0 | 2.0 | 0.0 | 0.0 | 2.0 |
| 转移总面积 | 0.0 | 1.1 | 1.2 | 0.0 | 5.0 | 0.0 | 0.0 | — |

1980—2017年

| 土地利用/覆被类型 | 耕地 | 林地 | 草地 | 湿地、水域 | 城乡、工矿、居民用地 | 未利用土地 | 海洋 | 转移总面积 |
|---|---|---|---|---|---|---|---|---|
| 耕地 | 0.0 | 0.7 | 0.0 | 0.0 | 0.1 | 0.0 | 0.0 | 0.8 |
| 林地 | 0.0 | 6.3 | 0.0 | 0.0 | 0.2 | 0.0 | 0.0 | 0.2 |
| 草地 | 0.0 | 0.0 | 0.0 | 0.0 | 0.0 | 0.0 | 0.0 | 0.0 |
| 湿地、水域 | 0.0 | 0.0 | 0.0 | 1.2 | 0.1 | 0.0 | 0.0 | 0.1 |
| 城乡、工矿、居民用地 | 0.0 | 0.4 | 0.2 | 0.0 | 8.5 | 0.0 | 0.0 | 0.6 |
| 未利用土地 | 0.0 | 0.0 | 0.0 | 0.0 | 0.0 | 0.0 | 0.0 | 0.0 |
| 海洋 | 0.0 | 0.1 | 1.0 | 0.1 | 6.4 | 0.0 | 0.0 | 7.6 |
| 转移总面积 | 0.0 | 1.2 | 1.2 | 0.2 | 6.8 | 0.0 | 0.0 | — |

表2-6　广州1980—2017年土地利用/覆被类型转移矩阵　　单位：km²

| 1980—1990年 | | | | | | | | |
|---|---|---|---|---|---|---|---|---|
| 土地利用/覆被类型 | 耕地 | 林地 | 草地 | 湿地、水域 | 城乡、工矿、居民用地 | 未利用土地 | 海洋 | 转移总面积 |
| 耕地 | 2 775.0 | 216.9 | 1.0 | 22.0 | 77.9 | 0.0 | 0.0 | 317.9 |
| 林地 | 17.0 | 3 156.7 | 2.1 | 3.6 | 2.9 | 0.1 | 0.0 | 25.6 |
| 草地 | 1.1 | 1.5 | 104.7 | 0.1 | 0.1 | 0.1 | 0.0 | 2.8 |
| 湿地、水域 | 6.7 | 2.7 | 0.1 | 383.5 | 0.9 | 0.0 | 0.0 | 10.5 |
| 城乡、工矿、居民用地 | 8.5 | 2.4 | 0.1 | 1.1 | 535.0 | 0.0 | 0.0 | 12.1 |
| 未利用土地 | 0.0 | 0.1 | 0.0 | 0.0 | 0.0 | 4.8 | 0.0 | 0.1 |
| 海洋 | 34.3 | 0.6 | 0.0 | 4.1 | 0.0 | 0.0 | 0.0 | 39.0 |
| 转移总面积 | 67.5 | 224.1 | 3.3 | 31.0 | 81.9 | 0.2 | 0.0 | — |

| 1990—2000年 | | | | | | | | |
|---|---|---|---|---|---|---|---|---|
| 土地利用/覆被类型 | 耕地 | 林地 | 草地 | 湿地、水域 | 城乡、工矿、居民用地 | 未利用土地 | 海洋 | 转移总面积 |
| 耕地 | 2 565.1 | 2.9 | 0.0 | 91.5 | 183.2 | 0.0 | 0.0 | 277.6 |
| 林地 | 13.7 | 3 150.2 | 1.5 | 0.5 | 19.8 | 0.0 | 0.0 | 35.5 |
| 草地 | 0.0 | 0.9 | 106.0 | 0.0 | 1.1 | 0.0 | 0.0 | 2.0 |
| 湿地、水域 | 0.4 | 0.0 | 0.0 | 413.1 | 1.0 | 0.0 | 0.0 | 1.4 |
| 城乡、工矿、居民用地 | 3.0 | 0.2 | 0.0 | 0.0 | 613.7 | 0.0 | 0.0 | 3.2 |
| 未利用土地 | 0.0 | 0.0 | 0.0 | 0.0 | 5.0 | 0.0 | 0.0 | 5.0 |
| 海洋 | 0.0 | 0.0 | 0.0 | 0.0 | 0.0 | 0.0 | 0.0 | 0.0 |
| 转移总面积 | 17.1 | 4.0 | 1.5 | 92.0 | 210.1 | 0.0 | 0.0 | — |

| 2000—2017年 | | | | | | | | |
|---|---|---|---|---|---|---|---|---|
| 土地利用/覆被类型 | 耕地 | 林地 | 草地 | 湿地、水域 | 城乡、工矿、居民用地 | 未利用土地 | 海洋 | 转移总面积 |
| 耕地 | 1 943.4 | 40.8 | 1.8 | 72.3 | 523.8 | 0.0 | 0.0 | 638.7 |
| 林地 | 30.8 | 2 976.4 | 3.7 | 6.3 | 136.8 | 0.1 | 0.0 | 177.6 |
| 草地 | 1.0 | 4.5 | 88.8 | 0.8 | 12.4 | 0.0 | 0.0 | 18.7 |
| 湿地、水域 | 19.1 | 4.4 | 0.3 | 444.6 | 36.8 | 0.0 | 0.0 | 60.5 |
| 城乡、工矿、居民用地 | 31.6 | 15.6 | 0.2 | 23.1 | 748.3 | 0.0 | 0.0 | 70.6 |
| 未利用土地 | 0.2 | 0.7 | 0.0 | 0.3 | 1.8 | 2.0 | 0.0 | 3.0 |
| 海洋 | 0.0 | 0.0 | 0.0 | 0.0 | 0.0 | 0.0 | 0.0 | 0.0 |
| 转移总面积 | 82.6 | 66.0 | 6.0 | 102.7 | 711.5 | 0.2 | 0.0 | — |

| 1980—2017年 | | | | | | | | |
|---|---|---|---|---|---|---|---|---|
| 土地利用/覆被类型 | 耕地 | 林地 | 草地 | 湿地、水域 | 城乡、工矿、居民用地 | 未利用土地 | 海洋 | 转移总面积 |
| 耕地 | 1 945.7 | 43.2 | 1.7 | 147.3 | 759.8 | 0.0 | 0.0 | 952.0 |
| 林地 | 31.2 | 2 979.5 | 4.9 | 7.7 | 159.0 | 0.1 | 0.0 | 202.9 |
| 草地 | 0.9 | 4.2 | 87.7 | 0.8 | 13.9 | 0.0 | 0.0 | 19.8 |
| 湿地、水域 | 10.5 | 3.5 | 0.3 | 357.1 | 22.6 | 0.0 | 0.0 | 36.9 |
| 城乡、工矿、居民用地 | 24.6 | 10.6 | 0.2 | 9.8 | 501.9 | 0.0 | 0.0 | 45.2 |
| 未利用土地 | 0.2 | 0.8 | 0.0 | 0.3 | 1.8 | 1.9 | 0.0 | 3.0 |
| 海洋 | 12.8 | 0.8 | 0.0 | 24.5 | 0.9 | 0.0 | 0.0 | 39.0 |
| 转移总面积 | 80.3 | 63.0 | 7.1 | 190.2 | 957.9 | 0.2 | 0.0 | — |

表2-7　佛山1980—2017年土地利用/覆被类型转移矩阵　　单位：$km^2$

| 1980—1990年 | | | | | | | | |
|---|---|---|---|---|---|---|---|---|
| 土地利用/覆被类型 | 耕地 | 林地 | 草地 | 湿地、水域 | 城乡、工矿、居民用地 | 未利用土地 | 海洋 | 转移总面积 |
| 耕地 | 1 586.1 | 5.5 | 0.2 | 43.5 | 32.2 | 0.0 | 0.0 | 81.4 |
| 林地 | 5.4 | 902.0 | 0.1 | 1.8 | 0.8 | 0.0 | 0.0 | 8.1 |
| 草地 | 0.2 | 0.1 | 12.4 | 0.0 | 0.1 | 0.0 | 0.0 | 0.4 |
| 湿地、水域 | 6.6 | 1.8 | 0.0 | 874.8 | 2.0 | 0.0 | 0.0 | 10.4 |
| 城乡、工矿、居民用地 | 4.4 | 0.8 | 0.0 | 2.0 | 310.5 | 0.0 | 0.0 | 7.1 |
| 未利用土地 | 0.0 | 0.0 | 0.0 | 0.0 | 3.3 | 0.0 | 0.0 | 3.3 |
| 海洋 | 0.0 | 0.0 | 0.0 | 0.0 | 0.0 | 0.0 | 0.0 | 0.0 |
| 转移总面积 | 16.5 | 8.2 | 0.4 | 47.3 | 38.2 | 0.1 | 0.0 | — |

| 1990—2000年 | | | | | | | | |
|---|---|---|---|---|---|---|---|---|
| 土地利用/覆被类型 | 耕地 | 林地 | 草地 | 湿地、水域 | 城乡、工矿、居民用地 | 未利用土地 | 海洋 | 转移总面积 |
| 耕地 | 1 218.7 | 6.6 | 0.0 | 214.0 | 163.2 | 0.0 | 0.0 | 383.9 |
| 林地 | 1.0 | 899.1 | 0.0 | 0.1 | 10.0 | 0.0 | 0.0 | 11.1 |
| 草地 | 0.0 | 0.0 | 12.7 | 0.0 | 0.1 | 0.0 | 0.0 | 0.1 |
| 湿地、水域 | 1.4 | 0.0 | 0.0 | 884.1 | 36.6 | 0.0 | 0.0 | 38.1 |
| 城乡、工矿、居民用地 | 0.0 | 0.1 | 0.0 | 0.0 | 345.2 | 0.0 | 0.0 | 0.2 |
| 未利用土地 | 0.0 | 0.0 | 0.0 | 0.0 | 0.0 | 3.3 | 0.0 | 0.0 |
| 海洋 | 0.0 | 0.0 | 0.0 | 0.0 | 0.0 | 0.0 | 0.0 | 0.0 |
| 转移总面积 | 2.5 | 6.8 | 0.0 | 214.1 | 210.0 | 0.0 | 0.0 | — |

| 2000—2017年 | | | | | | | | |
|---|---|---|---|---|---|---|---|---|
| 土地利用/覆被类型 | 耕地 | 林地 | 草地 | 湿地、水域 | 城乡、工矿、居民用地 | 未利用土地 | 海洋 | 转移总面积 |
| 耕地 | 782.7 | 15.5 | 0.1 | 78.5 | 344.4 | 0.0 | 0.0 | 438.6 |
| 林地 | 13.6 | 276.9 | 0.9 | 4.6 | 69.7 | 0.0 | 0.0 | 88.9 |
| 草地 | 0.8 | 0.1 | 8.3 | 0.1 | 3.3 | 0.0 | 0.0 | 4.3 |
| 湿地、水域 | 398.1 | 8.5 | 0.0 | 454.3 | 237.2 | 0.0 | 0.0 | 643.9 |
| 城乡、工矿、居民用地 | 12.8 | 4.8 | 0.0 | 4.4 | 533.3 | 0.0 | 0.0 | 21.9 |
| 未利用土地 | 0.1 | 0.1 | 0.0 | 0.1 | 1.6 | 1.4 | 0.0 | 1.9 |
| 海洋 | 0.0 | 0.0 | 0.0 | 0.0 | 0.0 | 0.0 | 0.0 | 0.0 |
| 转移总面积 | 425.4 | 29.0 | 1.1 | 87.8 | 656.2 | 0.0 | 0.0 | — |

| 1980—2017年 | | | | | | | | |
|---|---|---|---|---|---|---|---|---|
| 土地利用/覆被类型 | 耕地 | 林地 | 草地 | 湿地、水域 | 城乡、工矿、居民用地 | 未利用土地 | 海洋 | 转移总面积 |
| 耕地 | 852.5 | 20.2 | 0.1 | 196.1 | 598.6 | 0.0 | 0.0 | 815.0 |
| 林地 | 13.8 | 815.5 | 0.9 | 4.7 | 75.1 | 0.0 | 0.0 | 94.5 |
| 草地 | 0.8 | 0.1 | 8.4 | 0.2 | 3.4 | 0.0 | 0.0 | 4.4 |
| 湿地、水域 | 331.2 | 7.6 | 0.0 | 338.1 | 208.3 | 0.0 | 0.0 | 547.1 |
| 城乡、工矿、居民用地 | 9.7 | 2.4 | 0.0 | 2.9 | 302.5 | 0.0 | 0.0 | 15.1 |
| 未利用土地 | 0.0 | 0.1 | 0.0 | 0.1 | 1.6 | 1.4 | 0.0 | 1.9 |
| 海洋 | 0.0 | 0.0 | 0.0 | 0.0 | 0.0 | 0.0 | 0.0 | 0.0 |
| 转移总面积 | 355.6 | 30.4 | 1.0 | 204.0 | 887.0 | 0.0 | 0.0 | — |

**表2-8　东莞1980—2017年土地利用/覆被类型转移矩阵**　　单位：$km^2$

| 1980—1990年 | | | | | | | | |
|---|---|---|---|---|---|---|---|---|
| 土地利用/覆被类型 | 耕地 | 林地 | 草地 | 湿地、水域 | 城乡、工矿、居民用地 | 未利用土地 | 海洋 | 转移总面积 |
| 耕地 | 844.2 | 6.2 | 0.5 | 40.8 | 46.1 | 0.0 | 0.0 | 93.6 |
| 林地 | 5.6 | 846.8 | 1.2 | 1.3 | 3.9 | 0.0 | 0.0 | 12.1 |
| 草地 | 0.4 | 1.3 | 88.8 | 0.3 | 0.2 | 0.0 | 0.0 | 2.1 |
| 湿地、水域 | 2.8 | 1.9 | 0.3 | 239.0 | 1.9 | 0.0 | 0.0 | 6.9 |
| 城乡、工矿、居民用地 | 3.4 | 2.2 | 0.1 | 1.0 | 304.1 | 0.0 | 0.0 | 6.8 |
| 未利用土地 | 0.0 | 0.0 | 0.0 | 0.0 | 0.0 | 1.9 | 0.0 | 0.0 |
| 海洋 | 0.0 | 0.0 | 0.0 | 0.0 | 0.0 | 0.0 | 0.0 | 0.0 |
| 转移总面积 | 12.3 | 11.6 | 2.1 | 43.4 | 52.1 | 0.0 | 0.0 | — |
| 1990—2000年 | | | | | | | | |
| 土地利用/覆被类型 | 耕地 | 林地 | 草地 | 湿地、水域 | 城乡、工矿、居民用地 | 未利用土地 | 海洋 | 转移总面积 |
| 耕地 | 680.0 | 0.0 | 0.0 | 15.4 | 161.0 | 0.0 | 0.0 | 176.5 |
| 林地 | 0.1 | 755.4 | 0.0 | 0.0 | 102.9 | 0.0 | 0.0 | 103.0 |
| 草地 | 0.0 | 0.0 | 83.0 | 0.0 | 7.9 | 0.0 | 0.0 | 7.9 |
| 湿地、水域 | 0.4 | 0.0 | 0.0 | 276.4 | 5.7 | 0.0 | 0.0 | 6.1 |
| 城乡、工矿、居民用地 | 0.0 | 0.0 | 0.0 | 0.0 | 356.2 | 0.0 | 0.0 | 0.0 |
| 未利用土地 | 0.0 | 0.0 | 0.0 | 0.0 | 0.0 | 1.9 | 0.0 | 0.0 |
| 海洋 | 0.0 | 0.0 | 0.0 | 0.0 | 0.0 | 0.0 | 0.0 | 0.0 |
| 转移总面积 | 0.5 | 0.1 | 0.0 | 15.4 | 277.4 | 0.0 | 0.0 | — |
| 2000—2017年 | | | | | | | | |
| 土地利用/覆被类型 | 耕地 | 林地 | 草地 | 湿地、水域 | 城乡、工矿、居民用地 | 未利用土地 | 海洋 | 转移总面积 |
| 耕地 | 207.4 | 71.7 | 1.4 | 38.5 | 361.6 | 0.0 | 0.0 | 473.2 |
| 林地 | 32.0 | 494.9 | 1.6 | 12.2 | 214.7 | 0.0 | 0.0 | 260.6 |
| 草地 | 3.4 | 5.2 | 52.0 | 2.2 | 20.2 | 0.0 | 0.0 | 31.0 |
| 湿地、水域 | 9.3 | 7.2 | 1.1 | 210.9 | 63.1 | 0.0 | 0.0 | 80.8 |
| 城乡、工矿、居民用地 | 17.1 | 23.9 | 0.7 | 13.7 | 577.9 | 0.1 | 0.0 | 55.5 |
| 未利用土地 | 0.0 | 0.0 | 0.0 | 1.9 | 0.0 | 0.0 | 0.0 | 1.9 |
| 海洋 | 0.0 | 0.0 | 0.0 | 0.0 | 0.0 | 0.0 | 0.0 | 0.0 |
| 转移总面积 | 61.9 | 108.0 | 4.7 | 68.6 | 659.7 | 0.1 | 0.0 | — |
| 1980—2017年 | | | | | | | | |
| 土地利用/覆被类型 | 耕地 | 林地 | 草地 | 湿地、水域 | 城乡、工矿、居民用地 | 未利用土地 | 海洋 | 转移总面积 |
| 耕地 | 212.2 | 77.6 | 1.4 | 56.2 | 590.4 | 0.0 | 0.0 | 725.5 |
| 林地 | 33.5 | 498.8 | 1.4 | 12.3 | 312.9 | 0.0 | 0.0 | 360.1 |
| 草地 | 3.6 | 5.3 | 52.3 | 2.2 | 27.5 | 0.0 | 0.0 | 38.6 |
| 湿地、水域 | 7.2 | 4.5 | 1.1 | 196.9 | 36.1 | 0.0 | 0.0 | 48.8 |
| 城乡、工矿、居民用地 | 12.8 | 16.7 | 0.6 | 9.9 | 270.7 | 0.1 | 0.0 | 40.1 |
| 未利用土地 | 0.0 | 0.0 | 0.0 | 1.9 | 0.0 | 0.0 | 0.0 | 1.9 |
| 海洋 | 0.0 | 0.0 | 0.0 | 0.0 | 0.0 | 0.0 | 0.0 | 0.0 |
| 转移总面积 | 57.0 | 104.1 | 4.4 | 82.6 | 966.9 | 0.1 | 0.0 | — |

表2-9 深圳1980—2017年土地利用/覆被类型转移矩阵 单位：$km^2$

| 1980—1990年 | | | | | | | | |
|---|---|---|---|---|---|---|---|---|
| 土地利用/覆被类型 | 耕地 | 林地 | 草地 | 湿地、水域 | 城乡、工矿、居民用地 | 未利用土地 | 海洋 | 转移总面积 |
| 耕地 | 382.5 | 3.7 | 0.4 | 52.0 | 71.5 | 0.0 | 0.0 | 127.5 |
| 林地 | 3.6 | 971.9 | 0.7 | 0.9 | 13.9 | 0.0 | 0.0 | 19.0 |
| 草地 | 0.2 | 0.7 | 51.6 | 0.1 | 0.1 | 0.0 | 0.0 | 1.2 |
| 湿地、水域 | 0.3 | 0.9 | 0.1 | 52.5 | 0.1 | 0.0 | 0.0 | 1.5 |
| 城乡、工矿、居民用地 | 1.0 | 1.1 | 0.1 | 0.2 | 245.4 | 0.0 | 0.0 | 2.5 |
| 未利用土地 | 0.0 | 0.0 | 0.0 | 0.0 | 0.0 | 0.0 | 0.0 | 0.0 |
| 海洋 | 0.0 | 0.0 | 0.0 | 14.1 | 1.4 | 0.0 | 0.0 | 15.5 |
| 转移总面积 | 5.2 | 6.4 | 1.2 | 67.3 | 87.0 | 0.0 | 0.1 | — |
| 1990—2000年 | | | | | | | | |
| 土地利用/覆被类型 | 耕地 | 林地 | 草地 | 湿地、水域 | 城乡、工矿、居民用地 | 未利用土地 | 海洋 | 转移总面积 |
| 耕地 | 283.8 | 4.3 | 0.0 | 2.2 | 97.4 | 0.0 | 0.0 | 104.0 |
| 林地 | 14.9 | 861.1 | 1.7 | 1.1 | 99.6 | 0.0 | 0.0 | 117.4 |
| 草地 | 0.0 | 1.2 | 30.8 | 0.0 | 20.8 | 0.0 | 0.0 | 22.0 |
| 湿地、水域 | 2.0 | 2.9 | 0.0 | 94.7 | 19.9 | 0.0 | 0.0 | 24.8 |
| 城乡、工矿、居民用地 | 0.0 | 0.0 | 0.0 | 0.0 | 332.4 | 0.0 | 0.0 | 0.0 |
| 未利用土地 | 0.0 | 0.0 | 0.0 | 0.0 | 0.0 | 0.0 | 0.0 | 0.0 |
| 海洋 | 0.0 | 0.0 | 0.0 | 0.0 | 5.3 | 0.0 | 0.0 | 5.3 |
| 转移总面积 | 16.9 | 8.5 | 1.8 | 3.3 | 243.1 | 0.0 | 0.0 | — |
| 2000—2017年 | | | | | | | | |
| 土地利用/覆被类型 | 耕地 | 林地 | 草地 | 湿地、水域 | 城乡、工矿、居民用地 | 未利用土地 | 海洋 | 转移总面积 |
| 耕地 | 114.3 | 17.5 | 0.1 | 6.5 | 162.8 | 0.0 | 0.0 | 186.9 |
| 林地 | 3.5 | 715.1 | 0.9 | 3.2 | 146.8 | 0.0 | 0.0 | 154.3 |
| 草地 | 0.1 | 0.7 | 20.2 | 0.2 | 11.4 | 0.0 | 0.0 | 12.3 |
| 湿地、水域 | 0.6 | 1.7 | 0.1 | 40.1 | 55.7 | 0.0 | 0.0 | 58.0 |
| 城乡、工矿、居民用地 | 1.3 | 28.0 | 0.0 | 5.3 | 540.8 | 0.0 | 0.0 | 34.6 |
| 未利用土地 | 0.0 | 0.0 | 0.0 | 0.0 | 0.0 | 0.0 | 0.0 | 0.0 |
| 海洋 | 0.0 | 0.0 | 0.0 | 0.0 | 0.0 | 0.0 | 0.0 | 0.0 |
| 转移总面积 | 5.5 | 47.9 | 1.0 | 15.1 | 376.6 | 0.0 | 0.0 | — |
| 1980—2017年 | | | | | | | | |
| 土地利用/覆被类型 | 耕地 | 林地 | 草地 | 湿地、水域 | 城乡、工矿、居民用地 | 未利用土地 | 海洋 | 转移总面积 |
| 耕地 | 108.2 | 18.1 | 0.1 | 10.4 | 373.3 | 0.0 | 0.0 | 401.9 |
| 林地 | 9.6 | 729.8 | 1.8 | 5.3 | 244.6 | 0.0 | 0.0 | 261.4 |
| 草地 | 0.1 | 2.6 | 19.3 | 0.2 | 30.6 | 0.0 | 0.0 | 33.5 |
| 湿地、水域 | 1.2 | 1.6 | 0.1 | 35.2 | 15.8 | 0.0 | 0.0 | 18.6 |
| 城乡、工矿、居民用地 | 0.3 | 11.0 | 0.0 | 2.3 | 234.5 | 0.0 | 0.0 | 13.5 |
| 未利用土地 | 0.0 | 0.0 | 0.0 | 0.0 | 0.0 | 0.0 | 0.0 | 0.0 |
| 海洋 | 0.0 | 0.1 | 0.0 | 1.8 | 18.8 | 0.0 | 0.0 | 20.8 |
| 转移总面积 | 11.1 | 33.4 | 2.0 | 20.1 | 683.1 | 0.0 | 0.0 | — |

表2-10　中山1980—2017年土地利用/覆被类型转移矩阵　　单位：km²

| 1980—1990年 | | | | | | | | |
|---|---|---|---|---|---|---|---|---|
| 土地利用/覆被类型 | 耕地 | 林地 | 草地 | 湿地、水域 | 城乡、工矿、居民用地 | 未利用土地 | 海洋 | 转移总面积 |
| 耕地 | 789.7 | 1.7 | 0.0 | 8.0 | 14.6 | 0.0 | 0.0 | 24.4 |
| 林地 | 1.6 | 405.0 | 0.2 | 0.5 | 0.6 | 0.0 | 0.0 | 2.9 |
| 草地 | 0.0 | 0.2 | 4.8 | 0.0 | 0.1 | 0.0 | 0.0 | 0.2 |
| 湿地、水域 | 4.3 | 0.4 | 0.0 | 377.0 | 0.4 | 0.0 | 0.0 | 5.1 |
| 城乡、工矿、居民用地 | 0.9 | 0.6 | 0.0 | 0.4 | 102.1 | 0.0 | 0.0 | 1.9 |
| 未利用土地 | 0.0 | 0.0 | 0.0 | 0.0 | 0.0 | 0.2 | 0.0 | 0.0 |
| 海洋 | 0.0 | 0.0 | 0.0 | 0.0 | 0.0 | 0.0 | 0.0 | 0.0 |
| 转移总面积 | 6.8 | 2.9 | 0.2 | 8.9 | 15.7 | 0.0 | 0.0 | — |
| 1990—2000年 | | | | | | | | |
| 土地利用/覆被类型 | 耕地 | 林地 | 草地 | 湿地、水域 | 城乡、工矿、居民用地 | 未利用土地 | 海洋 | 转移总面积 |
| 耕地 | 636.3 | 0.0 | 0.0 | 100.0 | 60.3 | 0.0 | 0.0 | 160.3 |
| 林地 | 2.3 | 395.6 | 0.0 | 0.0 | 10.0 | 0.0 | 0.0 | 12.3 |
| 草地 | 0.0 | 0.5 | 4.5 | 0.0 | 0.1 | 0.0 | 0.0 | 0.5 |
| 湿地、水域 | 9.6 | 0.0 | 0.0 | 350.5 | 25.9 | 0.0 | 0.0 | 35.6 |
| 城乡、工矿、居民用地 | 0.0 | 0.2 | 0.0 | 0.0 | 117.5 | 0.0 | 0.0 | 0.3 |
| 未利用土地 | 0.0 | 0.0 | 0.0 | 0.0 | 0.0 | 0.2 | 0.0 | 0.0 |
| 海洋 | 0.0 | 0.0 | 0.0 | 0.0 | 0.0 | 0.0 | 0.0 | 0.0 |
| 转移总面积 | 12.0 | 0.7 | 0.0 | 100.0 | 96.2 | 0.0 | 0.0 | — |
| 2000—2017年 | | | | | | | | |
| 土地利用/覆被类型 | 耕地 | 林地 | 草地 | 湿地、水域 | 城乡、工矿、居民用地 | 未利用土地 | 海洋 | 转移总面积 |
| 耕地 | 466.0 | 3.3 | 0.0 | 33.9 | 145.0 | 0.0 | 0.0 | 182.2 |
| 林地 | 2.4 | 343.6 | 0.2 | 4.2 | 46.1 | 0.0 | 0.0 | 52.8 |
| 草地 | 0.0 | 0.3 | 3.2 | 0.0 | 1.0 | 0.0 | 0.0 | 1.3 |
| 湿地、水域 | 60.1 | 0.9 | 0.0 | 249.7 | 139.7 | 0.0 | 0.0 | 200.7 |
| 城乡、工矿、居民用地 | 1.4 | 2.2 | 0.0 | 1.5 | 208.6 | 0.0 | 0.0 | 5.1 |
| 未利用土地 | 0.0 | 0.0 | 0.0 | 0.0 | 0.1 | 0.1 | 0.0 | 0.1 |
| 海洋 | 0.0 | 0.0 | 0.0 | 0.0 | 0.0 | 0.0 | 0.0 | 0.0 |
| 转移总面积 | 63.9 | 6.7 | 0.2 | 39.6 | 331.8 | 0.0 | 0.0 | — |
| 1980—2017年 | | | | | | | | |
| 土地利用/覆被类型 | 耕地 | 林地 | 草地 | 湿地、水域 | 城乡、工矿、居民用地 | 未利用土地 | 海洋 | 转移总面积 |
| 耕地 | 463.2 | 3.9 | 0.0 | 115.8 | 231.2 | 0.0 | 0.0 | 350.9 |
| 林地 | 4.1 | 343.9 | 0.1 | 4.2 | 55.5 | 0.0 | 0.0 | 64.0 |
| 草地 | 0.0 | 0.7 | 3.2 | 0.0 | 1.0 | 0.0 | 0.0 | 1.8 |
| 湿地、水域 | 61.7 | 0.7 | 0.0 | 168.1 | 151.7 | 0.0 | 0.0 | 214.1 |
| 城乡、工矿、居民用地 | 1.0 | 0.9 | 0.0 | 1.2 | 100.9 | 0.0 | 0.0 | 3.1 |
| 未利用土地 | 0.0 | 0.0 | 0.0 | 0.0 | 0.1 | 0.2 | 0.0 | 0.1 |
| 海洋 | 0.0 | 0.0 | 0.0 | 0.0 | 0.0 | 0.0 | 0.0 | 0.0 |
| 转移总面积 | 66.7 | 6.3 | 0.2 | 121.2 | 439.5 | 0.0 | 0.0 | — |

表2-11　珠海1980—2017年土地利用/覆被类型转移矩阵　　单位：$km^2$

| 1980—1990年 | | | | | | | | |
|---|---|---|---|---|---|---|---|---|
| 土地利用/覆被类型 | 耕地 | 林地 | 草地 | 湿地、水域 | 城乡、工矿、居民用地 | 未利用土地 | 海洋 | 转移总面积 |
| 耕地 | 622.2 | 1.8 | 0.0 | 1.4 | 0.7 | 0.0 | 0.0 | 3.9 |
| 林地 | 1.8 | 511.3 | 0.1 | 2.0 | 0.7 | 0.0 | 0.0 | 4.7 |
| 草地 | 0.0 | 0.1 | 7.7 | 0.0 | 0.1 | 0.0 | 0.0 | 0.2 |
| 湿地、水域 | 29.4 | 0.5 | 1.1 | 121.3 | 0.2 | 0.0 | 1.3 | 32.5 |
| 城乡、工矿、居民用地 | 0.8 | 0.5 | 0.0 | 0.1 | 76.4 | 0.0 | 0.0 | 1.4 |
| 未利用土地 | 0.0 | 0.0 | 0.0 | 0.0 | 0.0 | 6.9 | 0.0 | 0.0 |
| 海洋 | 11.0 | 1.9 | 0.1 | 38.5 | 0.3 | 0.0 | 0.0 | 51.7 |
| 转移总面积 | 43.0 | 4.8 | 1.4 | 42.0 | 1.9 | 0.0 | 1.4 | — |
| 1990—2000年 | | | | | | | | |
| 土地利用/覆被类型 | 耕地 | 林地 | 草地 | 湿地、水域 | 城乡、工矿、居民用地 | 未利用土地 | 海洋 | 转移总面积 |
| 耕地 | 557.3 | 2.6 | 0.0 | 29.2 | 76.2 | 0.0 | 0.0 | 108.0 |
| 林地 | 0.0 | 489.1 | 0.4 | 0.5 | 26.9 | 0.0 | 0.0 | 27.7 |
| 草地 | 0.0 | 1.2 | 6.4 | 0.0 | 1.6 | 0.0 | 0.0 | 2.8 |
| 湿地、水域 | 20.2 | 0.0 | 0.0 | 121.0 | 22.2 | 0.0 | 0.0 | 42.4 |
| 城乡、工矿、居民用地 | 0.0 | 0.0 | 0.0 | 0.0 | 77.9 | 0.0 | 0.0 | 0.0 |
| 未利用土地 | 0.0 | 0.1 | 0.0 | 0.0 | 0.0 | 6.8 | 0.0 | 0.1 |
| 海洋 | 0.5 | 0.0 | 0.0 | 0.2 | 6.4 | 0.0 | 0.5 | 7.2 |
| 转移总面积 | 20.8 | 3.9 | 0.4 | 29.9 | 133.2 | 0.0 | 0.0 | — |
| 2000—2017年 | | | | | | | | |
| 土地利用/覆被类型 | 耕地 | 林地 | 草地 | 湿地、水域 | 城乡、工矿、居民用地 | 未利用土地 | 海洋 | 转移总面积 |
| 耕地 | 269.1 | 2.8 | 0.2 | 224.0 | 81.9 | 0.0 | 0.0 | 308.9 |
| 林地 | 2.2 | 462.0 | 0.5 | 4.8 | 23.1 | 0.0 | 0.0 | 30.5 |
| 草地 | 0.1 | 0.1 | 3.6 | 1.0 | 1.9 | 0.0 | 0.0 | 3.1 |
| 湿地、水域 | 1.4 | 0.7 | 1.4 | 113.6 | 33.4 | 0.0 | 0.0 | 36.9 |
| 城乡、工矿、居民用地 | 9.9 | 5.0 | 0.1 | 2.0 | 194.0 | 0.0 | 0.0 | 17.0 |
| 未利用土地 | 0.0 | 0.0 | 0.0 | 0.0 | 5.4 | 1.4 | 0.0 | 5.4 |
| 海洋 | 0.0 | 0.0 | 0.0 | 0.0 | 0.2 | 0.0 | 0.0 | 0.2 |
| 转移总面积 | 13.6 | 8.6 | 2.1 | 231.8 | 145.9 | 0.0 | 0.0 | — |
| 1980—2017年 | | | | | | | | |
| 土地利用/覆被类型 | 耕地 | 林地 | 草地 | 湿地、水域 | 城乡、工矿、居民用地 | 未利用土地 | 海洋 | 转移总面积 |
| 耕地 | 250.7 | 5.5 | 0.1 | 218.0 | 152.0 | 0.0 | 0.0 | 375.5 |
| 林地 | 4.1 | 461.9 | 0.5 | 4.5 | 45.5 | 0.0 | 0.0 | 54.6 |
| 草地 | 0.0 | 1.3 | 3.6 | 0.3 | 2.7 | 0.0 | 0.0 | 4.3 |
| 湿地、水域 | 23.4 | 1.1 | 0.1 | 95.3 | 33.7 | 0.0 | 0.0 | 58.3 |
| 城乡、工矿、居民用地 | 2.3 | 1.1 | 0.0 | 0.5 | 73.4 | 0.0 | 0.0 | 3.9 |
| 未利用土地 | 0.0 | 0.0 | 0.0 | 0.0 | 5.4 | 1.4 | 0.0 | 5.5 |
| 海洋 | 2.3 | 0.0 | 1.4 | 26.8 | 27.2 | 0.0 | 0.0 | 57.7 |
| 转移总面积 | 32.1 | 9.0 | 2.1 | 250.2 | 266.5 | 0.0 | 0.0 | — |

表2-12　惠州1980—2017年土地利用/覆被类型转移矩阵　　单位：$km^2$

| 1980—1990年 | | | | | | | | |
|---|---|---|---|---|---|---|---|---|
| 土地利用/覆被类型 | 耕地 | 林地 | 草地 | 湿地、水域 | 城乡、工矿、居民用地 | 未利用土地 | 海洋 | 转移总面积 |
| 耕地 | 2 917.1 | 27.6 | 1.8 | 36.5 | 12.8 | 0.0 | 0.0 | 78.7 |
| 林地 | 26.9 | 7 288.7 | 4.9 | 3.0 | 2.1 | 0.0 | 0.0 | 37.0 |
| 草地 | 1.8 | 4.0 | 261.7 | 0.5 | 0.3 | 0.0 | 0.0 | 6.6 |
| 湿地、水域 | 5.9 | 3.0 | 0.3 | 281.7 | 3.9 | 0.0 | 0.0 | 13.1 |
| 城乡、工矿、居民用地 | 5.3 | 2.2 | 0.2 | 0.6 | 376.6 | 0.0 | 0.0 | 8.3 |
| 未利用土地 | 0.0 | 0.0 | 0.0 | 0.0 | 0.0 | 1.5 | 0.0 | 0.0 |
| 海洋 | 0.0 | 0.0 | 0.0 | 0.0 | 0.0 | 0.0 | 0.0 | 0.0 |
| 转移总面积 | 39.9 | 36.7 | 7.2 | 40.6 | 19.2 | 0.0 | 0.0 | — |
| 1990—2000年 | | | | | | | | |
| 土地利用/覆被类型 | 耕地 | 林地 | 草地 | 湿地、水域 | 城乡、工矿、居民用地 | 未利用土地 | 海洋 | 转移总面积 |
| 耕地 | 2 933.8 | 0.2 | 0.0 | 12.8 | 10.1 | 0.0 | 0.0 | 23.1 |
| 林地 | 0.5 | 7 318.3 | 0.0 | 0.2 | 6.7 | 0.0 | 0.0 | 7.4 |
| 草地 | 0.8 | 0.4 | 265.6 | 0.0 | 2.1 | 0.0 | 0.0 | 3.3 |
| 湿地、水域 | 0.0 | 0.0 | 0.0 | 322.3 | 0.1 | 0.0 | 0.0 | 0.0 |
| 城乡、工矿、居民用地 | 0.0 | 0.0 | 0.0 | 396.0 | 0.0 | 0.0 | 0.0 | 396.0 |
| 未利用土地 | 0.0 | 0.0 | 0.0 | 0.0 | 0.0 | 1.5 | 0.0 | 0.0 |
| 海洋 | 0.0 | 0.0 | 0.0 | 0.0 | 1.8 | 0.0 | 0.0 | 1.8 |
| 转移总面积 | 1.4 | 0.7 | 0.1 | 409.0 | 20.6 | 0.0 | 0.0 | — |
| 2000—2017年 | | | | | | | | |
| 土地利用/覆被类型 | 耕地 | 林地 | 草地 | 湿地、水域 | 城乡、工矿、居民用地 | 未利用土地 | 海洋 | 转移总面积 |
| 耕地 | 2 461.0 | 148.3 | 1.6 | 30.4 | 293.8 | 0.0 | 0.0 | 474.2 |
| 林地 | 28.6 | 7 117.8 | 33.9 | 8.6 | 129.9 | 0.0 | 0.0 | 201.0 |
| 草地 | 1.5 | 22.1 | 224.9 | 1.2 | 16.0 | 0.0 | 0.0 | 40.7 |
| 湿地、水域 | 6.3 | 3.2 | 1.4 | 304.3 | 20.1 | 0.0 | 0.0 | 31.0 |
| 城乡、工矿、居民用地 | 8.9 | 7.1 | 0.3 | 12.8 | 387.3 | 0.0 | 0.0 | 29.1 |
| 未利用土地 | 0.0 | 0.0 | 0.0 | 0.0 | 0.0 | 1.5 | 0.0 | 0.0 |
| 海洋 | 0.0 | 0.0 | 0.0 | 0.0 | 0.0 | 0.0 | 0.0 | 0.0 |
| 转移总面积 | 45.3 | 180.8 | 37.3 | 52.9 | 459.8 | 0.0 | 0.0 | — |
| 1980—2017年 | | | | | | | | |
| 土地利用/覆被类型 | 耕地 | 林地 | 草地 | 湿地、水域 | 城乡、工矿、居民用地 | 未利用土地 | 海洋 | 转移总面积 |
| 耕地 | 2 463.6 | 145.6 | 1.6 | 72.3 | 312.7 | 0.0 | 0.0 | 532.3 |
| 林地 | 25.1 | 7 122.0 | 34.1 | 8.3 | 136.4 | 0.0 | 0.0 | 203.9 |
| 草地 | 2.2 | 21.7 | 225.2 | 1.2 | 18.1 | 0.0 | 0.0 | 43.2 |
| 湿地、水域 | 7.4 | 2.8 | 1.1 | 263.0 | 20.5 | 0.0 | 0.0 | 31.8 |
| 城乡、工矿、居民用地 | 8.0 | 6.5 | 0.2 | 12.5 | 357.6 | 0.0 | 0.0 | 27.4 |
| 未利用土地 | 0.0 | 0.0 | 0.0 | 0.0 | 0.0 | 1.5 | 0.0 | 0.0 |
| 海洋 | 0.0 | 0.0 | 0.0 | 0.0 | 1.8 | 0.0 | 0.0 | 1.8 |
| 转移总面积 | 42.7 | 176.7 | 37.1 | 94.3 | 489.6 | 0.0 | 0.0 | — |

表2-13　江门1980—2017年土地利用/覆被类型转移矩阵　　单位：km²

| 1980—1990年 | | | | | | | | |
|---|---|---|---|---|---|---|---|---|
| 土地利用/覆被类型 | 耕地 | 林地 | 草地 | 湿地、水域 | 城乡、工矿、居民用地 | 未利用土地 | 海洋 | 转移总面积 |
| 耕地 | 3 038.2 | 23.6 | 2.4 | 47.7 | 31.6 | 2.0 | 0.0 | 107.3 |
| 林地 | 23.1 | 4 767.4 | 5.7 | 5.2 | 2.3 | 0.1 | 0.0 | 36.4 |
| 草地 | 2.4 | 4.3 | 309.2 | 0.5 | 0.3 | 0.0 | 0.0 | 7.5 |
| 湿地、水域 | 11.9 | 5.5 | 0.4 | 509.8 | 0.7 | 0.0 | 0.0 | 18.5 |
| 城乡、工矿、居民用地 | 7.3 | 2.0 | 0.2 | 0.7 | 427.9 | 0.0 | 0.0 | 10.2 |
| 未利用土地 | 0.0 | 0.0 | 0.0 | 0.0 | 0.0 | 0.0 | 0.0 | 0.1 |
| 海洋 | 0.0 | 3.4 | 0.0 | 7.3 | 0.0 | 0.0 | 0.0 | 10.7 |
| 转移总面积 | 44.7 | 38.8 | 8.7 | 61.4 | 34.9 | 2.1 | 0.0 | — |
| 1990—2000年 | | | | | | | | |
| 土地利用/覆被类型 | 耕地 | 林地 | 草地 | 湿地、水域 | 城乡、工矿、居民用地 | 未利用土地 | 海洋 | 转移总面积 |
| 耕地 | 2 842.7 | 15.8 | 0.0 | 176.8 | 47.7 | 0.0 | 0.0 | 240.3 |
| 林地 | 6.4 | 4 780.6 | 3.7 | 3.0 | 13.1 | 0.0 | 0.0 | 26.2 |
| 草地 | 0.0 | 14.6 | 302.0 | 0.4 | 1.0 | 0.0 | 0.0 | 16.0 |
| 湿地、水域 | 2.1 | 1.5 | 0.0 | 558.6 | 9.1 | 0.0 | 0.0 | 12.7 |
| 城乡、工矿、居民用地 | 0.0 | 0.0 | 0.0 | 0.0 | 462.7 | 0.0 | 0.0 | 0.1 |
| 未利用土地 | 0.0 | 0.0 | 0.0 | 0.0 | 0.0 | 4.6 | 0.0 | 0.0 |
| 海洋 | 0.0 | 0.0 | 0.0 | 0.0 | 0.0 | 0.0 | 0.0 | 0.0 |
| 转移总面积 | 8.5 | 31.8 | 3.7 | 180.2 | 70.9 | 0.0 | 0.0 | — |
| 2000—2017年 | | | | | | | | |
| 土地利用/覆被类型 | 耕地 | 林地 | 草地 | 湿地、水域 | 城乡、工矿、居民用地 | 未利用土地 | 海洋 | 转移总面积 |
| 耕地 | 2 576.9 | 44.4 | 2.9 | 69.2 | 157.8 | 0.0 | 0.0 | 274.3 |
| 林地 | 32.4 | 4 575.8 | 72.7 | 19.7 | 111.3 | 0.0 | 0.0 | 236.1 |
| 草地 | 3.2 | 23.2 | 263.5 | 5.8 | 9.9 | 0.0 | 0.0 | 42.2 |
| 湿地、水域 | 69.9 | 7.3 | 2.5 | 625.8 | 33.3 | 0.0 | 0.0 | 113.0 |
| 城乡、工矿、居民用地 | 35.3 | 12.4 | 0.7 | 10.4 | 474.6 | 0.0 | 0.0 | 59.0 |
| 未利用土地 | 2.0 | 0.2 | 0.0 | 0.0 | 1.3 | 1.1 | 0.0 | 3.6 |
| 海洋 | 0.0 | 0.0 | 0.0 | 0.0 | 0.0 | 0.0 | 0.0 | 0.0 |
| 转移总面积 | 142.8 | 87.5 | 78.8 | 105.2 | 313.7 | 0.0 | 0.0 | — |
| 1980—2017年 | | | | | | | | |
| 土地利用/覆被类型 | 耕地 | 林地 | 草地 | 湿地、水域 | 城乡、工矿、居民用地 | 未利用土地 | 海洋 | 转移总面积 |
| 耕地 | 2 602.2 | 56.3 | 2.6 | 248.0 | 236.4 | 0.0 | 0.0 | 543.4 |
| 林地 | 30.2 | 4 552.6 | 75.9 | 20.7 | 124.9 | 0.0 | 0.0 | 251.7 |
| 草地 | 3.3 | 35.9 | 260.9 | 6.2 | 10.6 | 0.0 | 0.0 | 56.0 |
| 湿地、水域 | 50.5 | 8.7 | 2.4 | 442.4 | 24.6 | 0.0 | 0.0 | 86.1 |
| 城乡、工矿、居民用地 | 28.1 | 9.3 | 0.7 | 9.5 | 390.5 | 0.0 | 0.0 | 47.6 |
| 未利用土地 | 0.0 | 0.2 | 0.0 | 0.0 | 1.3 | 1.1 | 0.0 | 1.5 |
| 海洋 | 5.5 | 0.8 | 0.0 | 4.4 | 0.0 | 0.0 | 0.0 | 10.7 |
| 转移总面积 | 117.6 | 111.1 | 81.6 | 288.7 | 397.9 | 0.0 | 0.0 | — |

表2-14　肇庆1980—2017年土地利用/覆被类型转移矩阵　　单位：km²

| 1980—1990年 | | | | | | | | |
|---|---|---|---|---|---|---|---|---|
| 土地利用/覆被类型 | 耕地 | 林地 | 草地 | 湿地、水域 | 城乡、工矿、居民用地 | 未利用土地 | 海洋 | 转移总面积 |
| 耕地 | 2 600.3 | 26.0 | 1.2 | 43.1 | 11.4 | 0.0 | 0.0 | 81.7 |
| 林地 | 26.9 | 11 244.4 | 4.0 | 3.9 | 1.7 | 0.0 | 0.0 | 36.6 |
| 草地 | 1.5 | 3.4 | 239.6 | 0.3 | 0.2 | 0.0 | 0.0 | 5.3 |
| 湿地、水域 | 5.6 | 3.8 | 0.2 | 430.3 | 0.1 | 0.0 | 0.0 | 9.6 |
| 城乡、工矿、居民用地 | 5.5 | 1.4 | 0.2 | 0.6 | 233.6 | 0.0 | 0.0 | 7.8 |
| 未利用土地 | 0.0 | 0.0 | 0.0 | 0.0 | 0.0 | 0.0 | 0.0 | 0.0 |
| 海洋 | 0.0 | 0.0 | 0.0 | 0.0 | 0.0 | 0.0 | 0.0 | 0.0 |
| 转移总面积 | 39.5 | 34.5 | 5.7 | 48.0 | 13.3 | 0.0 | 0.0 | — |
| 1990—2000年 | | | | | | | | |
| 土地利用/覆被类型 | 耕地 | 林地 | 草地 | 湿地、水域 | 城乡、工矿、居民用地 | 未利用土地 | 海洋 | 转移总面积 |
| 耕地 | 2 523.7 | 4.2 | 0.0 | 76.7 | 34.6 | 0.0 | 0.0 | 115.5 |
| 林地 | 6.0 | 11 270.9 | 2.1 | 0.6 | 0.4 | 0.0 | 0.0 | 9.0 |
| 草地 | 0.0 | 0.8 | 243.6 | 0.0 | 0.9 | 0.0 | 0.0 | 1.7 |
| 湿地、水域 | 32.1 | 0.0 | 0.0 | 444.1 | 1.8 | 0.0 | 0.0 | 34.0 |
| 城乡、工矿、居民用地 | 0.1 | 0.0 | 0.0 | 0.0 | 247.5 | 0.0 | 0.0 | 0.1 |
| 未利用土地 | 0.0 | 0.0 | 0.0 | 0.0 | 0.0 | 0.0 | 0.0 | 0.0 |
| 海洋 | 0.0 | 0.0 | 0.0 | 0.0 | 0.0 | 0.0 | 0.0 | 0.0 |
| 转移总面积 | 38.1 | 5.1 | 2.1 | 77.3 | 37.7 | 0.0 | 0.0 | — |
| 2000—2017年 | | | | | | | | |
| 土地利用/覆被类型 | 耕地 | 林地 | 草地 | 湿地、水域 | 城乡、工矿、居民用地 | 未利用土地 | 海洋 | 转移总面积 |
| 耕地 | 2 237.5 | 58.2 | 1.7 | 148.9 | 115.5 | 0.1 | 0.0 | 324.3 |
| 林地 | 30.1 | 11 088.2 | 76.3 | 11.7 | 69.0 | 0.2 | 0.0 | 187.3 |
| 草地 | 1.2 | 16.0 | 225.5 | 0.3 | 2.7 | 0.0 | 0.0 | 20.2 |
| 湿地、水域 | 13.2 | 5.7 | 0.3 | 478.2 | 24.0 | 0.2 | 0.0 | 43.3 |
| 城乡、工矿、居民用地 | 7.8 | 4.1 | 0.2 | 2.3 | 270.8 | 0.0 | 0.0 | 14.3 |
| 未利用土地 | 0.0 | 0.0 | 0.0 | 0.0 | 0.0 | 0.0 | 0.0 | 0.0 |
| 海洋 | 0.0 | 0.0 | 0.0 | 0.0 | 0.0 | 0.0 | 0.0 | 0.0 |
| 转移总面积 | 52.2 | 84.0 | 78.4 | 163.2 | 211.2 | 0.5 | 0.0 | — |
| 1980—2017年 | | | | | | | | |
| 土地利用/覆被类型 | 耕地 | 林地 | 草地 | 湿地、水域 | 城乡、工矿、居民用地 | 未利用土地 | 海洋 | 转移总面积 |
| 耕地 | 2 242.9 | 56.9 | 1.4 | 212.3 | 168.1 | 0.3 | 0.0 | 439.1 |
| 林地 | 31.5 | 11 091.2 | 78.1 | 11.9 | 68.2 | 0.2 | 0.0 | 190.0 |
| 草地 | 1.2 | 16.0 | 224.0 | 0.3 | 3.5 | 0.0 | 0.0 | 21.0 |
| 湿地、水域 | 7.6 | 5.1 | 0.2 | 415.4 | 12.1 | 0.0 | 0.0 | 24.9 |
| 城乡、工矿、居民用地 | 6.5 | 3.2 | 0.1 | 1.5 | 230.0 | 0.0 | 0.0 | 11.4 |
| 未利用土地 | 0.0 | 0.0 | 0.0 | 0.0 | 0.0 | 0.0 | 0.0 | 0.0 |
| 海洋 | 0.0 | 0.0 | 0.0 | 0.0 | 0.0 | 0.0 | 0.0 | 0.0 |
| 转移总面积 | 46.7 | 81.3 | 80.0 | 226.0 | 252.0 | 0.5 | 0.0 | — |

# 第二节　土地利用/覆被的空间异质性与城乡梯度差异

## 一、土地利用/覆被的空间异质性与城乡梯度差异分析

考虑到土地利用配置的城乡梯度差异，根据城市距离市中心的距离和市中心—近郊—远郊—乡村的城乡梯度，将城市划分为10个圈层（即10个同心圆，记为1～10），并统计不同圈层内各个土地利用类型所占的面积百分比（图2-11、图2-12）。香港不同圈层的林地面积占比在各个时期保持稳定，没有较大波动变化；城镇用地面积占比从城市中心向外逐层递减，其他地类面积的城乡梯度差异不大。

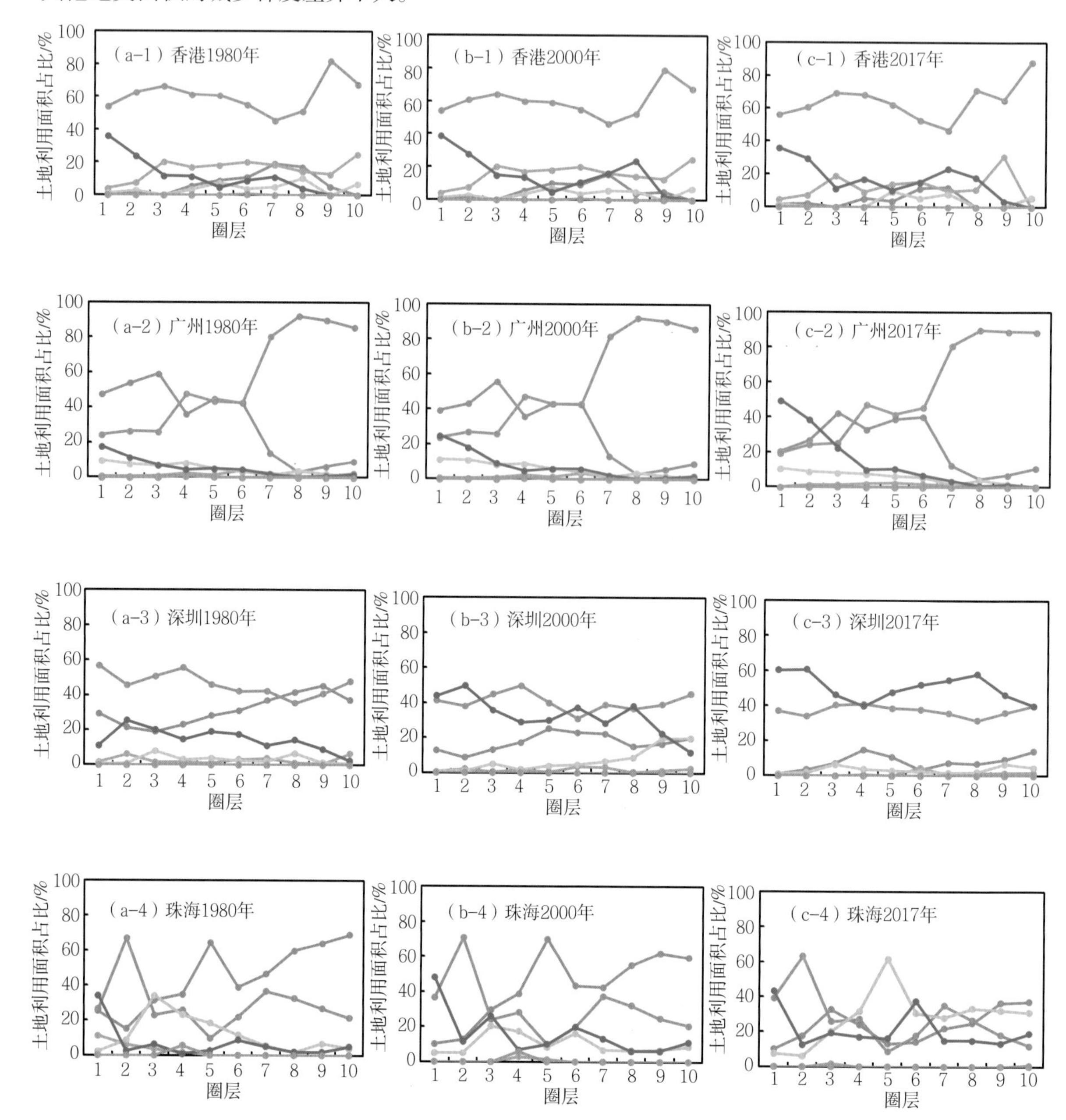

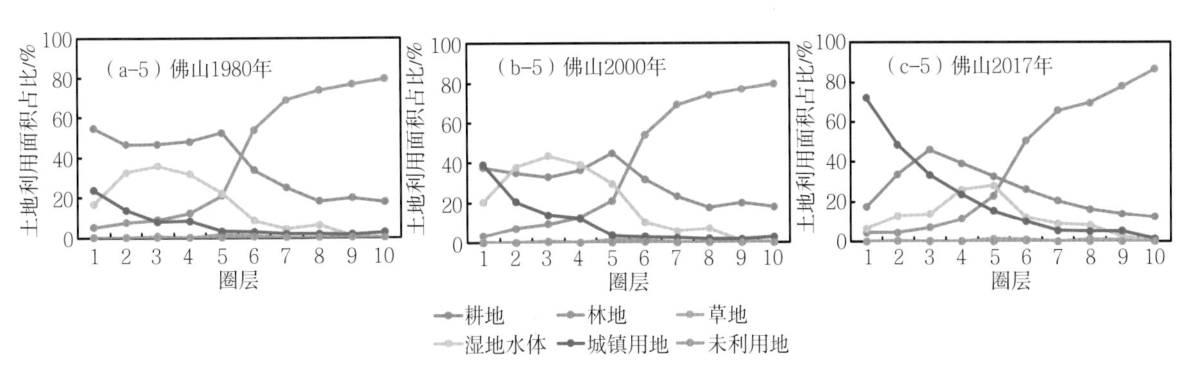


图2-11 1980—2017年粤港澳大湾区土地利用/覆被类型梯度分布变化(一)

对于广州和佛山而言，耕地和城镇用地面积占比由中心向外逐层递减，而林地面积占比则逐层递增。通过3个年份的对比，各个圈层的城镇用地面积占比增加明显。对于深圳和珠海而言，上述梯度效应不甚明显，主要是由于这两个城市的土地利用结构组成属于林地和城镇用地交错分布，而且城市的形状是狭长形，因此没有呈现出明显的梯度效应。对于深圳而言，1980年耕地和林地的面积都占有相当比重，城镇用地面积占比位于第三位；而到了2000年，面积排在前两位的则分别是林地和城镇用地；直至2017年，各个圈层的耕地面积占比都不足20%。

对于珠海而言，3个时段林地面积占比随着城乡梯度的变化呈现减小趋势，耕地面积占比则逐渐增加。惠州、江门和肇庆3个城市的土地利用配置梯度变化规律基本一致，都是林地面积占比随着城乡梯度的变化呈现增加趋势，耕地面积占比则逐渐减小，城镇用地面积占比随着时间推移而逐渐增加。与肇庆和惠州的不同之处在于，江门耕地与林地的面积占比比较接近，且耕地分布的梯度效应不甚明显。对于东莞而言，城镇用地面积占比从1980年的不足20%提高到2017年的35%～60%。中山的耕地面积占比也从1980年的40%～60%下降到2017年的不足40%。

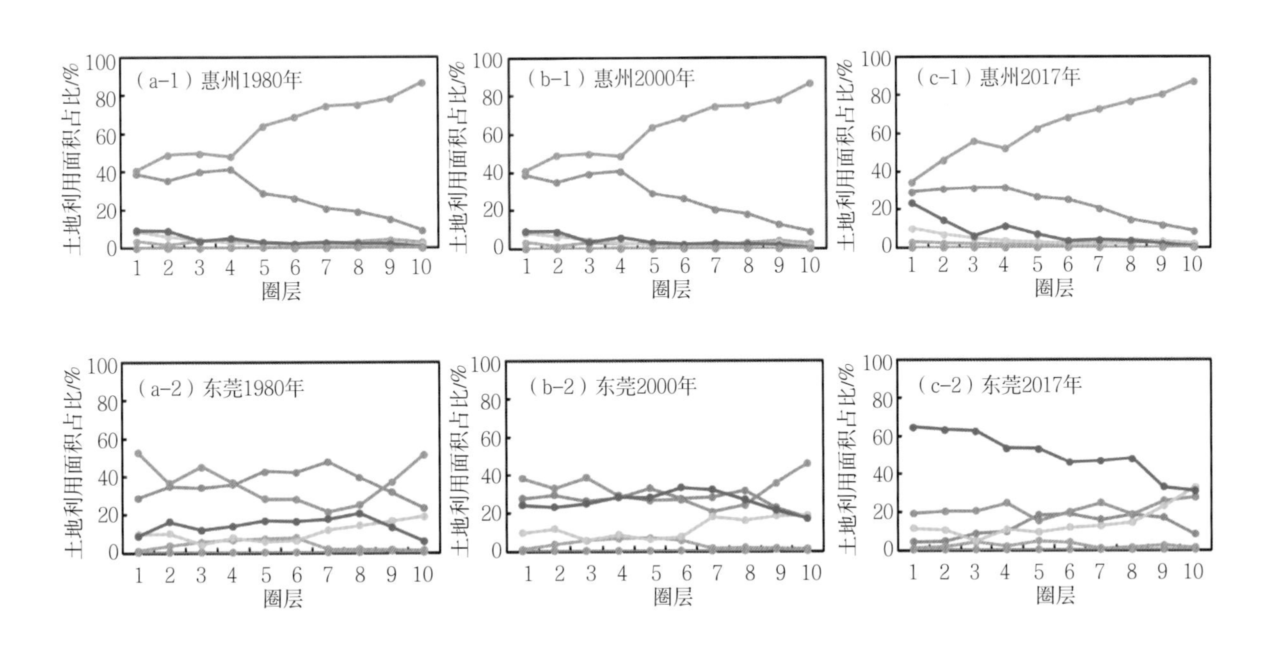

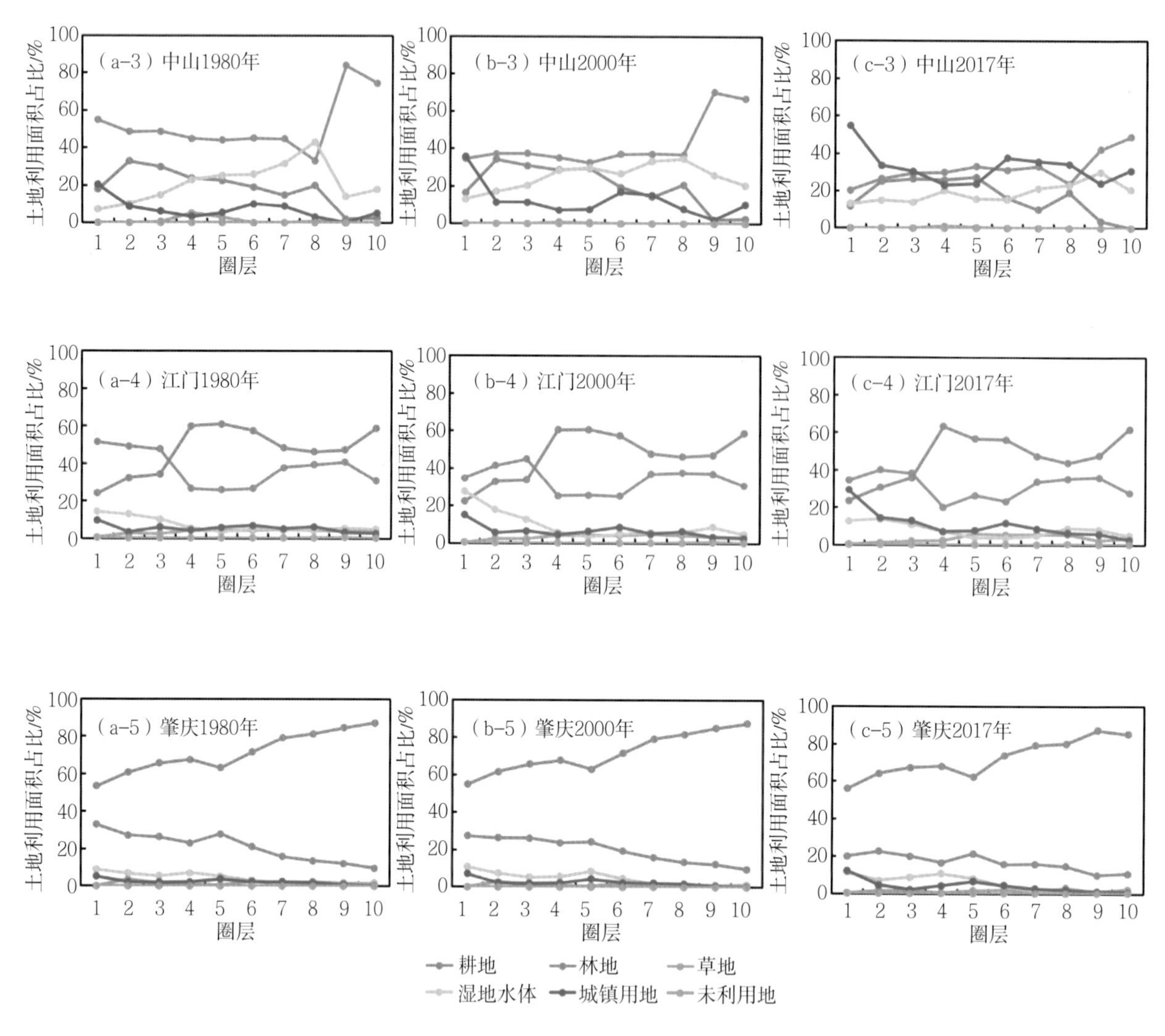


**图2-12　1980—2017年粤港澳大湾区土地利用/覆被类型梯度分布变化（二）**

通过与华南热带亚热带湿润区典型城市的对比分析发现（图2-13、图2-14），海口、昆明、贵阳、长沙等城市的土地利用构成都以耕地、林地和草地为主，特别是耕地和林地占据绝大比重，但到了2017年核心区城镇用地面积占比有所增加。对于海口、昆明和长沙而言，林地面积占比随着城乡梯度的变化呈现增加趋势，耕地面积占比则逐渐减小，而贵阳的变化规律不甚明显。南昌在不同时期的各个圈层，耕地所占面积都处于主导地位。南宁、厦门和福州的土地利用梯度配置规律与海口、昆明、贵阳、长沙等城市比较接近，都是林地面积占比随着城乡梯度的变化呈现增加趋势，耕地面积占比则逐渐减小；近38年来城镇用地面积占比有所增加。重庆的土地利用配置的梯度效应非常明显，从1980年的以耕地和湿地水体为主导的景观格局，转换为2017年的城镇用地、湿地水体和耕地并存格局。重庆2000年和2017年城镇用地面积占比要远高于其他参考城市，核心区城镇用地占比分别约为80%和100%。

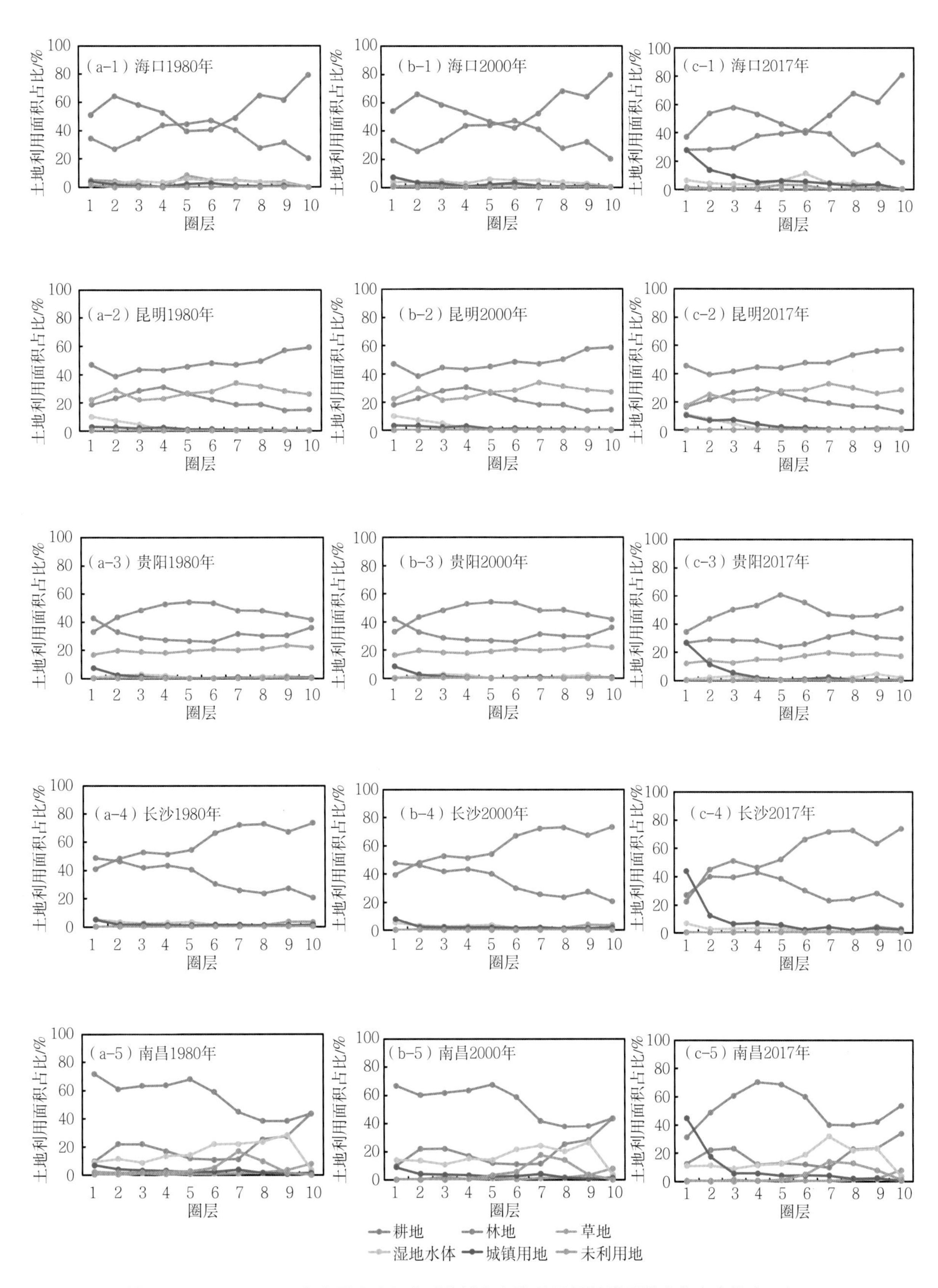


图2-13　1980—2017年中国南方部分重点城市土地利用/覆被类型梯度分布变化（一）

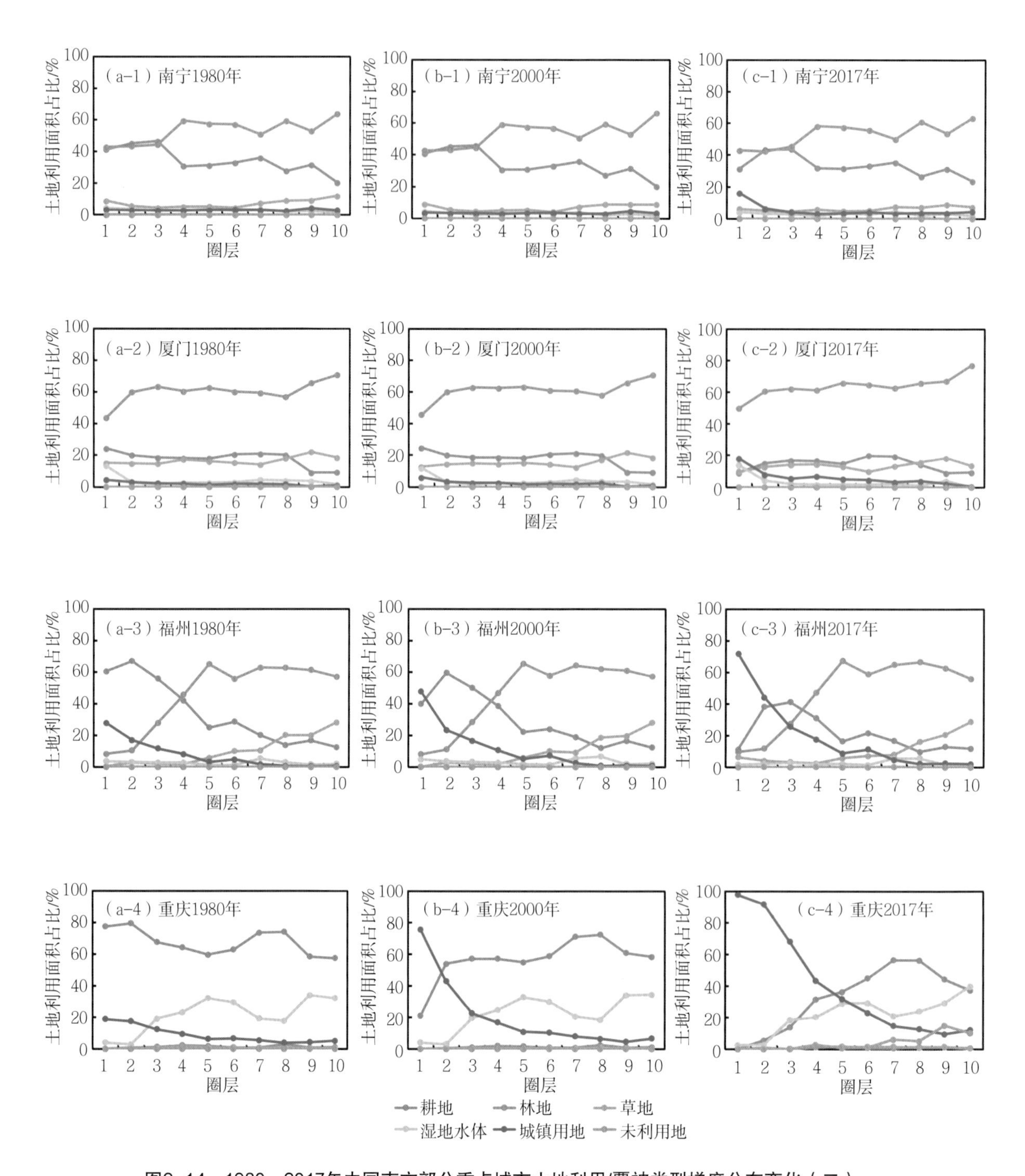


图2-14　1980—2017年中国南方部分重点城市土地利用/覆被类型梯度分布变化（二）

## 二、土地利用/覆被城乡梯度差异的热环境效应

城市化是人类社会发展的必然趋势。城市化进程中建筑物、沥青或水泥马路等不透水下垫面逐渐代替了原有的农田、森林、河流、湖泊等自然地表覆盖，伴随着下垫面特征的这种巨大变化，城市的近地层大气结构和微气象环境也发生相应的变化（Arnfield，2003；胡非 等，2003）。如城区水体、绿地面积的减少会使气温升高、湿度降低（徐敏 等，

2002），但如果在城市区域增加水体、绿地等自然地表，则有利于城市的减温、增湿（Saaroni et al.，2002；郭勇　等，2006），有利于减缓城市热岛效应（佟华　等，2005；宫阿都　等，2007）。由于水体的辐射特征和热力特征与周围类型有显著差异，显示出与周边不同的小气候或影响着周边的局地气候，傅抱璞（1997）分析了不同自然条件下的水体气候效应，毛以伟等（2005）分析了三峡水库水体的热气候效应，吕雅琼等（2007）和赵林等（2010）分别研究了青海湖和金塔绿洲水库的冷（暖）湖效应。而近年来由于城市发展中城市热岛效应突出问题，城市中水体对局地气候及人居环境的影响也引起关注（柳孝图　等，1997）。杨凯等（2004）分析了上海中心城区6处不同类型的城市河流及水体周边的小气候效应，并探讨了主要影响因素。李书严等（2008）研究了水体的微气候效应，研究结果表明城市中的水体对其周边的小气候有着明显的调节作用，水体的面积和布局是影响小气候效应的重要因素。轩春怡等（2010）研究表明无论是分散型布局还是集中型布局，城市水体面积的增加，都在一定程度上使城市气温降低、湿度增加、平均风速增大。比较而言，分散型水体布局对城市区域微气象环境的影响更为显著。遥感技术则提供了一种面向空间区域研究城市水体热环境效应的有效途径。遥感监测热环境的原理是基于不同地物在远红外波段具有辐射差异，通过远红外传感器对城市地表温度进行大面积观测而得到的地物热量空间差异分布，从而可以对城市水体及其周边环境进行监测与分析。本研究利用卫星遥感资料开展城乡梯度的热环境效应研究，对于认识城市热环境机理和减缓热岛效应方面具有借鉴意义。

采用2001—2017年EOS/MODIS卫星资料8天合成的MODIS地表温度产品（MOD11A2，空间分辨率为1 km）评估城乡梯度差异的热环境效应。该产品是MODIS卫星的重要业务产品之一，它对陆地地表温度的监测能达到1 K（1σ）的精度，且能有效监测城市热岛强度及季节变化（王建凯　等，2007）。2001—2017年大湾区陆面温度整体呈现出从东南向西北递减，从沿海地区向内陆山地递减的空间分布格局（图2-15）。东莞、深圳、佛山、广州等硬化路面分布较为集中的地区陆面温度明显高于周边相邻地区。肇庆、惠州北部、广州北部（从化区）等山地分布较为密集地区的温度要明显低于城市集中地区。为了探究土地利用/覆被城乡梯度差异的热环境效应，根据城市距离市中心的距离和市中心—近郊—远郊—乡村的城乡梯度，将城市划分为10个圈层（即10个同心圆），并统计不同圈层内的平均陆面温度（图

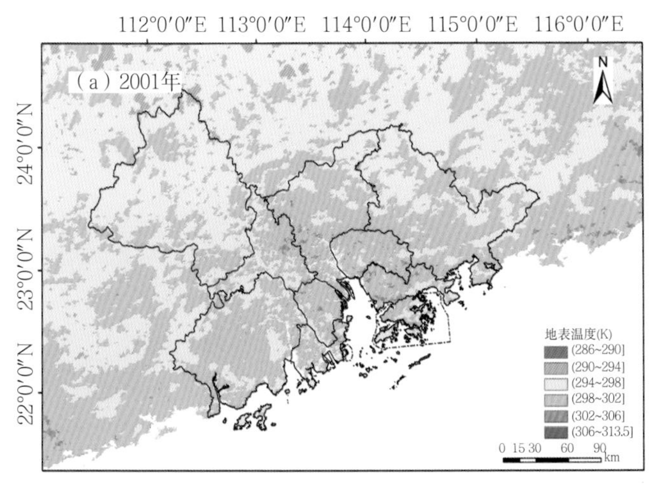


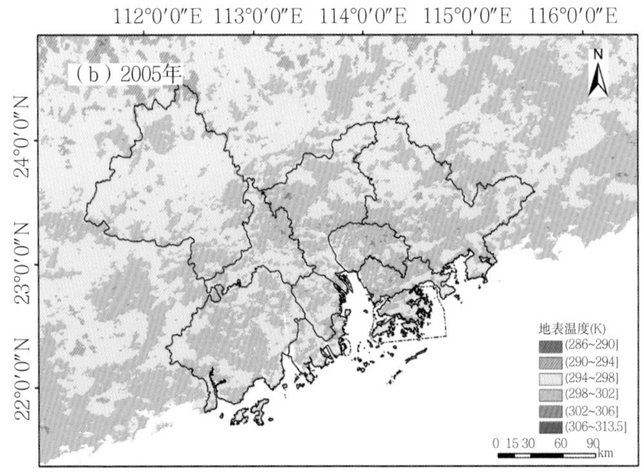

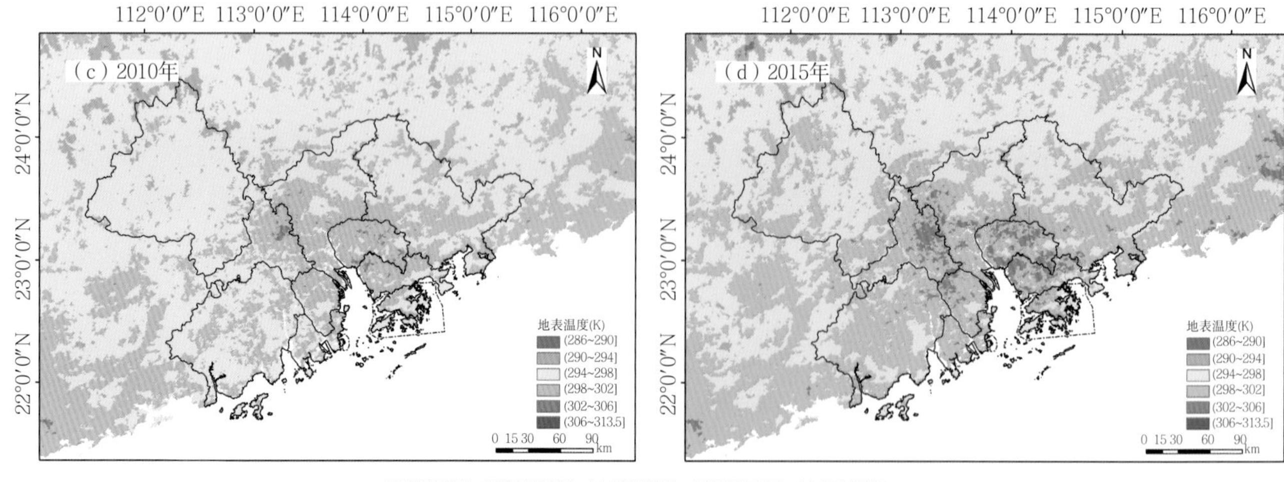


图2-15　2001—2017年粤港澳大湾区及其周边区域陆面温度空间分布

2-16）。10个城市的陆面温度从城市中心区向近郊和远郊过渡的过程中逐级递减，以广州、惠州、佛山、香港等城市最为典型。通过与周边地区典型城市厦门、福州、南昌、长沙、贵阳、南宁、昆明等对比发现（图2-17），这些城市同样表现出城乡梯度变化的温度递减效应。

城市内大量人工构筑物如铺装地面、各种建筑墙面等，改变了下垫面的热属性。城市地表含水量少，热量更多地以显热形式进入空气中，导致空气升温。同时城市地表对太阳光的吸收率较自然地表高，能吸收更多的太阳辐射，进而使空气得到的热量也更多，从而使温度升高。

既然城市中人工构筑物的增加、自然下垫面的减少是引起热岛效应的主要原因，那么在城市中通过各种途径增加自然下垫面的比例，便是缓解城市热岛效应的有效途径之一。城市绿地是城市中的主要自然因素，因此大力发展城市绿化，是减轻热岛效应影响的关键措施。绿地能吸收太阳辐射能量，而所吸收的辐射能量又有大部分用于植物蒸腾耗热和在光合作用中转化为化学能，用于增加环境温度的热量大大减少。绿地中的园林植物，通过蒸腾作用，不断地从环境中吸收热量，降低环境空气的温度。除了绿地能够有效缓解城市热岛效应之外，水面、风等也是缓解城市热岛效应的有效因素。水的热容量大，在吸收相同热量的情况下，升温最小，表现出比其他下垫面的温度低；水面蒸发吸热，也可降低水体的温度。风能带走城市中的热量，也可以在一定程度上缓解城市热岛效应。因此在城市建筑物规划时，要

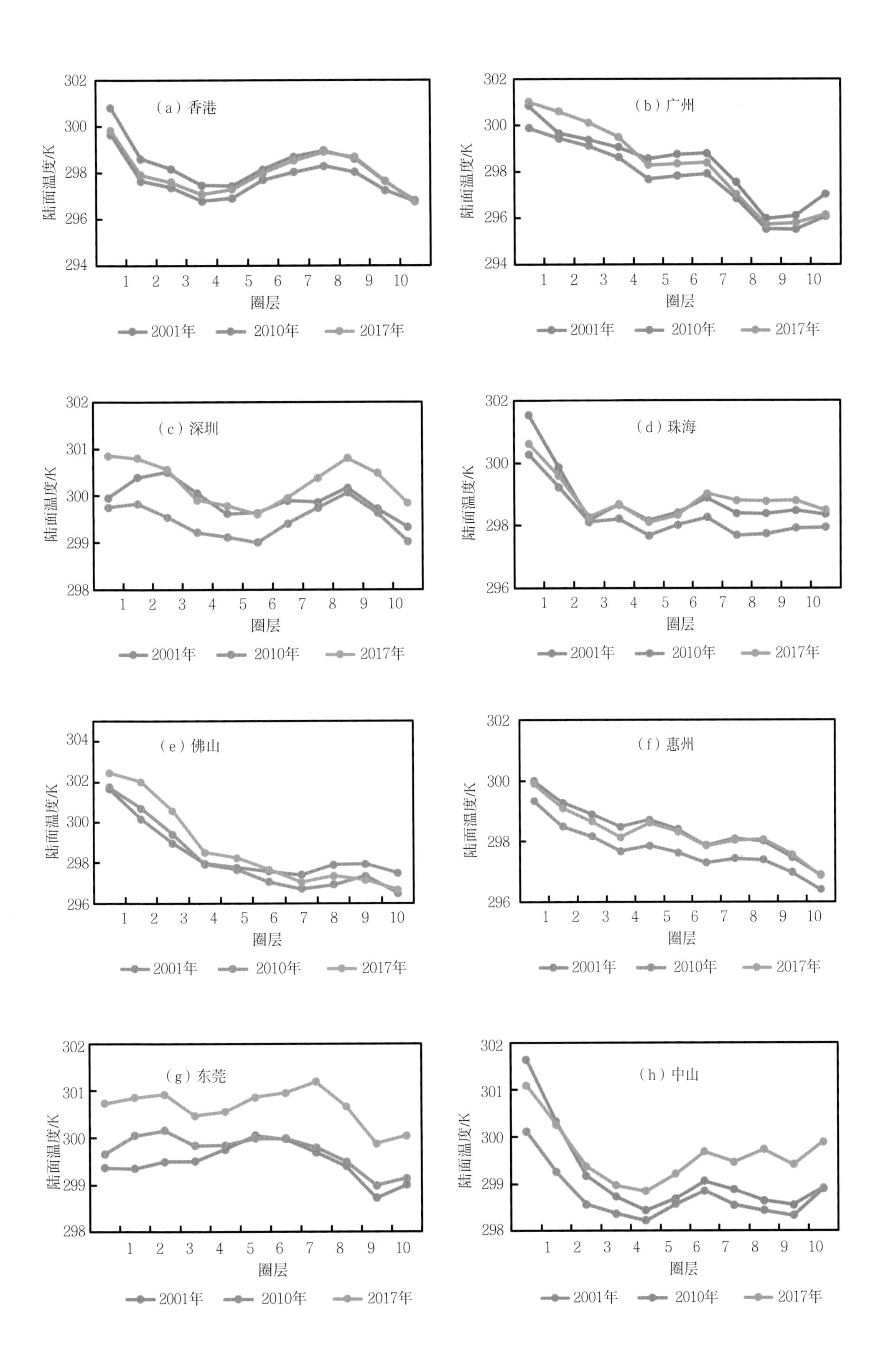

（a）香港
（b）广州
（c）深圳
（d）珠海
（e）佛山
（f）惠州
（g）东莞
（h）中山
陆面温度/K
圈层
2001年
2010年
2017年

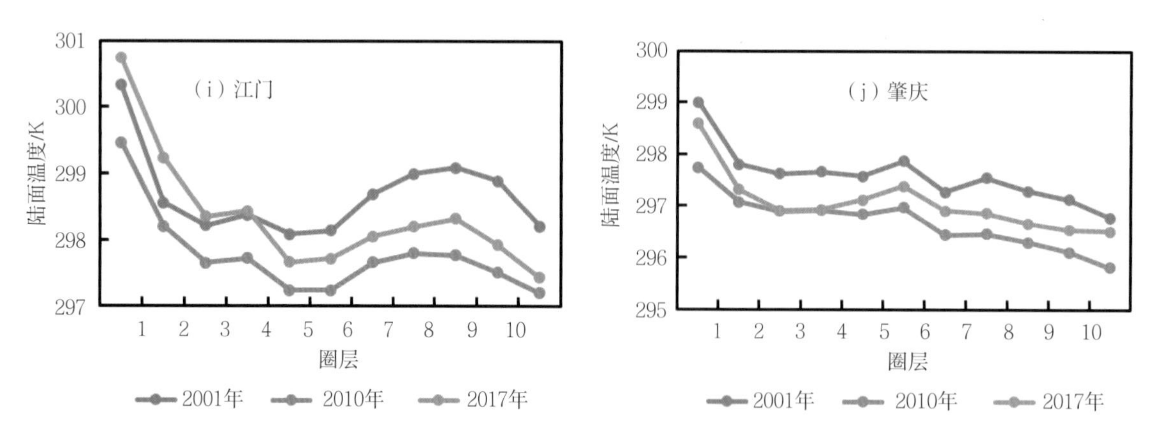


图2-16　2001—2017年粤港澳大湾区城区尺度陆面温度梯度分布变化

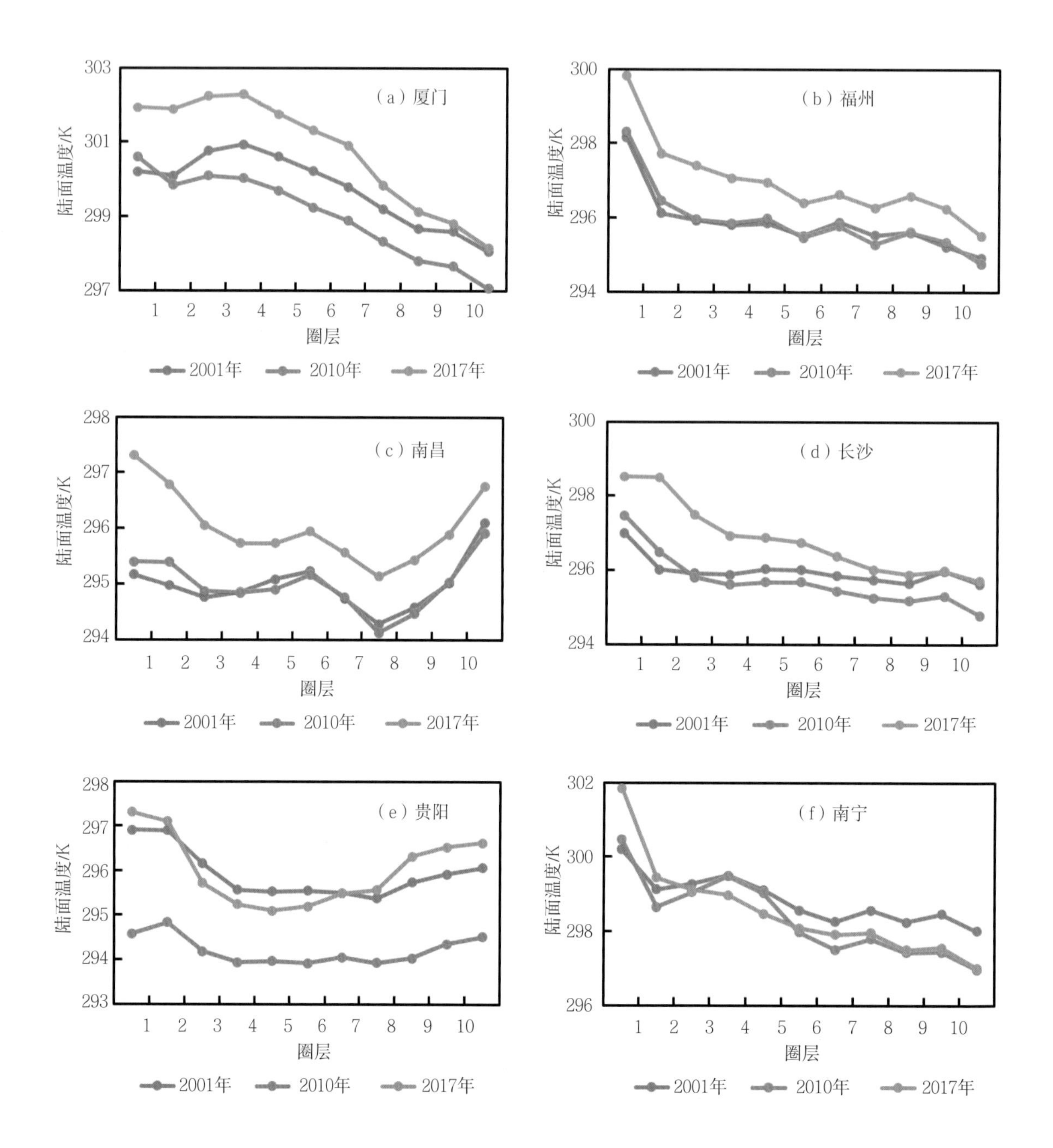

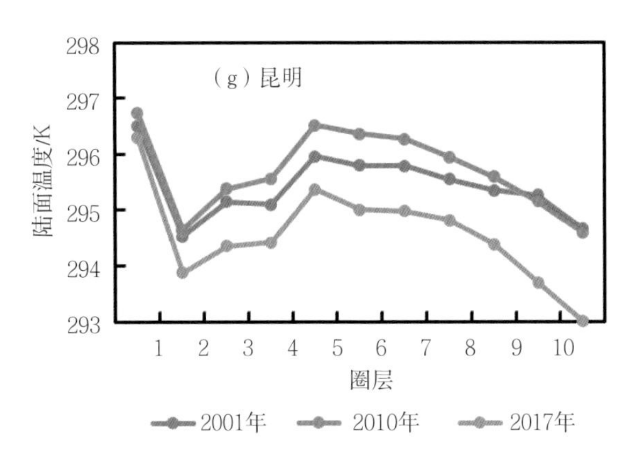


图2-17　2001—2017年中国南方部分重点城市陆面温度梯度分布变化

结合当地的风向，不要把楼房全部建设成为东西走向的，要建设成为便于空气流通的模式。

提高城市下垫面反射率是有效缓解城市热岛效应的重要课题。目前对于城市热岛反射率的研究主要倾向于对反射路面、反射墙体和城市峡谷反射率方面。反射路面的研究摆在首位。所谓的反射路面是指在道路路面表层喷涂具有较高反射率和放射率的材料。反射路面通过反射材料，减少白天对太阳辐射的“主动”吸收，在不消耗其他能量的同时抑制了温度的升高，降低道路表面日最高温度，也降低夜间散热（郑木莲　等，2013；黄文红　等，2012；开前正　等，2011）；反射墙体方面，徐永祥等（2010）对国内的热反射涂料的研究进展进行了归纳和总结，阐述了各类反射涂料的反射光谱，并对热反射涂料的未来发展充满信心；城市峡谷（即由道路以及道路两边的建筑形成一个类似于峡谷的地貌）反射率方面，卢曦等（2005）通过量化城市感热通量，发现城市峡谷是其主要来源，夜间主要的热量来源于墙壁白天吸热。梁槚等（2016）提出了城市峡谷反射率的理论计算模型，并通过人造城市峡谷模拟观测反射率验证理论计算模型，得出峡谷纵横比是影响其反射率的决定因素。本研究主要关注城乡梯度差异的热环境效应，也包括反射率对城乡梯度差异的响应。如图2-18所示，粤港澳大湾区各个城市的反射率都不高，大多位于0.2左右，2001年、2010年和2017年3个年份的反射率大小基本一致。反射率不像陆面温度一样表现出明显的城乡梯度效应，各圈层的反射率大小变化不是很剧烈。香港、珠海、佛山、东莞和中山的反射率随着梯度增加而轻微减小，江门和肇庆则轻微增加。厦门、福州、南昌、长沙、南宁等其他城市反射率的变化规律与粤港澳大湾区城市基本一致，没有明显增减变化（图2-19）。

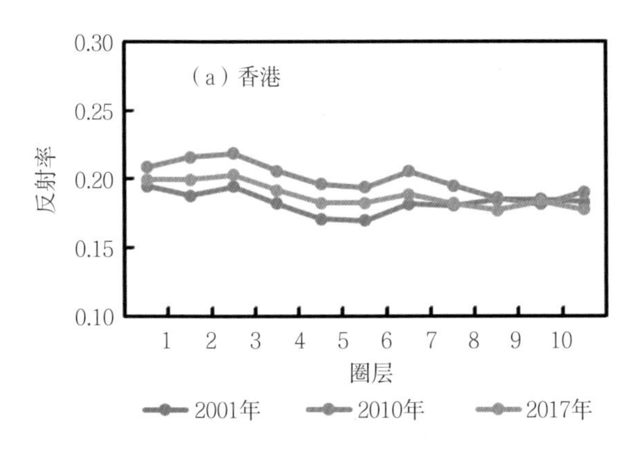


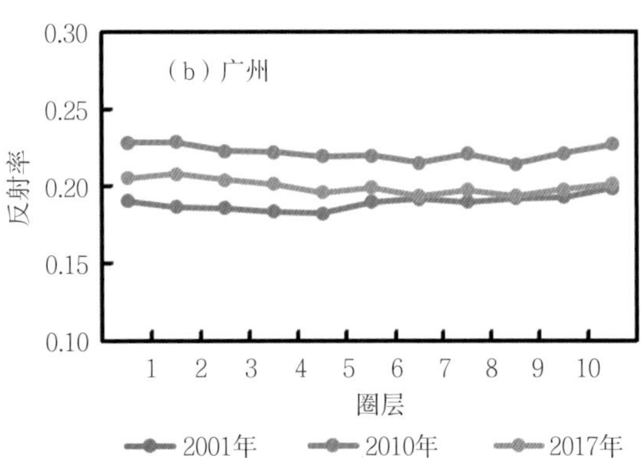

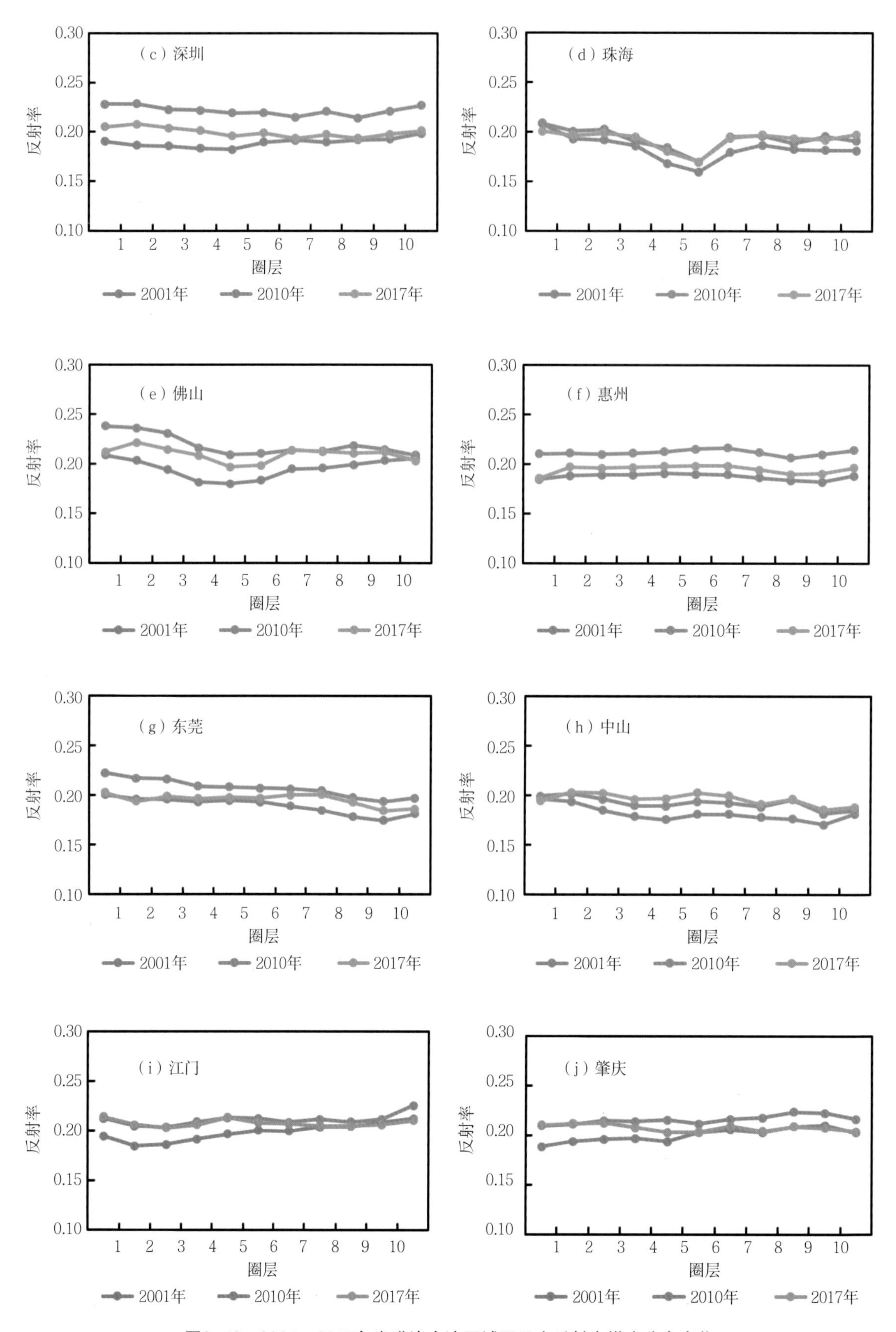


图2-18　2001—2017年粤港澳大湾区城区尺度反射率梯度分布变化

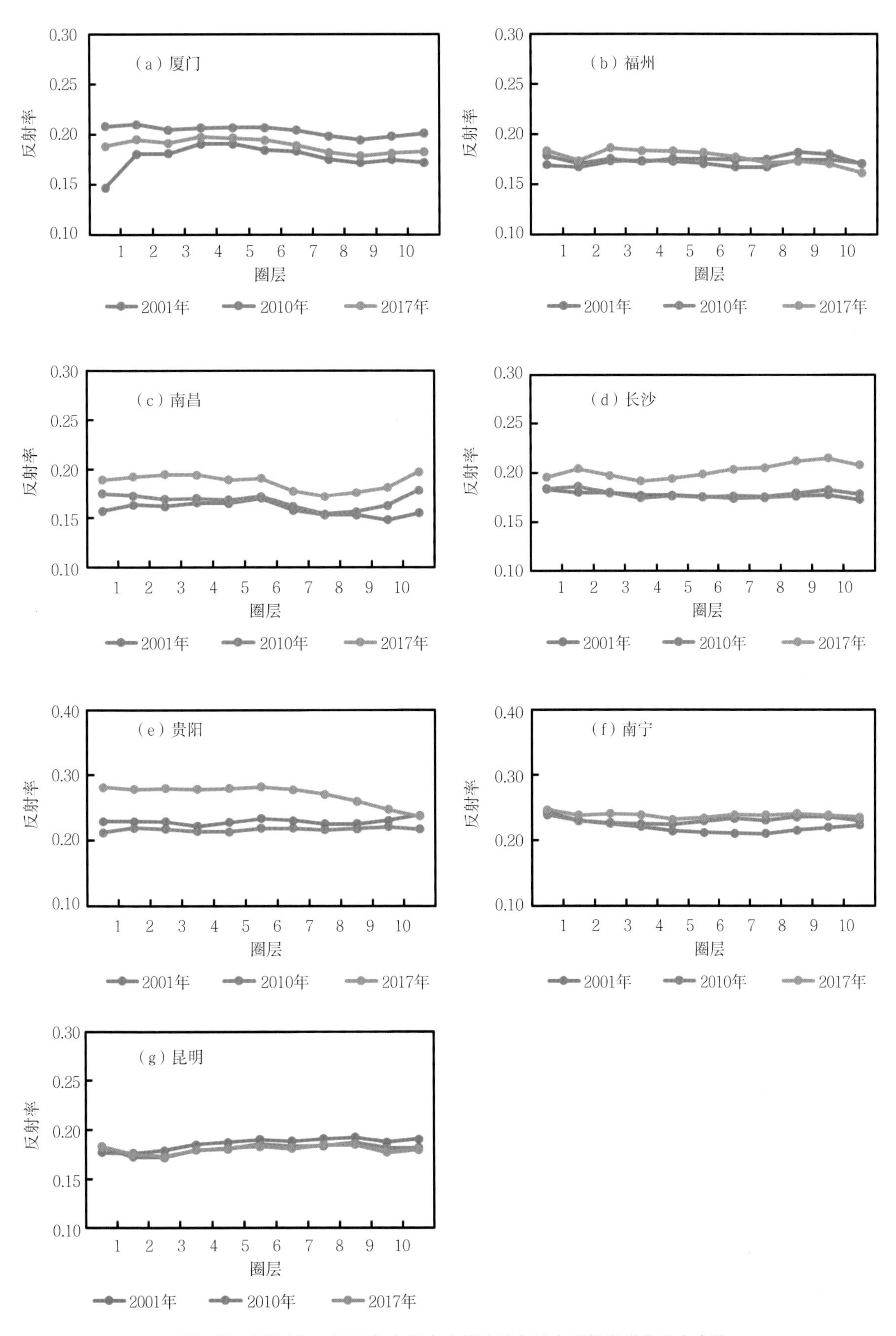


图2-19　2001年—2017年中国南方部分重点城市反射率梯度分布变化

反射率的梯度效应影响因素较为复杂，但大多和表面材料有关。如夏天，草坪温度32 ℃、树冠温度30 ℃的时候，水泥地面的温度可以达到57 ℃，柏油马路的温度更高达63 ℃，这些高温物体形成巨大的热源，显著升高了城市的陆面温度。城市建筑和街道的表面材料对于城市热环境有重要的影响。它们吸收太阳辐射，并通过对流和辐射的过程将积聚的热量散发到大气中，引起环境温度的增加。因此，材料的光学性质和热学性质往往在很大程度上决定了城市的建筑能耗和舒适程度。所谓“冷材料”，是指一类具有高反射率和高红外发射率的材料，它们的使用可以增加城市反射率，被认为是一种很有前景的缓解热岛效应的方法（郑木莲 等，2013；黄文红 等，2012）。相比于传统材料，“冷材料”在相同条件下会维持更低的表面温度。将“冷材料”覆盖在屋顶即形成“冷屋顶”。“冷屋顶”指表面具有高反射率和高红外发射率的屋顶，这两种性质可以导致屋顶表面温度降低，从而减少屋顶表面与空气的换热，进而降低环境温度；将“冷材料”放置于道路表面即形成“冷路面”。传统的路面表面材料是由混凝土和沥青组成，由于反射率较低，在炎热的夏季吸收大量的太阳辐射，因而地表温度往往很高。“冷路面”是一类与传统路面相比储热量较小、表面温度较低的路面，可以通过对路面材料改性而实现。此外，反射率大小还和城市绿化（公园绿地、绿色屋顶、其他绿色设施）、土地利用规划、通风廊道建设等有密切关系。

# 第三节　景观格局的时空变化及其成因分析

## 一、城市群景观格局的时空演变

### （一）城市景观格局的研究现状

城镇化，亦称为城市化，是伴随工业化发展，非农产业在城镇集聚、农村人口向城镇集中的自然历史过程，是国家现代化的必经之路和重要标志，是人类社会发展的客观趋势。城市是人类活动类型多、强度大的长时间影响集中区域，城市化进程中的土地利用和土地覆盖变化是人类活动影响的具体体现（张玉彪 等，2010）。景观格局研究是揭示区域生态状况及空间变异特征的有效手段，其分析的主要内容是景观元素在空间分布中的形状、类型、数量、大小、方向和位置（胡宝清 等，2005）。德国学者Troll于1939年提出“景观和景观生态学”观点并得到社会广泛的关注。城市景观格局演变研究的内容和方法侧重于城市内部生态系统及各子系统之间关系的探讨，以及分析城市景观类型格局（Kienast，1993；Turner，1990）。国外的景观格局研究较为宽泛，大多集中在典型地区的景观格局变化及其驱动力因子的定量描述和景观格局动态模拟（Kline et al.，2001）；不同学者运用遥感和地理信息等技术手段研究分析了城市景观及其分类，模拟出景观格局变化过程（Swetnam et al.，1998；Lioubimtseva et al.，1999），指导了乡村及城市的土地利用规划。Svoray et al.（2005）评估了以色列城市不同区位最适宜发展的景观。Gelet et al.（2010）查明埃塞俄比亚地区土地覆被变化和景观扰动特征。Connors et al.（2013）研究了景观格局对城市气温的耦合关系。Buyantuyev et al.（2015）研究了美国亚利桑那州菲尼克斯的景观变化特征，得出景观特征对植被和社会经济方面都有重要的影响，合适的时空分辨率计算的必要性。Cabral，Costa（2017）分析了人类活动对塞内加尔和几内亚边境地区的土地利用和景观格局的影响。与国外景观格局研究的发展相比较，国内的景观格局研究起步较晚。国内景观格局研究主要涉及景观特征、景观粒度、景观梯度、景观驱动力和景观脆弱性等内容。从景观特征相关研究上看，不同时期、不同学者选择斑块面积、斑块比例以及复杂度等景观指数分别对城市（陈利顶 等，1996；高凯 等，2010；赵中华 等，2012）、乡村（季翔 等，2014；任平 等，2014；余兆武 等，2016）、湿地（周小成 等，2012；莫晓琪 等，2017）或其他生态景观（傅伯杰，1995；梁国付 等，2005；王兮之 等，2007；李红 等，2009；陈寅 等，2014；谭洁 等，2017）的景观格局特征进行了分析。从景观格局的角度理解和解决城市化问题已经成为生态学与地理学研究领域的热点之一，研究对象主要聚焦在快速崛起的新一线城市，包括天津（贾琦 等，2012）、武汉（焦利民 等，2015）和南京（佟光臣 等，2017）等。不过近年来对于超大型城市的研究，以北京为例，重点多放在自然景观，例如湿地、森林、自然保护区等（张振明 等，2010；宫兆宁 等，2011；刘萌萌 等，2013）。

## （二）城市群景观格局时空演变

景观格局是指空间结构特征，包括景观组成单元的类型、数目以及空间分布与配置（邬建国，2007）。生态系统服务是指生态系统与生态过程所形成及所维持的人类赖以生存的自然环境条件与效用，是人类直接或间接从生态系统中得到的所有收益（Costanza et al.，1997；Daily，1997）。景观格局作为生态过程的载体，其动态变化将会影响区域生态系统内部的物质循环和能量流动，从而对生态系统服务造成影响（吕一河 等，2007）。随着人类活动的增强、城镇化和工业化进程的加快，自然景观与人文景观格局的变化日趋剧烈，生态系统服务的退化加快，景观格局变化与生态系统服务之间的关系也越来越受到人们的关注（刘绿怡 等，2018）。因此，景观格局变化的研究对于揭示生态系统服务的变化与机制、探寻人类活动与生态环境演变之间的关系具有重要意义，适当地调整景观格局将有助于生态系统服务的持续形成与稳定供给。改革开放以来，我国沿海城市的现代工业不断发展，粤港澳大湾区的发展也令人瞩目。目前，学者们对于粤港澳大湾区的讨论与研究均集中于经济、政策等方面，但粤港澳大湾区的生态环境状况也急需人们关注。在粤港澳大湾区经济社会迅速发展的同时，也出现了一系列的环境污染问题和生态破坏问题，如海平面上升、洪涝规模增大、植被面积减少、物种多样性降低等，资源环境压力日益加重，生态系统的供给与调节功能都在降低，严重阻碍了经济的可持续发展（王玉明，2018）。因此，从景观格局的角度出发，分析景观格局的变化并探索其与生态系统服务之间的关系，将有助于理解粤港澳大湾区生态系统服务变化机制，优化土地资源配置，实现该区域生态、经济、社会的可持续发展。

基于景观指数间的相关性，结合粤港澳大湾区城镇化快速发展的区域特征及研究目标，通过ArcGIS10.2和Fragstats 4.2软件计算县区尺度城市景观格局特征的主要景观指数，包括耕地、林地、湿地水体、城镇建设用地面积占比，以及斑块数量（NP）、斑块密度（PD）、最大斑块指数（LPI）和香农多样性指数（SHDI）等，分析过程中涉及的主要景观指数计算方法及其意义参考McGarigal et al.（2002）的研究。斑块密度（PD）用于反映区域景观的破碎化程度，PD的数值越大，斑块的分散和破碎程度越高，受人为活动的干扰越大；最大斑块指数（LPI）是景观中最大斑块面积与总面积之比，有助于确定景观优势类型；香农多样性指数（SHDI）能反映景观中斑块类型的丰富程度，其值越大表明斑块类型越多。1980年和2015年粤港澳大湾区及周边地区景观格局对比分析如图2-20所示。粤港澳大湾区从1980—2015年的36年间耕地面积大幅减少，特别是珠三角地区。1980年深圳宝安区和龙岗区的耕地面积占比分别达到20%～30%和10%～20%，然而到了2015年全部减小到10%以下；东莞和惠州惠阳区的耕地面积占比在1980年分别为30%～40%和40%～70%，然而到了2015年分别跌落至10%～20%和30%～40%，其他县区也存在不同程度的减小。林地面积占比方面，东莞和深圳宝安区在1980年均为30%～50%，而到了2015年都减少到20%～30%，其他县区林地面积占比相对稳定。湿地水体面积占比方面，佛山顺德区和中山1980年均为20%～55%，而到了2015年则分别减少至10%～15%和15%～20%；珠海、佛山三水区、肇庆鼎湖区存在一定程度的增加，增幅均为10%左右，除此之外其他地区变化不大。城镇建设用地扩张速度非常快，1980年除香港外其他地区的城镇建设用地占比大多不超过20%，而到了2015年深圳、东莞、佛山、中山、珠海等地的占比都达到了30%甚至50%以上。香港、深圳和佛山的部分地区斑块数量（NP）和斑块密度（PD）都有所增加，反映出城镇化进程导致斑块的分散和破碎程度有所

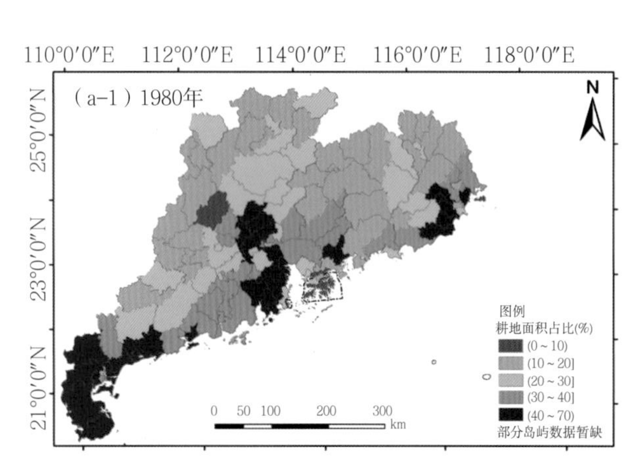


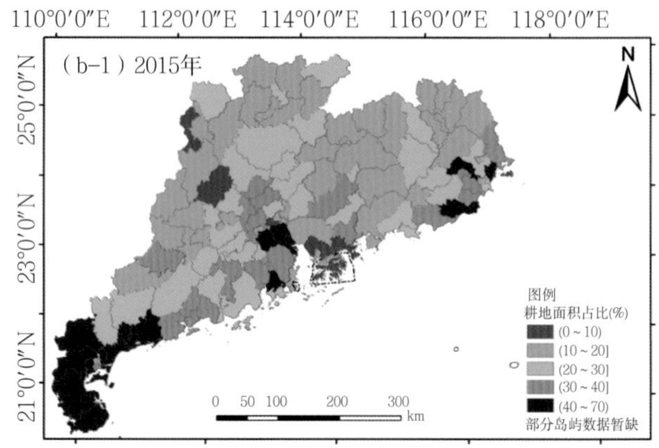


耕地面积占比变化

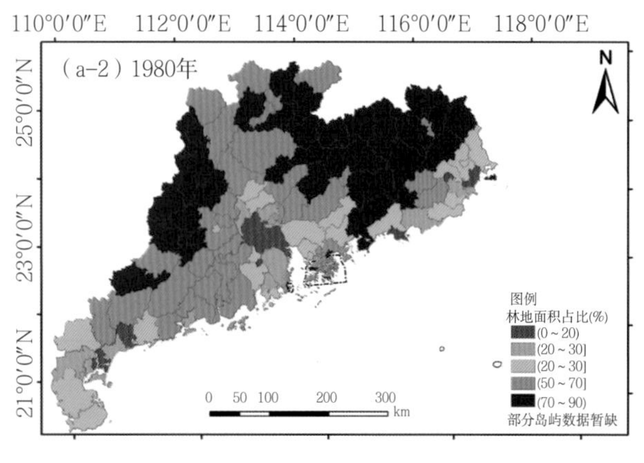


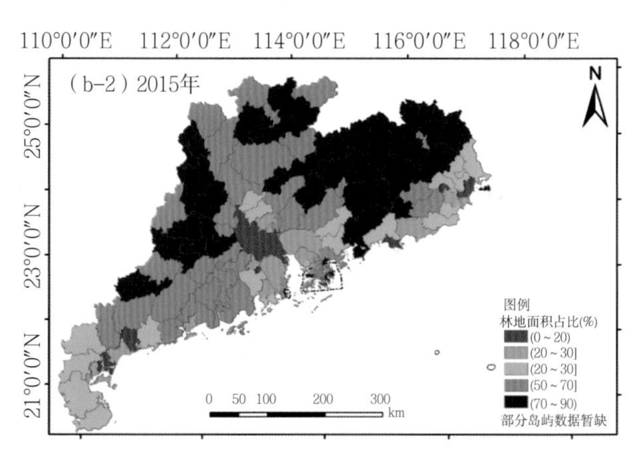


林地面积占比变化

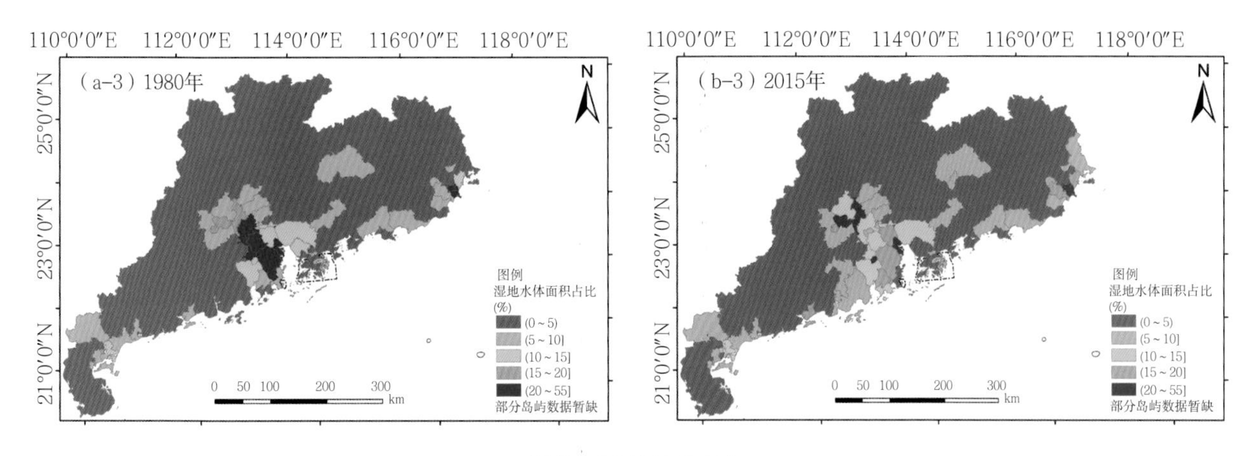


湿地水体面积占比变化

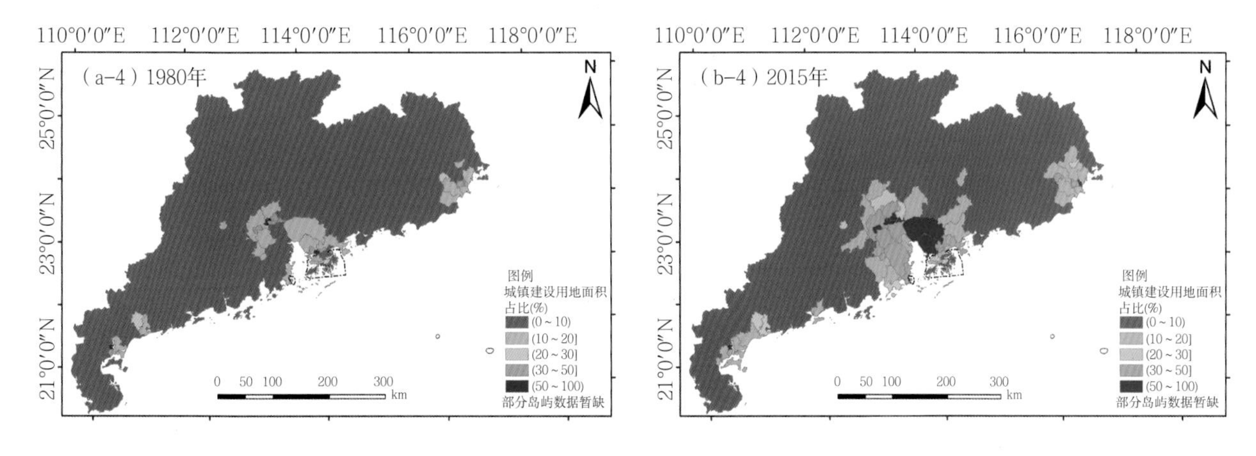


城镇建设用地面积占比变化

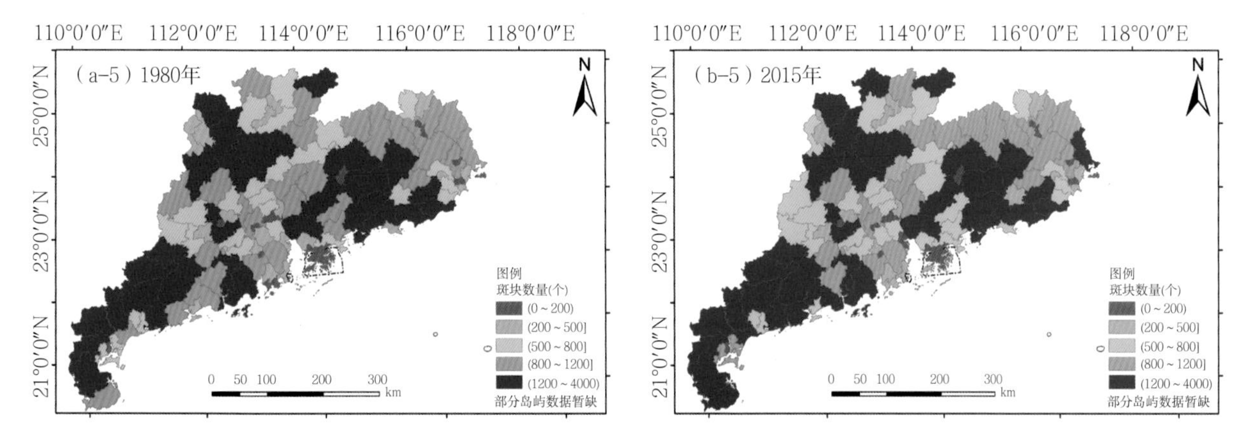


斑块数量（NP）变化

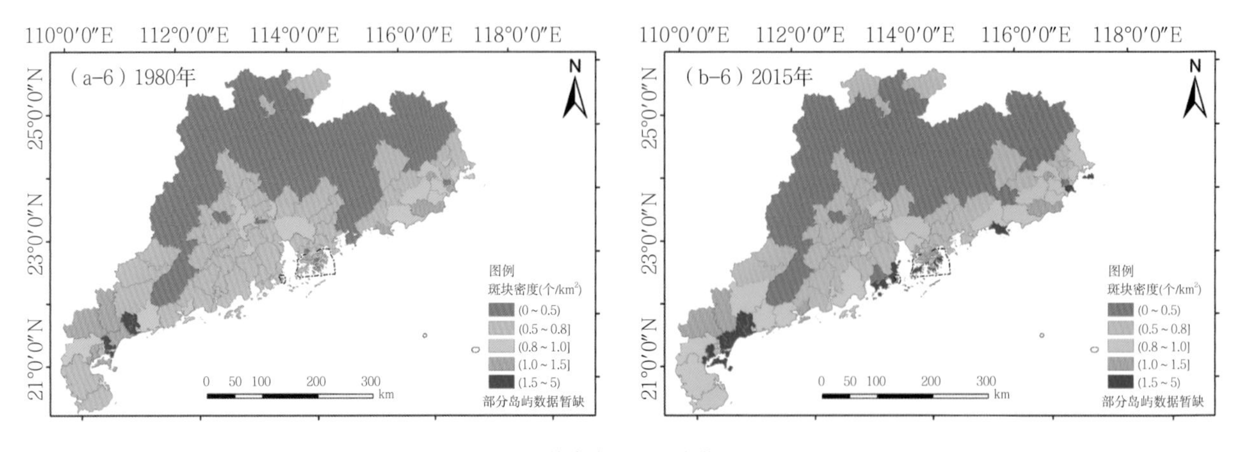


斑块密度（PD）变化

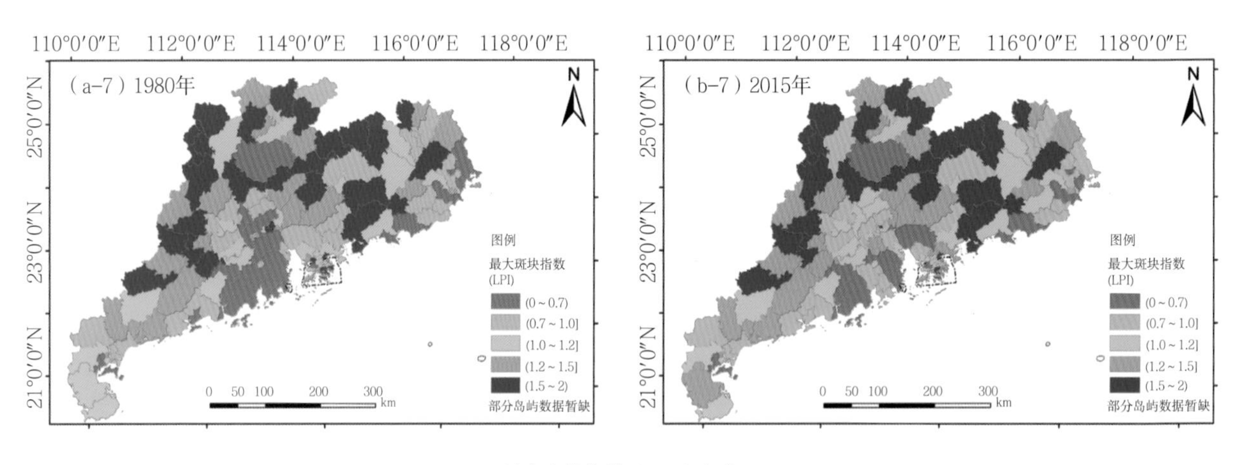


最大斑块指数（LPI）变化

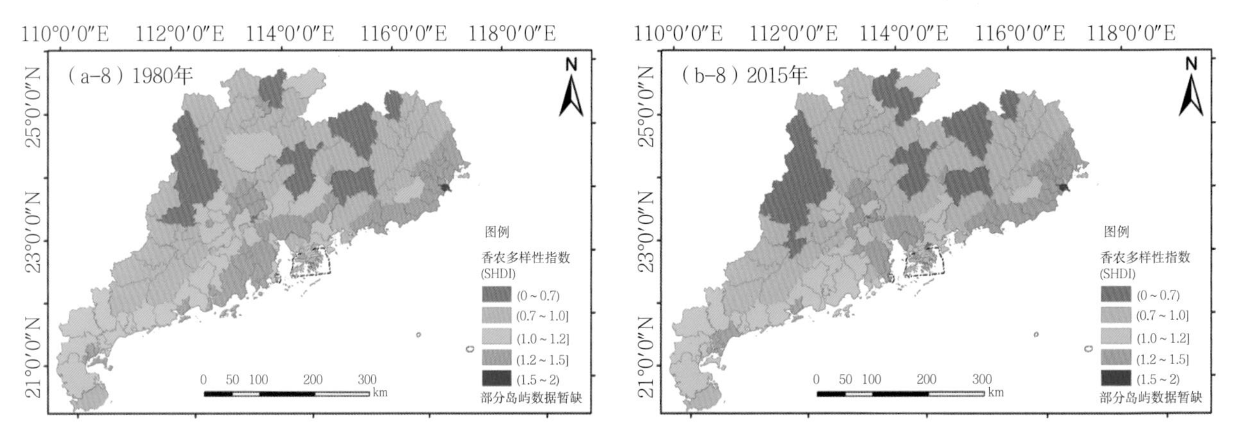


香农多样性指数（SHDI）变化

**图2-20　1980年和2015年粤港澳大湾区及周边地区景观格局对比分析**

增加，受人为活动的影响增大；惠州、江门和广州的部分地区的香农多样性指数（SHDI）有所减少，反映出景观中斑块类型的丰富程度有所下降，斑块类型减少。

## 二、城市群不透水层的时空变化

基于Gong et al.（2019）的研究成果提取了粤港澳大湾区每个城市1978—2017年每年新增的不透水层面积，并统计每个城市和各城县区的不透水层面积变化（图2-21、图2-22）。香港和澳门的开埠时间比较早，1978年以前已经具有相当规模，不透水层广泛分布，因此从1978年以来不透水层的面积保持稳定，没有大幅增加。其他城市和各城县区的不透水层面积大幅增加，以广州、深圳、东莞、佛山等城市最为典型，呈现稳定快速增长态势。

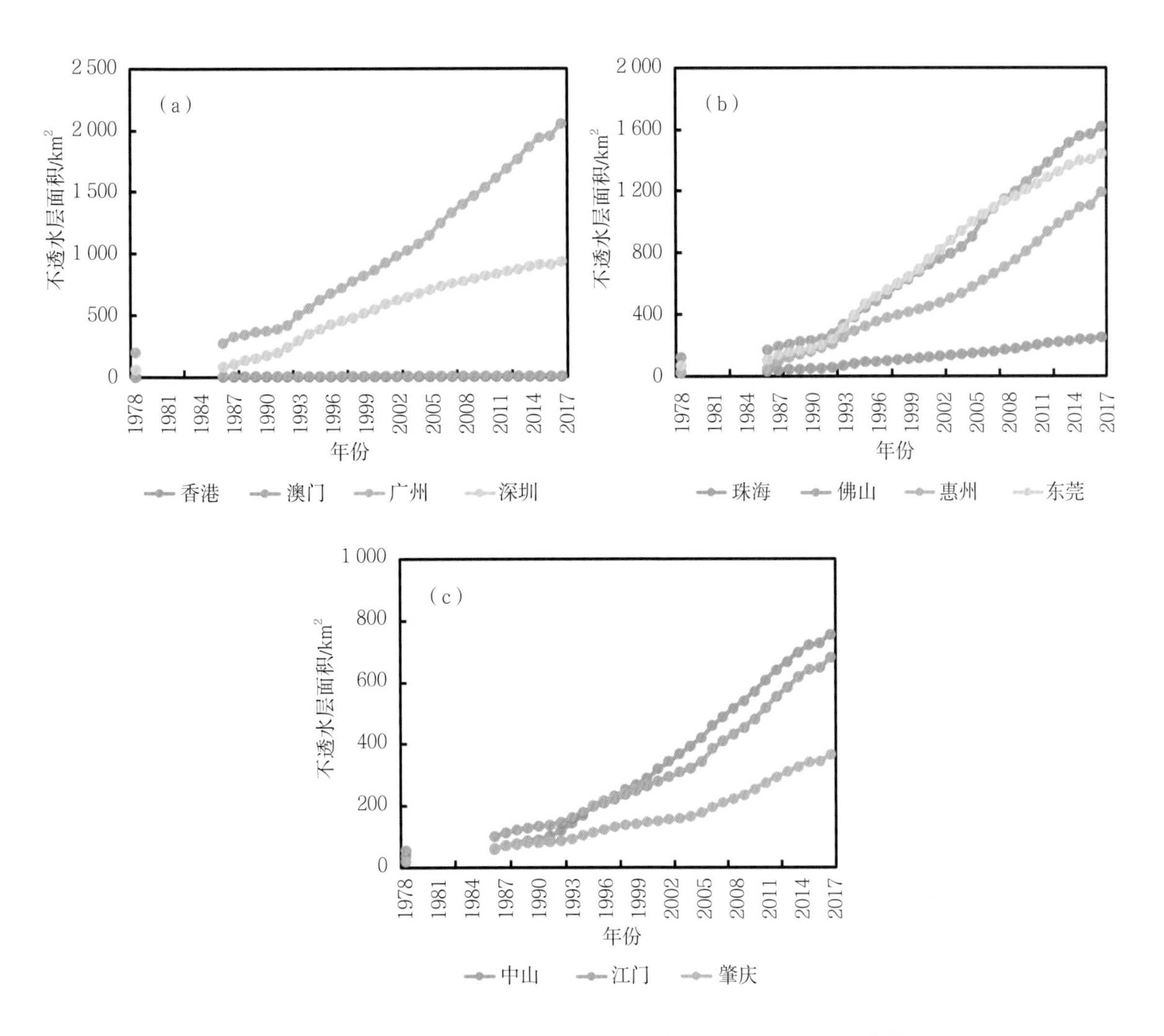


图2-21　1978—2017年粤港澳大湾区城市尺度不透水层面积变化

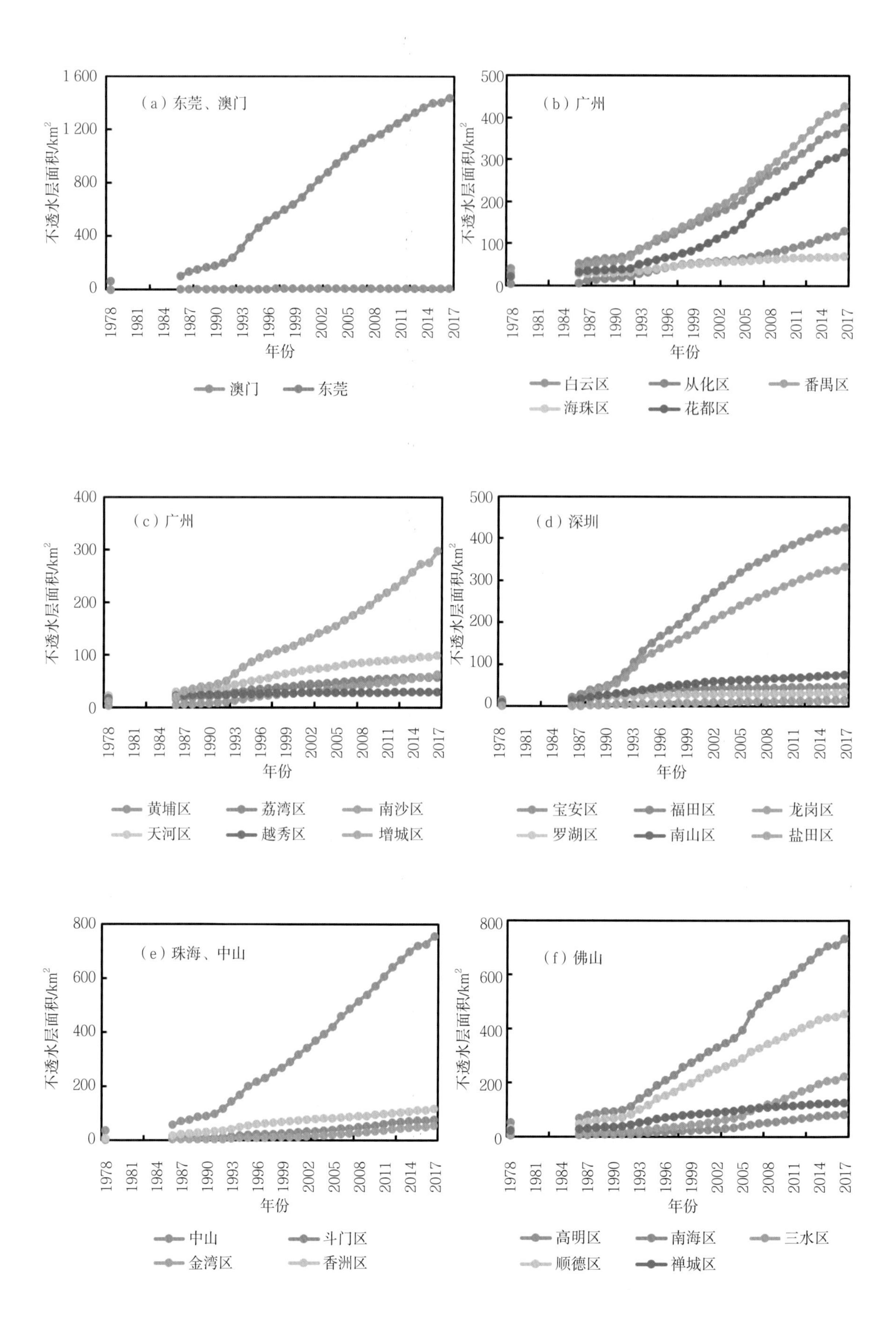

（a）东莞、澳门
不透水层面积/km²
年份
澳门
东莞
（b）广州
白云区
从化区
番禺区
海珠区
花都区
（c）广州
黄埔区
荔湾区
南沙区
天河区
越秀区
增城区
（d）深圳
宝安区
福田区
龙岗区
罗湖区
南山区
盐田区
（e）珠海、中山
中山
斗门区
金湾区
香洲区
（f）佛山
高明区
南海区
三水区
顺德区
禅城区

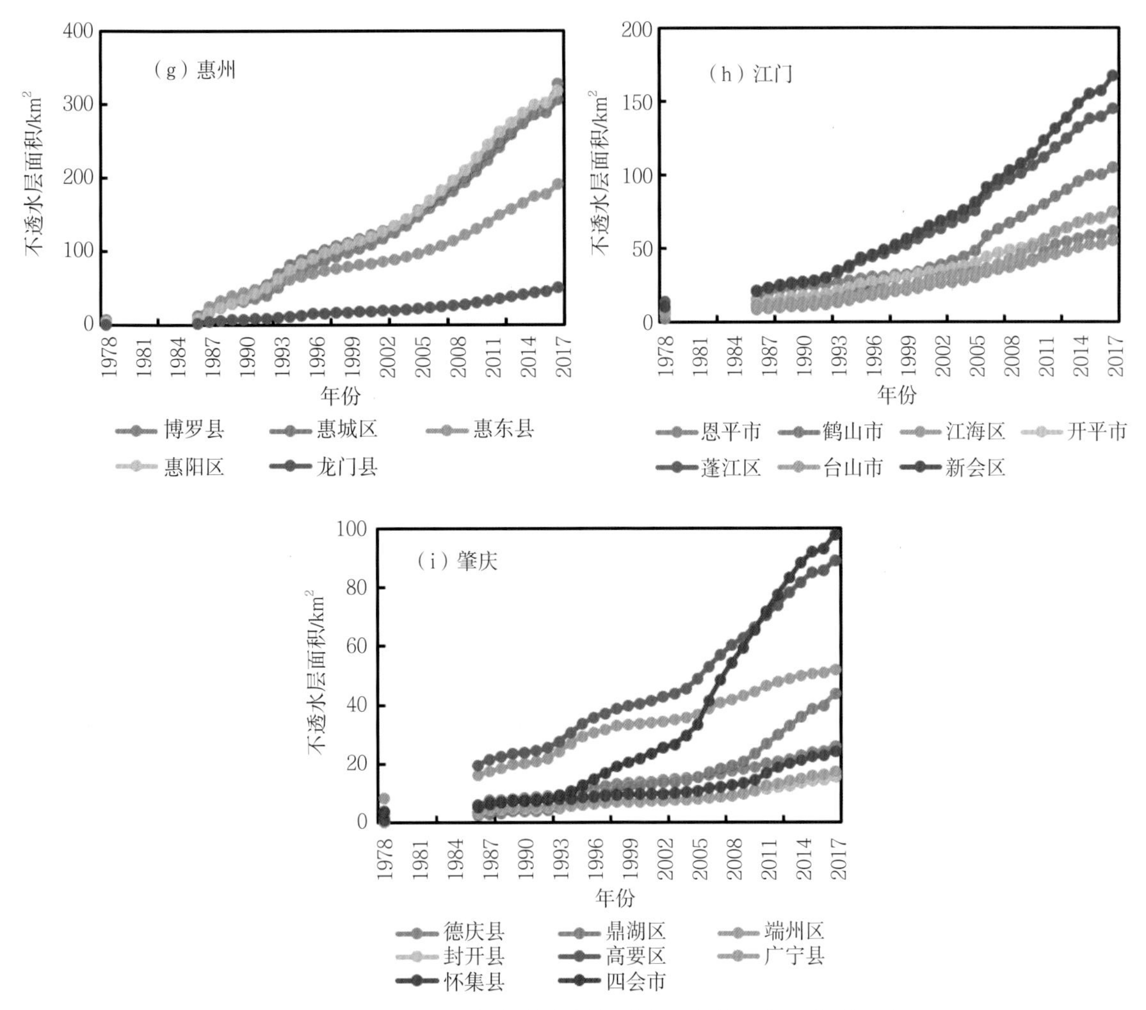


图2-22　1978—2017年粤港澳大湾区县区尺度不透水层面积变化

# 三、基于夜间灯光指数的城市扩张动态分析

目前已有许多传感器具备了在夜间对地表灯光亮度进行探测的能力，其中包括美国军事气象卫星DMSP（Defense Meteorological Satellite Program）搭载的OLS（Operational Linescan System）传感器、搭载在SuomiNPP（Suomi National Polar-orbiting Partnership）卫星的VIIRS（Visible Infrared Imaging Radiometer Suite）传感器等。由于目前仅有DMSP-OLS稳定夜间灯光数据具有长时间的有效历史数据，因此该数据被广泛应用于城市扩张动态分析。

将对于DMSP-OLS的分析划分为两个时间段，即1992—1999年和2000—2013年，分别对应不同的城镇化发展阶段。无论是从县域尺度还是城区尺度上看（图2-23、图2-24），我国2000—2013年灯光指数的强度相较于1992—1999年都表现出大幅的增长，特别是在东部沿海地区和典型快速发展城市群。对于京津冀城市群而言，2000—2013年间灯光强度大于5的区域要明显多于1992—1999年，相邻的山东、江苏等省份也同样表现出类似变化特征。1992—1999年黄土高原地区（山西、陕西、宁夏和内蒙古部分地区）的灯光强度多数小于1，而到了2000—2013年则大面积超过2。分别统计1992—1999年、2000—2013年和1992—2013年3个时段的变化速率发现，中国中东部地区城市化的速率大幅领先于西部地区，而2000—2013年

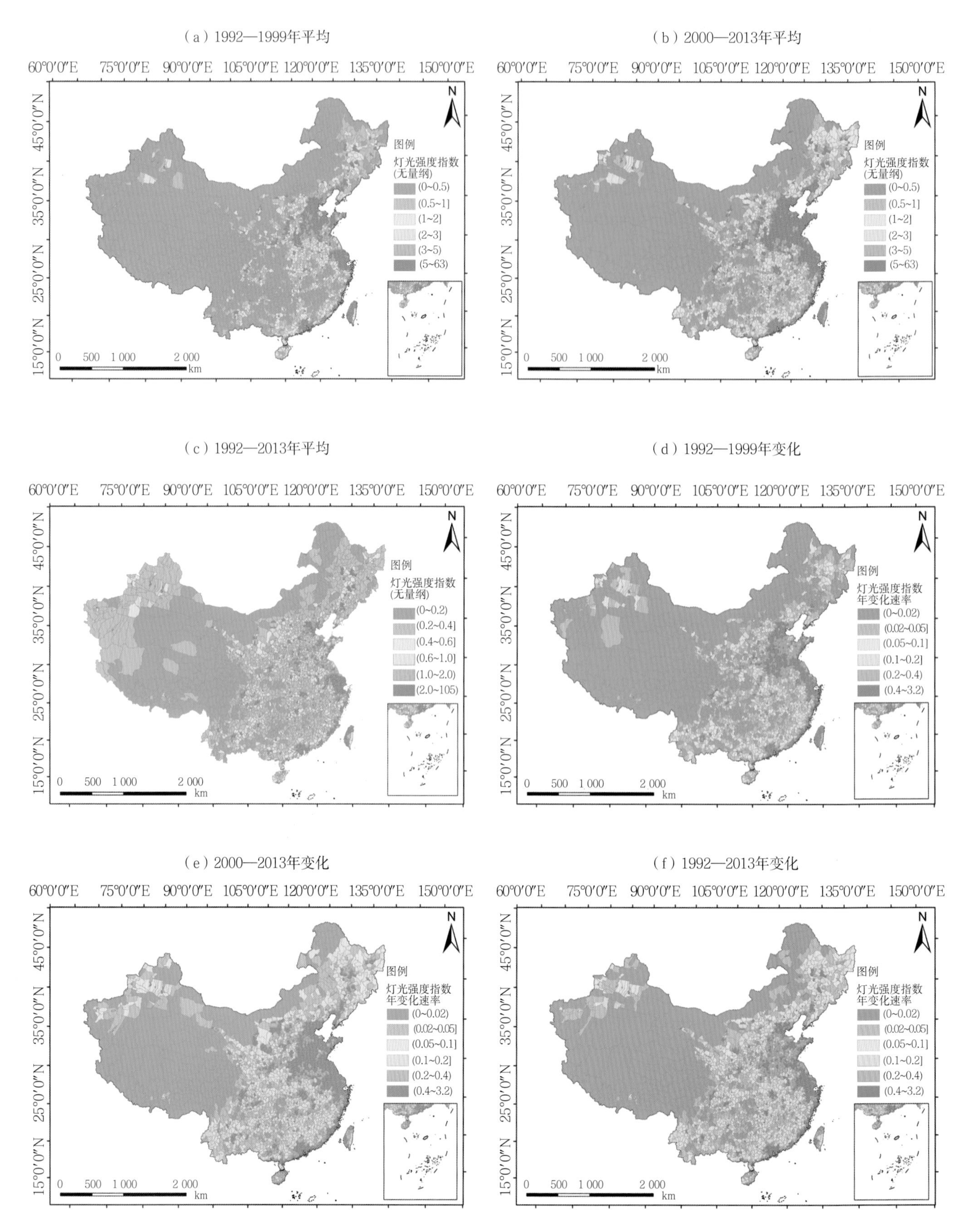


图2-23　1992—2013年全国县区尺度夜间灯光指数分布与变化

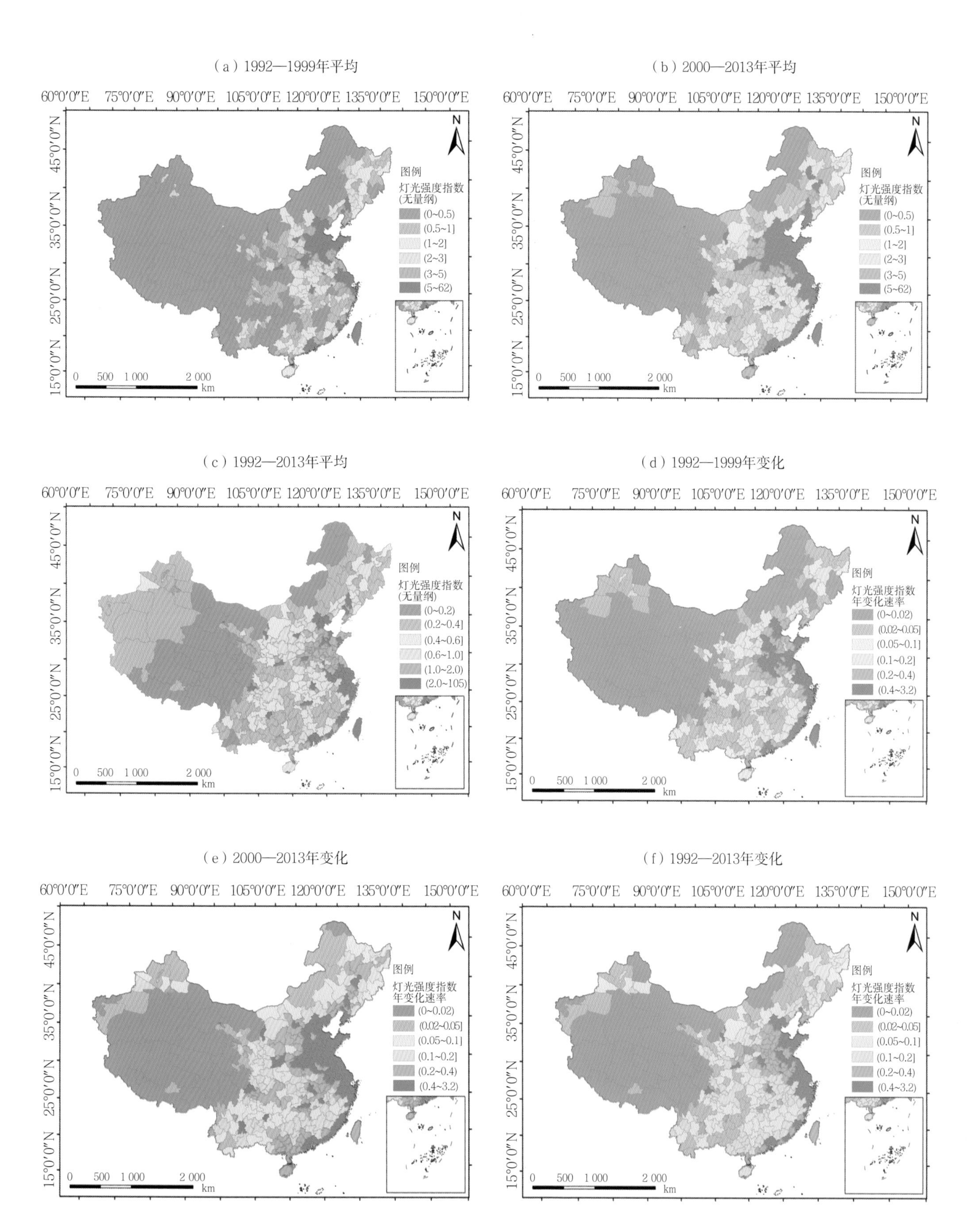


图2-24　1992—2013年全国城区尺度夜间灯光指数分布与变化

整体的城市扩张速度也要快于1992—1999年，特别是对于东部沿海地区而言。图2-25分别是1992年、2000年、2005年、2010年、2013年全国县区尺度夜间灯光指数分布，其反映出进入2000年以来中国整体的城市化进程明显加速。为了验证基于夜间灯光数据反映的城市化进程的准确性，根据多期土地利用数据计算每个县区的城镇化率（城镇建设用地占县区的面积百分比），发现两者计算结果具有较好的一致性，特别是在黄淮海平原以及周边地区高城镇化率县区的集中连片分布，反映出评估结果的准确性（图2-26）。

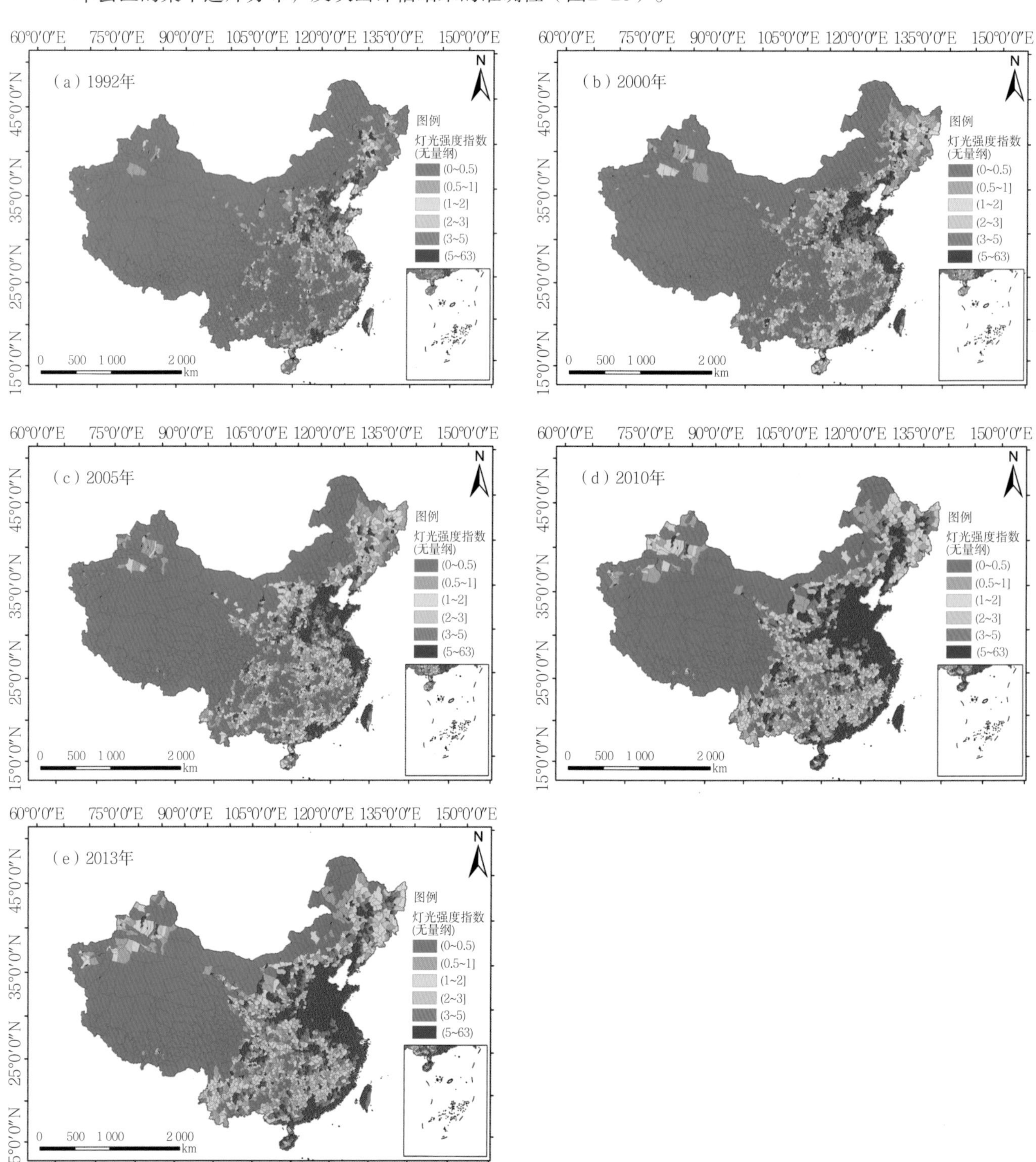


图2-25　1992年、2000年、2005年、2010年、2013年全国县区尺度夜间灯光指数分布

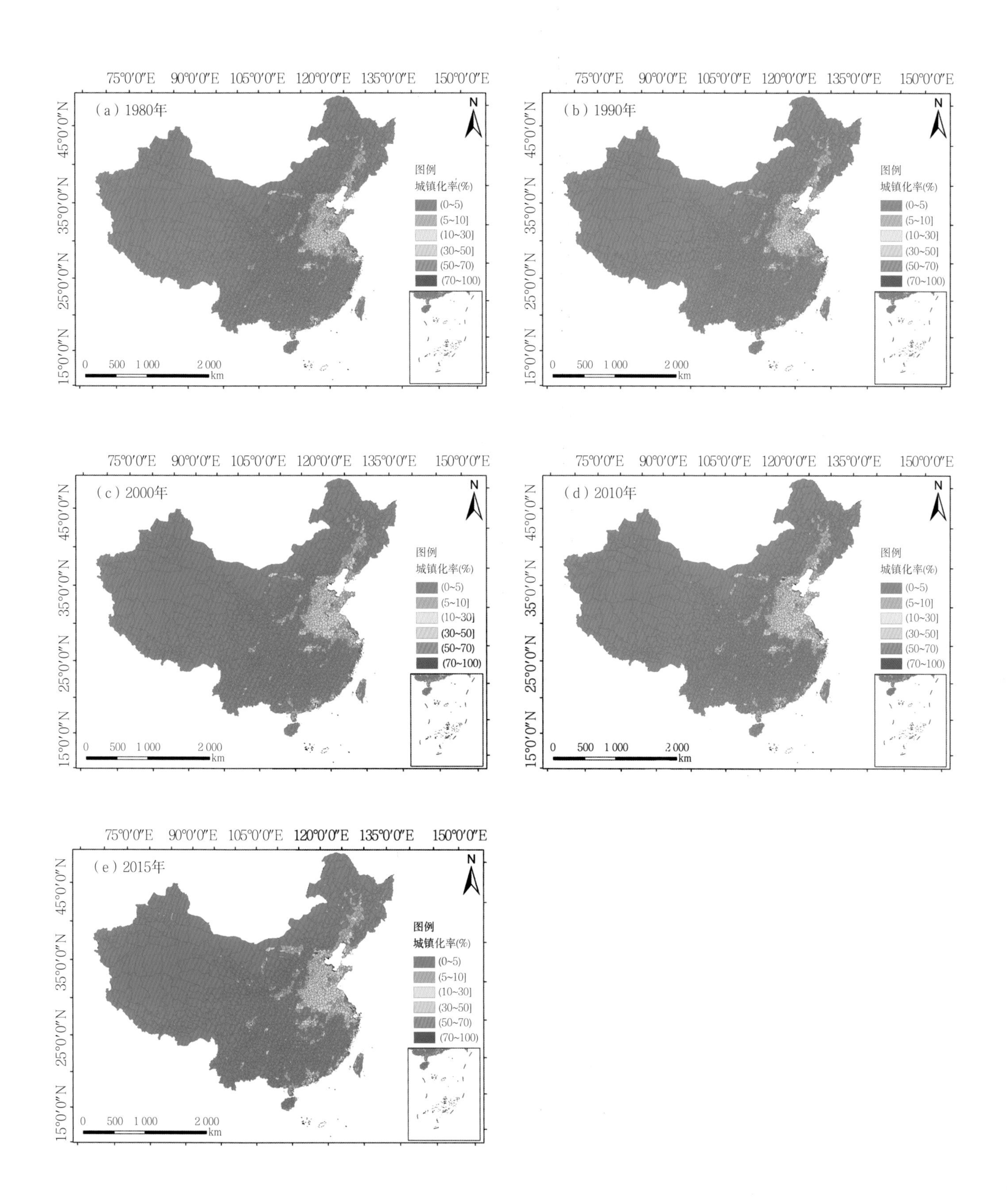


图2-26　1980—2015年全国县区尺度城镇化率分布

城区尺度上反映出的变化规律与县区尺度上基本一致（图2-24），分别统计全国超大城市、特大城市和大城市夜间灯光指数变化，对比不同地区城市的城镇化率（图2-27、图2-28）。在超大城市中，1992—1999年、2000—2013年和1992—2013年夜间灯光指数增加速率最快的城市都是上海，其次是天津和广州；在特大城市中，以北方地区的郑州和唐山增加速率最快，其次是徐州、济南、长沙等城市；在大城市中，苏州、厦门、无锡、常州、深圳、汕头、宁波等重点城市的增加速率较快，其他城市落后幅度较大。

聚焦到粤港澳大湾区，香港和澳门的开埠时间比较早，1992年以前已经具有相当规模，夜间灯光指数在1992—2013年基本保持稳定或轻微增加趋势，没有大幅增长（图2-29）。而其他城市和县区的夜间灯光指数在1992—2013年大幅增加，以广州、深圳、东莞、佛山等城市最为典型，呈现稳定持续增长态势，增加速率分别为0.9/a、0.9/a、1.3/a和1.2/a。县区尺度上（图2-30），广州海珠、越秀、黄埔、荔湾、天河等城区的DN值相对较高，而从化、番

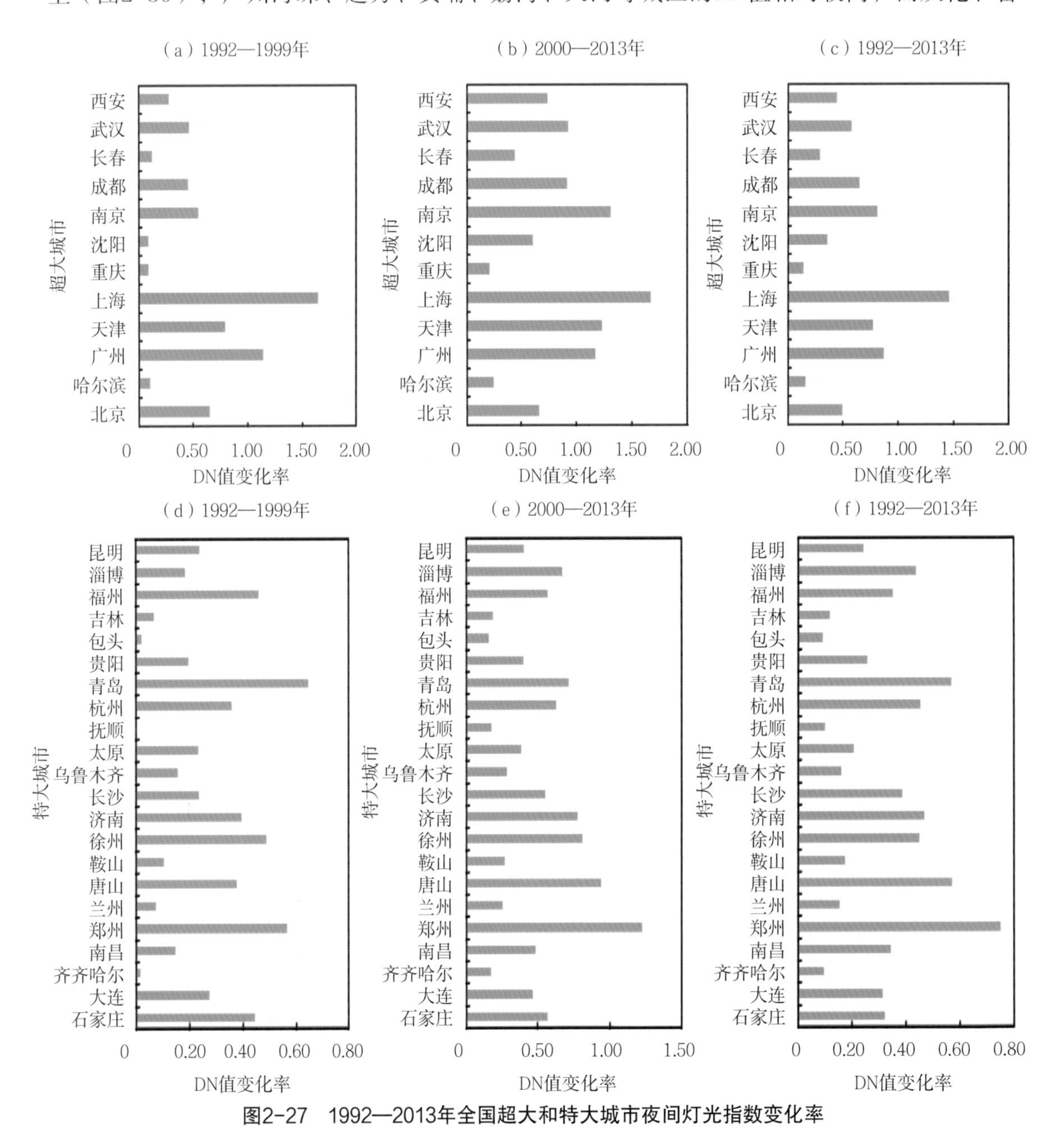

图2-27　1992—2013年全国超大和特大城市夜间灯光指数变化率

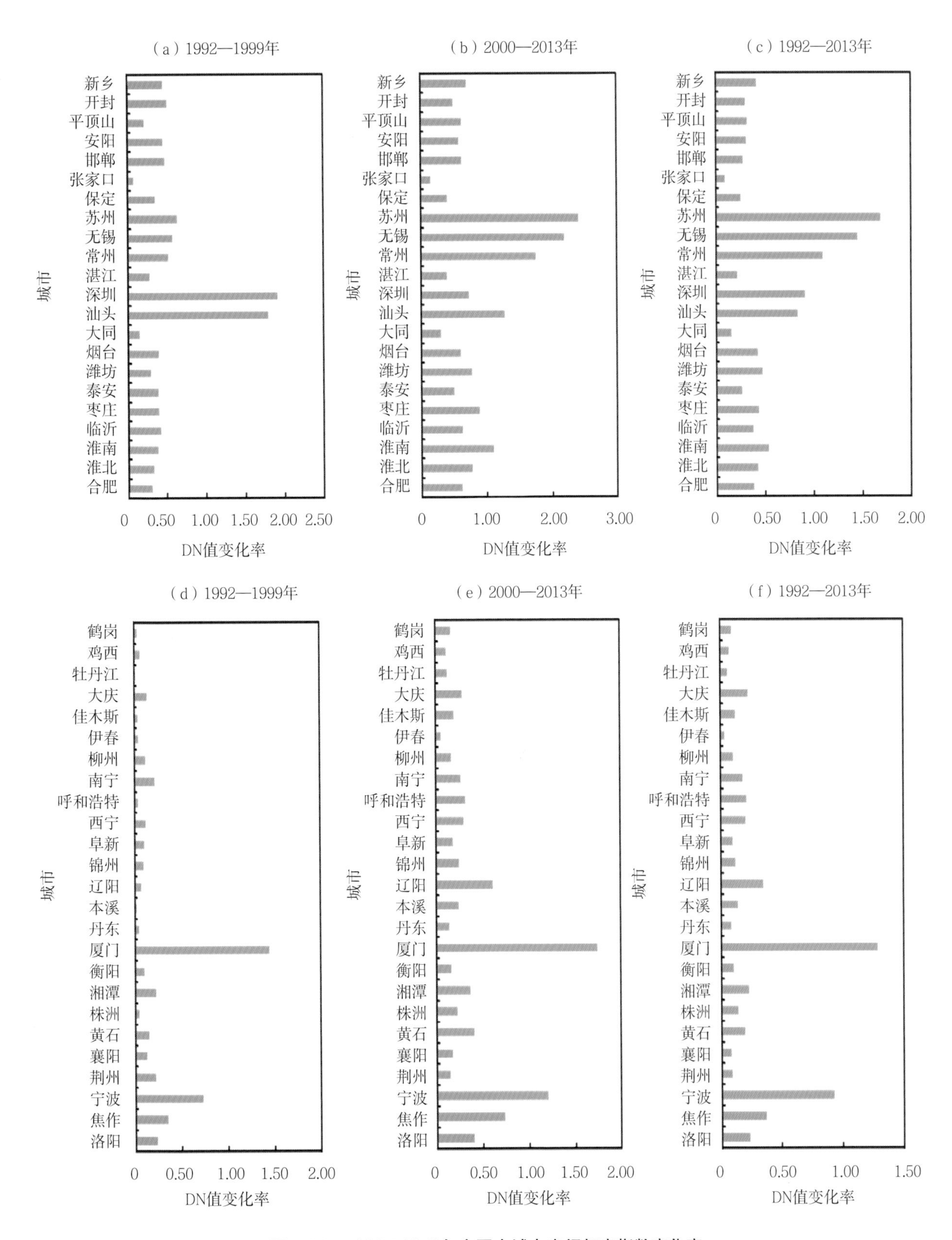


图2-28　1992—2013年全国大城市夜间灯光指数变化率

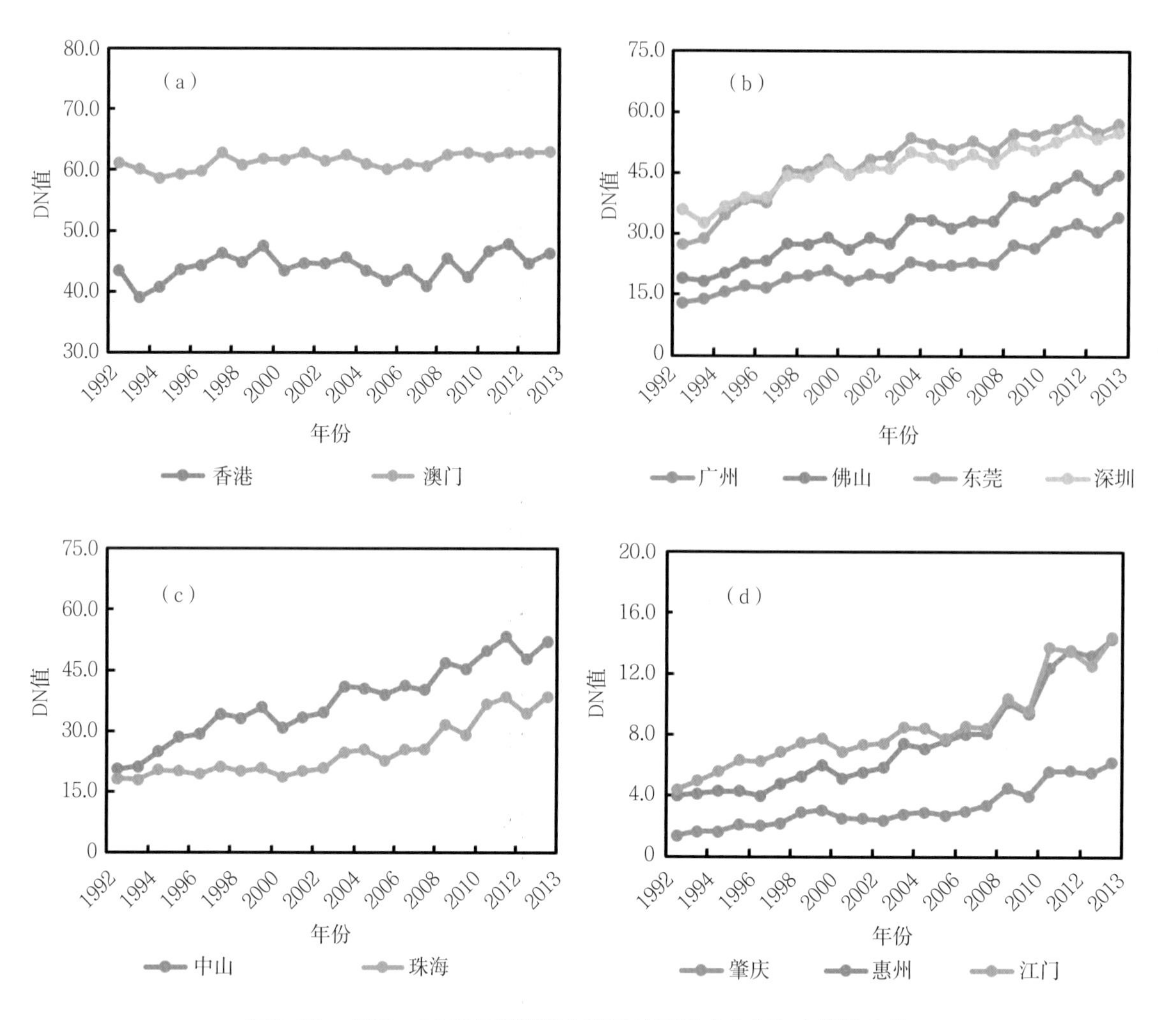


图2-29　1992—2013年粤港澳大湾区城区尺度夜间灯光指数变化

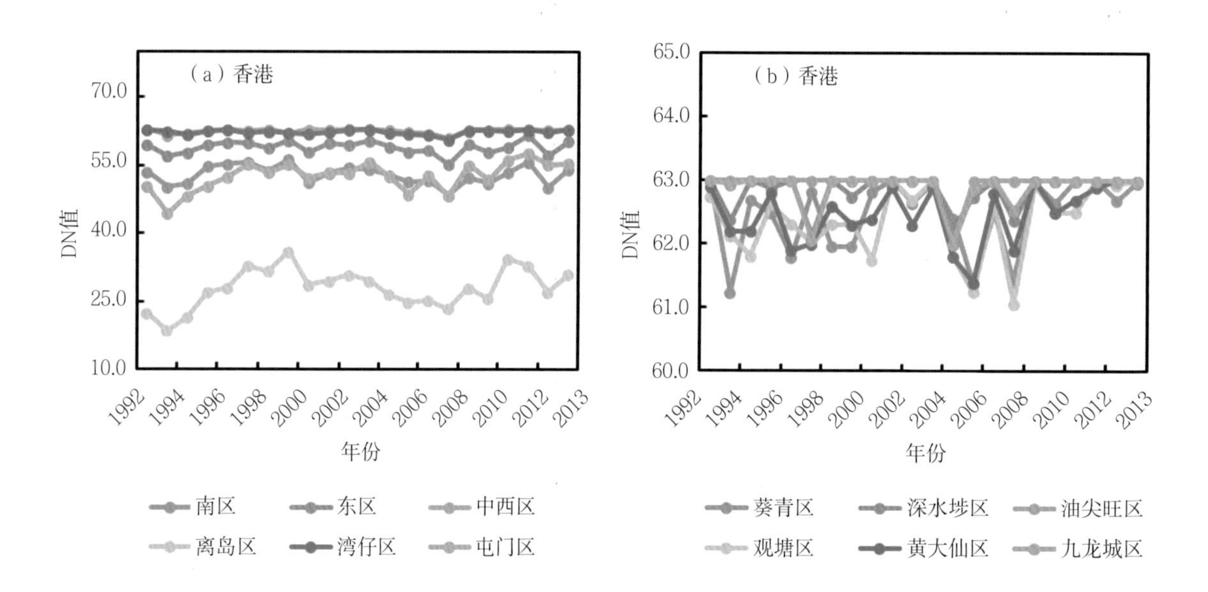

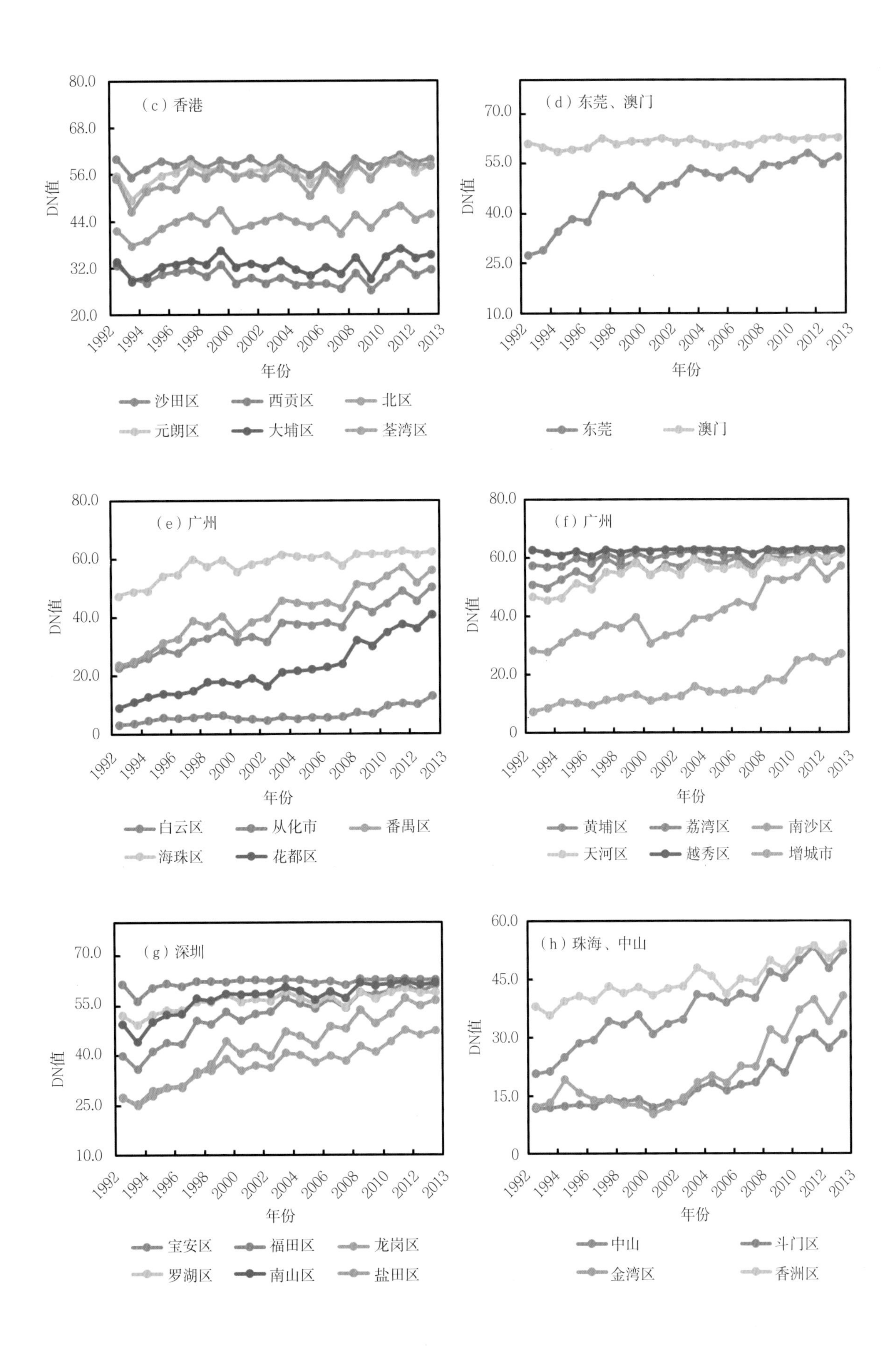
(c) 香港
DN值
年份
沙田区
西贡区
北区
元朗区
大埔区
荃湾区
(d) 东莞、澳门
东莞
澳门
(e) 广州
白云区
从化市
番禺区
海珠区
花都区
(f) 广州
黄埔区
荔湾区
南沙区
天河区
越秀区
增城市
(g) 深圳
宝安区
福田区
龙岗区
罗湖区
南山区
盐田区
(h) 珠海、中山
中山
斗门区
金湾区
香洲区

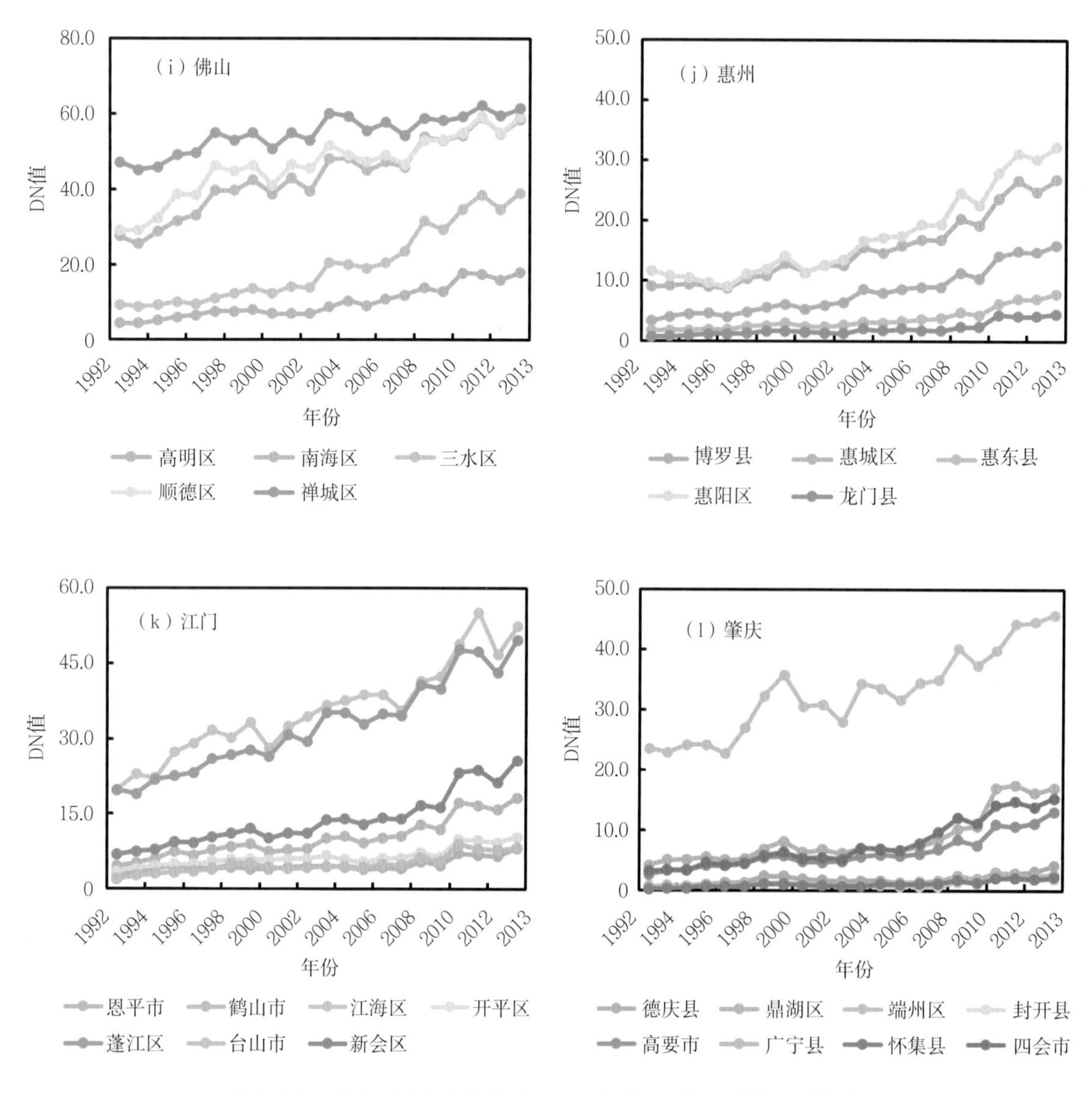


**图2-30　1992—2013年粤港澳大湾区县区尺度夜间灯光指数变化**

禺、花都、白云、增城、南沙等地区的DN值相对较低；深圳罗湖、福田、南山等地区的DN值要高于其他地区，这些地区城市发展的时间比较早，因此增长速度相对较慢，而其他地区基数低但增速快；中山和珠海香洲区的DN值要高于珠海其他地区，4个地区的增加速度都相对较快；佛山南海、禅城、顺德区的DN值要高于三水区和高明区，总体都维持稳定上升趋势；惠州和江门各个城区的DN值都维持稳定增加态势，江门江海区和蓬江区的DN值要高于其他地区；肇庆端州区的DN值要显著高于其他地区。

# 第四节　植被覆盖与生产力变化及其成因分析

## 一、城市群植被覆盖状况变化

基于1982—2015年GIMMS NDVI数据对中国范围内的植被覆盖状况进行分析（图2-31）。全国植被盖度较高的地区集中在几个传统林区，分别为东北地区（长白山和大小兴安岭地区）、秦岭山脉（陕西境内）、长江中上游地区、西南林区（四川、云南地区）和南方林区（广东、福建、江西、湖南等省份的部分地区）。1982年，县区尺度归一化植被指数（normalized difference vegetation index，NDVI）平均值介于0.8～1的地区集中在大小兴安岭山脉（黑龙江境内）、长白山脉（辽宁境内）、四川盆地周边（包括秦岭山脉）、云贵高原南缘以及广东、福建、江西和湖南部分地区，海南岛和台湾岛也有一定面积分布；2015年，NDVI平均值介于0.8～1的地区大面积增加，除了东北地区（黑龙江、吉林、辽宁）和云贵高原南缘相对稳定外，长江中上游植被覆盖度大面积提高。1998年长江和松花江洪水发生后，国家提出了“退耕还林（草）”工程，该工程覆盖了中国全境绝大部分地区，只有广东省等极少数省份因为本底植被覆盖状况较好，没有实施，其他地区都投入了大量资金开展植树种草和生态恢复工程。因此，将研究时段划分为1982—1998年和1999—2015年两个时段开展研究。通过对比分析发现，两个时段植被覆盖的整体格局基本一致，但部分地区变化明显。黄土高原中东部和长江中游地区（含汉江流域部分）的植被覆盖度明显增加。变化速率方面，1982—1998年植被覆盖增加速率较快的地区位于吉林、辽宁中部、内蒙古中部、河北北部、淮河流域、长江中上游、广东北部和海南岛部分地区，存在退化趋势的地区主要位于青藏高原东南缘、东北部分林区和东部沿海部分城市群所在区域（珠三角、长三角、山东半岛等）；1999—2015年植被覆盖增加速率较快的地区位于黄河中上游地区，特别是黄土高原绝大部分地区以及长江中上游地区，中国南方绝大部分地区的植被覆盖都有所增加，但增加幅度不一致。

分别统计全国超大城市和特大城市1982—1998年、1999—2015年和1982—2015年3个时段的变化，对比不同地区城市的植被覆盖变化速率（图2-32）。在超大城市中，1982—1998年、1999—2015年和1982—2015年植被覆盖增加速率最快的城市都是南京和乌鲁木齐，其次分别是南昌和白城；在特大城市中，以贵阳、石家庄和长春增加速率最快，其他城市落后幅度较大。需要指出的是，在超大城市和特大城市中有一部分城市的植被覆盖状况呈现退化趋势，需要引起足够重视，比如1982—1998年的上海（-0.002/a）、徐州（-0.000 9/a）、沈阳（-0.000 6/a）、长沙（-0.000 2/a），1999—2015年的昆明（-0.001 1/a）、武汉（-0.004 1/a）、太原（-0.002 5/a）、鞍山（-0.000 6/a）、西安（-0.000 7/a）、重庆（-0.001 2/a）、广州（-0.001 0/a）、郑州（-0.000 26/a），以及1982—2015年整体的昆明（-0.000 3/a）、武汉（-0.000 8/a）、太原（-0.000 4/a）、上海（-0.000 3/a）、重庆（-0.000 7/a）、徐州（-0.000 3/a）、北京（-0.000 2/a）、长沙（-0.000 3/a）和郑州（-0.000 8/a）。这些城市的城市化进程发展较快，城镇、居民、建设用地的快速扩张侵占了森林、草地等自然生态系统，因此造成了植被覆盖度的下降，在后续的城市绿色基础设施建设过程中需要足够重视这一问题。

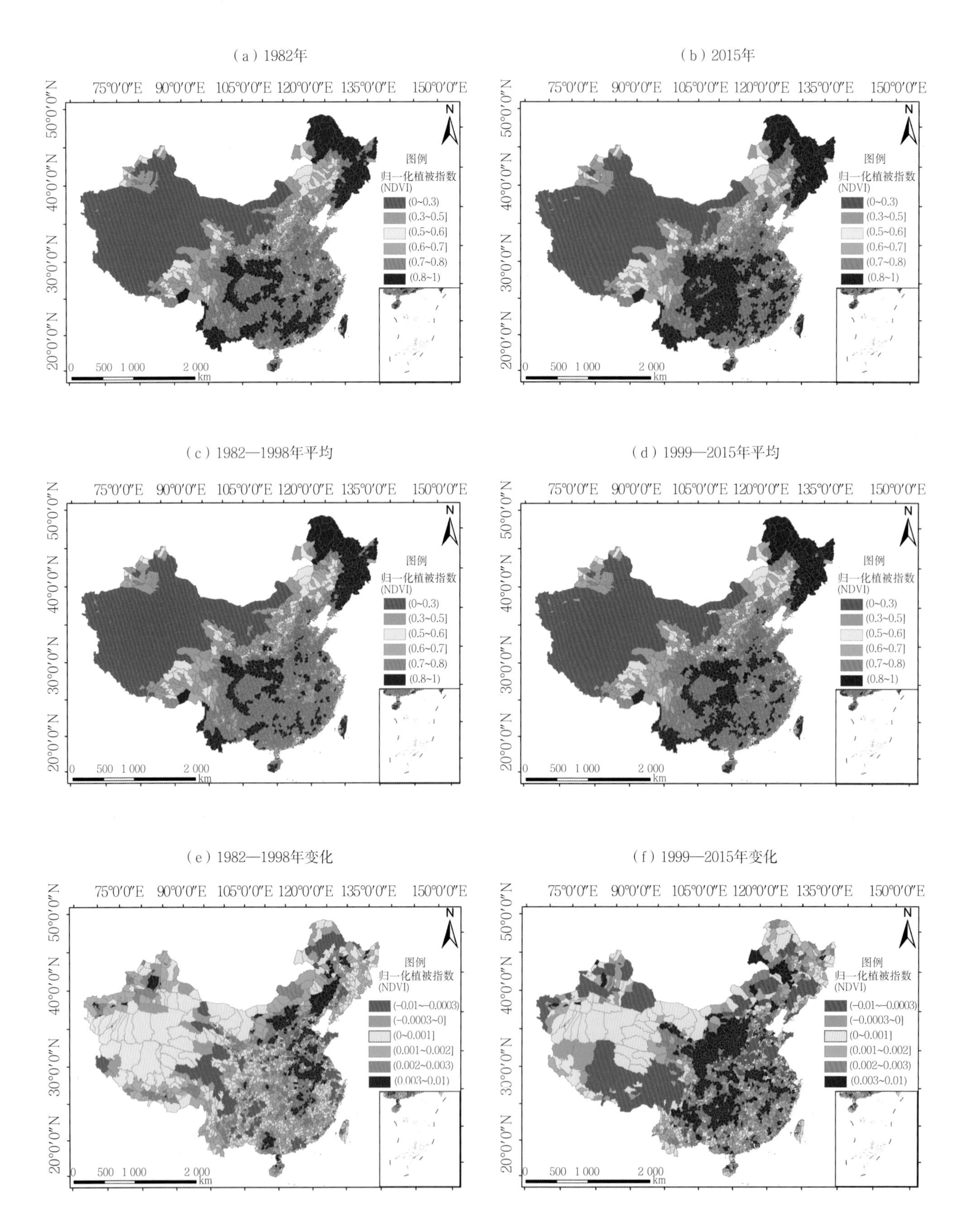


图2-31　1982—2015年全国县区尺度归一化植被指数（NDVI）分布与变化

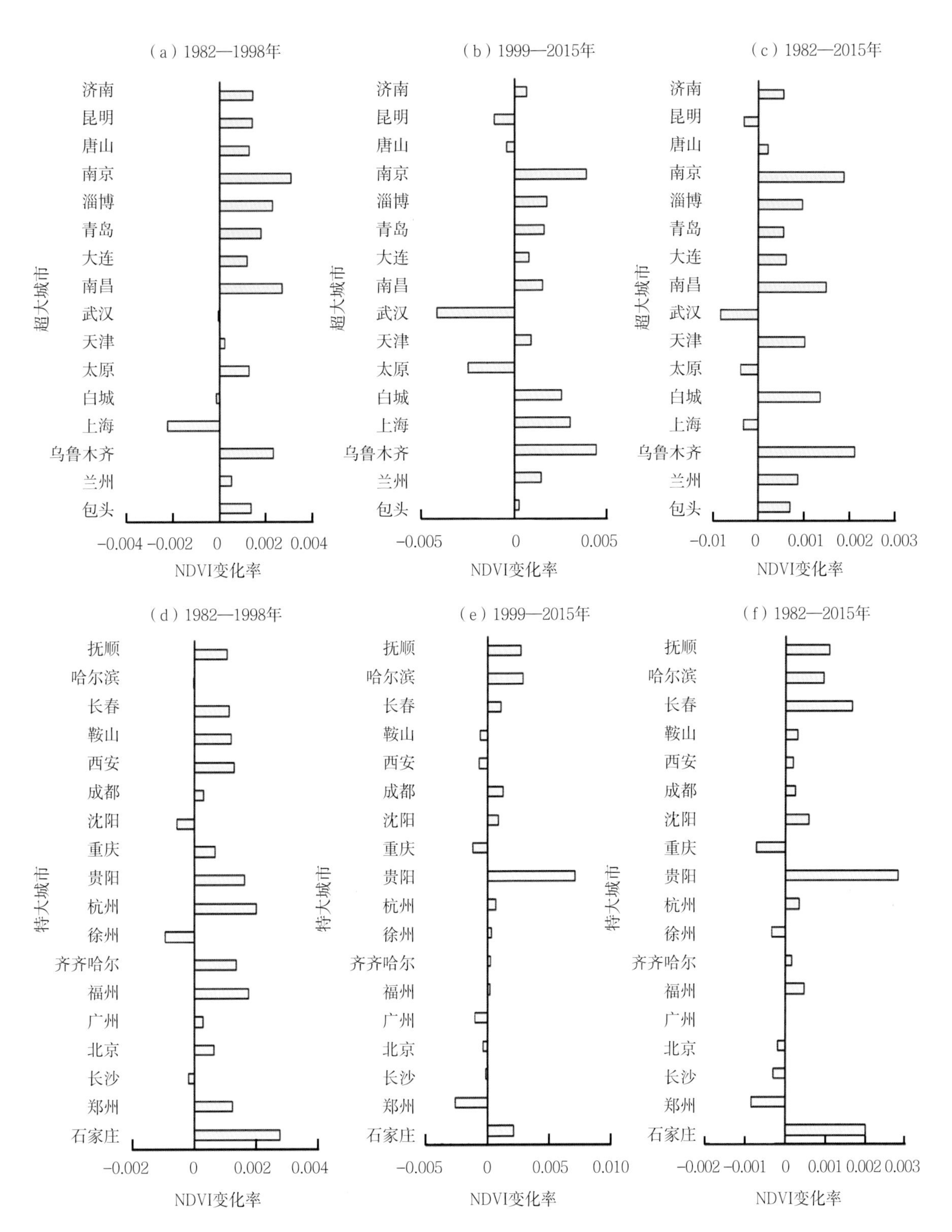


**图2-32　1982—2015年全国超大和特大城市归一化植被指数（NDVI）变化率**

聚焦到粤港澳大湾区，香港和澳门的开埠时间比较早，1982年以前已经具有相当规模，NDVI在1982—2015年基本保持稳定或缓慢增加趋势，没有大幅增长（图2-33）。其他城市和县区的NDVI在2000年以前呈现下降趋势，而2000年以后快速增长。以广州、深圳、东莞、佛山等城市为例，2000年以前4个城市都呈现出下降趋势，下降速率分别为-0.002/a、-0.003/a、-0.006/a、-0.006/a，2000年以后则快速增长，增长速率分别为0.003/a、0.004/a、0.004/a、0.002/a。县区尺度上（图2-34），香港的葵青区、油尖旺区、黄大仙区等12个行政区在1982—2015年都呈现显著的增加趋势；澳门整体保持平稳，而东莞则先下降后上升；广州花都、从化和增城等地区的NDVI相对较高，而番禺、白云、荔湾、越秀、南沙等地区则相对较低；深圳盐田区的NDVI要高于其他地区，各区整体上变化比较平稳；中山和珠海斗门区的NDVI要高于珠海其他地区，金湾区和香洲区在2000年前后的变化幅度比较大；佛山高明区的NDVI要高于其他地区，各区总体都保持先下降后上升的趋势；惠州、江门和肇庆各个地区的NDVI都维持先缓慢下降后稳定上升的态势。

图2-33 1982—2015年粤港澳大湾区城市尺度归一化植被指数（NDVI）变化

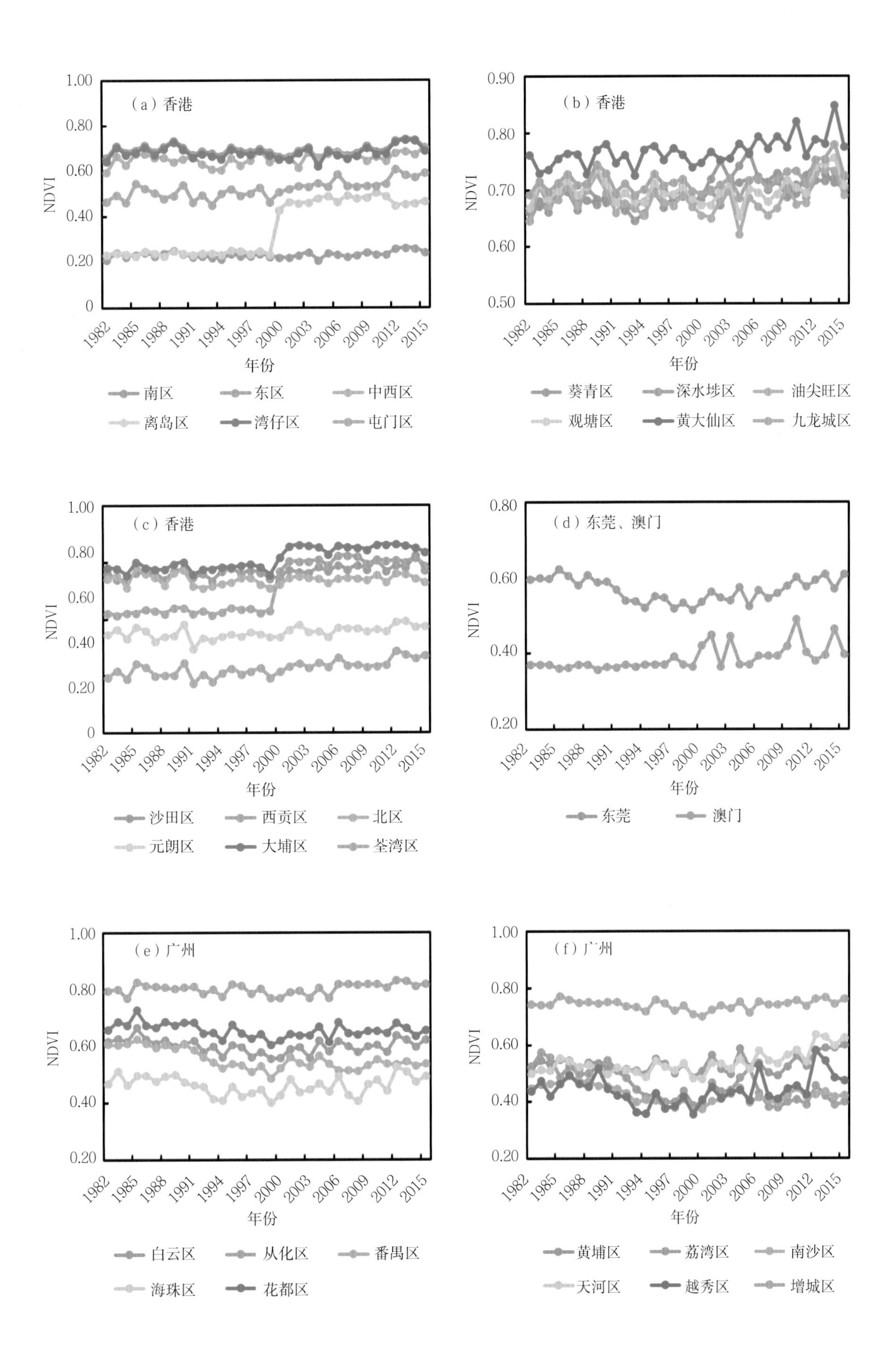

（a）香港
NDVI
年份
南区
东区
中西区
离岛区
湾仔区
屯门区
（b）香港
葵青区
深水埗区
油尖旺区
观塘区
黄大仙区
九龙城区
（c）香港
沙田区
西贡区
北区
元朗区
大埔区
荃湾区
（d）东莞、澳门
东莞
澳门
（e）广州
白云区
从化区
番禺区
海珠区
花都区
（f）广州
黄埔区
荔湾区
南沙区
天河区
越秀区
增城区

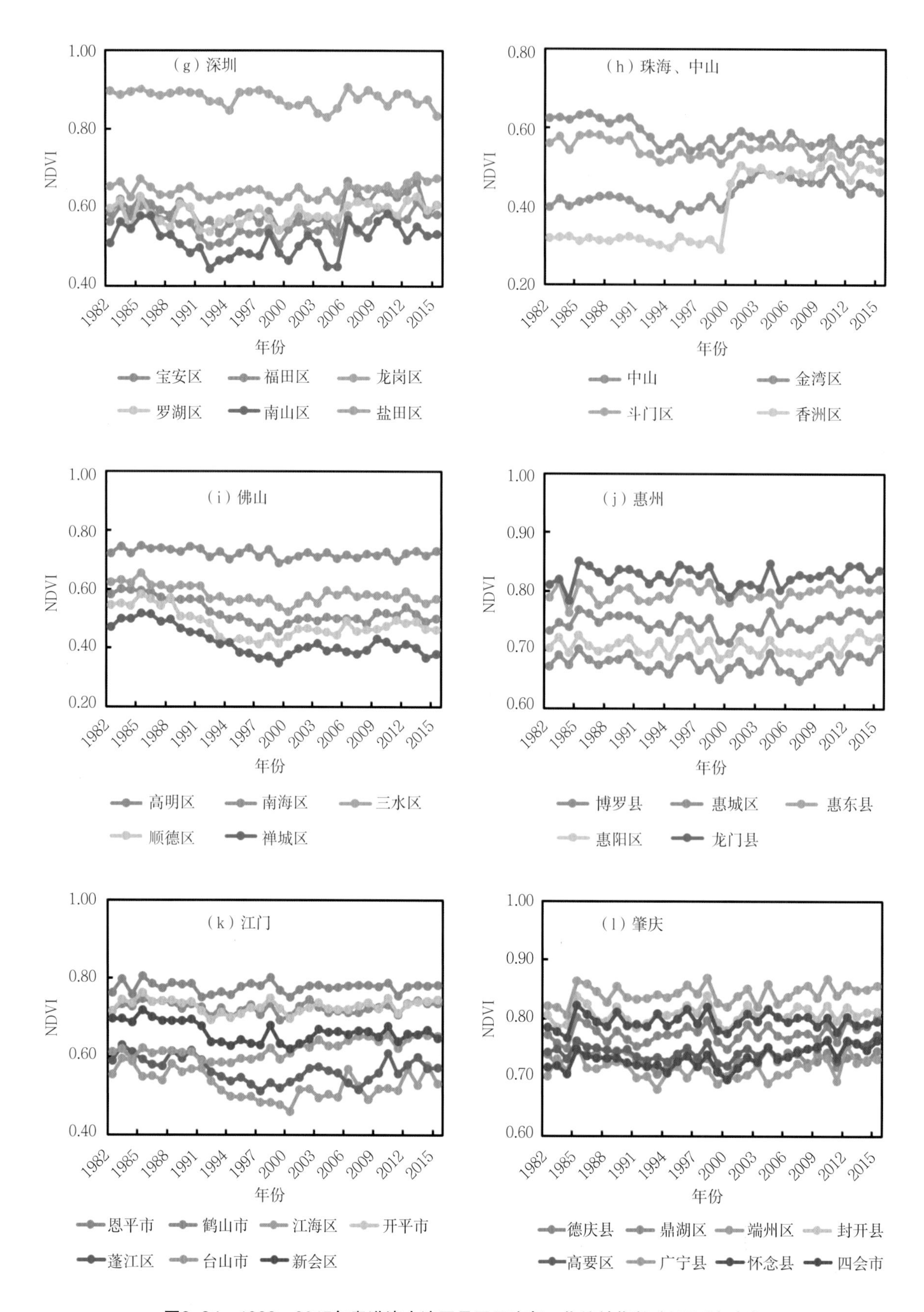


图2-34　1982—2015年粤港澳大湾区县区尺度归一化植被指数（NDVI）变化

# 二、城市群植被生产力变化

## （一）植被净初级生产力估算

植被固碳功能是指生态系统中植被所进行的自然碳封存过程，评估对象为植被净初级生产力（net primary productivity，NPP），本研究通过光能利用率CASA（Carnegie-Ames-Stanford Approach）模型计算植被净初级生产力。CASA模型（Potter et al.，1993）是最早发展的光能利用效率模型之一，该模型的理论基础是植被生产力与叶绿素吸收的光合有效辐射紧密相关（Potter et al.，1993；张美玲　等，2011）。该模型基于光能利用效率原理直接计算植被净第一性生产力，已经在世界范围内得到广泛应用（Piao et al.，2005；朱文泉　等，2006）。

$$\mathrm{NPP}(x,t)=\mathrm{APAR}(x,t)\times\varepsilon(x,t)\qquad \text{式（2-1）}$$

式中，NPP（$x$，$t$）表示某一像元在位置$x$和时间$t$时的NPP；APAR表示光合有效辐射，即植被冠层在某一时段内吸收的入射太阳辐射（$\mathrm{MJ\cdot m^{-2}}$）；$\varepsilon$表示实际光能利用效率（$\mathrm{g\cdot MJ^{-1}}$）。年NPP是植物生长季逐月NPP的累积值。

参数APAR和$\varepsilon$的计算过程见下式（Piao et al.，2005）：

$$\mathrm{APAR}(x,t)=\mathrm{SOL}(x,t)\times\mathrm{FPAR}(x,t)\times 0.5\qquad \text{式（2-2）}$$

$$\varepsilon(x,t)=\varepsilon_{\max}\times T_{\varepsilon1}(x,t)\times T_{\varepsilon2}(x,t)\times W_{\varepsilon}(x,t)\qquad \text{式（2-3）}$$

式中，SOL（$x$，$t$）表示某一时段内的总太阳辐射量（$\mathrm{MJ\cdot m^{-2}}$）。FPAR（$x$，$t$）表示在位置$x$和时间$t$时的光合有效辐射。$\varepsilon_{\max}$表示理想情况下的植被最大光能利用率，取值依据如下：农田为0.542 $\mathrm{gC\cdot MJ^{-1}}$；高覆盖度林地为0.485 $\mathrm{gC\cdot MJ^{-1}}$；中等盖度林地为0.429 $\mathrm{gC\cdot MJ^{-1}}$；高覆盖度草地为0.413 $\mathrm{gC\cdot MJ^{-1}}$；中等盖度草地为0.296 $\mathrm{gC\cdot MJ^{-1}}$；低覆盖度草地为0.221 $\mathrm{gC\cdot MJ^{-1}}$；沼泽和湿地为0.413 $\mathrm{gC\cdot MJ^{-1}}$（朱文泉　等，2006）。$T_{\varepsilon1}$（$x$，$t$）和$T_{\varepsilon2}$（$x$，$t$）分别表示最高温度和最低温度对光能利用率的温度胁迫系数。$W_{\varepsilon}$（$x$，$t$）为水分因子对光能利用效率的胁迫系数（朴世龙　等，2001）。

$T_{\varepsilon1}$反映了在低温和高温时植物内在的生化作用对光合作用的限制（Potter et al.，1993；朴世龙　等，2001），其计算公式如下：

$$T_{\varepsilon1}=0.8+0.02\times T_{opt}-0.0005\times T_{opt}^{2}\qquad \text{式（2-4）}$$

式中，$T_{opt}$为某一区域一年内NDVI值达到最高时月份的平均气温。当某一月平均温度小于或等于-10℃时，$T_{\varepsilon1}$为0（朴世龙　等，2001；张美玲　等，2011）。

$$T_{\varepsilon2}=\frac{1.1814}{\left(1+\mathrm{e}^{0.2(T_{opt}-10-t)}\right)/\left(1+\mathrm{e}^{0.3(-T_{opt}-10-t)}\right)}\qquad \text{式（2-5）}$$

式中，当某一月温度$T$比最适宜温度$T_{opt}$高10℃或者低13℃时，该月的$T_{\varepsilon2}$值等于月平均温度$T$为最适宜温度$T_{opt}$时$T_{\varepsilon2}$值的一半（朴世龙　等，2001；张美玲　等，2011）。

水分胁迫系数$W_{\varepsilon}$反映了植物所能利用的有效水分条件对光能转化率的影响（朴世龙　等，2001；张美玲　等，2011）。随着环境有效水分的增加，$W_{\varepsilon}$逐渐增大。它的取值范围为0.5～1，分别对应着极端干旱和极端湿润条件（朴世龙　等，2001；张美玲　等，2011）。

$$W_{\varepsilon}=0.5+0.5\times\mathrm{EET}/\mathrm{PET}\qquad \text{式（2-6）}$$

式中，PET为潜在蒸发量，根据Penman-Monteith公式（Allen et al.，1998）计算。估算蒸散

EET由土壤水分模型求算。当月平均温度等于或者小于0℃时，该月的$W_\varepsilon$等于前一个月的值。

在CASA模型中，植被对太阳有效辐射的吸收比例取决于植被类型和植被覆盖状况，其最大值不超过0.95，计算公式如下：

$$\mathrm{FPAR} = \min\left[\frac{\mathrm{SR} - \mathrm{SR}_{\min}}{\mathrm{SR}_{\max} - \mathrm{SR}_{\min}}, 0.95\right] \quad 式（2\text{-}7）$$

$$\mathrm{SR}(x,t) = \frac{1 + \mathrm{NDVI}(x,t)}{1 - \mathrm{NDVI}(x,t)} \quad 式（2\text{-}8）$$

式中，$\mathrm{SR}_{\max}$和$\mathrm{SR}_{\min}$分别表示SR的最大值和最小值（无植被覆盖地表）。$\mathrm{SR}_{\max}$的大小与植被类型有关，取值范围介于4.14～6.17（Piao et al.，2005）；$\mathrm{SR}_{\min}$取值为1.08（Potter et al.，1993）。

## （二）植被净初级生产力时空变化

对1985—2015年基于CASA模型估算的中国范围内的植被NPP进行分析（图2-35）。全国NPP较高的地区集中在几个传统林区，分别为东北地区（长白山和大小兴安岭地区）、秦岭山脉（陕西境内）、长江中上游地区、西南林区（四川、云南地区）和南方林区（广东、福建、江西、湖南等省份的部分地区）。1985年，县区尺度NPP平均值介于80～150 gC·$m^{-2}$的地区集中在大小兴安岭山脉（黑龙江境内）、长白山脉（辽宁境内）、四川盆地周边（包括秦岭山脉）、云贵高原南缘以及广东、福建、江西和湖南部分地区，海南岛和台湾岛也有一定面积分布；2015年，NPP平均值介于80～150 gC·$m^{-2}$的地区大面积增加，除了东北地区（黑龙江、吉林、辽宁）和云贵高原南缘相对稳定外，长江中上游和东南沿海地区（福建、广东一带）NPP大面积提高。1998年长江和松花江洪水发生后，国家提出了“退耕还林（草）”工程，该工程覆盖了中国全境绝大部分地区，只有广东省等极少数省份因为本底植被覆盖状况较好，没有实施，其他地区都投入了大量资金开展植树种草和生态恢复工程。因此，将研究时段划分为1985—1998年和1999—2015年两个时段开展研究。通过对比分析发现，两个时段NPP的整体格局基本一致，但部分地区变化明显。东北三省、黄土高原中东部、长江中上游和东南沿海地区的NPP明显增加。变化速率方面，1985—1998年NPP增加速率较快的地区位于东北中东部、内蒙古中东部、西北部分地区和河北北部，存在退化趋势的地区主要位于青藏高原东南部、东北北部、河北大部、山东半岛、长江中下游和广东大部，沿海部分城市群所在区域（珠三角、长三角、京津冀、山东半岛等）NPP下降速度较快；1999—2015年NPP增加速率较快的地区位于辽宁和内蒙古部分地区、黄河中上游地区特别是黄土高原中东部、长江中上游地区，中国南方（特别是东南沿海）绝大部分地区的NPP都有所增加，但增加幅度不一致。

分别统计全国超大城市和特大城市1985—1998年、1999—2015年和1985—2015年3个时段的变化，对比不同地区城市的NPP变化率（图2-36）。在超大城市中，1985—1998年NPP增加速率最快的城市都是大连、天津和唐山，其次是南京、上海和兰州；1999—2015年NPP增加速率最快的城市都是乌鲁木齐、包头和南昌，其次是淄博和昆明；1985—2015年整体NPP增加速率最快的城市都是昆明、包头和兰州。在特大城市中，1985—1998年只有抚顺、鞍山和

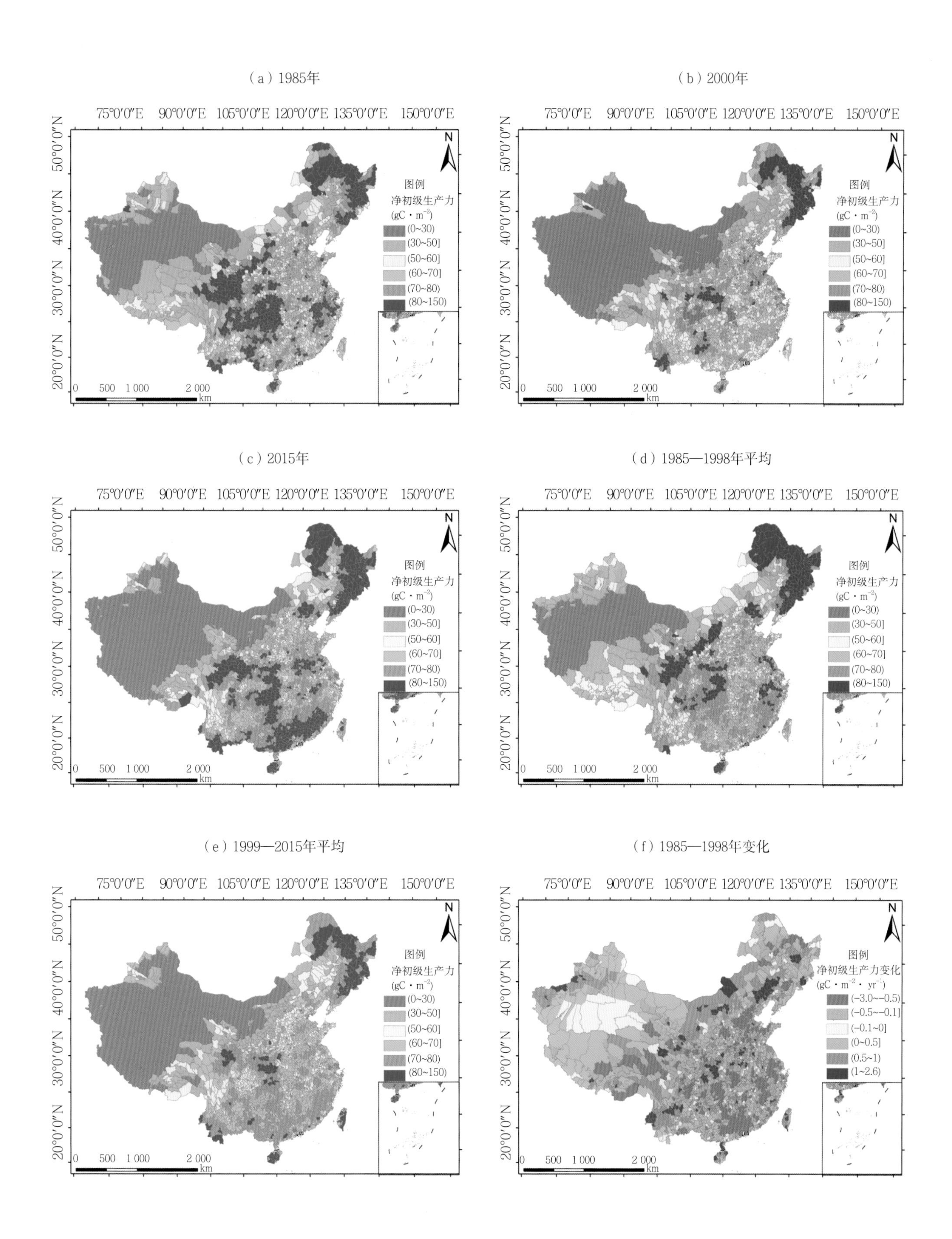

(a) 1985年
(b) 2000年
(c) 2015年
(d) 1985—1998年平均
(e) 1999—2015年平均
(f) 1985—1998年变化
75°0′0″E
90°0′0″E
105°0′0″E
120°0′0″E
135°0′0″E
150°0′0″E
50°0′0″N
40°0′0″N
30°0′0″N
20°0′0″N
N
图例
净初级生产力
(gC・m⁻²)
(0~30)
(30~50]
(50~60]
(60~70]
(70~80)
(80~150)
净初级生产力变化
(gC・m⁻²・yr⁻¹)
(-3.0~-0.5)
(-0.5~-0.1]
(-0.1~0]
(0~0.5]
(0.5~1)
(1~2.6)
0 500 1 000 2 000
km

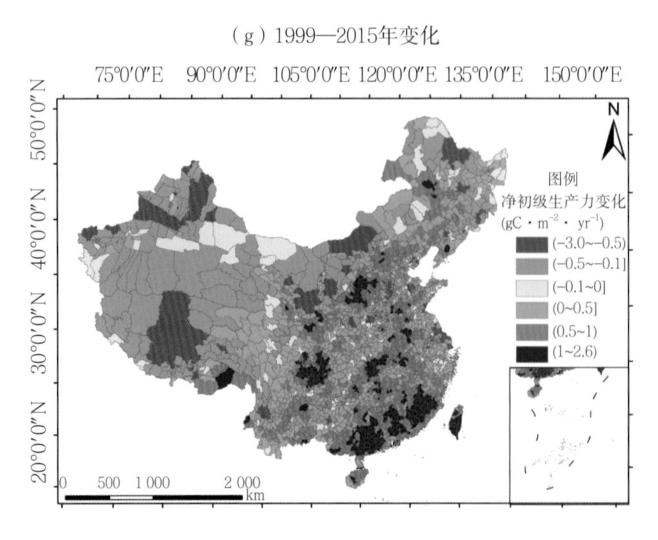


图2-35 1985—2015年全国县区尺度净初级生产力分布与变化

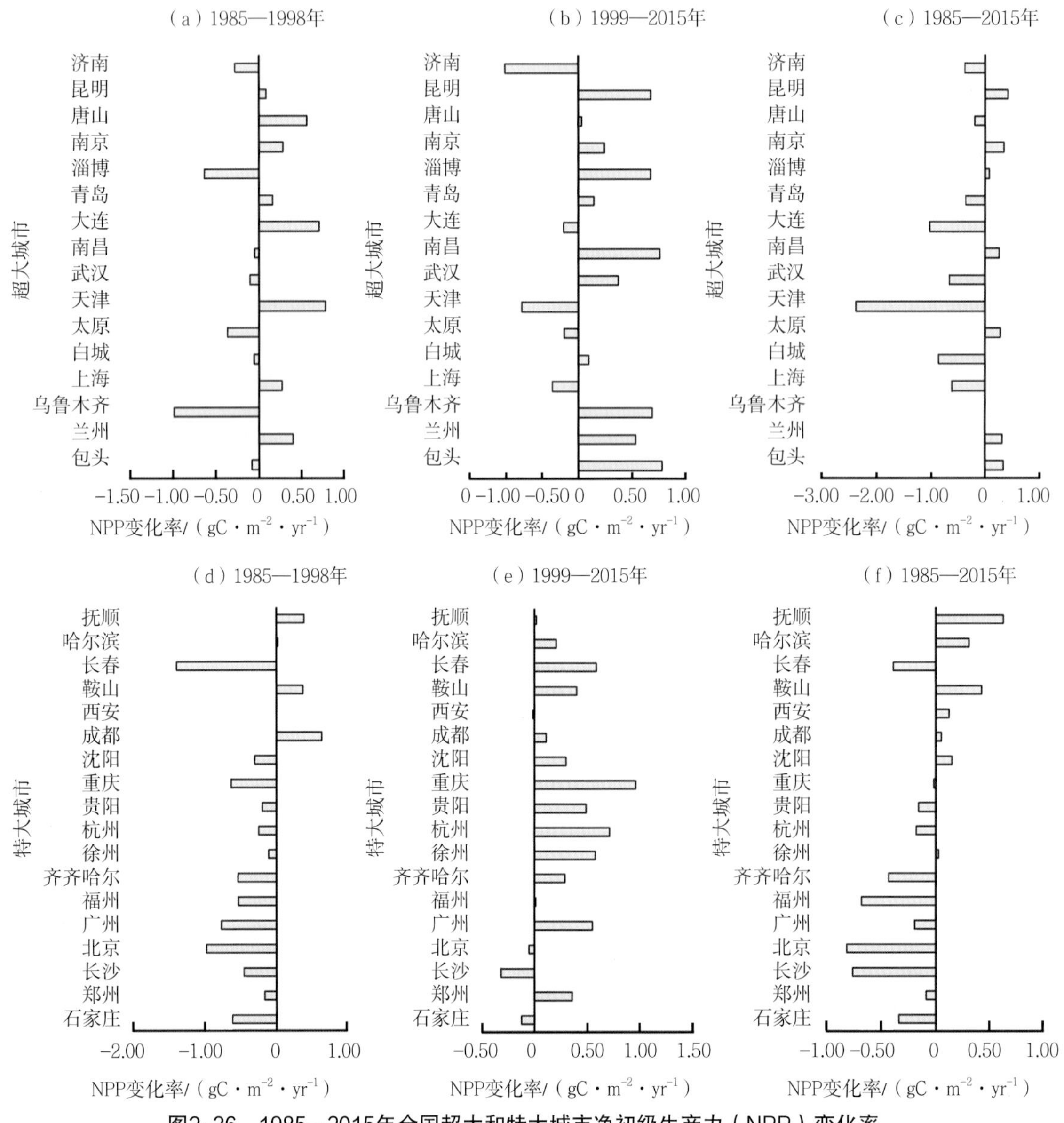


图2-36 1985—2015年全国超大和特大城市净初级生产力（NPP）变化率

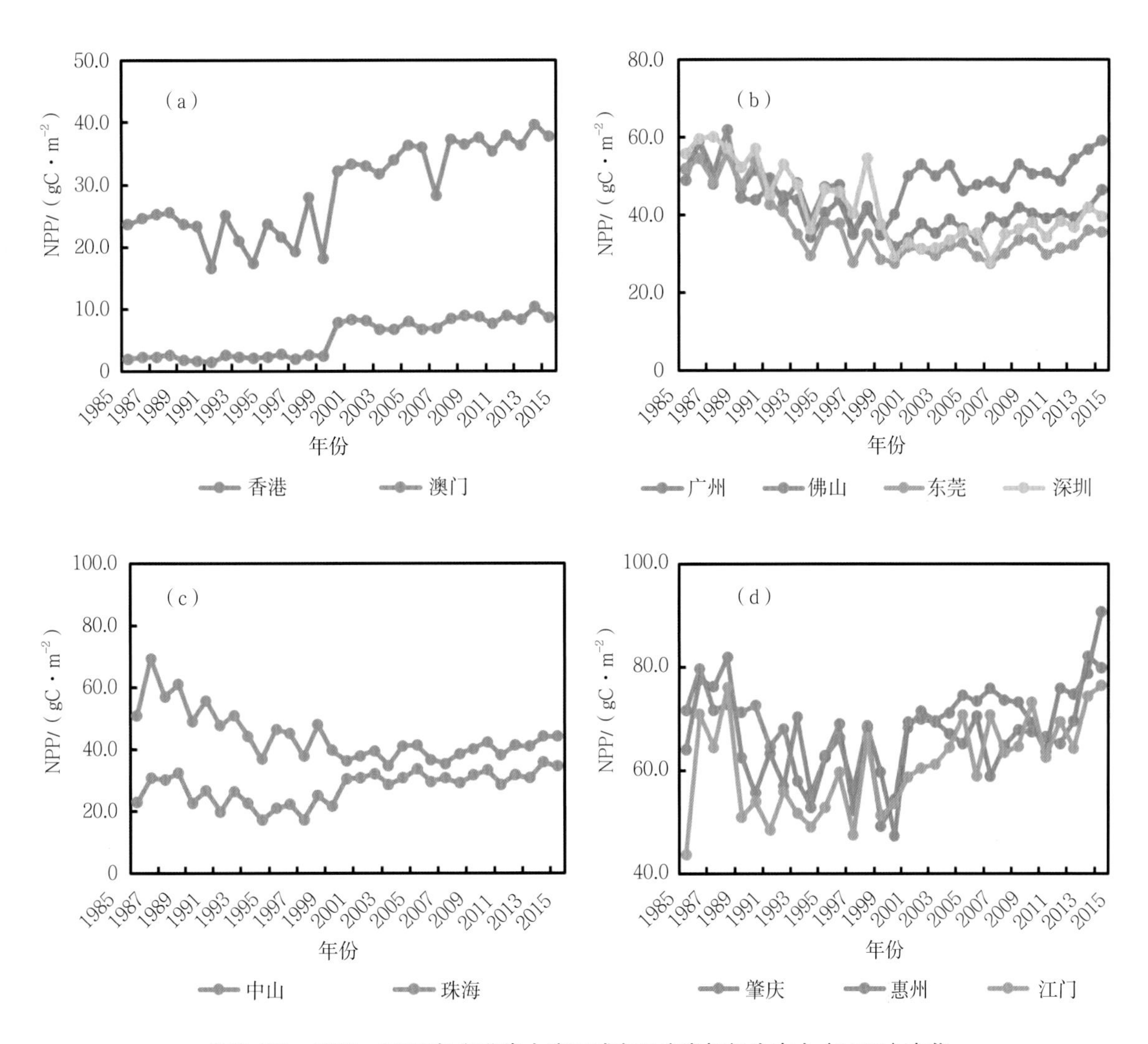


图2-37　1985—2015年粤港澳大湾区城市尺度净初级生产力（NPP）变化

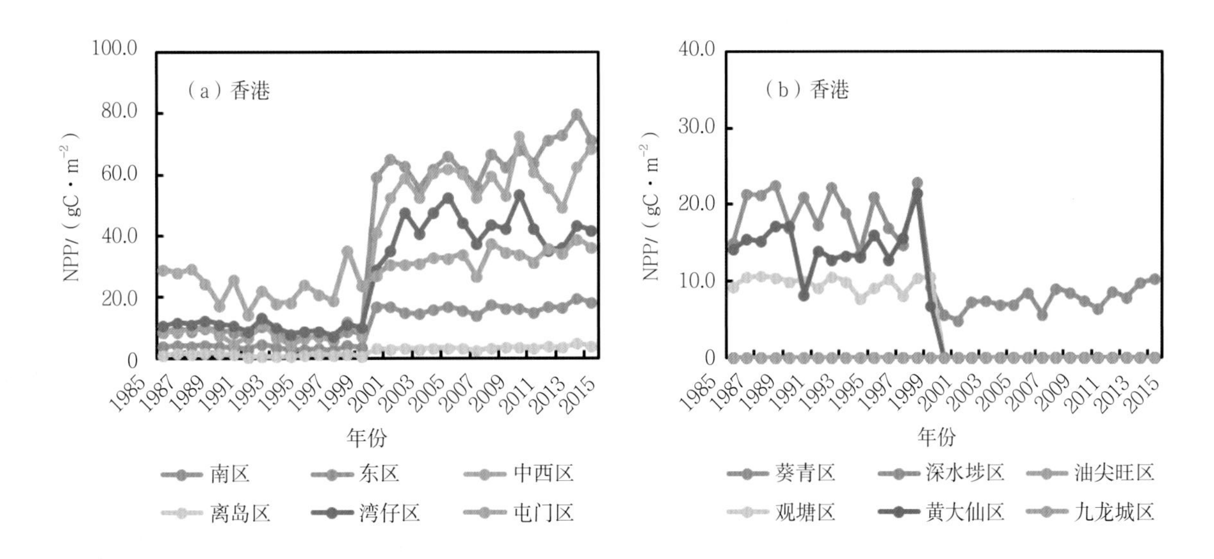

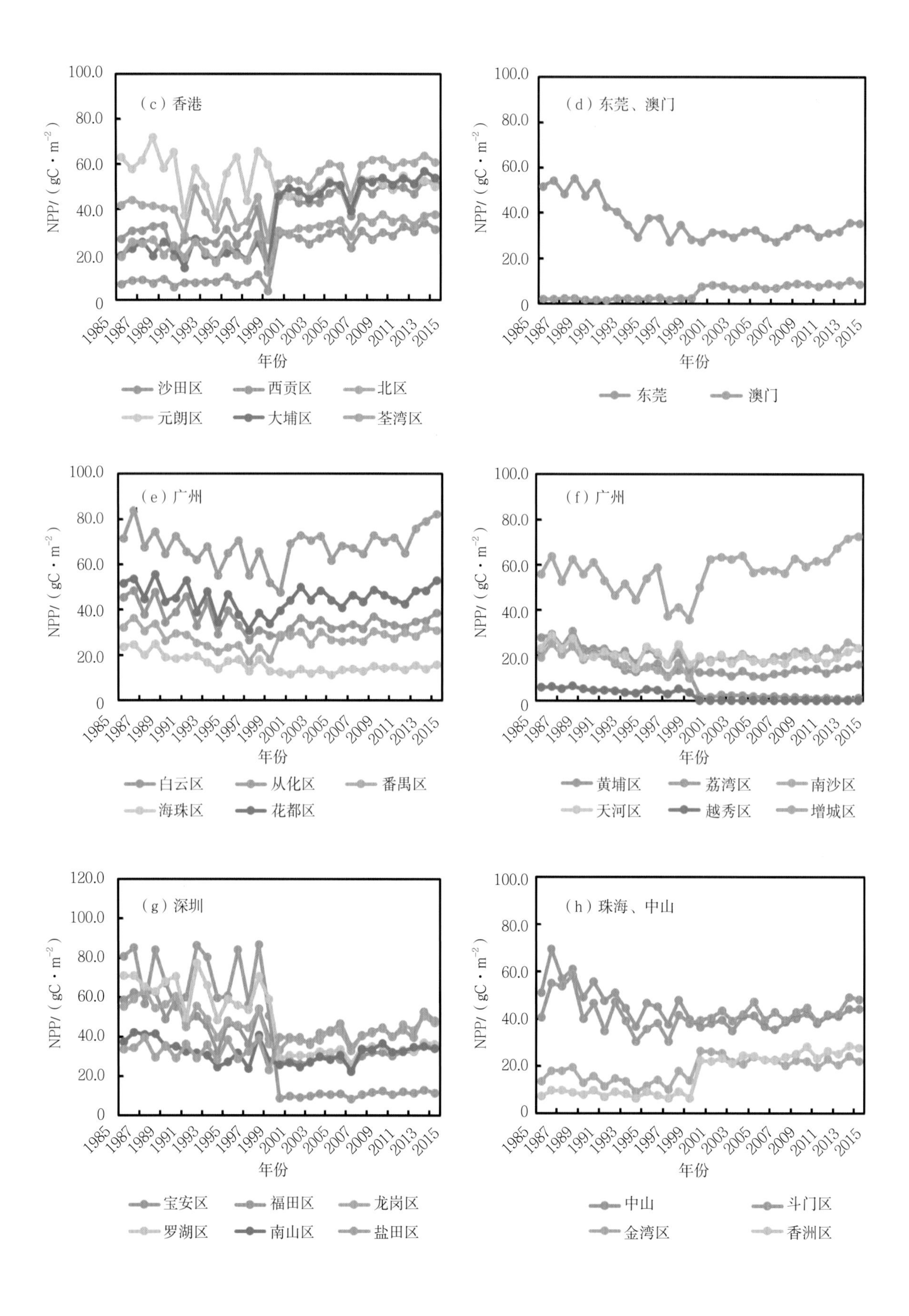

(c) 香港
(d) 东莞、澳门
(e) 广州
(f) 广州
(g) 深圳
(h) 珠海、中山
NPP/(gC·m⁻²)
年份
沙田区
西贡区
北区
元朗区
大埔区
荃湾区
东莞
澳门
白云区
从化区
番禺区
海珠区
花都区
黄埔区
荔湾区
南沙区
天河区
越秀区
增城区
宝安区
福田区
龙岗区
罗湖区
南山区
盐田区
中山
斗门区
金湾区
香洲区

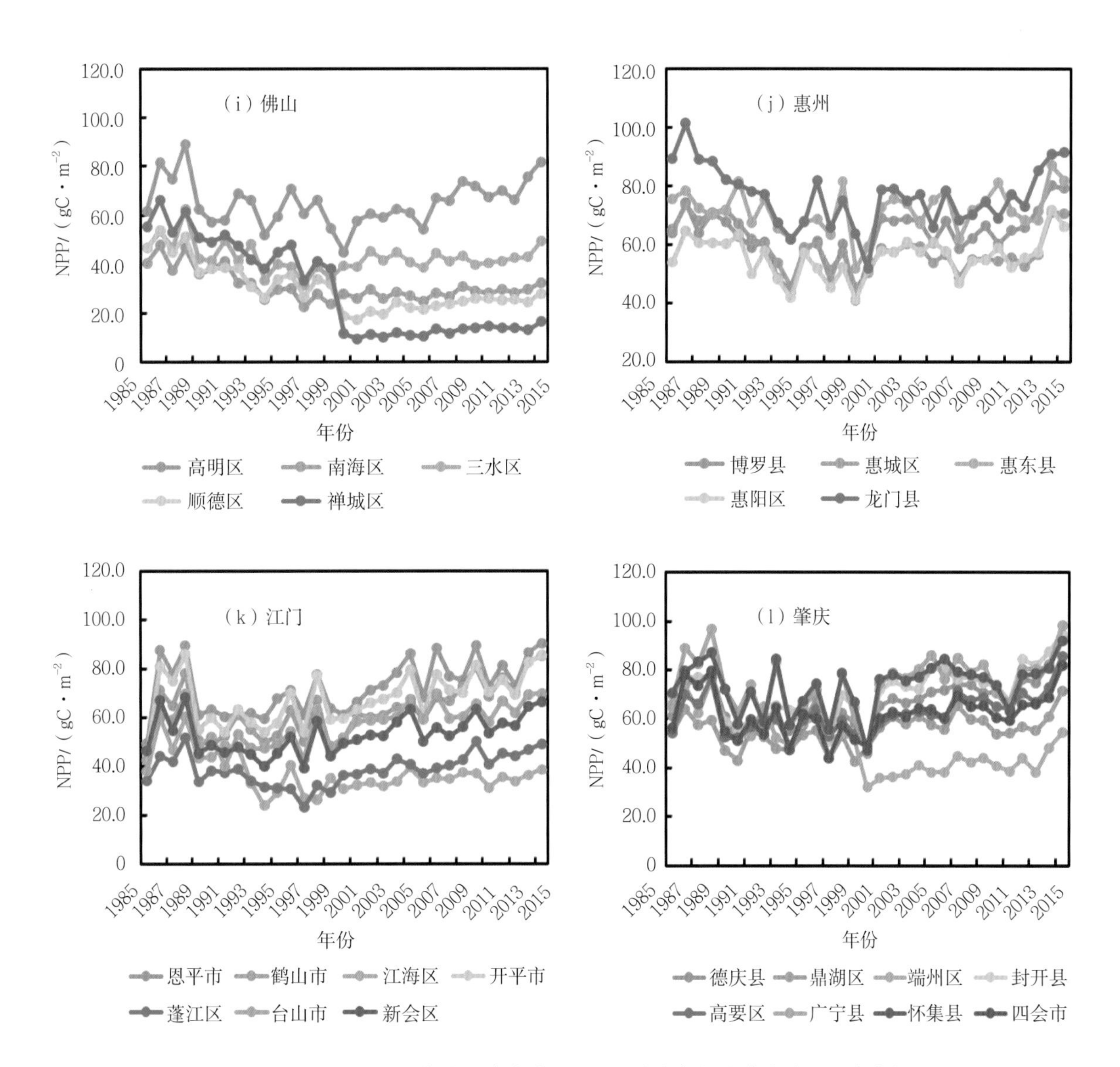


图2-38　1985—2015年粤港澳大湾区县区尺度净初级生产力（NPP）变化

成都的NPP增加，其他城市都减少；而1999—2015年绝大部分城市NPP都呈现增加趋势，速度最快的是重庆和杭州；1985—2015年整体只有抚顺、哈尔滨和鞍山等城市有所增加，其他城市都减少。需要指出的是，在超大城市和特大城市中有一部分城市的植被生产力呈现下降趋势。这些城市的城市化进程发展较快，城镇、居民、建设用地的快速扩张侵占了森林、草地等自然生态系统，因此造成植被覆盖度和生产力的下降，在后续的城市绿色基础设施建设过程中需要引起足够重视。

聚焦到粤港澳大湾区，香港和澳门的NPP在1985—2015年基本保持稳步增加趋势（图2-37）。而其他城市和县区的NPP在2000年以前呈现下降趋势，而2000年以后快速增加。以广州、深圳、东莞、佛山等城市为例，2000年以前4个城市都呈现出下降趋势，下降速率分别为-0.88 gC·m$^{-2}$·yr$^{-1}$、-1.58 gC·m$^{-2}$·yr$^{-1}$、-1.78 gC·m$^{-2}$·yr$^{-1}$、-1.39 gC·m$^{-2}$·yr$^{-1}$，2000年以后则快速增长，增长速率分别为0.41 gC·m$^{-2}$·yr$^{-1}$、0.61 gC·m$^{-2}$·yr$^{-1}$、0.27 gC·m$^{-2}$·yr$^{-1}$、0.58 gC·m$^{-2}$·yr$^{-1}$。县区尺度上（图2-38），香

港的南区、东区、中西区、沙田区等12个行政区在1985—2015年都呈现显著的增加趋势；澳门整体保持平稳，2000年跃升一个新水平，而东莞则先下降后上升；广州从化和增城等城区的NPP值相对较高，而番禺、白云、荔湾、越秀、南沙区等地区则相对较低；深圳福田和罗湖区的NPP值要高于其他地区，这两个区在2000年前后的波动变化比较大，其他地区整体上变化比较平稳；中山和珠海斗门区的NPP要高于珠海其他地区，金湾区和香洲区在2000年前后的变化幅度比较大；佛山高明区的NPP要高于其他地区，除禅城区以外总体都保持先下降后上升的趋势；惠州、江门和肇庆各个城区的NPP都维持先缓慢下降后稳定增加的态势。

# 第三章　水资源与承载力

## 第一节　水文与地表水资源特征

### 一、水 文 特 征

#### （一）水　　系

粤港澳大湾区位于珠江下游，珠江的三大水系西江、北江、东江汇聚于此，注入珠江三角洲河网，分别经虎门、蕉门、洪奇门、横门、磨刀门、鸡啼门、虎跳门、崖门八大口门注入南海。珠江三角洲河网地区河流纵横交错，水流相互灌注，密不可分，是世界上结构最为复杂的网河区域之一。口门区水流形态受潮汐作用影响，尤以崖门和虎门最为明显。因此，珠江三角洲河网区水流除受上游河水动力影响外，还受南海潮汐动力的影响，两种动力相互作用，非常复杂。此外，还受洪水和台风暴潮的影响。整个珠江三角洲水系呈现“三江交汇、网河纵横、洪潮叠加、八口分流”的特征。

珠江三角洲河网水系中，西江自西向东流，北江自北向南流，绥江自西北向东南流汇入北江，于三水和西江相汇，一并进入珠江三角洲网河区，潭江自西向东汇入西江，流溪河、增江大致由东北向西南流，东江、西枝江大致自东向西流，石马河、淡水由南往北汇入东江（图3-1），呈多个扇形水系交叉分布。树枝状干支流河道交错，分汊放射河道多，水道宽深尺度多样，形如密树枝状的繁密水网，主要水道就有100多条，长度约1 700 km，水系网状特征明显，平均河网密度达到0.9 km/ km$^2$，水面率达到20%以上（许自力，2009）。

粤港澳大湾区共涉及我国8个水资源三级区（图3-1），包括黔浔江及西江（梧州以下）、北江大坑口以下、西北江三角洲、东江三角洲、粤西诸河、东江秋香江口以上、东江秋香江口以下、韩江白莲以下及粤东诸河，面积分别为7 565.13 km$^2$、7 769.72 km$^2$、18 179.08 km$^2$、7 932.06 km$^2$、2 127.18 km$^2$、1 818.34 km$^2$、6 937.27 km$^2$、1 203.46 km$^2$。

#### （二）降　　水

2006—2018年粤港澳大湾区中广东省内9个地级市平均降水量1 932.8 mm，变差系数Cv为0.18，多年平均降水量范围1 755.4～2 150.0 mm，其中江门年均降水量最高，为2 150.0 mm，其次是珠海，年均降水量为2 029.5 mm，江门和珠海年均降水量都超过2 000 mm；中山、惠州、深圳和广州这4个市的年均降水量介于1 900～2 000 mm之间；东莞年均降水量为1 848.5 mm；肇庆和佛山年均降水量较低，分别为1761.8 mm和1 755.4 mm（表3-1，图3-2）。多年降水量变差系数Cv范围0.14～0.20，其中江门和惠州最高，都为0.20；而广州和肇庆较低，分别

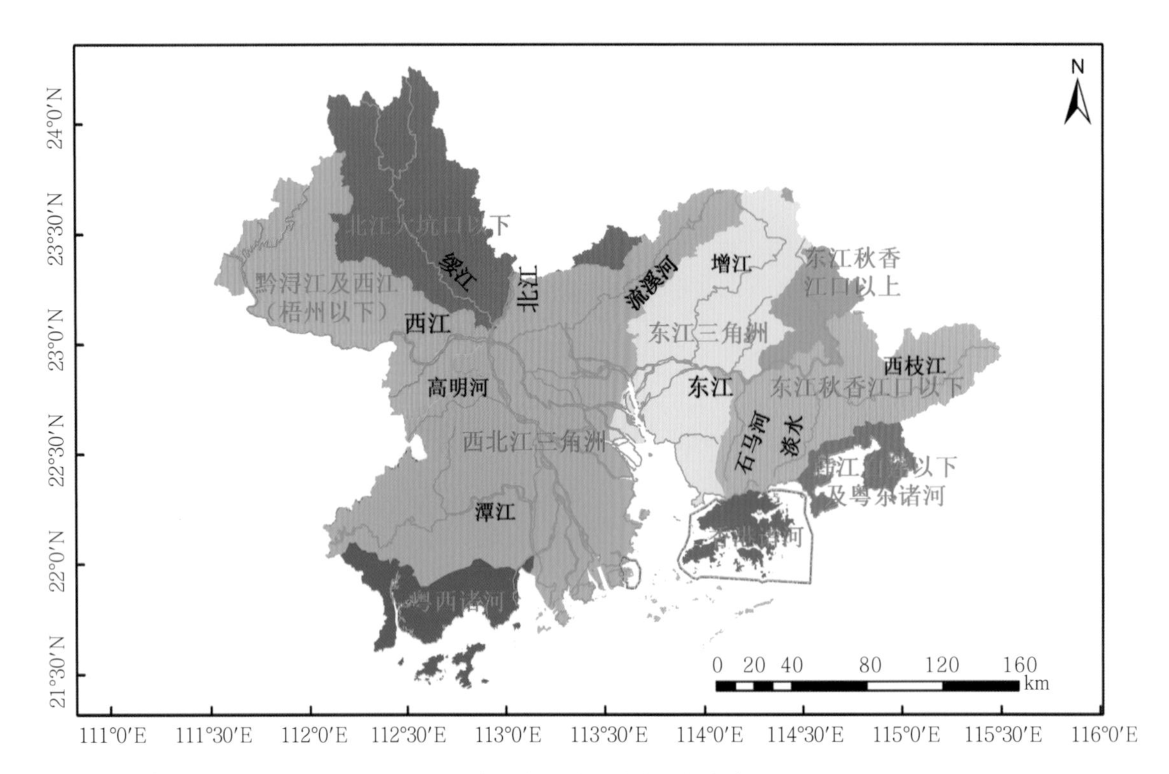


**图3-1 粤港澳大湾区涉及的水系与水资源三级区**

为0.15和0.14（表3-1），说明江门和惠州降水量年际变化较大，而广州和肇庆降水量年际变化则较小。从降水量年际整体看变化较大，丰枯交替出现，其中2008年、2013年和2016年降水量较为丰富，特别是2016年，平均降水量为2 455.4 mm；而2007年、2009年和2011年较少，特别是2011年，平均降水量仅为1 363.7 mm，是最大年降水量的55.5%，是多年平均降水量的70.6%，（表3-1，图3-3）。

**表3-1 2006—2018年珠三角九市降水量** 单位：mm

| 年份 | 广州 | 深圳 | 珠海 | 佛山 | 惠州 | 东莞 | 中山 | 江门 | 肇庆 | 平均值 |
|---|---|---|---|---|---|---|---|---|---|---|
| 2006 | 2 238.4 | 2 040.2 | 1 870.9 | 1 971.2 | 2 477.3 | 2 305.7 | 2 046.5 | 2 046.4 | 1 922.7 | 2 102.1 |
| 2007 | 1 652.9 | 1 638.4 | 1 423.4 | 1 295.3 | 1 835.0 | 1 693.5 | 1 467.3 | 1 505.1 | 1 422.7 | 1 548.2 |
| 2008 | 2 240.1 | 2 474.0 | 2 416.0 | 1 973.3 | 2 427.7 | 2 222.1 | 2 291.9 | 2 684.2 | 1 934.8 | 2 296.0 |
| 2009 | 1 497.2 | 1 719.6 | 2 110.0 | 1 446.9 | 1 480.4 | 1 749.7 | 2 021.5 | 2 488.7 | 1 644.7 | 1 795.4 |
| 2010 | 1 978.2 | 1 716.9 | 2 114.0 | 1 790.0 | 1 914.5 | 1 910.6 | 2 316.2 | 1 748.6 | 1 694.0 | 1 909.2 |
| 2011 | 1 423.0 | 1 352.3 | 1 465.5 | 1 227.2 | 1 349.4 | 1 286.6 | 1 369.7 | 1 543.0 | 1 256.9 | 1 363.7 |
| 2012 | 1 874.2 | 1 828.8 | 2 053.5 | 1 932.0 | 1 795.8 | 1 700.7 | 2 029.9 | 2 437.8 | 1 915.5 | 1 952.0 |
| 2013 | 1 974.0 | 2 270.2 | 2 617.2 | 1 877.8 | 2 287.7 | 1 960.2 | 2 293.1 | 2 521.0 | 1 984.3 | 2 198.4 |
| 2014 | 1 983.5 | 1 944.4 | 1 855.0 | 1 528.7 | 1 905.8 | 1 626.8 | 1 652.1 | 1 729.2 | 1 717.5 | 1 771.4 |
| 2015 | 2 114.9 | 1 653.3 | 1 656.7 | 1 977.9 | 1 913.9 | 1 738.2 | 1 623.9 | 1 995.6 | 1 909.6 | 1 842.7 |
| 2016 | 2 449.0 | 2 703.0 | 2 450.0 | 2 189.0 | 2 709.0 | 2 450.0 | 2 596.0 | 2 434.0 | 2 119.0 | 2 455.4 |
| 2017 | 1 846.9 | 1 789.2 | 2 056.9 | 1 619.6 | 1 828.2 | 1 635.5 | 1 805.3 | 2 139.7 | 1 625.5 | 1 816.3 |

续表

| 年份 | 广州 | 深圳 | 珠海 | 佛山 | 惠州 | 东莞 | 中山 | 江门 | 肇庆 | 平均值 |
|---|---|---|---|---|---|---|---|---|---|---|
| 2018 | 1 820.7 | 2 118.5 | 2 294.9 | 1 991.0 | 1 918.4 | 1 750.4 | 2 349.1 | 2 676.4 | 1 756.3 | 2 075.1 |
| 平均值 | 1 930.2 | 1 942.2 | 2 029.5 | 1 755.4 | 1 987.9 | 1 848.5 | 1 989.4 | 2 150.0 | 1 761.8 | 1 932.8 |
| Cv | 0.15 | 0.19 | 0.18 | 0.17 | 0.20 | 0.17 | 0.19 | 0.20 | 0.14 | 0.18 |

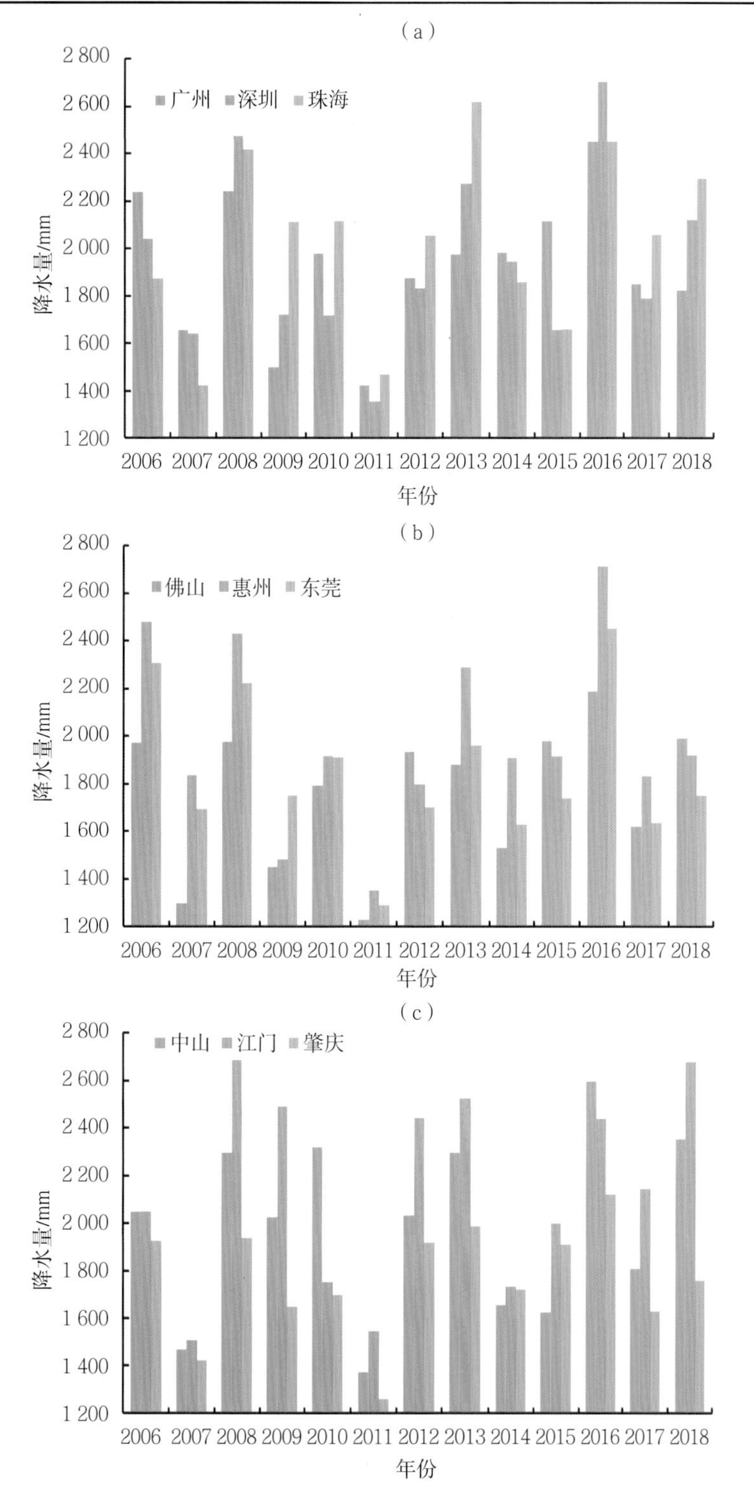


图3-2　2006—2018年珠三角九市降水量变化

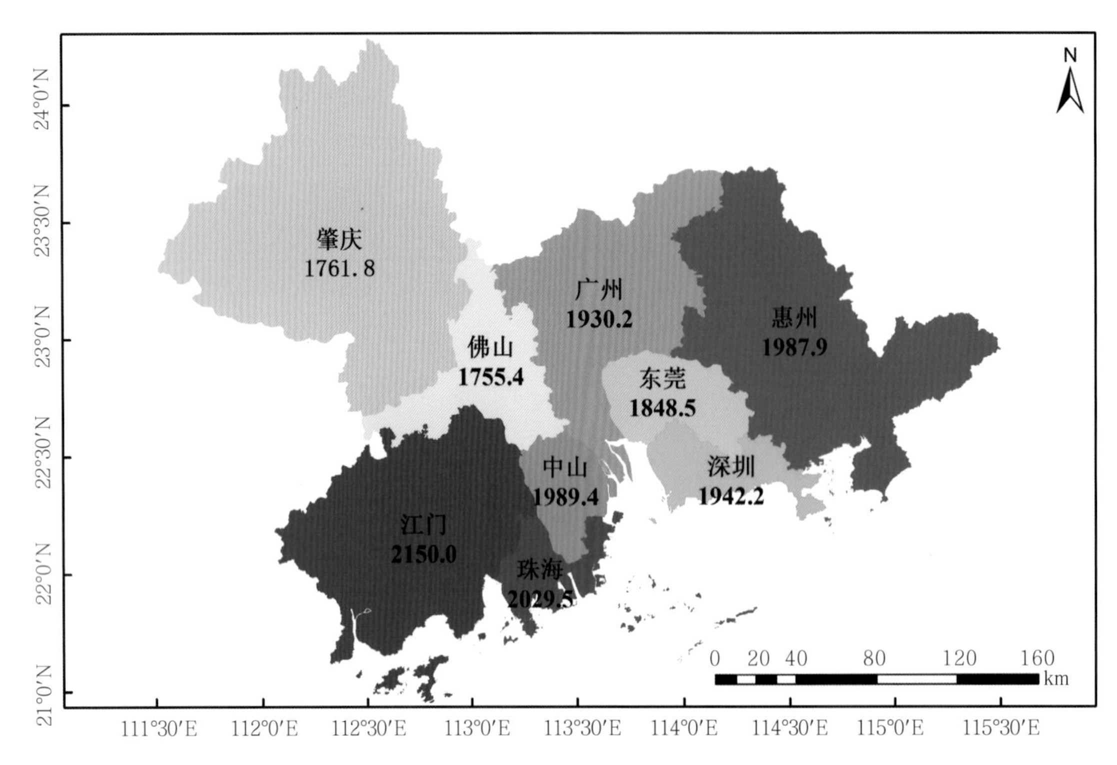


图3-3 2006—2018年珠三角九市多年平均降水量图（单位：mm）

## （三）径　　流

1956—2000年粤港澳大湾区中广东省内9个地级市的多年平均径流深特征值如表3-2所示，珠海多年平均径流深1 283.3 mm，为地级市当中最大的地区，其次为江门，多年平均径流深1 277.3 mm，佛山多年平均径流深732.6 mm，是9个地级市中最小的。

表3-2 1956—2000年珠三角九市多年平均径流深　　单位：mm

| 地市 | 广州 | 深圳 | 珠海 | 佛山 | 惠州 | 东莞 | 中山 | 江门 | 肇庆 |
|---|---|---|---|---|---|---|---|---|---|
| 径流深均值 | 1 033.3 | 1 122.1 | 1 283.3 | 732.6 | 1 105.9 | 910.8 | 1 003.5 | 1 277.3 | 943.7 |

依据各主要河流控制水文站的年径流量1956—2000年系列资料，选取东江、西江和北江三条主要河流的主要控制水文站博罗、高要、石角，1956—2000年多年平均径流深分别为966mm、629mm、1 116mm。通过统计分析和对比不同系列的年径流量，可以定量分析不同年段平均年径流量的变化特点。1980—2000年的径流呈现增加态势，但增加幅度也不是很大，基本在±5.0%以内；1990—2000年西江和北江的增加趋势更明显些，如西江流域天然径流量比长系列（1956—2000年径流）大6.7%，北江流域平均年天然径流量比长系列（1956—2000年径流）大6.1%（表3-3）。

表3-3　1956—2000年东江、西江、北江主要河流控制站不同系列流域平均径流深变化情况

| 河流 | 代表水文站 | 1956—2000年 | 1956—1979年 | | 1980—2000年 | | 1990—2000年 | |
|---|---|---|---|---|---|---|---|---|
| | | 径流深均值/mm | 径流深均值/mm | 相对变化/% | 径流深均值/mm | 相对变化/% | 径流深均值/mm | 相对变化/% |
| 东江 | 博罗 | 966 | 952 | −1.4 | 981 | 1.6 | 966 | 0.1 |
| 西江 | 高要 | 629 | 630 | 0.3 | 627 | −0.3 | 671 | 6.7 |
| 北江 | 石角 | 1 116 | 1 095 | −1.9 | 1 140 | 2.2 | 1 184 | 6.1 |

## 二、水资源特征

### （一）当地水资源量

2006—2018年粤港澳大湾区中广东省内9个地级市平均水资源总量特征值如表3-4所示，空间分布情况如图3-4所示。水资源总量范围18.0亿～151.2亿$m^3$，其中肇庆年平均水资源总量最大，为151.2亿$m^3$，其次是惠州和江门，分别为130.7亿$m^3$和129.9亿$m^3$，这3个地市的年平均水资源总量都超过100亿$m^3$；中山和珠海年平均水资源总量较少，分别为19.3亿$m^3$和18.0亿$m^3$。产水系数范围0.49～0.65，产水系数最大的是珠海，其值为0.65，其次是江门，其值为0.64；产水系数最小的为佛山，其值仅为0.49。产水模数范围86.6万～142.5万$m^3$/ $km^2$，其中江门和珠海较高，分别为142.5万$m^3$/ $km^2$和135.6万$m^3$/ $km^2$，而佛山仅为86.6万$m^3$/ $km^2$。

表3-4　2006—2018年珠三角九市平均水资源总量特征值

| 地市 | 水资源总量/亿$m^3$ | 产水系数 | 产水模数/（万$m^3$·$km^{-2}$） |
|---|---|---|---|
| 广州 | 78.9 | 0.57 | 109.9 |
| 深圳 | 21.9 | 0.58 | 113.5 |
| 珠海 | 18.0 | 0.65 | 135.6 |
| 佛山 | 29.2 | 0.49 | 86.6 |
| 惠州 | 130.7 | 0.58 | 116.3 |
| 东莞 | 25.1 | 0.55 | 101.2 |
| 中山 | 19.3 | 0.59 | 117.2 |
| 江门 | 129.9 | 0.64 | 142.5 |
| 肇庆 | 151.2 | 0.57 | 102.5 |

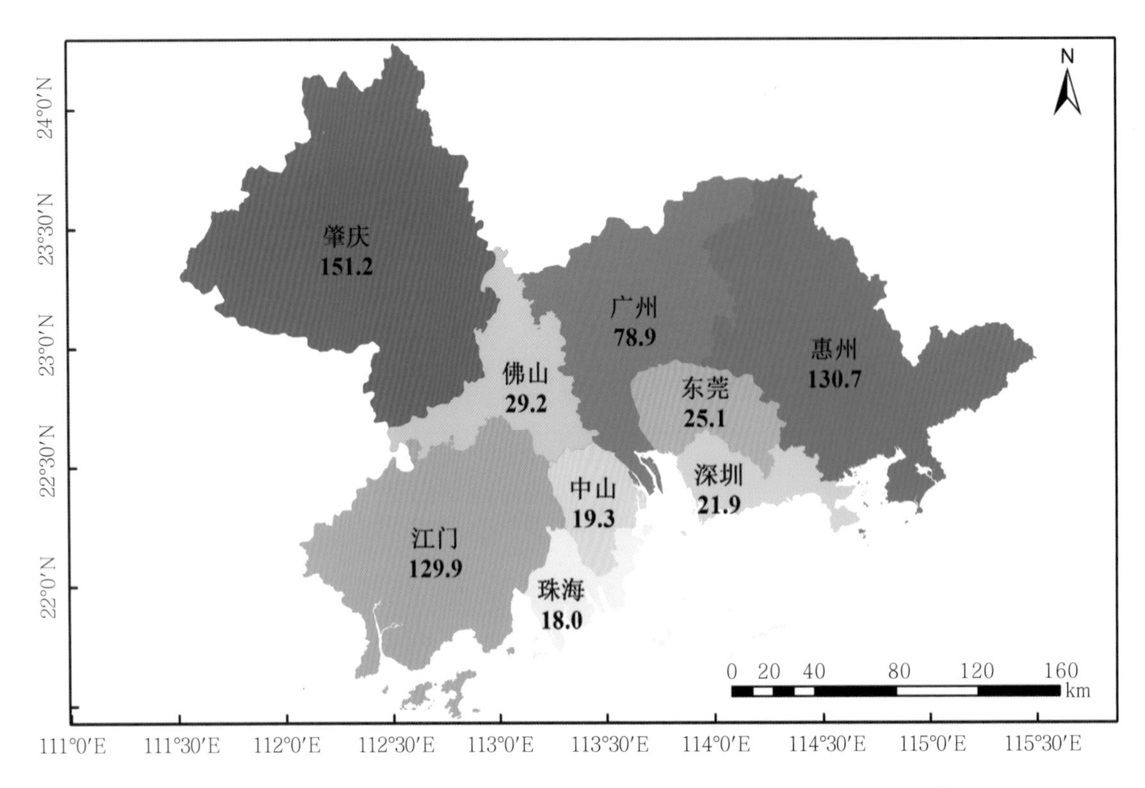


图3-4　2006—2018年珠三角九市年平均水资源总量空间分布（单位：亿$m^3$）

## （二）过境水资源量

粤港澳大湾区入境水量丰富，是该区域内可利用水资源的重要组成部分，在河流中、下游地区，当地产水量可能不大，但入境水量却十分丰富，成为这些地区生活、生产、生态用水的主要水源，故分析评价过境水资源量是十分必要的。出境水量为入境水量和当地的产水量扣除经当地开发利用、损失消耗后流出境外的水量，该出境水量亦成为下游地市的入境水量。1956—2000年粤港澳大湾区中广东省内9个地级市多年平均出入境水量如表3-5所示。除深圳没有入境水量，其他各地市都有不同数量的入境水量，其中佛山、中山、江门和肇庆入境水量都比较大，大大超过当地地表水资源量，入境水量成为这些地区重要的水源。

表3-5　1956—2000年珠三角九市多年平均出入境水量

| 地市 | 入境河流 | 入境水量/亿$m^3$ | 出境水量/亿$m^3$ |
|---|---|---|---|
| 广州 | 增江（惠州入）、北江（三水入） | 488 | 545 |
| 深圳 | 无 | — | 20 |
| 珠海 | 东海、西海水道、潭江 | 1 250 | 1 267 |
| 佛山 | 西江（马口）、北江（三水） | 2 774 | 2 800 |
| 惠州 | 东江、增江、淡水河、西枝江 | 191 | 61 |
| 东莞 | 东江、增江、石马河 | 289 | 306 |

续表

| 地市 | 入境河流 | 入境水量/亿$m^3$ | 出境水量/亿$m^3$ |
|---|---|---|---|
| 中山 | 西江、北江（顺德水道） | 2 663 | 2 679 |
| 江门 | 西江（马口）、潭江 | 2 324 | 2 400 |
| 肇庆 | 西江、贺江（广西入境）、新兴江、绥江 | 2 182 | 2 388 |

# 第二节　地表水域空间演变与人类活动

水是生态和环境的主导要素，是生态系统的重要组成部分；作为空间要素，水也是国土生态空间的关键组成部分，对其他类型的生态空间有重要的支撑和保障作用（俞孔坚 等，2019；杨晴 等，2017；纪平，2017）。粤港澳大湾区城市群高度发达的河流水系和众多河口、滩涂湿地、基塘，奠定了大湾区生态空间的基本骨架，是大湾区生态系统最鲜明的特色之一。大湾区城市群水域空间格局的形成与演变，既与珠江三角洲的地质地貌、河口区动力特性等自然因素密切相关，也与人类活动息息相关。人类活动主导下的土地利用变化，体现了水域空间属性状态的变化，可反映水域空间从量变到质变的格局、规律和大势（王劲峰 等，2014）。本节基于土地利用转型的视角，探讨粤港澳大湾区水域的时空变化差异特征，揭示区域社会经济、制度、技术等人文因素如何影响水域动态变化。

## 一、水域空间变化分析数据来源与数据更新

本研究探讨的水域空间分布数据采用中国多时期土地利用土地覆被变化遥感监测数据集（CNLUCC）中1980年、1990年、1995年、2000年、2005年、2010年、2015年、2017年8期数据（具体数据来源介绍详见本书第二章），数据空间分辨率为30 m×30 m，分析精度达91.2%（Zhao et al.，2015）。根据粤港澳大湾区实际情况，本研究分析的水域包括该数据集分类系统中的河流、湖泊、滩涂、滩地、沼泽地，水库、坑（基）塘等类型，其中河流、湖泊、滩涂、滩地、沼泽地为自然水域，水库、坑（基）塘为人工水域。在分析过程中发现，2010年、2015年、2017年三期数据中，部分基塘被解译为水田，存在解译错判的基塘主要分布在佛山、中山、江门等传统基塘集中分布区。2000年之前珠三角地区的基塘形状多不规则、大小不一，塘基较宽，与规整化的水田在形态上区别明显；2000年之后，佛山、中山、江门等地陆续开展基塘整治，经整治后的基塘多呈大小相对统一的方格网状，塘基变窄，易与水田相混淆（图3-5）。由于水库和坑（基）塘在粤港澳大湾区水域中所占比例较大（2005年比例为68.47%），同时基塘也是一种历史悠久、有显著地域特色的水生态系统，准确反映其空间变化有助于对粤港澳大湾区水域变化规律和生态系统的研究。因此，我们通过91卫图助手下载更高分辨率的谷歌地球（Google Earth）历史影像，采用人机交互的方式进行校正，并结合野外实地调查、访谈，更新了CNLUCC中佛山、中山、江门2010年、2015年、2017年水库和坑（基）塘数据，进一步提高了数据精度。1980—2017年粤港澳大湾区水域空间分布如图3-6所示。

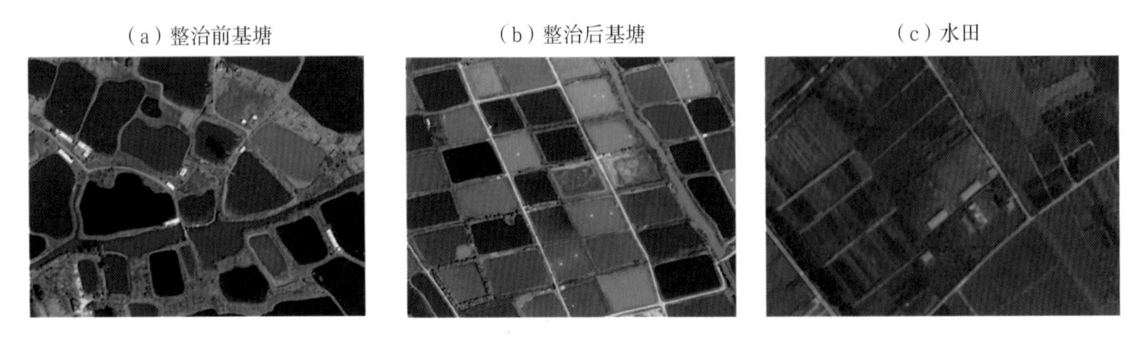


图3-5　基塘整治前后及水田形态对比

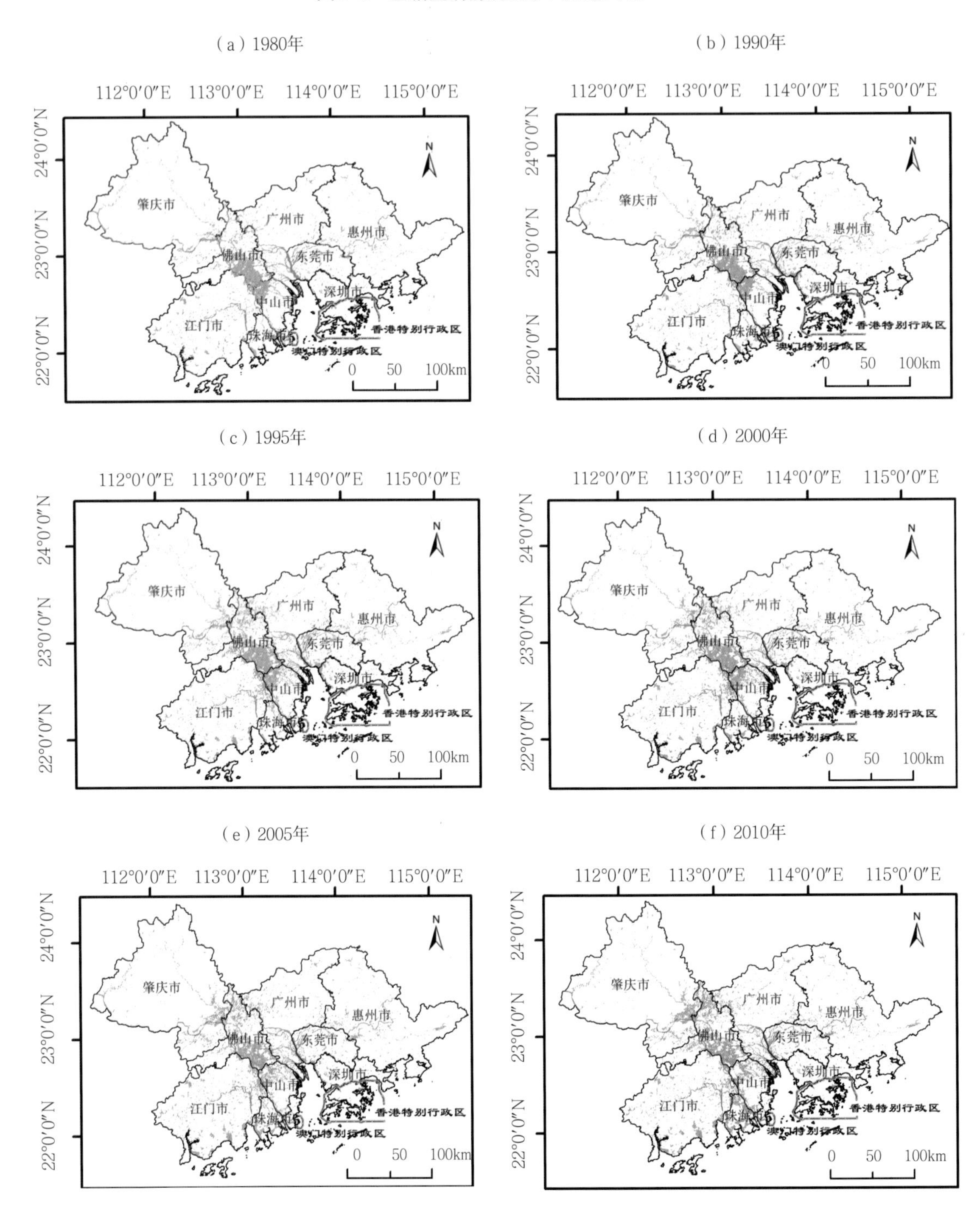

(g) 2015年

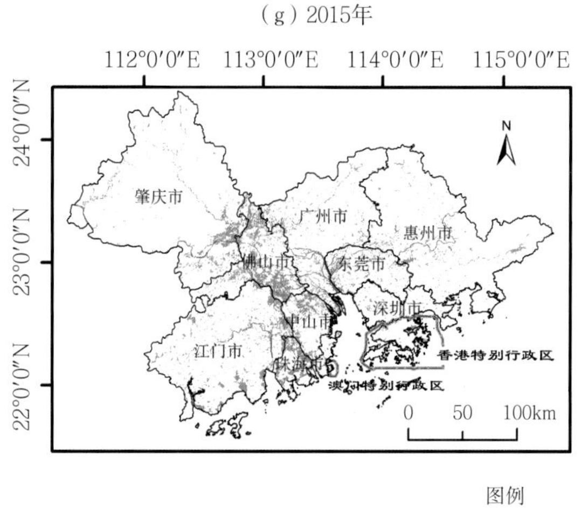


(h) 2017年

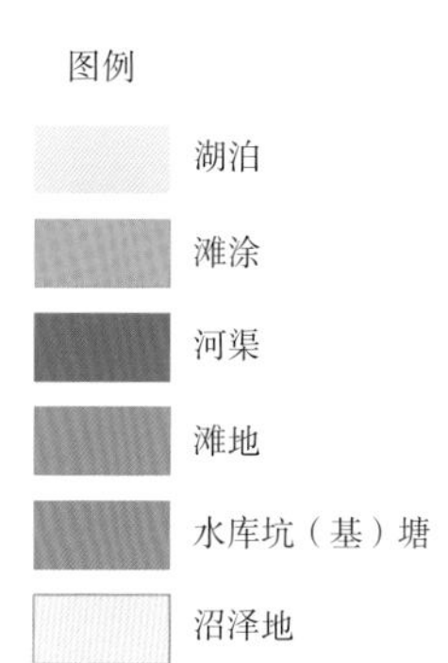


图3-6　1980—2017年粤港澳大湾区水域空间分布

# 二、研 究 方 法

利用粤港澳大湾区1980年、1990年、1995年、2000年、2005年、2010年、2015年、2017年8期土地利用数据集提取水域数据。采用土地利用转移矩阵与土地利用变化贡献率、水域动态度指数模型、新增水域重心模型，分析近40年来水域的时空动态变化。

（1）土地利用转移矩阵与土地利用变化贡献率。

土地利用转移矩阵可反映区域土地利用结构变化的空间过程，是马尔科夫模型在土地利用方面的应用（刘永强　等，2016；刘瑞　等，2010）。采用土地利用转移矩阵，分析不同时段水域转为其他土地利用类型，以及其他土地利用类型转为水域的过程。其数学表达形式如下：

$$\boldsymbol{S}_{ij}=\begin{bmatrix} S_{11} & S_{12} & \cdots & S_{1n} \\ S_{21} & S_{22} & \cdots & S_{2n} \\ \vdots & \vdots & & \vdots \\ S_{n1} & S_{n2} & \cdots & S_{nn} \end{bmatrix} \qquad 式（3\text{-}1）$$

式中，$\boldsymbol{S}_{ij}$为起始年份与末尾年份土地利用状态；$n$为土地利用类型数。

通过土地利用转移矩阵，计算土地利用变化贡献率（刘永强　等，2016；李全峰　等，2017；刘纪远　等，2003），可准确反映土地利用变化的空间过程。具体公式如下：

$$S_{-(i),j}=\frac{(S_{ji}-S_{ij})}{S_{i.}-S_{.i}}\times 100, i\neq j \qquad 式（3-2）$$

$$S_{+(i),j}=\frac{(S_{ij}-S_{ji})}{S_{i.}-S_{.i}}\times 100, i\neq j \qquad 式（3-3）$$

式中，$S_{-(i),j}$表示转移矩阵中第$i$行土地利用类型转换为$j$土地利用类型占第$i$行土地利用类型净减少比重；$S_{+(i),j}$表示转移矩阵中第$i$行土地利用转型转换为$j$土地利用类型占第$i$行土地利用类型净增加比重，$S_{ij}$、$S_{ji}$为变化矩阵表中的值。$S_{i.}$是第$i$行土地利用类型研究时段期末面积；$S_{.i}$是第$i$行土地利用类型研究时段期初面积。

（2）水域动态度。

采用土地利用类型动态度指数（刘纪远 等，2018；程维明 等，2018），揭示不同区域水域的时空变化程度，数学公式如下：

$$S=\frac{\Delta S_{i-j}+\Delta S_{j-i}}{S_i}\times\frac{1}{t}\times 100\% \qquad 式（3-4）$$

式中，$S$为区域水域利用动态度；$S_i$为监测开始时水域的总面积；$\Delta S_{i-j}$为研究时段水域转为其他土地利用类型的总面积；$\Delta S_{j-i}$为研究时段其他土地利用类型转为水域的总面积；$t$为时间段，以年为单位；$S$反映了与t时段对应的区域水域变化速率。

# 三、区域水域时空分布变化

## （一）区域水域面积变化

研究结果表明，1980—2017年，粤港澳大湾区水域规模呈增长态势，其中人工水域增长明显，自然水域则逐年趋减（图3-7，表3-6）。粤港澳大湾区水域总面积自1980年的3 527.39 km²增长至2017年的4 412.58 km²，年均增长23.92 km²，年均增长率为0.68%。

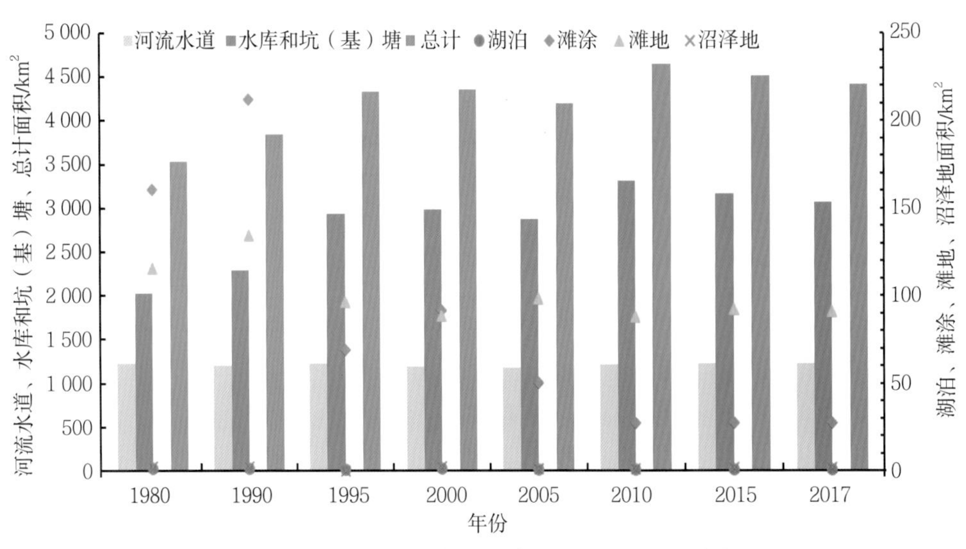


图3-7　1980—2017年粤港澳大湾区水域面积变化

自然水域中，河流水道略减少了3.86 km²，滩涂和滩地减少的幅度较大，分别从1980年的160.79 km²和115.70 km²，减少至2017年的27.32 km²和91.22 km²，83.01%的滩涂和21.15%的滩地消失。相较之自然水域的持续缩减，人工水域明显增长，水库和坑（基）塘自1980年的2 021.80 km²扩展至2017年的3 069.45 km²，增长了51.82%。

**表3-6　1980—2017年粤港澳大湾区水域面积变化**

| 地类 | 1980年/km² | 1990年/km² | 1995年/km² | 2000年/km² | 2005年/km² | 2010年/km² | 2015年/km² | 2017年/km² | 1980—2017年/km² | 1980—2017年百分比/% |
|---|---|---|---|---|---|---|---|---|---|---|
| 河流水道 | 1 225.86 | 1 200.34 | 1 221.51 | 1 184.95 | 1 174.61 | 1 219.66 | 1 222.02 | 1 222.00 | −3.86 | −0.31 |
| 湖泊 | 1.00 | 1.02 | 0.39 | 1.02 | 0.99 | 0.80 | 0.80 | 0.80 | −0.20 | −20.00 |
| 水库和坑（基）塘 | 2 021.80 | 2 290.51 | 2 939.29 | 2 989.28 | 2 876.20 | 3 315.49 | 3 169.19 | 3 069.45 | 1 047.65 | 51.82 |
| 滩涂 | 160.79 | 212.29 | 69.49 | 91.88 | 50.28 | 27.45 | 27.31 | 27.32 | −133.47 | −83.01 |
| 滩地 | 115.70 | 134.91 | 96.72 | 88.66 | 98.56 | 88.17 | 92.37 | 91.22 | −24.48 | −21.16 |
| 沼泽地 | 2.24 | 2.25 | 0.00 | 2.25 | 1.59 | 1.04 | 1.78 | 1.78 | −0.46 | −20.54 |
| 总计 | 3 527.39 | 3 841.32 | 4 327.41 | 4 358.05 | 4 202.24 | 4 652.61 | 4 513.46 | 4 412.58 | 885.19 | 25.09 |

从水域面积变化过程来看，呈明显的阶段性特征：1980—1995年、2005—2010年为粤港澳大湾区水域面积规模增长阶段，其中1990—1995年扩展规模为历史最高值，主要来源于水库和坑（基）塘水面的增长。2000—2005年、2010—2017年水域空间规模有所缩减，同期水库和坑（基）塘面积趋减（图3-8）。

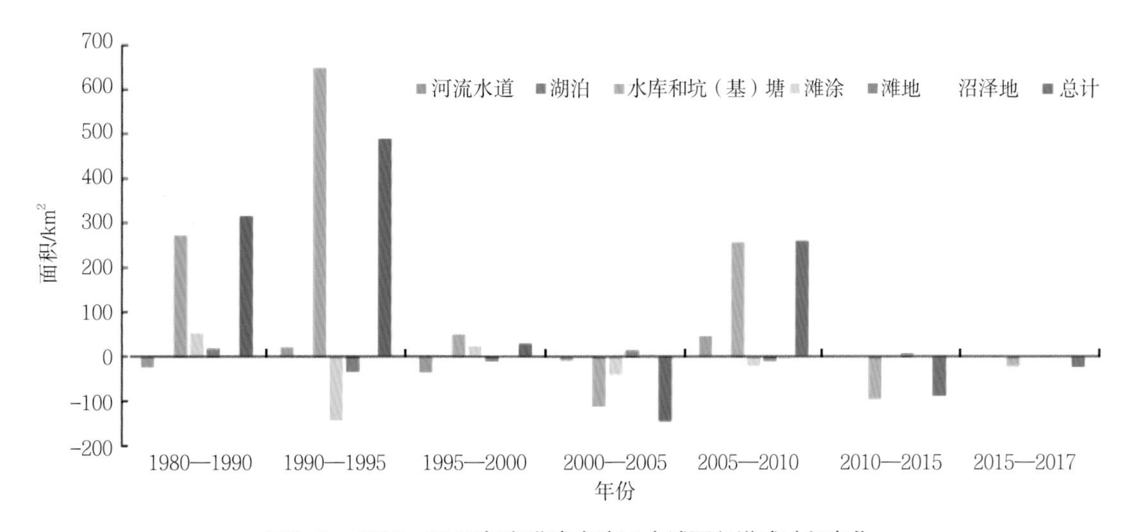


**图3-8　1980—2017年粤港澳大湾区水域面积增减过程变化**

## （二）区域水域转换变化

1980—2017年粤港澳大湾区新增水域885.19 km²，不同时期新增水域主要来源于耕地、林地（图3-9）。新增水域主要集中于佛山北部、肇庆东南部西江、北江、绥江交汇一带，以及江门东北部、珠海北部、中山北部，江门、珠海滨海地带（图3-10）。总体上，1980—2017年新增水域重心相对稳定于粤港澳大湾区中西部，其他地区新增水域较少，也较为零散（图3-10）。

同期消失水域主要体现为水域转为耕地，以及城市化、工业化过程中，建设用地对水域的占用（图3-9）。其中1980—2000年，以水域调整为耕地为主，2000—2015年，则以建设用地对水域的占用为水域消失的主要原因。

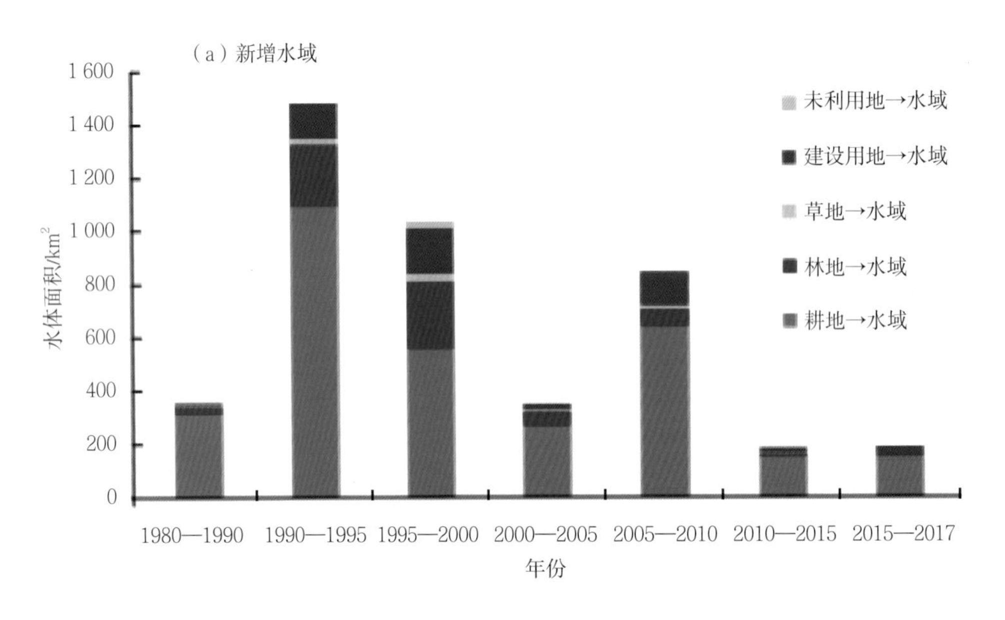


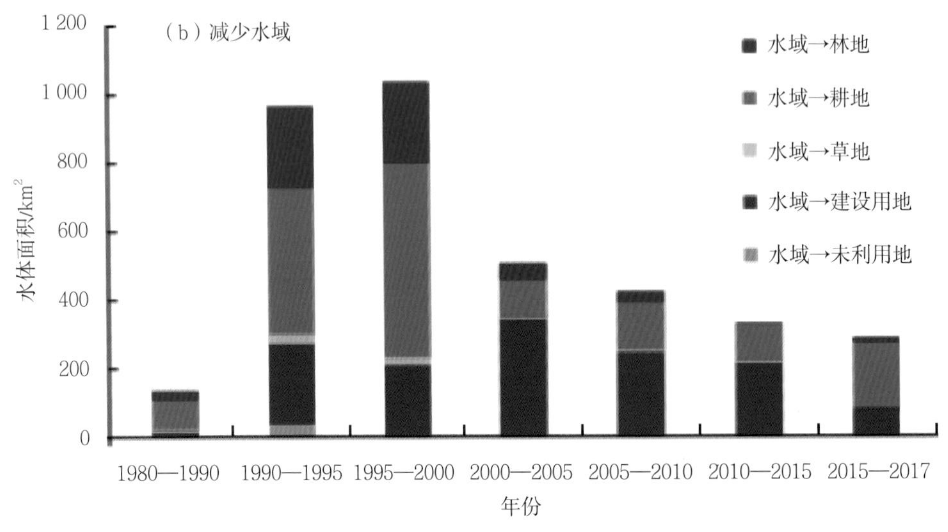


图3-9　1980—2017年粤港澳大湾区水域土地利用类型变化

## （三）区域水域动态度变化

1980—2017年粤港澳大湾区水域动态度如图3-10、图3-11所示。

1980—1990年，珠江东岸，中国改革开放的窗口——深圳水域动态度最高，达13.78%。这个时期深圳城市建设快速铺开，土地开发利用高速发展，包括水域在内的大量非建设用地转为城市用地。同设为经济特区的珠海水域动态度仅次于深圳，为4.20%，主要为滨海地带养殖水面扩大。其余城市水域动态度均较低，水域变化速率平缓。

1990—2000年，粤港澳大湾区各城市水域动态度为38年中的峰值期，各城市水域动态度均在7%以上，这一方面体现了城市化、工业化持续快速发展，建设对水域的占用，另一方面是水产养殖效益居高，驱动了耕地等农用地转为养殖水面。

2000—2010年，除深圳、珠海水域动态度仍保持较高值，其余城市水域变化均趋于平稳。2004年深圳通过城市规划的方式，将经济特区范围外的大量农用地转为建设用地（罗军，2017），土地利用变化加剧。珠海在这两个时期水域动态度均在10%以上，为大湾区水域变化最为剧烈的区域，这一时期也是珠海城市扩展最快的阶段（徐进勇 等，2015）。

2010—2017年，佛山、中山水域动态度仍保持较高值，主要为两市基塘与其他土地类型交换较为频繁，其余城市水域变化较平缓。

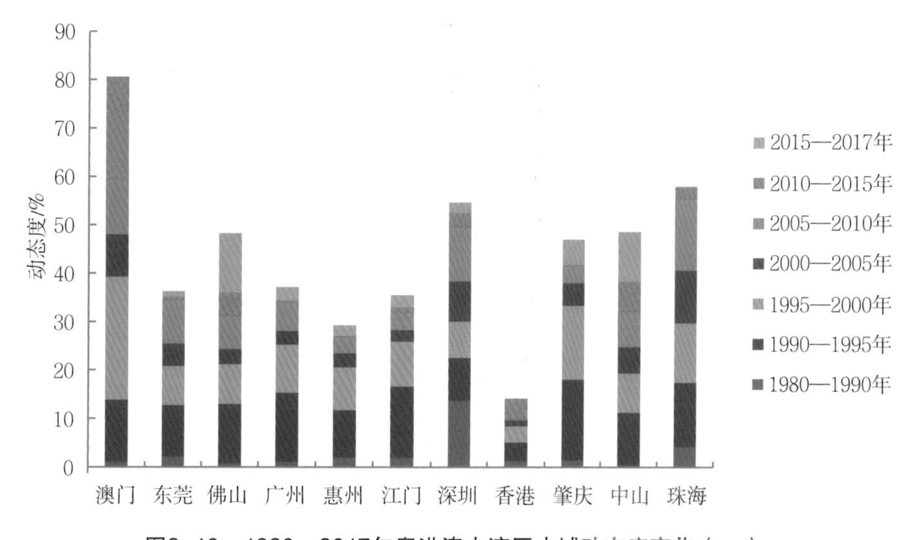


**图3-10　1980—2017年粤港澳大湾区水域动态度变化（一）**

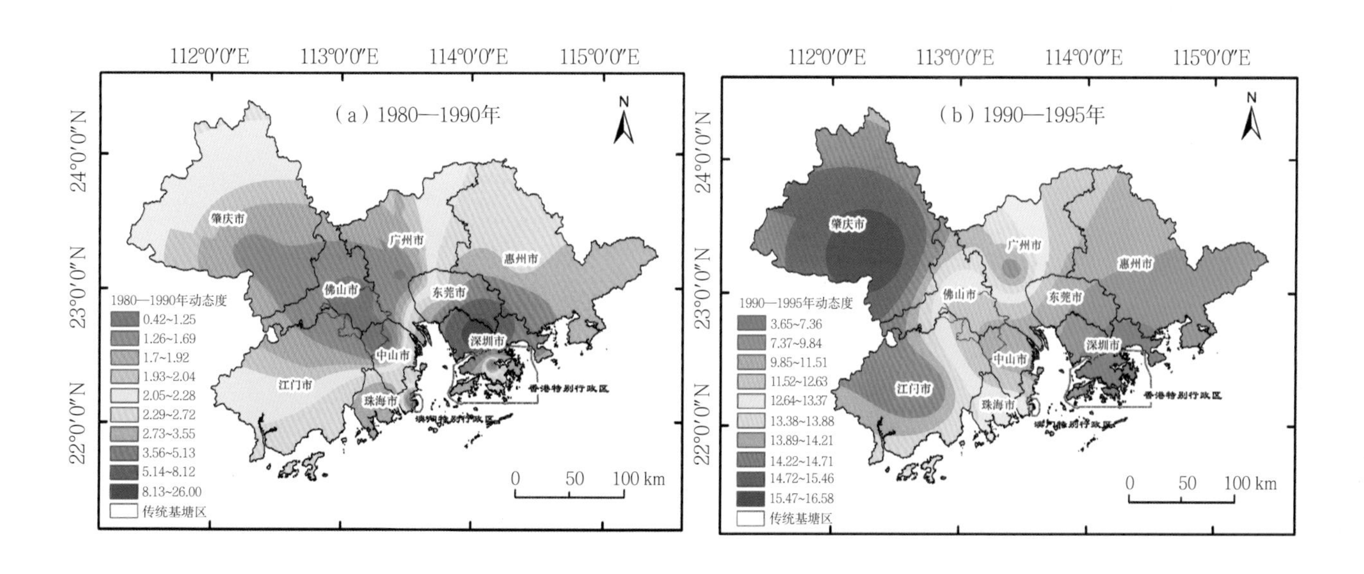

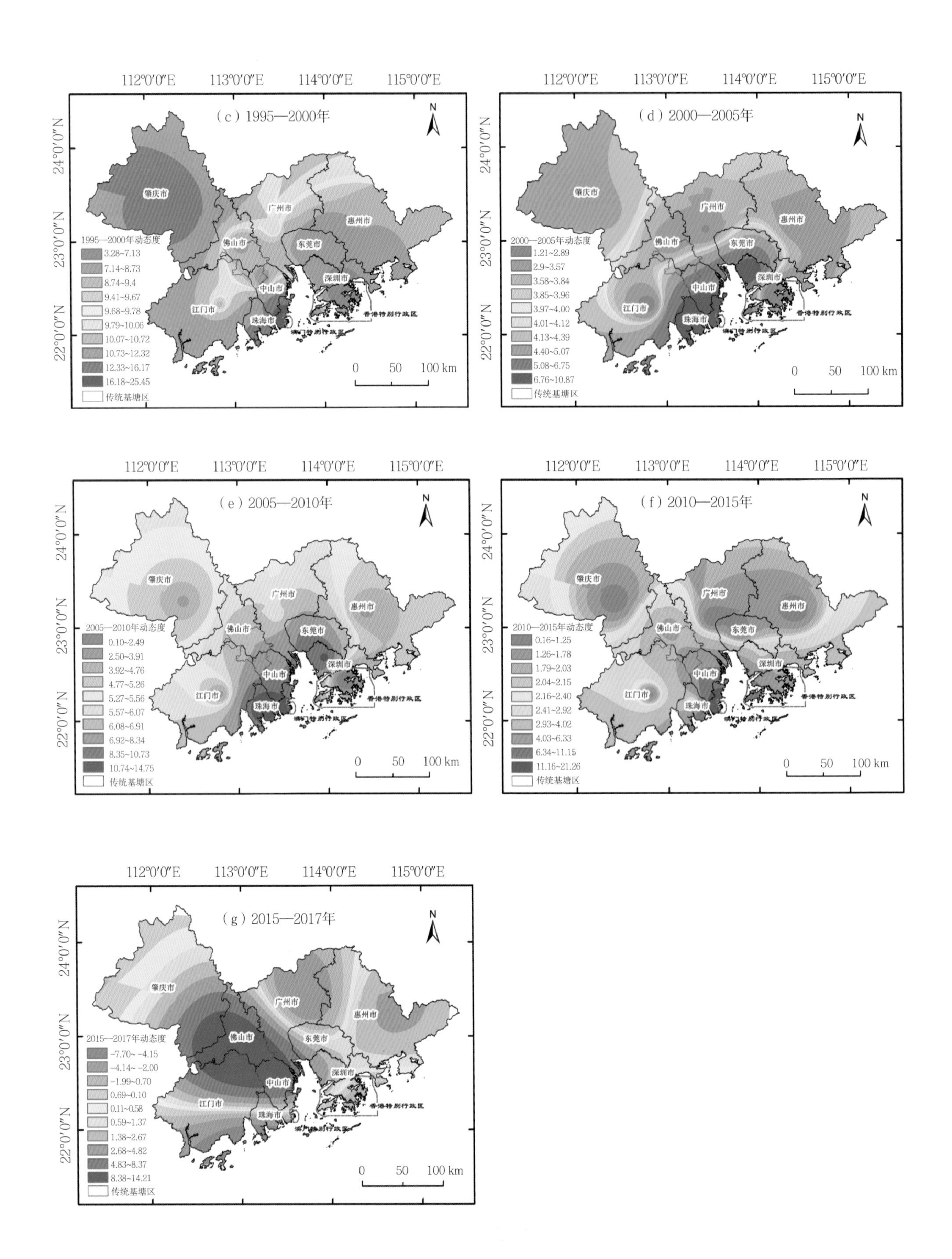


图3-11　1980—2017年粤港澳大湾区水域动态度变化（二）

# 四、分类水域时空变化

## （一）河流水道变化

粤港澳大湾区所在的珠江三角洲水系是一个网状水系，河道逐级分汊，形成“三江汇流，八口出海”的网河特色。城市大小河涌约12 200余条，平均河网密度为0.715 km/ km$^2$（刘霞，2016），其中蕉门、洪奇门（广州南沙区一带）和东江口一带河网密度居全区最高，为我国河网密度最高的区域之一。据相关研究，1980—2005年深圳水系河网密度从0.84 km/ km$^2$降低至0.65 km/ km$^2$（周洪建 等，2008）。对于同为高度城市化地区和河网高密度分布的长江三角洲一带苏州、嘉兴的相关研究也表明，随着城市化的深入，城区河网密度均有所下降（林芷欣 等，2018；邓晓军 等，2016）。1980—2017年，根据30 m×30 m分辨率的影像数据，粤港澳大湾区河网密度变化不明显，更为准确反映粤港澳大湾区河网密度的变化还有待未来数据的完善。但河流水道两岸土地利用类型的变化，可从一个侧面反映出城市扩展对河流水道的影响。

1980—2017年粤港澳大湾区河流水道两岸300 m和120 m缓冲区土地类型变化如图3-12、图3-13、表3-7、表3-8所示。1980—2017年粤港澳大湾区300 m和120 m缓冲区土地利用类型变化最大的均为城镇用地，在河流水道两岸300 m缓冲区中城镇用地由1980年的8 868.91 hm$^2$增长到2017年的42 183.61 hm$^2$，其增长率达到了375.63%，120 m缓冲区中城镇用地则由1980年

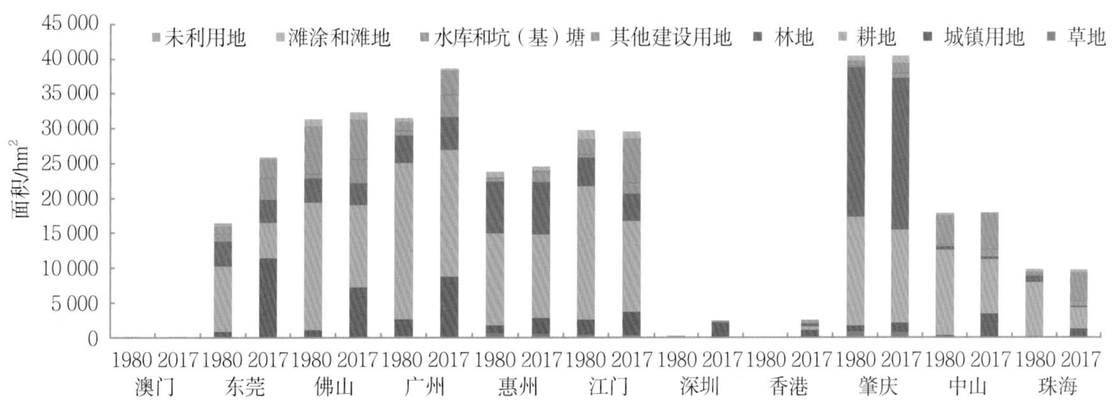


图3-12 粤港澳大湾区河流水道两岸300 m缓冲区各市土地类型变化

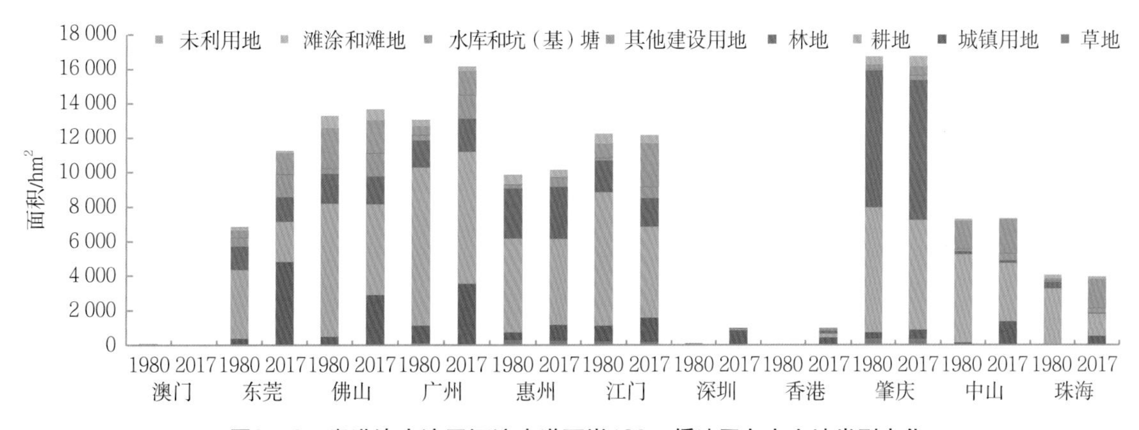


图3-13 粤港澳大湾区河流水道两岸120 m缓冲区各市土地类型变化

**表3-7　粤港澳大湾区河流水道两岸300m缓冲区土地类型变化**

单位：hm$^2$

| 土地类型 | 全区 | | 东莞 | | 佛山 | | 广州 | | 惠州 | | 江门 | | 深圳 | | 香港 | | 肇庆 | | 中山 | | 珠海 | | 澳门 | |
|---|---|---|---|---|---|---|---|---|---|---|---|---|---|---|---|---|---|---|---|---|---|---|---|---|
| | 1980 | 2017 | 1980 | 2017 | 1980 | 2017 | 1980 | 2017 | 1980 | 2017 | 1980 | 2017 | 1980 | 2017 | 1980 | 2017 | 1980 | 2017 | 1980 | 2017 | 1980 | 2017 | 1980 | 2017 |
| 城镇用地 | 8 868.91 | 42 183.61 | 752.55 | 11 340.62 | 1 097.31 | 7 229.04 | 2 362.11 | 8 640.91 | 1 086.78 | 2 260.10 | 2 104.53 | 3 330.96 | 0 | 2 199.07 | 0 | 1 064.57 | 839.60 | 1 308.04 | 333.29 | 3 421.40 | 158.89 | 1 258.35 | 133.86 | 130.45 |
| 草地 | 2 607.83 | 2 136.42 | 147.52 | 65.58 | 75.76 | 43.63 | 334.14 | 162.05 | 685.51 | 621.89 | 495.03 | 395.72 | 0 | 0 | 0 | 33.13 | 864.45 | 813.90 | 1.08 | 0 | 3.85 | 0 | 0 | 0 |
| 林地 | 45 631.70 | 45 523.10 | 3 612.40 | 3 386.62 | 3 483.42 | 3 143.85 | 3 956.27 | 4 743.21 | 7 464.84 | 7 600.84 | 4 127.60 | 3 865.67 | 30.05 | 45.13 | 0.63 | 387.67 | 21 528.92 | 21 739.85 | 487.65 | 380.49 | 937.47 | 227.63 | 0 | 0 |
| 耕地 | 118 145.71 | 84 794.78 | 9 310.16 | 5 053.84 | 18 252.36 | 11 819.36 | 22 414.89 | 18 114.45 | 13 190.38 | 11 891.28 | 19 183.90 | 13 070.25 | 161.41 | 104.49 | 0 | 490.52 | 15 598.25 | 13 396.29 | 12 249.41 | 7 785.13 | 7 772.03 | 3 060.12 | 2.96 | 0 |
| 未利用地 | 157.04 | 59.32 | 105.84 | 8.21 | 0 | 0 | 0 | 0 | 49.39 | 49.41 | 0 | 0 | 0 | 0 | 0 | 0 | 0 | 0 | 1.80 | 1.69 | 0 | 0 | 0 | 0 |
| 其他建设用地 | 3 488.69 | 14 746.93 | 1 002.29 | 2 976.20 | 591.11 | 3 332.65 | 615.96 | 3 191.65 | 484.46 | 1 398.00 | 312.12 | 1 534.21 | 0 | 27.53 | 0 | 0 | 138.25 | 632.50 | 206.40 | 998.29 | 138.09 | 655.23 | 0 | 0 |
| 水库和坑（基）塘 | 17 865.13 | 30 642.31 | 1 243.45 | 2 910.91 | 6 976.13 | 5 775.28 | 1 410.89 | 3 617.69 | 198.68 | 275.57 | 2 340.65 | 6 399.95 | 58.31 | 23.09 | 43.21 | 517.07 | 813.32 | 1 590.23 | 4 337.37 | 5 284.24 | 440.67 | 4 238.45 | 0.81 | 0.95 |
| 滩涂和滩地 | 4 668.56 | 3 969.30 | 233.37 | 126.21 | 890.04 | 992.13 | 444.69 | 225.96 | 677.34 | 441.52 | 1 230.80 | 952.85 | 0 | 0 | 0 | 0 | 674.65 | 958.70 | 194.00 | 32.76 | 316.68 | 236.10 | 0 | 0 |

**表 3-8　粤港澳大湾区河流水道两岸120 m缓冲区土地类型变化**

单位：hm$^2$

| 土地类型 | 全区 | | 东莞 | | 佛山 | | 广州 | | 惠州 | | 江门 | | 深圳 | | 香港 | | 肇庆 | | 中山 | | 珠海 | | 澳门 | |
|---|---|---|---|---|---|---|---|---|---|---|---|---|---|---|---|---|---|---|---|---|---|---|---|---|
| | 1980 | 2017 | 1980 | 2017 | 1980 | 2017 | 1980 | 2017 | 1980 | 2017 | 1980 | 2017 | 1980 | 2017 | 1980 | 2017 | 1980 | 2017 | 1980 | 2017 | 1980 | 2017 | 1980 | 2017 |
| 城镇用地 | 3 742.68 | 17 253.93 | 330.73 | 4 833.63 | 455.34 | 2 886.71 | 1 004.16 | 3 496.59 | 449.49 | 916.97 | 910.43 | 1 387.07 | 0 | 859.65 | 0 | 442.01 | 346.90 | 527.99 | 136.59 | 1 351.75 | 57.79 | 508.30 | 51.26 | 43.26 |
| 草地 | 1 186.95 | 969.41 | 69.75 | 28.15 | 41.57 | 23.90 | 149.81 | 76.01 | 304.93 | 271.08 | 234.45 | 198.93 | 0 | 0 | 0 | 6.04 | 386.08 | 364.91 | 0 | 0 | 0 | 0 | 0 | 0 |
| 林地 | 17 943.61 | 18 113.37 | 1 383.45 | 1 420.57 | 1 719.46 | 1 622.66 | 1 589.02 | 1 938.66 | 2 901.92 | 3 005.48 | 1 814.13 | 1 663.03 | 8.31 | 30.48 | 0.63 | 136.58 | 7 969.40 | 8 094.93 | 174.93 | 145.24 | 380.61 | 54.30 | 0 | 0 |
| 耕地 | 49 677.82 | 36 869.70 | 3 977.31 | 2 318.28 | 7 718.18 | 5 278.71 | 9 156.00 | 7 644.86 | 5 436.63 | 4 988.41 | 7 736.84 | 5 281.91 | 64.69 | 57.23 | 0 | 209.08 | 7 242.77 | 6 371.84 | 5 121.87 | 3 412.53 | 3 219.21 | 1 303.05 | 0.73 | 0 |
| 未利用地 | 112.80 | 66.92 | 45.52 | 7.49 | 10.95 | 10.80 | 31.51 | 23.66 | 24.82 | 24.96 | 0 | 0 | 0 | 0 | 0 | 0 | 0 | 0 | 0 | 0 | 0 | 0 | 0 | 0 |
| 其他建设用地 | 1 600.16 | 5 967.04 | 470.78 | 1 288.50 | 295.99 | 1 312.25 | 285.10 | 1 337.55 | 193.14 | 527.16 | 141.19 | 621.79 | 0 | 9.59 | 0 | 0 | 56.60 | 261.18 | 110.48 | 374.23 | 46.87 | 234.61 | 0 | 0 |
| 水库和坑（基）塘 | 6 560.78 | 11 880.61 | 473.17 | 1 298.99 | 2 412.53 | 1 937.58 | 556.20 | 1 437.28 | 58.41 | 84.86 | 879.86 | 2 583.69 | 19.02 | 21.20 | 14.15 | 194.61 | 280.93 | 545.15 | 1 687.07 | 2 042.86 | 178.77 | 1 727.80 | 0 | 0 |
| 滩涂和滩地 | 2 860.41 | 2 455.37 | 125.89 | 67.11 | 655.78 | 626.03 | 308.56 | 200.19 | 501.69 | 347.06 | 556.49 | 447.44 | 0 | 0 | 0 | 0 | 448.37 | 594.05 | 70.77 | 23.70 | 189.40 | 148.12 | 0 | 0 |

的3 742.68 hm$^2$增长至2017年的17 253.93 hm$^2$，增长率为361.00%；其次为其他建设用地，其在300 m缓冲区内的增长率达到了322.71%。缓冲区内各城市的城镇用地和其他建设用地面积均以不同的幅度增加，其中以东莞、广州、佛山、深圳最为显著，东莞、广州、佛山的300 m缓冲区建设用地增长率（包括城镇用地和其他建设用地）分别为715.85%、297.32%、525.54%，120 m缓冲区建设用地增长率分别为663.82%、274.95%、458.87%。深圳更是由原来的零增长至2 226.60 hm$^2$（300 m缓冲区）和由零增长至869.24 hm$^2$（120 m缓冲区）。

建设用地的增长是以牺牲其他用地面积为代价的，120 m和300 m缓冲区分析结果均表明，粤港澳大湾区河流水道两岸的草地、耕地、未利用地以及滩涂和滩地均以不同的幅度在减少，其在300 m缓冲区内的增长率分别为-18.08%、-28.23%、-62.23%、-14.98%，在120 m缓冲区内的增长率分别为-18.33%、-25.78%、-40.67%、-14.16%。而具有经济效益的人工水域——水库和坑（基）塘也在以较高的幅度增长，从全区300 m缓冲区来看，其增长率达到了71.52%，其中以珠海、江门、东莞、广州、香港的增长最为显著，其在300 m缓冲区内的增长率分别为861.82%、173.43%、134.10%、156.41%、1 096.64%；而从120 m缓冲区来看，全区增长率为81.09%，其中珠海、江门、东莞、广州、香港的增长率分别为866.49%、193.65%、174.53%、158.41%、1 275.34%。

## （二）滩涂、滩地、沼泽、湖泊变化

1980—2017年粤港澳大湾区各城市各类水域面积变化如图3-14所示，各城市在滩涂、滩地、沼泽、湖泊这4类水域中，滩涂和滩地所占的比重较大。除惠州外，其他滩涂面积均有大幅度减少的趋势，东莞、广州、中山、珠海、江门的滩涂面积减少量最大，其增长率分别为-100%、-94.83%、-99.05%、-88.40%、-67.77%。滩地的面积减少也较为严重，除肇庆、佛山有所增加外，其他城市的滩地面积均有减少的趋势。珠海、香港、广州的滩地均有大幅度削减，其中珠海的滩地面积濒临消失。

综合分析上述这4类水域与其他土地类型的转换情况（图3-15、图3-16），结果表明除惠州外，滩涂和滩地流失（减少）的面积较多而转入（增加）的面积较少，其中流失面积主要转换为建设用地。

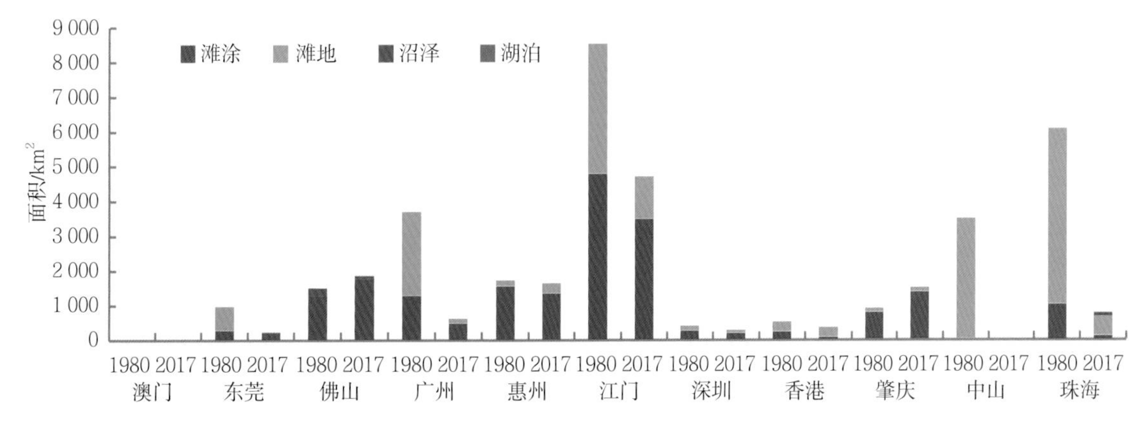


图3-14 1980—2017年粤港澳大湾区各城市滩涂、滩地、沼泽、湖泊面积变化

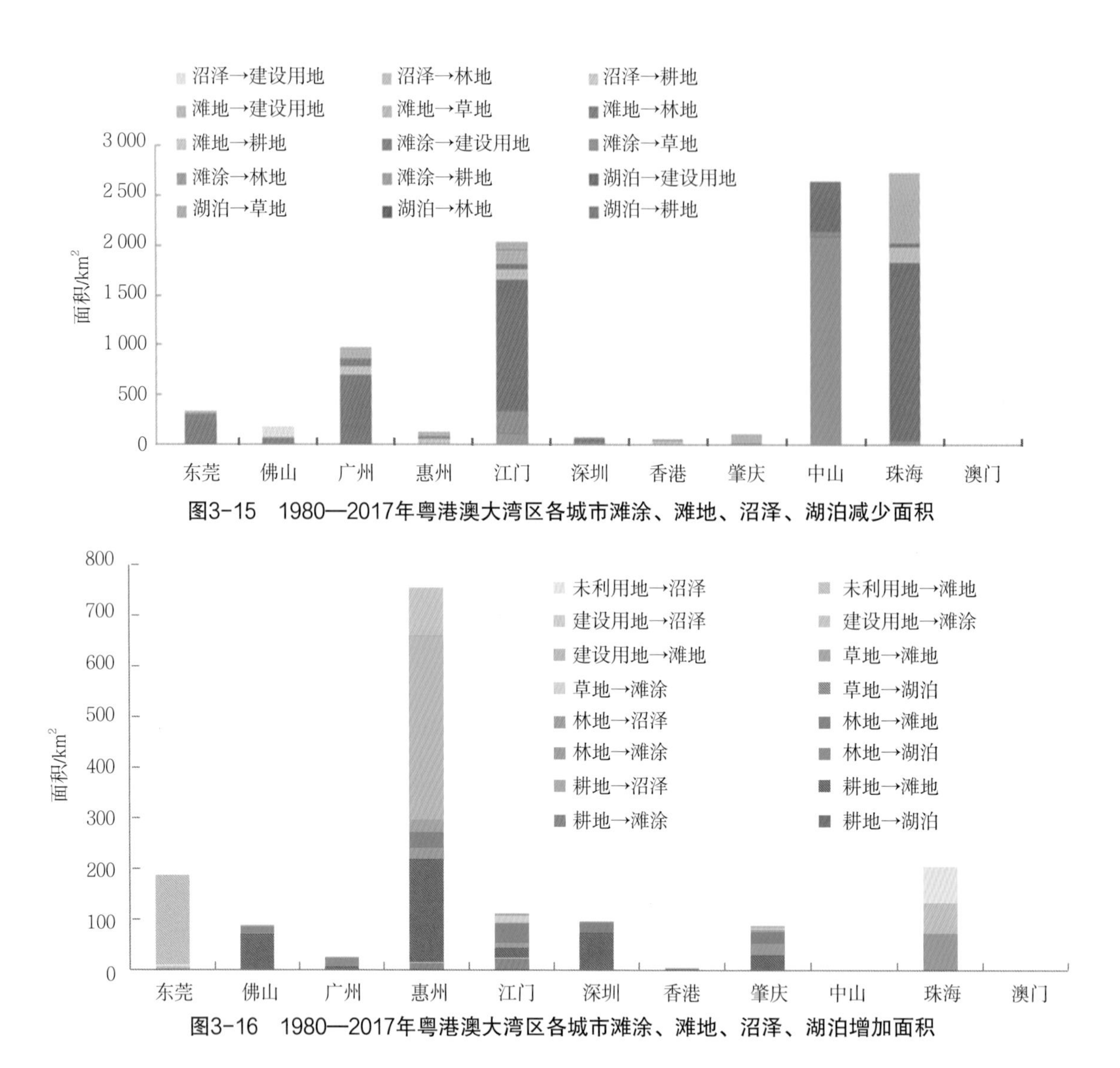

图3-15　1980—2017年粤港澳大湾区各城市滩涂、滩地、沼泽、湖泊减少面积


图3-16　1980—2017年粤港澳大湾区各城市滩涂、滩地、沼泽、湖泊增加面积

## （三）水库和坑（基）塘变化

基塘是粤港澳大湾区特色水域景观。珠三角地区基塘的利用可追溯至中唐，至明清时期，在珠三角中西部（佛山顺德区、南海区，中山，江门新会荷塘镇、棠下镇，江门鹤山古劳镇一带）已形成规模化分布的“塘-基”立体种养系统，这是珠三角地区人民在长期治理低洼易涝的沙田区过程中逐渐形成的地域性生态系统。作为一种农业经营系统，其不可避免地会受到城市化、工业化的冲击。改革开放后，受城乡扩展、乡镇企业发展、农村劳动力转移、环境污染等因素影响，基塘景观逐渐退化。1990年后，塘基普遍出现抛荒，2000年左右，佛山、中山等地陆续开展基塘整治，整治后的基塘，从“塘-基”立体种养转向高密度现代水产养殖，传统的基塘景观几近消失。近38年来，由于水产养殖经济效益较高，水库和坑（基）塘占大湾区水域比重稳步上扬，至2010年达到峰值，2010年以来略有回落，整体呈现倒“U”型态势，1980年、1990年、2000年、2010年、2017年比重分别为58.11%、60.38%、69.52%、71.73%、70.25%；面积从1980年的2 021.46 km²增长至2017年的3 069.65 km²，增幅达51.82%（表3-9）。在空间分布上，主要体现为传统基塘区减少较为明显，非传统基塘区水库

和坑（基）塘面积则有较大幅度的增长（图3-17、图3-18），与传统基塘区邻近的佛山三水区，肇庆东南部四会市、鼎湖区，中山东北部黄圃、三角、民众等镇，珠海西部斗门区、金湾区，广州南部番禺区、南沙区等地增幅最大。

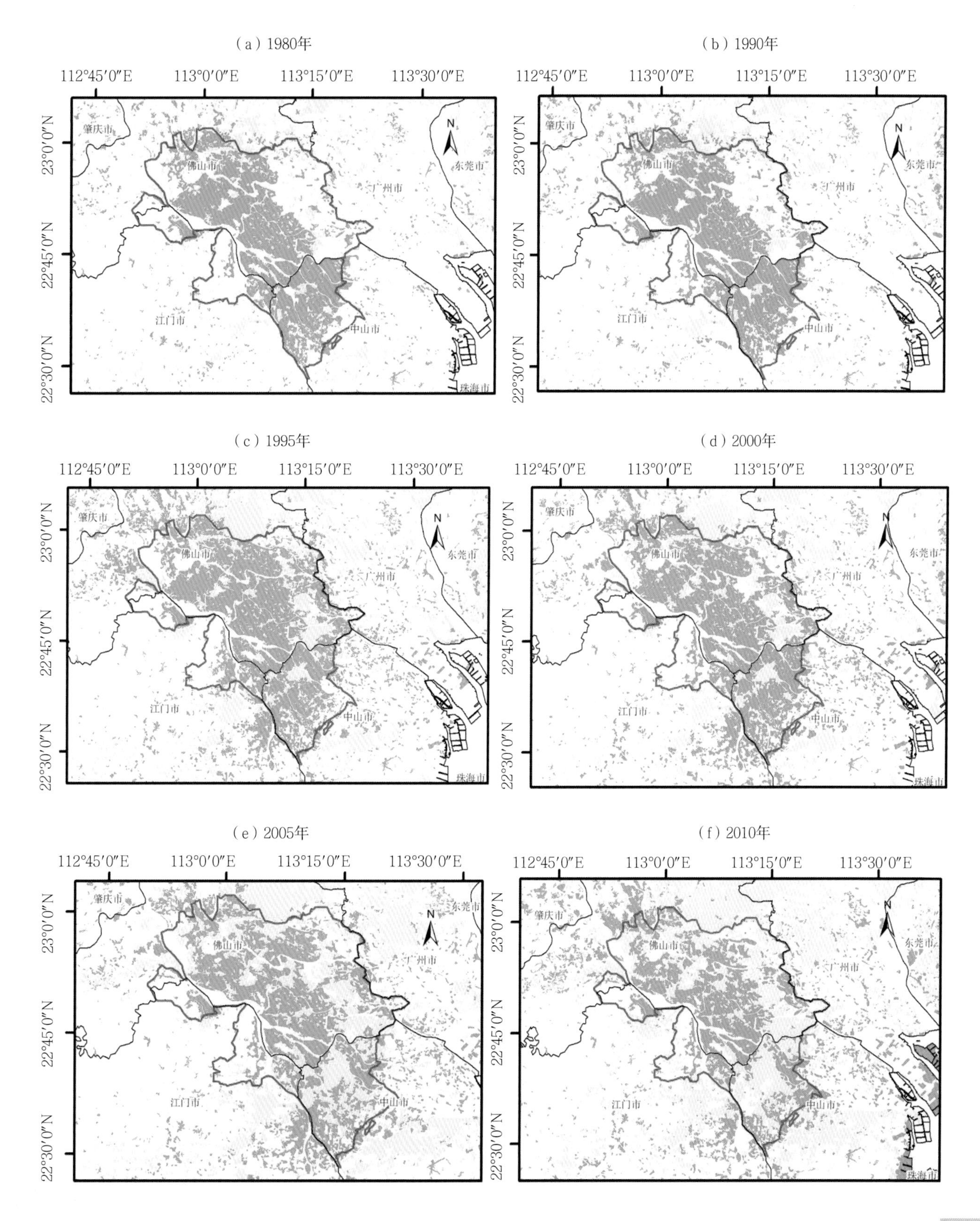

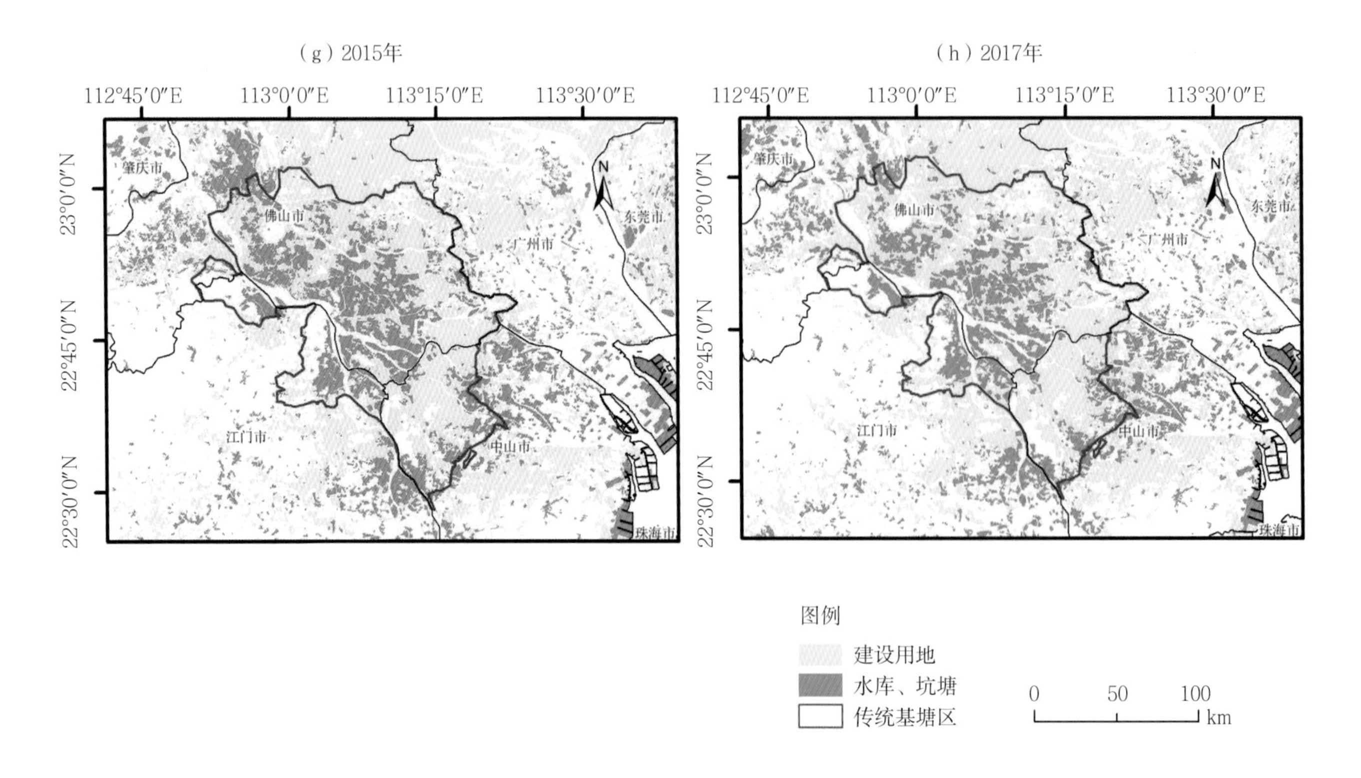


图3-17　1980—2017年粤港澳大湾区传统基塘区水库和坑塘面积分布

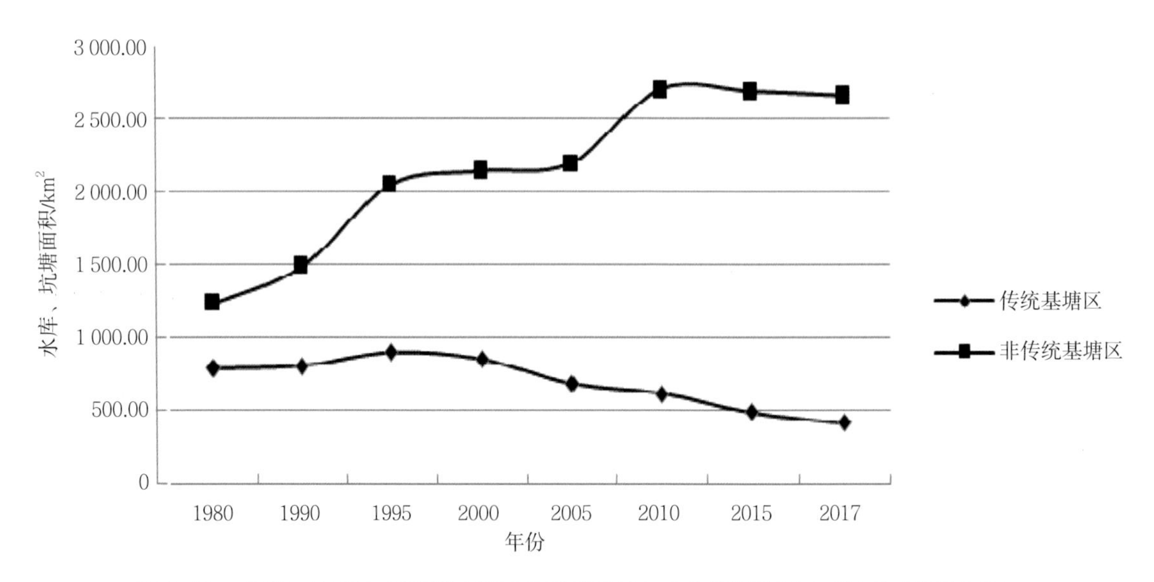


图3-18　1980—2017年粤港澳大湾区传统基塘区与非传统基塘区水库和坑塘面积对比

表3-9　1980—2017年粤港澳大湾区水库和坑塘变化　　单位：$km^2$

| 城市 | 1980年 | 1990年 | 1995年 | 2000年 | 2005年 | 2010年 | 2015年 | 2017年 |
|---|---|---|---|---|---|---|---|---|
| 澳门 | 1.11 | 1.91 | 0.78 | 0.76 | 2.65 | 2.65 | 1.33 | 1.33 |
| 东莞 | 116.74 | 158.83 | 169.56 | 169.39 | 134.58 | 155.04 | 151.64 | 147.08 |
| 佛山 | 669.53 | 706.75 | 936.81 | 881.87 | 773.04 | 831.86 | 727.11 | 612.69 |
| 广州 | 154.21 | 171.62 | 268.42 | 262.47 | 257.50 | 308.14 | 310.34 | 326.59 |
| 惠州 | 178.55 | 206.06 | 227.55 | 225.66 | 226.06 | 231.44 | 231.30 | 236.60 |

续表

| 城市 | 1980年 | 1990年 | 1995年 | 2000年 | 2005年 | 2010年 | 2015年 | 2017年 |
|---|---|---|---|---|---|---|---|---|
| 江门 | 315.50 | 362.29 | 513.16 | 578.09 | 599.02 | 657.10 | 663.27 | 655.48 |
| 深圳 | 50.13 | 121.20 | 116.07 | 98.42 | 64.83 | 55.51 | 52.99 | 56.81 |
| 香港 | 38.83 | 35.14 | 34.87 | 34.05 | 33.39 | 33.40 | 35.08 | 35.08 |
| 肇庆 | 179.67 | 216.67 | 259.10 | 260.73 | 323.30 | 387.62 | 385.82 | 394.12 |
| 中山 | 278.38 | 283.46 | 318.25 | 358.72 | 272.96 | 276.08 | 291.51 | 287.84 |
| 珠海 | 38.83 | 25.87 | 94.12 | 106.72 | 187.81 | 345.83 | 318.31 | 316.75 |
| 全区合计 | 2 021.46 | 2 289.81 | 2 938.69 | 2 976.87 | 2 875.14 | 3 284.69 | 3 168.70 | 3 069.65 |
| 占全区水域比重/% | 58.11 | 60.38 | 68.61 | 69.52 | 69.15 | 71.73 | 70.90 | 70.25 |

## （四）水域时空变化的人类活动驱动机制分析

人类开发活动是水域时空变化的主导因素，如快速城镇化、工业化发展，农业开发等，在空间上主要体现为水域与建设用地、水域与农业用地（耕地、林地、园地）、自然水域与人工水域之间，此消彼长的关系，本质上则是经济社会、技术内在驱动，政策对空间外在约束与引导的结果（图3-19）。

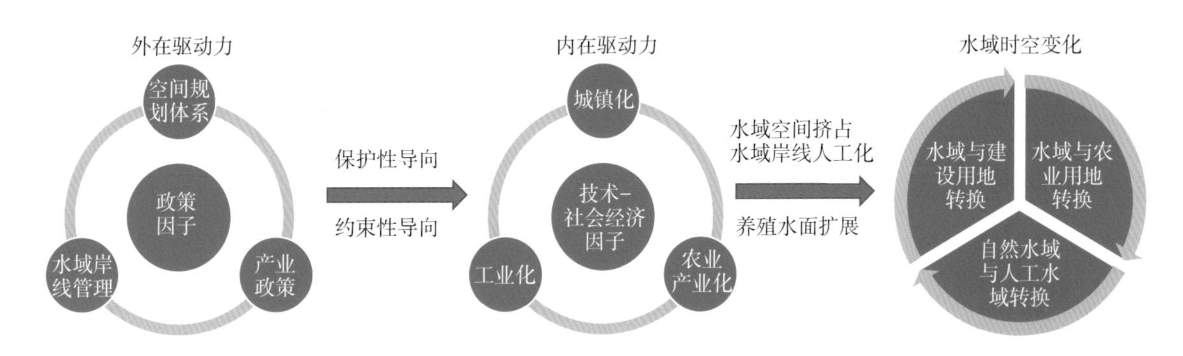


图3-19　水域时空变化动力机制分析概念框架

### 1. 经济社会发展对水域时空变化的影响

主要体现为粤港澳大湾区城镇化与工业化发展路径和模式决定了建设用地聚集、分散的程度和扩展速率，进而影响水域的变化（水域空间挤占等），以及农业高度集约化的发展态势下高附加值人工养殖水面的扩展。

改革开放以来，珠江三角洲城镇化过程经历了三个阶段：1978—1990年，乡镇企业遍地开花，产业、人口要素“就地转移”，实现“就地城镇化”，形成“小聚集、大分散”城镇均衡发展模式；1990—2000年，中国港澳台地区、日本、欧美等地投资加速涌入，促进珠三角产业转型升级，形成“自下而上”模式的“再城镇化”，人口进一步集聚发展；2000年至今，广州、佛山、深圳等中心城市通过新区建设、行政区划调整、区域协作、产业“腾笼换鸟”等方式扩展城市空间，促进产业转型升级（周春山　等，2019）。伴随城镇化、工业化的快速发展，珠三角人口、地区生产总值（GDP）实现了高速增长（图3-20、图3-21），粤港澳大湾区土地开发强度不断攀升（图3-22）。相关研究表明，经济和人口增长驱动了城镇扩

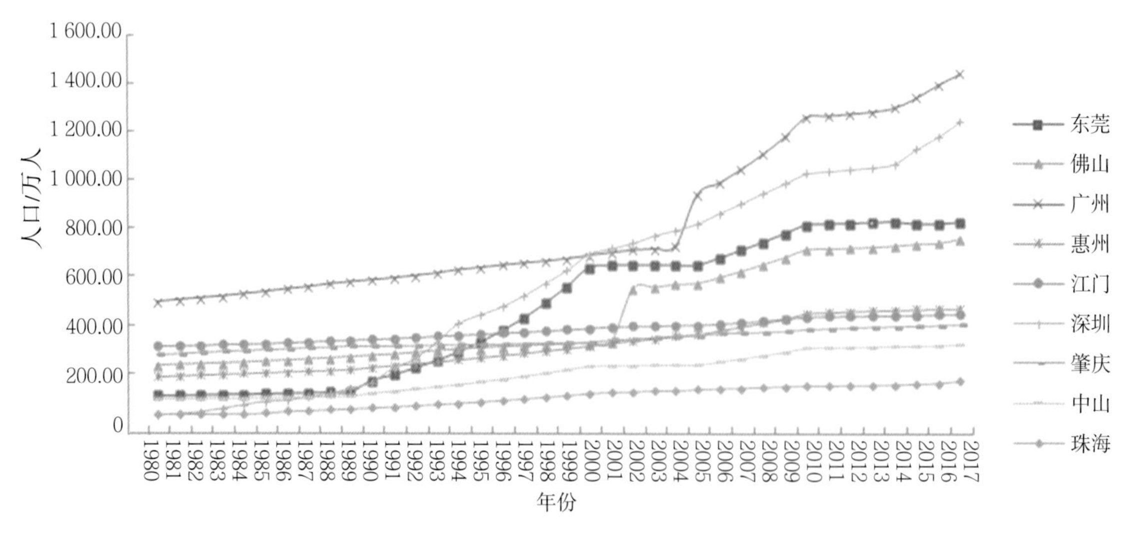


图3-20　1980—2017年珠三角九市人口变化

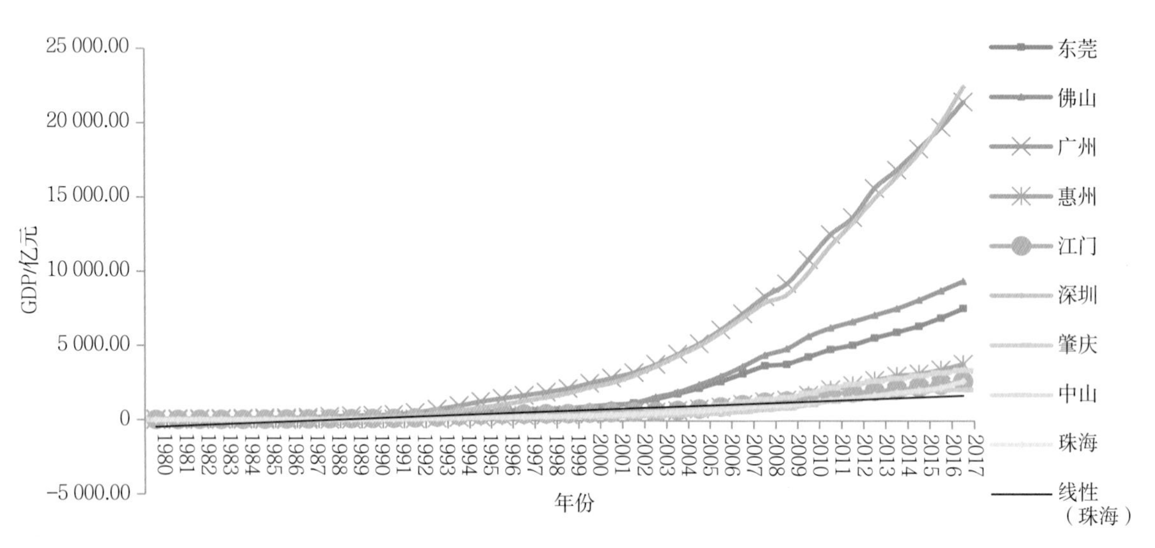


图3-21　1980—2017年珠三角九市GDP（当年价）变化

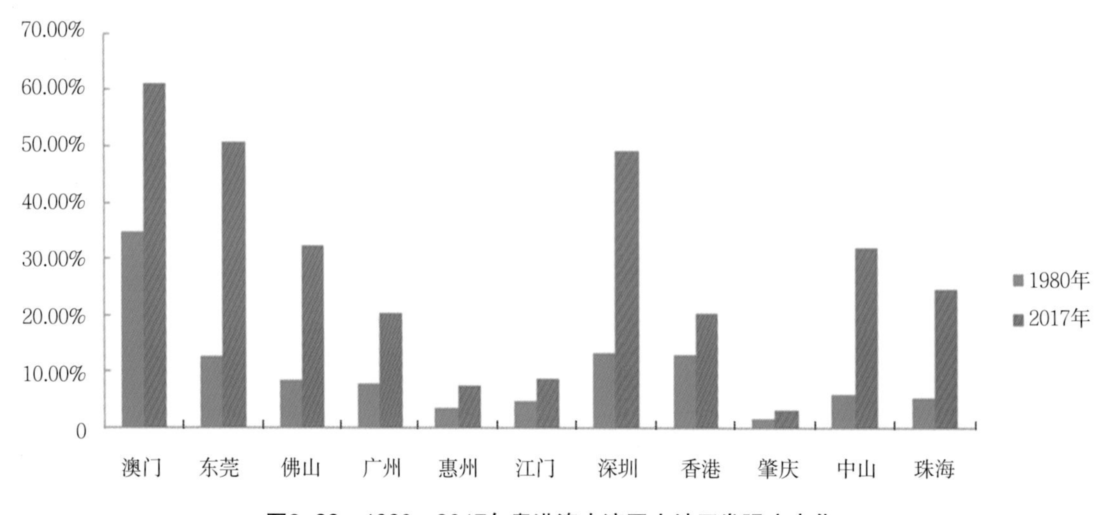


图3-22　1980—2017年粤港澳大湾区土地开发强度变化

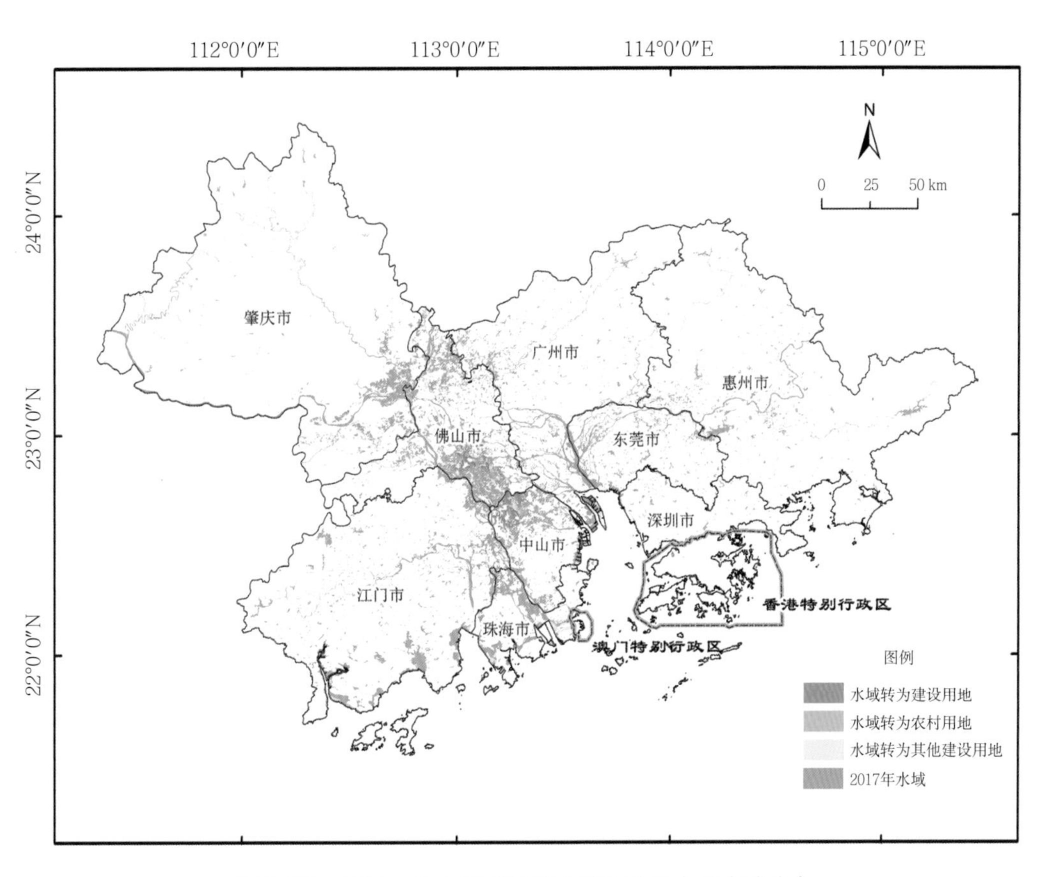


图3-23 1980—2017年粤港澳大湾区建设占用水域分布

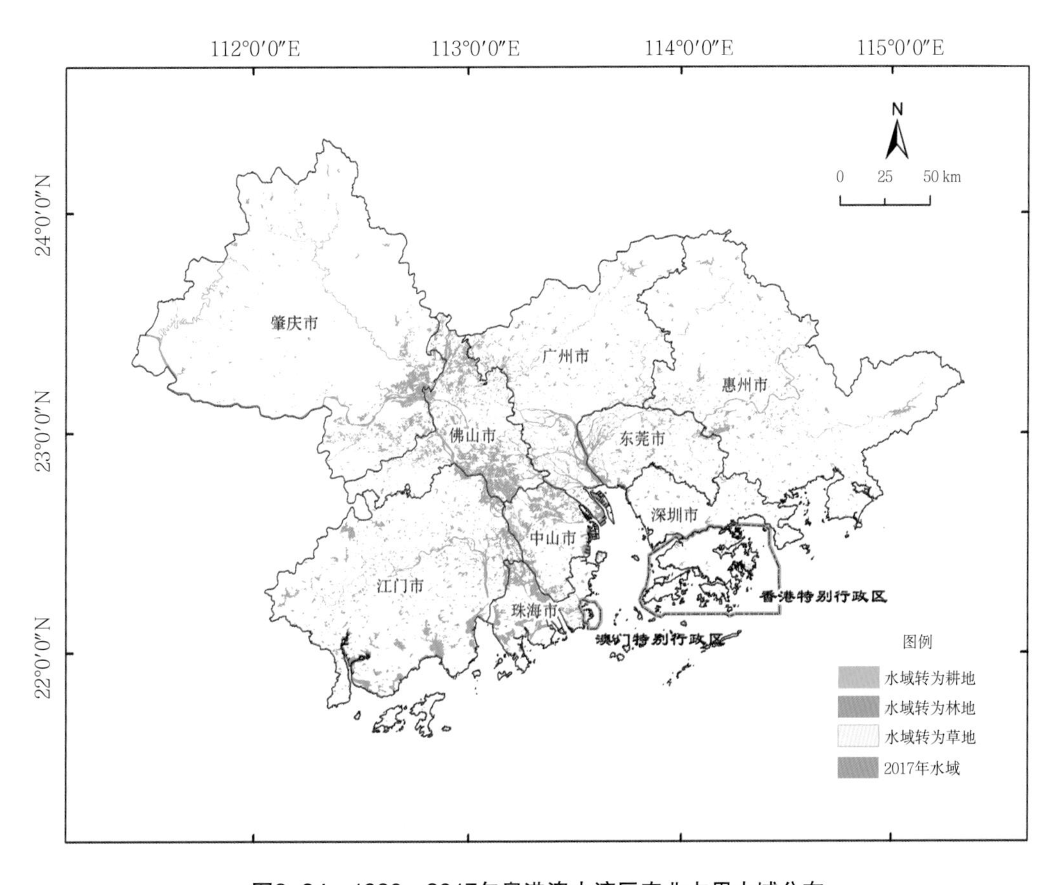


图3-24 1980—2017年粤港澳大湾区农业占用水域分布

展，农业发展，道路、堤坝等基础设施建设，进而引发湿地变化。1980—2017年粤港澳大湾区建设和农业占用水域情况如图3-23、图3-24所示。具体而言，由于各类水域自然属性和土地利用方式有所差异，对城市化，经济、人口增长的响应路径略有不同。

河网水系主要体现为内河涌（指其水位受联围干堤及水闸控制的河道、渠道及地下排水渠以外的其他人工水道）、滩地为建设占用、填堵，围垦，宽度缩减等，尤其是流经乡镇、村落的内河涌。珠三角地区自城镇化初期便具有城乡全面推进的半城市化特征，基层乡镇、村落在利益的驱动下，多通过非正规途径进行土地的非农化（黄颖敏 等，2017）。在此背景下，非法占据河涌及岸线的现象时有发生。

基塘主要受城镇扩展中"农转非"、产业结构调整的影响。近38年来，传统基塘区水库和坑（基）塘面积锐减47.33%。这主要是由于传统基塘区顺德、南海、中山一带自改革初期便积极引入外资，大力发展乡镇企业，产业结构从以农业为主导转向以工业为主导。顺德在改革开放前有78%的劳动力从事农业生产，1991年下降至10%。土地利用方式的改变和劳动力的部门分配变化是导致基塘农业萎缩的重要原因。与此同时，由于养殖业相较其他传统农业经营经济效益更高，在土地资源较为充裕、具备养殖条件的珠江西岸的佛山三水、肇庆四会、珠海斗门等地，养殖水面均有较大规模的扩展。

"向海要地"是珠三角沿海地区缓解人地矛盾的主要方式之一（李婧贤 等，2019）。改革开放后，滩涂作为一种土地后备资源被大量开发利用，主要包括城镇扩展，产业开发，港口、机场等基础设施建设，围海养殖等。其中水产养殖对滩涂减少的影响最大（马田田 等，2015）。

**2. 技术发展对水域时空变化的影响**

经济利益驱动农业开发技术的进步，进而影响水域的变化。技术因素对粤港澳大湾区水域变化的影响主要体现为，围垦、种植、养殖、化肥农药使用等农业开发技术的改善加速了水域空间变化。粤港澳大湾区各类水域中，滩地、基塘、滩涂受技术发展的影响最为明显。

**3. 政策对水域时空变化的影响**

政策是人类活动中影响生态系统变化的重要原因（Nelson et al.，2009）。政策对水域的影响主要体现为，基于保护目标的约束性法令法规对人类行为进行约束与引导，如海岸线开发和保护，海洋功能区划，河道堤防管理，基本农田保护，城市蓝线划定，生态红线划定等，通过约束性法规政策，限制、减少建设和农业开发对河流水道、滩地、滩涂等具有较高生态效益的自然水域的干扰。

# 第三节　水资源开发利用与配置

## 一、水资源利用量特征及变化过程

### （一）香港、澳门水资源利用量及变化过程

2013—2017年，香港多年平均降水量为2 591.8mm，多年平均集水量为2.958亿$m^3$，其供水

系统包括本地集水区收集的雨水、从广东省输入的东江水以及冲厕用的海水，其中最主要的来源为东江水，其次是集水区收集的雨水（图3-25）。2017年香港的总耗水量为12.58亿$m^3$，其中26%为雨水、52%为东江水、22%为冲厕海水。同时香港在继续完善以上三种水资源外，也在发展不受气候影响的其他水源，如新增水资源海水淡化、再造水以及重用重水、回收雨水。这些水资源将成为保障香港供水安全及提升供水应变能力的重要支柱。

澳门本地有效蓄水量为190万$m^3$，其中大水塘160万$m^3$，石排湾水库30万$m^3$，可供澳门本地约7天的用水需求。由于澳门境内没有河流，因此澳门日常时使用96%的原水由珠海供应，水源来自西江，而本地蓄水主要为应急调度时使用。

澳门年原水输入量以及全年用水量于2014—2016年逐年增加。然而，受到2010年推出的《澳门节水规划大纲》（澳门特别行政区政府推动构建节水型社会工作小组，2010）以及2011年竹银水库建成的影响，每日人均用水量在2011—2012年呈现增加的趋势，自2013年以后，节水运动效果明显，每日人均用水量在逐年下降（图3-26）。

## （二）珠三角水资源利用量及变化过程

研究区范围内9个地级市2006—2018年的用水量与人均GDP变化过程如图3-27所示，多年平均用水量和变化趋势如表3-10所示。多年平均总用水量范围4.90亿～71.23亿$m^3$，广州以年均71.23亿$m^3$的总用水量为珠三角九市中最大，而珠海年均总用水量仅4.90亿$m^3$，仅为广州的6.88%；农业用水量范围0.78亿～19.61亿$m^3$，江门农业用水量最大，而深圳农业用水量最小；工业用水量范围1.46亿～42.36亿$m^3$，广州工业用水量最大，而珠海工业用水量最小；生活用水量范围1.34亿～9.76亿$m^3$，广州生活用水量最大，而珠海生活用水量最小。2018年用水量和人均GDP与2006年相比都有较大变化（表3-11），其中总用水量、农业用水量和工业用水量2018年基本都要少于2006年，如广州2018年总用水量和2006年总用水量相比，减少15.81亿$m^3$，减少率19.71%，生活用水量普遍增加；人均GDP全部增长，增长量范围3.95万～12.49万元，深圳人均GDP增长最多，而肇庆增长最少，增长率范围158.74%～286.23%，其中肇庆增长率最大，而广州增长率最小。

2006—2018年珠三角九市的总用水量大多呈减少趋势，其中以广州和佛山总用水量减少趋势最为剧烈，分别以每年1.48亿$m^3$和0.74亿$m^3$的速率减少；而深圳和珠海的总用水量则有所增加，分别以每年0.25亿$m^3$和0.07亿$m^3$的速率增加，主要是这两个市的生活用水量增加所致。农业用水量和工业用水量都呈减少趋势，均以广州减少最为剧烈，分别以每年0.40亿$m^3$和1.36亿$m^3$的速率减少。生活用水量基本都呈现增加的趋势，均以广州和佛山增长速率最快，分别以每年0.25亿$m^3$和0.14亿$m^3$的速率增加；而东莞和中山生活用水量则呈现出减少的趋势，分别以每年-0.22亿$m^3$和-0.07亿$m^3$的速率减少。

此外，从图3-27也可以看出广州、佛山、中山以工业用水为主，都呈现出工业用水量>农业用水量>生活用水量；惠州、江门、肇庆则以农业用水为主，呈现出农业用水量>工业用水量>生活用水量；深圳以生活用水量居多，生活用水量>工业用水量>农业用水量；东莞表现为工业用水量>生活用水量>农业用水量；珠海在2014年前呈现出工业用水量>生活用水量>农业

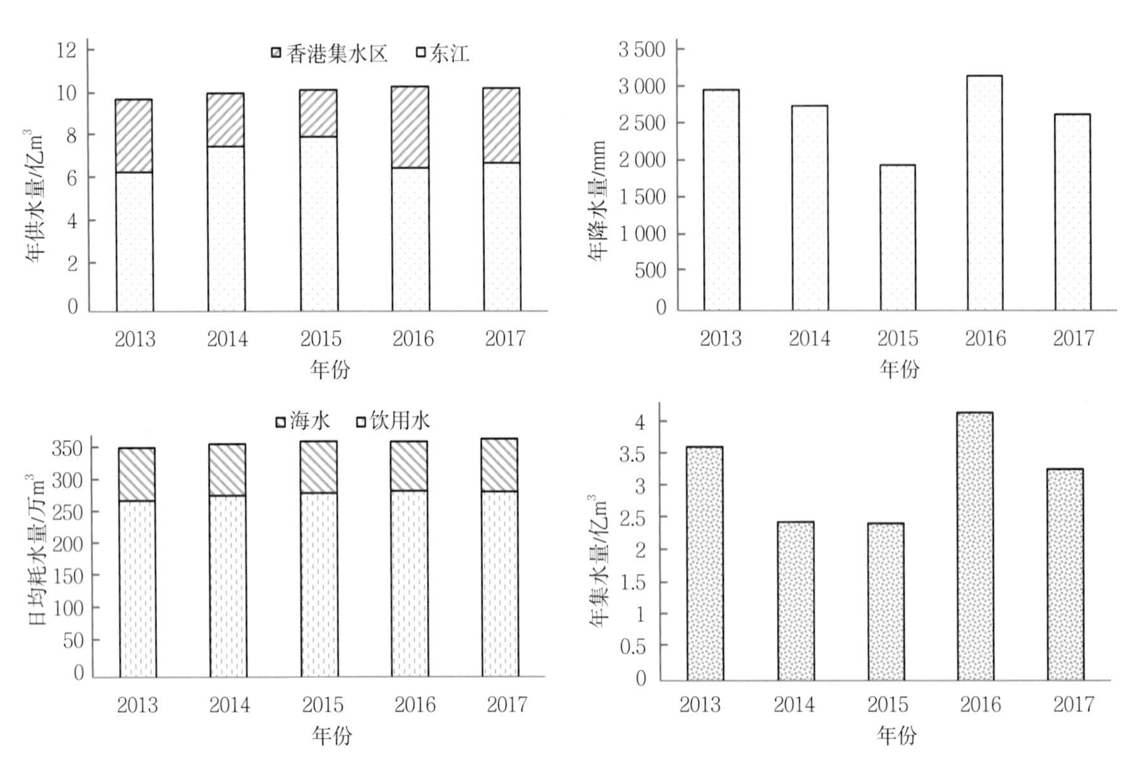


图3-25　香港年供水量、日均耗水量、年降水量以及年集水量

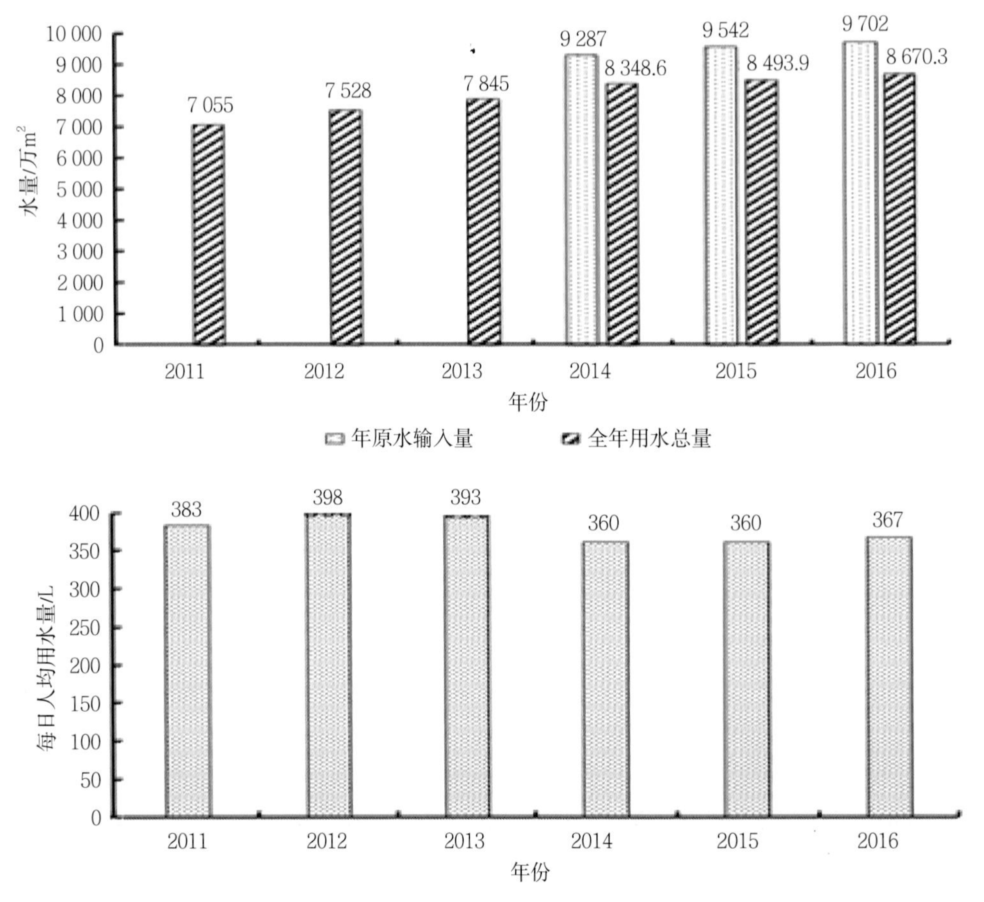


图3-26　澳门年原水输入量（2014—2016年）、全年用水总量以及每日人均用水量

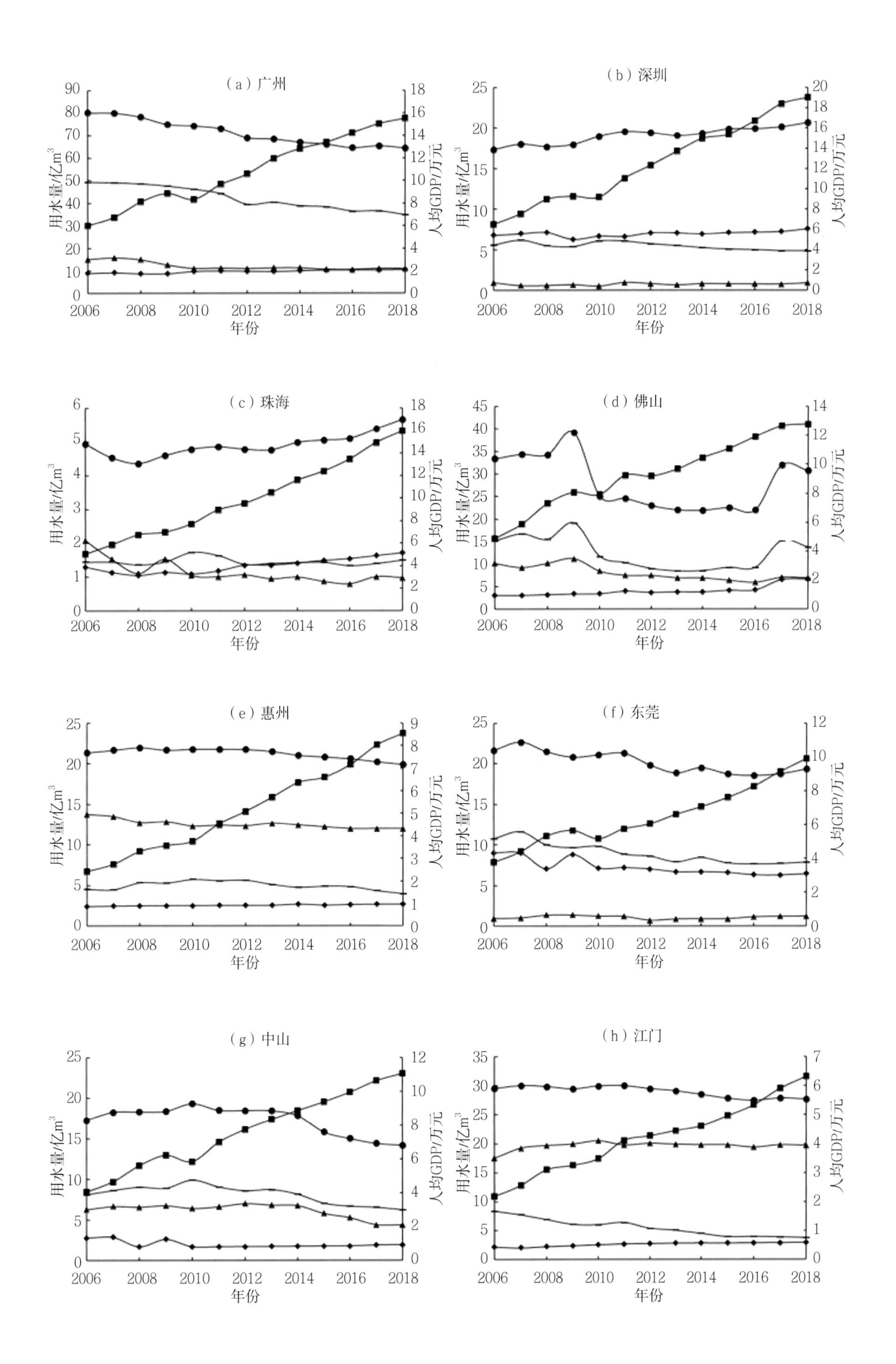
(a) 广州
(b) 深圳
(c) 珠海
(d) 佛山
(e) 惠州
(f) 东莞
(g) 中山
(h) 江门
用水量/亿m³
人均GDP/万元
年份

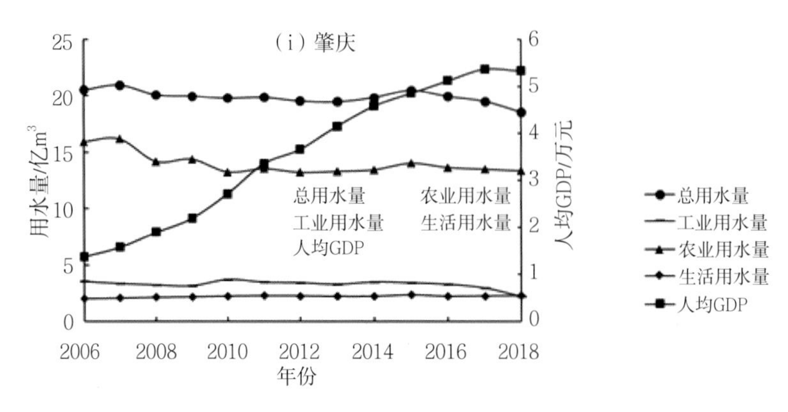


图3-27　2006—2018年珠三角九市用水量与人均GDP年际变化

用水量，而2014年后则表现为生活用水量>工业用水量>农业用水量（图3-27）。这间接反映珠三角九市的发展情况，其中广州、佛山、中山和东莞以工业为主，深圳和珠海以服务业为主，而惠州、江门和肇庆以农业比例较大。从人均GDP变化情况来看，深圳和珠海分别以每年1.06万元和0.90万元的速率增长，是9个地级市中增长速度较快的；其次是广州、佛山和中山，分别以每年0.81万元、0.63万元和0.58万元的速率增长；而江门和肇庆则较低，分别以每年0.32万元和0.37万元的速率增长（表3-10）。以服务业为主的深圳和珠海人均GDP增长速率最快，其次是以工业为主的广州、佛山和中山，而以农业为主的江门和肇庆人均GDP增长最慢，说明9个地级市的人均GDP增长速率变化情况与其产业发展密切相关。

表3-10　2006—2018年珠三角九市用水量与人均GDP变化特征

| 地市 | 总用水量 | | 农业用水量 | | 工业用水量 | | 生活用水量 | | 人均GDP | |
|---|---|---|---|---|---|---|---|---|---|---|
| | 均值/亿m³ | 趋势/（亿m³·a⁻¹） | 均值/亿m³ | 趋势/（亿m³·a⁻¹） | 均值/亿m³ | 趋势/（亿m³·a⁻¹） | 均值/亿m³ | 趋势/（亿m³·a⁻¹） | 均值/万元 | 趋势/（亿m³·a⁻¹） |
| 广州 | 71.23 | −1.48 | 12.16 | −0.40 | 42.36 | −1.36 | 9.76 | 0.14 | 10.88 | 0.81 |
| 深圳 | 19.08 | 0.25 | 0.78 | 0.01 | 5.48 | −0.09 | 6.99 | 0.06 | 12.54 | 1.06 |
| 珠海 | 4.90 | 0.07 | 1.15 | −0.07 | 1.46 | −0.01 | 1.34 | 0.05 | 9.97 | 0.90 |
| 佛山 | 28.08 | −0.74 | 8.06 | −0.35 | 12.46 | −0.43 | 4.08 | 0.25 | 9.30 | 0.63 |
| 惠州 | 21.24 | −0.14 | 12.56 | −0.13 | 5.00 | −0.05 | 2.58 | 0.02 | 5.22 | 0.52 |
| 东莞 | 20.19 | −0.31 | 1.12 | −0.01 | 9.00 | −0.31 | 7.25 | −0.22 | 6.52 | 0.45 |
| 中山 | 17.27 | −0.34 | 6.18 | −0.17 | 8.17 | −0.22 | 2.01 | −0.07 | 7.64 | 0.58 |
| 江门 | 28.98 | −0.22 | 19.61 | 0.07 | 5.59 | −0.38 | 2.63 | 0.07 | 4.20 | 0.32 |
| 肇庆 | 19.89 | −0.10 | 14.01 | −0.18 | 3.32 | −0.05 | 2.22 | 0.02 | 3.55 | 0.37 |

表3-11 珠三角九市用水量与人均GDP2018年与2006年对比情况

| 地市 | 总用水量 | | 农业用水量 | | 工业用水量 | | 生活用水量 | | 人均GDP | |
|---|---|---|---|---|---|---|---|---|---|---|
| | 变化量/亿$m^3$ | 变化率/% | 变化量/亿$m^3$ | 变化率/% | 变化量/亿$m^3$ | 变化率/% | 变化量/亿$m^3$ | 变化率/% | 变化量/万元 | 变化率/% |
| 广州 | −15.81 | −19.71 | −4.25 | −27.96 | −14.71 | −29.72 | 1.48 | 16.44 | 9.54 | 158.74 |
| 深圳 | 3.39 | 19.57 | −0.03 | −3.06 | −0.69 | −12.37 | 0.86 | 12.68 | 12.49 | 191.56 |
| 珠海 | 0.72 | 14.57 | −1.11 | −53.11 | 0.05 | 3.45 | 0.41 | 31.54 | 10.91 | 216.90 |
| 佛山 | −2.66 | −7.98 | −3.18 | −31.33 | −1.37 | −9.06 | 3.61 | 117.97 | 7.91 | 162.76 |
| 惠州 | −1.46 | −6.83 | −1.8 | −13.06 | −0.57 | −12.45 | 0.28 | 11.57 | 6.12 | 252.89 |
| 东莞 | −2.31 | −10.67 | 0.28 | 28.57 | −2.88 | −26.69 | −2.57 | −28.52 | 6.1 | 160.95 |
| 中山 | −3.08 | −17.81 | −1.93 | −30.54 | −1.87 | −22.92 | −0.87 | −30.96 | 7.0 | 172.41 |
| 江门 | −1.84 | −6.23 | 2.17 | 12.40 | −4.61 | −54.69 | 0.73 | 33.18 | 4.15 | 190.37 |
| 肇庆 | −2.0 | −9.74 | −2.6 | −16.29 | −1.31 | −36.59 | 0.25 | 12.25 | 3.95 | 286.23 |

此外，收集了广东省周边3个省会城市（福州、长沙、南宁）2006—2018年的用水量（其中长沙各指标只到2017年）和人均GDP，用以和珠三角九市的情况进行对比。3个省会城市的多年平均总用水量都在30亿～40亿$m^3$，几乎是广州多年平均总用水量的一半，并且都高于珠三角其他8个市。从总用水量的变化趋势来看，福州以0.03亿$m^3$/a的速率减少，减少速率低于珠三角7个总用水量呈减少的地市的变化速率，而长沙和南宁都呈现增加的趋势，变化趋势分别为0.28亿$m^3$/a和0.66亿$m^3$/a，都高于深圳（0.25亿$m^3$/a）和珠海（0.07亿$m^3$/a）。福州、长沙、南宁多年平均农业用水量分别为11.44亿$m^3$、17.16亿$m^3$和25.40亿$m^3$，南宁农业用水量高于珠三角九市的农业用水量，而福州和惠州、长沙和江门多年平均用水量大致相等。福州、长沙、南宁农业用水量变化趋势分别为−0.11亿$m^3$/a、−0.14亿$m^3$/a和−0.01亿$m^3$/a。

从图中可以看出，福州用水量呈现出工业用水量>农业用水量>生活用水量［图3-28（a）］，而长沙［图3-28（b）］和南宁［图3-28（c）］都呈现出农业用水量>工业用水量>生活用水量，特别是南宁农业用水量显著高于工业用水量和生活用水量。福州的用水结构和广州、佛山、中山是一致的，而长沙、南宁和肇庆、江门、惠州一致。大致和惠州（0.13亿$m^3$/a）一致，处在中间位置［图3-29（b）］。福州工业用水量变化趋势为−0.07亿$m^3$/a，低于同为以工业为主的广州、佛山和中山的工业用水量变化趋势；而长沙和南宁工业用水量都呈增加趋势，变化趋势分别为0.19亿$m^3$/a和0.53亿$m^3$/a［图3-29（c）］。福州生活用水量变化趋势为−0.09亿$m^3$/a，大致和中山一致，而长沙和南宁变化趋势分别为0.03亿$m^3$/a和0.06亿$m^3$/a，处于中下水平［图3-29（d）］。福州、长沙、南宁人均GDP变化趋势分别为0.63万元/a、0.97万元/a、0.41万元/a，长沙人均GDP变化趋势仅次于深圳，而福州大致和佛山一致，南宁仅高于肇庆和江门。

由此可以看出，同为以工业用水为主的福州和广州、佛山、中山相比，人均GDP变化趋势与佛山、中山相差不大，与广州有一定差距，但从用水变化趋势来看，福州要小于这3个市，说明福州社会经济发展与广州有一定差距，而和佛山、中山差不多，但发展质量不如二者。长沙虽然人均GDP增长速度较快，但是以增加工业用水消耗发展为主，和深圳相比，深

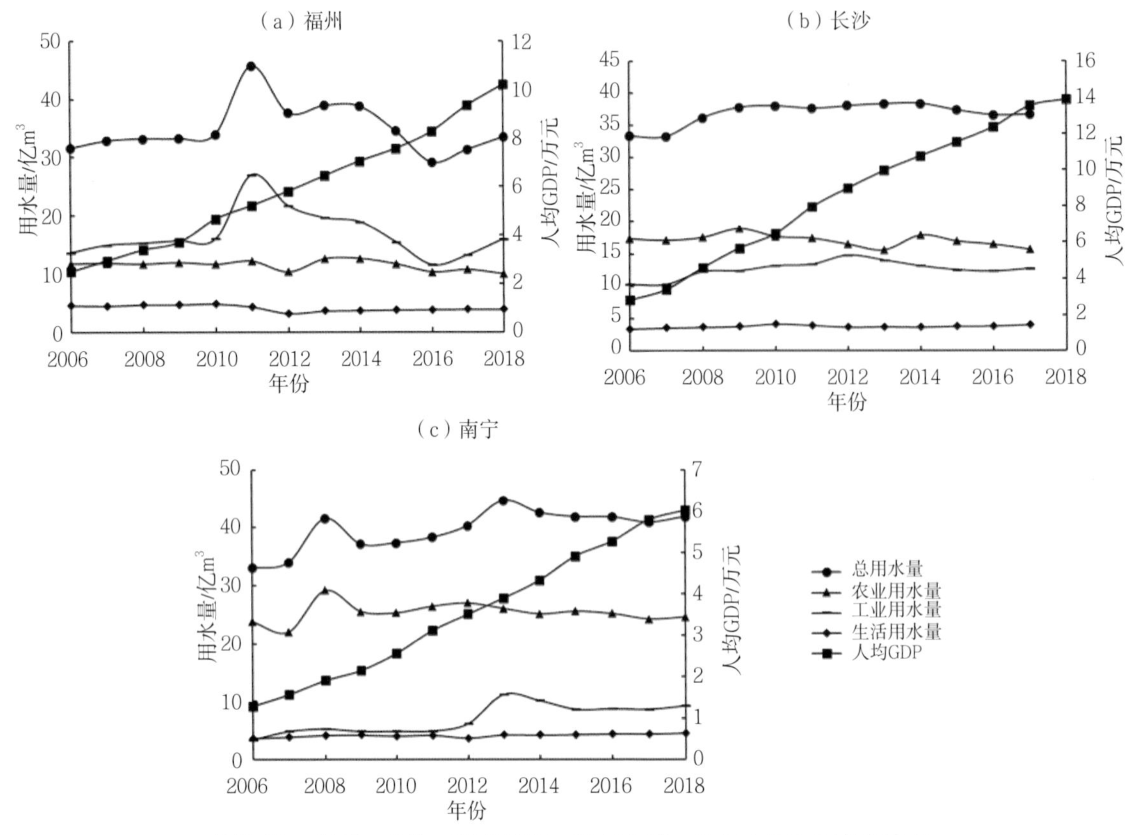


图3-28　福州、长沙、南宁2006—2018年用水量与人均GDP年际变化

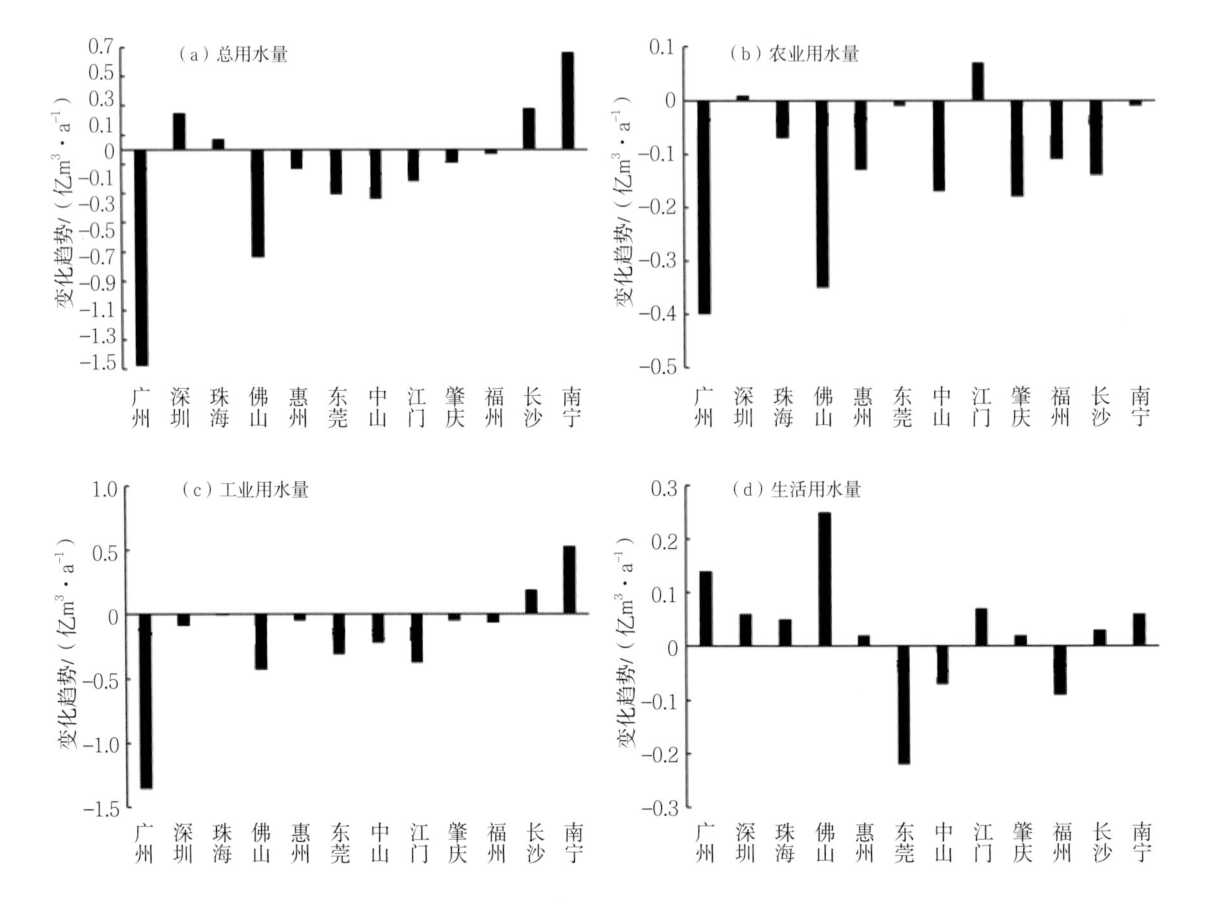

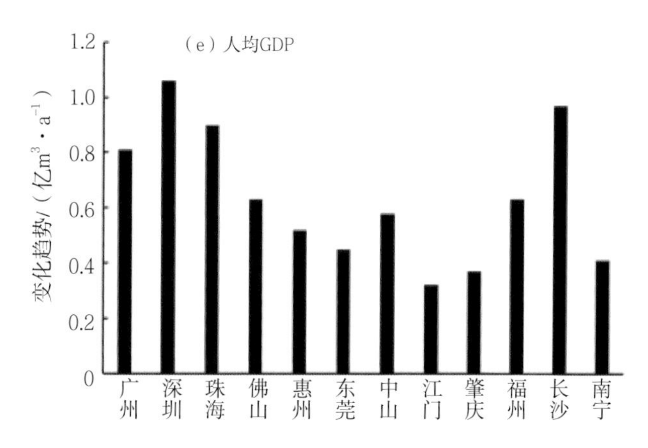


图3-29　珠三角九市和福州、长沙、南宁用水量与人均GDP变化趋势

圳总用水量也在增加，变化趋势和长沙相差不大，但工业用水量减少，主要是生活用水量增加所致，深圳以服务业增加为主发展社会经济。南宁和江门、肇庆相似，都以农业用水为主，但南宁发展工业用水量呈现增加趋势，而江门和肇庆都是减少的，从总用水量来看，南宁呈现增加趋势，江门和肇庆都呈现减少的趋势，说明南宁经济发展质量不如江门和肇庆。

## 二、水资源利用效率特征及变化过程

研究区范围内9个地级市2006—2018年的用水指标与人均GDP变化过程如图3-30所示，多年平均用水指标和变化趋势如表3-12所示。多年平均万元GDP用水量范围16.92～180.15 $m^3$，其中肇庆以年均180.15 $m^3$的万元GDP用水量为9个地市中最大，其次是江门和惠州，年均万元GDP用水量分别为176.54 $m^3$和112.85 $m^3$，而深圳和珠海年均万元GDP用水量仅16.92 $m^3$和36.77$m^3$，深圳年均万元GDP用水量仅为肇庆的9.39%；中山、广州、佛山和东莞年均万元GDP用水量分别为88.31 $m^3$、63.62 $m^3$、60.77 $m^3$和44.62 $m^3$（表3-12）。由此看出，以服务业为主的深圳和珠海万元GDP用水量最少，其次是以工业为主的广州、佛山、东莞和中山，而以农业为主的肇庆、江门和惠州万元GDP用水量最多。万元工业增加值用水量范围11.15～114.85 $m^3$，广州万元工业增加值用水量最大，而深圳最少；农田灌溉亩均用水量范围426.46～796.42 $m^3$；人均综合用水量范围186.31～661.54 $m^3$，江门人均综合用水量最大，而深圳人均综合用水量最少。2018年各用水指标与2006年相比都有较大变化（表3-13），其中万元GDP用水量、万元工业增加值用水量和人均综合用水量2018年都少于2006年，如2018年广州万元GDP用水量和2006年相比，减少110 $m^3$，减少率为79.71%。万元GDP用水量减少率范围70.97%～79.71%；万元工业增加值用水量减少率范围64.71%～87.45%，人均综合用水量减少范围42～388 $m^3$，减少率范围15.74%～46.97%。

珠三角九市的万元GDP用水量、万元工业增加值用水量和人均综合用水量都呈减少趋势（图3-30）。从各市的万元GDP用水量变化趋势来看，肇庆减少最为剧烈变化趋势为-25.04 $m^3$/a，其次是江门和惠州，变化趋势分别为-17.55 $m^3$/a和-15.00 $m^3$/a，而深圳和珠海万元GDP用水量减少趋势较缓，变化趋势分别为-1.82 $m^3$/a和-4.04 $m^3$/a；广州、中山、佛山和东莞万元GDP用水量变化趋势分别为-8.62 $m^3$/a、-10.71 $m^3$/a、-6.51 $m^3$/a和-4.76 $m^3$/a（表

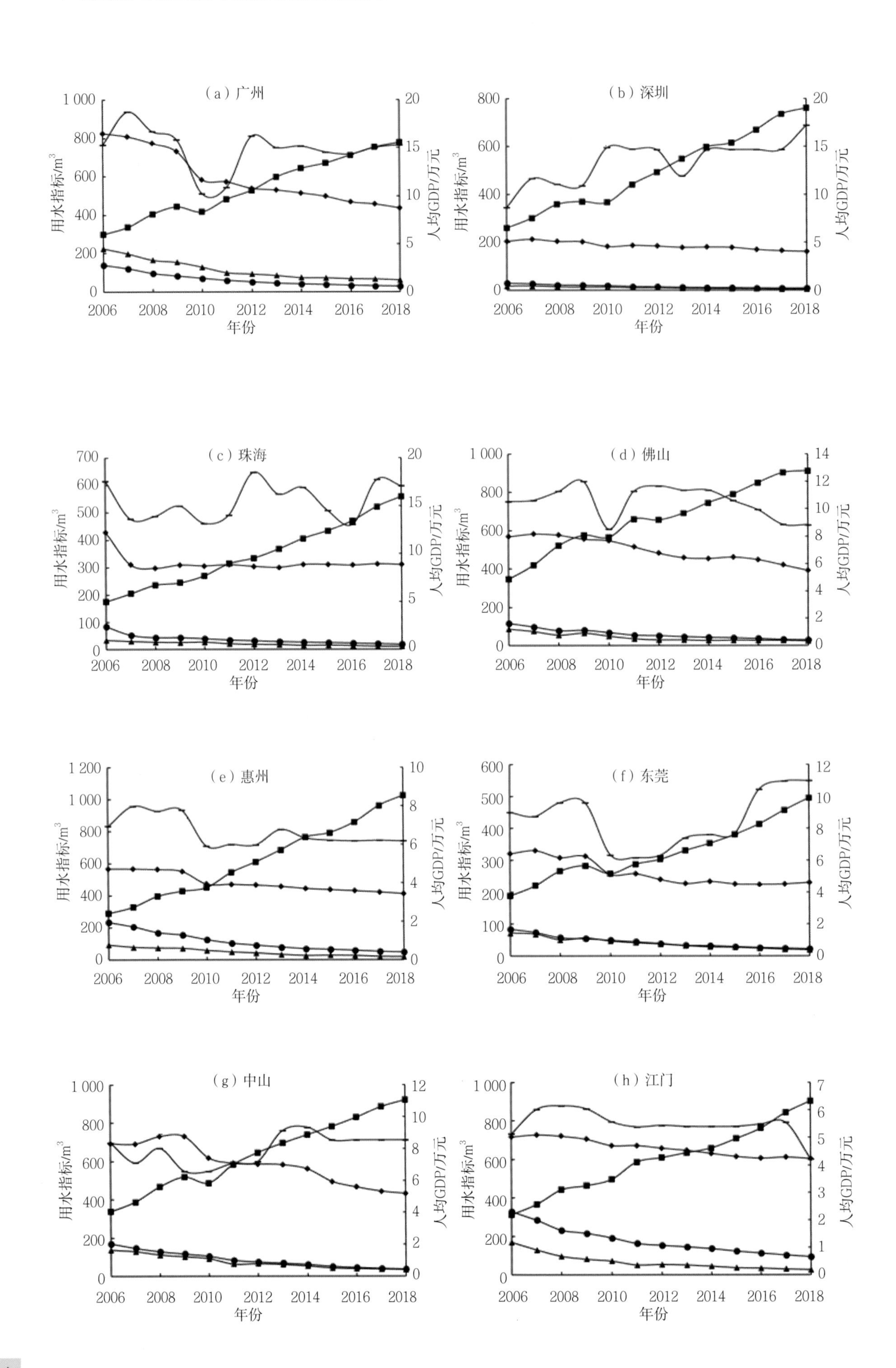
(a) 广州
(b) 深圳
(c) 珠海
(d) 佛山
(e) 惠州
(f) 东莞
(g) 中山
(h) 江门
用水指标/m³
人均GDP/万元
年份
2006
2008
2010
2012
2014
2016
2018

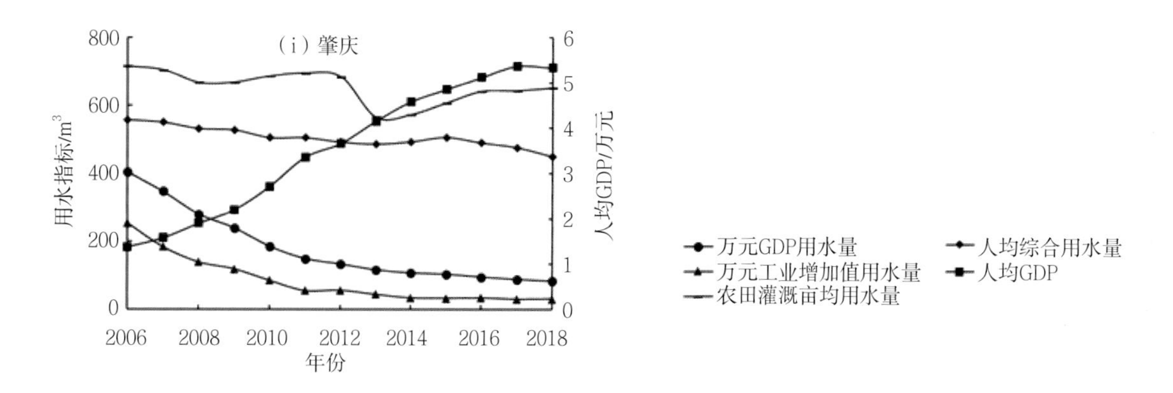


图3-30 2006—2018年珠三角九市用水指标与人均GDP年际变化

3-12）。由此可以看出，以服务业为主的深圳和珠海万元GDP用水量变化趋势最为缓和，其次是以工业为主的广州、中山、佛山和东莞，而以农业为主的肇庆、江门和惠州万元GDP用水量变化趋势最为剧烈。这和其万元GDP用水量多年平均值也有关，肇庆、江门和惠州万元GDP用水量最大，本底条件最大，能够被压缩的空间幅度最大，而深圳和珠海万元GDP用水量起底值已较低，弹性空间较小。

万元工业增加值用水量变化趋势范围-15.93～-1.14 $m^3/a$，以肇庆减少速率最大（-15.93 $m^3/a$），而深圳最小（-1.14 $m^3/a$）。人均综合用水量变化趋势范围-33.97～-3.60 $m^3/a$，以广州减少速率最大（-33.97 $m^3/a$），而珠海最小（-3.60 $m^3/a$）。

表3-12 2006—2018年珠三角九市用水指标与人均GDP变化特征

| 地市 | 万元GDP用水量 | | 万元工业增加值用水量 | | 农田灌溉亩均用水量 | | 人均综合用水量 | | 人均GDP | |
|---|---|---|---|---|---|---|---|---|---|---|
| | 均值/$m^3$ | 趋势/（$m^3 \cdot a^{-1}$） | 均值/$m^3$ | 趋势/（$m^3 \cdot a^{-1}$） | 均值/$m^3$ | 趋势/（$m^3 \cdot a^{-1}$） | 均值/$m^3$ | 趋势/（$m^3 \cdot a^{-1}$） | 均值/万元 | 趋势/（万元·$a^{-1}$） |
| 广州 | 63.62 | -8.62 | 114.85 | -13.13 | 744.38 | -5.07 | 596.08 | -33.97 | 10.88 | 0.81 |
| 深圳 | 16.92 | -1.82 | 11.15 | -1.14 | 536.54 | 19.48 | 186.31 | -3.85 | 12.54 | 1.06 |
| 珠海 | 36.77 | -4.04 | 20.85 | -1.82 | 542.46 | 4.26 | 316.85 | -3.60 | 9.97 | 0.90 |
| 佛山 | 60.77 | -6.51 | 43.69 | -4.88 | 751.77 | -9.01 | 498.23 | -15.84 | 9.30 | 0.63 |
| 惠州 | 112.85 | -15.00 | 49.15 | -6.21 | 796.46 | -15.15 | 482.92 | -14.15 | 5.22 | 0.52 |
| 东莞 | 44.62 | -4.76 | 41.00 | -4.30 | 426.46 | 6.71 | 261.31 | -9.54 | 6.52 | 0.45 |
| 中山 | 88.31 | -10.71 | 76.00 | -8.66 | 664.31 | 10.80 | 586.69 | -25.67 | 7.64 | 0.58 |
| 江门 | 176.54 | -17.55 | 69.31 | -9.72 | 782.69 | -9.99 | 661.54 | -11.54 | 4.20 | 0.32 |
| 肇庆 | 180.15 | -25.04 | 85.46 | -15.93 | 653.62 | -7.28 | 505.46 | -7.18 | 3.55 | 0.37 |

表3-13　珠三角九市用水指标与人均GDP2018年与2006年对比情况

| 地市 | 万元GDP用水量 | | 万元工业增加值用水量 | | 农田灌溉亩均用水量 | | 人均综合用水量 | | 人均GDP | |
|---|---|---|---|---|---|---|---|---|---|---|
| | 变化量/$m^3$ | 变化率/% | 变化量/$m^3$ | 变化率/% | 变化量/$m^3$ | 变化率/% | 变化量/$m^3$ | 变化率/% | 变化量/万元 | 变化率/% |
| 广州 | -110 | -79.71 | -163 | -72.44 | -2.0 | -0.26 | -388 | -46.97 | 9.54 | 158.74 |
| 深圳 | -22 | -70.97 | -13 | -72.22 | 341 | 98.27 | -42 | -20.49 | 12.49 | 191.56 |
| 珠海 | -67 | -77.91 | -22 | -64.71 | -18 | -2.92 | -120 | -27.91 | 10.91 | 216.90 |
| 佛山 | -86 | -73.50 | -63 | -71.59 | -123 | -16.33 | -175 | -30.76 | 7.91 | 162.76 |
| 惠州 | -186 | -79.15 | -74 | -78.72 | -93 | -11.15 | -154 | -27.11 | 6.12 | 252.89 |
| 东莞 | -62 | -72.94 | -52 | -72.22 | 100 | 22.22 | -90 | -28.04 | 6.1 | 160.95 |
| 中山 | -132 | -77.19 | -100 | -72.99 | 15 | 2.15 | -260 | -37.52 | 7.0 | 172.41 |
| 江门 | -234 | -71.12 | -141 | -82.94 | -130 | -17.74 | -113 | -15.74 | 4.15 | 190.37 |
| 肇庆 | -321 | -79.26 | -223 | -87.45 | -64 | -8.95 | -109 | -19.53 | 3.95 | 286.23 |

此外，收集了广东省周边3个省会城市（福州、长沙、南宁）2006—2018年的用水指标和人均GDP，用以和研究区范围内9个市的情况进行对比（图3-31、图3-32）。福州、长沙2006—2018年多年平均万元GDP用水量与中山基本持平，仅低于以农业为主的肇庆、江门和惠州，南宁高于珠三角九市［图3-32（a）］。除南宁人均综合用水量增加外，3个市的其他用水指标都呈现减少的趋势。福州、长沙、南宁的万元GDP用水量和万元工业增加值用水量变化趋势与研究区范围内9个地市相比，基本处于中上水平，农业灌溉亩均用水量变化趋势处于中间位置，而人均综合用水量变化趋势较小（图3-32）。从万元GDP用水量变化趋势来看，福州和长沙也仅低于以农业为主的肇庆、江门和惠州，南宁仅次于肇庆，说明珠三角九市中除以农业为主的惠州、江门和肇庆外，万元GDP用水量都优于福州和长沙。福州、长沙、南宁3市中，福州2006—2018年多年平均万元工业增加值用水量最高，为118.77 $m^3$，变化趋势为-13.20 $m^3/a$，也仅次于肇庆［图3-32（b）］，福州万元工业增加值用水量较高，主要是火电用水量较高所致；长沙和南宁2006—2018年多年平均万元工业增加值用水量较高，变化趋势方面，长沙仅次于肇庆和广州，而南宁处于中游，说明珠三角九市万元工业增加值用水量优于福州、长沙和南宁。福州、长沙、南宁2006—2018年多年平均人均综合用水量与珠三角九市相比，处于中上水平，而变化趋势则较小，说明福州、长沙和南宁节水潜力更大。

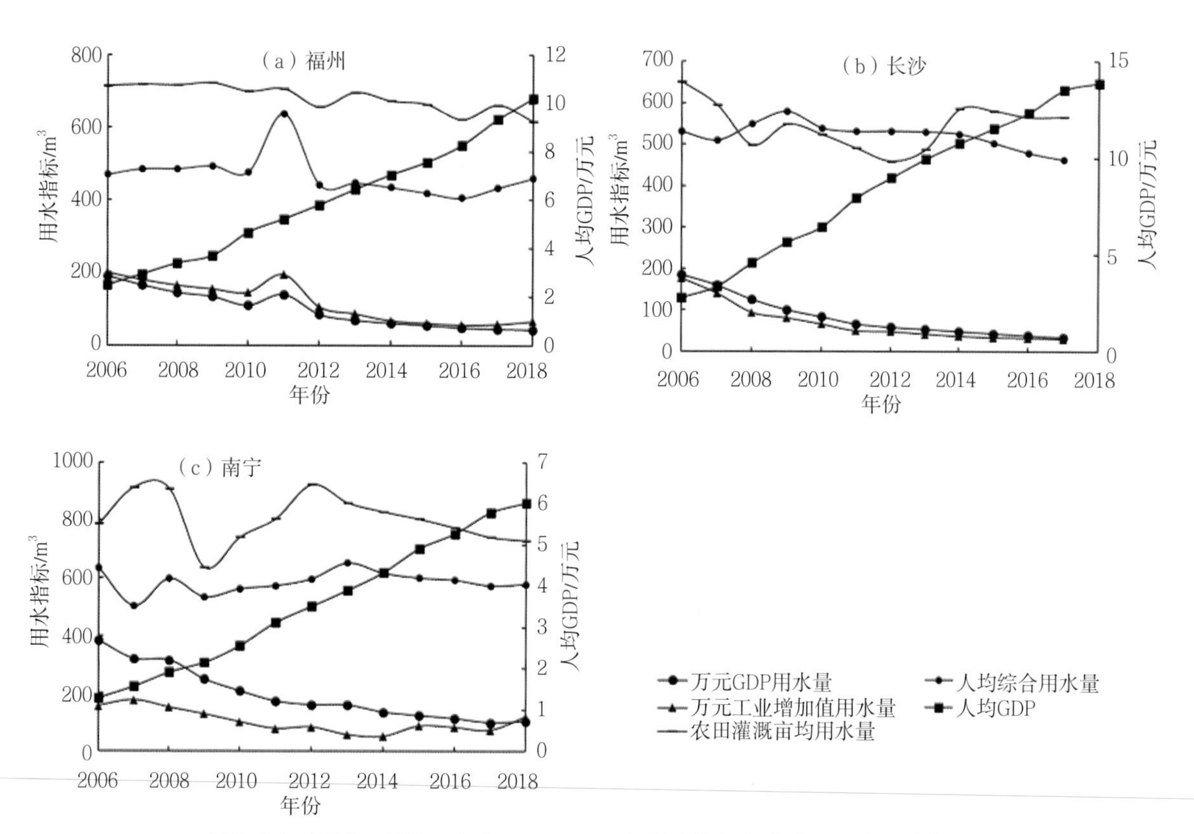


图3-31　福州、长沙、南宁2006—2018年用水指标与人均GDP年际变化

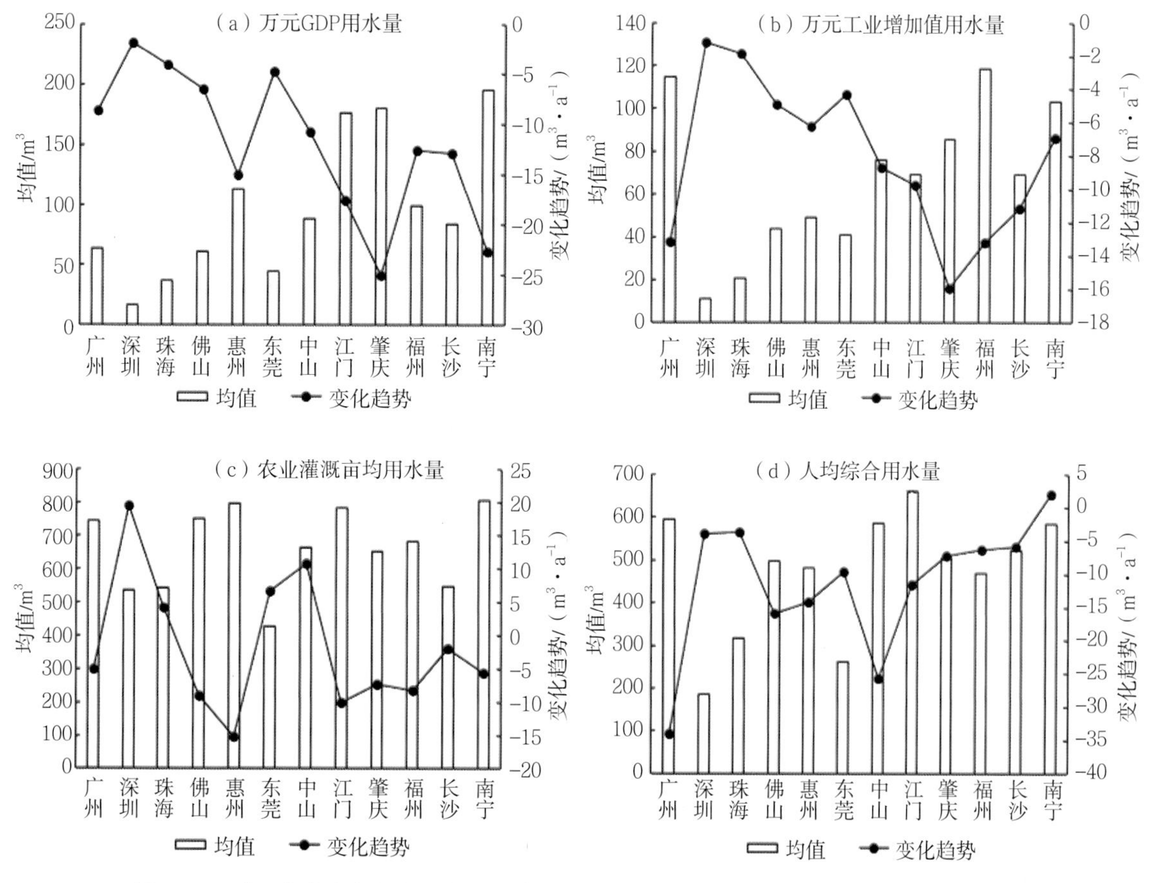


图3-32　珠三角九市与福州、长沙、南宁2006—2018年用水指标平均值及其变化趋势

# 三、水资源供给格局及调配过程

## （一）水资源供给格局

### 1. 香港、澳门水资源供给格局

香港的供水系统包括本地集水区收集的雨水、从广东省输入的东江水以及冲厕用的海水，其中最主要的来源为东江水，其次是集水区收集的雨水。目前香港在继续完善以上三种水资源外，也在发展不受气候影响的其他水源，如新增水资源海水淡化、再造水、重用重水、回收雨水。澳门由于境内没有河流，因此其日常96%的原水由珠海供应，水源来自西江，而本地蓄水主要起着应急调度的作用。

### 2. 珠三角水资源供给格局

珠三角按照“规避水源地污染和水资源短缺风险、协调水源保护与当地经济发展的关系、水源连通、河库联网、一体化管理、确保水源地供水安全”的原则，优化水源地布局。打破行政界线，协调统筹相关地市，将零散分布于流域内的水源地进行优化整合，实现供水系统的联网互通，提高其应急能力，保证供水的持续和安全。

珠江三角洲地区重点拓展西江水源，提高北江水源开发利用效率，稳定东江水源，优化调整供水布局，推进广佛肇水资源一体化、深莞惠水资源一体化和珠中江水资源一体化建设，加快推进佛山西部与肇庆东部水资源一体化建设，形成三片供水格局（图3–33）。

广佛肇片区：在现状水源布局的基础上，广州取消豬岗水道、白坭河、西福河、洪秀全水库等的常规饮用水供水水源功能，新增北江清远梯级水源，形成东江、北江、西江、流溪河4大水源“东南西北分片供水、互为补充”的饮用水供水格局。佛山现有水厂取水水源分布分散，对现有供水水源地进行整合，逐步关闭金沙、桂城水厂等规模小或水质污染严重的取水口，将调整现有取水过于偏重北江（超过70%）的局面，逐步实现西江、北江取水均衡，实现西江、北江双水源战略。肇庆水源地主要为西江、绥江、贺江 3 条河段及境内大中型水库等，主要河流水质较好，但局部有一定程度的污染，需拓展利用西江干流水源和北江水源。

深莞惠片区：以东江水源为主，江库联网，远期将通过实施珠江三角洲水资源配置工程，实现东、西两江双水源布局，提高供水安全保障。目前深圳主要依托东深供水工程、东部供水工程以及境内主要调蓄水库，初步形成了全市供水水源网络系统。东莞在东江三大水库联合优化调度的基础上，重点建设东江下游及三角洲河段供水水源保证工程（石龙梯级）、东莞境内蓄水水库挖潜及九库联网供水工程，与惠州合作建设观洞水库水源工程。惠州主要水源为东江干流和西枝江，市内惠城区供水水源为东江干流河道，惠阳区、惠东县水源采用西枝江干流河道；大亚湾供水水源为风田水库，辅以东江大亚湾调水工程；博罗县供水水源为东江干流河道和联和水库；龙门县饮用水水源地采用白沙河水库。

珠中江片区：珠中江片区的供水威胁主要为咸潮问题，通过上移取水口、水源联通（即珠中江水源避咸工程），可以从根本上解决枯水期咸潮问题。珠海的主要水源系统可划分为磨刀门水道、黄杨河水道、虎跳门水道三大系统，目前已形成“江水为主、库水为辅、江库连通、江水补库、库水调咸”的原水供水模式。中山集中式饮用水源河道主要有磨刀门水道、东海水道、小榄水道、鸡鸦水道、西海水道，分阶段调整中山水源地向东海水道、西海水道布局，将西江干流 6 处取水口逐渐上移至西海水道，小榄水道的取水口上移至东海水道小榄水厂取水口处，东凤水厂取水口上移至东海水道莺歌咀河段，新涌口水厂取水口逐渐上移至鸡鸦水道南头水厂取水口处。目前江门主要水厂各成体系，为保障供水安全，在保持江门市区、开平市、鹤山市和恩平市原有水源地基础上，规划逐步调整大中型水库由农业供水向城市供水转变，实现河、库多水源供水；新会区改为从西海水道取水，并与江门市区实现联网供水；台山市供水取水口上调至合水水闸上游，且由大隆洞水库和潭江的联合补充供水。

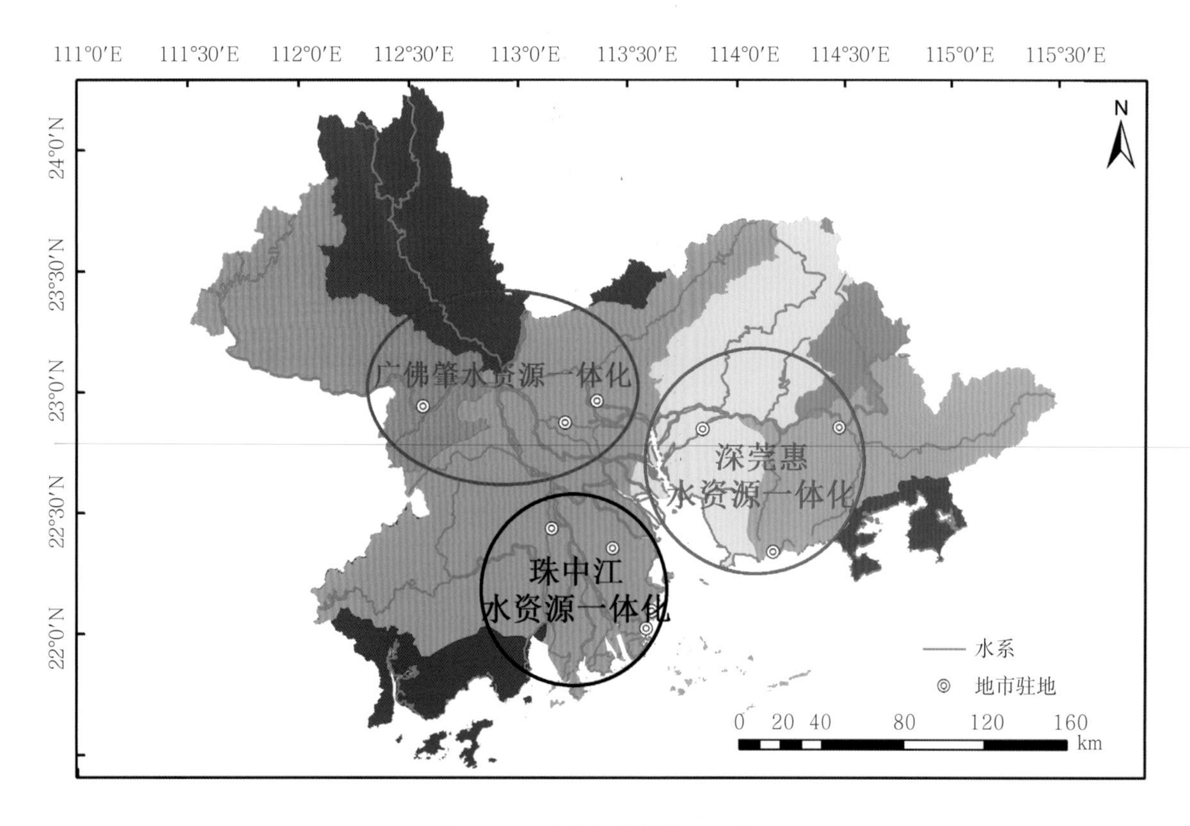


图3-33　水资源供给格局示意

## （二）水库蓄水量的变化

研究区范围内9个地级市2006—2018年大中型水库蓄水动态变化如图3-34所示，多年蓄水动态均值和变化趋势如表3-14所示。江门多年平均蓄水量动态变化最大，为0.24亿$m^3$，深圳、珠海、惠州、东莞和广州分别为0.05亿$m^3$、0.03亿$m^3$、0.02亿$m^3$、0.02亿$m^3$、0.01亿$m^3$，肇庆和佛山都为0亿$m^3$，而中山则是-0.04亿$m^3$。

从变化趋势来看，蓄水量基本都呈减少趋势，其中惠州的变化趋势最大，为-0.034亿$m^3 \cdot a^{-1}$，其次是江门（-0.033亿$m^3 \cdot a^{-1}$）、广州（-0.026亿$m^3 \cdot a^{-1}$），之后则是肇庆（-0.017亿$m^3 \cdot a^{-1}$）、深圳（-0.009亿$m^3 \cdot a^{-1}$）、东莞（-0.005亿$m^3 \cdot a^{-1}$），而中山和佛山蓄水量动态变化则呈现增加的趋势，变化趋势分别为0.011亿$m^3 \cdot a^{-1}$和0.001亿$m^3 \cdot a^{-1}$（图3-34，表3-14）。

珠三角九市水库库容、规划大型水库规模、规划中型水库规模分别见表3-15、表3-16、表3-17。

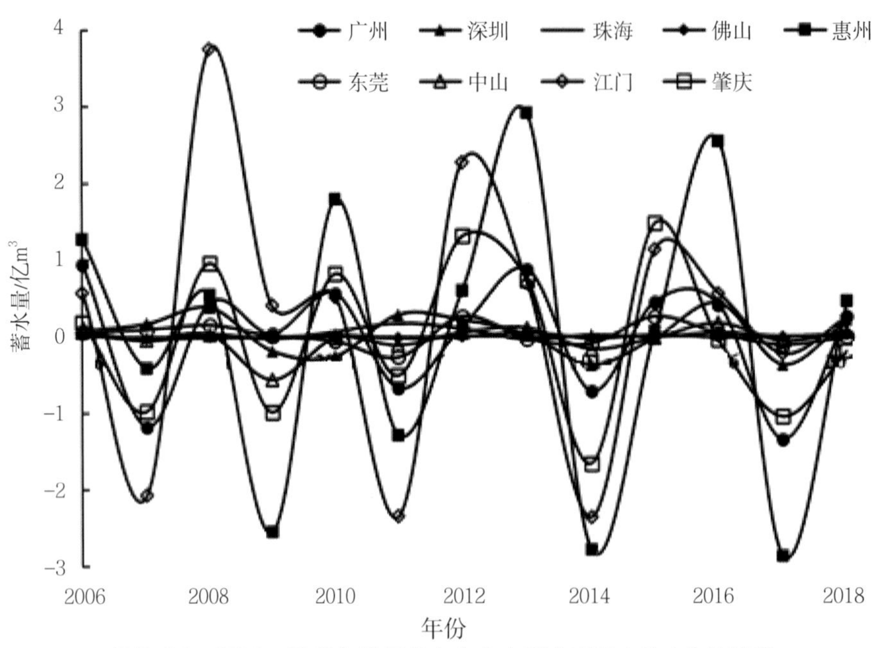


图3-34　2006—2018年珠三角九市大中型水库蓄水动态年际变化

表3-14　2006—2018年珠三角九市大中型水库蓄水动态均值与变化趋势

| 项目 | 广州 | 深圳 | 珠海 | 佛山 | 惠州 | 东莞 | 中山 | 江门 | 肇庆 |
|---|---|---|---|---|---|---|---|---|---|
| 蓄水动态均值/亿$m^3$ | 0.01 | 0.05 | 0.03 | 0 | 0.02 | 0.02 | −0.04 | 0.24 | 0 |
| 变化趋势/（亿$m^3$·$a^{-1}$） | −0.026 | −0.009 | 0 | 0.001 | −0.034 | −0.005 | 0.011 | −0.033 | −0.017 |

表3-15　珠三角九市水库库容　　单位：万$m^3$

| 水库名称 | 类型 | 所在 | | 总库容 | 死库容 | 供水库容 |
|---|---|---|---|---|---|---|
| | | 水资源四级区 | 县级行政区 | | | |
| 封开县大冲水库 | 中型 | 贺江肇庆 | 肇庆市封开县 | 1 902 | 72 | 1 340 |
| 封开县利水水库 | 中型 | 贺江肇庆 | 肇庆市封开县 | 1 057 | 85 | 830 |
| 封开县西山水库 | 中型 | 贺江肇庆 | 肇庆市封开县 | 1 165 | 228 | 800 |
| 封开县七星河水库 | 中型 | 贺江肇庆 | 肇庆市封开县 | 2 560 | 179 | 2 136 |
| 德庆县冲源水库 | 中型 | 西江肇庆 | 肇庆市德庆县 | 3 720 | 45 | 2 285 |
| 德庆县金林水库 | 中型 | 西江肇庆 | 肇庆市德庆县 | 1 608 | 150 | 1 125 |
| 德庆县黄铜降水库 | 中型 | 西江肇庆 | 肇庆市德庆县 | 1 486 | 96 | 1 020 |
| 德庆县河涝坪水库 | 中型 | 西江肇庆 | 肇庆市德庆县 | 1 911 | 181 | 1 222 |
| 高要区杨梅水库 | 中型 | 西江肇庆 | 肇庆市高要区 | 2 372 | 75 | 1 026 |
| 高要区金龙高库 | 中型 | 西江肇庆 | 肇庆市高要区 | 1 421 | 62 | 832 |
| 高要区金龙低库 | 中型 | 西江肇庆 | 肇庆市高要区 | 1 382 | 100 | 787 |
| 鼎湖区九坑河水库 | 中型 | 西江肇庆 | 肇庆市鼎湖区 | 3 845 | 380 | 3 390 |
| 广宁县花山水库 | 中型 | 绥江肇庆 | 肇庆市广宁县 | 6 300 | 880 | 5 500 |
| 龙王庙水库 | 中型 | 绥江肇庆 | 肇庆市大旺高新区 | 1 660 | 20 | 428 |

续表

| 水库名称 | 类型 | 所在 | | 总库容 | 死库容 | 供水库容 |
|---|---|---|---|---|---|---|
| | | 水资源四级区 | 县级行政区 | | | |
| 四会市水迳水库 | 中型 | 绥江肇庆 | 肇庆市四会市 | 1 503 | 45 | 672 |
| 怀集县下竹水库 | 中型 | 绥江肇庆 | 肇庆市怀集县 | 5 390 | 345 | 4 990 |
| 怀集县三坑水库 | 中型 | 绥江肇庆 | 肇庆市怀集县 | 4 430 | 578 | 3 698 |
| 怀集县湖塱水库 | 中型 | 绥江肇庆 | 肇庆市怀集县 | 1 204 | 55 | 1 182 |
| 四会市江谷水库 | 中型 | 绥江肇庆 | 肇庆市四会市 | 7 031 | 1 310 | 4 580 |
| 稿树下水库 | 中型 | 东江惠州 | 惠州市博罗县 | 3 139 | 267 | 2 434 |
| 梅树下水库 | 中型 | 东江惠州 | 惠州市博罗县 | 1 157 | 7 | 792 |
| 庙滩水库 | 中型 | 东江惠州 | 惠州市博罗县 | 1 310 | 110 | 1 127 |
| 水东陂水库 | 中型 | 东江惠州 | 惠州市博罗县 | 6 062 | 275 | 5 280 |
| 下宝溪水库 | 中型 | 东江惠州 | 惠州市博罗县 | 1 530 | 10 | 1 130 |
| 黄山洞水库 | 中型 | 东江惠州 | 惠州市博罗县 | 3 143 | 15 | 2 360 |
| 伯公坳水库 | 中型 | 东江惠州 | 惠州市惠阳区 | 1 034 | 2 | 738 |
| 招元水库 | 中型 | 东江惠州 | 惠州市惠阳区 | 1 400 | 59 | 1 182 |
| 鸡心石水库 | 中型 | 东江惠州 | 惠州市惠阳区 | 1 321 | 22 | 1 006 |
| 沙田水库 | 中型 | 东江惠州 | 惠州市惠阳区 | 2 165 | 37 | 1 425 |
| 大坑水库 | 中型 | 东江惠州 | 惠州市惠阳区 | 1 070 | 7 | 840 |
| 黄沙水库 | 中型 | 东江惠州 | 惠州市惠阳区 | 2 000 | 80 | 1 480 |
| 观洞水库 | 中型 | 东江惠州 | 惠州市惠阳区 | 4 620 | 715 | 1 069 |
| 角洞水库 | 中型 | 东江惠州 | 惠州市惠城区 | 2 817 | 40 | 1 860 |
| 西枝江水利枢纽工程 | 大（一）型 | 东江惠州 | 惠州市惠东县 | 122 000 | 19 000 | 57 500 |
| 花树下水库 | 中型 | 东江惠州 | 惠州市惠东县 | 3 630 | 140 | 2 670 |
| 赤坳水库 | 中型 | 东江深圳 | 深圳市龙岗区 | 1 755 | 2 500 | 1 500 |
| 清林径水库 | 中型 | 东江深圳 | 深圳市龙岗区 | 2 710 | 30 | 1 815 |
| 松子坑水库 | 中型 | 东江深圳 | 深圳市龙岗区 | 2 659 | 126 | 2 450 |
| 契爷石水库 | 中型 | 东江东莞 | 东莞市 | 1 300 | 130 | 1 022 |
| 虾公岩水库 | 中型 | 东江东莞 | 东莞市 | 1 180 | 57 | 880 |
| 茅拳水库 | 中型 | 东江东莞 | 东莞市 | 1 160 | 25 | 732 |
| 雁田水库 | 中型 | 东江东莞 | 东莞市 | 1 409.7 | 534.32 | 866.81 |
| 梅州水库 | 中型 | 东江三角洲惠州 | 惠州市龙门县 | 8 147 | 275 | 5 116 |
| 天堂山水利枢纽工程 | 大（二）型 | 东江三角洲惠州 | 惠州市龙门县 | 24 300 | 4 500 | 16 700 |
| 显岗水库 | 大（二）型 | 东江三角洲惠州 | 惠州市博罗县 | 13 829 | 41.4 | 6 661.4 |
| 惠州增博联和水库 | 中型 | 东江三角洲惠州 | 惠州市博罗县 | 8 160 | 474 | 6 115 |
| 七星墩水库 | 中型 | 东江三角洲惠州 | 惠州市龙门县 | 2 313 | 5 | 1 764 |
| 白沙河水库 | 中型 | 东江三角洲惠州 | 惠州市龙门县 | 2 763 | 40 | 2 055 |
| 金坑水库 | 中型 | 东江三角洲广州 | 广州市增城区 | 1 870 | 144 | 1 454 |
| 联安水库 | 中型 | 东江三角洲广州 | 广州市增城区 | 2 841 | 270 | 2 078 |
| 百花林水库 | 中型 | 东江三角洲广州 | 广州市增城区 | 1 057 | 88 | 856 |
| 白洞水库 | 中型 | 东江三角洲广州 | 广州市增城区 | 1 069 | 70 | 601.5 |

续表

| 水库名称 | 类型 | 所在 | | 总库容 | 死库容 | 供水库容 |
|---|---|---|---|---|---|---|
| | | 水资源四级区 | 县级行政区 | | | |
| 增塘水库 | 中型 | 东江三角洲广州 | 广州市增城区 | 1 276 | 50 | 234 |
| 松木山水库 | 中型 | 东江三角洲东莞 | 东莞市 | 5 750 | 172 | 3 970 |
| 黄牛埔水库 | 中型 | 东江三角洲东莞 | 东莞市 | 1 454 | 169 | 958 |
| 同沙水库 | 中型 | 东江三角洲东莞 | 东莞市 | 6 220 | 166 | 3 382 |
| 横岗水库 | 中型 | 东江三角洲东莞 | 东莞市 | 3 280 | 146 | 2 240 |
| 罗田水库 | 中型 | 东江三角洲深圳 | 深圳市宝安区 | 2 845 | 50 | 2 050 |
| 深圳西沥水库 | 中型 | 东江三角洲深圳 | 深圳市南山区 | 3 412 | 165 | 2 650 |
| 深圳梅林水库 | 中型 | 东江三角洲深圳 | 深圳市福田区 | 1 309 | 32.65 | 1 247.65 |
| 铁岗水库 | 中型 | 东江三角洲深圳 | 深圳市宝安区 | 8 250 | 60 | 4 900 |
| 石岩水库 | 中型 | 东江三角洲深圳 | 深圳市宝安区 | 3 198.8 | 60 | 1 690 |
| 深圳水库 | 中型 | 东江三角洲深圳 | 深圳市罗湖区 | 4 465 | 967 | 3 520 |
| 茂墩水库 | 中型 | 西北江三角洲广州 | 广州市从化区 | 1 225 | 23 | 1 106 |
| 黄龙带水库 | 中型 | 西北江三角洲广州 | 广州市从化区 | 9 458 | 240 | 8 289 |
| 木强水库 | 中型 | 西北江三角洲广州 | 广州市白云区 | 1 000 | 37 | 816 |
| 和龙水库 | 中型 | 西北江三角洲广州 | 广州市白云区 | 1 652 | 65 | 1 559 |
| 九湾潭水库 | 中型 | 西北江三角洲广州 | 广州市花都区 | 4 292 | 300 | 3 283 |
| 芙蓉嶂水库 | 中型 | 西北江三角洲广州 | 广州市花都区 | 2 206 | 600 | 2 096 |
| 福源水库 | 中型 | 西北江三角洲广州 | 广州市花都区 | 1 325 | 14 | 1 130 |
| 三坑水库 | 中型 | 西北江三角洲广州 | 广州市花都区 | 2 376 | 12 | 1 866 |
| 从化区水利局天湖水库 | 中型 | 西北江三角洲广州 | 广州市从化区 | 1 034 | 0.3 | 872.3 |
| 广州蓄能水电站上水库 | 中型 | 西北江三角洲广州 | 广州市从化区 | 2 408 | 722 | 2 408 |
| 广州蓄能水电站下水库 | 中型 | 西北江三角洲广州 | 广州市从化区 | 2 342 | 629 | 2 329 |
| 流溪河水库 | 大（二）型 | 西北江三角洲广州 | 广州市从化区 | 38 700 | 8 600 | 32 500 |
| 中山长江水库 | 中型 | 西北江三角洲中山 | 中山市 | 5 040 | 337 | 3 469 |
| 大镜山水库 | 中型 | 西北江三角洲珠海 | 珠海市香洲区 | 1 210 | 40 | 1 053 |
| 凤凰山水库 | 中型 | 西北江三角洲珠海 | 珠海市香洲区 | 1 510 | 120 | 1 072 |
| 乾务水库 | 中型 | 西北江三角洲珠海 | 珠海市斗门区 | 1 388 | 10 | 768 |

**表3-16　珠三角规划大型水库规模**

| 工程名称 | 市名 | 所在水系 | 集水面积/km$^2$ | 库容/万m$^3$ |
|---|---|---|---|---|
| 大湾水利枢纽 | 肇庆、云浮 | 西江 | 345 600 | 132 900 |
| 横岗水利枢纽 | 佛山 | 北江 | 39 275 | 18 100 |
| 下矶角梯级 | 惠州 | 东江 | 20 744 | 7 372 |
| 石龙水利枢纽 | 东莞 | 东江 | 28 275 | 35 647 |

表3-17　珠三角规划中型水库规模

| 序号 | 工程名称 | 市名 | 所在水系 | 集水面积/km$^2$ | 库容/万m$^3$ | 主要任务 |
|---|---|---|---|---|---|---|
| 1 | 沙迳水库 | 广州 | 西江 | 30 | 2 771 | 防洪、供水 |
| 2 | 牛路水库 | 广州 | 珠三角 | 74 | 6 753 | 防洪、灌溉 |
| 3 | 樟洞坑水库 | 广州 | 珠三角 | 13.05 | 2 061 | 防洪、灌溉 |
| 4 | 车洞水库 | 广州 | 珠三角 | 7.6 | 1 606 | 防洪、灌溉 |
| 5 | 高滩水库 | 广州 | 珠三角 | 4.58 | 1 224 | 防洪、灌溉 |
| 6 | 车涌水库 | 深圳 | 粤东 | 12 | 1 191 | 灌溉、供水 |
| 7 | 大南门石水库 | 惠州 | 粤东 | 19 | 2 049 | 灌溉、供水 |
| 8 | 大布水库 | 惠州 | 东江 | 112 | 5 580 | 供水、灌溉 |
| 9 | 厚福径水库 | 惠州 | 粤东 | 17 | 2 500 | 灌溉 |
| 10 | 新松水库 | 江门 | 粤西 | 21 | 1 710 | 供水 |
| 11 | 中城水库 | 江门 | 粤西 | 27 | 3 000 | 灌溉 |
| 12 | 大马水库 | 江门 | 粤西 | 25 | 2 300 | 供水 |
| 13 | 五稔坑水库 | 江门 | 粤西 | 8 | 1 102 | 灌溉 |
| 14 | 铁坑水库 | 江门 | 珠三角 | 9 | 1 010 | 灌溉 |
| 15 | 甜水水库 | 江门 | 珠三角 | 47 | 5 486 | 供水 |
| 16 | 清塘水库 | 江门 | 珠三角 | 14 | 1 220 | 灌溉 |
| 17 | 火烧头水库 | 江门 | 珠三角 | 22 | 2 285 | 防洪、灌溉 |
| 18 | 中洲水库 | 肇庆 | 北江 | 22 | 1 500 | 防洪、灌溉 |
| 19 | 藤铁水库 | 肇庆 | 北江 | 26 | 1 700 | 灌溉、防洪 |
| 20 | 麻地水库 | 肇庆 | 北江 | 205 | 2 200 | 灌溉、防洪 |
| 21 | 建丰水库 | 肇庆 | 北江 | 27 | 2 700 | 灌溉 |
| 22 | 永固水库 | 肇庆 | 北江 | 320 | 2 000 | 灌溉 |

## （三）泵站提水能力及水厂供水能力的变化

研究区范围内9个地级市2006—2018年提水量如图3-35所示，多年提水量均值和变化趋势如表3-18所示。广州多年平均提水量最大，为51.35亿m$^3$，其次是佛山，为22.54亿m$^3$，东莞17.03亿m$^3$，中山10.43亿m$^3$，惠州、江门、肇庆分别为8.57亿m$^3$、8.14亿m$^3$、7.91亿m$^3$，珠海3.20亿m$^3$，而深圳则为0。可以看出以工业为主的广州、佛山、东莞和中山提水量最大，其次是以农业为主的惠州、江门和肇庆，而以服务业为主的珠海则较低。

从变化趋势来看，提水量基本都呈减少趋势，其中佛山变化趋势最大，为-0.36亿$m^3 \cdot a^{-1}$，其次是中山（-0.18亿$m^3 \cdot a^{-1}$）、惠州（-0.15亿$m^3 \cdot a^{-1}$）、广州（-0.14亿$m^3 \cdot a^{-1}$）、江门（-0.14亿$m^3 \cdot a^{-1}$）、东莞（-0.03亿$m^3 \cdot a^{-1}$），肇庆和珠海提水量则呈现增加的趋势，变化趋势分别为0.16亿$m^3 \cdot a^{-1}$和0.11亿$m^3 \cdot a^{-1}$（图3-35，表3-18）。

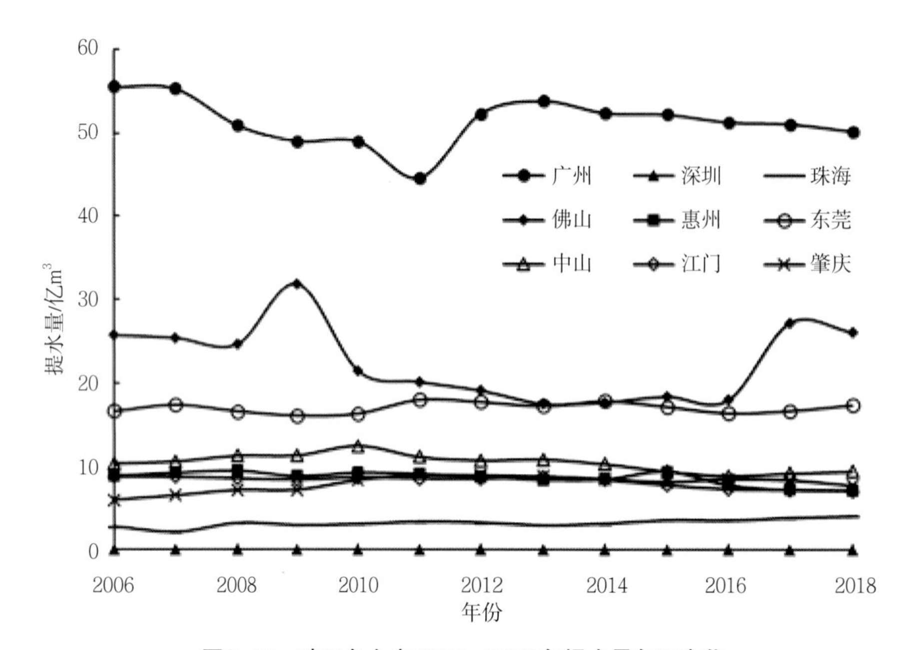


图3-35 珠三角九市2006—2018年提水量年际变化

表3-18 珠三角九市2006—2018年提水量均值与变化趋势

| 项目 | 广州 | 深圳 | 珠海 | 佛山 | 惠州 | 东莞 | 中山 | 江门 | 肇庆 |
|---|---|---|---|---|---|---|---|---|---|
| 提水量均值/亿$m^3$ | 51.35 | 0 | 3.20 | 22.54 | 8.57 | 17.03 | 10.43 | 8.14 | 7.91 |
| 变化趋势/（亿$m^3 \cdot a^{-1}$） | -0.14 | 0 | 0.11 | -0.36 | -0.15 | -0.03 | -0.18 | -0.14 | 0.16 |

## （四）水资源调配工程要素变化过程

### 1. 现有调水工程

（1）广州西江引水工程。位于西部水源地内的三家水厂，每天向广州市民提供220万吨自来水，占全市供水量的45%。但严重的水源地污染，已经让广州西部地区陷入“守着珠江没水喝”的尴尬境地。西江水量丰富，水质常年处于国家饮用水Ⅱ类水源水平，个别指标甚至达到Ⅰ类，是理想的取水水源。为此，广州西江引水工程于2008年12月29日开工建设，并于2010年9月6日竣工。广州西江引水工程取水点位于佛山三水区西江思贤滘下陈村，西江水将以“全密封”的方式输送到广州，再进入江村、西村、石门三家水厂。设计流量40.5 $m^3/s$，年供水能力12.77亿$m^3$。

（2）东深供水工程。东深供水工程建设的初衷是解决香港用水困难的难题。1963年，香港遭遇严重干旱，政府租用游轮到珠江口抽取淡水，并对市民限制供水，每4天供水1次，每次供水4小时，全港350万市民生活陷入困境，20多万人逃离家园。香港水荒引起国家的极大关注，1963年底，周恩来总理亲自批示兴建东深供水工程，缓解香港用水困难。东深供水工程北起东莞桥头镇，南至深圳水库，途经太园、莲湖、金湖、旗岭四级泵站提水送至深圳水库，再经3.5 km埋在地下的输水管道从深圳水库自流进入香港。目前供水主线全长68 km，工程设计流量100 $m^3/s$，年供水能力24.23亿$m^3$，工程设施包括61 km专用输水管道（输水管道形式包括明槽、渡槽、隧洞、箱涵、反虹涵等）、6座泵站、2座调节水库、1座生物硝化站。目前香港用水量的70%～80%、深圳用水量的50%以上、东莞沿线8镇用水量的80%左右都来自东深供水工程，其供水水质达到了国家地表水Ⅱ类标准。

（3）深圳东部供水工程。深圳东部供水工程是一宗长距离、大流量、多梯级的大型跨流域引水工程，是深圳的“生命线工程”。取水口位于惠州惠阳区境内的东江上游廉福段，终点为深圳东部的松子坑水库，输水线路全长约56.6 km，全线采用封闭结构输水，主要建筑物有泵站、隧洞、箱涵、管道、渡槽等。从松子坑水库起，途经深圳水库尾部，送水至西沥水库，线路全长48.2 km，并将沿线水库联成网络，形成联通全市6个区的供水大动脉。设计取水量30 $m^3/s$，年供水量7.2亿$m^3$。

（4）大亚湾供水工程。大亚湾供水工程的主要任务是向大亚湾工业区及深圳东部坪山、葵涌等地供水。大亚湾供水工程从惠州东江及其支流西枝江取水，该工程取水点位于惠州惠城区水口街道的下源及马安镇的新湖，经总长47.74 km的有压管道和隧洞将水送入风田水库，再经双流溪泵站加压送至大亚湾石化区，取水流量为4.8 $m^3/s$，年供水量1.51亿$m^3$。

（5）稔平半岛供水工程。稔平半岛供水工程从西枝江鲤鱼岭取水，经输水建筑物和加压泵站，将水输送至虎坑水库，经水库调蓄后，为沿海工业基地、中远修造船基地、平海发电厂、旅游开发区等需水对象供水，并兼顾补充沿线稔山、铁涌、平海等镇用水。稔平半岛供水工程在鲤鱼岭引水口设计引水量5.2 $m^3/s$，年供水量1.6亿$m^3$，输水线路总长62 km。

**2. 规划调水工程**

（1）珠三角西水东调工程。珠三角西水东调工程是从珠江三角洲网河区西部的西江水系向东引水至珠江三角洲东部，珠三角西水东调工程的实施将有效缓解深圳、东莞以及广州番禺区和南沙区等区域的缺水问题，改善供水水质，同时也可为香港提供应急备用水源。

珠三角西水东调工程主要供水目标是广州南沙区、东莞和深圳，设计取水量分别为20 $m^3/s$、25 $m^3/s$、35 $m^3/s$，合计取水流量80 $m^3/s$，年供水量14.78亿$m^3$。

（2）广州北江引水工程。随着广州花都区的社会经济快速发展，水资源需求迅速增加，而白坭河、流溪河和芦苞涌水量减少，致使供水水源水量难以保障花都区用水量。为适应花都区社会经济发展，保障居民生活和工农业用水安全，优化广州北部区域供水水源布局，规划新建广州北江引水工程。取水口设在北江清远五一码头附近河段，设计取水量11.6 $m^3/s$，年供水量2.92 亿$m^3$。

粤港澳大湾区调水工程概况见表3-19和图3-36。

表3-19 粤港澳大湾区调水工程概况

| 工程名称 | 状态 | 规划以及投入使用时间 | 取水点 | 供水范围 | 引水量/亿m³ |
|---|---|---|---|---|---|
| 广州西江引水工程 | 已建成 | 2008年12月—2010年9月 | 佛山三水区西江思贤滘下陈村 | 广州 | 12.77 |
| 东深供水工程 | 已建成 | 1964年2月—1965年3月 | 东莞桥头镇 | 香港、深圳、东莞 | 24.23 |
| 深圳东部供水工程 | 已建成 | 1996年11月—2000年6月 | 惠州惠阳区境内的东江上游廉福段 | 深圳东部 | 7.2 |
| 大亚湾供水工程 | 已建成 | 2003年9月—2004年12月 | 惠州惠城区水口街道的下源及马安镇的新湖 | 大亚湾工业区 | 1.51 |
| 稔平半岛供水工程 | 已建成 | 2016年1月—2019年12月 | 西枝江鲤鱼岭 | 沿海工业基地等 | 1.6 |
| 珠三角西水东调工程 | 施工中 | 2019年5月—2024年 | 珠江三角洲网河区西部 | 广州南沙区、东莞和深圳 | 14.78 |
| 广州北江引水工程 | 施工中 | 2019年9月—2023年3月 | 北江清远五一码头附近河段 | 广州花都区 | 2.92 |

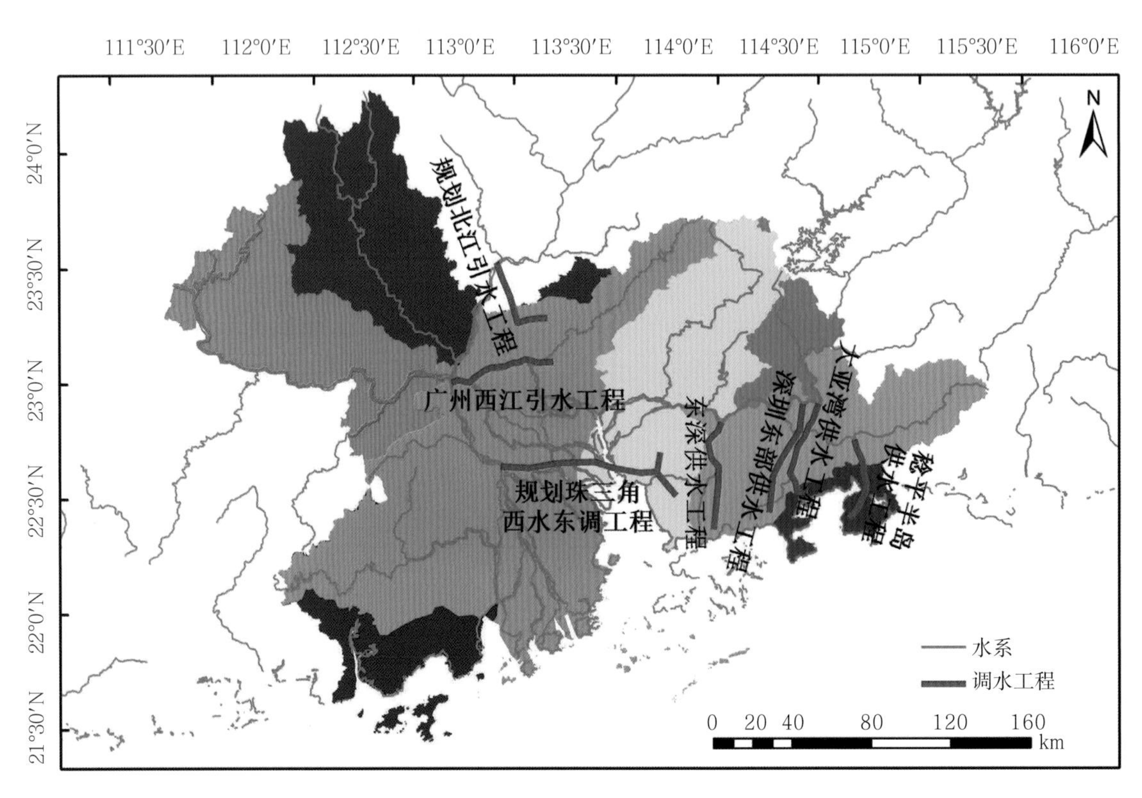


图3-36 调水工程

# 第四节　水资源承载能力

## 一、评价指标

根据《全国水资源承载能力监测预警技术大纲（修订稿）》（水利部办公厅，2016）对水资源承载能力的定义，按照可操作、可度量、可监测等原则，考虑与最严格水资源管理“三条红线”指标的衔接，选取用水总量指标、地下水开采量指标、水功能区水质达标率控制指标、污染物限排量等作为主要评价指标。

### （一）用水总量控制指标

2012年，广东省人民政府印发了《广东省实行最严格水资源管理制度考核暂行办法》（以下简称《暂行办法》）（广东省人民政府办公厅，2012），明确到2015年，全省用水总量控制在480.0亿$m^3$以内（包括地下水22.40亿$m^3$），万元GDP用水量和万元工业增加值用水量分别为64 $m^3$/万元、45 $m^3$/万元，农田灌溉水有效利用系数提高到0.48，水功能区水质达标率达到71%，城镇供水水源地水质达标率达到95.1%。

根据《全国水资源承载能力监测预警技术大纲（修订稿）》要求，用水总量指标是以用水总量控制指标为基础制定的，本次评价对用水总量指标进行以下处理。

（1）对于指标中包含规划但未生效工程供水量的，应扣减该工程的配置供水量；对调水工程通水初期或分期逐步生效的供水工程，可根据规划的分期供水指标进行扣减。

（2）对于指标确定时考虑区域经济社会发展现实需求，允许部分地表水挤占或地下水超采的，应扣减地表水挤占量和地下水超采量。

（3）对于指标超出流域水量分配指标的也应扣减。

经调查研究，广东省不存在上述需处理的三种情形。因此，广东省2015年用水总量指标不需要进行处理，直接采用《暂行办法》控制指标。由于《暂行办法》只规定了各地市控制指标，而未分解到地市套水资源三级区，所以本次用水总量指标承载能力只核算到地市级。各市具体控制指标见表3-20。

表3-20　珠三角九市水资源管理2015年控制指标

| 行政区 | 用水总量控制指标 | | | 用水效率控制指标 | | | 水功能区限制纳污指标 | |
|---|---|---|---|---|---|---|---|---|
| | 用水总量/亿$m^3$ | 地下水开采量/亿$m^3$ | 工业和生活用水量/亿$m^3$ | 万元GDP用水量/$m^3$ | 工业增加值用水量/（$m^3$/万元） | 农田灌溉水有效利用系数 | 水功能区水质达标率/% | 城镇供水水源地水质达标率/% |
| 广州 | 71.5 | 0.8 | 61.0 | 47 | 85 | 0.477 | 67 | 93.5 |
| 深圳 | 19.0 | 0.1 | 17.6 | 15 | 10 | 0.637 | 72 | 95.6 |
| 珠海 | 6.7 | 0.0 | 5.4 | 25 | 15 | 0.499 | 72 | 95.7 |

续表

| 行政区 | 用水总量控制指标 | | | 用水效率控制指标 | | | 水功能区限制纳污指标 | |
|---|---|---|---|---|---|---|---|---|
| | 用水总量/亿$m^3$ | 地下水开采量/亿$m^3$ | 工业和生活用水量/亿$m^3$ | 万元GDP用水量/$m^3$ | 工业增加值用水量/（$m^3$/万元） | 农田灌溉水有效利用系数 | 水功能区水质达标率/% | 城镇供水水源地水质达标率/% |
| 佛山 | 39.6 | 0.2 | 27.5 | 47 | 34 | 0.447 | 71 | 90.0 |
| 惠州 | 22.0 | 0.7 | 9.5 | 105 | 46 | 0.486 | 70 | 94.7 |
| 东莞 | 21.0 | 0.1 | 19.3 | 33 | 31 | 0.543 | 72 | 98.3 |
| 中山 | 18.8 | 0.0 | 11.9 | 78 | 65 | 0.583 | 69 | 94.9 |
| 江门 | 30.2 | 0.7 | 13.3 | 127 | 45 | 0.472 | 69 | 93.7 |
| 肇庆 | 21.0 | 0.6 | 7.9 | 130 | 63 | 0.474 | 72 | 92.8 |

## （二）水功能区水质达标率控制指标

根据广东省人民政府印发的《暂行办法》，2015年全省水功能区水质达标率达到71%，城镇供水水源地水质达标率达到95.1%。由于《暂行办法》只规定了各地市控制指标，而未分解到地市套水资源三级区，所以本次水功能区水质达标率控制指标承载能力只核算到地市级。各市水功能区水质达标率控制指标见表3-20。

## （三）水功能区污染物入河限排量

广东省暂时没有水功能区污染物入河限排量的相应控制指标。

## （四）指标合理性分析

根据《国务院关于实行最严格水资源管理制度的意见》（国发〔2012〕3号）（国务院，2012）确定的用水总量控制红线要求，2015年全国用水总量要控制在6 350亿$m^3$以内，其中广东省总量控制指标为457.61亿$m^3$。《暂行办法》在控制上进行了各地市之间的平衡，总量控制在480.0亿$m^3$。本次评价采用的用水总量控制指标和《暂行办法》一致，从管理的角度看是合理的。

广东省分解到各地市的总用水量控制指标基本和近5年公报口径的实际用水量相近。近5年公报口径实际用水量和考核指标对比情况见表3-21。广东作为水资源量较丰沛的地区，水量型缺水的地区较少，实际用水量主要是由现阶段各地市的经济社会发展及水资源分布情况等决定的，考虑水资源禀赋条件、水资源开发利用情况等较少。总量控制指标基本只能满足现状年的用水情况，给城市未来发展用水留有极少的空间，特别是经济发展暂时还比较落后、以农业为主的地区。

表3-21　珠三角九市近5年公报实际用水量和考核指标对比情况　　单位：亿$m^3$

| 地区 | 公报口径总用水量 | | | | | 考核指标 |
|---|---|---|---|---|---|---|
| | 2015年 | 2014年 | 2013年 | 2012年 | 2011年 | |
| 广州 | 66.14 | 67.05 | 68.44 | 69.04 | 73.02 | 71.5 |
| 深圳 | 19.90 | 19.34 | 19.07 | 19.43 | 19.55 | 19 |
| 珠海 | 5.05 | 4.98 | 4.76 | 4.78 | 4.85 | 6.7 |
| 佛山 | 32.24 | 31.59 | 32.07 | 33.51 | 35.51 | 39.6 |
| 惠州 | 20.82 | 21.04 | 21.51 | 21.75 | 21.79 | 22 |
| 东莞 | 18.73 | 19.49 | 18.85 | 19.82 | 21.27 | 21 |
| 中山 | 15.84 | 17.85 | 18.46 | 18.49 | 18.52 | 18.8 |
| 江门 | 27.83 | 28.48 | 29.11 | 29.48 | 29.98 | 30.2 |
| 肇庆 | 20.50 | 19.86 | 19.46 | 19.54 | 19.87 | 21 |
| 合计 | 227.05 | 229.68 | 231.73 | 235.84 | 244.36 | 249.8 |

根据《国务院关于实行最严格水资源管理制度的意见》确定的水功能区限制纳污红线要求，2015年重要江河湖泊水功能区水质达标率提高到60%以上，其中广东省水功能区水质达标率控制目标为68%。《暂行办法》将指标分解到各地市，控制目标在67%～77%，全省控制目标为71%。控制达标率最高的为河源，达77%；其次是韶关、梅州、清远，达标率为76%；达标率最低的是广州，为67%；汕头、湛江均为68%；其余14个地市达标率集中在69%～72%。水功能区水质达标率分配和河的上下游水质要求基本一致。

## 二、评价方法

本次水资源承载能力评价采用实物量指标进行单因素评价，评价方法为对照各实物量指标度量标准直接判断其承载状况。水资源承载状况评价标准见表3-22。

### （一）水量要素评价

根据现状年用水总量、地下水开采量等，进行水量要素评价，划分严重超载、超载、临界状态、不超载的区域范围。判别标准如下：

**1. 单指标评价**

对于用水总量，$W \geq 1.2W_0$为严重超载，$W_0 \leq W < 1.2W_0$为超载，$0.9W_0 \leq W < W_0$为临界状态，$W < 0.9W_0$为不超载。

对于地下水开发利用，$G \geq 1.2G_0$或超采区浅层地下水超采系数≥0.3或存在深层承压水开采量或存在山丘区地下水过度开采为严重超载，$G_0 \leq G < 1.2G_0$或超采区浅层地下水超采系数介于（0，0.3）或存在山丘区地下水过度开采为超载，$0.9G_0 \leq G < G_0$为临界状态，$G < 0.9G_0$为不超载。

**2. 水量要素评价标准**

严重超载：任一评价指标为严重超载（任一指标是指最不利的评价指标，即一个指标为超载、另一个指标为严重超载则应判定为“严重超载”，若一个指标为超载、另一个指标为临界超载则应判定为“超载”，下同）。

超载：任一评价指标为超载。

临界状态：任一评价指标为临界状态。

不超载：所有评价指标均不超载。

**表3-22　水资源承载状况评价标准**

| 要素 | 评价指标 | 承载能力基线 | 承载状况评价 | | | |
|---|---|---|---|---|---|---|
| | | | 严重超载 | 超载 | 临界状态 | 不超载 |
| 水量 | 用水总量 $W$ | 用水总量指标 $W_0$ | $W \geq 1.2W_0$ | $W_0 \leq W < 1.2W_0$ | $0.9W_0 \leq W < W_0$ | $W < 0.9W_0$ |
| | 平原区地下水开采量 $G$ | 平原区地下水开采量指标 $G_0$ | $G \geq 1.2G_0$ 或超采区浅层地下水超采系数≥0.3或存在深层承压水开采量或存在山丘区地下水过度开采 | $G_0 \leq G < 1.2G_0$ 或超采区浅层地下水超采系数介于（0，0.3）或存在山丘区地下水过度开采 | $0.9G_0 \leq G < G_0$ | $G < 0.9G_0$ |
| 水质 | 水功能区水质达标率 $Q$ | 水功能区水质达标要求 $Q_0$ | $Q \leq 0.4Q_0$ | $0.4Q_0 < Q \leq 0.6Q_0$ | $0.6Q_0 < Q \leq 0.8Q_0$ | $Q > 0.8Q_0$ |
| | 污染物入河量 $P$ | 污染物限排量 $P_0$ | $P \geq 3P_0$ | $1.2P_0 \leq P < 3P_0$ | $1.1P_0 \leq P < 1.2P_0$ | $P < 1.1P_0$ |

## （二）水质要素评价

根据水质要素评价标准，对地级行政区和县域进行水质要素评价，划定严重超载、超载、临界状态、不超载的区域范围。

**1. 地级行政区评价**

根据现状年水功能区水质达标率、污染物入河量等，进行水质要素评价，判别标准如下：

将地级行政区水功能区水质达标率 $Q$ 与水功能区水质达标率控制指标 $Q_0$、污染物入河量 $P$ 与污染物限排量 $P_0$ 进行比较，选择COD、氨氮入河污染物中 $P/P_0$ 的较大值。

$Q \leq 0.4Q_0$ 或 $P \geq 3P_0$ 为严重超载；

$0.4Q_0 < Q \leq 0.6Q_0$ 或 $1.2P_0 \leq P < 3P_0$ 为超载；

$0.6Q_0 < Q \leq 0.8Q_0$ 或 $1.1P_0 \leq P < 1.2P_0$ 为临界状态；

$Q > 0.8Q_0$ 且 $P < 1.1P_0$ 为不超载。

**2. 县域评价**

（1）有条件的地区可将地级行政区范围内跨县域水功能区、水功能区水质达标要求、入河污染物限排量分解到县域单元，并根据“水功能区限制纳污红线”考核目标要求，确定各县域单元水功能区水质达标率控制指标，根据县域各水功能区水质达标情况，评价各县域水功能区水质达标率。

（2）对于水功能区划分分解有困难的地区，可仅将超载和严重超载地级行政区范围内的水功能区分解到县域，然后根据各县域水功能区水质达标状况、废污水入河量、排污口分布情况、废污水处理率、人口、GDP等指标，进行县域水环境承载状况分析。

①如果某一水功能区全部在单个县域内，则该水功能区达标情况直接归到其所属县域内。

②如果某一水功能区跨过几个县域单元，则需分别按各县域水质监测数据评价该水功能区各县所属部分的水质达标情况。如果各县域缺乏水质监测数据，则各县域需选择合适监测断面，进行补充监测后评价。

（3）县域水资源承载能力水质要素评价标准为：

将各县域（或超载区的县域）水功能区水质达标率$Q$与水功能区水质达标要求$Q_0$进行比较，按以下比较结果划分评价等级。

$Q \leq 0.4Q_0$为严重超载；

$0.4Q_0 < Q \leq 0.6Q_0$为超载；

$0.6Q_0 < Q \leq 0.8Q_0$为临界状态；

$Q > 0.8Q_0$为不超载。

结合各县域水质现状、废污水排放量、污水处理率等因素对评价结果进行合理性分析。

### （三）综合评价

根据水量、水质要素评价结果，评价水资源承载状况，判别标准如下：

（1）严重超载：水量、水质要素任一要素为严重超载。

（2）超载：水量、水质要素任一要素为超载。

（3）临界状态：水量、水质要素任一要素为临界状态。

（4）不超载：水量、水质要素均不超载。

按照上述评价方法，逐一分析评价县域单元的水资源承载状况，并结合区域水资源条件、开发利用状况和经济社会发展现状与趋势，分析评价结果的合理性。根据评价结果，分别绘制省级行政区县域水资源承载状况图。

## 三、评价结果

### （一）水资源承载负荷现状

**1. 用水总量承载负荷现状**

本次评价现状年用水量口径采用《2015年广东省水资源公报》（广东省水利厅，2016）数据，农业灌溉用水量包含农田灌溉用水量、林果地灌溉用水量和草地灌溉用水量，不包含鱼塘补水量和禽畜用水量。2015年全省总用水量443.07亿$m^3$，其中农业灌溉用水量199.58亿$m^3$，占总用水量的45.04%。除广州、深圳、珠海、佛山、东莞、中山等珠三角地区外，其余地市农业占比非常大，全省21个地级市中农业灌溉用水量占总用水量50%以上的有13个，其中阳江市最大，占比达78.69%。全省直流式火（核）电用水量为36.56亿$m^3$，占总用水量的8.25%。珠三角九市农业灌溉和火（核）电用水情况见表3-23。

表3-23 珠三角九市农业灌溉和直流式火（核）电用水情况

| 行政区 | 总用水量/万$m^3$ | 农田灌溉用水情况 | | 直流式火（核）电用水情况 | |
|---|---|---|---|---|---|
| | | 用水量/万$m^3$ | 占总用水量比例/% | 用水量/万$m^3$ | 占总用水量比例/% |
| 广州 | 661 350 | 86 049 | 13.01 | 226 928 | 34.31 |
| 深圳 | 199 042 | 8 094 | 4.07 | 593 | 0.30 |
| 珠海 | 50 464 | 8 126 | 16.10 | 619 | 1.23 |
| 佛山 | 225 387 | 36 064 | 16.00 | 55 077 | 24.44 |
| 惠州 | 208 177 | 118 061 | 56.71 | 549 | 0.26 |
| 东莞 | 187 294 | 8 223 | 4.39 | 3 920 | 2.09 |
| 中山 | 158 370 | 18 900 | 11.93 | 32 700 | 20.65 |
| 江门 | 278 341 | 153 434 | 55.12 | 8 341 | 3.00 |
| 肇庆 | 204 995 | 115 231 | 56.21 | — | — |
| 合计 | 2 173 420 | 552 182 | 25.41 | 328 727 | 15.12 |

根据《全国水资源承载能力监测预警技术大纲（修订稿）》的要求，考虑到用水总量指标对应水平年与现状年来水频率可能不同，且2000年以后新增火（核）电冷却水量按耗水量统计，因此首先需将现状年水资源公报口径用水量转换为评价口径用水量。需转换的用水项包括农业灌溉用水量、火（核）电直流冷却水用水量以及特殊情况用水量。

按《全国水资源承载能力监测预警技术大纲（修订稿）》的要求，农业灌溉用水量只对当年来水较枯或较丰（降水频率不在37.5%~62.5%范围内）的地区进行折算。根据降水丰枯程度，将现状年农业用水转换到多年平均。年降雨量采用《2015年广东省水资源公报》数据，降雨序列采用1956—2000年水资源规划中地市套三级区降雨资料序列，按年降雨量从大到小排序，根据经验频率公式$p=m/(n+1)\times100\%$计算降雨频率。

2011—2015年广东省大部分地区降雨均包含丰、平、枯年份，基本可以代表平水年或多年平均状况。本次评价对于降水频率小于37.5%的较丰水年，先分析计算该分区最近五年农业灌溉用水量的平均值。折算原则为若现状年农业灌溉用水量大于最近五年农业灌溉用水量平均值，则将五年平均用水量作为评价口径农业灌溉用水量。

对于降水频率大于62.5%的较枯地区，由规划基准年不同频率（50%、75%、90%）的广东省水中长期供求规划中的水资源配置成果（$W_{50\%}$、$W_{75\%}$、$W_{90\%}$）算出农业配置系数，依据当年的丰枯频率内插获得转换系数进行转换。计算步骤如下：

（1）根据中长期供求规划基准年不同频率（50%、75%、90%）农业配置成果，计算不同频率的农业配置系数：

$$K_{50\%}=1$$
$$K_{75\%}=W_{50\%}/W_{75\%} \quad 式（3-5）$$
$$K_{90\%}=W_{50\%}/W_{90\%}$$

（2）根据现状年降水丰枯程度，将现状年农业灌溉用水量转换为多年平均用水量（50%代替）。转换系数采用上述农业配置系数内插获得。以降雨频率80%为例，其内插值计算如下：

$$K_{80\%}=K_{75\%}-(K_{75\%}-K_{90\%})\times 5/(90-75)$$
$$W_{农业评价口径}=K_{80\%}\times W_{农业公报口径} \quad 式（3-6）$$
$$W_{农业折减量}=W_{农业公报口径}-W_{农业评价口径}$$

经计算有8个地市套三级区需要按照农业灌溉配置系数进行折算。根据上述计算公式逐个计算折减量，由于部分基准年农业配置需水不合理，计算折算系数大于1，和实际情况不符，无法折算。广东省较枯地区农业灌溉用水折算情况见表3-24。

**表3-24 广东省较枯地区农业灌溉用水折算情况**

| 地市 | 三级区 | 配置成果不同频率对应的农业需（用）水量 | | | | 2015年频率 | 折减系数 | 农业灌溉用水/万m³ | 折减量/万m³ |
|---|---|---|---|---|---|---|---|---|---|
| | | 50% | 75% | 90% | 95% | | | | |
| 深圳 | 东江三角洲 | 3 596 | 3 340 | 3 119 | 3 030 | 76.60% | 1.085 | 5 602 | |
| 珠海 | 西北江三角洲 | 12 670 | 14 242 | 11 622 | 10 292 | 74.47% | 0.892 | 8 126 | 878 |
| 惠州 | 韩江白莲以下及粤东诸河 | 5 205 | 5 075 | 6 214 | 7 373 | 78.72% | 0.793 | 8 032 | 1 665 |

考虑到近年来随着三条红线考核制度的实施，广东省用水效率逐年提高，农业灌区进行节水改造等，现状年实际用水量逐渐减少。因此，对于降水频率大于62.5%的较枯地区，综合考虑农业配置水量转换系数折算和近五年农田灌溉用水量平均值折算，采用折算较多的作为评价口径用水折减量。全省降水较枯或较丰（降水频率不在37.5%～62.5%范围内）的地区农业灌溉用水折算情况见表3-25。

**表3-25 广东省降水较枯或较丰地区农业灌溉用水折算情况**

| 地市 | 地区 | 现状年丰枯状况 | | | 农业灌溉折减量/万m³ |
|---|---|---|---|---|---|
| | | 年降水量/mm | 距平/% | 降水频率/% | |
| 深圳 | 东江三角洲 | 1 562 | −18.4 | 76.6 | 325 |
| 珠海 | 西北江三角洲 | 1 657 | −18.7 | 74.5 | 878 |
| 惠州 | 韩江白莲以下及粤东诸河 | 1 454 | −19.7 | 78.7 | 1 665 |
| 肇庆 | 桂贺江 | 1 668 | 9.7 | 27.7 | 961 |
| 肇庆 | 黔浔江及西江（梧州以下） | 1 694 | 10.9 | 23.4 | 3 077 |
| 肇庆 | 北江大坑口以下 | 2 147 | 20.5 | 8.5 | 2 750 |
| 肇庆 | 西北江三角洲 | 1 987 | 21.3 | 12.8 | 141 |
| | 全省 | 1 876 | 5.9 | 34.4 | 45 497 |

火（核）电直流冷却水用水量根据直流冷却火（核）电厂的投产年份进行逐一统计与转换。2000年之后投产（或扩建）且利用江河水作为直流冷却水的火（核）电厂机组取水量，按其耗水量统计用水量。全省不存在其他特殊用水折减情况。珠三角九市折算前后现状年评价口径用水量情况见表3-26。

表3-26　珠三角九市折算前后现状年评价口径用水量　　单位：万m³

| 行政区 | 公报口径用水量 | 评价口径用水折减量 | | | | 评价口径用水量 |
|---|---|---|---|---|---|---|
| | | 农业灌溉 | 火（核）电直流冷却 | 其他折减量 | 合计 | |
| 广州 | 661 350 | 0 | 85 410 | 0 | 85 410 | 575 940 |
| 深圳 | 199 042 | 325 | 246 | 0 | 571 | 198 471 |
| 珠海 | 50 464 | 878 | 607 | 0 | 1 485 | 48 979 |
| 佛山 | 322 441 | 0 | 73 086 | 0 | 73 086 | 249 355 |
| 惠州 | 208 194 | 1 665 | 533 | 0 | 2 198 | 205 996 |
| 东莞 | 187 294 | 0 | 0 | 0 | 0 | 187 294 |
| 中山 | 158 373 | 0 | 34 680 | 0 | 34 680 | 123 693 |
| 江门 | 278 341 | 0 | 7 067 | 0 | 7 067 | 271 274 |
| 肇庆 | 204 995 | 6 929 | 0 | 0 | 6 929 | 198 066 |
| 合计 | 2 270 494 | 9 797 | 201 629 | 0 | 211 426 | 2 059 068 |

**2. 地下水开采量承载负荷现状**

根据《2015年广东省水资源公报》用水总量，按照地表水与地下水供水比例，核算出地下水开采量。在此基础上，按照全国水资源调查评价划定的平原区与山丘区分界线，得到地级行政区套水资源三级区总量控制指标口径平原区、山丘区地下水开采量。

广东省有三大平原区，分别为珠江三角洲平原、潮汕平原和雷州半岛台地，其中雷州半岛台地为全省地下水资源最丰富、开采量最集中的地区，但是雷州半岛少部分地区存在过度超采情况。根据2011年8月广东省政府批复实施的《广东省地下水保护与利用规划》（广东省水利厅，2011），全省共划定了三个地下水超采区，分别为硇洲岛、赤坎和霞山。其中：硇洲岛属小型孔隙（潜水）严重超采区，面积为56 km²；赤坎属中型孔隙（承压）一般超采区，面积为145 km²；霞山属中型孔隙（承压）严重超采区，面积为200 km²。

因过量开采中、深层承压水，湛江市区已形成3个不同规模的降落漏斗，分别为以平乐为中心的霞山—麻斜—平乐—赤坎一带（中层地下水降落漏斗区）、以临东为中心的临东—铺仔一带（中层地下水降落漏斗区）和以平乐为中心的平乐—霞山一带（深层地下水降落漏斗区），其中以平乐为中心的霞山—麻斜—平乐—赤坎一带地下水降落漏斗规模最大。根据广东省地质局水文地质一大队监测资料：2015年硇洲岛超采区漏斗中心地下水水位埋深为120 m，平均地下水水位埋深90 m；赤坎超采区漏斗中心地下水水位埋深为25.21 m，平均地下水水位埋深21.87 m；霞山超采区漏斗中心地下水水位23.69 m，平均地下水水位埋深23.69 m。

2015年广东省地下水超采量统计见表3-27。

**表3-27 2015年广东省地下水超采量统计**

| 地市 | 水资源三级区 | 超采区范围 | 超采面积/km² | 超采区浅层地下水可开采量/万m³ | 超采区深层地下水可开采量/万m³ | 超采区浅层地下水现状开采量/万m³ | 超采区深层承压水现状开采量/万m³ | 超采区浅层地下水超采系数 | 超采区浅层地下水超采量/万m³ | 深层承压水超采量/万m³ | 总超采量/万m³ |
|---|---|---|---|---|---|---|---|---|---|---|---|
| 湛江 | 粤西诸河 | 硇洲岛 | 56 | 746 | — | 900 | — | 0.21 | 154 | — | 154 |
| | | 赤坎区 | 145 | — | 3 580 | — | 1 828 | — | — | 0 | 0 |
| | | 霞山区 | 200 | — | 4 111 | — | 6 803 | — | — | 2 692 | 2 692 |
| 合计 | | | 401 | 746 | 7 691 | 900 | 8 631 | 0.21 | 154 | 2 692 | 2 846 |

**3. 水质要素承载负荷**

《全国重要江河湖泊水功能区划手册》（水利部水资源司 等，2013）中涉及广东省的全国重要江河湖泊水功能区共有197个，其中一级水功能区有159个，二级水功能区有124个，按水域类型统计，河流水功能区共有191个，水库水功能区共有6个。2015年，广东省197个全国重要水功能区中已有190个设置了常规监测断面，监测覆盖率达到96.45%，国家130个考核功能区实现了全覆盖。

广东省根据《全国重要江河湖泊水功能区划手册》和地方经济社会发展需求，在2007年批复的《广东省水功能区划》（广东省水利厅，2007）基础上，增加了省水功能区划成果中未有的全国重要江河湖泊水功能区，调整了部分省水功能区划，使省地表水水功能区从原来的703个增加到712个，主要是河流水功能区增加9个，即河流水功能区从原来的344个增加到353个。按照水功能区划水质监测断面布设要求，2015年广东省对712个地表水水功能区中的421个开展了常规监测，监测覆盖率为59.13%。水质监测断面监测频次为每年2～24次，监测项目依据《地表水环境质量标准》（GB 3838—2002）确定，约29项。

本次广东省水文水资源监测中心2015年水功能区监测的466个水功能区，水质达标的335个，全省达标率71.9%，满足《广东省实行最严格水资源管理制度考核暂行办法》水功能区达标率总控制目标。

本次广东省水文水资源监测中心2015年水功能区监测的珠三角九市的149个水功能区，达标率为64.4%，满足《广东省实行最严格水资源管理制度考核暂行办法》水功能区达标率总控制目标。

## （二）水资源承载现状分析

**1. 社会经济**

广州、深圳、佛山、东莞的人口占珠三角九市的比例接近70%，经济发展也是珠三角九市的前几名，其中广州和深圳经济最为发达，两个城市生产总值占珠三角九市GDP的比例接近60%。在耕地面积方面，深圳作为国家重点发展的城市之一，经济发展非常快，耕地面积急剧减少，目前耕地面积在珠三角九市中最小，所需灌溉水量最少。在经济欠发达的惠州、江门以及肇庆，因为城市面积较大，所以耕地面积也比较大，需要的农业灌溉用水较多。广州虽然经济发达，但是由于本身面积大，农村人口较多，因此耕地面积也较大。珠三角九市经济、社会以及耕地相关指标对比见表3-28。（1亩=666.67 $m^2$）

表3-28 珠三角九市经济、社会以及耕地相关指标对比

| 城市 | 常住人口/万人 | | | GDP/亿元 | 工业增加值/亿元 | 耕地面积/万亩 | 有效灌溉面积/万亩 | 耕地实际灌溉面积/万亩 |
|---|---|---|---|---|---|---|---|---|
| | 城镇 | 农村 | 合计 | | | | | |
| 广州 | 1 154.75 | 195.36 | 1 350.11 | 18 100.41 | 5 246.07 | 124.33 | 109.77 | 109.47 |
| 深圳 | 1 137.87 | — | 1 137.87 | 17 502.99 | 6 743.10 | 6.07 | 3.19 | 2.46 |
| 珠海 | 143.92 | 19.49 | 163.41 | 2 024.98 | 893.06 | 26.96 | 14.15 | 14.00 |
| 佛山 | 743.06 | — | 743.06 | 8 003.92 | 4 672.53 | 56.22 | 49.09 | 46.05 |
| 惠州 | 323.95 | 151.60 | 475.55 | 3 188.87 | 1 624.48 | 211.16 | 163.77 | 154.91 |
| 东莞 | 733.13 | 92.28 | 825.41 | 6 275.06 | 2 820.35 | 20.53 | 19.69 | 19.69 |
| 中山 | 282.83 | 38.13 | 320.96 | 3 010.03 | 1 566.16 | 23.31 | 23.31 | 23.03 |
| 江门 | 293.04 | 158.91 | 451.95 | 2 240.48 | 1 097.78 | 235.58 | 190.53 | 184.53 |
| 肇庆 | 183.34 | 222.62 | 405.96 | 1 970.01 | 1 014.37 | 223.51 | 175.15 | 174.01 |
| 合计 | 4 995.88 | 878.40 | 5 874.28 | 62 316.76 | 25 677.89 | 927.66 | 748.64 | 728.14 |

广州统计的5个城区，经济发展水平比较接近，人口相差不大，耕地面积除番禺区外均接近或超过了20万亩。佛山4个城区几乎没有农村，其中南海区和顺德区经济较为发达，顺德区耕地面积最少，其他3个城区耕地面积均超过了10万亩。惠州、江门以及肇庆的区（县）发展受限于城市本身的发展，经济均为欠发达，耕地面积各个区（县）有异，但几乎都超过了经济较为发达的深圳、佛山以及东莞。

**2. 水量承载情况**

珠三角九市主供水水源是东江流域，主要通过蓄水、引水、提水以及调水方式供水，未来将会由西江和东江共同为粤港澳大湾区供水。研究区范围内9个城市用水情况主要分为三类：①主要用于工业用水，有佛山、中山、东莞以及广州。②主要用于农业用水，有惠州、肇庆以及江门。③主要用于生活和城镇公共用水，有深圳和珠海。其中东莞、广州和佛山在生态环境改善方面投入较多，生态环境用水较多，其中东莞生态环境用水量超过了3 000万$m^3$，深圳接近9 000万$m^3$，而佛山则超过了1亿$m^3$，其他城市均低于1 000万$m^3$。

惠州、江门以及肇庆由于水资源较为丰富，当地经济欠发达，所以无论是总供水量还是人均供水量均比较大，同时万元GDP用水量在研究区范围内9个城市中位列前三；东莞和深圳因为经济较为发达，而水资源又比较短缺，所以供水量虽然比较高，但是万元GDP用水量很低。

珠三角九市用水总量指标承载情况都在不超载和临界状态，两者数量相当，总体也处于不超载状态；区（县）层级上，大多数处于临界状态，广州、佛山以及惠州的区（县）几乎都处于临界状态；但是部分区（县），如佛山的南海区，肇庆的高要区、怀集县均处于超载

状态。地下水开采量、总体评价方面以及水资源禀赋（水资源总量、水资源开发利用率异界过境水资源量）无论是城市还是细分到区（县）均为不超载（表3-29）。

表3-29 珠三角九市水量承载情况

| 分区 | | 用水总量指标承载状况 | 地下水开采量指标承载状况 | | 水资源禀赋综合评价 |
|---|---|---|---|---|---|
| | | | 平原区地下水开采量 | 地下水总体评价 | |
| 广州 | 番禺区 | 临界状态 | 不超载 | 不超载 | 不超载 |
| | 花都区 | 临界状态 | 不超载 | 不超载 | 不超载 |
| | 南沙区 | 临界状态 | 不超载 | 不超载 | 不超载 |
| | 从化区 | 临界状态 | 不超载 | 不超载 | 不超载 |
| | 增城区 | 临界状态 | 不超载 | 不超载 | 不超载 |
| | 小计 | 临界状态 | 不超载 | 不超载 | 不超载 |
| 深圳 | | 不超载 | 不超载 | 不超载 | 不超载 |
| 珠海 | | 不超载 | 不超载 | 不超载 | 不超载 |
| 佛山 | 南海区 | 超载 | 不超载 | 不超载 | 不超载 |
| | 顺德区 | 临界状态 | 不超载 | 不超载 | 不超载 |
| | 三水区 | 临界状态 | 不超载 | 不超载 | 不超载 |
| | 高明区 | 临界状态 | 不超载 | 不超载 | 不超载 |
| | 小计 | 不超载 | 不超载 | 不超载 | 不超载 |
| 惠州 | 博罗县 | 临界状态 | 不超载 | 不超载 | 不超载 |
| | 惠东县 | 临界状态 | 不超载 | 不超载 | 不超载 |
| | 龙门县 | 临界状态 | 不超载 | 不超载 | 不超载 |
| | 小计 | 临界状态 | 不超载 | 不超载 | 不超载 |
| 东莞 | | 不超载 | 不超载 | 不超载 | 不超载 |
| 中山 | | 不超载 | 不超载 | 不超载 | 不超载 |
| 江门 | 台山市 | 临界状态 | 不超载 | 不超载 | 不超载 |
| | 开平市 | 不超载 | 不超载 | 不超载 | 不超载 |
| | 鹤山市 | 不超载 | 不超载 | 不超载 | 不超载 |
| | 恩平市 | 不超载 | 不超载 | 不超载 | 不超载 |
| | 小计 | 临界状态 | 不超载 | 不超载 | 不超载 |
| 肇庆 | 高要区 | 超载 | 不超载 | 不超载 | 不超载 |
| | 四会市 | 临界状态 | 不超载 | 不超载 | 不超载 |
| | 广宁县 | 临界状态 | 不超载 | 不超载 | 不超载 |
| | 怀集县 | 超载 | 不超载 | 不超载 | 不超载 |
| | 封开县 | 不超载 | 不超载 | 不超载 | 不超载 |
| | 德庆县 | 临界状态 | 不超载 | 不超载 | 不超载 |
| | 小计 | 临界状态 | 不超载 | 不超载 | 不超载 |
| 合计 | | 不超载 | 不超载 | 不超载 | 不超载 |

### 3. 水质承载情况

广东省整体水质评价状况为不超载，但是在珠三角九市中经济发达的深圳和东莞水质均为超载，广州和佛山则处于临界状态，经济欠发达的珠海、中山以及肇庆均处于不超载状态，说明经济发展对水质状况影响较大，未来需要在发展经济的同时注重对生态环境的保护，尤其是对水质的保护（表3-30）。

表3-30　珠三角九市水质评价现状

| 地区 | 水功能区 | | | | COD超排程度 | 氨氮超排程度 | 评价等级 |
|---|---|---|---|---|---|---|---|
| | 个数 | 水质达标率$Q$/% | 水质达标目标要求$Q_0$/% | $Q/Q_0$ | $P/P_0$ | $P/P_0$ | |
| 广州 | 28 | 53.6 | 75 | 0.71 | 0.59 | 1.17 | 临界状态 |
| 深圳 | 11 | 72.7 | 80 | 0.91 | 1.09 | 1.53 | 超载 |
| 珠海 | 19 | 78.9 | 85 | 0.93 | 1.08 | 1.08 | 不超载 |
| 佛山 | 27 | 77.8 | 85 | 0.92 | 1.07 | 1.18 | 临界状态 |
| 惠州 | 16 | 68.8 | 85 | 0.81 | 1.15 | 1.18 | 临界状态 |
| 东莞 | 18 | 33.3 | 75 | 0.44 | 1.25 | 1.46 | 超载 |
| 中山 | 10 | 80.0 | 85 | 0.94 | 1.00 | 1.08 | 不超载 |
| 江门 | 20 | 65.0 | 85 | 0.76 | 1.15 | 1.16 | 临界状态 |
| 肇庆 | 18 | 94.4 | 90 | 1.05 | 1.09 | 0.88 | 不超载 |
| 广东省 | 326 | 68.7 | 83 | 0.83 | 0.91 | 1.04 | 不超载 |

# 四、水资源超载原因分析

## （一）社会经济发展情况

由2015年广东省水资源承载能力评价结果可知，广州、佛山、惠州、江门评价结果均处于临界状态，深圳、东莞均处于超载状态。

深圳2015年常住人口1 137.87万人，占全省的10%，位列全省第二；地方生产总值17 502.99亿元，占全省的24%，位列全国第四、全省第二；年用水总量（评价口径，下同）187 777万$m^3$，占全省的4.6%，位列全省第十一。由于深圳地处珠江河口东岸，境内无大江大河流过，2015年参评的水功能区多为有饮用功能的水库，其污染物限排总量较小，因此，尽管深圳废污水排放总量不大，但排入评价水功能区的氨氮污染物量仍大于这些水功能区的限排总量，从而导致水质承载能力指标为超载。

东莞2015年常住人口825.41万人，占全省的8%，位列全省第三；地方生产总值6 275.06亿元，占全省的9%，位列全省第四；年用水总量187 294万$m^3$，占全省的4.5%，位列全省第十二。东莞在人口快速增长和经济高速发展的过程中，污水处理设施建设相对滞后，导致其污染物排放总量较大，排入评价水功能区的COD、氨氮污染物量均大于这些水功能区的限排总量，从而导致水质承载能力指标为超载。

广州2015年常住人口1 350.11万人，占全省的12%，位列全省第一；地方生产总值18 100.41亿元，占全省的25%，位列全国第三、全省第一；年用水总量543 995万m³，占全省的13.2%，位列全省第一。由于用水总量大，广州废污水排放量也相应较大，尽管建设了大量的污水处理厂，广州2015年排入评价水功能区的氨氮污染物量仍略大于这些水功能区的限排总量，从而导致水质承载能力指标为临界状态。

佛山2015年常住人口743.06万人，占全省的7%，位列全省第四；地方生产总值8 003.92亿元，占全省的11%，位列全省第三；年用水总量238 387万m³，占全省的5.8%，位列全省第五。由于用水总量较大，佛山废污水排放量也相应较大，排入评价水功能区的氨氮污染物量大于这些水功能区的限排总量，从而导致水质承载能力指标为临界状态。

惠州2015年常住人口475.55万人，占全省的4%，位列全省第九；地方生产总值3 188.87 亿元，占全省的4%，位列全省第五，年用水总量207 661万m³，占全省的5.0%，位列全省第八。由于污水处理设施建设相对滞后，评价水功能区的污染物排放总量大于限排总量，从而导致水质承载能力指标为临界状态。

江门2015年常住人口451.95万人，占全省的4%，位列全省第十；地方生产总值2 240.48亿元，占全省的3%，位列全省第九；年用水总量264 100万m³，占全省的6.4%，位列全省第四。由于江门用水量相对较大，污水处理能力不足，评价水功能区的污染物排放总量大于限排总量，从而导致水质承载能力指标为临界状态。

## （二）水环境污染状况

深圳2015年评价的水功能区有11个，其水质达标率为72.7%，低于2020年水质达标目标要求（80%），$Q/Q_0$=0.91，处于不超载状态。污染物排放方面，深圳人口众多，经济发达，但其用水总量仅居全省第十一位，人均用水量、万元GDP用水量等指标均为全省最低，节水成效显著，但由于境内无大江大河流过，本次评价的水功能区又多为有饮用功能的水库，原则上禁止向这些水库排污，因此全市污染物限排总量较小，从而导致污染物排放量大于水功能区限排总量，其中，COD超排程度为1.09，氨氮超排程度为1.53，处于超载状态。由此可知，深圳在水环境污染状况方面为超载，超载成因为氨氮入河量大于限排量的1.2倍。

东莞2015年评价的水功能区有18个，其水质达标率为33.3%，低于2020年水质达标目标要求（75%），$Q/Q_0$=0.44，处于超载状态。污染物排放方面，东莞人口众多，经济发达，在经济发展的同时其污水集处理能力相对滞后，导致污染物排放量较大，大于水功能区限排总量，其中，COD超排程度为1.25，氨氮超排程度为1.46，均处于超载状态。由此可知，东莞在水功能区水质达标率控制指标、污染物限排量两个水质指标方面均为超载，其超载成因在于污水收集处理能力与经济发展不匹配。

广州2015年评价的水功能区有28个，其水质达标率为53.6%，低于2020年水质达标目标要求（75%），$Q/Q_0$=0.71，处于临界状态。污染物排放方面，因广州人口众多，经济发达，用水量居全省第一，相应的污水排放量也较大，尽管建设了大量的污水处理厂，但受污水收集管网不完善等因素影响，其个别污染物排放量仍大于水功能区限排总量，其中氨氮超排程度为1.17，处于临界状态。

佛山2015年评价的水功能区有27个，其水质达标率为77.8%，低于2020年水质达标目标要求（85%），$Q/Q_0$=0.92，处于不超载状态。污染物排放方面，COD超排程度为1.07，氨氮超排程度为1.18，处于临界状态。综合分析，佛山人口众多，位列全省第四，经济较发达，位列全省第三，用水总量位列全省第五，由于废污水收集处理率尚不能满足要求，其污染物排放量大于水功能区限排总量，导致佛山在水环境污染状况方面处于临界状态。

惠州2015年评价的水功能区有16个，其水质达标率为68.8%，低于2020年水质达标目标要求（85%），$Q/Q_0$=0.81，处于不超载状态。污染物排放方面，COD超排程度为1.15，氨氮超排程度为1.18，处于临界状态。综合分析，惠州由于污水处理设施建设相对滞后，污染物排放量超过水功能区限排总量，导致它在水质方面处于临界状态。

江门2015年评价的水功能区有20个，其水质达标率为65.0%，低于2020年水质达标目标要求（85%），$Q/Q_0$=0.76，处于临界状态。污染物排放方面，COD超排程度为1.15，氨氮超排程度为1.16，处于临界状态。综合分析，江门常住人口位列全省第十，地方生产总值位列全省第九，而年用水总量位列全省第四，其用水效率不高，污水处理能力不足，导致污染物排放总量大于水功能区限排总量，使得水质达标率满足要求和COD超排程度、氨氮超排程度两项指标均处于临界状态。

总体上看，本次水环境污染状况超载、临界状态的区域均与水资源承载能力相同，其中，深圳污染物入河量较大，东莞水功能区水质达标率低、污染物入河量较大，均处于超载状态，广州、佛山、惠州、江门四地市或者水功能区水质达标率无法满足要求，或者污染物入河量无法满足纳污限排的要求，均处于临界状态。因此，水环境污染状况对于广东省各地市水资源承载能力有着重大而直接的影响，是广东省水资源承载能力的主要影响要素。

# 第四章　土壤及其环境变化

在地球表层系统中，土壤所组成的物质圈层“土壤圈”是地球生态系统五大圈层的纽带（其他圈层包括岩石圈、水圈、大气圈、生物圈）。土壤圈对各大圈层的物质循环、能量流动和信息传递发挥着重要的维持与调节作用。土壤是地球陆地表面能够生长绿色植物的疏松物质层，是一种十分珍稀的自然资源。土壤能够为植物的生长提供物质环境和养分。土壤层厚度通常从几厘米到2～3 m，取决于风化强度、成土时间、土壤侵蚀与沉积速率，也与自然景观演化有重要关联（龚子同 等，2015）。土壤形成速度极其缓慢，每形成1 cm厚度的土壤，大约需要几百年或上千年的时间（张洪江 等，2014）。随着我国经济的高速发展，人类活动几乎触及我国土壤资源的方方面面，对土壤资源的可持续利用形成严峻的挑战，尤其是在粤港澳大湾区这样的经济发达地区。保持土壤数量稳定与质量健康已成为当今中国社会所面临的一个重要发展挑战与环保使命，也是我国生态文明建设过程中的必然选择。

## 第一节　土壤类型与分布

### 一、土壤类型

第二次全国土壤普查结果（全国土壤普查办公室，1998）显示：粤港澳大湾区全境土壤资源以土纲计，涵盖铁铝土、初育土、半水成土、盐碱土、人为土，共计5个土纲，其中铁铝土纲与半水成土纲在区内占主导地位；以土类计，涵盖赤红壤、红壤、水稻土、潮土、山地草甸土、石质土、石灰土、紫色土、黄壤、风沙土、滨海盐土、酸性硫酸盐土、粗骨土，共计13个土类，其中以赤红壤、红壤、水稻土和潮土等4个土类在区内分布面积最广，其总面积约占本区域面积的95%（表4-1，图4-1）。以下对这些面积占主导地位的土壤类型进行详述。

**表4-1　粤港澳大湾区各城市的土壤类型占地面积及面积百分比**

| 土类 | 面积及占比 | 全区 | 广州 | 深圳 | 珠海 | 佛山 | 惠州 | 东莞 | 中山 | 江门 | 肇庆 | 香港 | 澳门 |
|---|---|---|---|---|---|---|---|---|---|---|---|---|---|
| 赤红壤 | 面积/km$^2$ | 26 832.3 | 3 218.3 | 1 289.3 | 588.2 | 875.9 | 5 783.4 | 863.7 | 355.9 | 4 676.4 | 8 106.9 | 939.7 | 11.8 |
| | 占比/% | 49.0 | 45.5 | 70.0 | 41.1 | 22.9 | 51.8 | 35.4 | 21.1 | 50.6 | 54.9 | 91.7 | 36.0 |
| 红壤 | 面积/km$^2$ | 5 795.1 | 391.4 | 62.9 | — | 9.2 | 1 670.2 | 40.7 | — | 412.8 | 3 121.3 | 34.9 | — |
| | 占比/% | 10.6 | 5.5 | 3.4 | — | 0.2 | 15.0 | 1.7 | — | 4.5 | 21.1 | 3.4 | — |
| 水稻土 | 面积/km$^2$ | 17 753.7 | 2 893.8 | 453.3 | 681.3 | 1 955.4 | 3 097.3 | 1 266.2 | 1 035.2 | 3 625.5 | 2 715.7 | — | — |
| | 占比/% | 32.4 | 40.9 | 24.6 | 47.7 | 51.0 | 27.7 | 51.9 | 61.4 | 39.2 | 18.4 | — | — |
| 潮土 | 面积/km$^2$ | 1 591.0 | 180.7 | 0.1 | 12 | 728.6 | 328.3 | 48.5 | 181.7 | 107.4 | 3.7 | — | — |
| | 占比/% | 2.9 | 2.5 | <0.1 | 0.8 | 19.0 | 2.9 | 2.0 | 10.8 | 1.2 | <0.1 | — | — |

续表

| 土类 | 面积及占比 | 全区 | 广州 | 深圳 | 珠海 | 佛山 | 惠州 | 东莞 | 中山 | 江门 | 肇庆 | 香港 | 澳门 |
|---|---|---|---|---|---|---|---|---|---|---|---|---|---|
| 黄壤 | 面积/km$^2$ | 359.9 | 28.9 | — | — | — | 81.5 | — | — | 9.8 | 223.4 | — | — |
| | 占比/% | 0.7 | 0.4 | — | — | — | 0.7 | — | — | 0.1 | 1.5 | — | — |
| 紫色土 | 面积/km$^2$ | 236.7 | — | — | — | — | — | — | — | — | 236.7 | — | — |
| | 占比/% | 0.4 | — | — | — | — | — | — | — | — | 1.6 | — | — |
| 滨海盐土 | 面积/km$^2$ | 235.5 | — | 5.2 | 134.8 | 7.7 | 5.3 | — | 16.1 | 34.3 | — | 19.9 | — |
| | 占比/% | 0.4 | — | 0.28 | 9.4 | 0.2 | <0.1 | — | 1.0 | 0.4 | — | 1.9 | — |
| 石质土 | 面积/km$^2$ | 127 | 13.2 | 8.2 | — | 4.9 | — | 44.5 | — | — | 56.2 | — | — |
| | 占比/% | 0.2 | 0.2 | 0.4 | — | 0.1 | — | 1.8 | — | — | 0.4 | — | — |
| 山地草甸土 | 面积/km$^2$ | 53.2 | — | — | — | — | — | — | — | — | 51.1 | — | — |
| | 占比/% | 0.1 | — | — | — | — | — | — | — | — | 0.3 | — | — |
| 石灰土 | 面积/km$^2$ | 54.6 | 12.6 | — | — | 10.1 | 5.6 | — | — | — | 26.3 | — | — |
| | 占比/% | 0.1 | 0.2 | — | — | 0.3 | <0.1 | — | — | — | 0.2 | — | — |
| 酸性硫酸盐土 | 面积/km$^2$ | 34.9 | — | — | — | — | 3.9 | — | — | 29.6 | — | — | — |
| | 占比/% | 0.1 | — | — | — | — | <0.1 | — | — | 0.3 | — | — | — |
| 粗骨土 | 面积/km$^2$ | 137.9 | — | — | — | — | 34.9 | — | — | 78.4 | 21.8 | — | — |
| | 占比/% | 0.2 | — | — | — | — | 0.3 | — | — | 0.9 | 0.1 | — | — |
| 风沙土 | 面积/km$^2$ | 10.6 | 0.8 | — | — | — | 8.7 | — | — | — | — | — | — |
| | 占比/% | <0.1 | <0.1 | — | — | — | 0.1 | — | — | — | — | — | — |

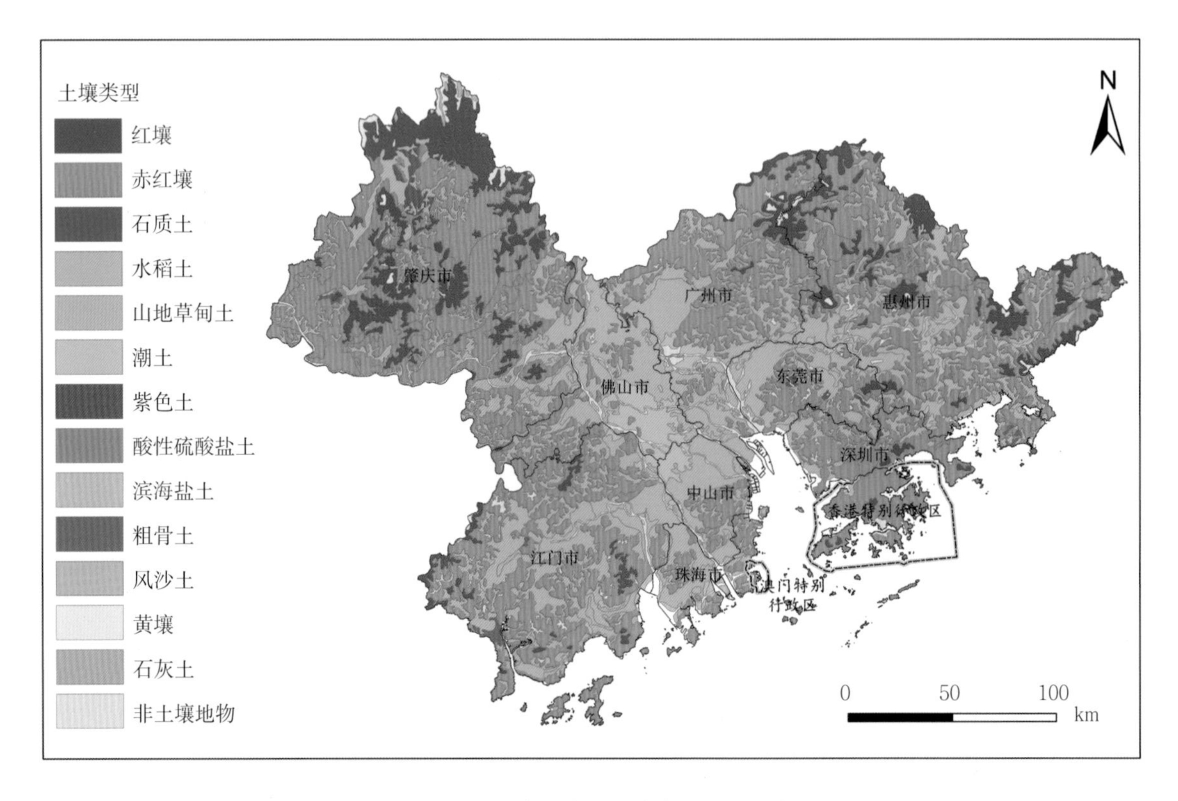


图4-1　粤港澳大湾区土壤资源空间分布

赤红壤成土母质主要为岩浆岩、沉积岩、紫色页岩和第四纪红色黏土，成土过程以较强的脱硅富铝化和较弱的生物富集过程为主。我国赤红壤主要分布于北回归线两侧区域，此区域具有冬暖夏热、高温多雨、干湿季节明显的南亚热带季风气候条件。赤红壤是粤港澳大湾区山地丘陵主要的土壤资源，分布范围广。粤港澳大湾区内赤红壤土类的总面积为26 832.3 km$^2$，占到区域总面积的49.0%（图4-2）。其中，赤红壤占广州总面积的45.5%，占深圳总面积的70.0%，占珠海总面积的41.1%，占佛山总面积的22.9%，占惠州总面积的51.8%，占东莞总面积的35.4%，占中山总面积的21.1%，占江门总面积的50.6%，占肇庆总面积的54.9%，占香港特别行政区总面积的91.7%，占澳门特别行政区总面积的36.0%。

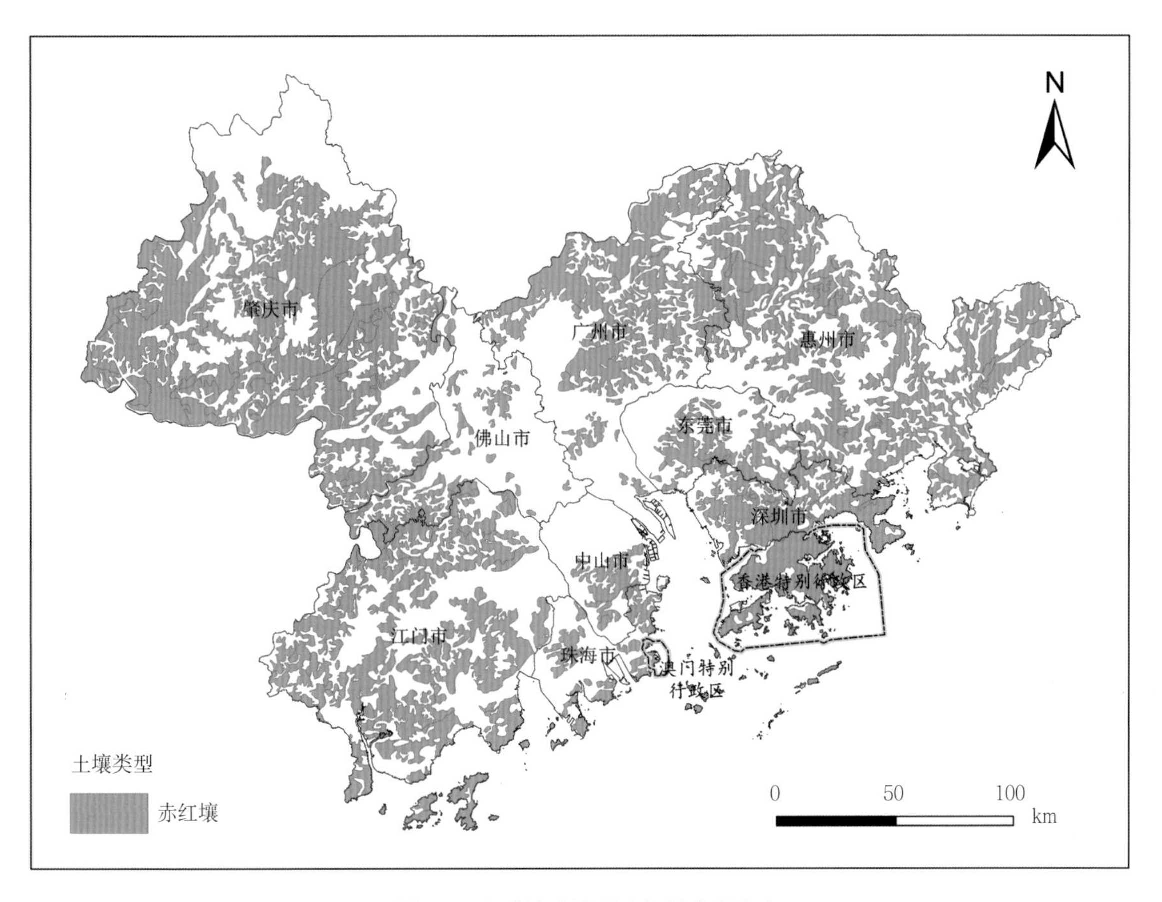


图4-2　粤港澳大湾区赤红壤空间分布

红壤是中亚热带地区具有富铝化特点的一种主要土壤类型，主要分布在低山丘陵区。它是在湿热气候常绿阔叶林植被条件下，经脱硅富铝过程和生物富集作用发育而成的典型土壤，是发展亚热带农业、林业、牧业最重要的土壤资源。红壤是粤港澳大湾区主要的土壤类型之一，在区内分布范围较广，主要集中于肇庆、惠州、广州和江门等城市（图4-3）。红壤土类分布总面积为5 795.1 km$^2$，占到区域总面积的10.6%。其中，红壤占广州总面积的5.5%，占深圳总面积的3.4%，占佛山总面积的0.2%，占惠州总面积的15.0%，占东莞总面积的1.7%，占江门总面积的4.5%，占肇庆总面积的21.1%，占香港总面积的3.4%。红壤在珠海、中山及澳门无分布。

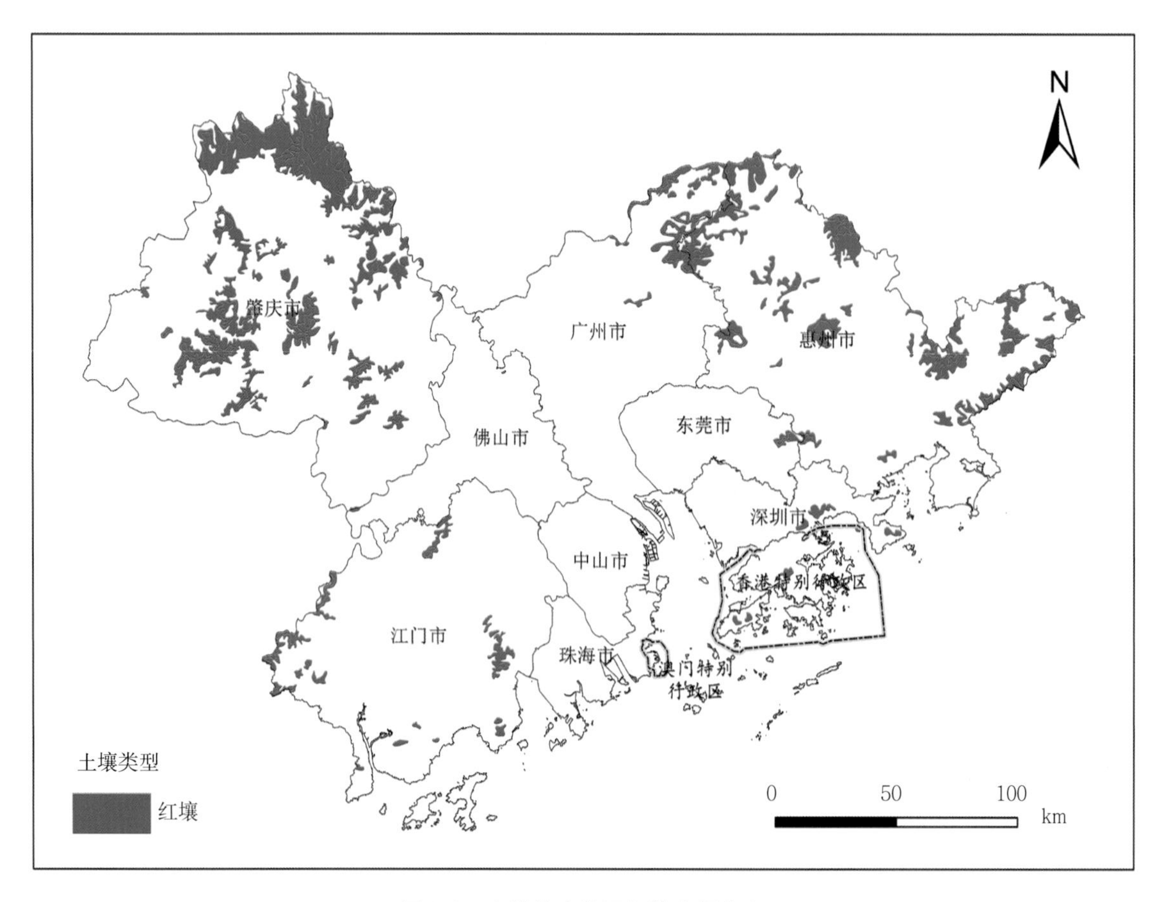


图4-3　粤港澳大湾区红壤空间分布

水稻土是长期表层淹水、水下耕耘，又经过不断排干，土壤中氧化还原反应交替进行而形成的一种具有独特剖面形态与理化性状的人为土，是我国重要的耕作土壤之一。在粤港澳大湾区范围内，水稻土分布范围广（图4-4），其分布总面积为17 753.7 km$^2$，占到区域总面积的32.4%。其中，水稻土占广州总面积的40.9%，占深圳总面积的24.6%，占珠海总面积的47.7%，占佛山总面积的51.0%，占惠州总面积的27.7%，占东莞总面积的51.9%，占中山总面积的61.4%，占江门总面积的39.2%，占肇庆总面积的18.4%。水稻土在香港和澳门无分布。

潮土是在河流沉积物基础上受地下水影响，并经长期的旱地耕作而形成的一种半水成土壤。潮土区域地势平坦，土体深厚、肥沃，适耕性强。该土类广泛分布于开阔的河谷平原区、滨湖低地与山间谷地。在粤港澳大湾区内，潮土土类分布总面积为1 591.0 km$^2$，占到区域总面积的2.9%，主要集中在佛山、中山、广州、惠州四个城市（图4-5）。其中，潮土占广州总面积的2.5%，占珠海总面积的0.8%，占佛山总面积的19.0%，占惠州总面积的2.9%，占东莞总面积的2.0%，占中山总面积的10.8%，占江门总面积的1.2%，在深圳和肇庆有极少量分布，不足各地总面积的0.1%。水稻土在香港和澳门无分布。

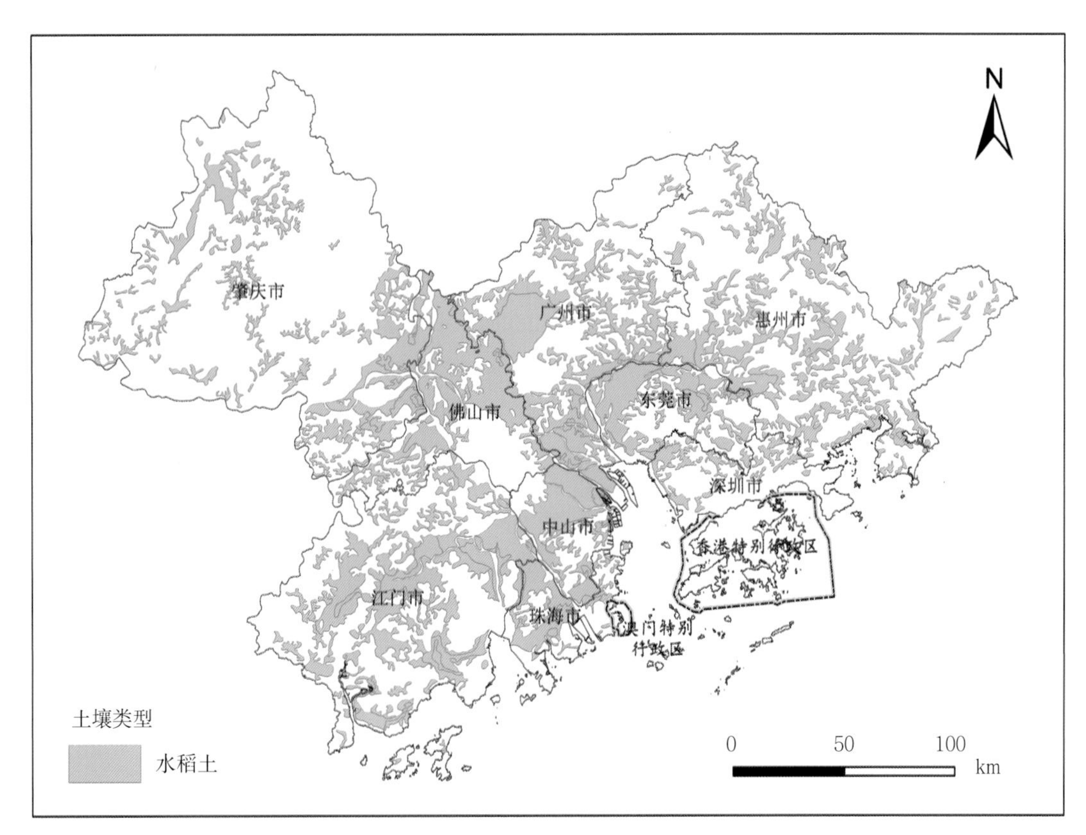


图4-4　粤港澳大湾区水稻土空间分布

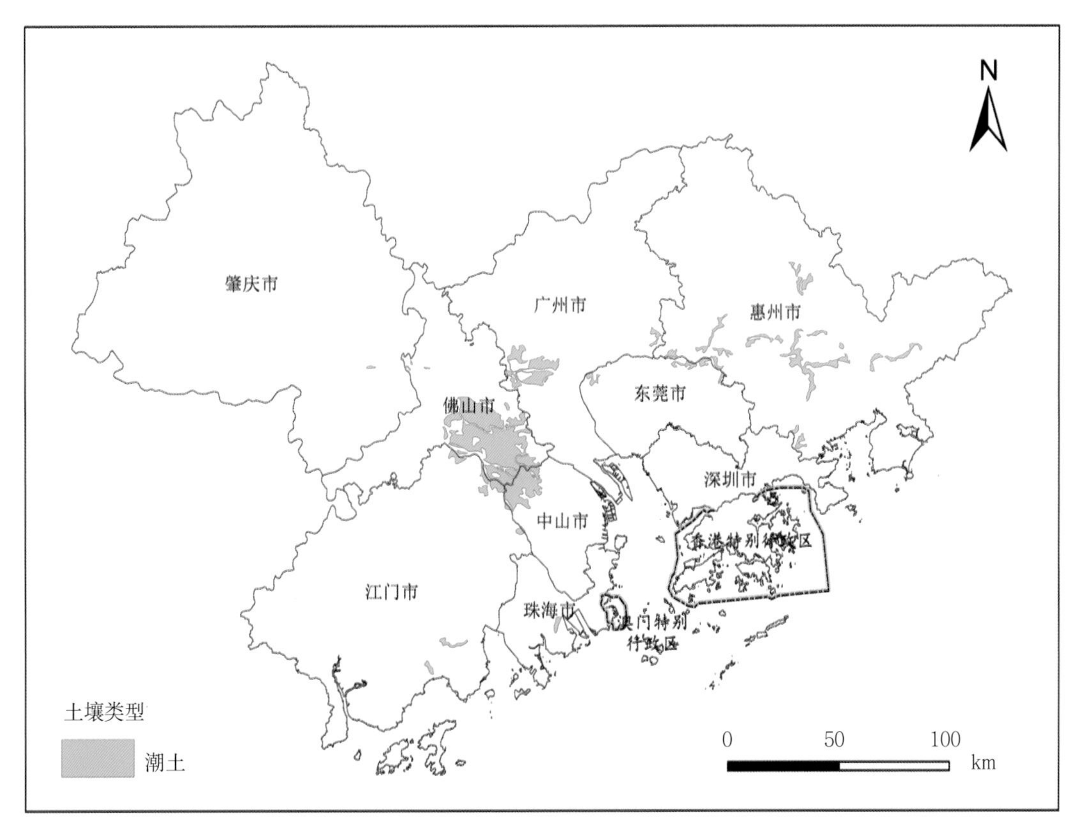


图4-5　粤港澳大湾区潮土空间分布

## 二、土壤面积统计情况

根据第二次全国土壤普查结果，对粤港澳大湾区内11个城市的13个土类的面积统计情况（表4-1和图4-6）进行说明。

广州共分布有8个土类。其中：赤红壤的分布面积最广，面积为3 218.3 km$^2$，占广州总面积的45.5%；其次为水稻土、红壤和潮土，分别占广州总面积的40.9%、5.5%、2.5%；其余4个土类（黄壤、石质土、石灰土、风沙土）呈零星分布，总计面积占广州总面积不足1%。

深圳共分布有6个土类。其中：赤红壤的分布面积最广，面积为1 289.3 km$^2$，占深圳总面积的70.0%；其次为水稻土和红壤，分别占深圳总面积的24.6%和3.4%；其余3个土类（石质土、滨海盐土、潮土）呈零星分布，总计面积占深圳总面积的0.7%。

珠海共分布有4个土类。其中：水稻土的分布面积最广，面积为681.3 km$^2$，占珠海总面积的47.7%；其次为赤红壤、滨海盐土和潮土，分别占珠海总面积的41.1%、9.4%和0.8%。

佛山共分布有7个土类。其中：水稻土的分布面积最广，面积为1 955.4 km$^2$，占佛山总面积的51.0%；其次为赤红壤和潮土，分别占佛山总面积的22.9%和19.0%；其余4个土类（石灰土、红壤、滨海盐土、石质土）呈零星分布，总计面积占佛山总面积的0.8%。

惠州共分布有10个土类。其中：赤红壤的分布面积最广，面积为5 783.4 km$^2$，占惠州总面积的51.8%；其次为水稻土、红壤和潮土，分别占惠州总面积的27.7%、15.0%和2.9%；其余6个土类（黄壤、粗骨土、风沙土、石灰土、滨海盐土、酸性硫酸盐土）呈零星分布，总计面积占惠州总面积的1.3%。

东莞共分布有5个土类。其中：水稻土的分布面积最广，面积为1 266.2 km$^2$，占东莞总面积的51.9%；其次为赤红壤、潮土、石质土和红壤，分别占东莞总面积的35.4%、2.0%、1.8%和1.7%。

中山共分布有4个土类。其中：水稻土的分布面积最广，面积为1 035.2 km$^2$，占中山总面积的61.4%；其次为赤红壤、潮土和滨海盐土，分别占中山总面积的21.1%、10.8%和1.0%。

江门共分布有8个土类。其中：赤红壤的分布面积最广，面积为4 676.4 km$^2$，占江门总面积的50.6%；其次为水稻土和红壤，分别占江门总面积的39.2%和4.5%；其余5个土类（潮土、粗骨土、滨海盐土、酸性硫酸盐土、黄壤）总计面积约占江门总面积的2.9%。

肇庆共分布有10个土类。其中：赤红壤的分布面积最广，面积为8 106.9 km$^2$，占肇庆总面积的54.9%；其次为红壤和水稻土，分别占肇庆总面积的21.1%和18.4%；其余7个土类（紫色土、黄壤、石质土、山地草甸土、石灰土、粗骨土和潮土）总计面积占肇庆总面积的不足4.2%。

香港共分布有3个土类。其中：赤红壤的分布面积最广，面积为939.7 km$^2$，占香港总面积的91.7%；其次为红壤和滨海盐土，分别占香港总面积的3.4%和1.9%。

澳门仅分布有1个土类，为赤红壤。赤红壤的总面积为11.8 km$^2$，占澳门总面积的36.0%。

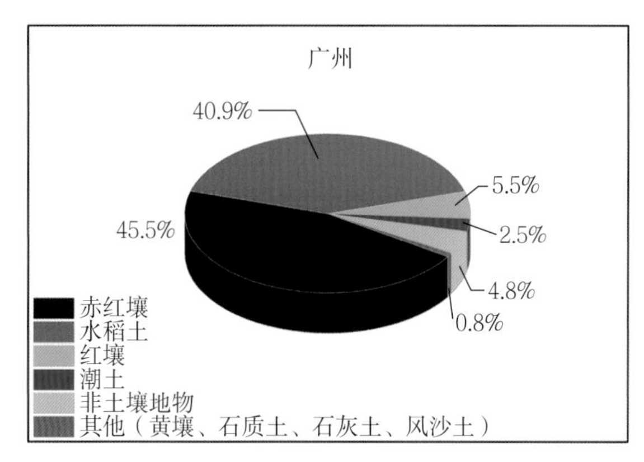
广州
40.9%
5.5%
45.5%
2.5%
4.8%
0.8%
赤红壤
水稻土
红壤
潮土
非土壤地物
其他（黄壤、石质土、石灰土、风沙土）

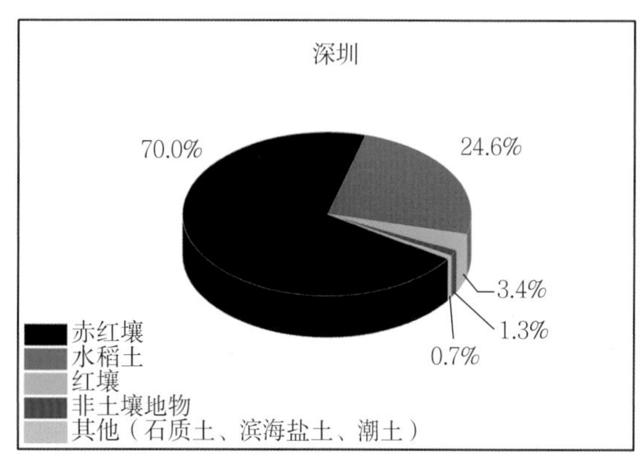
深圳
70.0%
24.6%
3.4%
1.3%
0.7%
赤红壤
水稻土
红壤
非土壤地物
其他（石质土、滨海盐土、潮土）

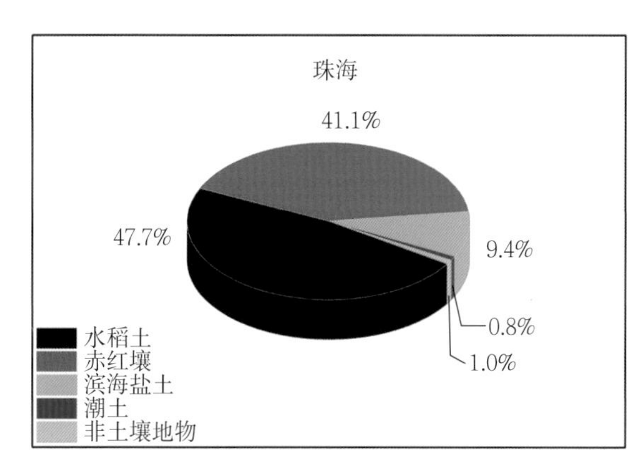
珠海
41.1%
47.7%
9.4%
0.8%
1.0%
水稻土
赤红壤
滨海盐土
潮土
非土壤地物

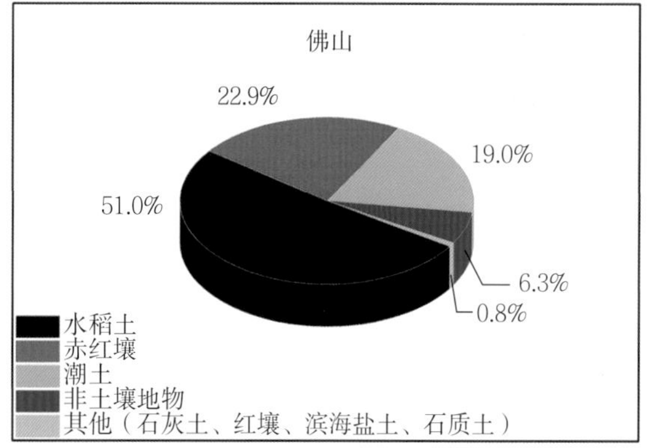
佛山
22.9%
19.0%
51.0%
6.3%
0.8%
水稻土
赤红壤
潮土
非土壤地物
其他（石灰土、红壤、滨海盐土、石质土）

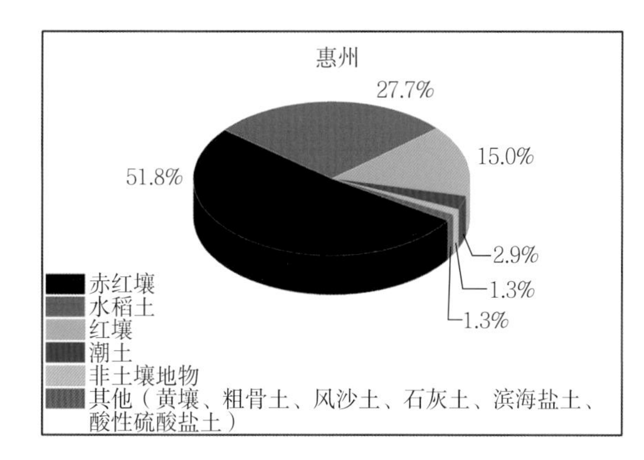
惠州
27.7%
15.0%
51.8%
2.9%
1.3%
1.3%
赤红壤
水稻土
红壤
潮土
非土壤地物
其他（黄壤、粗骨土、风沙土、石灰土、滨海盐土、酸性硫酸盐土）

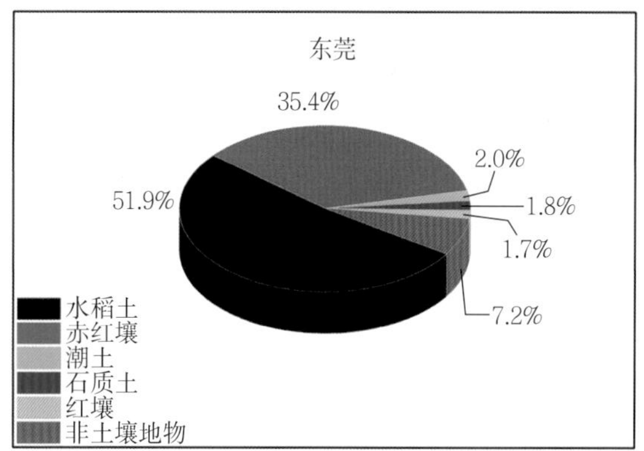
东莞
35.4%
2.0%
51.9%
1.8%
1.7%
7.2%
水稻土
赤红壤
潮土
石质土
红壤
非土壤地物

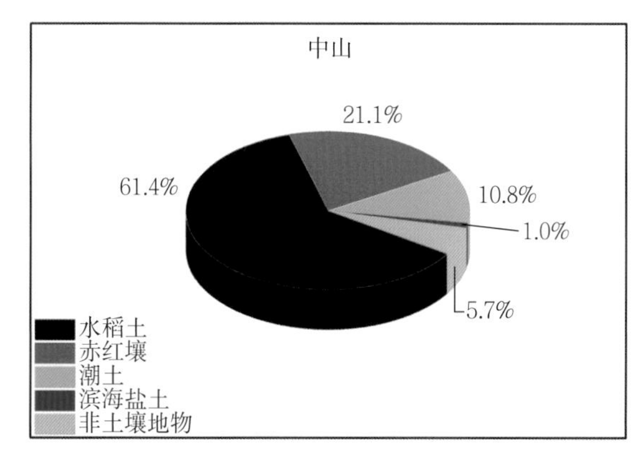
中山
21.1%
61.4%
10.8%
1.0%
5.7%
水稻土
赤红壤
潮土
滨海盐土
非土壤地物

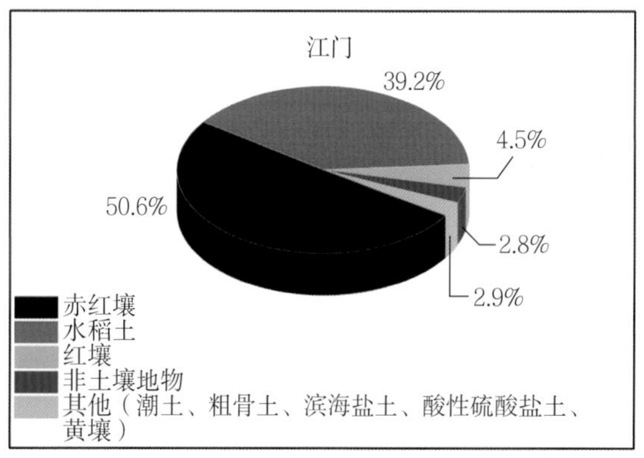
江门
39.2%
4.5%
50.6%
2.8%
2.9%
赤红壤
水稻土
红壤
非土壤地物
其他（潮土、粗骨土、滨海盐土、酸性硫酸盐土、黄壤）

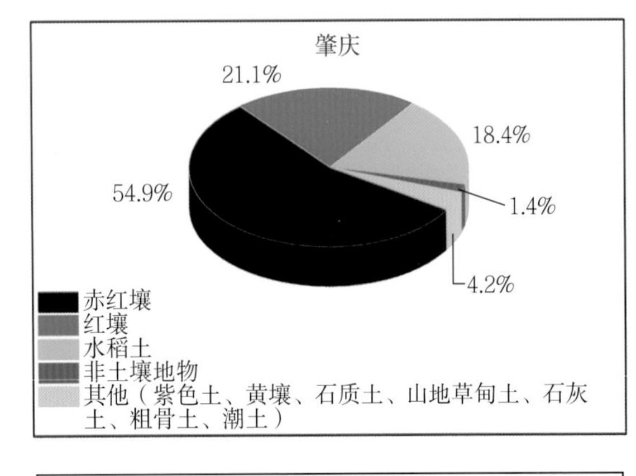


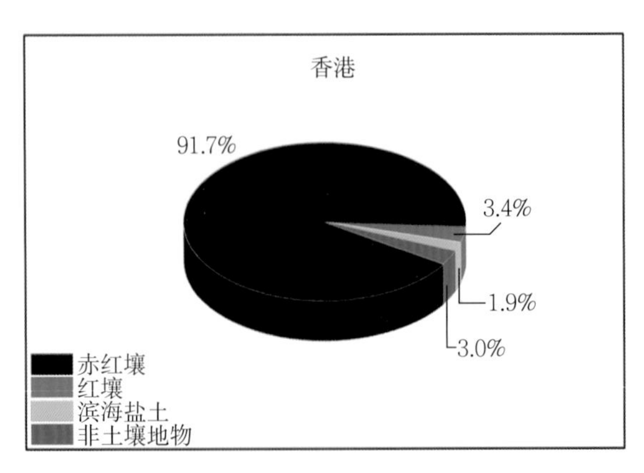


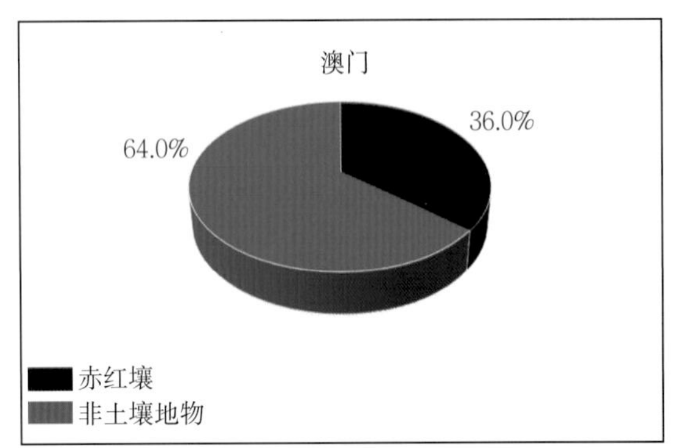


图4-6　粤港澳大湾区“9+2”城市各土壤类型面积占比

# 第二节　土壤侵蚀

## 一、土壤侵蚀特点

粤港澳大湾区属于典型的水蚀区域，自然条件影响因素复杂多样，导致土壤侵蚀类型多样。根据土壤侵蚀的植被类型及其覆盖度、地形地貌类型、岩性母质及表土层厚度等多个指标，将土壤侵蚀类型划分为无明显侵蚀、面状侵蚀、沟状侵蚀、崩岗侵蚀与溶蚀（表4-2）。

表4-2　土壤侵蚀类型的生境条件和流失特征

| 侵蚀方式 | 侵蚀强度 | 植被类型 | 植被覆盖度/% | 森林郁闭度 | 地面坡度/（°） | 地貌特征 | 主要母岩 | 表土层厚度/cm | 表土肥力水平 | 侵蚀模数/[t·（km$^2$·a）$^{-1}$] |
|---|---|---|---|---|---|---|---|---|---|---|
| 无明显侵蚀 | 允许流失 | 常绿阔叶林、常绿落叶阔叶林、针阔混交林 | >90 | 0.8～0.9 | 15～45 | 以高丘、低山为主 | 各种岩类均有，以变质岩和砂页岩为主 | 15～20 | 高 | <500 |
| 面状侵蚀　轻度 | 轻度流失 | 稀树灌木草坡、人工林、次生林；以禾本科为主的灌木草坡 | 70～90 | 0.3～0.5 | 10～20 | 低丘、高丘和低山具有分布 | 各种岩类均有，砂页岩、变质岩较多 | 6～10 | 中 | 500～1 500 |
| 面状侵蚀　中度 | 轻度流失 | 同上 | 50～70 | 0.2～0.3 | 15～35 | 以高、低丘为主 | 各种岩类均有 | 2～5 | 低 | 1 500～2 500 |
| 面状侵蚀　强度 | 中度流失 | 同上 | 30～50 | 0.1～0.2 | 25～35 | 以高、低丘为主 | 各种岩类均有，以花岗岩、红砂岩居多 | 0～2 | 极低 | 2 500～5 000 |
| 沟状侵蚀 | 中度-强度流失 | 同上 | 20～30 | <0.1 | 25～35 | 以丘陵台地的阳坡半阳坡居多 | 花岗岩、紫色页岩和红砂岩 | 0 | 极低 | 5 000～10 000 |
| 崩岗侵蚀 | 强度流失 | 光山或灌木草坡 | 10～30 | 0.1～0.2 | >25～35 | 同上 | 以花岗岩为主，砂砾岩、红色粉砂岩为次 | 0～5 | 极低 | 10 000～20 000 |
| 溶蚀　裸露溶蚀 | 强度流失 | 光山或石灰岩灌丛、藤本植物 | 0～10 | 0 | 15～60 | 石灰岩石山峰林地貌 | 石灰岩、白云岩、白云质灰岩 | 0 | 低 | — |
| 溶蚀　覆盖溶蚀-面蚀 | 轻度流失 | 石灰岩灌丛、藤本植物、人工林 | 70～80 | 0.5～0.7 | 5～15 | 岩溶山原、溶蚀平原 | 石灰岩混杂其他岩石风化覆盖物 | 20～30 | 高或中 | 500～2 500 |

资料来源：广东省科学院丘陵山区综合科学考察队，1991b。

面状侵蚀（简称面蚀）主要发生在坡耕地、稀疏牧草地和林地，是降水和径流对地表相对均匀的侵蚀方式，包括雨滴侵蚀（溅蚀）、片蚀和细沟侵蚀（唐克丽，2004）。这是粤港澳大湾区山区最普遍的一种土壤侵蚀类型。面蚀在各类成土母质（花岗岩、紫色页岩、红色砂岩、石灰岩、河湖沉积物等）发育的土壤上均有发生，多分布在谷地、盆地周边的台地、丘陵坡面。一般而言，面蚀表现为坡面表土的层状剥离。面蚀分布区的植被多为稀树草坡，根据植被的组成类型及其盖度差异，以及地形地貌的区别，可将面状土壤侵蚀区分为轻度、中度和强度面蚀3个类型（表4-2）。

根据广东省科学院丘陵山区综合科学考察队（1991b）的调查成果，土壤侵蚀总体特点概述如下。

**1. 土壤侵蚀范围广，呈现大分散、小集中**

在粤港澳大湾区境内的各个地级市（香港、澳门未统计），土壤侵蚀普遍存在，侵蚀总面积约5 940.5 $km^2$，占大湾区总面积的10.7%（表4-3）。而受到特殊的自然因素影响，如成土母质、地形地貌的集中连片分布，以及在大湾区内高速经济活动与城市化建设背景下，生产建设活动（经济开发、采矿、交通运输等）的集中对土壤造成扰动，植被破坏，容易诱发集中连片的土壤侵蚀。比如，在肇庆的德庆县，存在规模较集中的崩岗群。这是松散花岗岩风化壳土壤侵蚀的典型现象。因此，德庆县也是广东省水土流失的重点治理区域之一。

**2. 相对侵蚀量大，侵蚀物质质地较粗**

粤港澳大湾区境内的花岗岩风化壳侵蚀（坡面侵蚀与崩岗侵蚀），在侵蚀严重的地段，往往能够形成堪比我国黄土高原地区土壤侵蚀程度的侵蚀泥沙量。然而，本区域可供侵蚀的风化壳土壤层不但瘠薄，有的地方的表土甚至被剥蚀殆尽，露出基岩。

**3. 四种侵蚀类型**

土壤面蚀到成土母质面蚀类型。这个类型主要分布在岩性坚硬而风化壳厚度不大的坡面，或坡度较陡的红砂岩、砂页岩、变质岩、花岗岩和砾石较多的第四纪红土坡面，在整个侵蚀过程中，面蚀始终居主导地位。

土壤面蚀、土壤沟状侵蚀（简称沟蚀）到成土母质面蚀类型。这个类型主要分布在紫色页岩缓坡地和花岗岩陡坡地。

土壤面蚀、土壤沟蚀到崩岗侵蚀类型。这个类型在丘陵山区十分常见，主要分布在风化壳厚度大的花岗岩坡面上，土壤侵蚀过程从面蚀、沟蚀阶段，逐渐发展为崩岗侵蚀。

土壤面蚀到崩岗侵蚀类型。由土壤面蚀直接发展为崩岗侵蚀的风化壳土壤，这个类型往往发生在特定条件下。它是在台风暴雨条件下，容易令面蚀或无明显侵蚀的土壤触发滑坡，并由小崩岗逐步发展为大崩岗的侵蚀过程。

**4. 具有可逆性和不可逆性**

土壤侵蚀的发生发展往往和人类活动导致植被破坏同步发生。相应地，当土壤侵蚀发生地的植被恢复时，土壤侵蚀也将容易由强度转换为中度、轻度。这就是土壤侵蚀具有一定程度的可逆性的体现。然后，当土壤侵蚀的速率远超过成土速率，导致持续性的土壤净流失时，土层将变得瘠薄。加之，自然界土壤形成速率极为缓慢，每200～500年才大致形成1 cm厚度的土壤层。因此，当土壤遭到严重侵蚀时，被侵蚀冲刷了的土壤和风化壳将难以恢复。这就是土壤侵蚀的不可逆性。

### 5. 土壤侵蚀的危害性

（1）消耗土壤资源。无论是面蚀、沟蚀还是崩岗侵蚀，土壤侵蚀首先都破坏了肥力最高、养分最多、结构最好的表层土壤。土壤侵蚀一旦发生，首先会造成肥沃表土层的流失，冲走了大量土壤养分，显著降低土壤肥力。土地过度开发或在开发建设中造成地表裸露，在汛期暴雨期间，极易造成水土流失，消耗土壤资源。

（2）降低河湖坝库防洪标准，增大洪涝灾害风险。来自坡耕地与城市开发建设过程中的侵蚀泥沙，在河湖坝库中形成淤积，导致河床抬高，容易降低河湖坝库防洪标准，增大汛期的洪涝灾害风险。表现为淤高河床，缩短河道；降低水库库容，影响工程寿命与调蓄暴雨洪水能力；影响下游水利设施的安全运行。

（3）破坏基础设施，危及民众安全。土壤侵蚀在雨季和台风季节多发，尤其是在汛期暴雨期间，植被盖度低的光坡或者崩岗劣地，或开发建设项目在实施期间产生的大量松散土体，一旦遇到暴雨，容易产生大量泥沙，淤堵道路、农田。当诱发大规模的崩岗、滑坡、泥石流等灾害时，将很容易危及居民住宅与人身安全。

（4）恶化自然生态环境。在土壤侵蚀坡地上，土壤资源遭到破坏、森林植被覆盖率降低、生态系统功能失调的直接后果是区域小气候的恶化。在无森林覆盖或覆盖差的条件下，阳光直射地表，地表吸热快、散热快，气温、地表温度和地温的变幅增大，不利于植物生长及生态修复。同时，侵蚀劣地抵御暴雨、干旱、寒潮的能力也将大大削弱。

（5）抑制社会经济的可持续发展。土壤资源是最重要的自然资源之一，是开展社会经济活动的物质基础。因此，土壤一旦遭到严重破坏，在人的生命周期内难以自然再生与修复。这将直接威胁区域社会经济的可持续发展，并直接导致农业生态恶性循环、工农业产值下降和人民生活贫困。在人类社会发展历史上，不乏土壤侵蚀严重的地区社会发展缓慢、文明衰退甚至消亡的史实案例。

## 二、土壤侵蚀现状

以广东省第四次水土流失遥感普查成果报告中的土壤侵蚀调查数据为基础，汇总了粤港澳大湾区土壤侵蚀状况数据（香港和澳门未参与本次水土流失普查，数据暂无）（表4–3）。

大湾区总侵蚀面积5 940.5 km$^2$，占大湾区总面积的10.7%。其中，传统土壤侵蚀类型（包括自然侵蚀和坡耕地侵蚀）和非传统土壤侵蚀（包括由生产建设和火烧迹地引起的土壤侵蚀）面积分别为5 146.6 km$^2$和793.9 km$^2$，相应面积分别占大湾区总面积的9.3%和1.4%。在传统土壤侵蚀中，轻度、中度和强烈及以上三个等级侵蚀强度面积分别占大湾区总面积的6.8%、1.7%和0.8%。

以上普查结果表明，大湾区境内的土壤侵蚀主要表现为轻度土壤侵蚀，在水土保持工作中，应以预防为主，在中度及以上的土壤侵蚀地区，应有重点地开展水土保持工作。同时，对于本区域由各类型的生产建设活动与人为造成的火烧迹地所引发的土壤侵蚀，需加强水土保持规划、治理及监督管理工作。

表4-3　粤港澳大湾区市级不同强度的土壤侵蚀占地面积及其占所在区域总面积的百分比

| 土壤侵蚀强度 | 面积统计 | 总计 | 广州 | 深圳 | 珠海 | 佛山 | 惠州 | 东莞 | 中山 | 江门 | 肇庆 |
|---|---|---|---|---|---|---|---|---|---|---|---|
| 轻度 | 面积/km$^2$ | 3 769.7 | 301.2 | 198.7 | 159.2 | 159.1 | 786.2 | 161.9 | 98.6 | 987.0 | 917.7 |
| | 百分比/% | 6.8 | 4.2 | 10.2 | 9.7 | 4.2 | 7.0 | 6.6 | 5.7 | 10.5 | 6.2 |
| 中度 | 面积/km$^2$ | 941.1 | 38.3 | 52.4 | 57.3 | 11.9 | 208.4 | 22.9 | 32.2 | 214.9 | 303.1 |
| | 百分比/% | 1.7 | 0.5 | 2.7 | 3.5 | 0.3 | 1.8 | 0.9 | 1.8 | 2.3 | 2.0 |
| 强烈及以上 | 面积/km$^2$ | 435.5 | 11.7 | 11.1 | 14.1 | 0.7 | 103.4 | 1.9 | 2.1 | 60.4 | 230.1 |
| | 百分比/% | 0.8 | 0.2 | 0.6 | 0.9 | 0 | 0.9 | 0.1 | 0.1 | 0.6 | 1.5 |
| 生产建设 | 面积/km$^2$ | 748.3 | 103.7 | 81.0 | 56.1 | 82.4 | 132.5 | 56.8 | 59.6 | 99.1 | 77.1 |
| | 百分比/% | 1.3 | 1.4 | 4.1 | 3.4 | 2.1 | 1.2 | 2.3 | 3.4 | 1.0 | 0.5 |
| 火烧迹地 | 面积/km$^2$ | 45.6 | 2.0 | 0 | 0 | 0.8 | 1.6 | 0 | 0 | 8.6 | 32.7 |
| | 百分比/% | 0.1 | 0 | 0 | 0 | 0 | 0 | 0 | 0 | 0.1 | 0.2 |
| 合计 | 面积/km$^2$ | 5 940.5 | 456.8 | 343.3 | 286.7 | 254.8 | 1 232.1 | 243.5 | 192.5 | 1 369.9 | 1 560.7 |
| | 百分比/% | 10.7 | 6.4 | 17.6 | 17.4 | 6.7 | 10.9 | 9.9 | 11.0 | 14.6 | 10.5 |

数据来源：广东省第四次水土流失遥感普查成果报告（2013年）。

基于广东省水利厅组织的第四次水土流失遥感普查成果报告（2013年）中大湾区不同城市土壤侵蚀类型的土壤侵蚀普查结果（香港和澳门未参与本次水土流失普查，数据暂无），表4-4展示了市级水平不同类型的土壤侵蚀面积及其在市域总面积的占比情况。总体而言，大湾区内9个地级市的土壤侵蚀面积及其在市域总面积的占比分别为广州456.8 km$^2$、6.4%，深圳343.3 km$^2$、17.6%，珠海286.7 km$^2$、17.4%，佛山254.8 km$^2$、6.7%，惠州1 232.1 km$^2$、10.9%，东莞243.5 km$^2$、9.9%，中山192.5 km$^2$、11.0%，江门1 369.9 km$^2$、14.6%，肇庆1 560 km$^2$、10.5%。

表4-4　粤港澳大湾区市级不同类型土壤侵蚀面积及其占所在市域总面积的百分比

| 地市 | 面积统计 | 自然侵蚀 | 坡耕地 | 生产建设 | | | | | | 火烧迹地 | 合计 |
|---|---|---|---|---|---|---|---|---|---|---|---|
| | | | | 开发区建设 | 采矿 | 采石取土 | 交通运输工程 | 水利电力工程 | 合计 | | |
| 广州 | 面积/km$^2$ | 311.7 | 39.4 | 74.3 | 0 | 15.4 | 13.7 | 0.3 | 103.7 | 2.0 | 456.8 |
| | 百分比/% | 4.3 | 0.5 | 1.0 | 0 | 0.2 | 0.2 | <0.1 | 1.4 | <0.1 | 6.4 |
| 深圳 | 面积/km$^2$ | 258.5 | 3.8 | 66.2 | 0 | 2.8 | 10.7 | 1.3 | 81.0 | 0 | 343.3 |
| | 百分比/% | 13.3 | 0.2 | 3.4 | 0 | 0.1 | 0.5 | 0.1 | 4.1 | 0 | 17.6 |
| 珠海 | 面积/km$^2$ | 230.2 | 0.4 | 44.7 | 0 | 6.4 | 3.1 | 2.0 | 56.1 | 0 | 286.7 |
| | 百分比/% | 14.0 | <0.1 | 2.7 | 0 | 0.4 | 0.2 | 0.1 | 3.4 | 0 | 17.4 |
| 佛山 | 面积/km$^2$ | 170.5 | 0.6 | 60.8 | 0 | 8.3 | 10.3 | 1.0 | 82.4 | 0.8 | 254.8 |
| | 百分比/% | 4.5 | <0.1 | 1.6 | 0 | 0.2 | 0.3 | <0.1 | 2.1 | <0.1 | 6.7 |
| 惠州 | 面积/km$^2$ | 870.7 | 227.3 | 84.4 | 9.3 | 24.0 | 12.7 | 2.2 | 132.5 | 1.6 | 1 232.1 |
| | 百分比/% | 7.7 | 2.0 | 0.7 | 0.1 | 0.2 | 0.1 | <0.1 | 1.2 | <0.1 | 10.9 |

续表

| 地市 | 面积统计 | 自然侵蚀 | 坡耕地 | 生产建设 | | | | | | 火烧迹地 | 合计 |
|---|---|---|---|---|---|---|---|---|---|---|---|
| | | | | 开发区建设 | 采矿 | 采石取土 | 交通运输工程 | 水利电力工程 | 合计 | | |
| 东莞 | 面积/km² | 186.5 | 0.3 | 43.0 | 0 | 3.7 | 9.4 | 0.8 | 56.8 | 0 | 243.5 |
| | 百分比/% | 7.6 | ＜0.1 | 1.7 | 0 | 0.1 | 0.4 | ＜0.1 | 2.3 | 0 | 9.9 |
| 中山 | 面积/km² | 131.3 | 1.6 | 43.2 | 0 | 7.8 | 8.5 | 0.2 | 59.6 | 0 | 192.5 |
| | 百分比/% | 7.5 | 0.1 | 2.5 | 0 | 0.4 | 0.5 | ＜0.1 | 3.4 | 0 | 11.0 |
| 江门 | 面积/km² | 1 228.5 | 33.8 | 74.2 | 0.8 | 16.3 | 7.2 | 0.6 | 99.1 | 8.6 | 1 369.9 |
| | 百分比/% | 13.1 | 0.4 | 0.8 | ＜0.1 | 0.2 | 0.1 | ＜0.1 | 1.0 | 0.1 | 14.6 |
| 肇庆 | 面积/km² | 978.8 | 472.1 | 30.0 | 11.9 | 25.4 | 9.8 | 0.1 | 77.1 | 32.7 | 1 560.7 |
| | 百分比/% | 6.6 | 3.2 | 0.2 | 0.1 | 0.2 | 0.1 | ＜0.1 | 0.5 | 0.2 | 10.5 |

数据来源：广东省第四次水土流失遥感普查成果报告（2013年）。

## （一）广州

从土壤侵蚀强度角度（表4-3）来看，传统土壤侵蚀中广州侵蚀面积最大的是轻度侵蚀，面积约为301.2 km²，其次是中度侵蚀与强烈及以上侵蚀，面积分别为38.3 km²和11.7 km²。

由表4-4可知，广州的总侵蚀面积为456.8 km²，约占广州总面积的6.4%。其中，自然侵蚀面积为311.7 km²。坡耕地农业活动、生产建设、火烧迹地导致的人为土壤侵蚀面积分别为39.4 km²、103.7 km²和2.0 km²。人类活动引起的各类土壤侵蚀约占总侵蚀面积的32%。从生产建设类项目引发的侵蚀（表4-5）来看，广州由生产建设引发的侵蚀总面积约为103.7 km²，其中开发区建设造成的侵蚀面积为74.3 km²，占生产建设侵蚀总面积的71.6%，其他类生产建设项目引发的侵蚀依次为采石取土15.4 km²、交通运输工程13.7 km²及水利电力工程0.3 km²。

从县区侵蚀分布（表4-5）来看：广州侵蚀面积最大的是从化市，面积为136.5 km²；其次为增城市、花都区、广州市辖区，面积分别为110.3 km²、90.6 km²、80.0 km²；番禺区的侵蚀面积最小，为39.4 km²。

广州引发土壤侵蚀的原因主要有以下两个方面：

（1）自然因素。在地形地貌方面，广州中部及北部大部分地区为低山丘区，地形坡度大，地势起伏较大，一旦地表受到破坏，容易发生水土流失。在土壤条件方面，广州的土壤类型主要包括红壤、赤红壤、水稻土等。由于这些类型的土壤多发于物质结构松散、结构性较差的花岗岩风化物上，土壤的抗蚀能力普遍较差。在植被覆盖方面，广州的林业结构不合理，部分山区以针叶林为主，阔叶林较少，且部分地区大范围种植桉树，森林生态质量较低，对水土流失产生潜在威胁。在气候气象方面，广州毗邻南海，有相对充足的水汽输送条件，雨量充沛，各地年降雨量范围在1 500 ~ 2 200 mm。降雨量在全年各月分布不均匀，其中雨季（4—9月）降雨量占全年降雨量的85%左右，且降雨强度大，暴雨集中，台风活动频繁，每次台风过境，一旦有暴雨，各种处于极限平衡状态下的裸露坡面、松散弃土坡、建筑开挖面就容易被触发，引起强烈的坡面土壤侵蚀。

（2）人为因素。广州经济发展水平和速度长期处于粤港澳大湾区城市群的领先水平，经济的高速发展和快速的城市化进程，加速了人为因素造成的土壤侵蚀，导致珍贵表土资源不可避免地流失。例如开发区建设（含房地产开发、经济开发区、旅游开发区等）、交通运输工程、采石取土、火烧迹地等人类活动对表土资源造成了不同程度的消耗。

**表4-5　广州各县区内不同类型的土壤侵蚀占地面积**　　单位：$km^2$

| 地市 | 县区 | 自然侵蚀 | 坡耕地 | 生产建设 | | | | | | 火烧迹地 | 合计 |
|---|---|---|---|---|---|---|---|---|---|---|---|
| | | | | 开发区建设 | 采矿 | 采石取土 | 交通运输工程 | 水利电力工程 | 合计 | | |
| 广州 | 广州市辖区 | 53.7 | 0.6 | 23.0 | 0 | 0.1 | 2.5 | 0 | 25.7 | 0 | 80 |
| | 从化市 | 86.2 | 30.6 | 10.3 | 0 | 6.4 | 1.7 | 0.2 | 18.6 | 1.1 | 136.5 |
| | 增城市 | 79.2 | 7.6 | 12.6 | 0 | 1.9 | 8.1 | 0 | 22.6 | 0.9 | 110.3 |
| | 番禺区 | 27.7 | 0 | 10.2 | 0 | 0.6 | 0.9 | 0 | 11.7 | 0 | 39.4 |
| | 花都区 | 64.9 | 0.6 | 18.2 | 0 | 6.5 | 0.4 | 0.1 | 25.1 | 0 | 90.6 |
| | 合计 | 311.7 | 39.4 | 74.3 | 0 | 15.4 | 13.7 | 0.3 | 103.7 | 2.0 | 456.8 |

数据来源：广东省第四次水土流失遥感普查成果报告（2013年）。

## （二）深圳

从土壤侵蚀强度（表4-3）角度来看，传统土壤侵蚀中，深圳侵蚀面积最大的是轻度侵蚀，面积约为198.7 $km^2$，其次是中度侵蚀与强烈及以上侵蚀，面积分别为52.4 $km^2$、11.1 $km^2$。总体而言，深圳的土壤侵蚀程度以轻度、中度为主，强烈及以上的土壤侵蚀占比很低。

由表4-4可知，深圳的总侵蚀面积为343.3 $km^2$，约占深圳总面积的17.6%。其中，自然侵蚀面积为258.5 $km^2$。坡耕地农业活动和生产建设导致的人为土壤侵蚀面积分别为3.8 $km^2$和81.0 $km^2$。无火烧迹地引起的土壤侵蚀。人类活动引起的各类土壤侵蚀约占总侵蚀面积的25%。从生产建设类项目引发的侵蚀（表4-4）来看，深圳的生产建设侵蚀总面积约为81.0 $km^2$，其中开发区建设的侵蚀面积为66.2 $km^2$，占生产建设侵蚀总面积的81.7%，其他类生产建设项目引发的侵蚀依次为采石取土2.8 $km^2$、交通运输工程10.7 $km^2$及水利电力工程1.3 $km^2$。

深圳引发土壤侵蚀的原因与广州相似，既有自然因素的影响，同时也受到强烈的人类活动影响。其中开发区建设、采石取土和交通运输工程等城市化建设活动导致的植被破坏是引发深圳土壤侵蚀的主要驱动力。

## （三）珠海

从土壤侵蚀强度（表4-3）角度来看，传统土壤侵蚀中，珠海侵蚀面积最大的是轻度侵蚀，面积约为159.2 $km^2$，其次是中度侵蚀与强烈及以上侵蚀，面积分别为57.3 $km^2$、14.1 $km^2$。

总体而言，珠海的土壤侵蚀程度以轻度、中度为主，强烈及以上的土壤侵蚀占比很低。

由表4-4可知，珠海的总侵蚀面积为286.7 km$^2$，约占珠海总面积的17.4%。其中，自然侵蚀面积为230.2 km$^2$。坡耕地农业活动和生产建设导致的人为土壤侵蚀面积分别为0.4 km$^2$和56.1 km$^2$。无火烧迹地引起的土壤侵蚀。人类活动引起的各类土壤侵蚀约占总侵蚀面积的20%。从生产建设类项目引发的侵蚀（表4-4）来看，珠海的生产建设侵蚀总面积约为56.1 km$^2$，其中开发区建设的侵蚀面积为44.7 km$^2$，占生产建设侵蚀总面积的79.7%，其他类生产建设项目引发的侵蚀依次为采石取土6.4 km$^2$、交通运输工程3.1 km$^2$及水利电力工程2.0 km$^2$。

珠海引发土壤侵蚀的原因与深圳相似，同时受到自然因素与强烈的人类活动影响。其中开发区建设、采石取土和交通运输工程等城市化建设活动是引发珠海土壤侵蚀的主要驱动力。

## （四）佛山

从土壤侵蚀强度（表4-3）角度来看，传统土壤侵蚀中，佛山侵蚀面积最大的是轻度侵蚀，面积约为159.1 km$^2$，其次是中度侵蚀与强烈及以上侵蚀，面积分别为11.9 km$^2$、0.7 km$^2$。总体而言，佛山的土壤侵蚀程度以轻度、中度为主，强烈及以上的土壤侵蚀占比极低。

由表4-4可知，佛山的总侵蚀面积为254.8 km$^2$，约占佛山总面积的6.7%。其中，自然侵蚀面积为170.5 km$^2$。坡耕地农业活动、生产建设、火烧迹地导致的人为土壤侵蚀面积分别为0.6 km$^2$、82.4 km$^2$和0.8 km$^2$。人类活动引起的各类土壤侵蚀约占总侵蚀面积的32.9%。从生产建设类项目引发的侵蚀（表4-6）来看，佛山的生产建设侵蚀总面积约为82.4 km$^2$，其中开发区建设的侵蚀面积为60.8 km$^2$，占生产建设侵蚀总面积的73.8%，其他类生产建设项目引发的侵蚀依次为采石取土8.3 km$^2$、交通运输工程10.3 km$^2$及水利电力工程1.0 km$^2$。

从县区侵蚀分布（表4-6）来看：佛山侵蚀面积最大的是高明区，面积约为121.0 km$^2$；其次为南海区、三水区、顺德区，面积分别为56.9 km$^2$、52.3 km$^2$、22.1 km$^2$；佛山辖区的侵蚀面积最小，约为2.6 km$^2$。

从自然条件来看，佛山位于珠江三角洲地区，海拔较低，全市近80%的土地坡度小于5°，地形比较平坦，不利于产生土壤侵蚀。因此，自然侵蚀面积较小。但与大湾区的广州、深圳等市类似，引发局部严重土壤侵蚀的主要驱动力为开发区建设、采石取土和交通运输工程等城市化建设活动。

**表4-6 佛山各县区内不同类型的土壤侵蚀占地面积** 单位：km$^2$

| 地市 | 县区 | 自然侵蚀 | 坡耕地 | 生产建设 | | | | | | 火烧迹地 | 合计 |
|---|---|---|---|---|---|---|---|---|---|---|---|
| | | | | 开发区建设 | 采矿 | 采石取土 | 交通运输工程 | 水利电力工程 | 合计 | | |
| 佛山 | 佛山市辖区 | 0.6 | 0 | 2.0 | 0 | 0 | 0 | 0 | 2.0 | 0 | 2.6 |
| | 三水区 | 26.3 | 0.3 | 19.6 | 0 | 2.6 | 2.9 | 0.5 | 25.6 | 0.1 | 52.3 |
| | 南海区 | 33.3 | 0 | 20.6 | 0 | 1.3 | 1.6 | 0.2 | 23.6 | 0 | 56.9 |

续表

| 地市 | 县区 | 自然侵蚀 | 坡耕地 | 生产建设 | | | | | | 火烧迹地 | 合计 |
|---|---|---|---|---|---|---|---|---|---|---|---|
| | | | | 开发区建设 | 采矿 | 采石取土 | 交通运输工程 | 水利电力工程 | 合计 | | |
| 佛山 | 高明区 | 101.7 | 0.4 | 12.4 | 0 | 3.4 | 2.2 | 0.2 | 18.2 | 0.7 | 121.0 |
| | 顺德区 | 9.2 | 0 | 8.1 | 0 | 1.0 | 3.8 | 0 | 12.9 | 0 | 22.1 |
| | 合计 | 170.5 | 0.6 | 60.8 | 0 | 8.3 | 10.3 | 1.0 | 82.4 | 0.8 | 254.8 |

数据来源：广东省第四次水土流失遥感普查成果报告（2013年）。

## （五）惠州

从土壤侵蚀强度（表4-3）角度来看，传统土壤侵蚀中，惠州侵蚀面积最大的是轻度侵蚀，面积约为786.2 km$^2$，其次是中度侵蚀与强烈及以上侵蚀，面积分别为208.4 km$^2$、103.4 km$^2$。总体而言，惠州的土壤侵蚀程度以轻度、中度为主，强烈及以上的土壤侵蚀占比较低，但其绝对侵蚀面积很大，惠州属于大湾区境内遭受土壤侵蚀较严重的地区之一。

由表4-4可知，惠州的总侵蚀面积为1 232.1 km$^2$，约占惠州总面积的10.9%。惠州与江门、肇庆是粤港澳大湾区境内3个土壤侵蚀总面积超过1 000 km$^2$的地级市。其中，自然侵蚀面积为870.7 km$^2$。坡耕地农业活动、生产建设、火烧迹地导致的人为土壤侵蚀面积分别为227.3 km$^2$、132.5 km$^2$和1.6 km$^2$。人类活动引起的各类土壤侵蚀面积为361.5 km$^2$，约占总侵蚀面积的29.3%。从生产建设类项目引发的侵蚀（表4-7）来看，惠州的生产建设侵蚀总面积约为132.5 km$^2$，其中开发区建设的侵蚀面积为84.4 km$^2$，占生产建设侵蚀总面积的63.7%，其他类生产建设项目引发的侵蚀依次为采矿9.3 km$^2$、采石取土24.0 km$^2$、交通运输工程12.7 km$^2$及水利电力工程2.2 km$^2$。

从县区侵蚀分布（表4-7）来看：惠州侵蚀面积最大的是惠东县，面积约为401.5 km$^2$；其次为惠阳区、博罗县、龙门县，面积分别为305.0 km$^2$、272.3 km$^2$、182.3 km$^2$；惠州市辖区的侵蚀面积最小，约为70.9 km$^2$。其中，龙门县、博罗县和惠东县属于国家级水土流失重点预防区。

惠州引发土壤侵蚀的原因主要有以下两个方面：

（1）自然因素。在地形地貌方面，惠州的地势北、东部高，中、西部低，中部低山、丘陵、台地、平原相间，在丘陵、台地周围以及江河两岸有冲积阶地。其中，中低山、丘陵与台地约占全市陆地面积的68.7%，平原阶地约占31.3%。惠州坡度大于15° 的面积占全市总面积的34.8%。因此，地形起伏大的区域面积和比例都较大。此外，地层岩性多样，以花岗岩等岩浆岩为主，地质构造上褶皱和断裂发育。以上这些地形地貌及成土母质母岩特征，极易造成土壤侵蚀。这是决定惠州土壤侵蚀面积分布较大的最重要的客观因素。

（2）人为因素。与大湾区其他地级市相似，惠州在快速城市化建设中，一系列生产建设活动（开发区建设、交通运输工程、采石取土、火烧迹地）加速了原本脆弱的自然土壤的流失速率。

表4-7　惠州各县区内不同类型的土壤侵蚀占地面积　　单位：km²

| 地市 | 县区 | 自然侵蚀 | 坡耕地 | 生产建设 | | | | | | 火烧迹地 | 合计 |
|---|---|---|---|---|---|---|---|---|---|---|---|
| | | | | 开发区建设 | 采矿 | 采石取土 | 交通运输工程 | 水利电力工程 | 合计 | | |
| 惠州 | 惠州市辖区 | 56.6 | 0.3 | 10.5 | 0.9 | 2.2 | 0.2 | 0.1 | 13.9 | 0.2 | 70.9 |
| | 惠阳区 | 244.0 | 0.3 | 45.4 | 0 | 11.5 | 3.2 | 0.4 | 60.5 | 0.2 | 305.0 |
| | 博罗县 | 149.2 | 95.9 | 16.9 | 0.4 | 6.4 | 2.8 | 0.7 | 27.3 | 0 | 272.3 |
| | 惠东县 | 302.8 | 83.1 | 9.5 | 2.0 | 2.2 | 1.7 | 0.3 | 15.6 | 0 | 401.5 |
| | 龙门县 | 118.2 | 47.7 | 2.1 | 6.0 | 1.6 | 4.8 | 0.7 | 15.3 | 1.2 | 182.3 |
| | 合计 | 870.7 | 227.3 | 84.4 | 9.3 | 24.0 | 12.7 | 2.2 | 132.5 | 1.6 | 1 232.1 |

数据来源：广东省第四次水土流失遥感普查成果报告（2013年）。

## （六）东莞

从土壤侵蚀强度（表4-3）角度来看，传统土壤侵蚀中，东莞侵蚀面积最大的是轻度侵蚀，面积约为161.9 km²，其次是中度侵蚀与强烈及以上侵蚀，面积分别为22.9 km²、1.9 km²。总体而言，东莞的土壤侵蚀程度以轻度、中度为主，强烈及以上的土壤侵蚀占比很低。

由表4-4可知，东莞的总侵蚀面积为243.5 km²，约占东莞总面积的9.9%。其中，自然侵蚀面积为186.5 km²。坡耕地农业活动和生产建设导致的人为土壤侵蚀面积分别为0.3 km²和56.8 km²。无火烧迹地引起的土壤侵蚀。人类活动引起的各类土壤侵蚀约占总侵蚀面积的23%。从生产建设类项目引发的侵蚀（表4-4）来看，东莞的生产建设侵蚀总面积约为56.8 km²，其中开发区建设的侵蚀面积为43.0 km²，占生产建设侵蚀总面积的75.7%，其他类生产建设项目引发的侵蚀依次为采石取土3.7 km²、交通运输工程9.4 km²及水利电力工程0.8 km²。

东莞引发土壤侵蚀的原因与深圳、珠海相似，一方面受到自然因素的影响，另一方面在强烈的人类活动影响干扰下，开发区建设、采石取土和交通运输工程等城市化建设活动成为引发东莞土壤侵蚀的主要驱动力。

## （七）中山

从土壤侵蚀强度（表4-3）角度来看，传统土壤侵蚀中，中山侵蚀面积最大的是轻度侵蚀，面积约为98.6 km²，其次是中度侵蚀与强烈及以上侵蚀，面积分别为32.2 km²、2.1 km²。总体而言，中山的土壤侵蚀程度以轻度、中度为主，强烈及以上的土壤侵蚀占比很低。在整个大湾区境内，中山土壤侵蚀发生发展水平处于低水平。

由表4-4可知，中山的总侵蚀面积为192.5 km²，约占中山总面积的11.0%。其中，自然侵蚀面积为131.3 km²。坡耕地农业活动和生产建设导致的人为土壤侵蚀面积分别为1.6 km²和59.6 km²。无火烧迹地引起的土壤侵蚀。人类活动引起的各类土壤侵蚀约占总侵蚀面积的32%。从生产建设类项目引发的侵蚀（表4-4）来看，中山的生产建设侵蚀总面积约为59.6 km²，其中开发区建设的侵蚀面积为43.2 km²，占生产建设侵蚀总面积的72.5%，其他类生产建设项目引发的侵蚀依次为采石取土7.8 km²、交通运输工程8.5 km²及水利电力工程0.2 km²。

中山引发土壤侵蚀的原因与珠海相似，自然因素与强烈的人类活动影响的共同作用（开发区建设、采石取土和交通运输工程等城市化建设活动）促进了中山土壤侵蚀的发生与发展。

## （八）江门

从土壤侵蚀强度（表4-3）角度来看，传统土壤侵蚀中，江门侵蚀面积最大的是轻度侵蚀，面积约为987.0 km²，其次是中度侵蚀与强烈及以上侵蚀，面积分别为214.9 km²、60.4 km²。总体而言，江门的土壤侵蚀程度以轻度、中度为主，强烈及以上的土壤侵蚀占比较低，但其绝对侵蚀面积较大，江门属于大湾区境内遭受土壤侵蚀严重的地区之一。

由表4-4可知，江门的总侵蚀面积为1 369.9 km²，约占江门总面积的14.6%。江门是粤港澳大湾区境内土壤侵蚀总面积第二大的地级市。其中，自然侵蚀面积为1 228.5 km²。坡耕地农业活动、生产建设、火烧迹地导致的人为土壤侵蚀面积分别为33.8 km²、99.1 km²和8.6 km²。人类活动引起的各类土壤侵蚀面积为141.5 km²，约占总侵蚀面积的10.3%。

从县区侵蚀分布（表4-8）来看：江门侵蚀面积最大的是台山市，面积约为510.6 km²；其次为新会区、鹤山市、开平市、恩平市，面积分别为271.8 km²、218.4 km²、201.1 km²、151.3 km²；江门市辖区的侵蚀面积最小，约为16.6 km²。其中，开平市和恩平市属于广东省水土流失重点预防区。从生产建设类项目引发的侵蚀（表4-8）来看，江门的生产建设侵蚀总面积约为99.1 km²，其中开发区建设的侵蚀面积为74.2 km²，占生产建设侵蚀总面积的74.9%，其他类生产建设项目引发的侵蚀依次为采矿0.8 km²、采石取土16.3 km²、交通运输工程7.2 km²及水利电力工程0.6 km²。

江门引发土壤侵蚀的原因与惠州类似，既有松散花岗岩风化壳的广泛分布，又普遍存在植被破坏现象，加之在快速城市化建设进程中，对山地的开发强度大，包括开发区建设、采矿、采石取土、交通运输工程、水利电力工程、火烧迹地等在内的人类活动，加速了原本成土条件脆弱的土壤的流失速率。

表4-8　江门各县区内不同类型的土壤侵蚀占地面积　　单位：km²

| 地市 | 县区 | 自然侵蚀 | 坡耕地 | 生产建设 | | | | | | 火烧迹地 | 合计 |
|---|---|---|---|---|---|---|---|---|---|---|---|
| | | | | 开发区建设 | 采矿 | 采石取土 | 交通运输工程 | 水利电力工程 | 合计 | | |
| 江门 | 江门市辖区 | 9.6 | 0 | 6.9 | 0 | 0 | 0.1 | 0 | 7.0 | 0 | 16.6 |
| | 新会区 | 240.4 | 0 | 21.4 | 0 | 7.3 | 2.5 | 0.2 | 31.4 | 0 | 271.8 |
| | 台山市 | 462.4 | 28.4 | 15.1 | 0 | 3.6 | 0.3 | 0 | 19.0 | 0.8 | 510.6 |
| | 开平市 | 189.3 | 0.9 | 6.6 | 0 | 0.6 | 0.7 | 0.1 | 8.0 | 3.0 | 201.1 |
| | 鹤山市 | 189.8 | 2.6 | 18.7 | 0 | 3.5 | 3.2 | 0 | 25.5 | 0.5 | 218.4 |

续表

| 地市 | 县区 | 自然侵蚀 | 坡耕地 | 生产建设 | | | | | | 火烧迹地 | 合计 |
|---|---|---|---|---|---|---|---|---|---|---|---|
| | | | | 开发区建设 | 采矿 | 采石取土 | 交通运输工程 | 水利电力工程 | 合计 | | |
| 江门 | 恩平市 | 137.1 | 1.8 | 5.5 | 0.8 | 1.2 | 0.4 | 0.3 | 8.1 | 4.3 | 151.3 |
| | 合计 | 1 228.5 | 33.8 | 74.2 | 0.8 | 16.3 | 7.2 | 0.6 | 99.1 | 8.6 | 1 369.9 |

数据来源：广东省第四次水土流失遥感普查成果报告（2013年）。

## （九）肇庆

从土壤侵蚀强度（表4-3）角度来看，传统土壤侵蚀中，肇庆侵蚀面积最大的是轻度侵蚀，面积约为917.7 km$^2$，其次是中度侵蚀与强烈及以上侵蚀，面积分别为303.1 km$^2$、230.1 km$^2$。总体而言，肇庆的土壤侵蚀程度以轻度、中度为主，但强烈及以上的土壤侵蚀绝对面积较大，肇庆属于大湾区境内遭受土壤侵蚀严重的地区之一。

由表4-4可知，肇庆的总侵蚀面积为1 560.7 km$^2$，约占肇庆总面积的10.5%。肇庆是粤港澳大湾区境内土壤侵蚀总面积第一大的地级市。其中，自然侵蚀面积为978.8 km$^2$。坡耕地农业活动、生产建设、火烧迹地导致的人为土壤侵蚀面积分别为472.1 km$^2$、77.1 km$^2$和32.7 km$^2$。人类活动引起的各类土壤侵蚀面积为581.9 km$^2$，约占总侵蚀面积的37.3%。其中，坡耕地侵蚀面积、火烧迹地侵蚀面积在大湾区各大城市中均居首位。从生产建设类项目引发的侵蚀（表4-9）来看，肇庆的生产建设侵蚀总面积约为77.1 km$^2$，其中开发区建设的侵蚀面积为30.0 km$^2$，占生产建设侵蚀总面积的38.9%，其他类生产建设项目引发的侵蚀依次为采矿11.9 km$^2$、采石取土25.4 km$^2$、交通运输工程9.8 km$^2$及水利电力工程0.1 km$^2$。

从县区侵蚀分布（表4-9）来看：肇庆侵蚀面积最大的是德庆县，面积约为382.3 km$^2$；其次为封开县、怀集县、高要市、广宁县、四会市，面积分别为333.6 km$^2$、308.7 km$^2$、244.9 km$^2$、135.4 km$^2$、120.6 km$^2$；肇庆市辖区的侵蚀面积最小，约为35.2 km$^2$。其中，怀集县和广宁县属于广东省水土流失重点预防区，德庆县与封开县属于广东省水土流失重点治理区。

肇庆引发土壤侵蚀的原因与江门、惠州类似。最大区别是在自然因素方面：肇庆土地坡度大于15° 的面积占全市总面积的40.3%，山区、丘陵区面积较大且地形起伏大；普遍分布花岗岩风化壳；林业结构不尽合理，山区多针叶林，少阔叶林，有效植被覆盖度相对较低。这些自然因素加上毁林开荒等人类活动，共同致使肇庆成为大湾区境内土壤侵蚀最严重的区域之一。

**表4-9　肇庆各县区内不同类型的土壤侵蚀占地面积**　　单位：km$^2$

| 地市 | 县区 | 自然侵蚀 | 坡耕地 | 生产建设 | | | | | | 火烧迹地 | 合计 |
|---|---|---|---|---|---|---|---|---|---|---|---|
| | | | | 开发区建设 | 采矿 | 采石取土 | 交通运输工程 | 水利电力工程 | 合计 | | |
| 肇庆 | 肇庆市辖区 | 25.2 | 3.6 | 4.1 | 0 | 1.2 | 0 | 0 | 5.2 | 1.2 | 35.2 |

续表

| 地市 | 县区 | 自然侵蚀 | 坡耕地 | 生产建设 | | | | | | 火烧迹地 | 合计 |
|---|---|---|---|---|---|---|---|---|---|---|---|
| | | | | 开发区建设 | 采矿 | 采石取土 | 交通运输工程 | 水利电力工程 | 合计 | | |
| 肇庆 | 广宁县 | 86.8 | 34.0 | 3.5 | 0 | 4.6 | 3.5 | 0 | 11.7 | 2.9 | 135.4 |
| | 怀集县 | 248.4 | 35.8 | 1.1 | 10.6 | 2.0 | 2.4 | 0 | 16.0 | 8.5 | 308.7 |
| | 封开县 | 179.7 | 145.6 | 1.5 | 0 | 1.5 | 0 | 0 | 3.0 | 5.2 | 333.6 |
| | 德庆县 | 182.9 | 182.7 | 3.2 | 0 | 6.2 | 0 | 0 | 9.4 | 7.4 | 382.3 |
| | 高要市 | 194.3 | 31.0 | 5.1 | 1.3 | 6.6 | 0 | 0 | 13.0 | 6.6 | 244.9 |
| | 四会市 | 61.5 | 39.4 | 11.6 | 0 | 3.4 | 3.8 | 0.1 | 18.8 | 1.0 | 120.6 |
| | 合计 | 978.8 | 472.1 | 30 | 11.9 | 25.4 | 9.8 | 0.1 | 77.1 | 32.7 | 1 560.7 |

数据来源：广东省第四次水土流失遥感普查成果报告（2013年）。

# 第三节　土壤环境质量40年变化

粤港澳大湾区位于华南，濒临南海，是我国目前经济最发达和人口最密集的地区之一。改革开放前，除港澳之外的大湾区（珠三角地区）是广东省著名的“鱼米之乡”，农业和水产养殖业等占据主导地位。改革开放以来，凭借国家给予“先行一步”的特殊政策以及毗邻港澳的优势，珠三角地区社会经济快速发展，工业化与城乡一体化进展在全国遥遥领先（王光军 等，2007）。然而，粗放型的发展模式也引发了大气、水和土壤环境污染日益严重等“后遗症”（张广才，1998；周春山 等，2013）。处于大地表层的土壤，长期以来一直是许多废弃物的受纳者，如污水、垃圾、粉尘、污泥、矿渣、化肥、农药等，进入土壤的各种污染物会参与到土壤生态系统循环，对环境和人体产生潜在危害（广东省土壤普查办公室，1993；Cai et al.，2010；Chang et al.，2014）。由于土壤污染具有隐蔽性的特点，它在很长一段时间内没有引起社会各界足够的重视，直至一些环境事件集中爆发，土壤环境安全问题在社会经济发展中所处的重要地位才开始被社会各界所认识（庄国泰，2015）。随着改革开放向纵深推进，对生态环境保护的认知、目标和措施等也在不断发生着变革，调整产业结构、优化产业布局、强化工业污染整治、合理使用农药和化肥、增加使用有机肥料等一系列环保措施被逐步采用，环境质量改善更被纳入“十三五”环保规划的考核目标。总之，改革开放40年来，大湾区经历了从早期的重经济轻环保到后期的环保与经济发展并重的转变，环境质量也随之发生了变化。

## 一、土壤环境质量的定义

土壤环境质量是指在一定的时间和空间范围内，土壤自身性状对其持续利用以及对其他环境要素，特别是对人类或其他生物的生存、繁衍以及社会经济发展的适宜性（陈怀满 等，2006）。土壤环境质量评价涉及土壤肥力、土壤污染、土壤酸化等诸多问题。但在很多时候，土壤环境质量问题特指土壤污染问题，它是土壤污染及危害程度的指示。

## 二、土壤环境40年变化趋势

本节主要基于1980—2019年的土壤调查报告、专著和文献资料的收集整理，针对表层土壤（0～20 cm）的酸碱性、土壤养分（氮、磷、钾）和土壤重金属含量等指标做统计分析，按照1980—2000年、2001—2010年、2011—2019年三个阶段，探讨改革开放以来粤港澳大湾区（以珠江三角洲为主）的土壤环境质量演变特征。香港地区由于资料有限，仅对2000年后的少量数据做简单分析。澳门地区土地面积有限，且多已被建筑物覆盖，同时又缺乏土壤环境调查资料，故暂不做分析。数据统计分析仅针对有标注采样时间的样本，阶段归属按照样本采集时间划定。

### （一）珠江三角洲地区

#### 1. 土壤pH值变化

土壤的酸碱性指土壤溶液中游离的$H^+$和$OH^-$离子浓度比例不同而表现出来的酸碱性质，一般以pH值表示。通常，按照pH值大小，将土壤酸碱度分为强酸性（pH值≤5）、酸性（pH值为5～6.5）、中性（pH值为6.5～7.5）、碱性（pH值为7.5～8.5）和强碱性（pH值≥8.5）（陆发熹，1988）。土壤养分的形成、转化和有效性，土壤微生物活动，植物的生长发育均与土壤的酸碱性密切相关，同时pH值也是影响土壤中重金属迁移的主要因素。因此，土壤酸碱性是影响土壤环境质量的重要因素。

土壤酸碱性特征与土壤发育基质和气候条件密切相关。珠江三角洲地区的土壤母质主要以冲洪积物、酸性花岗岩类为主，区域内气候湿热，土壤风化发育程度高，大量盐基离子被淋溶，$Al^{3+}$被大量溶出，因此土壤普遍偏酸性（陆发熹，1988）。在20世纪七八十年代的第二次土壤普查中，据24 671个样本的化验结果统计，广东省全省的土壤pH值平均为5.70，其中珠江三角洲地区的土壤pH值普遍在5.5～6.5（广东省土壤普查办公室，1993）。本次数据统计结果（表4-10）也显示，在1980—2000年，珠江三角洲表层土壤的pH值平均为6.06，为3个阶段中最高。2000年以后，土壤pH值平均水平降低，仍以酸性土壤为主，且呈现出了酸化的趋势。土壤的酸化，不仅对植物的生长不利，而且容易造成土壤中的重金属活化（易杰祥 等，2006），增大珠三角地区土壤污染毒性风险。

表4-10　珠江三角洲地区1980—2019年表层土壤的pH值变化

| 阶段 | pH平均值 | 样本数 | 数据来源 | 总样本数 | pH均值 |
|---|---|---|---|---|---|
| 1980—2000年 | 6.29 | 47 | 陆发熹，1988 | 327 | 6.06 |
| | 5.86 | 245 | 沈道英 等，1985 | | |
| | 7.13 | 35 | 刘树基 等，1985 | | |

续表

| 阶段 | pH平均值 | 样本数 | 数据来源 | 总样本数 | pH均值 |
|---|---|---|---|---|---|
| 2001—2010年 | 5.28 | 10 404 | 中国地质调查局，2011 | 10 933 | 5.29 |
| | 5.69 | 144 | 胡振宇，2004 | | |
| | 5.56 | 177 | 骆永明 等，2012 | | |
| | 5.47 | 196 | 甘海华 等，2005 | | |
| | 5.23 | 12 | 陈发 等，2005 | | |
| 2011—2019年 | 5.74 | 136 | 张定煌 等，2011 | 960 | 5.66 |
| | 4.42 | 190 | 沈德才 等，2014 | | |
| | 5.85 | 375 | 龙虎，2017 | | |
| | 6.20 | 83 | 罗小玲 等，2014 | | |
| | 6.16 | 150 | 林荣誉 等，2016 | | |
| | 7.09 | 26 | 雷国建 等，2013 | | |

影响土壤酸碱性的因素包括气候、地形、母质、生物、施肥与灌溉等，但近几十年来，土壤酸度总体呈渐增的发展趋势，更多的应是人为因素影响的结果，例如酸雨沉降、工业污染、施用酸性肥料以及不合理的耕作管理措施等都可以导致土壤酸化（Barak et al.，1997；邵学新 等，2006）。特别是改革开放以来，工业和交通业的快速发展导致废气排放量急剧增加，大气中$SO_2$与NOx污染严重，酸雨频率和程度显著升高。资料显示，珠江三角洲地区91.4%的$SO_2$来源于发电厂和工业排放，NOx也主要来源于发电厂和道路移动源（Zheng et al.，2009）。此外，近几十年来，珠三角地区农业集约化使得化学肥料的施用量一直居高不下，这也是造成土壤pH值下降的重要原因。

**2. 土壤有机质含量变化**

土壤有机质泛指土壤中来源于生命的物质，其含量一般以有机质占干土质量的百分数表示。土壤中的有机质是土壤的重要组成部分，是植物的养分来源和土壤微生物生命活动的能量来源。有机质还可以改善土壤理化性质，使影响土壤肥力发挥的诸因素效能得到提高（程汝饱，1985；王清奎 等，2005）。

据土壤普查标准，土壤有机质含量分为6个等级：一级>4%，二级3%～4%，三级2%～3%，四级1%～2%，五级0.6%～1%，六级<0.6%。在20世纪七八十年代的第二次土壤普查中，据24 671个样本的化验结果统计，广东省全省的土壤有机质含量平均为2.35%，其中珠江三角洲地区的土壤有机质含量在1%～3%之间（广东省土壤普查办公室，1993）。本次统计结果（表4-11）显示，1980—2019年，珠江三角洲地区表层土壤中有机质的平均含量依然介于1%～3%之间，以三到四级为主，其中1980—2000年和2011—2019年两个阶段中，表土有机质含量均在2%以上，且后期较前期略有增长。2001—2010年阶段的数据中，仅中国地质调查局的普查结果小于2%，可能由于该次调查取样密度大，包含的土壤类型更多，而不同土壤类型和土地利用方式对土壤有机质含量有很大影响。

表4-11　珠江三角洲地区近40年来表层土壤的有机质含量变化

| 阶段 | 平均值/% | 样本数 | 数据来源 | 总样本数 | 均值/% |
|---|---|---|---|---|---|
| 1980—2000年 | 2.47 | 843 | 陆发熹，1988 | 1 166 | 2.54 |
| | 2.70 | 43 | 张秉刚 等，1984 | | |
| | 2.68 | 245 | 沈道英 等，1985 | | |
| | 2.98 | 35 | 刘树基 等，1985 | | |
| 2001—2010年 | 1.70 | 10 318 | 中国地质调查局，2011 | 11 426 | 1.76 |
| | 2.20 | 735 | 钟继洪 等，2009 | | |
| | 2.85 | 177 | 骆永明 等，2012 | | |
| | 2.42 | 196 | 甘海华 等，2005 | | |
| 2011—2019年 | 2.26 | 136 | 张定煌 等，2011 | 2 587 | 2.83 |
| | 2.97 | 1 860 | 杨玉环 等，2016 | | |
| | 2.40 | 190 | 沈德才 等，2014 | | |
| | 2.42 | 375 | 龙虎，2017 | | |
| | 2.33 | 26 | 雷国建 等，2013 | | |

在自然状态下，影响土壤有机质含量的因素包括母质、植被、气候、地形等，而在人类耕作活动影响下，施肥状况和耕作措施则成为短期内影响农田土壤有机质含量的主要原因。改革开放以来，珠江三角洲地区的人口数量急剧增加，人类活动区域大幅扩张，生产活动强度增大，植被被破坏，原有耕种用地被改造成工业用地、住宅用地等，这些都是造成土壤有机质含量减低的重要因素。此外，施用化肥会影响土壤微生物的数量和活性，进而影响有机质的生物降解过程，从而使土壤中的有机质含量降低，因此，化肥的过量施用也是造成土壤有机质含量降低的主要原因之一。近十年来，各级环保措施逐渐出台并得到落实，在农业活动中，提倡施有机粪肥、秸秆还田、栽培绿肥、粮肥轮作、间作、用地养地等。据统计，2011—2019年，珠三角地区表层土壤有机质平均含量较前两个阶段有较大增长。

**3. 土壤氮、磷、钾含量的变化**

氮、磷、钾是植物的三大营养元素。在作物的生长过程中，氮是影响根系生长与分布的首要因素，同时也是作物体内很多有机物的重要组成部分。磷是形成细胞核蛋白、卵磷脂等不可缺少的元素，对植物营养起着重要的作用，能加速细胞分裂，促使根系和地上部分加快生长。植物体内的钾一般呈离子状态溶于植物汁液之中，其主要功能与植物的新陈代谢有关，能够促进植物的光合作用，提高植物对氮的吸收和利用率等。

按照土壤普查标准，土壤全氮、全磷和全钾含量分别分为6个等级。全氮含量的6个等级为：一级>2 g/kg，二级1.5～2 g/kg，三级1～1.5 g/kg，四级0.75～1 g/kg，五级0.5～0.75 g/kg，六级<0.5 g/kg。全磷含量的6个等级分别为：一级>2.2 g/kg，二级1.8～2.2 g/kg，三级1.4～1.8 g/kg，四级0.9～1.4 g/kg，五级0.4～0.9 g/kg，六级<0.4 g/kg。全钾含量的6个等级分别为：一级>25 g/kg，二级18～25 g/kg，三级12～18 g/kg，四级9～12 g/kg，五级6～9 g/kg，六级

<6 g/kg。在20世纪七八十年代的第二次土壤普查中，据24 671个样本的化验结果统计，广东省全省的土壤全氮含量平均为1.24 g/kg，全磷含量平均为0.87 g/kg，全钾含量平均为21.6 g/kg，其中珠江三角洲地区的土壤氮、磷、钾含量分布极不均匀，从一级到六级均有分布（广东省土壤普查办公室，1993）。

由表4-12可见，在1980—2019年的3个阶段中，珠江三角洲表层土壤的全氮平均含量介于1～1.6 g/kg，以三级为主。其中1980—2000年与2011—2019年两个阶段的全氮含量相当，均在1.5 g/kg左右；2001—2010年阶段最低，平均含量仅1.06 g/kg。3个阶段中表层土壤的全磷含量（表4-13）平均水平均在五级范围内，未发生显著变化。全钾含量（表4-14）在1980—2000年和2001—2010年2个阶段相当，均在20 g/kg左右，以二级为主；2011—2019年阶段土壤含钾量发生较明显降低，平均仅为15.62 g/kg。自然条件下，土壤的氮、磷、钾素含量受土壤基质、植被、气候条件、地形地貌等共同影响；而在有人类活动参与的情况下，土壤的氮、磷、钾素含量则随人为耕作轮作、施肥等影响而发生变化（龚伟 等，2011）。1980—2019年珠三角地区表层土壤中氮、磷、钾素含量的变化，应与化肥施用量、土地耕作方式等的变化密切相关。此外，随着农业生产的发展，复种指数和单位面积产量的提高，以及氮、磷化肥用量的增加，土壤也会出现缺钾现象（陆发熹，1988）。

**表4-12 珠江三角洲地区1980—2019年表层土壤的全氮含量变化**

| 阶段 | 平均值/（$g \cdot kg^{-1}$） | 样本数 | 数据来源 | 总样本数 | 均值/（$g \cdot kg^{-1}$） |
| --- | --- | --- | --- | --- | --- |
| 1980—2000年 | 1.48 | 636 | 陆发熹，1988 | 959 | 1.48 |
| | 1.47 | 43 | 张秉刚 等，1984 | | |
| | 1.48 | 245 | 沈道英 等，1985 | | |
| | 1.60 | 35 | 刘树基 等，1985 | | |
| 2001—2010年 | 1.04 | 10 266 | 中国地质调查局，2011 | 11 176 | 1.06 |
| | 1.24 | 735 | 钟继洪 等，2009 | | |
| | 1.43 | 175 | 骆永明 等，2012 | | |
| 2011—2019年 | 1.65 | 136 | 张定煌 等，2011 | 2 561 | 1.56 |
| | 1.65 | 1 860 | 杨玉环 等，2016 | | |
| | 1.50 | 190 | 沈德才 等，2014 | | |
| | 1.08 | 375 | 龙虎，2017 | | |

**表4-13 珠江三角洲地区1980—2019年表层土壤的全磷含量变化**

| 阶段 | 平均值/（$g \cdot kg^{-1}$） | 样本数 | 数据来源 | 总样本数 | 均值/（$g \cdot kg^{-1}$） |
| --- | --- | --- | --- | --- | --- |
| 1980—2000年 | 0.47 | 870 | 陆发熹，1988 | 4 149 | 0.55 |
| | 0.56 | 2 956 | 孙彬彬，2008 | | |
| | 0.48 | 43 | 张秉刚 等，1984 | | |
| | 0.57 | 245 | 沈道英 等，1985 | | |
| | 1.55 | 35 | 刘树基 等，1985 | | |

续表

| 阶段 | 平均值/（g·kg$^{-1}$） | 样本数 | 数据来源 | 总样本数 | 均值/（g·kg$^{-1}$） |
|---|---|---|---|---|---|
| 2001—2010年 | 0.46 | 10 098 | 中国地质调查局，2011 | 10 273 | 0.47 |
| | 0.76 | 175 | 骆永明 等，2012 | | |
| 2011—2019年 | 1.09 | 136 | 张定煌 等，2011 | 701 | 0.60 |
| | 0.36 | 190 | 沈德才 等，2014 | | |
| | 0.54 | 375 | 龙虎，2017 | | |

**表4-14　珠江三角洲地区1980—2019年表层土壤的全钾含量变化**

| 阶段 | 平均值/（g·kg$^{-1}$） | 样本数 | 数据来源 | 总样本数 | 均值/（g·kg$^{-1}$） |
|---|---|---|---|---|---|
| 1980—2000年 | 16.80 | 665 | 陆发熹，1988 | 3 944 | 19.24 |
| | 20.00 | 2 956 | 孙彬彬，2008 | | |
| | 12.52 | 43 | 张秉刚 等，1984 | | |
| | 16.99 | 245 | 沈道英 等，1985 | | |
| | 24.86 | 35 | 刘树基 等，1985 | | |
| 2001—2010年 | 20.20 | 10 291 | 中国地质调查局，2011 | 10 466 | 20.12 |
| | 15.54 | 175 | 骆永明 等，2012 | | |
| 2011—2019年 | 11.27 | 136 | 张定煌 等，2011 | 701 | 15.62 |
| | 16.21 | 190 | 沈德才 等，2014 | | |
| | 16.89 | 375 | 龙虎，2017 | | |

### 4. 土壤重金属

（1）近40年来的土壤重金属含量变化特征。

土壤环境中的重金属污染通常指Cr、Ni、Cu、Zn、Cd、Pb、As、Hg等元素的污染，因其具有潜在危害性，且难以在短时间内被清理，土壤重金属污染防治一直是国内外讨论的热点和难点问题（Yarlagadda et al.，1995），同时也是珠江三角洲农业可持续发展和环境质量改善中的重要问题（Wong et al.，2002；Cai et al.，2013；李芳柏 等，2013；窦磊 等，2014；宗庆霞 等，2017）。1995年我国发布的《土壤环境质量标准》（GB 15618—1995）将土壤环境分为3个等级；2018年8月生态环境部发布了土壤环境质量新标准《土壤环境质量 农用地土壤污染风险管控标准（试行）》（GB 15618—2018），《土壤环境质量标准》（GB 15618—1995）废止。新标准取消了等级的划分，给出了土壤污染风险筛选值和管制值。鉴于广东省，包括珠江三角洲的土壤pH值以5.5～6.5为主，参照标准文件，土壤重金属污染风险筛选值和管制值选取如表4-15所示。

**表4-15　农用地土壤污染风险筛选值和管制值**　　单位：mg·kg$^{-1}$

| 项目 | Cd | Hg | As | Pb | Cr | Cu | Ni | Zn |
|---|---|---|---|---|---|---|---|---|
| 风险筛选值 | 0.3 | 1.8 | 40 | 90 | 150 | 50 | 70 | 200 |
| 风险管制值 | 2.0 | 2.5 | 150 | 500 | 850 | — | — | — |

1980—2019年珠江三角洲表层土壤重金属元素含量调查数据统计见表4-16至表4-23。以散点图形式反映，并与新的农用地土壤环境质量标准相比较（图4-7），结果显示，珠三角地区表层土壤中重金属元素的含量始终表现为Zn >（Cr/Pb）> Cu > Ni > As >（Cd / Hg），Cr与Pb、Cd与Hg的含量常常相当。1980—2019年，土壤Pb、Cr和Hg的含量变化不大，平均含量都低于土壤污染风险筛选值；Zn、Cu、Ni、As和Cd有逐渐累积的趋势，但Ni和As的平均含量仍一直低于污染风险筛选值，Zn、Cu和Cd的平均含量部分超过了污染风险筛选值，且主要发生在近十年间，但尚低于风险管制值。

**表4-16　珠江三角洲地区1980—2019年表层土壤的Cd含量变化**

| 阶段 | 平均值/（$mg \cdot kg^{-1}$） | 样本数 | 数据来源 | 总样本数 | 均值/（$mg \cdot kg^{-1}$） |
|---|---|---|---|---|---|
| 1980—2000年 | 1.52 | 230 | 陆发熹，1988 | 3 325 | 0.37 |
| | 0.25 | 2 956 | 孙彬彬，2008 | | |
| | 0.34 | 52 | 黄惠芳 等，1990 | | |
| | 0.18 | 43 | 何述尧 等，1991 | | |
| | 2.20 | 44 | 蔡汉泉，1984 | | |
| 2001—2010年 | 0.08 | 8 442 | 中国地质调查局，2011 | 9 590 | 0.09 |
| | 0.12 | 84 | 马瑾，2003 | | |
| | 0.32 | 212 | 柴世伟 等，2004 | | |
| | 0.12 | 144 | 胡振宇，2004 | | |
| | 0.17 | 578 | 万洪富 等，2005 | | |
| | 0.12 | 118 | Cai et al.，2010 | | |
| | 0.14 | 12 | 陈发 等，2005 | | |
| 2011—2019年 | 0.99 | 57 | 付淑清 等，2019 | 1 179 | 0.34 |
| | 0.22 | 227 | Hu et al.，2013 | | |
| | 0.52 | 150 | 林荣誉 等，2016 | | |
| | 0.21 | 60 | 邬军军 等，2018 | | |
| | 0.55 | 44 | 韩志轩 等，2018 | | |
| | 0.32 | 426 | Lu et al.，2016 | | |
| | 0.23 | 78 | Cai et al.，2013 | | |
| | 0.17 | 92 | Chang et al.，2014 | | |
| | 0.08 | 45 | 范红英 等，2014 | | |

表4-17　珠江三角洲地区1980—2019年表层土壤的Pb含量变化

| 阶段 | 平均值/（mg·kg$^{-1}$） | 样本数 | 数据来源 | 总样本数 | 均值/（mg·kg$^{-1}$） |
|---|---|---|---|---|---|
| 1980—2000年 | 93.65 | 213 | 陆发熹，1988 | 3 265 | 51.14 |
| | 47.70 | 2 956 | 孙彬彬，2008 | | |
| | 34.50 | 52 | 黄惠芳 等，1990 | | |
| | 96.00 | 44 | 蔡汉泉，1984 | | |
| 2001—2010年 | 38.00 | 10 062 | 中国地质调查局，2011 | 11 209 | 39.66 |
| | 64.74 | 83 | 马瑾，2003 | | |
| | 56.59 | 212 | 柴世伟 等，2004 | | |
| | 68.29 | 144 | 胡振宇，2004 | | |
| | 46.46 | 578 | 万洪富 等，2005 | | |
| | 65.38 | 118 | Cai et al.，2010 | | |
| | 33.66 | 12 | 陈发 等，2005 | | |
| 2011—2019年 | 61.08 | 57 | 付淑清 等，2019 | 1 212 | 62.14 |
| | 51.40 | 227 | Hu et al.，2013 | | |
| | 40.43 | 150 | 林荣誉 等，2016 | | |
| | 62.33 | 26 | 雷国建 等，2013 | | |
| | 43.69 | 60 | 邬军军 等，2018 | | |
| | 52.70 | 44 | 韩志轩 等，2018 | | |
| | 87.60 | 426 | Lu et al.，2016 | | |
| | 65.40 | 78 | Cai et al.，2013 | | |
| | 42.50 | 92 | Chang et al.，2014 | | |
| | 23.30 | 52 | 范红英 等，2014 | | |

表4-18　珠江三角洲地区1980—2019年表层土壤的Hg含量变化

| 阶段 | 平均值/（mg·kg$^{-1}$） | 样本数 | 数据来源 | 总样本数 | 均值/（mg·kg$^{-1}$） |
|---|---|---|---|---|---|
| 1980—2000年 | 0.36 | 214 | 陆发熹，1988 | 3 309 | 0.24 |
| | 0.23 | 2 956 | 孙彬彬，2008 | | |
| | 0.25 | 52 | 黄惠芳 等，1990 | | |
| | 0.14 | 43 | 何述尧 等，1991 | | |
| | 0.44 | 44 | 蔡汉泉，1984 | | |
| 2001—2010年 | 0.09 | 9 420 | 中国地质调查局，2011 | 10 340 | 0.11 |
| | 0.70 | 212 | 柴世伟 等，2004 | | |
| | 0.19 | 578 | 万洪富 等，2005 | | |
| | 0.24 | 118 | Cai et al.，2010 | | |
| | 0.19 | 12 | 陈发 等，2005 | | |

续表

| 阶段 | 平均值/（mg·kg$^{-1}$） | 样本数 | 数据来源 | 总样本数 | 均值/（mg·kg$^{-1}$） |
|---|---|---|---|---|---|
| 2011—2019年 | 0.07 | 227 | Hu et al.，2013 | 815 | 0.38 |
| | 0.08 | 26 | 雷国建 等，2013 | | |
| | 0.15 | 44 | 韩志轩 等，2018 | | |
| | 0.61 | 426 | Lu et al.，2016 | | |
| | 0.29 | 92 | Chang et al.，2014 | | |

**表4-19 珠江三角洲地区1980—2019年表层土壤的Zn含量变化**

| 阶段 | 平均值/（mg·kg$^{-1}$） | 样本数 | 数据来源 | 总样本数 | 均值/（mg·kg$^{-1}$） |
|---|---|---|---|---|---|
| 1980—2000年 | 129.60 | 83 | 陆发熹，1988 | 3 135 | 87.2 |
| | 84.80 | 2 956 | 孙彬彬，2008 | | |
| | 67.10 | 52 | 黄惠芳 等，1990 | | |
| | 192.10 | 44 | 蔡汉泉，1984 | | |
| 2001—2010年 | 60.00 | 10 206 | 中国地质调查局，2011 | 11 354 | 62.94 |
| | 76.01 | 84 | 马瑾，2003 | | |
| | 166.90 | 212 | 柴世伟 等，2004 | | |
| | 54.82 | 144 | 胡振宇，2004 | | |
| | 76.01 | 578 | 万洪富 等，2005 | | |
| | 66.15 | 118 | Cai et al.，2010 | | |
| | 69.37 | 12 | 陈发 等，2005 | | |
| 2011—2019年 | 132.05 | 57 | 付淑清 等，2019 | 1 008 | 136.42 |
| | 115.00 | 227 | Hu et al.，2013 | | |
| | 189.67 | 150 | 林荣誉 等，2016 | | |
| | 112.22 | 26 | 雷国建 等，2013 | | |
| | 121.00 | 44 | 韩志轩 等，2018 | | |
| | 107.00 | 426 | Lu et al.，2016 | | |
| | 277.00 | 78 | Cai et al.，2013 | | |

**表4-20 珠江三角洲地区1980—2019年表层土壤的As含量变化**

| 阶段 | 平均值/（mg·kg$^{-1}$） | 样本数 | 数据来源 | 总样本数 | 均值/（mg·kg$^{-1}$） |
|---|---|---|---|---|---|
| 1980—2000年 | 9.20 | 2 956 | 孙彬彬，2008 | 2 956 | 9.20 |

续表

| 阶段 | 平均值/（mg·kg$^{-1}$） | 样本数 | 数据来源 | 总样本数 | 均值/（mg·kg$^{-1}$） |
|---|---|---|---|---|---|
| 2001—2010年 | 10.70 | 9 775 | 中国地质调查局，2011 | 10 695 | 10.71 |
| | 11.06 | 212 | 柴世伟 等，2004 | | |
| | 10.17 | 578 | 万洪富 等，2005 | | |
| | 12.76 | 118 | Cai et al.，2010 | | |
| | 14.88 | 12 | 陈发 等，2005 | | |
| 2011—2019年 | 19.40 | 227 | Hu et al.，2013 | 868 | 17.78 |
| | 22.04 | 26 | 雷国建 等，2013 | | |
| | 20.40 | 44 | 韩志轩 等，2018 | | |
| | 17.40 | 426 | Lu et al.，2016 | | |
| | 20.00 | 92 | Chang et al.，2014 | | |
| | 5.70 | 53 | 范红英 等，2014 | | |

**表4-21 珠江三角洲地区1980—2019年表层土壤的Cu含量变化**

| 阶段 | 平均值/（mg·kg$^{-1}$） | 样本数 | 数据来源 | 总样本数 | 均值/（mg·kg$^{-1}$） |
|---|---|---|---|---|---|
| 1980—2000年 | 54.10 | 82 | 陆发熹，1988 | 3 112 | 27.90 |
| | 27.00 | 2 956 | 孙彬彬，2008 | | |
| | 18.50 | 52 | 黄惠芳 等，1990 | | |
| | 74.00 | 22 | 蔡汉泉，1984 | | |
| 2001—2010年 | 15.60 | 9 435 | 中国地质调查局，2011 | 10 583 | 16.96 |
| | 21.37 | 84 | 马瑾，2003 | | |
| | 29.92 | 212 | 柴世伟 等，2004 | | |
| | 20.98 | 144 | 胡振宇，2004 | | |
| | 31.66 | 578 | 万洪富 等，2005 | | |
| | 21.82 | 118 | Cai et al.，2010 | | |
| | 19.79 | 12 | 陈发 等，2005 | | |
| 2011—2019年 | 56.97 | 57 | 付淑清 等，2019 | 1 061 | 40.32 |
| | 49.90 | 227 | Hu et al.，2013 | | |
| | 42.95 | 150 | 林荣誉 等，2016 | | |
| | 96.81 | 26 | 雷国建 等，2013 | | |
| | 44.60 | 44 | 韩志轩 等，2018 | | |
| | 35.80 | 426 | Lu et al.，2016 | | |
| | 41.60 | 78 | Cai et al.，2013 | | |
| | 13.70 | 53 | 范红英 等，2014 | | |

表4-22　珠江三角洲地区1980—2019年表层土壤的Ni含量变化

| 阶段 | 平均值/（mg·kg$^{-1}$） | 样本数 | 数据来源 | 总样本数 | 均值/（mg·kg$^{-1}$） |
|---|---|---|---|---|---|
| 1980—2000年 | 20.60 | 2 956 | 孙彬彬，2008 | 2 956 | 20.60 |
| 2001—2010年 | 11.40 | 9 515 | 中国地质调查局，2011 | 10 651 | 13.12 |
| | 21.10 | 84 | 马瑾，2003 | | |
| | 26.20 | 212 | 柴世伟 等，2004 | | |
| | 20.09 | 144 | 胡振宇，2004 | | |
| | 32.24 | 578 | 万洪富 等，2005 | | |
| | 20.52 | 118 | Cai et al.，2010 | | |
| 2011—2019年 | 53.62 | 57 | 付淑清 等，2019 | 930 | 25.11 |
| | 26.00 | 227 | Hu et al.，2013 | | |
| | 26.83 | 150 | 林荣誉 等，2016 | | |
| | 39.07 | 26 | 雷国建 等，2013 | | |
| | 31.60 | 44 | 韩志轩 等，2018 | | |
| | 18.70 | 426 | Lu et al.，2016 | | |

表4-23　珠江三角洲地区1980—2019年表层土壤的Cr含量变化

| 阶段 | 平均值/（mg·kg$^{-1}$） | 样本数 | 数据来源 | 总样本数 | 均值/（mg·kg$^{-1}$） |
|---|---|---|---|---|---|
| 1980—2000年 | 61.30 | 2 956 | 孙彬彬，2008 | 2 956 | 61.30 |
| 2001—2010年 | 44.00 | 10 425 | 中国地质调查局，2011 | 11 572 | 44.47 |
| | 37.29 | 83 | 马瑾，2003 | | |
| | 62.20 | 212 | 柴世伟 等，2004 | | |
| | 37.95 | 144 | 胡振宇，2004 | | |
| | 50.27 | 578 | 万洪富 等，2005 | | |
| | 43.01 | 118 | Cai et al.，2010 | | |
| | 44.05 | 12 | 陈发 等，2005 | | |
| 2011—2019年 | 85.92 | 57 | 付淑清 等，2019 | 787 | 51.73 |
| | 67.20 | 227 | Hu et al.，2013 | | |
| | 36.84 | 150 | 林荣誉 等，2016 | | |
| | 58.70 | 26 | 雷国建 等，2013 | | |
| | 28.40 | 60 | 邬军军 等，2018 | | |
| | 86.00 | 44 | 韩志轩 等，2018 | | |
| | 22.40 | 78 | Cai et al.，2013 | | |
| | 46.70 | 92 | Chang et al.，2014 | | |
| | 37.30 | 53 | 范红英 等，2014 | | |

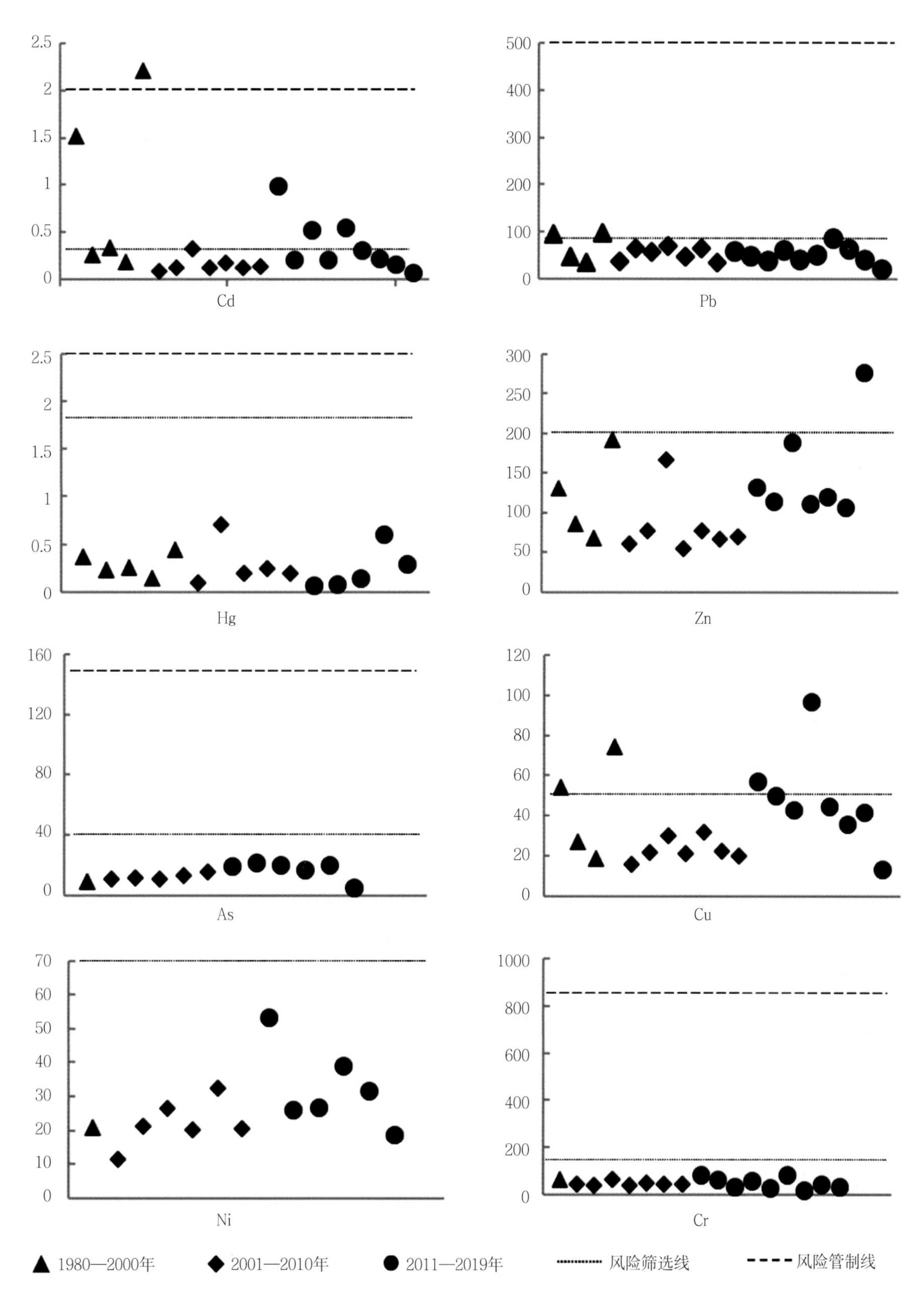


图4-7　珠江三角洲地区1980—2019年表层土壤重金属元素含量变化特征

土壤中重金属元素来源主要有自然来源和人为输入两种途径。在自然因素中，成土母质和成土过程是影响土壤重金属元素含量的主要因素。但随着人类社会工农业现代化、城市化的发展，人为因素造成的土壤重金属污染已成为越来越不容忽视的环境问题。改革开放以来，东莞、深圳、惠州所在的珠三角东部地区逐渐形成全国最大的电子通信制造业基地，珠海、中山、江门等珠三角西部地区形成以家庭耐用消费品、五金制品为主的产业带，中部则形成石化、汽车、钢铁、纺织以及建材产业带。污染工业几乎遍布整个珠江三角洲，大量重金属元素通过“三废”向环境中排放。此外，交通业和农业的发展也是导致土壤重金属污染的重要因素。例如，化石燃料燃烧释放的汞占人为释放量的绝大部分（Wu et al.，2006；Huang et al.，2017），汽车排放的尾气中含有较高浓度的铅（张乃明，2001；王梦梦 等，2017）。在农业生产中，大量含Hg、Cd、Pb、As等重金属的农药、化肥、污泥的施用，以及污水灌溉，也是向土壤输入重金属元素的主要途径（蔡汉泉，1984）。改革开放早期的发展模式导致了环境的严重污染。随着社会经济向纵深推进，社会各界对生态环境保护的认知不断加深，调整产业结构、优化产业布局、强化工业污染整治、合理使用农药和化肥、增加使用有机肥料等一系列环保措施被逐步落实，土壤中部分重金属元素的含量得到了一定程度的控制。

（2）近10年土壤重金属潜在危害评估。

2011—2019年珠江三角洲表层土壤重金属元素含量统计结果如图4-8所示。除Cr、Ni平均含量低于广东土壤背景值（广东省土壤普查办公室，1993）和/或中国土壤背景值（中国环境监测总站，1990）之外，As、Hg、Cd、Pb、Zn和Cu在珠三角表土中的含量均高于广东土壤背景值和中国土壤背景值，特别是Cd、Hg、Zn和Cu。以区域内深层土壤的重金属含量（国土资源部中国地质调查局，2011）作为母质层本底值，对比发现Hg、Zn、Cu、Ni4种重金属元素在表层土壤中的含量均高于母质层。

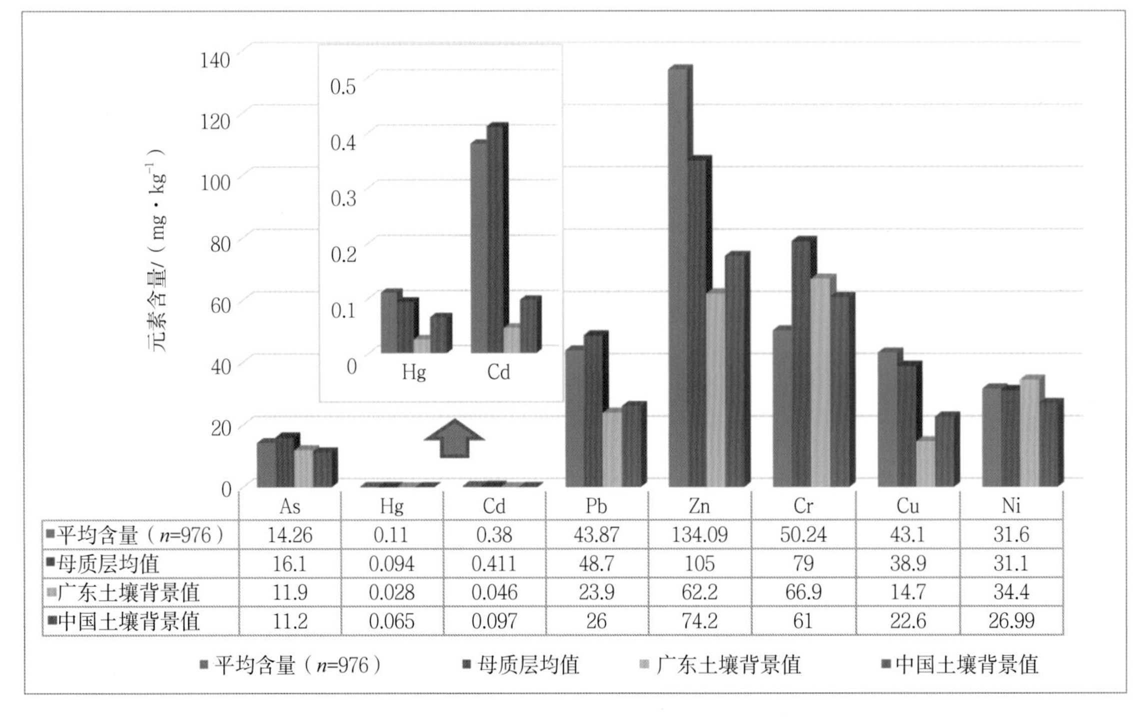


| | As | Hg | Cd | Pb | Zn | Cr | Cu | Ni |
|---|---|---|---|---|---|---|---|---|
| ■平均含量（*n*=976） | 14.26 | 0.11 | 0.38 | 43.87 | 134.09 | 50.24 | 43.1 | 31.6 |
| ■母质层均值 | 16.1 | 0.094 | 0.411 | 48.7 | 105 | 79 | 38.9 | 31.1 |
| ■广东土壤背景值 | 11.9 | 0.028 | 0.046 | 23.9 | 62.2 | 66.9 | 14.7 | 34.4 |
| ■中国土壤背景值 | 11.2 | 0.065 | 0.097 | 26 | 74.2 | 61 | 22.6 | 26.99 |

**图4-8　2011—2019年珠江三角洲表层土壤重金属含量的平均状态**

土壤中的重金属元素，一方面来源于自然地质活动输入，构成环境本底值或背景值，另一方面来源于人类生活、生产活动的输入。环境重金属污染，通常主要指后期由人为输入引起的重金属元素累积。虽然目前珠江三角洲地区表层土壤的重金属元素平均水平尚低于污染风险管制值或筛选值，但依然存在潜在生态风险。本节采用瑞典科学家Hakanson（1980）提出的潜在生态危害指数法，分别以广东土壤背景值、中国土壤背景值和区域内母质本底值为参比值，对2011—2019年珠三角地区表层土壤重金属污染的潜在生态危害进行评估，计算公式如下：

$$C_f^i = C_i / C_n^i \qquad \text{式（4-1）}$$

$$E_r^i = T_r^i / C_f^i \qquad \text{式（4-2）}$$

$$RI = \sum E_r^i \qquad \text{式（4-3）}$$

式中：$C_f^i$、$C_i$和$C_n^i$分别为第$i$种重金属元素的污染系数、实测值和参比值；$T_r^i$为第$i$种重金属的毒性响应系数，参考Hakanson（1980）和徐争启等（2008）的计算结果，As、Hg、Cd、Pb、Zn、Cr、Cu、Ni的毒性系数分别取值10、40、30、5、1、2、5、5；$E_r^i$为第$i$种重金属的潜在生态危害系数；$RI$为潜在生态危害指数，反映多种重金属综合潜在生态危害。

潜在生态危害系数$E_r^i$和潜在生态危害指数$RI$分级标准如表4-24所示。由计算结果（表4-25）可见，2011—2019年珠三角表层土壤各重金属元素$E_r^i$值在分别以母质层均值、广东土壤背景值和中国土壤背景值为参比值的条件下，依次为Cr < Zn < Pb < Ni < Cu <As < Cd < Hg、Cr < Zn < Ni < Pb < Cu < As < Cd < Hg和Cr < Zn < Ni < Cu < Pb < As < Cd < Hg，即各元素的潜在生态危害系数依此次序逐渐升高。元素As、Hg、Cd的含量虽然比其他几种元素都低，但因为这三种元素的毒性系数高，潜在生态危害系数反而高于其他各元素。

**表4-24 潜在生态危害系数$E_r^i$和潜在生态危害指数$RI$分级标准**

| $E_r^i$与污染危害程度 | | $RI$与污染危害程度 | |
|---|---|---|---|
| $E_r^i$<40 | 轻微生态危害 | $RI$<150 | 轻微生态危害 |
| 40≤$E_r^i$<80 | 中等生态危害 | 150≤$RI$<300 | 中等生态危害 |
| 80≤$E_r^i$<160 | 强生态危害 | 300≤$RI$<600 | 强生态危害 |
| 160≤$E_r^i$<320 | 很强生态危害 | $RI$≥600 | 很强生态危害 |
| $E_r^i$≥320 | 极强生态危害 | | |

**表4-25 2011—2019年珠三角地区表层土壤重金属污染潜在生态危害系数$E_r^i$与潜在生态危害指数$RI$统计**

| 参比值 | $E_r^i$ | | | | | | | | $RI$ |
|---|---|---|---|---|---|---|---|---|---|
| | As | Hg | Cd | Pb | Zn | Cr | Cu | Ni | |
| 母质层均值 | 15.33 | 220.30 | 47.80 | 7.97 | 2.35 | 2.10 | 12.37 | 8.54 | 316.74 |
| 广东土壤背景值 | 14.94 | 608.00 | 221.70 | 13.00 | 2.19 | 1.54 | 13.71 | 3.65 | 878.77 |
| 中国土壤背景值 | 15.88 | 233.80 | 105.20 | 11.95 | 1.84 | 1.68 | 8.92 | 4.67 | 383.94 |

按照单项系数的分级标准（表4-24），无论是在哪种土壤背景条件下，元素As、Pb、Zn、Cr、Cu、Ni的$E_r^i$值均小于40（表4-25），都属于轻微生态危害；Cd和Hg的$E_r^i$值均大于

40，潜在生态危害都在中等及以上。依据多种重金属综合效应的潜在生态危害指数*RI*的划分标准，在三种不同的土壤背景条件下，*RI*值相差一倍以上，综合生态危害等级分别为强（以母质层均值和全国土壤背景值为参比值）和很强（以广东土壤背景值为参比值）。但无论在哪种背景值条件下，元素Cd和Hg的潜在生态危害都是最突出的。

## （二）香港地区

香港地区位于北纬22° 08′—22° 35′、东经113° 49′—114° 31′，总面积1 104.04 km$^2$，地形地貌以低山丘陵为主，平原和台地仅占20%左右。受季风气候影响，香港雨量充沛，四季气候温和。香港地区的土壤以富铁土分布最广（龚子同，1998），主要分布在香港中部的大帽山一带，马鞍山、西贡山及大屿山等地也有分布。此外还有铁铝土、淋溶土、雏形土、潜育土、新成土、人为土等。

### 1. 土壤酸碱性

香港地区大部分土壤的pH值介于4.5～6.0，属于一般酸性土壤。不同亚类的土壤pH值表现出一定的差别（图4-9），其中正常潜育土、人为新成土与旱耕人为土的pH值较高，为弱酸性至中性，其他亚类为一般酸性土壤。

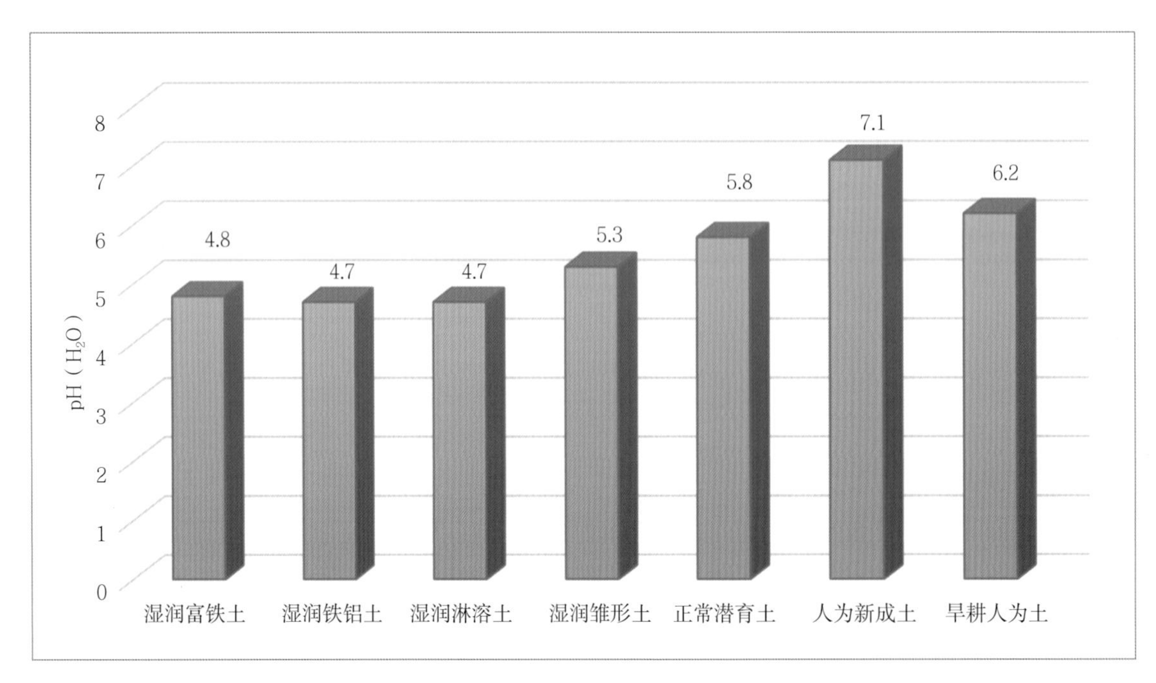


图4-9　香港地区不同类型土壤pH值（骆永明 等，2007）

### 2. 土壤有机质

2000年以来的土壤调查结果显示，香港地区表层土壤的有机质含量为2.1～94.9 g/kg，平均含量39.7 g/kg。其中以湿润铁铝土和正常潜育土的有机质含量较高，平均含量分别达到了50.7 g/kg和50.5 g/kg（图4-10）。有机质含量大于20 g/kg的土壤占总土壤的79.5%，表明香港地区表层土壤中的有机质含量总体较为丰富。

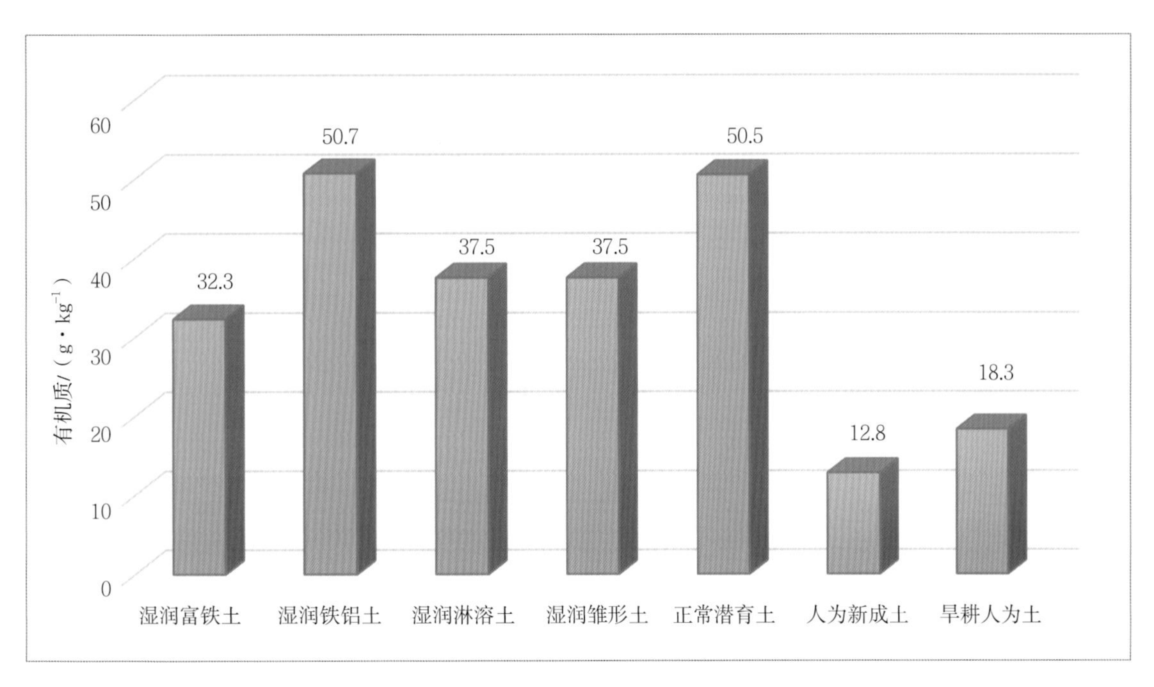


图4-10　香港地区不同类型土壤有机质含量（骆永明 等，2007）

### 3. 土壤氮、磷、钾素

近十多年来的土壤调查表明，香港地区不同类型表层土壤的氮素平均含量介于0.36～1.93 g/kg，其中以旱耕人为土的全氮含量最低，其次为人为新成土，均显著低于其他类型的土壤。土壤全磷含量介于0.007～2.69 g/kg，平均为0.47 g/kg。在不同类型的土壤中，以湿润雏形土和湿润潜育土中的全磷含量较高。土壤全钾含量介于2.3～42.9 g/kg，平均为13.8 g/kg，不同区域差异较大。按类型划分来看，湿润铁铝土和旱耕人为土的全钾含量较低，其他类型土壤钾素含量均在10 g/kg以上（图4-11）。

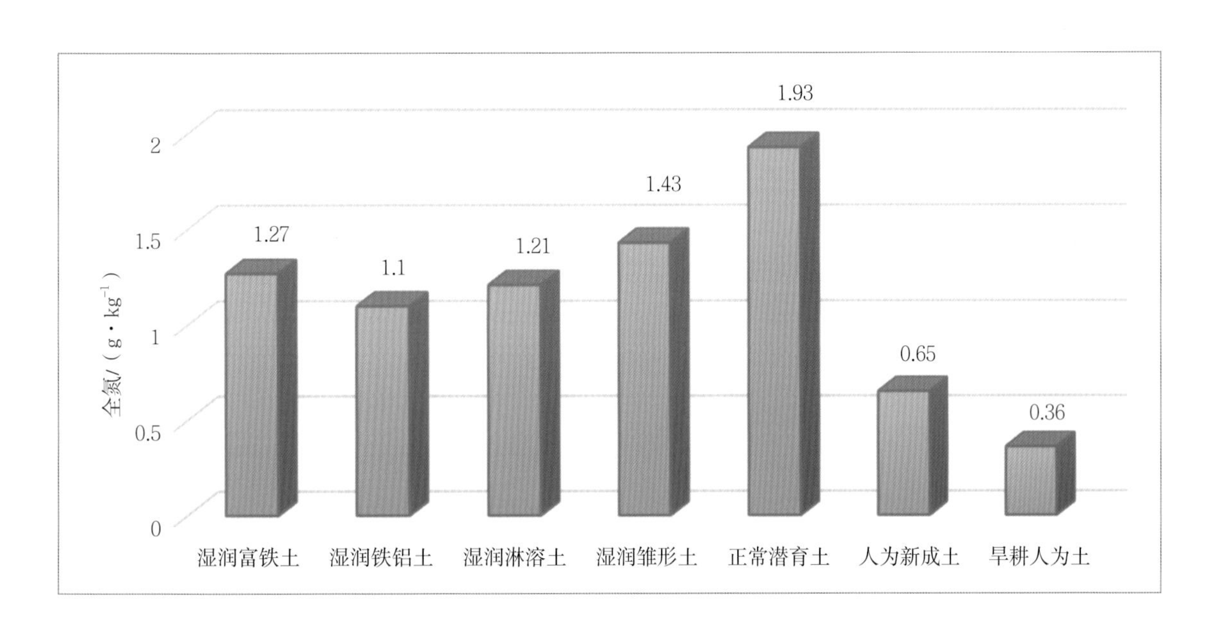

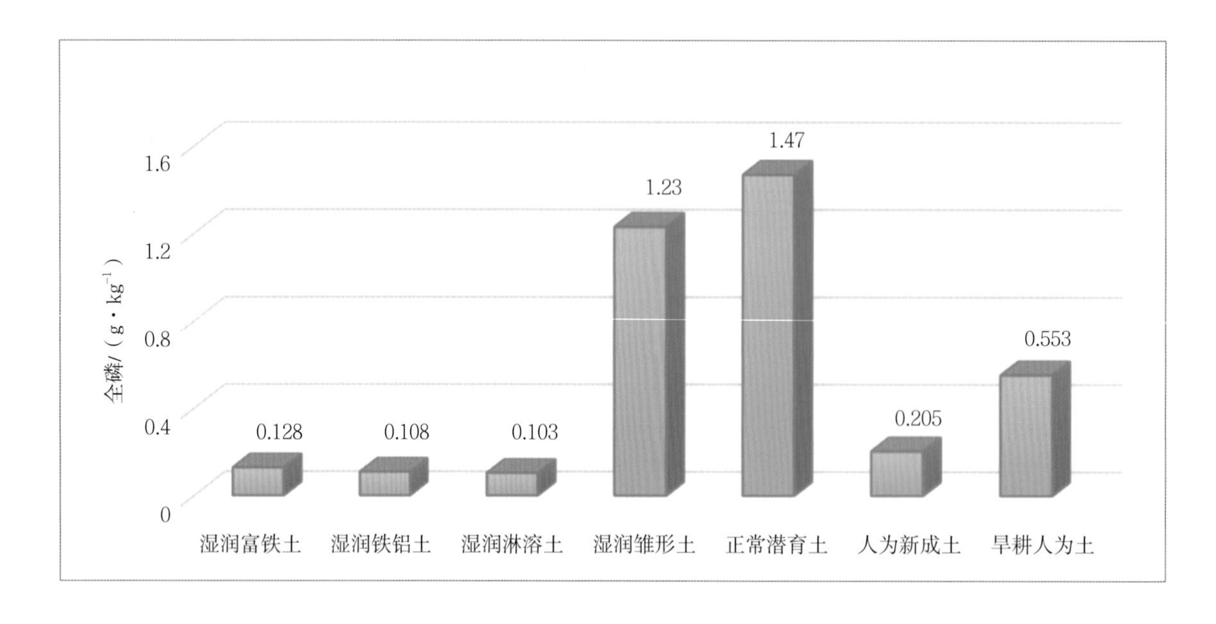


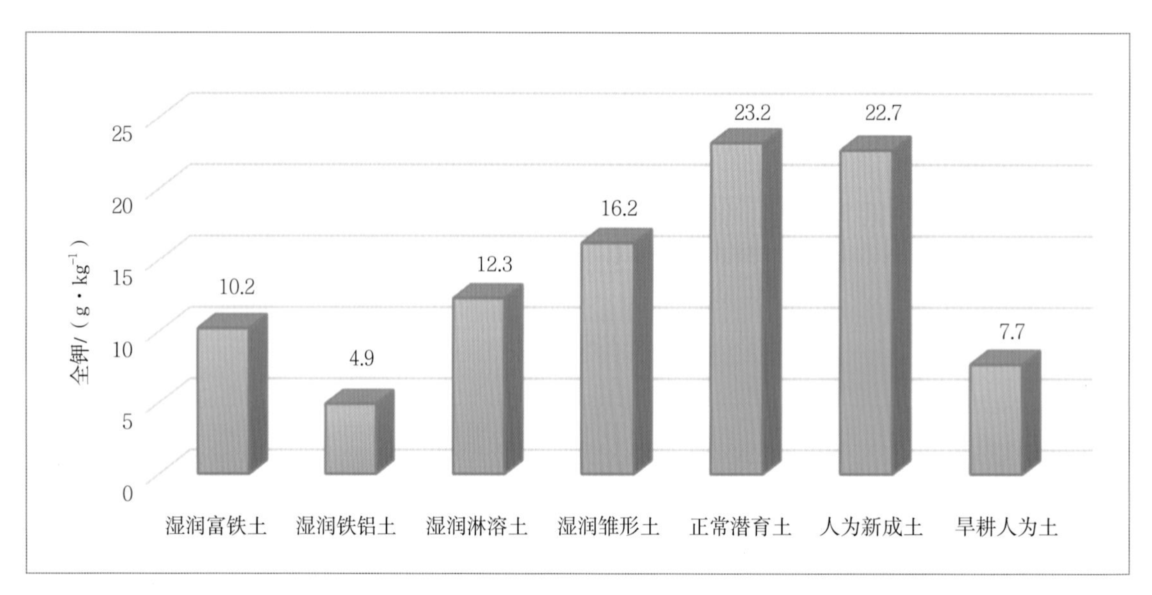


**图4-11　香港地区不同类型土壤氮、磷、钾含量（骆永明 等，2007）**

### 4. 土壤重金属

香港地区土壤重金属污染分析主要基于骆永明等2007年著的《香港地区土壤及其环境》。按照该区域的7个土壤亚纲，对比不同土壤类型的表土层中Pb、Cd、Cu、Zn的含量，并与区域内土壤基线相比较，发现所有土壤类型中的Pb含量都高于地区基线上限值，特别以人为新成土中含量最高，其次是正常潜育土。Cd含量介于0.24～0.75 mg/kg，所有类型土壤的Cd含量都低于基线上限值。Zn含量介于59.3～425 mg/kg，不同类型土壤差异显著，其中以正常潜育土中含量最高，约是基线上限值的4倍。Cu含量方面，也以正常潜育土中含量最高，约为基线上限值的7倍（图4-12）。

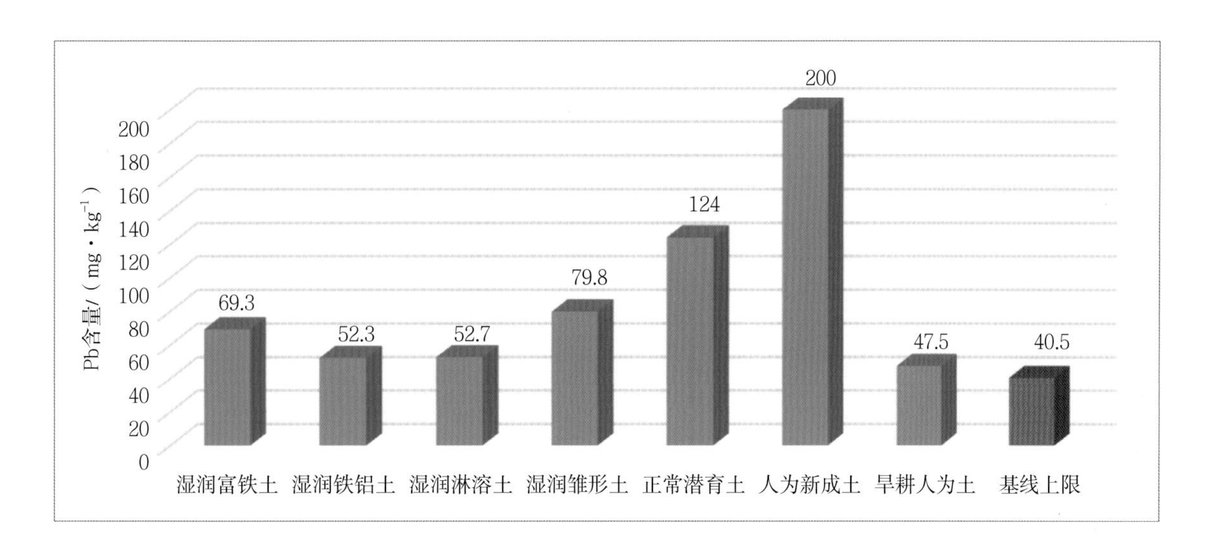
Pb含量/（mg·kg⁻¹）
200
180
160
140
120
100
80
60
40
20
0
69.3
52.3
52.7
79.8
124
200
47.5
40.5
湿润富铁土
湿润铁铝土
湿润淋溶土
湿润雏形土
正常潜育土
人为新成土
旱耕人为土
基线上限

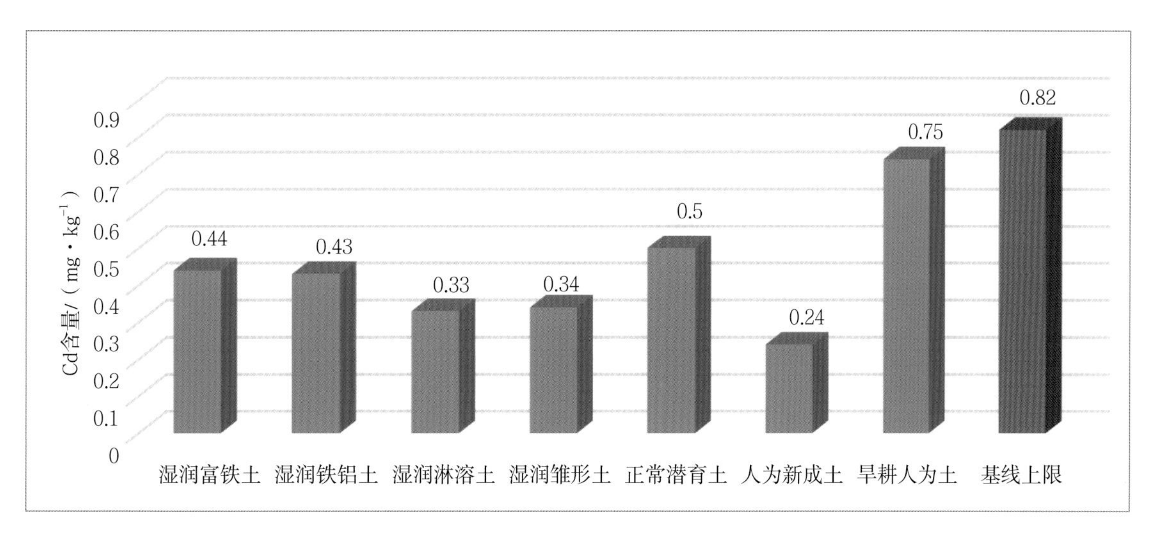
Cd含量/（mg·kg⁻¹）
0.9
0.8
0.7
0.6
0.5
0.4
0.3
0.2
0.1
0
0.44
0.43
0.33
0.34
0.5
0.24
0.75
0.82
湿润富铁土
湿润铁铝土
湿润淋溶土
湿润雏形土
正常潜育土
人为新成土
旱耕人为土
基线上限

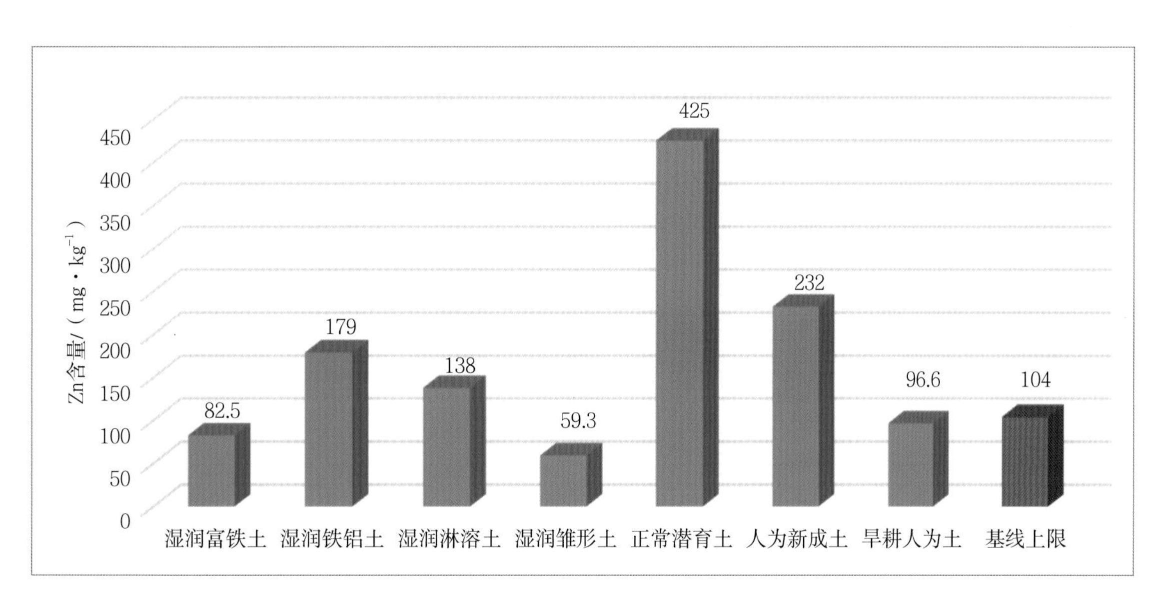
Zn含量/（mg·kg⁻¹）
450
400
350
300
250
200
150
100
50
0
82.5
179
138
59.3
425
232
96.6
104
湿润富铁土
湿润铁铝土
湿润淋溶土
湿润雏形土
正常潜育土
人为新成土
旱耕人为土
基线上限

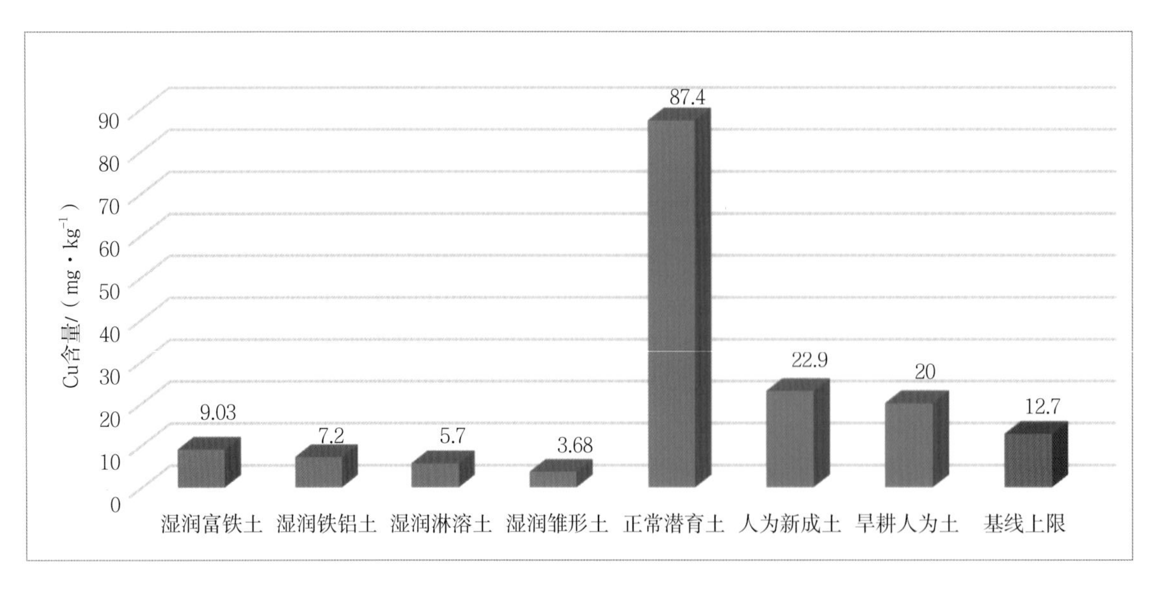


图4-12　香港地区不同类型土壤重金属元素含量（骆永明 等，2007）

采用Hakanson法，使用区域元素含量基线上限值为参比值，计算得出的潜在生态危害指数（表4-26）反映，香港地区21世纪初7种类型土壤中Cu、Zn、Cd、Pb的潜在生态危害系数$E_r^i$值均小于40，多种重金属综合效应的潜在生态危害指数*RI*值均小于150，因此，无论是单种元素还是多种元素的综合效应，该区域的重金属元素潜在生态危害均为轻微级。但鉴于土壤中的重金属元素具有累积效应，特别是Pb的含量已显著高于基线，且区域内大部分土壤的pH值较低，偏酸性的土壤环境又极易导致重金属元素的活化，因此，香港地区的土壤环境未来仍然存在重金属污染的潜在风险。

表4-26　香港地区土壤重金属污染风险评价

| 土壤类型 | $E_r^i$ | | | | *RI* |
|---|---|---|---|---|---|
| | Cu | Zn | Cd | Pb | |
| 湿润富铁土 | 3.56 | 0.79 | 16.10 | 8.56 | 29.00 |
| 湿润铁铝土 | 2.83 | 1.72 | 15.73 | 6.46 | 26.74 |
| 湿润淋溶土 | 2.24 | 1.33 | 12.07 | 6.51 | 22.15 |
| 湿润雏形土 | 1.45 | 0.57 | 12.44 | 9.85 | 24.31 |
| 正常潜育土 | 34.41 | 4.09 | 18.29 | 15.31 | 72.10 |
| 人为新成土 | 9.02 | 2.23 | 8.78 | 24.69 | 44.72 |
| 旱耕人为土 | 7.87 | 0.93 | 27.07 | 5.86 | 41.74 |

# 三、讨论与展望

对于人类而言，土壤是一种极为重要且富有生命力的有限资源，土壤环境质量保护是社会经济持续发展和人类生存所面临的一项重要任务（陈怀满 等，2006）。近几十年来，粤港澳大湾区人类活动剧增，工业、农业和交通业快速发展，导致了大气、水和土壤的严重污染，其中土壤污染的危害和治理难度尤其大，但因其隐蔽性的特征，长久以来并没有得到社会各界足够的重视。

上述的统计分析结果显示，改革开放以来的40年间，珠江三角洲地区的表层土壤呈现了酸化的趋势。随着一系列环保措施的落实，土壤中部分重金属元素的含量得到了一定程度的控制，但多数仍然表现出了逐渐累积的特征，具有较强的潜在生态危害，特别是元素Cd和Hg依然处于强至极强的生态危害程度。土壤有机质、氮、磷、钾含量显著受到人为因素的影响。香港地区的土壤同样以酸性为主，土壤污染问题虽然没有珠江三角洲严重，但也存在一定的潜在生态风险。

由于粤港澳大湾区的地形及成土母质变化复杂，土壤的自然理化特征存在显著的区域差异，加之人类活动范围和强度分布的不均匀性，导致土壤质量也具有明显的区域不均一性。不同时期的土壤调查工作，也会在采样密度、样品加工均匀性、分析测试准确度和精度等方面存在一定的差异。此外，近几十年来，大量农用和林业土地被用作工业和商住用地，这也不利于土壤环境质量的原位纵向对比，因此，以上基于有限的文献数据的整理和统计分析结果依然存在很大的不足。土壤环境监测、保护和修复工作依然任重道远。

# 第五章　植被及其环境效应

## 第一节　自然特征

### 一、地理和气候条件

粤港澳大湾区位于亚欧大陆的东南部边缘，三面环山，一面邻海，并由262个大小岛屿形成保护链，其核心区是珠江三角洲平原，珠江三角洲平原是由珠江三大支流西江、北江和东江在溺谷湾内合力冲积而成的复合三角洲（图5-1）。珠江三角洲平原广阔，地势低平，可分为4个地貌类型：中部、北部高围田、高沙田（高平原），年代较老，围垦较早，占总面积51.2%；南部近海的中沙田、地沙田（低平原），为近期围垦的平原，占总面积25.0%；西北的塱田（积水地），占总面积6.6%；人工基塘系统主要分布在广佛地区，占总面积17.2%。平原上散布着160多个海拔300～500 m的岛丘，多为三角洲沉积前古海湾中的岛屿，如五桂山、西樵山、莲花山等。香港为典型的滨海丘陵地，平原主要集中在北部。澳门半岛原为海中小

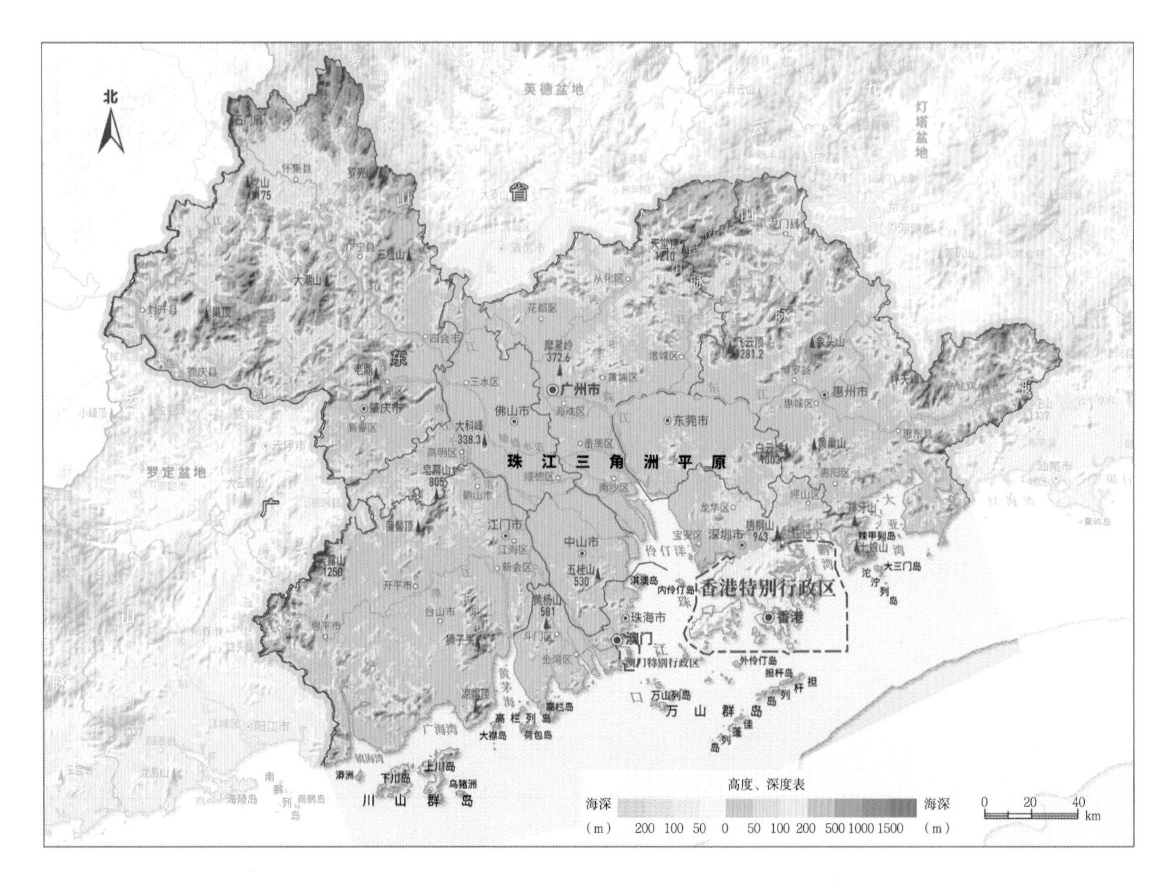


图5-1　粤港澳大湾区地形

岛，后西江上有来沙冲积成沙堤而将该岛与大陆相连。粤港澳大湾区河网密布，主要水道105条，长1 738 km。珠江水量大、含沙量小，多年平均径流量3 412亿 $m^3$，各支流进入珠江三角洲后，62.5%的水量和50.9%的沙量经东四口门（虎门、蕉门、洪奇门、横门）流入伶仃洋，37.5%的水量和49.1%的沙量经西四口门（磨刀门、鸡啼门、虎跳门、崖门）流入黄茅海。珠江三角洲平均每年接纳泥沙8 336万吨，其中约20%沉积在三角洲内，80%淤积在八大口门之外的海域。深圳河为香港和深圳的界河，发源于梧桐山牛尾岭，自东北向西南流入深圳湾，全长37 km，香港一侧流域面积125 $km^2$。香港境内其他河流还有城门河、梧桐河、林村河、元朗河和锦田河等，均为源短流急的季节性河流（粤港澳大湾区城市群年鉴编纂委员会，2017）。

粤港澳大湾区属于典型的南亚热带湿润季风气候，夏季盛行东南季风，高温多雨，冬季受东北季风影响，温暖干燥，一年内有明显的干湿季之分。年日照时数为1 900～2 000 h，年平均气温21～22℃，全年实际有霜日期在3天以下。年降水量1 600～2 000 mm，降水以夏季最多，春季次之，冬季最少，每年4—9月为雨季，降水量占全年的80%左右，降水年变化呈双峰型，最高峰在6月，次高峰在8月。各大支流汛期错开，但夏秋多台风，洪涝威胁大。

## 二、植被特征

受高温多雨、终年湿润的热带季风气候和亚热带气候影响，粤港澳大湾区内分布着丰富的热带和亚热带植物区系成分，这些成分组成了区域内的典型植被类型——常绿阔叶林。常绿阔叶林的植物种类组成以热带科为主，主要有桑科（Moraceae）、大戟科（Euphorbiaceae）、桃金娘科（Myrtaceae）、樟科（Lauraceae）、金缕梅科（Hamamelidaceae）、山茶科（Theaceae）、壳斗科（Fagaceae）、茜草科（Rubiaceae）、豆科（Fabaceae）、芸香科（Rutaceae）、梧桐科（Sterculiaceae）、杜英科（Elaeocarpaceae）、紫金牛科（Myrsinaceae）、冬青科（Aquifoliaceae）、棕榈科（Arecaceae）和山矾科（Symplocaceae）等。这些植物的花期很长，整年可见有植物开花。不过受干湿季的影响，花期主要集中在春夏期间。不同种类植物的花期长短、一年中的开花次数以及果实的成熟期多种多样。受人类干扰，大湾区内自然植被少，局部村边保留榕树（*Ficus microcarpa*）、红鳞蒲桃（*Syzygium hancei*）、鹅掌柴（*Schefflera heptaphylla*）、小果山龙眼（*Helicia cochinchinensis*）组成的半常绿季雨林，丘陵地主要分布马尾松（*Pinus massoniana*）、岗松（*Baeckea frutescens*）、桃金娘（*Rhodomyrtus tomentosa*）和鹧鸪草（*Eriachne pallescens*）组成的疏林。香港现有植物225科1 179属，其中土著植物42种，半天然林主要分布在香港岛的太平山、歌连臣山、金马伦山、聂高信山及新界企岭下海以南和白沙湾以西的西贡半岛等地。澳门维管植物有206科866属1 508种，雅榕（*Ficus concinna*）、樟树（*Cinnamomum camphora*）林分布于东望洋山半阴坡，是季雨林较有代表性的类型，群落较密闭，结构复杂。

根据中国科学院与资源环境科学数据中心发布的《中国植被区划数据》，大湾区内的植被涉及三个植被区系。肇庆北部、广州北部和惠州北部的一小部分区域属于中亚热带常绿阔叶林区系，江门南部、佛山南部、中山、珠海、深圳南部以及香港和澳门属于热带常绿季雨林区系，其余区域属于南亚热带常绿阔叶林区系（图5-2）。中亚热带常绿阔叶林的植被组成种类以热带、亚热带的科属为主，大部分属于“华南地区”的区系成分（广东省科学院丘陵山区综合科学考察队，1991a）。乔木种类以壳斗科的常绿种类占优势，常见的种类有红椽（*Castanopsis fargesii*）、罗浮栲（*Castanopsis faberi*）、甜槠（*Castanopsis eyrei*）、米槠（*Castanopsis carlesii*）、鹿角锥（*Castanopsis lamontii*）、黧蒴锥（*Castanopsis fissa*）等，其次为樟科、山茶科、金缕梅科、木兰科（Magnoliaceae）、杜英科、安息香科（Styracaceae）、清风藤科（Sabiaceae）等，常见的种类有黄樟（*Cinnamomum porrectum*）、红楠（*Machilus thunbergii*）、大新木姜（*Neolitsea chuii*）、荷木（*Schima superba*）、枫香（*Liquidambar formosana*）、阿丁枫（*Altingia chinensis*）、木莲（*Manglietia fordiana*）、薯豆杜英（*Elaeocarpus japonicus*）、岭南山茉莉（*Huodendron biaristatum* var. *parviflorum*）、笔罗子（*Meliosma rigida*）等。林下的灌木以山茶科、紫金牛科、野牡丹科（Melastomataceae）、茜草科、杜鹃花科（Ericaceae）和禾本科（Gramineae）等的种类为主，常见的种类有细枝柃（*Eurya loquaiana*）、湖南杨桐（*Adinandra bockiana* var. *acutifolia*）、朱砂根（*Ardisia crenata*）、柏拉木（*Blastus cochinchinensis*）、粗叶木（*Lasianthus chinensis*）、杜鹃（*Rhododendron simsii*）、苦竹（*Pleioblastus amarus*）。林下的草本植株种类比较简单，以蕨类植物为主，如狗脊（*Woodwardia japonica*）、中华里白（*Diploptcrygium chinensis*）、日本瘤足蕨（*Plagiogyria japonica*）等。此外，还有禾本科、莎草科（Cyperaceae）、姜科（Zingiberaceae）等的种类，如淡竹叶（*Lophatherum gracile*）、珍珠茅（*Scleria levis*）、十字苔草（*Carex cruciata*）、华山姜（*Alpinia chinensis*）等。南亚热带常绿阔叶林的植被组成种类亦以热带、亚热带的科属为主，但热带植物区系成分所占比例较大，反映出向热带区系过渡的特点。组成南亚热带常绿阔叶林的乔木种类以樟科、壳斗科、山茶科、桃金娘科、大戟科、豆科、桑科、梧桐科、芸香科、五加科（Araliaceae）、山矾科、冬青科等为主，常见的有华润楠（*Machilus chinensis*）、厚壳桂（*Cryptocarya chinensis*）、锥栗（*Castanopsis chinensis*）、黧蒴锥（*Castanopsis fissa*）、荷木（*Schima superba*）、红车（*Syzygium hancei*）、白车（*Syzygium levinei*）、银柴（*Apcrosa dioica*）、云南银柴（*Aporosa yunnanensis*）、黄桐（*Endospermum chinense*）、光叶红豆（*Ormosia glaberrima*）、猴耳环（*Pithecellobium clypearia*）、水筒木（*Ficus fistulosa*）、假苹婆（*Sterculia lanceolata*）、降真香（*Acronychia pedunculata*）、鹅掌柴（*Schefflera heptaphylla*）、山矾（*Symplocos sumuntia*）、冬青（*Ilex chinensis*）等。林下的灌木以茜草科、紫金牛科、番荔枝科（Annonaceae）、野牡丹科、菝葜科（Smilacaceae）、棕榈科等为主，如朱砂根（*Ardisia crenata*）、九节（*Psychitria rubra*）、粗叶木（*Lasianthus chinensis*）、白背瓜馥木（*Fissistigma glaucescens*）、华南省藤（*Calamus rhabdocladus*）等。林下的草本植物有沙皮蕨（*Hemigxramma decurrens*）、复叶耳蕨（*Arachnoides exilis*）、金毛狗（*Cibotium barometz*）、山姜（*Alpinia japonica*）、淡竹叶（*Lophatherum gracile*）等。热带常绿季雨林的植物区系以亚洲热带广布种和热带北部特有种为主，多属于番荔枝科、使君子科（Combretaceae）、梧桐科、木棉科（Bombacaceae）、大戟科、豆科、桑科、无患子科（Sapindaceae）和山榄科（Sapotaceae）等。群落有较明显的优势种或共优势种，水热条件好的地方常绿树种较多。

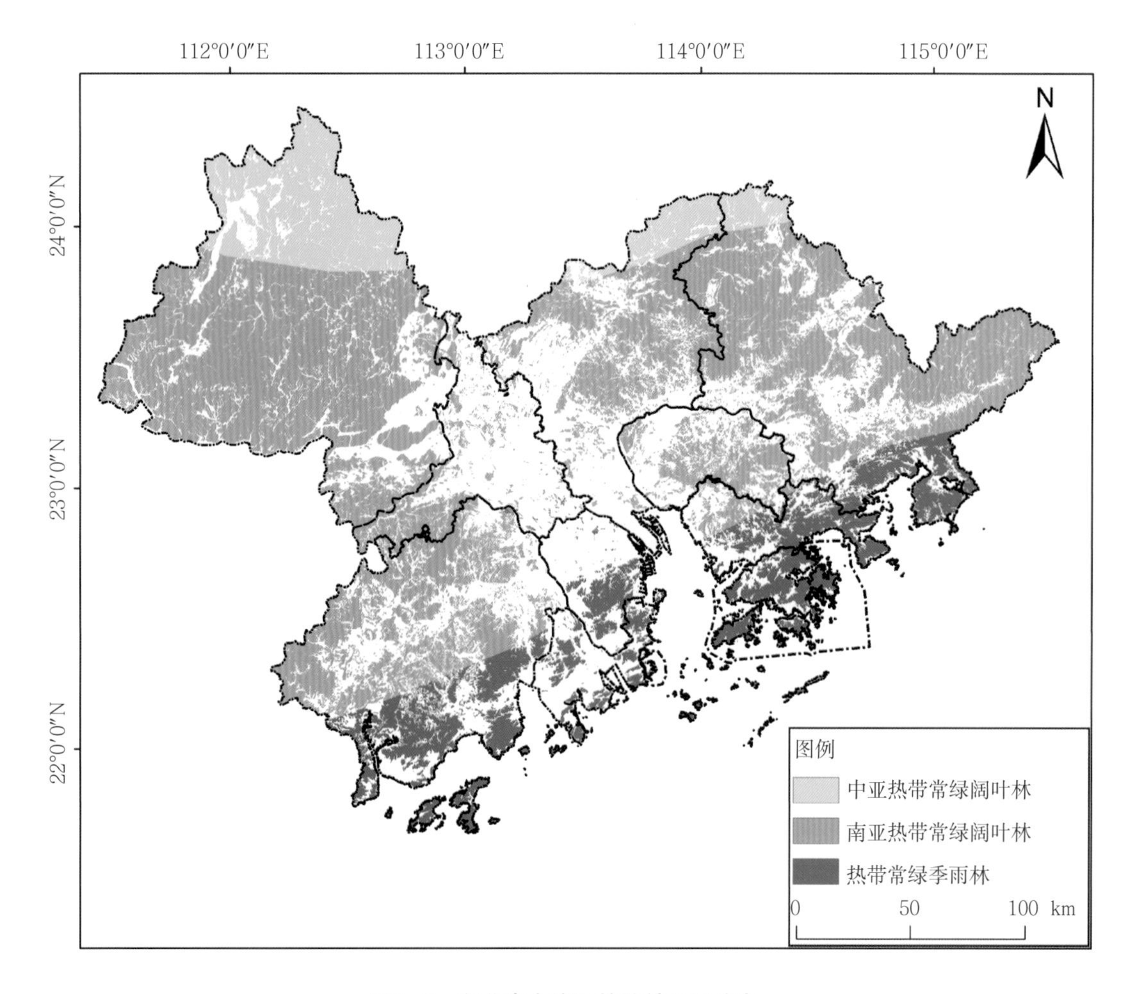


图5-2　粤港澳大湾区的植被区系分布

粤港澳大湾区内的大部分植被发育遵循南亚热带典型的群落演替规律，自然演替路径通常从草坡开始，经历针叶林、针阔叶混交林两个阶段，最终发育为地带性顶级群落季风常绿阔叶林（杨小波，1998；丁圣彦　等，2004）。大湾区内的肇庆鼎湖山国家级自然保护区分布着南亚热带地带性顶级群落季风常绿阔叶林。季风常绿阔叶林具有明显的垂直分层结构，通常可以分为3个基本层——乔木层、灌木层和草本及苗木层，有时地表还有苔藓和地衣层。乔木层通常还有2～3个亚层或更多的亚层。植被和生境的热带—亚热带过渡性质是大湾区内植被的主要特点。对于大湾区的植被来说，热带—亚热带过渡区的气温条件可以满足泛热带植物的生长，水分因子的主导作用较为突出。与部分华南地区植被面临的问题相类似，大湾区的森林植被也存在以下问题：人工林占比过大，种类单一，以针叶林为主且大量使用外来种；林分空间、年龄和密度结构不合理，多为同龄林且结构发育不够成熟稳定；部分人工林老化；林分质量较低，天然更新较差，经济与生态功能弱，忽视生态系统健康要求的异质性；由人工林转向近自然植物群落的过程中忽略了种间关系作用和生态功能（任海　等，2019）。

# 第二节　生态系统格局演变

中国陆地生态系统宏观结构数据是在遥感解译获取的1：10万比例尺土地利用/土地覆盖数据的基础上，通过对各生态系统类型进行辨识和研究，经过分类处理形成的多期中国陆地生态系统类型空间分布数据。

中国陆地生态系统分类及含义见表5-1，具体划分为7大生态系统类型：

（1）农田生态系统，主要包括土地利用/土地覆盖遥感分类系统中的水田11、旱地12。

（2）森林生态系统，主要包括土地利用/土地覆盖遥感分类系统中的密林地（有林地）21、灌木林22、疏林地23、其他林地24。

（3）草地生态系统，主要包括土地利用/土地覆盖遥感分类系统中的高覆盖度草地31、中覆盖度草地32、低覆盖度草地33。

（4）水体与湿地生态系统，主要包括土地利用/土地覆盖遥感分类系统中的河渠41、湖泊42、水库坑塘43、永久性冰川雪地44、滩涂45、滩地46、沼泽地64。

（5）聚落生态系统，主要包括土地利用/土地覆盖遥感分类系统中的城镇用地51、农村居民点52、其他建设用地53。

（6）荒漠生态系统，主要包括土地利用/土地覆盖遥感分类系统中的沙地61、戈壁62、盐碱地63、其他（高寒荒漠等）67。

（7）其他生态系统，主要包括土地利用/土地覆盖遥感分类系统中的裸土地65和裸岩石质地66。

表5-1　中国陆地生态系统分类及含义

| 一级类型 | | 二级类型 | | 含义 |
|---|---|---|---|---|
| 编号 | 名称 | 编号 | 名称 | |
| 1 | 农田生态系统 | | | 指种植农作物的生态系统，包括熟耕地、新开荒地、休闲地、轮歇地、草田轮作物地；以种植农作物为主的农果、农桑、农林用地；耕种3年以上的滩地和海涂 |
| | | 11 | 水田 | 指有水源保证和灌溉设施，在一般年景能正常灌溉，用以种植水稻、莲藕等水生农作物的耕地，包括实行水稻和旱地作物轮种的耕地。三级分类在二级类型的基础上根据地形特征分为山地水田111、丘陵水田112、平原水田113、>25° 坡地水田114 |
| | | 12 | 旱地 | 指无灌溉水源及设施，靠天然降水生长作物的耕地；有水源和浇灌设施，在一般年景下能正常灌溉的旱作物耕地；以种菜为主的耕地；正常轮作的休闲地和轮歇地。三级分类在二级类型的基础上根据地形特征分为山地旱地121、丘陵旱地122、平原旱地123、>25° 坡地旱地124 |
| 2 | 森林生态系统 | | | 指生长乔木、灌木、竹类的林地以及沿海红树林地等生态系统 |
| | | 21 | 有林地 | 指郁闭度>30%的天然林和人工林。包括用材林、经济林、防护林等成片林地 |
| | | 22 | 灌木林 | 指郁闭度>40%、高度在2 m以下的矮林地和灌丛林地 |

续表

| 一级类型 | | 二级类型 | | 含义 |
|---|---|---|---|---|
| 编号 | 名称 | 编号 | 名称 | |
| | | 23 | 疏林地 | 指林木郁闭度为10%～30%的林地 |
| | | 24 | 其他林地 | 指未成林造林地、迹地、苗圃及各类园地（果园、桑园、茶园、热作林园等） |
| 3 | 草地生态系统 | | | 指以生长草本植物为主，覆盖度在5%以上的各类草地，包括以牧为主的灌丛草地和郁闭度在10%以下的疏林草生态系统 |
| | | 31 | 高覆盖度草地 | 指覆盖>50%的天然草地、改良草地和割草地。此类草地一般水分条件较好，草被生长茂密 |
| | | 32 | 中覆盖度草地 | 指覆盖度在20%～50%的天然草地和改良草地。此类草地一般水分不足，草被较稀疏 |
| | | 33 | 低覆盖度草地 | 指覆盖度在5%～20%的天然草地。此类草地水分缺乏，草被稀疏，牧业利用条件差 |
| 4 | 水体与湿地生态系统 | | | 指天然陆地水域和水利设施用地 |
| | | 41 | 河渠 | 指天然形成或人工开挖的河流及主干常年水位以下的土地。人工渠包括堤岸 |
| | | 42 | 湖泊 | 指天然形成的积水区常年水位以下的土地 |
| | | 43 | 水库坑塘 | 指人工修建的蓄水区常年水位以下的土地 |
| | | 44 | 永久性冰川雪地 | 指常年被冰川和积雪所覆盖的土地 |
| | | 45 | 滩涂 | 指沿海大潮高潮位与低潮位之间的潮侵地带 |
| | | 46 | 滩地 | 指河、湖水域平水期水位与洪水期水位之间的土地 |
| | | 64 | 沼泽地 | 指地势平坦低洼，排水不畅，长期潮湿，季节性积水或常年积水，表层生长湿生植物的土地 |
| 5 | 聚落生态系统 | | | 指城乡居民点及其以外的工矿、交通等人工生态系统 |
| | | 51 | 城镇用地 | 指大、中、小城市及县镇以上建成区用地 |
| | | 52 | 农村居民点 | 指独立于城镇以外的农村居民点 |
| | | 53 | 其他建设用地 | 指厂矿、大型工业区、油田、盐场、采石场等用地以及交通道路、机场及特殊用地 |
| 6 | 荒漠生态系统 | | | 目前还未利用的生态系统，包括难利用的生态系统 |
| | | 61 | 沙地 | 指地表为沙覆盖，植被覆盖度在5%以下的土地，包括沙漠，不包括水系中的沙漠 |
| | | 62 | 戈壁 | 指地表以碎砾石为主，植被覆盖度在5%以下的土地 |
| | | 63 | 盐碱地 | 指地表盐碱聚集，植被稀少，只能生长强耐盐碱植物的土地 |
| | | 67 | 其他 | 指其他未利用土地，包括高寒荒漠、苔原等 |
| 7 | 其他生态系统 | | | |
| | | 65 | 裸土地 | 指地表土质覆盖，植被覆盖度在5%以下的土地 |
| | | 66 | 裸岩石质地 | 指地表为岩石或石砾，其覆盖面积>5%的土地 |

如图5-3所示，粤港澳大湾区的森林生态系统主要分布在东北部的惠州、西北部的肇庆和西南部的江门的山地丘陵地带，是珠江三角洲平原的重要生态屏障。农田生态系统集中分布在中部的平原，同时在东部（惠州）和西部（江门）的山地丘陵地带与森林生态系统相间分布，但在西北（肇庆）的山区分布面积较小。草地生态系统在粤港澳大湾区内零星分布。水体与湿地生态系统主要集中在佛山和东江、西江、北江流域以及珠江的入海口处。聚落生态系统主要分布在粤港澳大湾区的中部冲积平原区域，在深圳、东莞、广州、佛山和珠海较为集中。

1980—2017年，粤港澳大湾区范围内的森林生态系统、草地生态系统、水体与湿地生态系统的面积基本稳定，略有下降（图5-3）。变化较为剧烈的生态系统类型是聚落生态系统和农田生态系统。农田生态系统的面积显著下降，而聚落生态系统的面积显著增加，两者面积的增减呈现明显的互补关系（图5-4）。这说明1980—2017年大湾区的城市化干扰较为剧烈，大量农业用地转化为建设用地，大量的农田被房屋和住所占据。由于荒漠生态系统和其他生态系统在粤港澳大湾区内的分布面积较小，它们在1：10万生态系统分类图上变化并不显著。

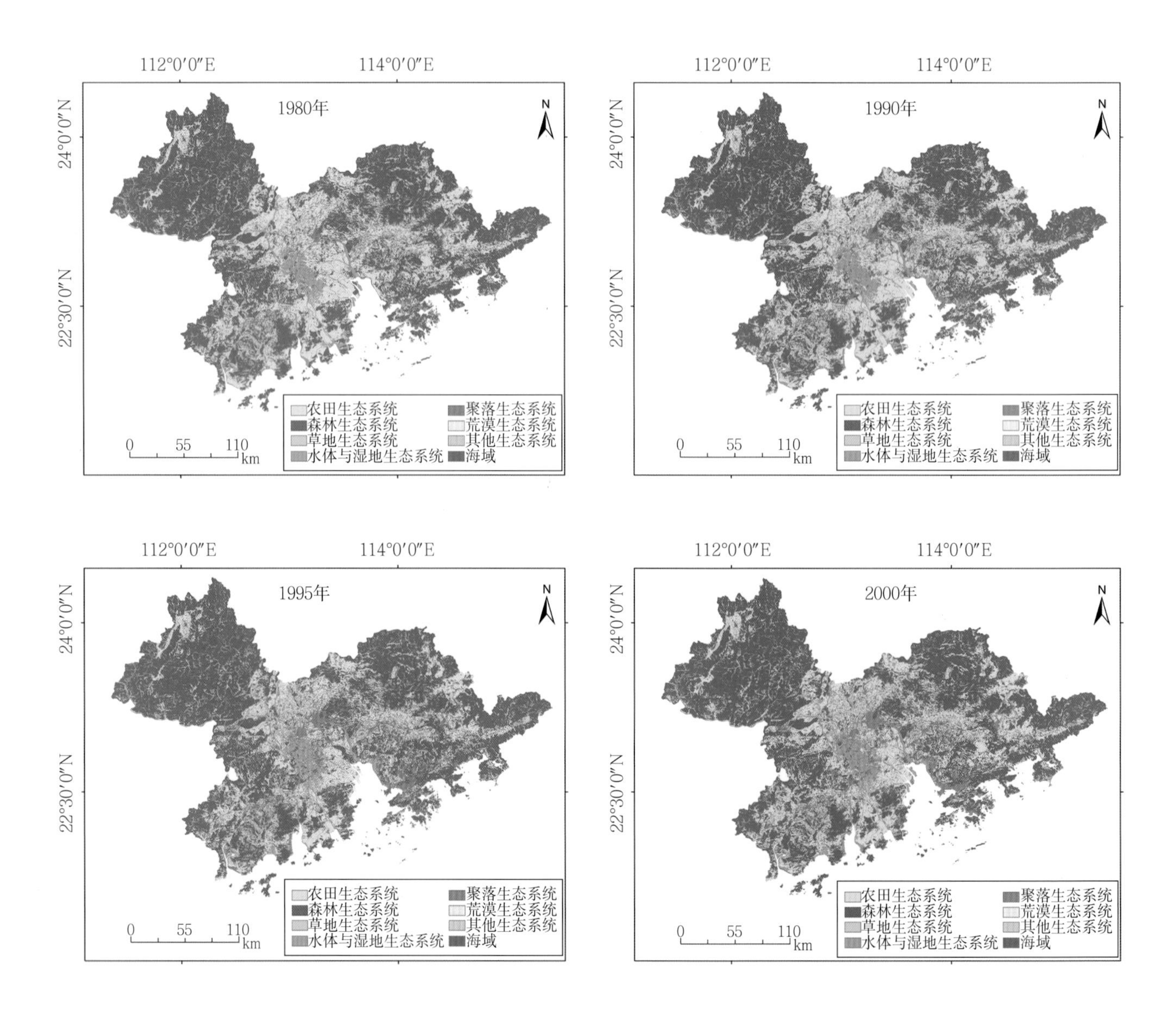

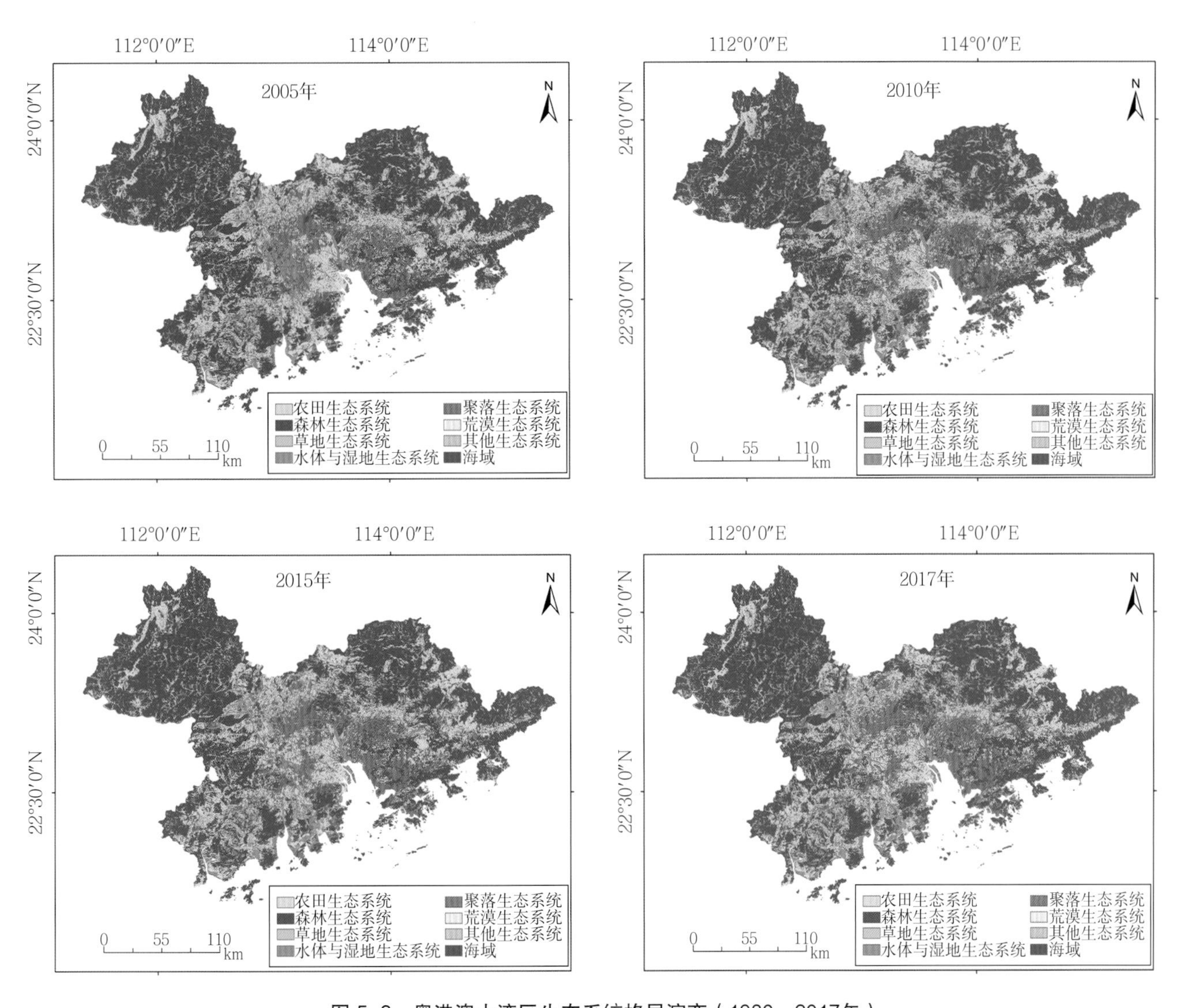


图 5-3　粤港澳大湾区生态系统格局演变（1980—2017年）

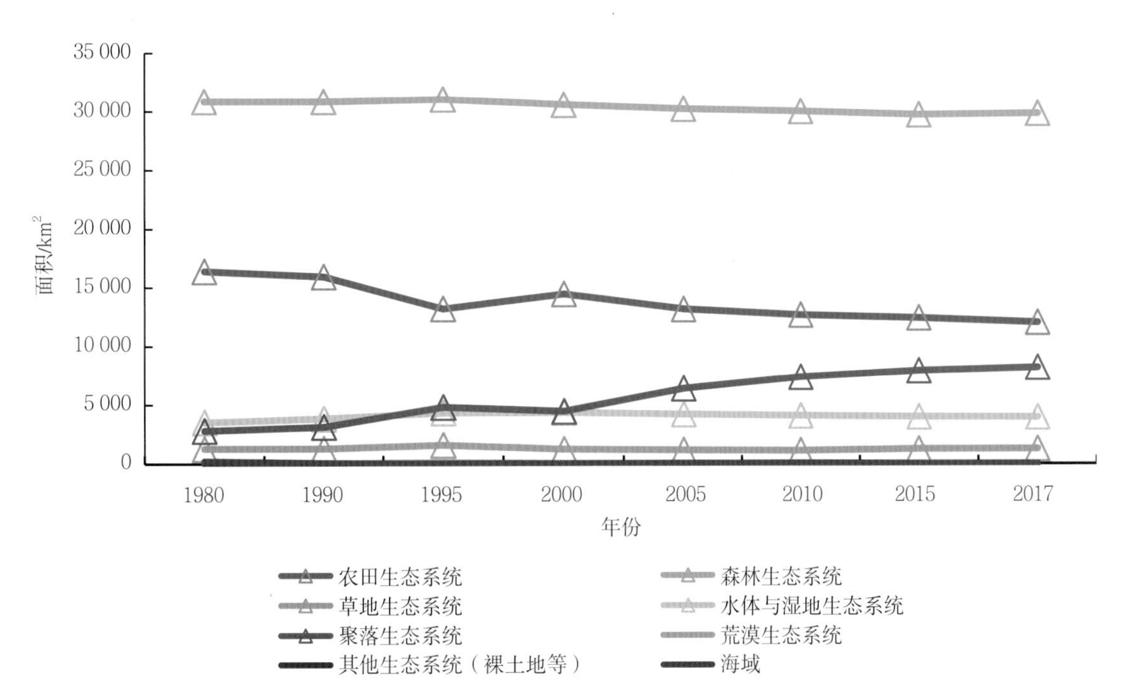

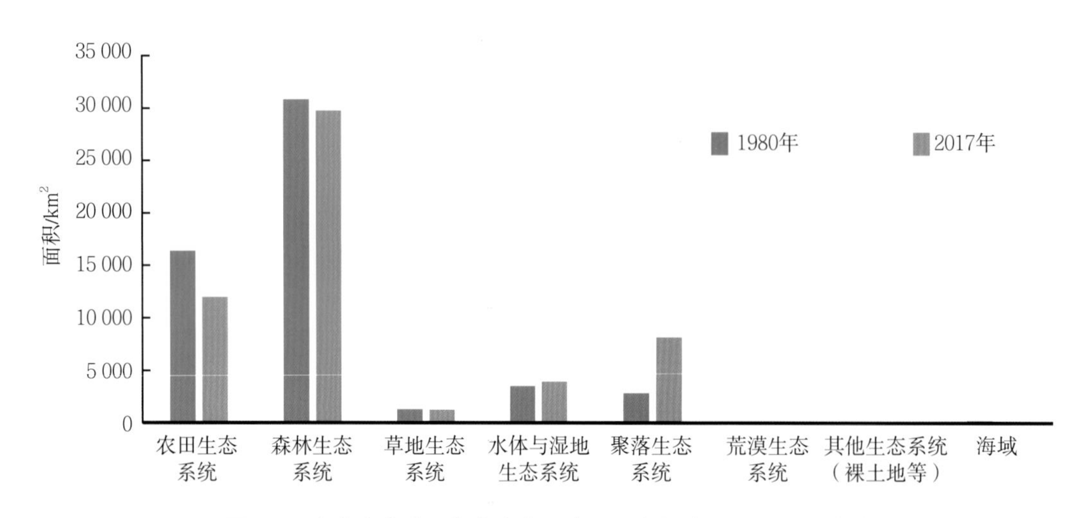


**图5-4 粤港澳大湾区各类生态系统面积变化（1980—2017年）**

将研究尺度由粤港澳大湾区聚焦到各城市（图5-5），11个城市的农田生态系统面积在1980—2017年均有所减少。其中广州、东莞的农业生态系统面积下降幅度较大。澳门和香港由于城市化较早，农田生态系统面积基数小，在1980—2017年的面积变化不如其他城市显著。森林生态系统方面，澳门的森林生态系统面积在1980—2017年轻微正增长，其余城市均为负增长。东莞、深圳、广州和江门森林生态系统面积下降幅度较大。香港、惠州和珠海森林生态系统面积下降幅度较小。水体与湿地生态系统方面，佛山、中山和香港3个城市的水体与湿地生态系统面积在1980—2017年均有所减少，尤其是佛山和中山下降幅度较大，这可能与两市桑基鱼塘的改造有关。与此同时，肇庆、江门、东莞、惠州、珠海、深圳和广州的水体与湿地生态系统面积均有所增加。聚落生态系统方面，11个城市的聚落生态系统面积在1980—2017年均有所增加，其中广州、佛山和东莞增幅最为显著，香港和澳门增幅较小。

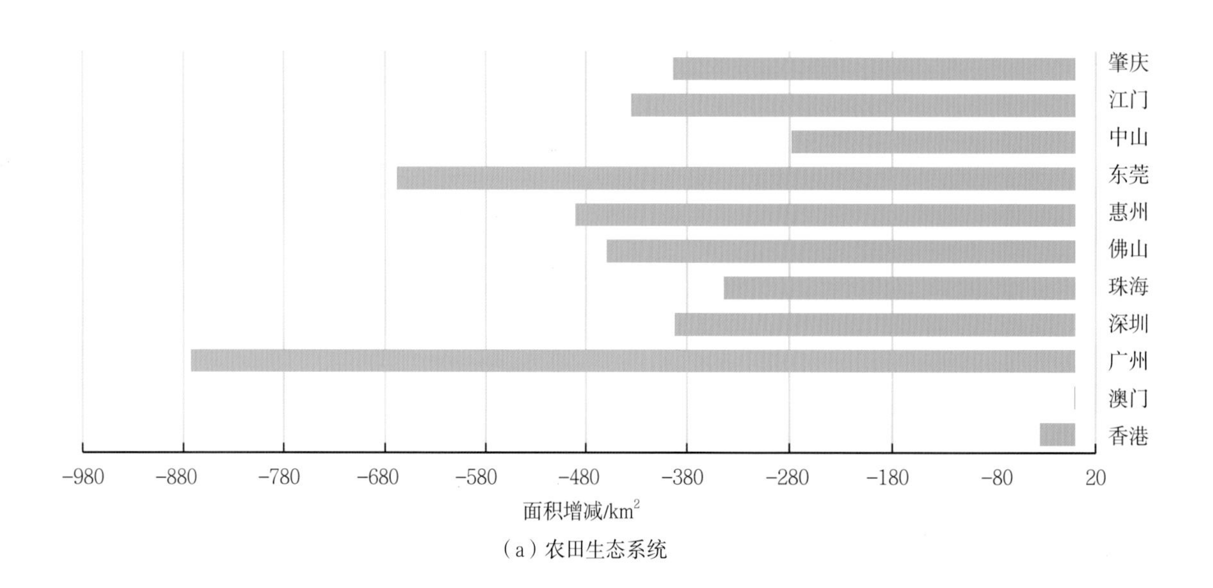


（a）农田生态系统

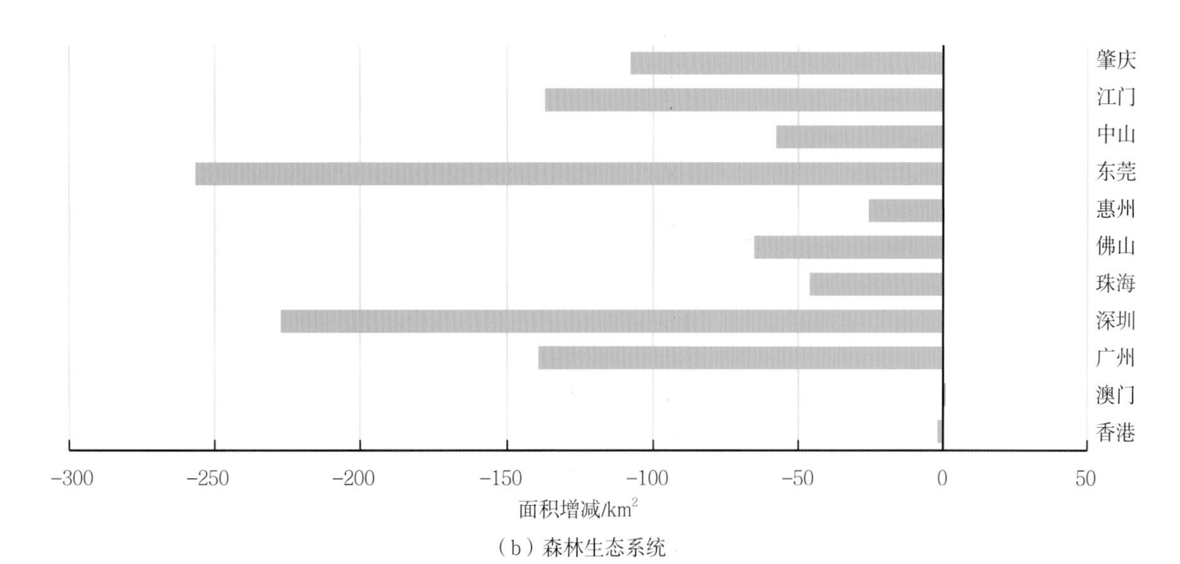


（b）森林生态系统

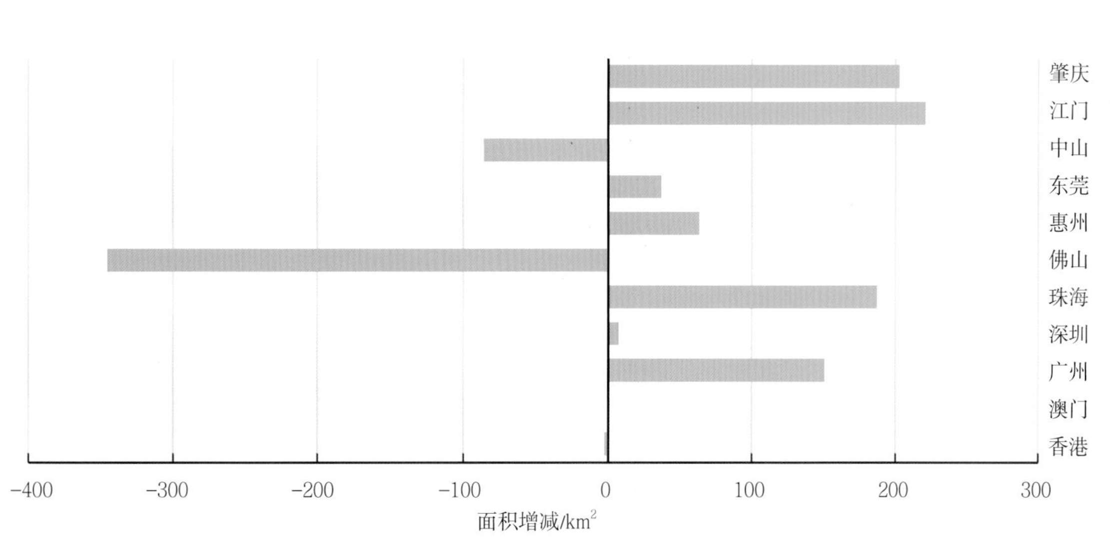


（c）水体与湿地生态系统

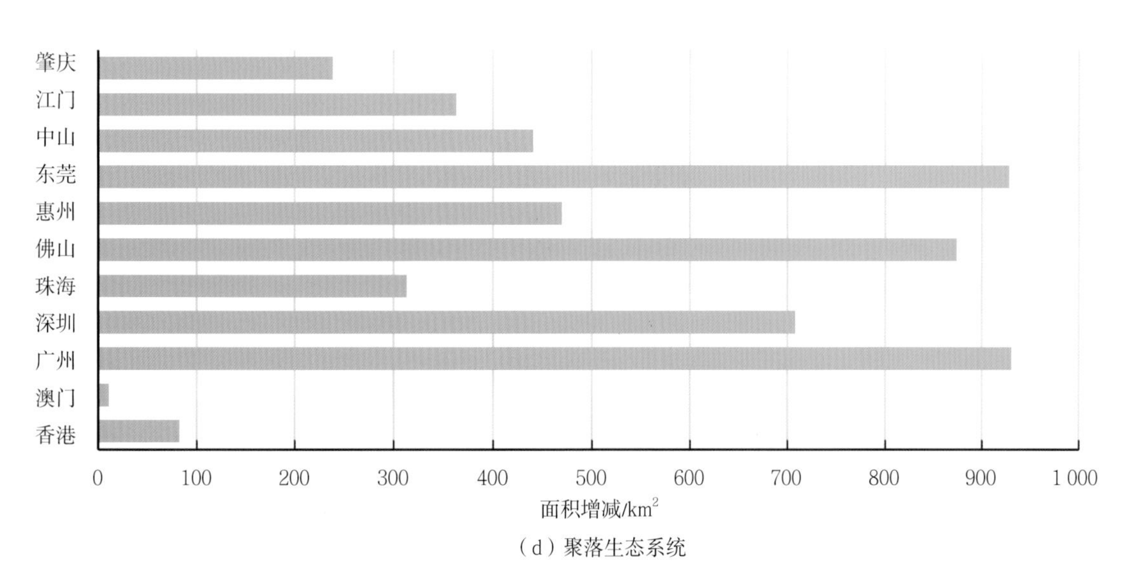


（d）聚落生态系统

**图5-5　1980—2017年粤港澳大湾区11个城市主要生态系统类型面积变化**

# 第三节　植被变化

## 一、植被分布面积变化

本节为了系统分析粤港澳大湾区植被近40年的组成和格局演变，在方法上将林地和草地整合为植被做整体分析，本节所述的植被主要包括土地利用/土地覆盖遥感分类系统中的密林地（有林地）21、灌木林22、疏林地23、其他林地24和高覆盖度草地31、中覆盖度草地32、低覆盖度草地33。本节所述的格局演变主要指以上各林地和草地子类之间的组成、面积及空间分布的变化。粤港澳大湾区的植被主要分布在西北部的肇庆、西南部的江门以及东部的惠州区域（图5-6）。粤港澳大湾区的植被面积在1980—1990年较为稳定，保持在3.20万$km^2$左右，1990—1995年迅速增加至3.25万$km^2$，1995年以后持续下降［图5-7（a）］。在植被比例方面，尽管1990—1995年植被面积有小幅提升，但1980—2017年植被比例一直维持在60%左右。1980—2017年建设用地的扩张挤占的主要是耕地空间［图5-7（b）］。

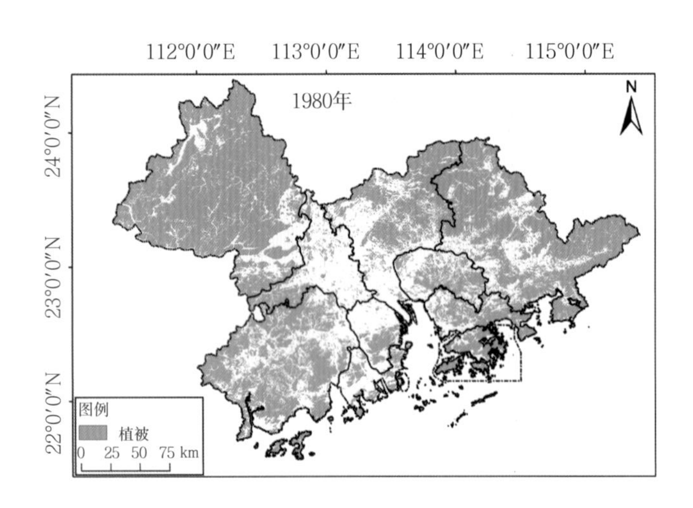


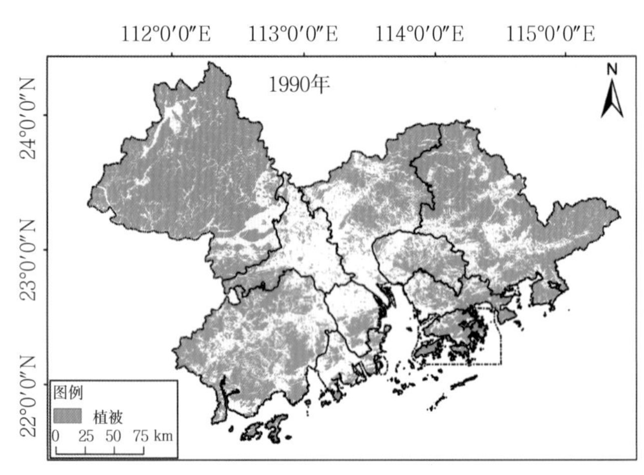


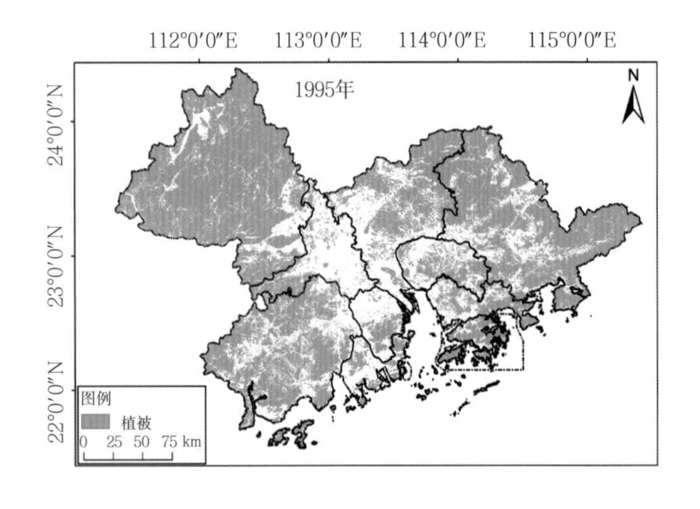


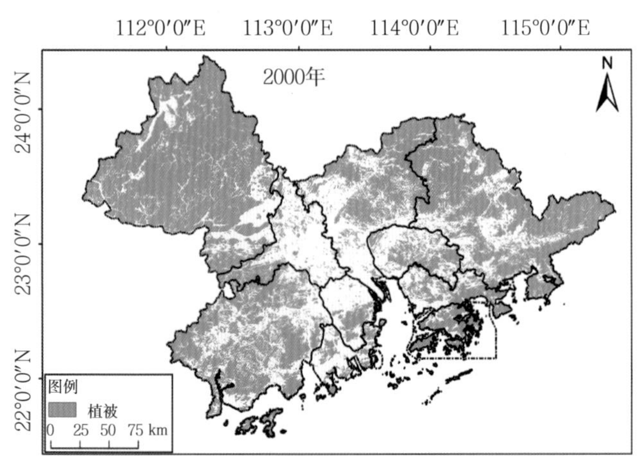

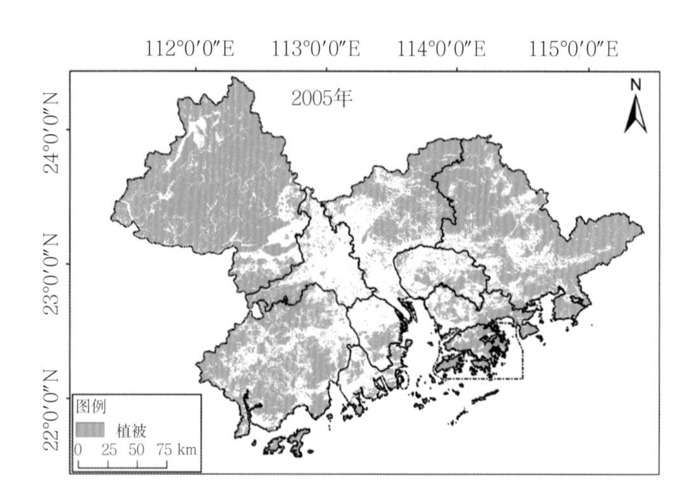


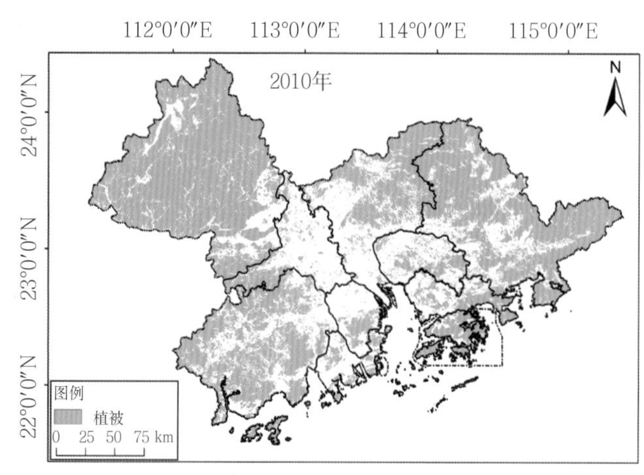


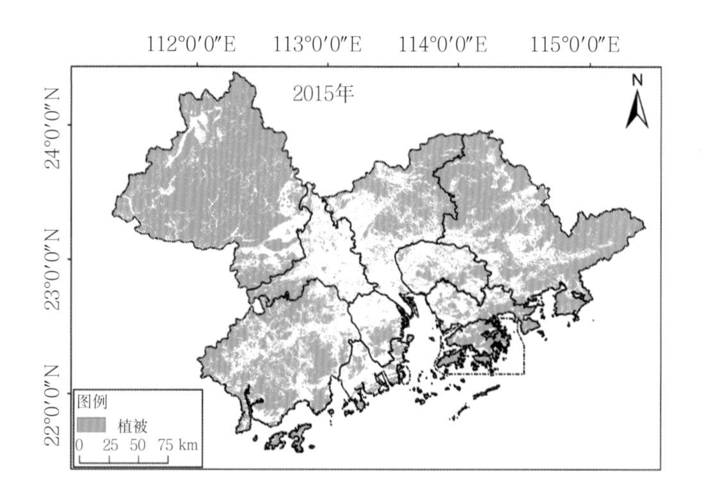


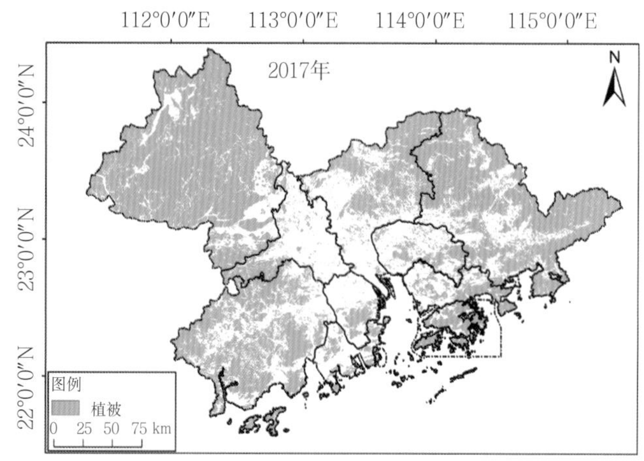


图5-6　粤港澳大湾区植被分布及面积变化（1980—2017年）

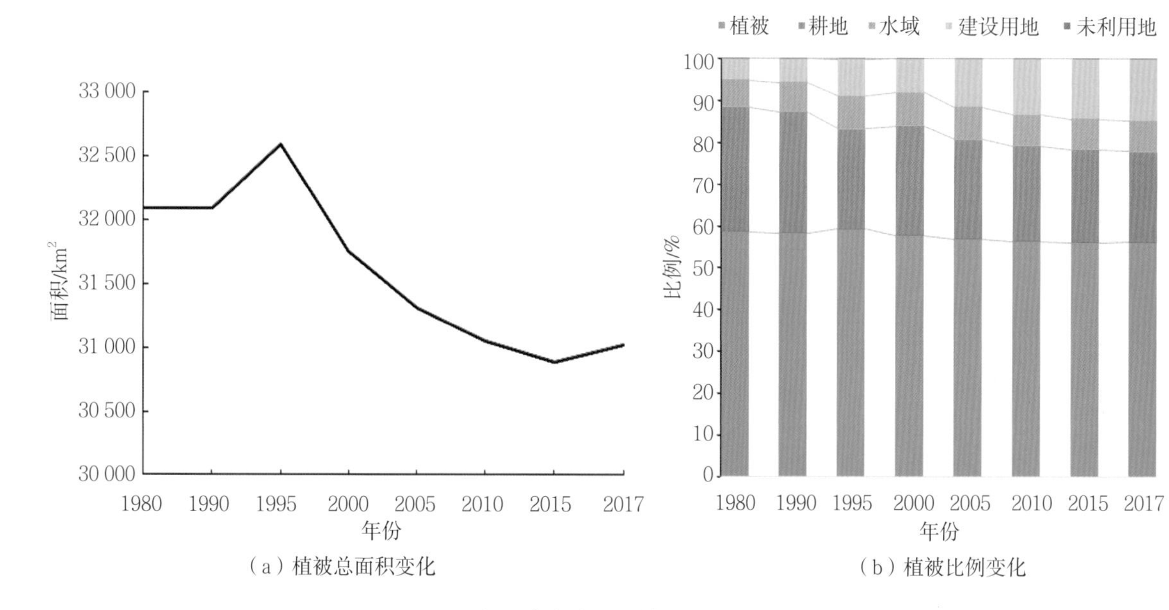


图5-7　粤港澳大湾区植被总面积及比例变化

针对植被与其他用地类型间的转换做进一步分析可以发现，尽管1980—2017年植被比例总体稳定，但植被与其他用地类型之间存在较为频繁的置换过程（图5-8），这与我国制定的用一补一的用地政策密切相关。1980—1990年，耕地与植被、水域与植被之间均发生了面积相当的置换过程。但植被转为建设用地的面积显著高于建设用地转为植被的面积。这说明在1980—1990年，城市发展侵占了部分植被占地。1990—1995年，植被与其他用地类型之间的置换仍在继

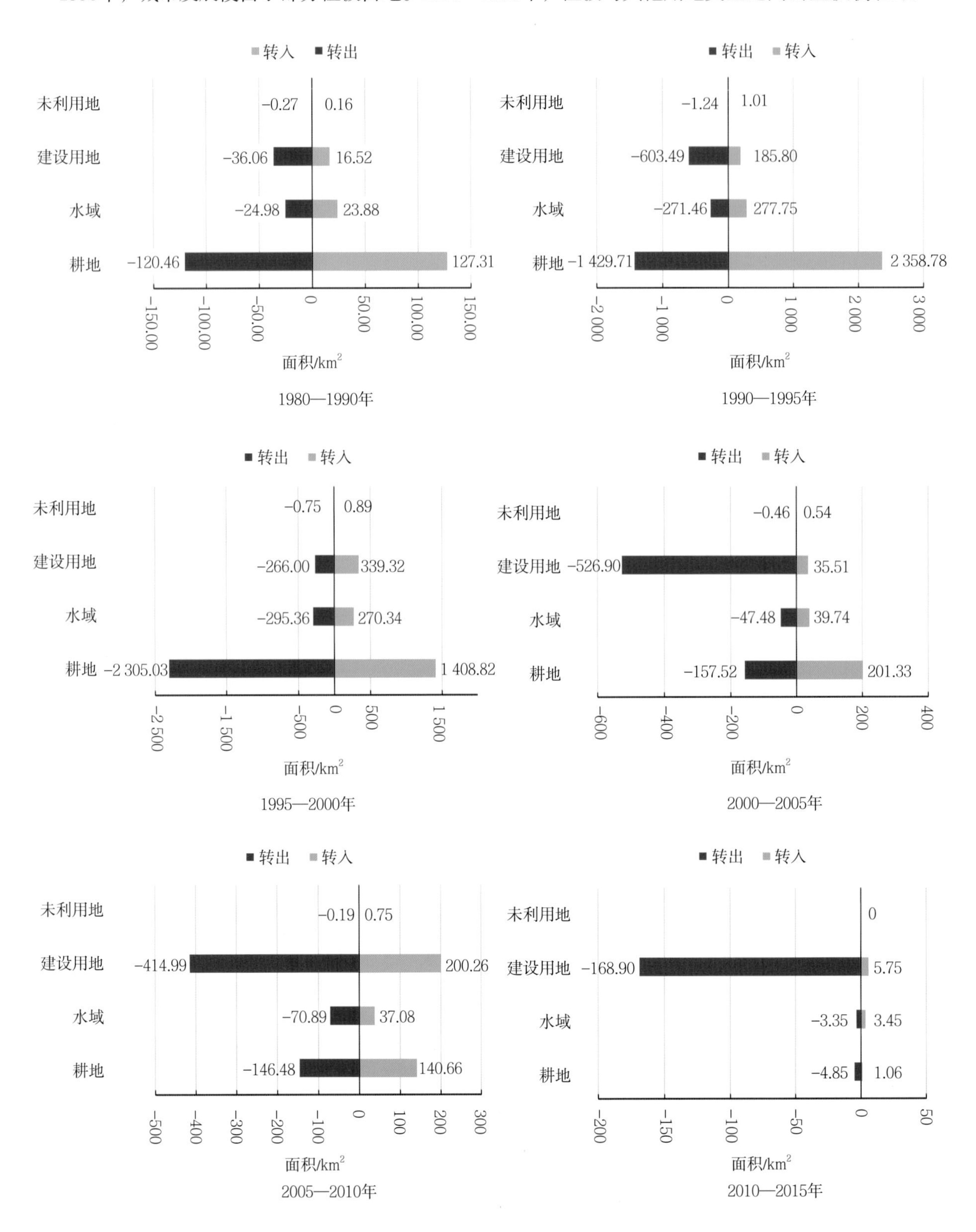

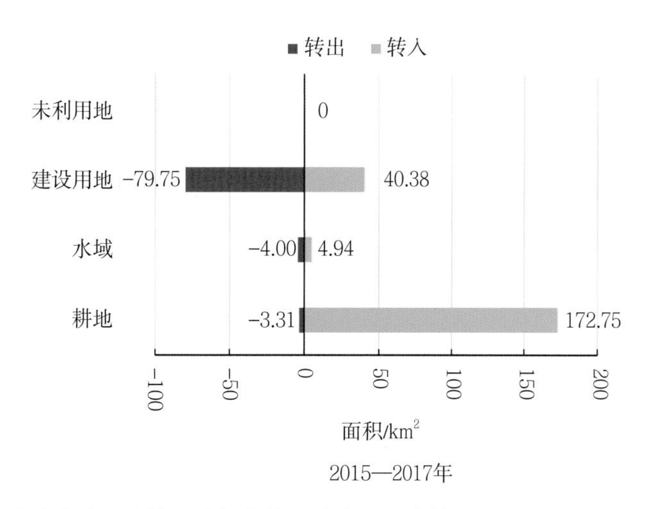


**图5-8 粤港澳大湾区植被用地与其他用地类型间的转换（1980—2017年）**

续，具体表现为：大量的耕地转为植被占地，耕地转为植被占地的净面积为929.07 km$^2$；建设用地与植被占地之间的置换失衡，植被占地转为建设用地的净流出面积为417.69 km$^2$。1995—2000年，896.21 km$^2$的净植被面积流出转化为耕地。建设用地对植被的侵占主要发生在2000—2015年，这期间建设用地与植被占地之间的置换过程相当剧烈，且均为植被占地面积净流出。2015—2017年情况有所改善，尽管建设用地与植被占地之间的矛盾仍然存在，但大量的耕地转换为植被，使植被面积有所增加，这与这一时期退耕还林及退耕还草的政策以及建设生态文明的贯彻执行密不可分。

广州的植被主要分布在北部的从化区、东部的增城区、西北的花都区、市中心的黄埔区和白云区（图5-9）。1980年广州植被面积为3 272.78 km$^2$，1990—1995年有所增长，随后面积下降，2017年植被面积为3 120.86 km$^2$，40年间减少了151.92 km$^2$。

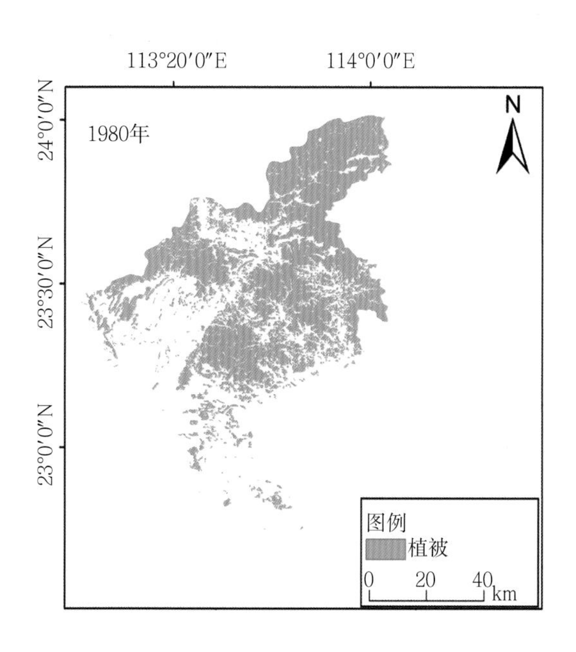


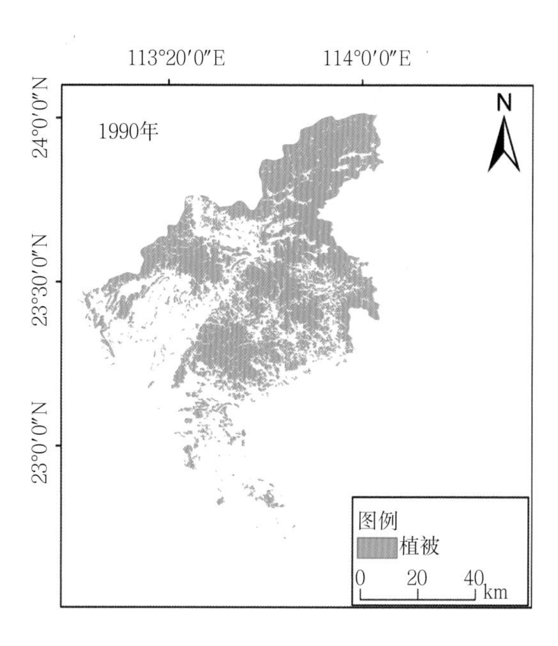

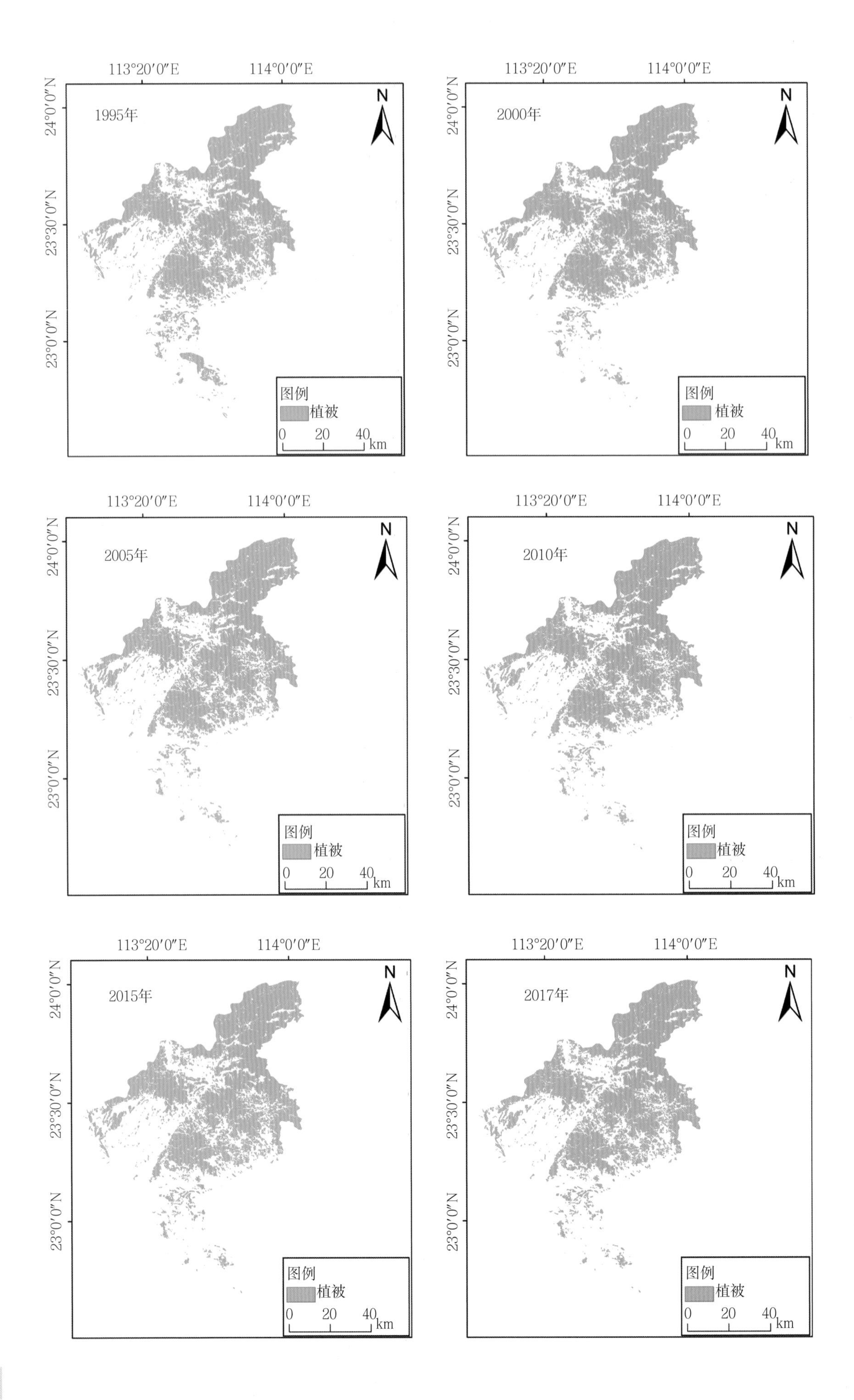
113°20′0″E
114°0′0″E
24°0′0″N
23°30′0″N
23°0′0″N
1995年
2000年
2005年
2010年
2015年
2017年
N
图例
植被
0 20 40 km

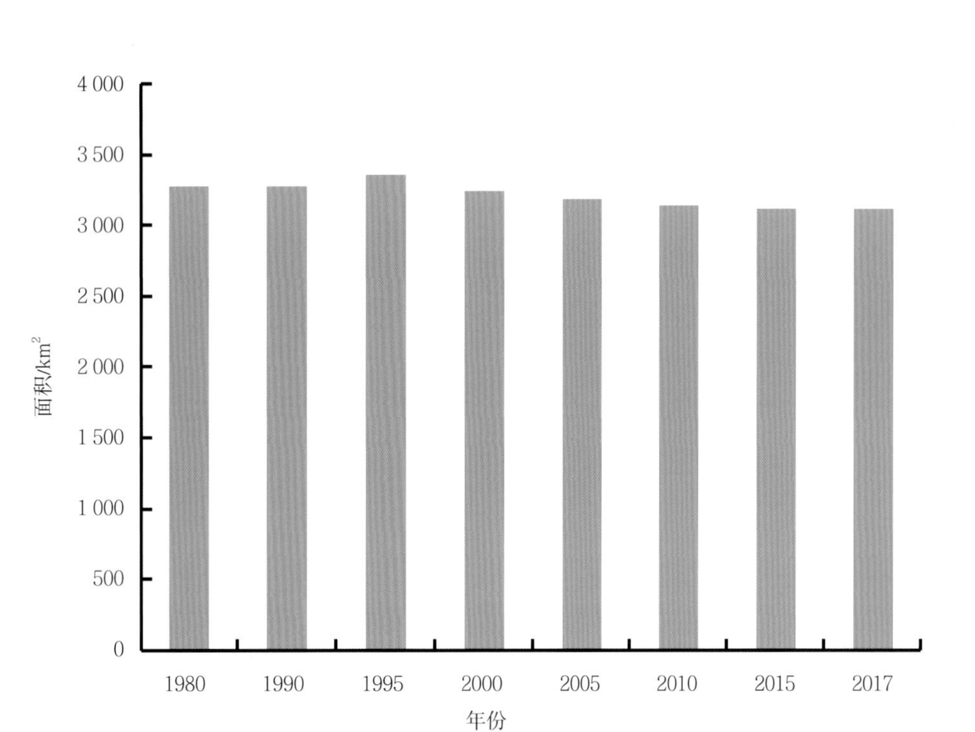


图5-9　广州植被分布及面积变化（1980—2017年）

佛山的植被主要分布在西南部的高明区和西北部的三水区（图5-10）。1980年佛山植被面积为906.80 $km^2$，1990—1995年有所下降，1995—2000年回升，随后持续下降，2017年植被面积下降至837.66 $km^2$，与1980年相比减少了69.14 $km^2$。

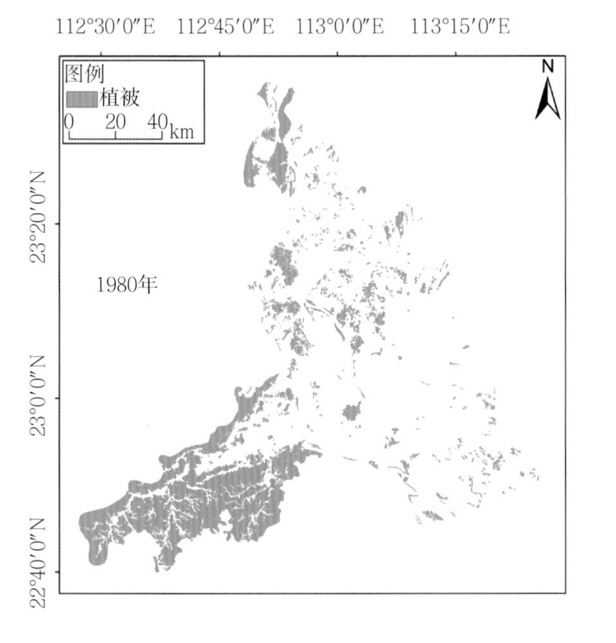


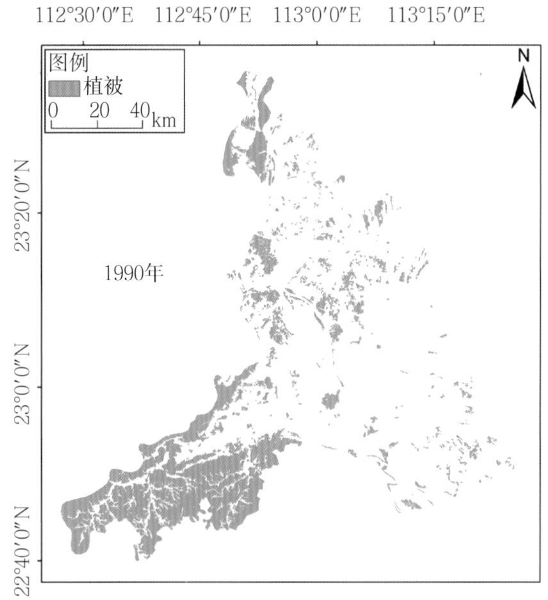

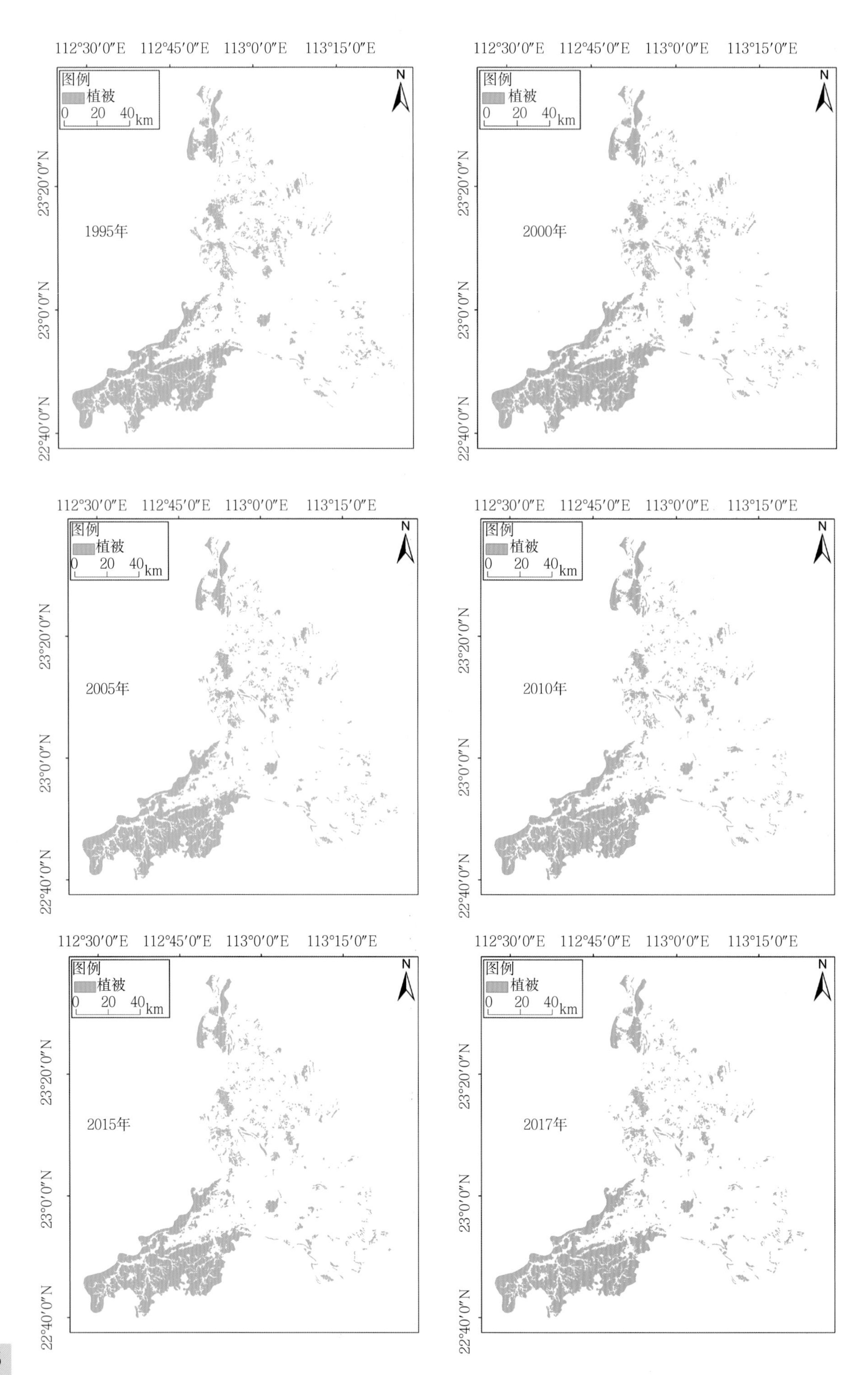
112°30′0″E
112°45′0″E
113°0′0″E
113°15′0″E
23°20′0″N
23°0′0″N
22°40′0″N
图例
植被
0 20 40 km
N
1995年
2000年
2005年
2010年
2015年
2017年

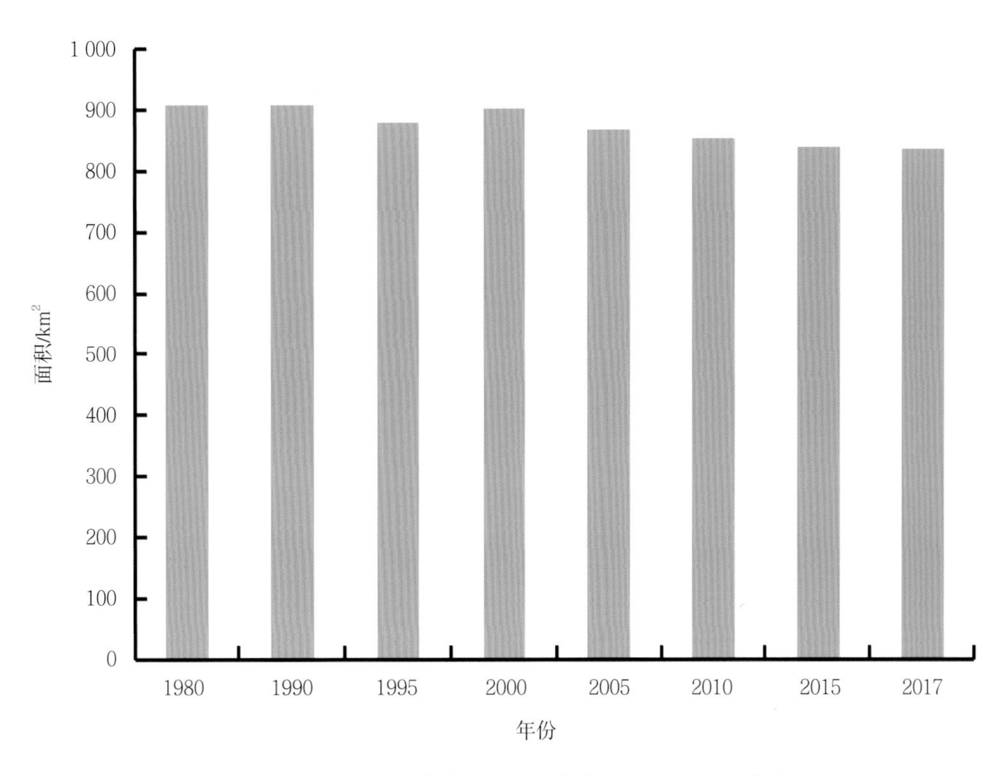


**图5-10　佛山植被分布及面积变化（1980—2017年）**

肇庆的植被在整个市域范围内均有分布。其中四会、鼎湖、高要和端州植被较为破碎（图5-11）。肇庆植被面积在1980年为11 483.12 km$^2$，1990—1995年有所增加，1995—2000年回落，随后趋于稳定，2017年植被面积为11 434.64 km$^2$，较1980年减少了48.48 km$^2$，降幅为0.42%，变化较小。

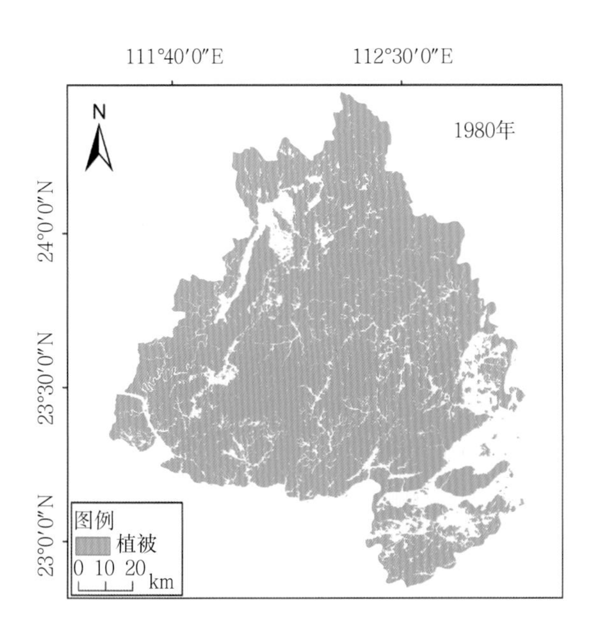


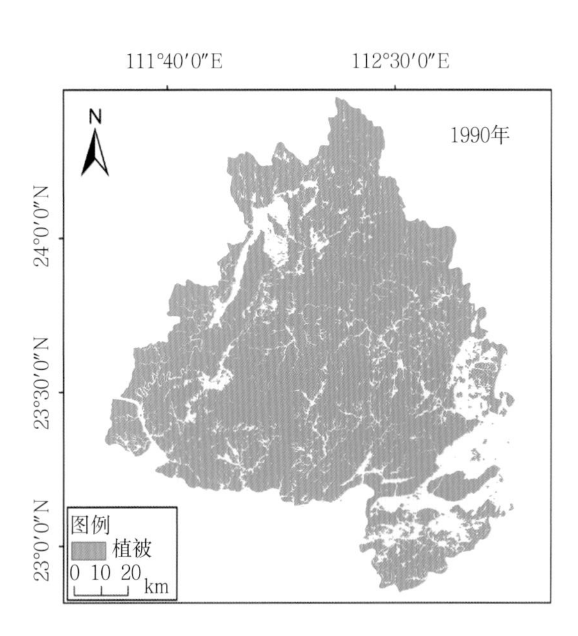

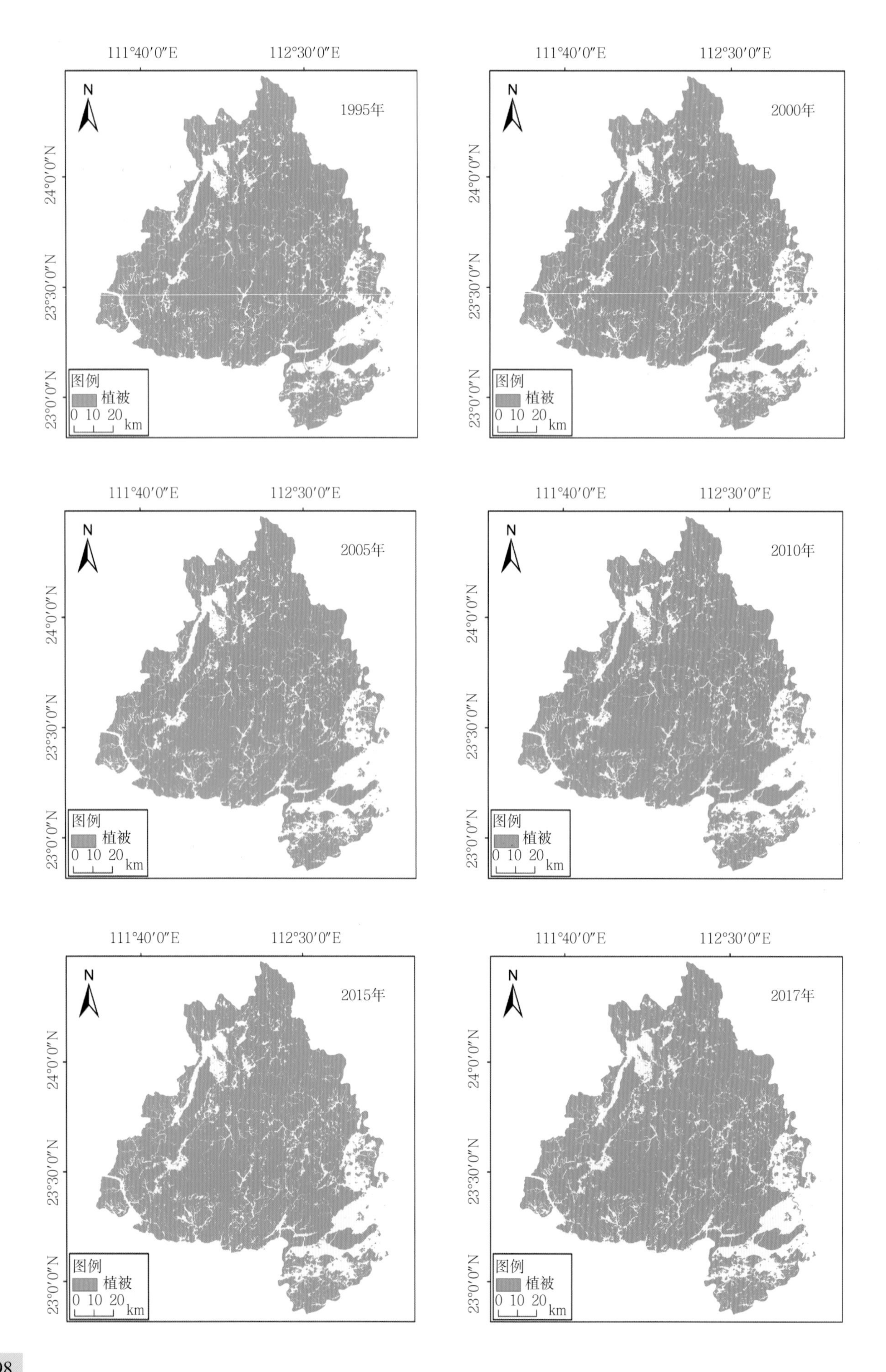
111°40′0″E
112°30′0″E
24°0′0″N
23°30′0″N
23°0′0″N
N
1995年
2000年
2005年
2010年
2015年
2017年
图例
植被
0 10 20
km

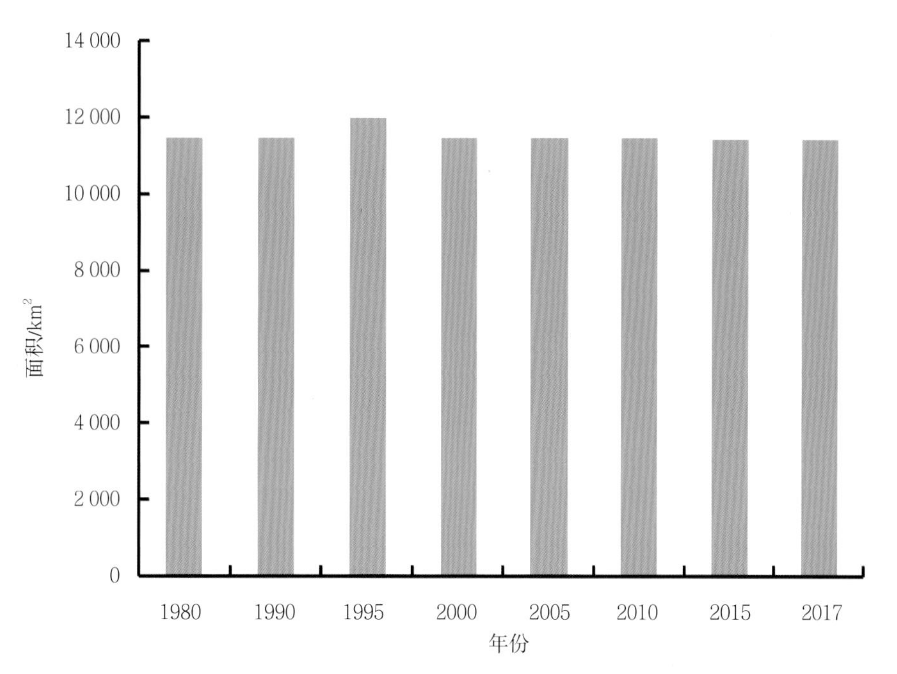


**图5-11　肇庆植被分布及面积变化（1980—2017年）**

深圳的植被贯通市域东西，但西部的宝安区、光明区和南山区植被分布相对较少（图5-12）。1980年深圳植被面积为1 048.65 km²，随后陆续减少，2017年植被面积减为789.84 km²，降幅为24.68%。

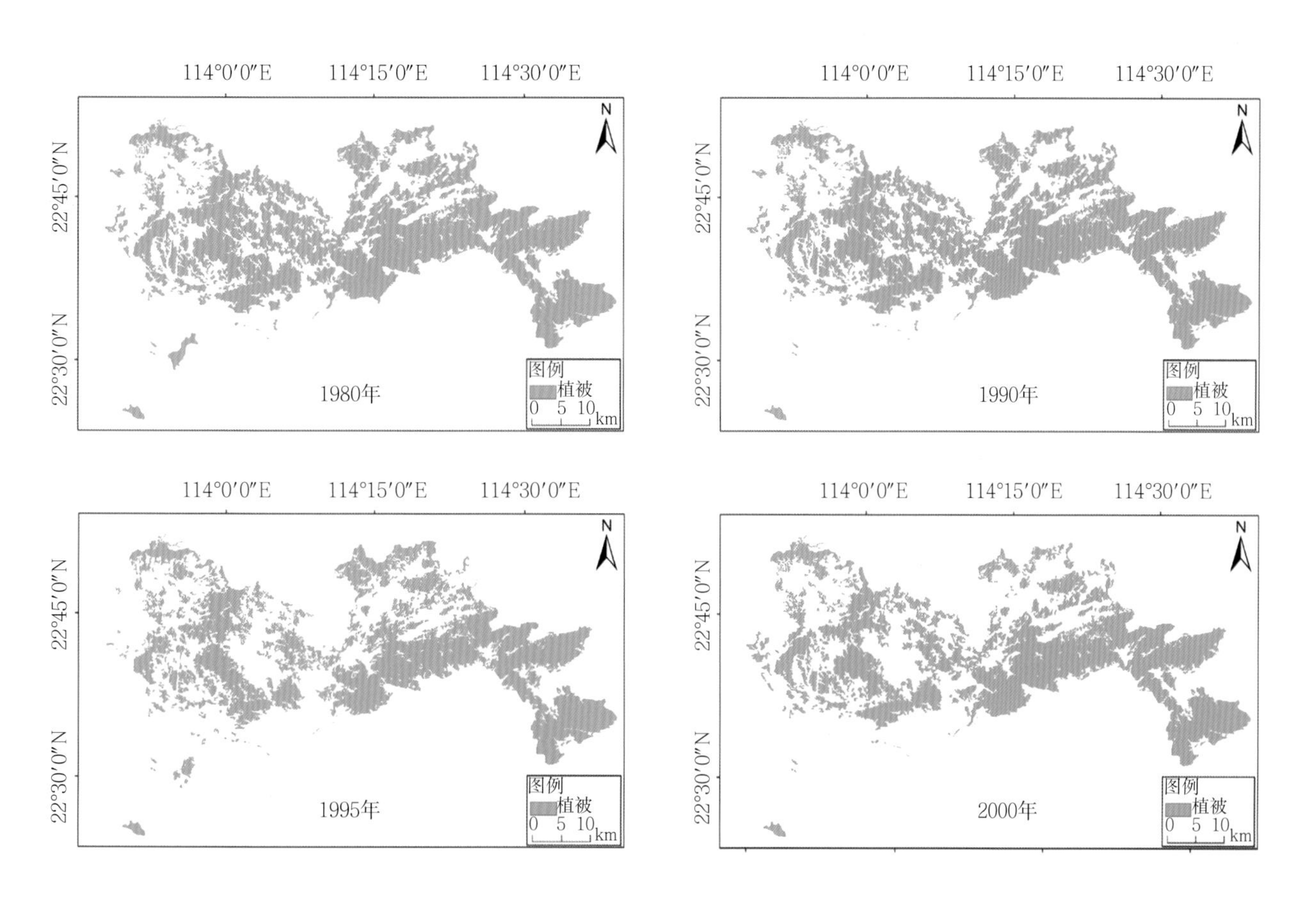

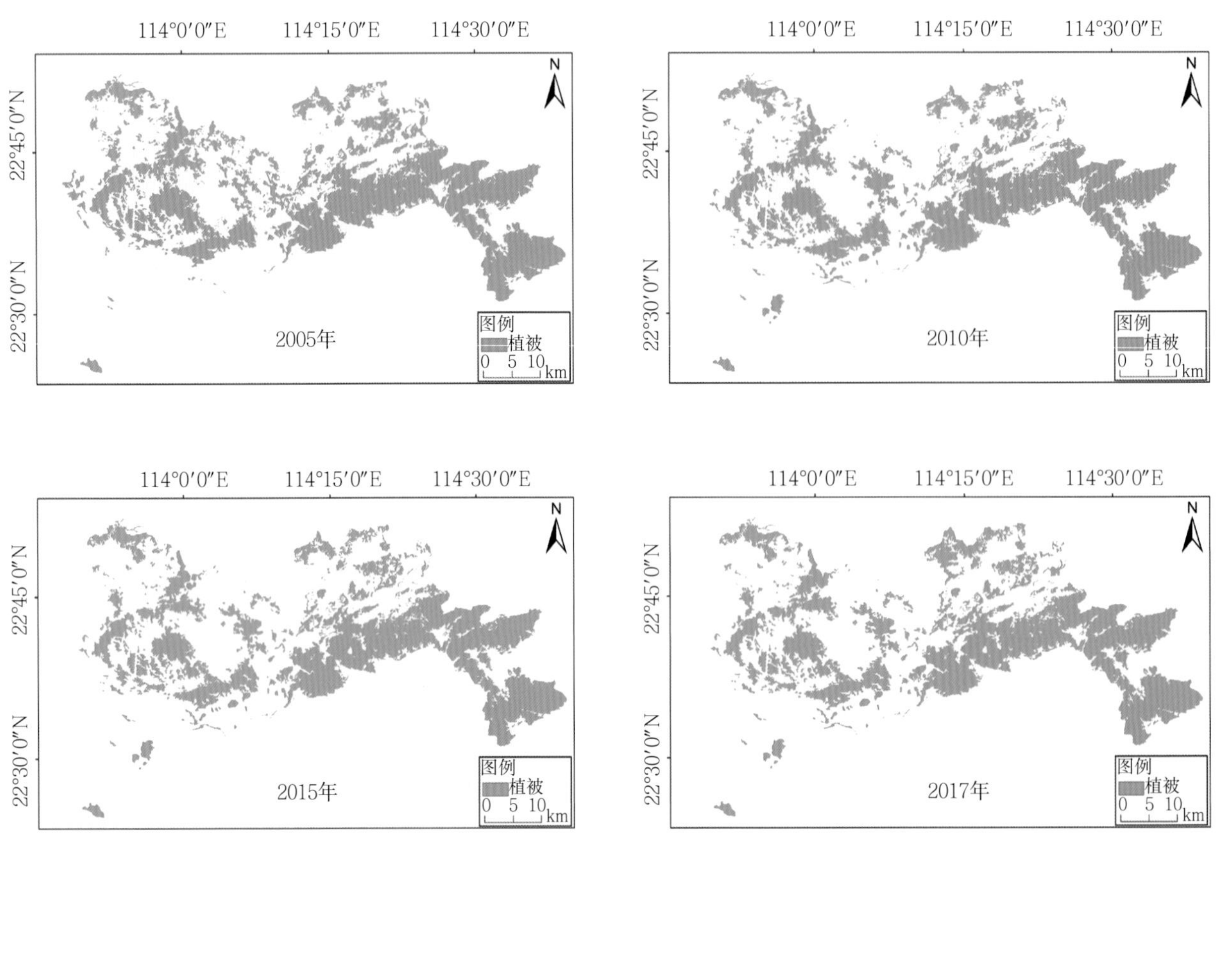


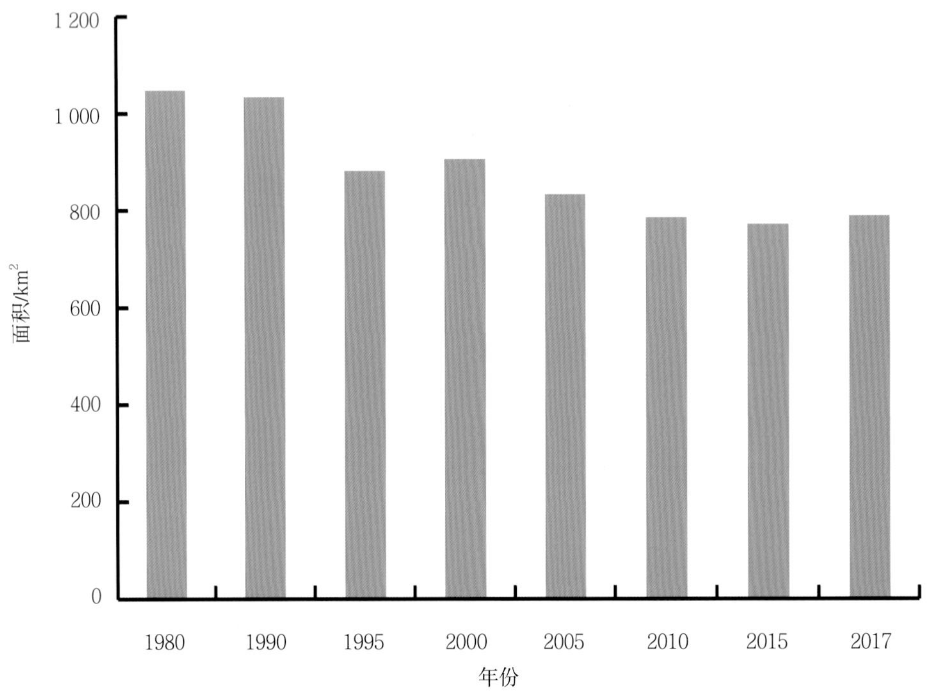


图5-12　深圳植被分布及面积变化（1980—2017年）

东莞是我国5个未设市辖区（县）的地级市之一，市域内的植被主要分布在中部和东部地区（图5-13）。1980年东莞的植被面积为950.44 km²，1980—2017年植被面积持续下降，2017年植被面积下降至659.73 km²，降幅为30.59%。

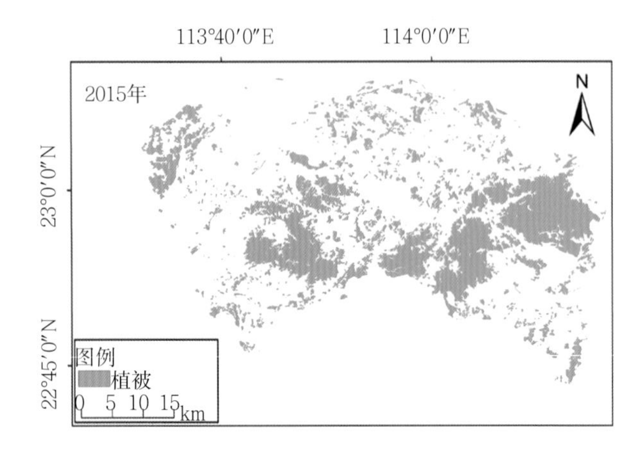


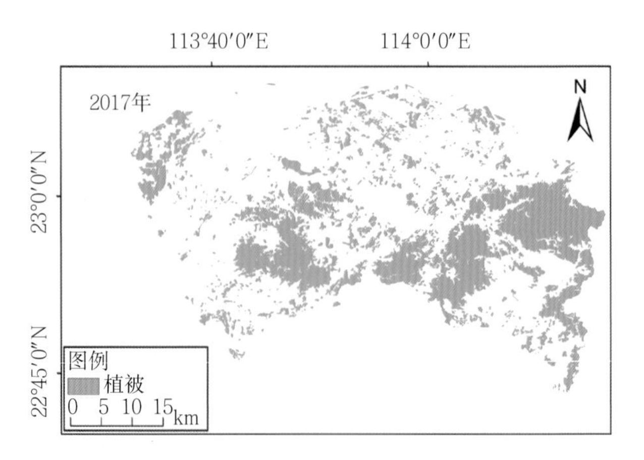


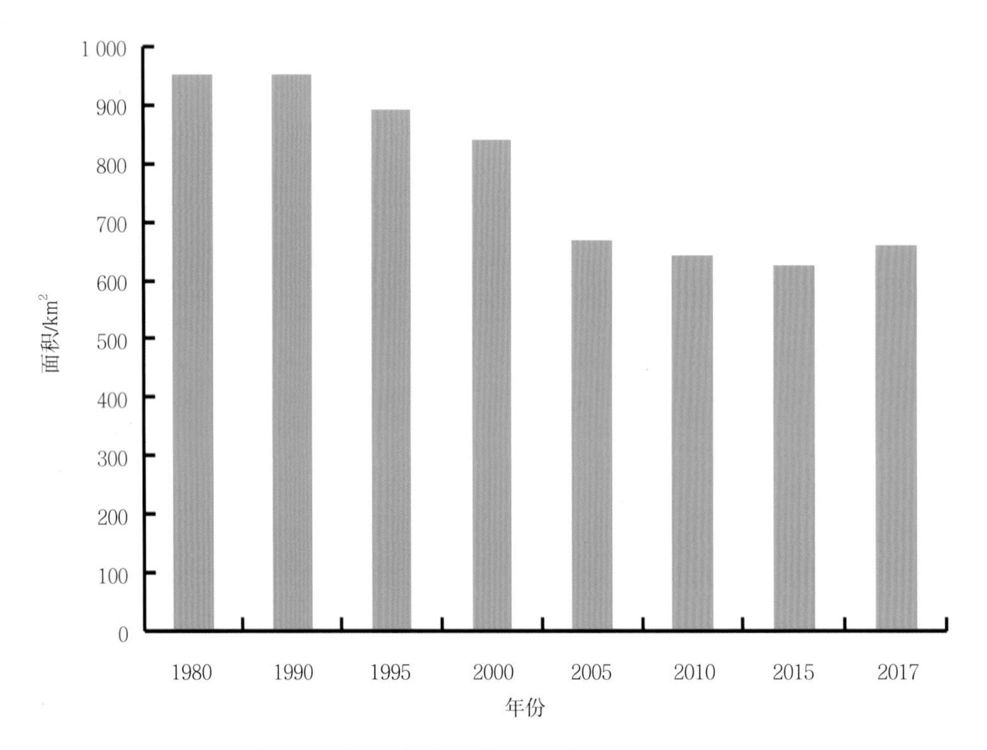


**图5-13　东莞植被分布及面积变化（1980—2017年）**

惠州的植被在市域范围内分布较为均匀，从西北部的龙门县至东部的惠东县均分布较大面积的植被（图5-14）。1980年惠州的植被面积为7 577.94 km$^2$，1980—1990年小幅增长，1990—1995年大幅增长，1995—2000年大幅回落，2000—2015年植被面积持续减少，2015—2017年植被面积又有所回升，2017年植被面积为7 545.35 km$^2$，较1980年减少了32.59 km$^2$，降幅为0.43%。

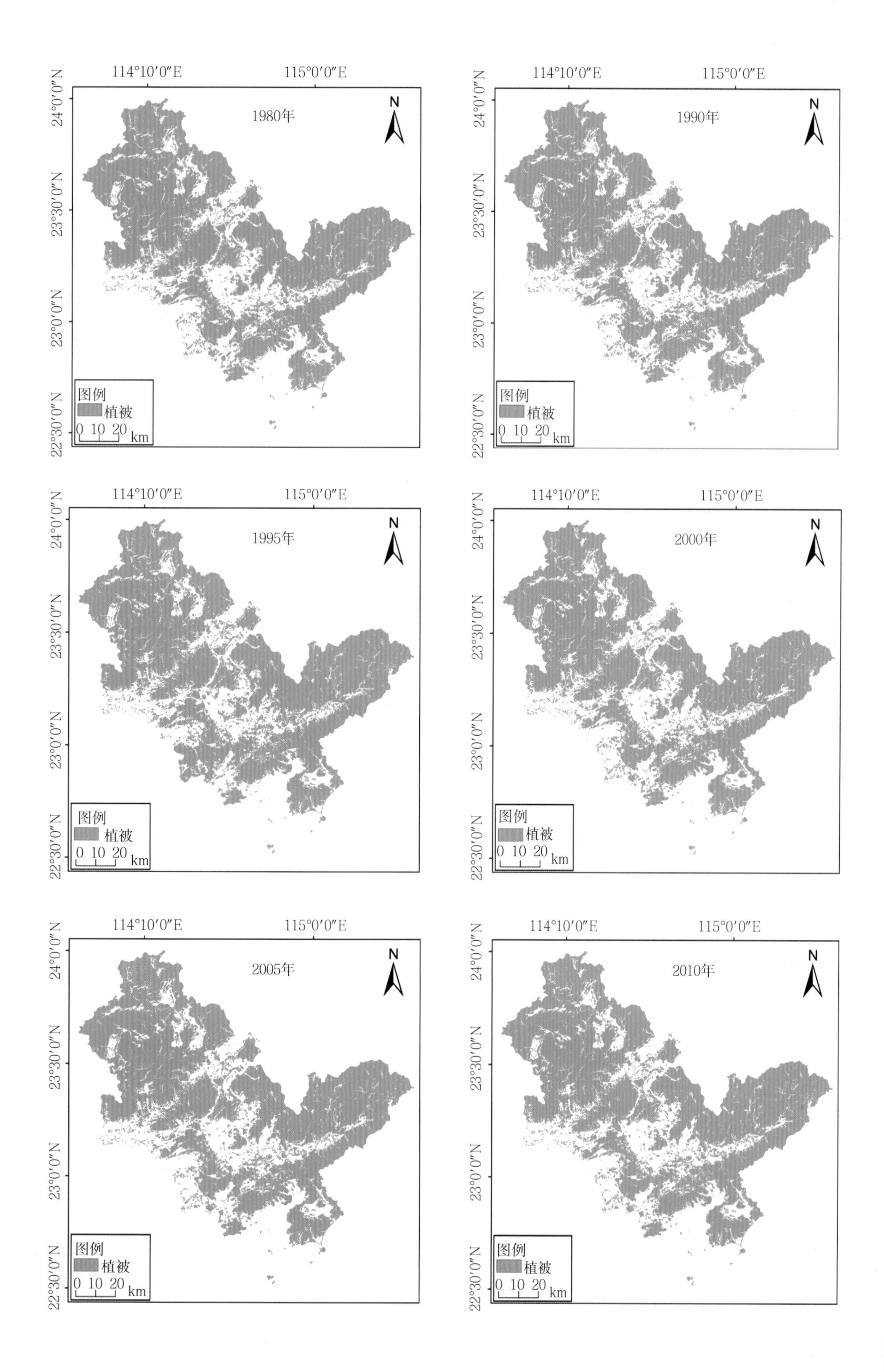
114°10′0″E
115°0′0″E
24°0′0″N
23°30′0″N
23°0′0″N
22°30′0″N
1980年
1990年
1995年
2000年
2005年
2010年
N
图例
植被
0 10 20 km

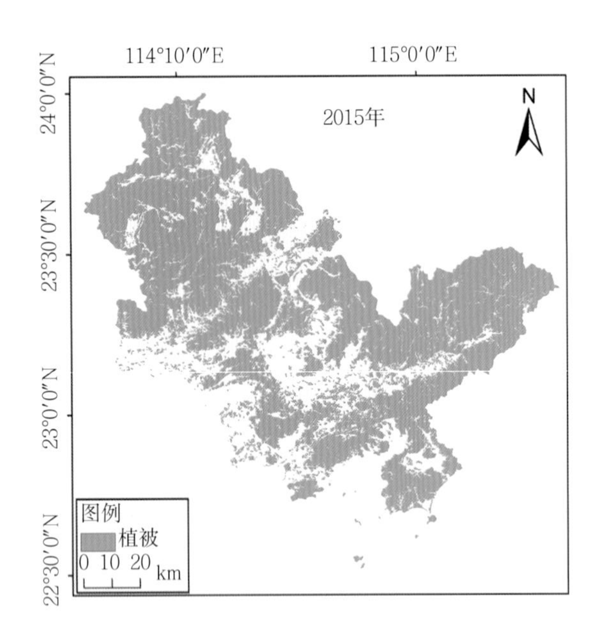


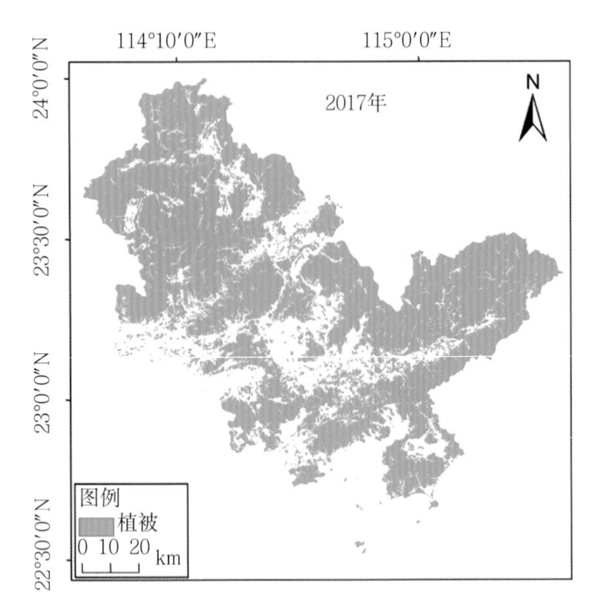


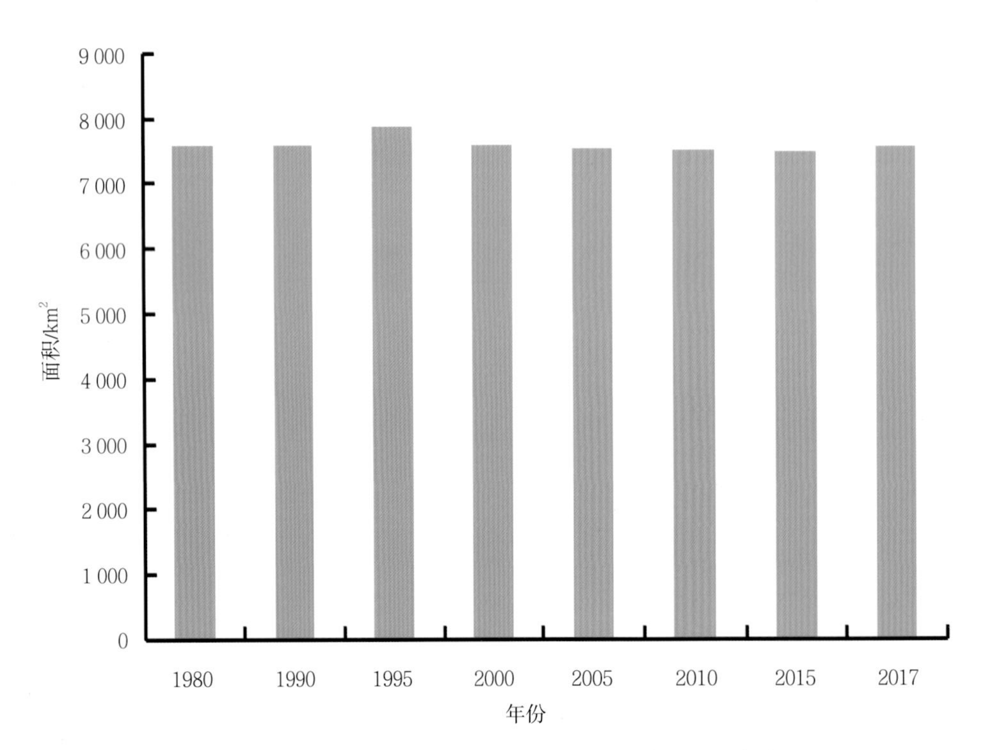


**图5-14　惠州植被分布及面积变化（1980—2017年）**

珠海的植被分布较为特殊，市域内的植被分布较为零散（图5-15）。东部的香洲区包括多个小岛，存在较多的岛上植被。1980年珠海的植被面积为522.31 km$^2$，1980—2017年植被面积持续下降，2017年降至478.49 km$^2$，较1980年下降了43.82 km$^2$，降幅为8.39%。

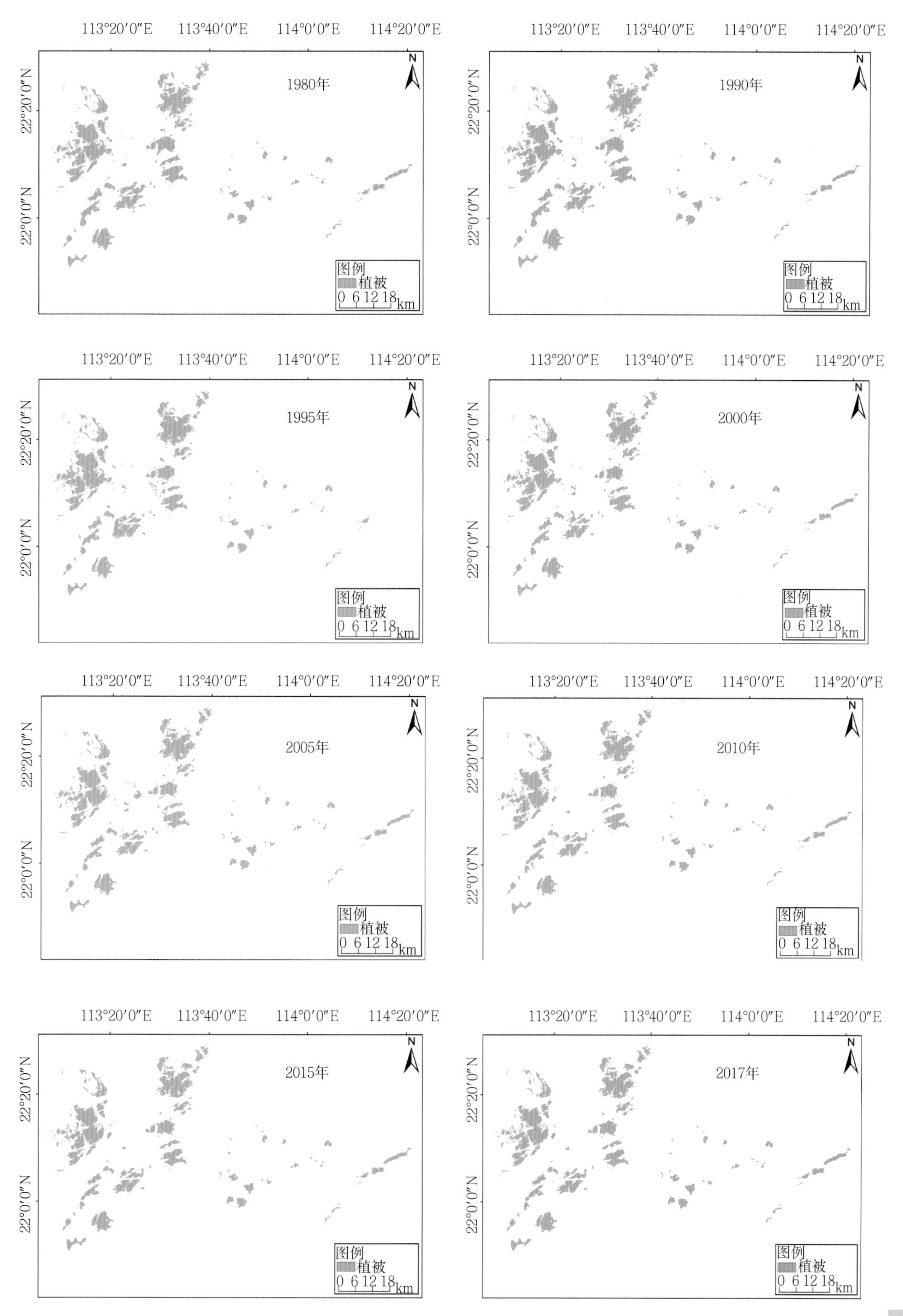
113°20′0″E
113°40′0″E
114°0′0″E
114°20′0″E
22°20′0″N
22°0′0″N
N
1980年
1990年
1995年
2000年
2005年
2010年
2015年
2017年
图例
植被
0 6 12 18 km

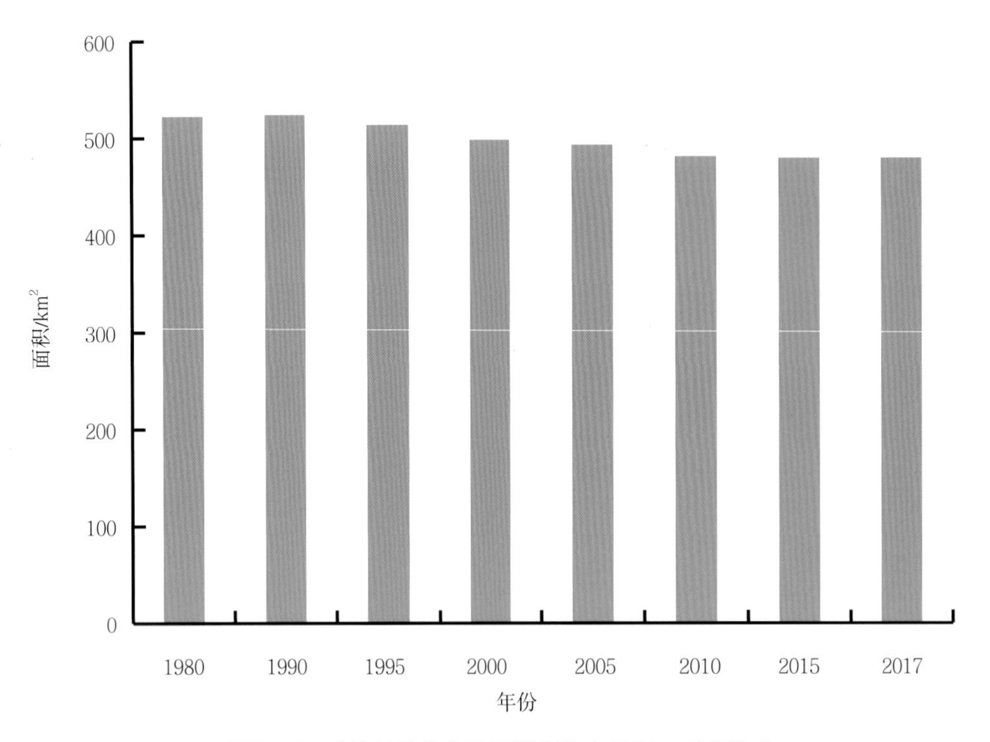


**图5-15 珠海植被分布及面积变化（1980—2017年）**

中山是我国5个未设市辖区（县）的地级市之一，市域内的植被主要分布在南部区域，北部区域只有零星的植被分布（图5-16）。1980年中山的植被面积为413.13 km²，1980—1995年植被面积有所增加，随后植被面积持续下降，2017年植被面积为353.85 km²，较1980年减少了59.28 km²，降幅为14.35%。

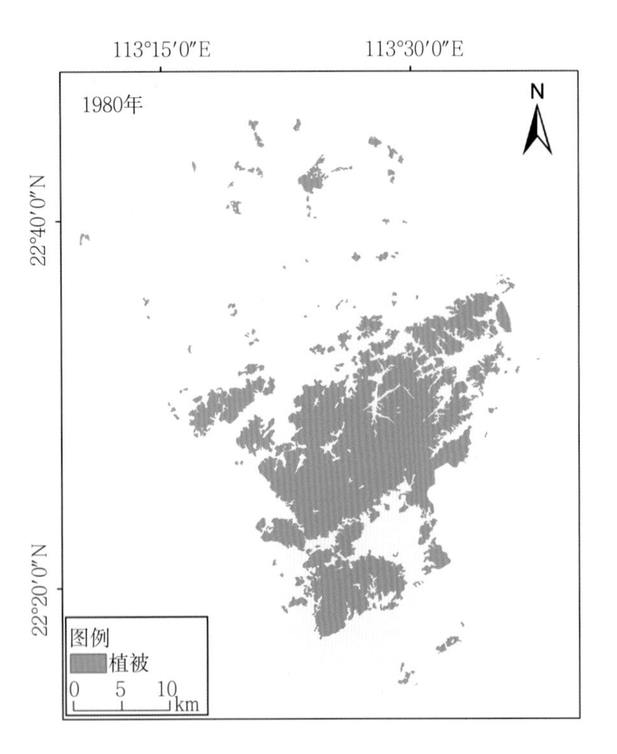


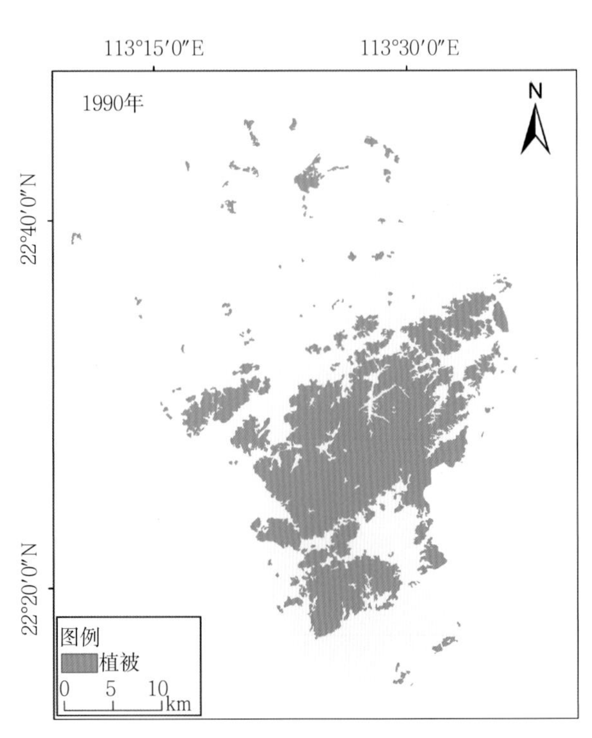

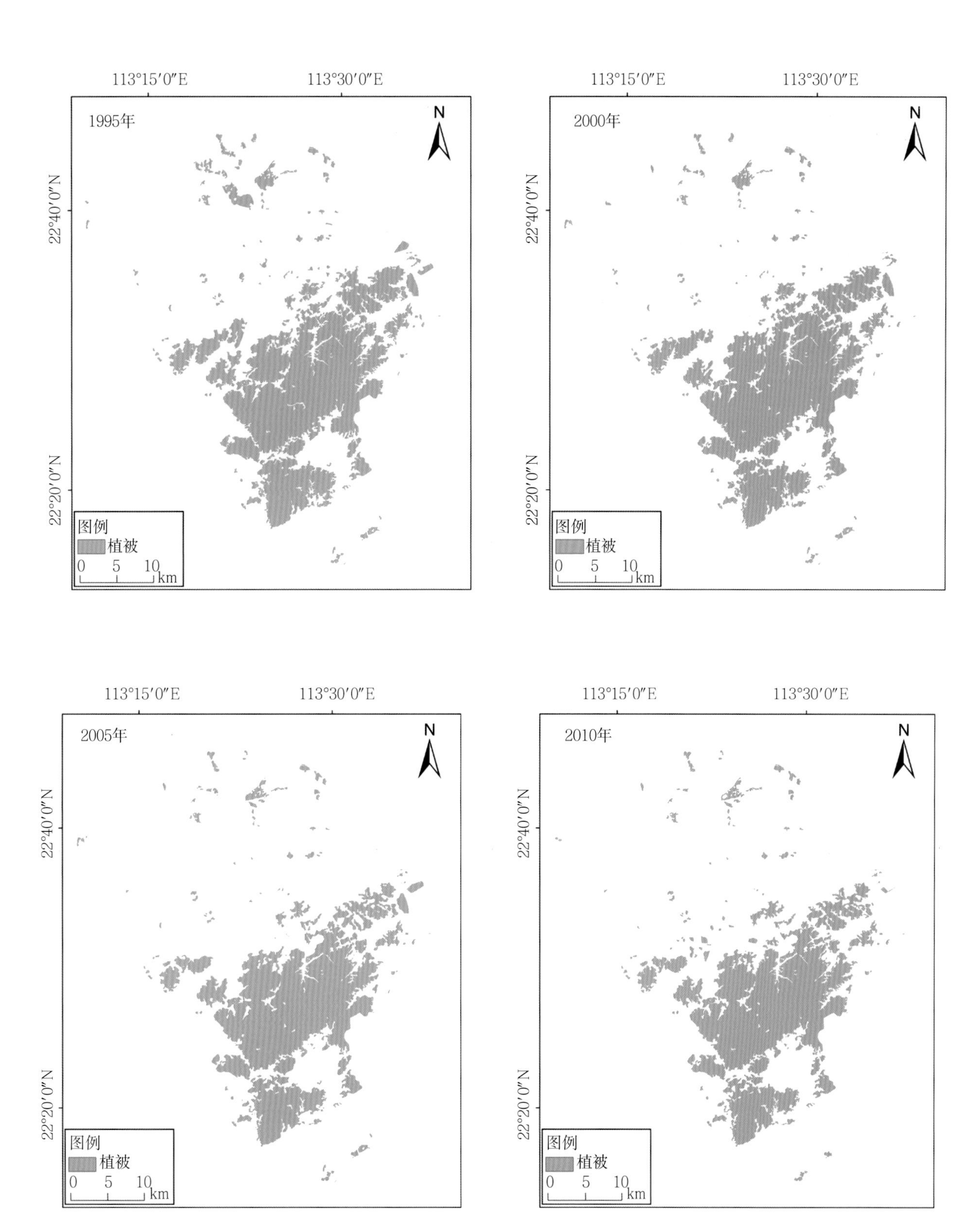
113°15′0″E
113°30′0″E
1995年
N
22°40′0″N
22°20′0″N
图例
植被
0 5 10 km
113°15′0″E
113°30′0″E
2000年
N
22°40′0″N
22°20′0″N
图例
植被
0 5 10 km
113°15′0″E
113°30′0″E
2005年
N
22°40′0″N
22°20′0″N
图例
植被
0 5 10 km
113°15′0″E
113°30′0″E
2010年
N
22°40′0″N
22°20′0″N
图例
植被
0 5 10 km

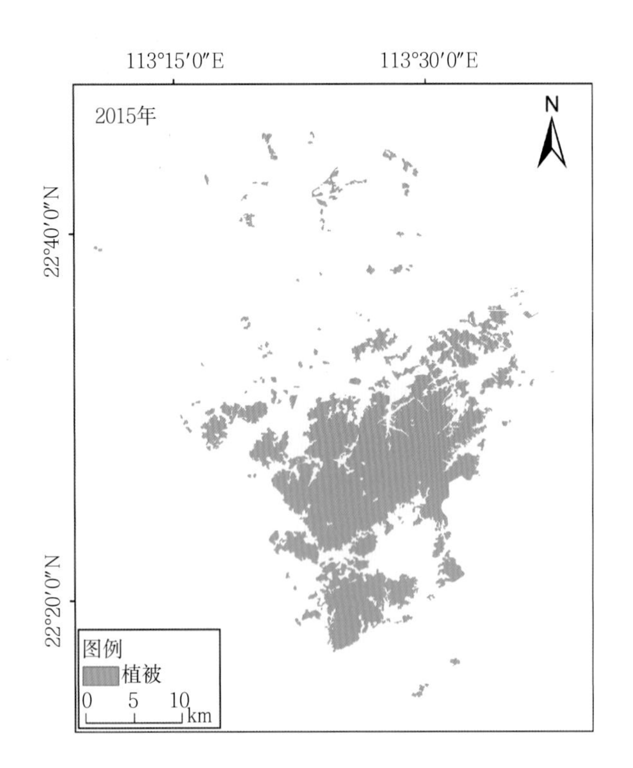


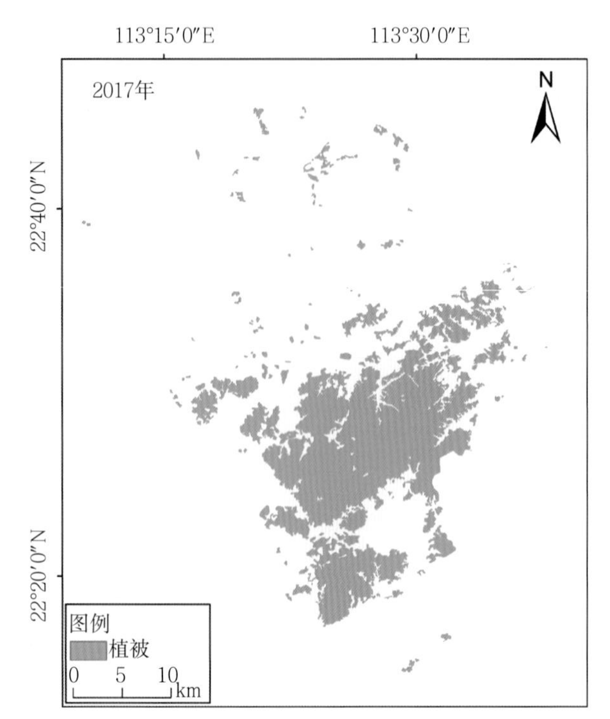


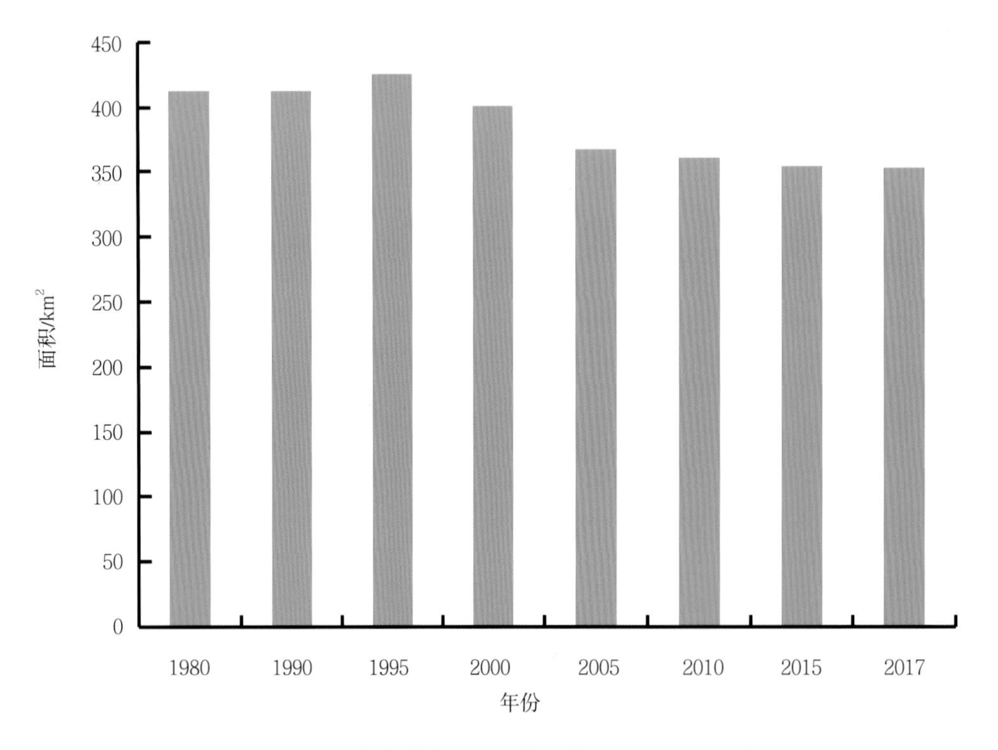


图5-16 中山植被分布及面积变化（1980—2017年）

江门的植被在市域范围内分布较为均匀，但东北部的蓬江区和江海区植被面积占比较小（图5-17）。1980年江门的植被面积为5 132.74 km$^2$，1980—1995年植被面积有所增加，随后持续减少，2017年江门的植被面积为5 022.02 km$^2$，较1980年减少了110.72 km$^2$，降幅为2.16%。

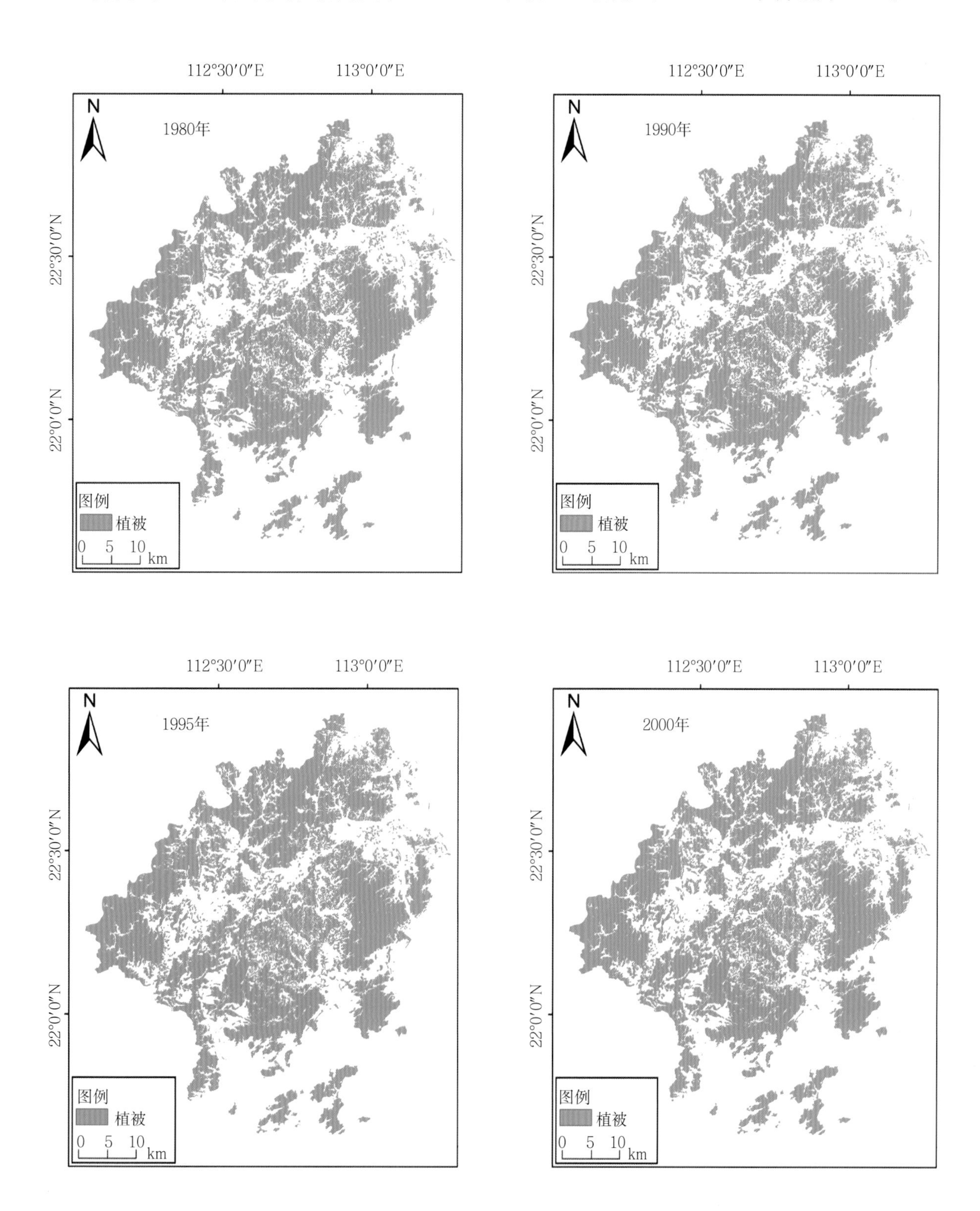

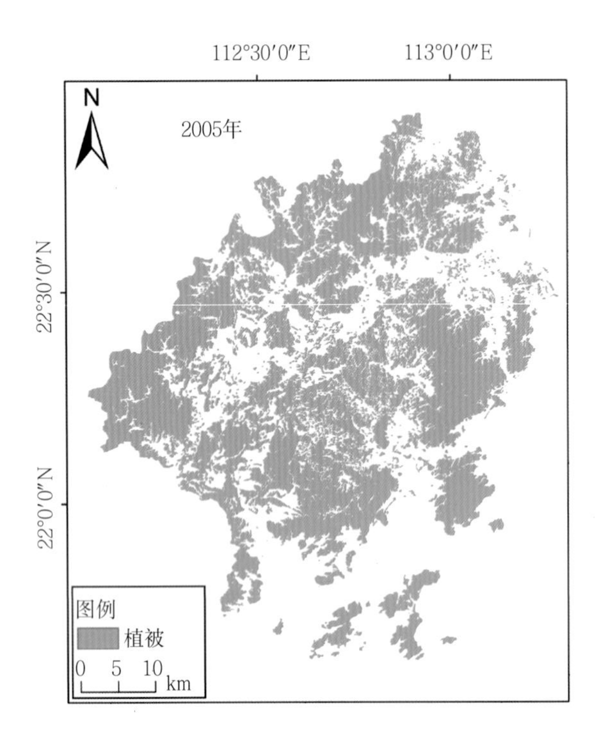
112°30′0″E
113°0′0″E
N
2005年
22°30′0″N
22°0′0″N
图例
植被
0 5 10
km

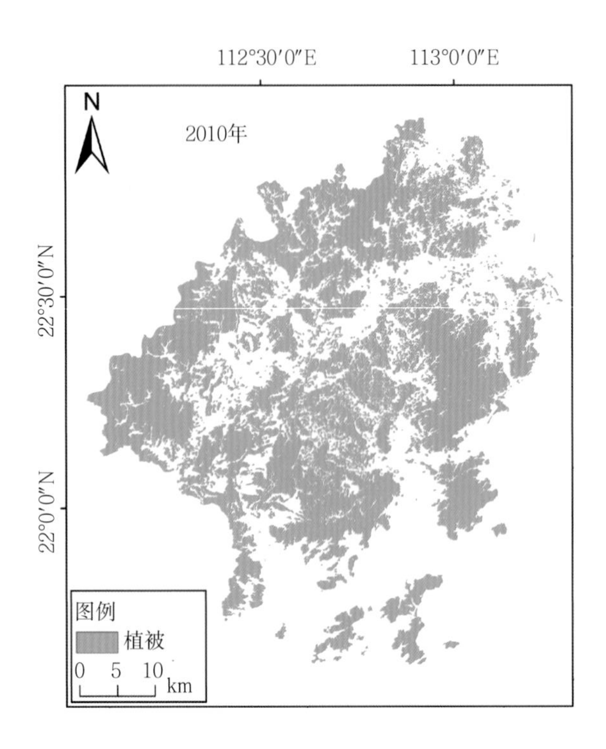
112°30′0″E
113°0′0″E
N
2010年
22°30′0″N
22°0′0″N
图例
植被
0 5 10
km

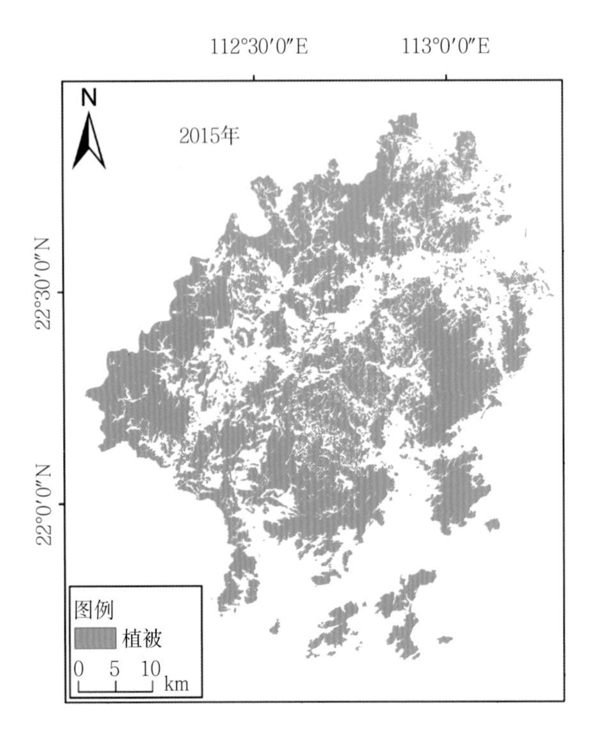
112°30′0″E
113°0′0″E
N
2015年
22°30′0″N
22°0′0″N
图例
植被
0 5 10
km

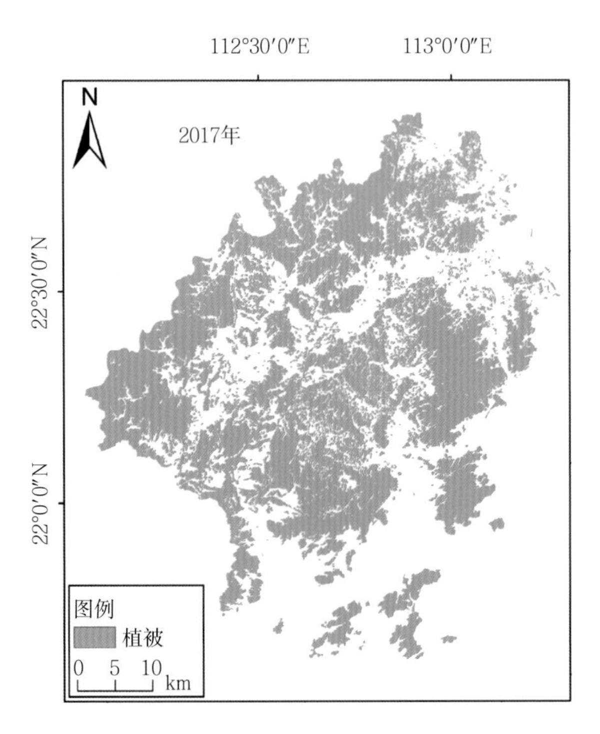
112°30′0″E
113°0′0″E
N
2017年
22°30′0″N
22°0′0″N
图例
植被
0 5 10
km

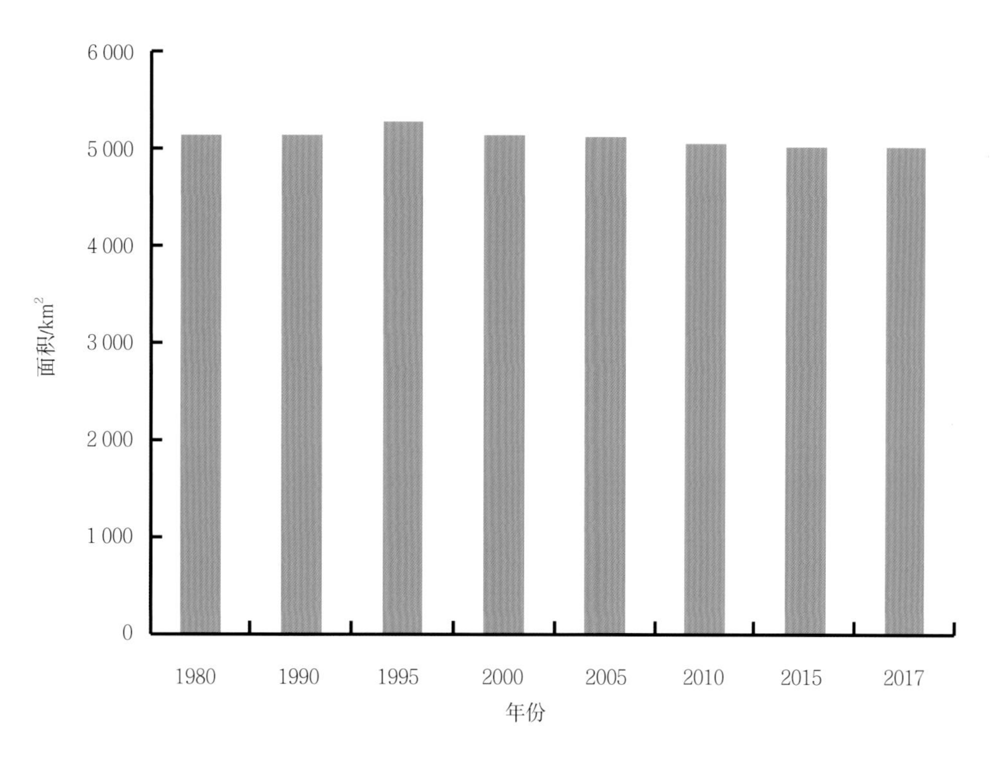


**图5-17 江门植被分布及面积变化（1980—2017年）**

香港的植被在行政区范围内均有分布，但深水埗区、油尖旺区、九龙城区和观塘区植被面积占比较小（图5-18）。1980年香港的植被面积为780.46 km²，1980—2017年有所下降，其中1990—1995年下降较多，1995—2000年面积回升，2017年香港的植被面积为767.66 km²，较1980年减少了12.80 km²，降幅为1.64%。

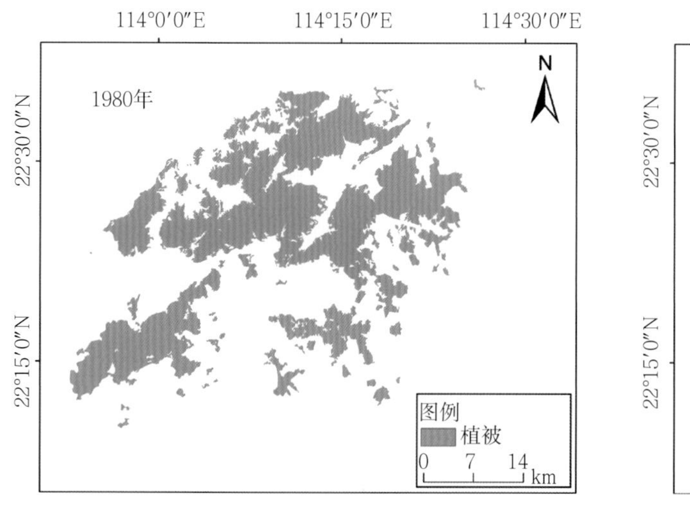


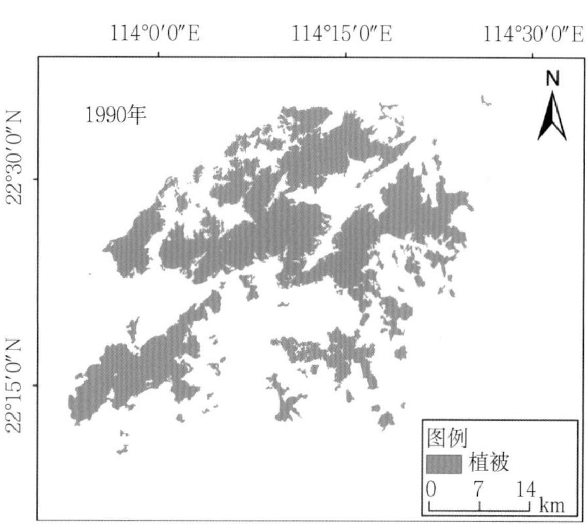

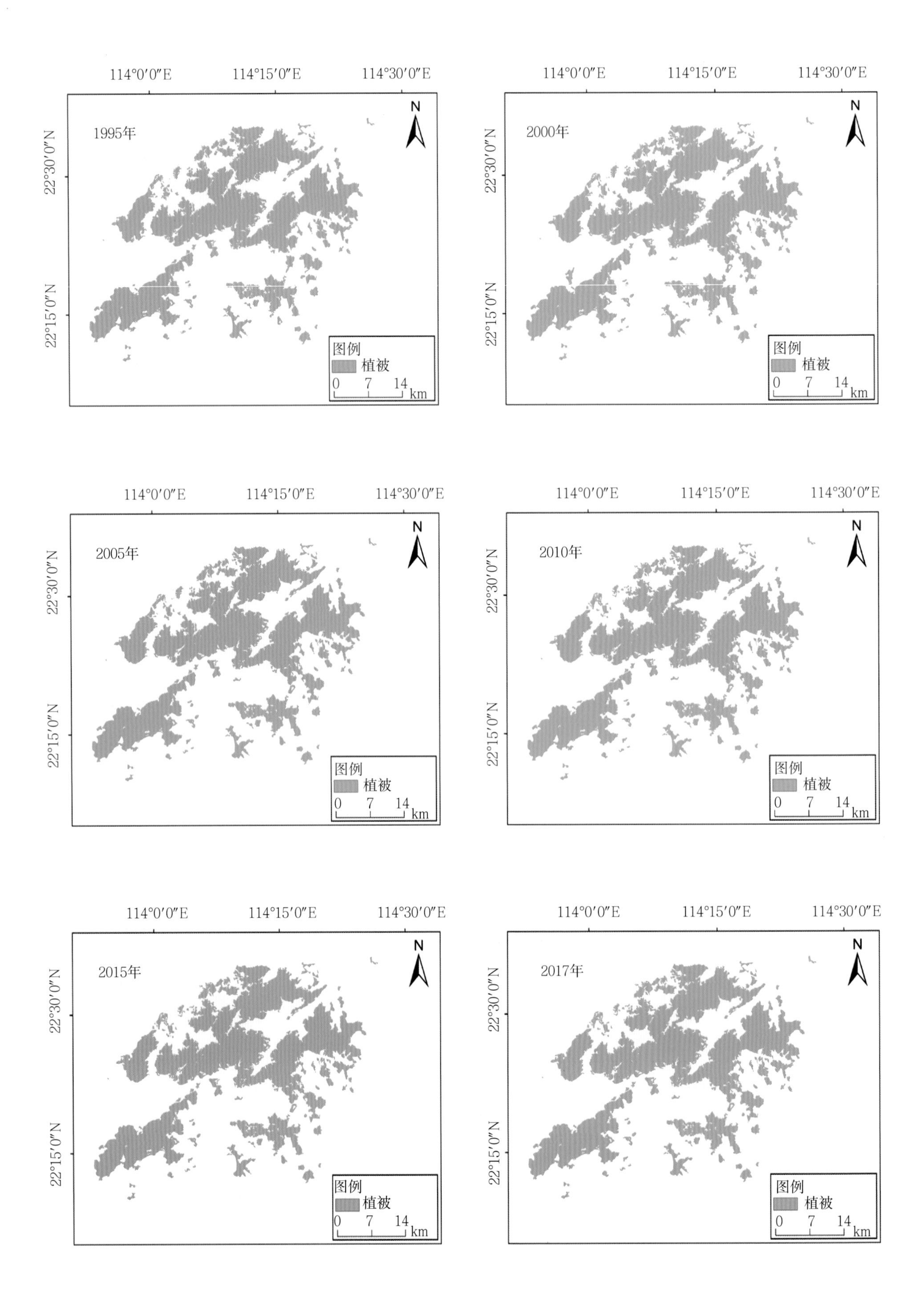
114°0′0″E
114°15′0″E
114°30′0″E
22°30′0″N
22°15′0″N
1995年
2000年
2005年
2010年
2015年
2017年
N
图例
植被
0 7 14 km

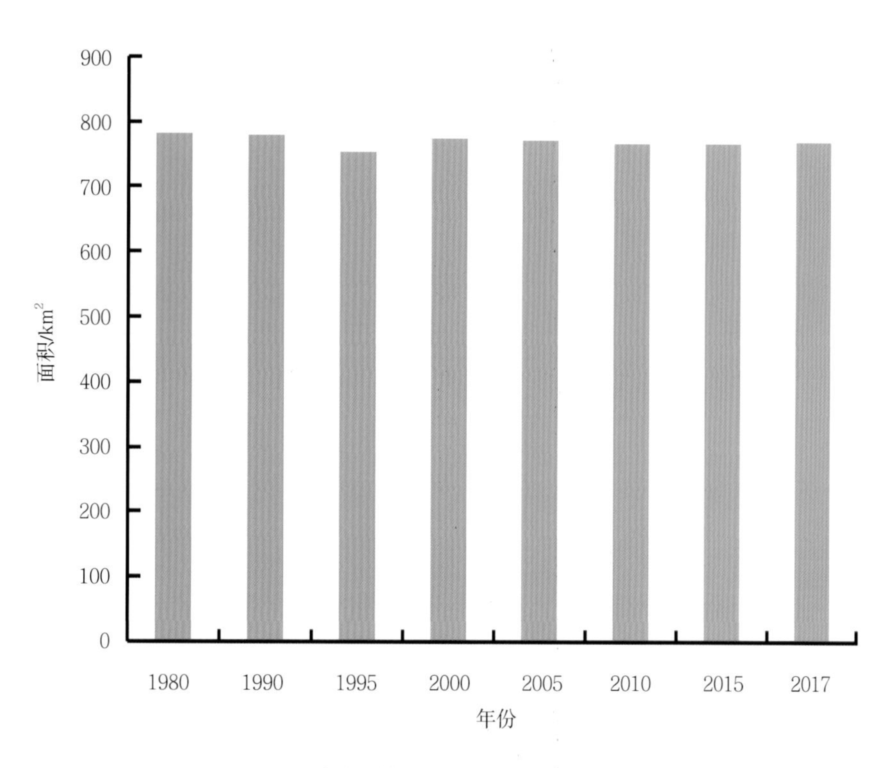


**图5-18 香港植被分布及面积变化（1980—2017年）**

澳门的植被主要分布在路环和氹仔2个离岛，澳门半岛植被较少（图5-19）。1980年澳门植被面积为6.58 km²，1990—1995年植被面积有所增加，2005—2010年植被面积再次增加，2017年澳门植被面积为8.91 km²，较1980年增加了2.33 km²，增幅为35.41%。澳门是粤港澳大湾区11个城市中唯一一个在1980—2017年植被面积有所增加的城市，这与澳门本身的地理特点、城市化进程以及围填海绿化等密切相关。

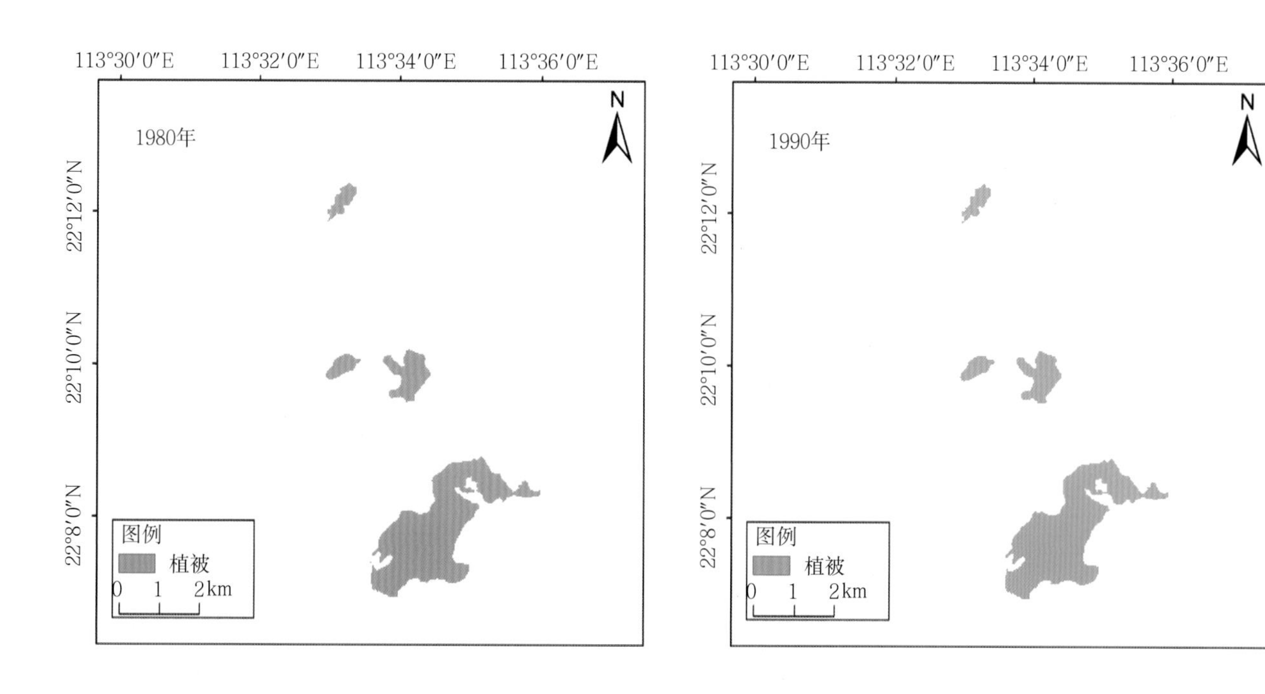

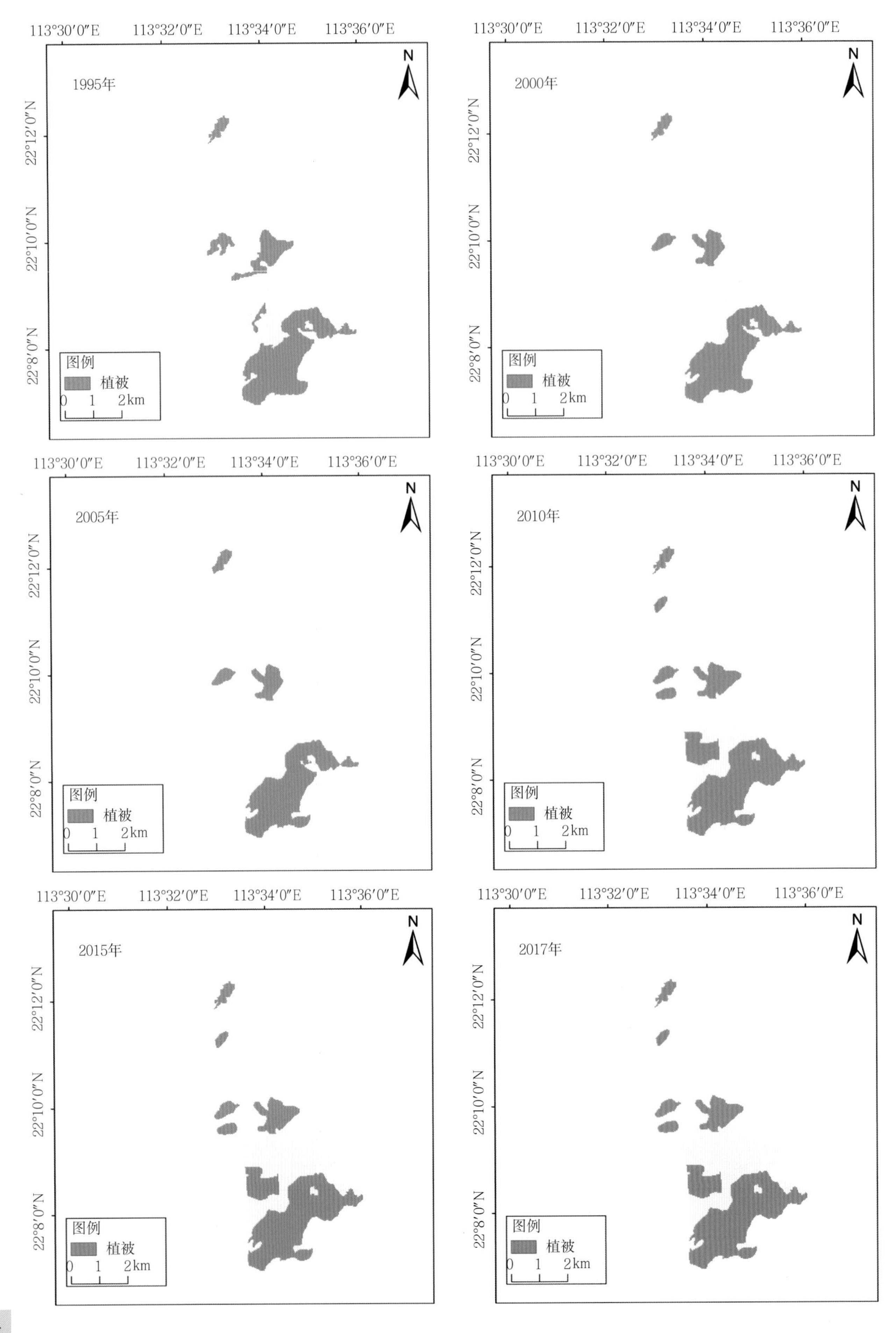
113°30′0″E
113°32′0″E
113°34′0″E
113°36′0″E
22°12′0″N
22°10′0″N
22°8′0″N
N
1995年
2000年
2005年
2010年
2015年
2017年
图例
植被
0 1 2km

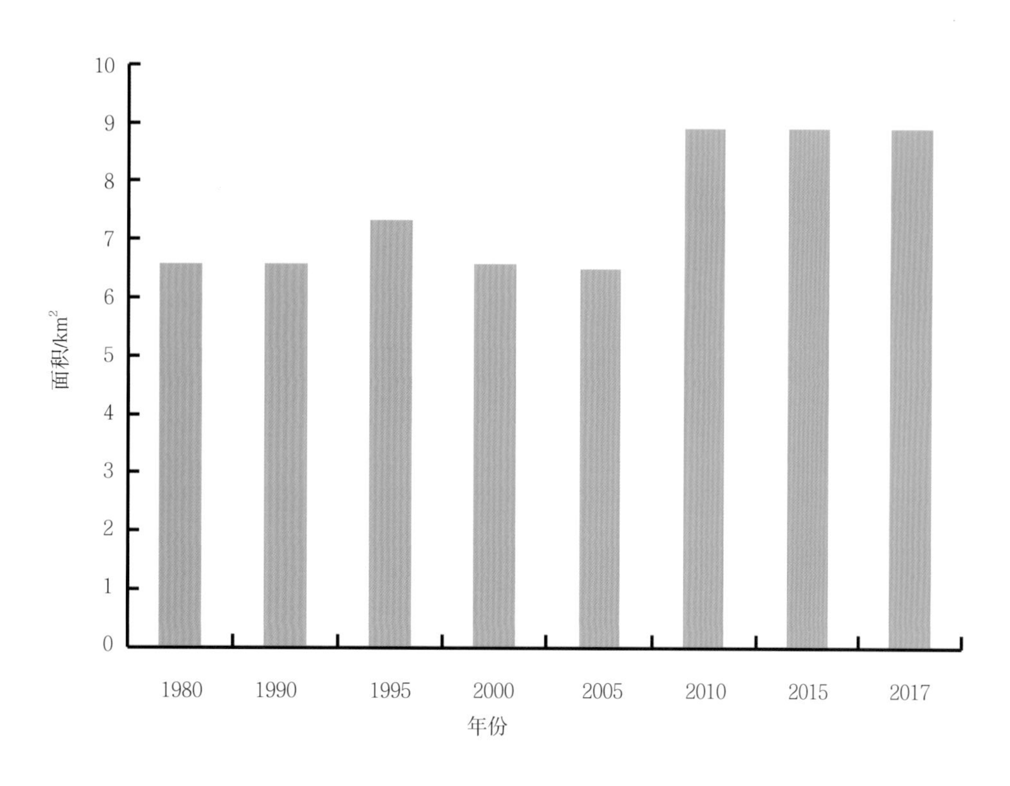


图5-19　澳门植被分布及面积变化（1980—2017年）

## 二、植被分布类型变化

粤港澳大湾区的植被由75%以上的有林地、10%左右的疏林地、4%左右的灌木林、5%左右的其他林地以及5%左右的高覆盖度草地组成（图5-20）。中覆盖度草地和低覆盖度草地占比较小。1980年粤港澳大湾区的有林地面积为2.50万km²，1980—1990年略有增加，随后逐渐减少。2017年粤港澳大湾区的有林地面积为2.45万km²，较1980年减少了500 km²，降幅较小。疏林地和高覆盖度草地在1990—1995年有所增加，其余时间段面积均较为稳定。

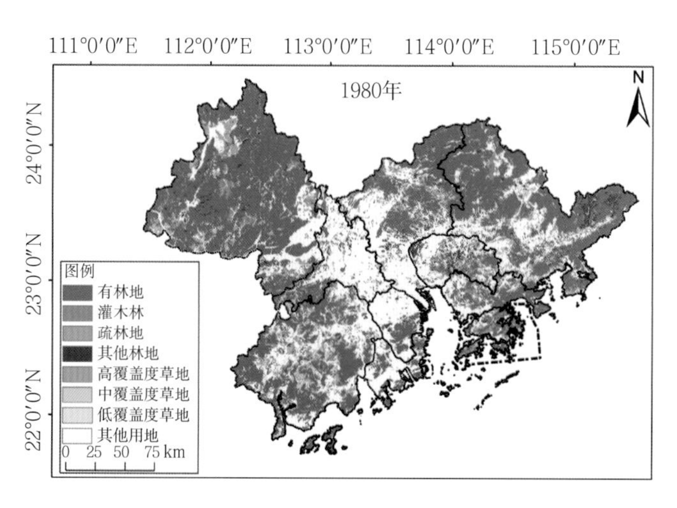


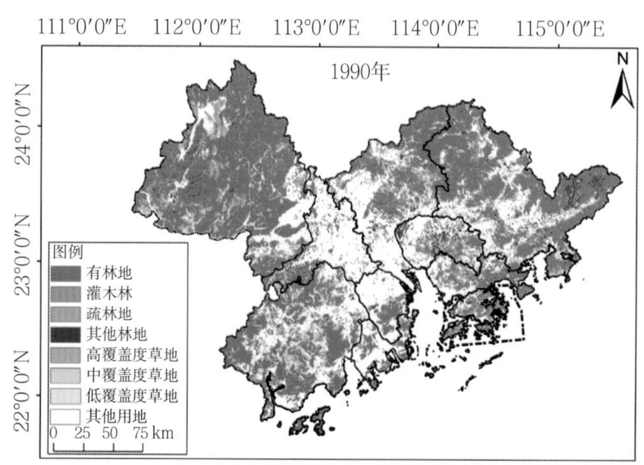

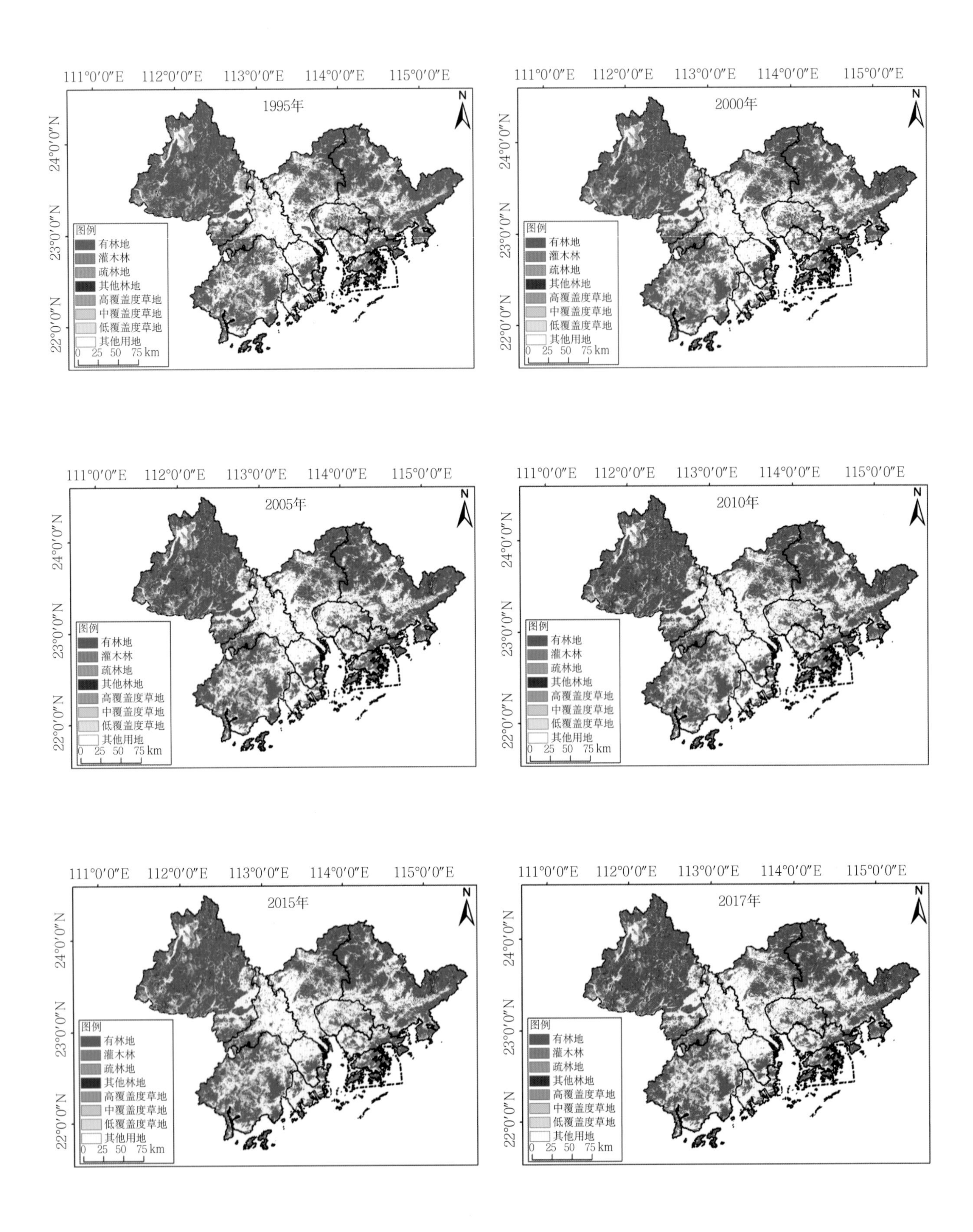
1995年
2000年
2005年
2010年
2015年
2017年
图例
有林地
灌木林
疏林地
其他林地
高覆盖度草地
中覆盖度草地
低覆盖度草地
其他用地
0 25 50 75 km
N
111°0′0″E
112°0′0″E
113°0′0″E
114°0′0″E
115°0′0″E
24°0′0″N
23°0′0″N
22°0′0″N

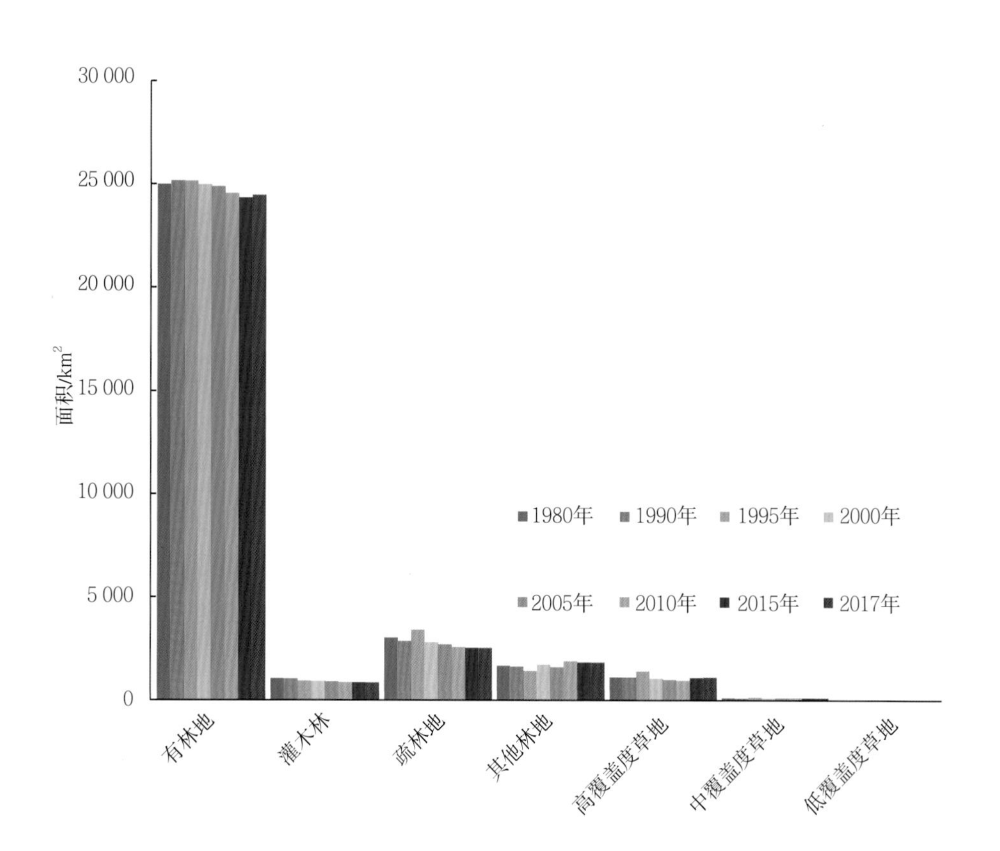


**图5-20　粤港澳大湾区植被类型组成及其变化（1980—2017年）**

广州的植被主要由有林地、灌木林、疏林地、其他林地、高覆盖度草地和中覆盖度草地组成（图5-21）。植被的组成方面，有林地所占比例最高，1980—2017年有林地的比例均超过75%。有林地的面积也相对稳定，仅在2000年以后略有减少。1980年广州的有林地面积为2 587.32 km$^2$，2017年为2 534.67 km$^2$，较1980年减少了52.65 km$^2$，降幅为2.03%。灌木林、疏林地、其他林地及高覆盖度草地和中覆盖度草地面积变动较小。

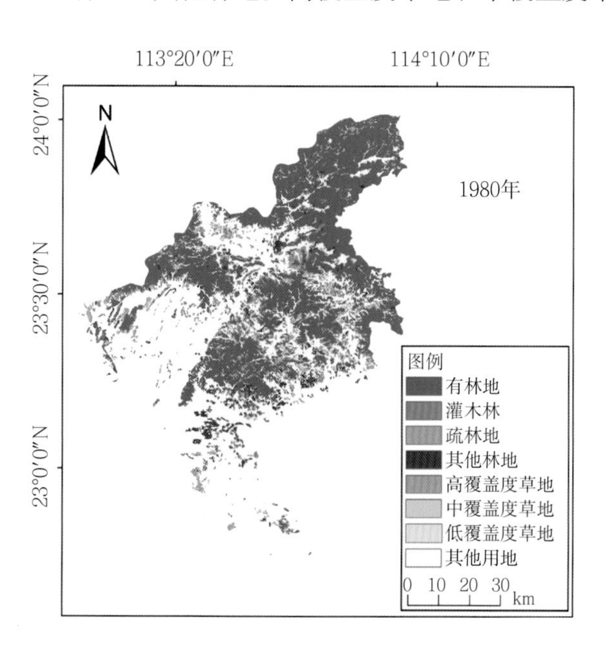


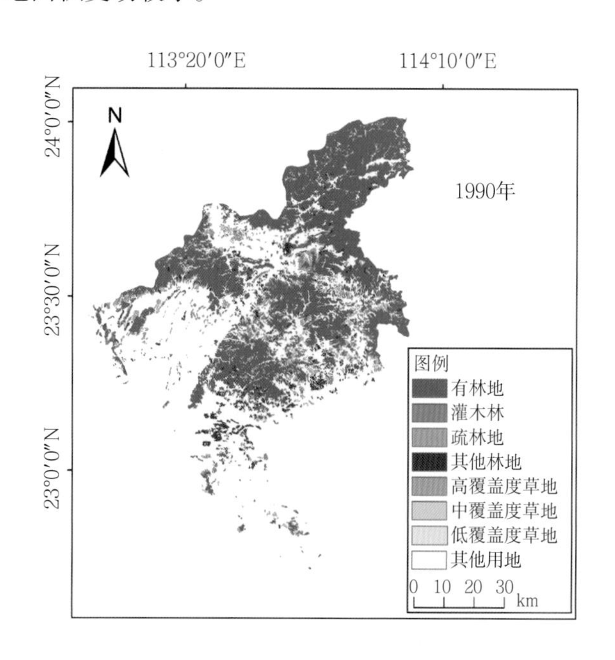

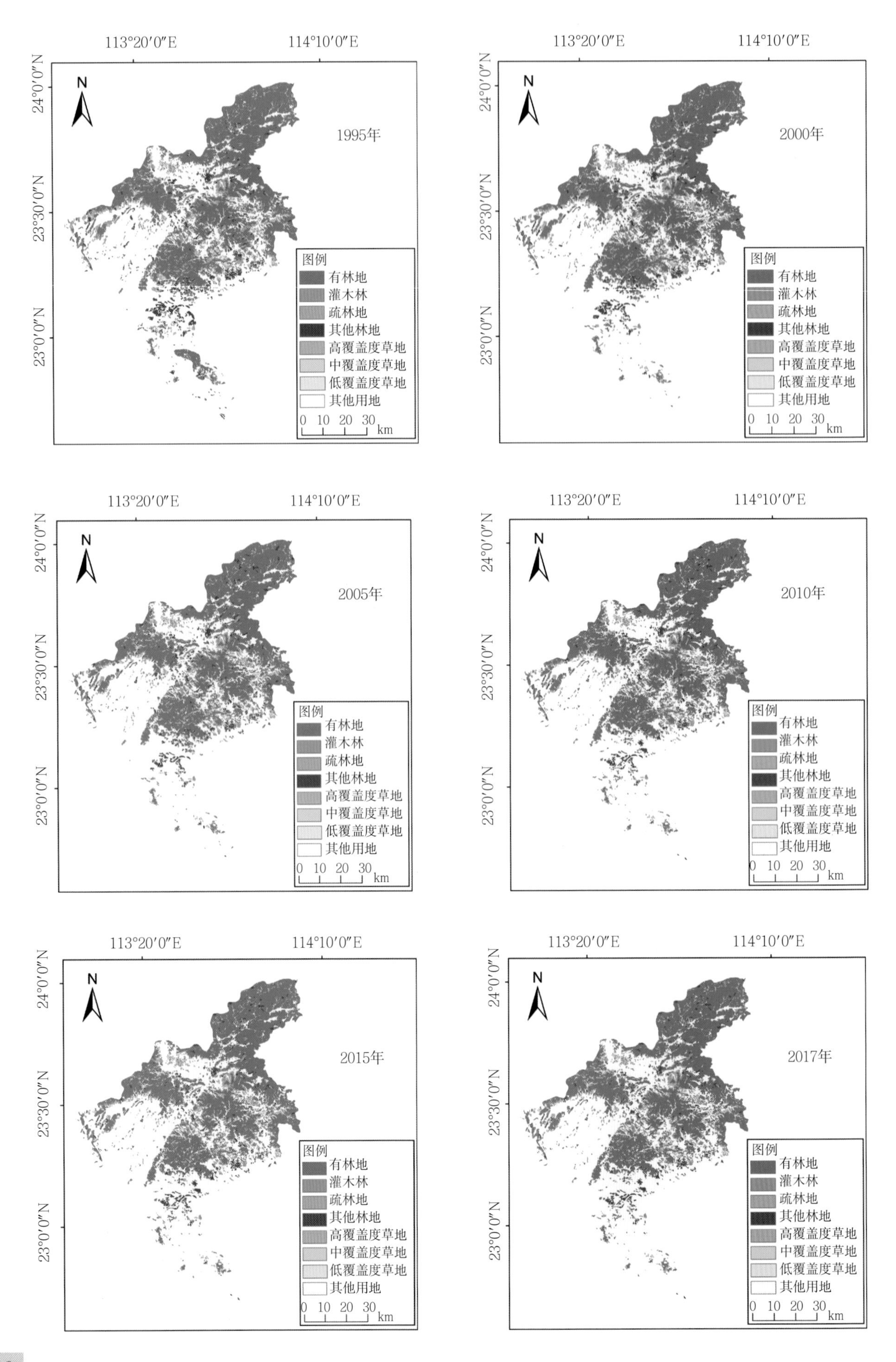
113°20′0″E
114°10′0″E
24°0′0″N
23°30′0″N
23°0′0″N
N
1995年
2000年
2005年
2010年
2015年
2017年
图例
有林地
灌木林
疏林地
其他林地
高覆盖度草地
中覆盖度草地
低覆盖度草地
其他用地
0 10 20 30 km

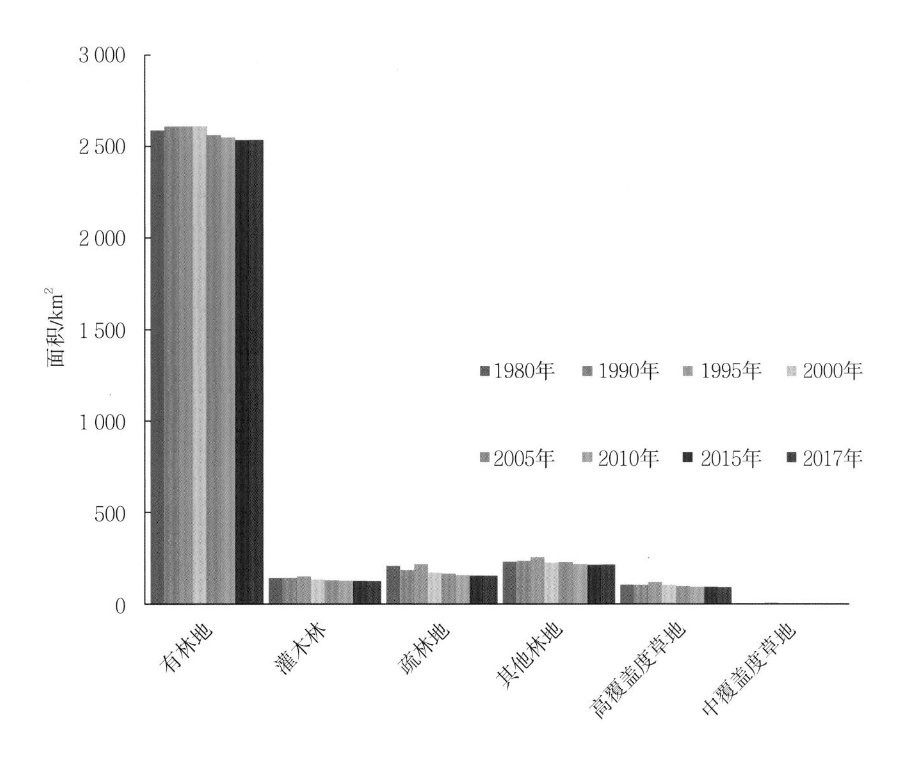


**图5-21　广州植被类型组成及其变化（1980—2017年）**

佛山的植被组成中有林地所占比例最高，其次为其他林地和疏林地（图5-22）。1990—1995年佛山的有林地、疏林地、其他林地和高覆盖度草地面积有显著变化。具体表现为有林地面积由661.05 km$^2$减少为586.89 km$^2$，疏林地面积由79.32 km$^2$增至156.98 km$^2$，高覆盖度草地面积由12.93 km$^2$增至41.91 km$^2$。

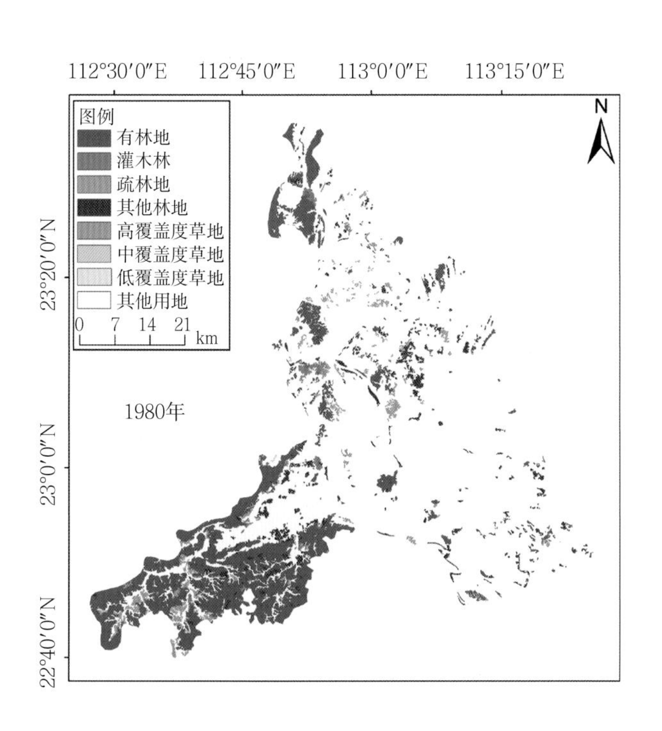


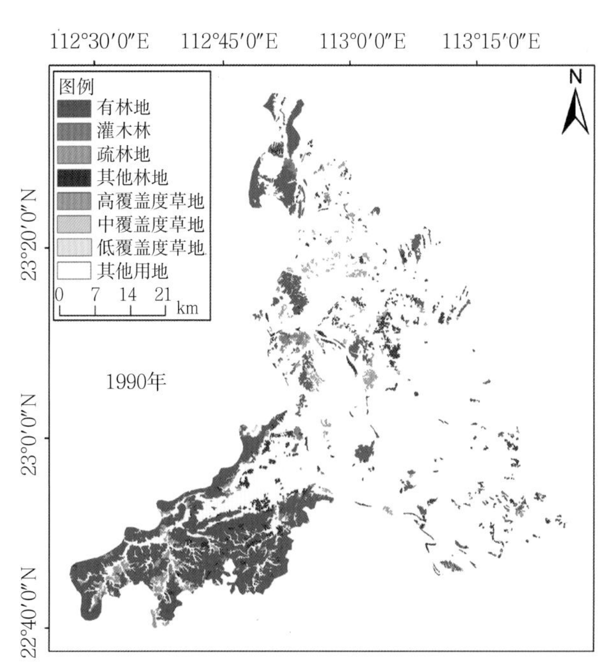

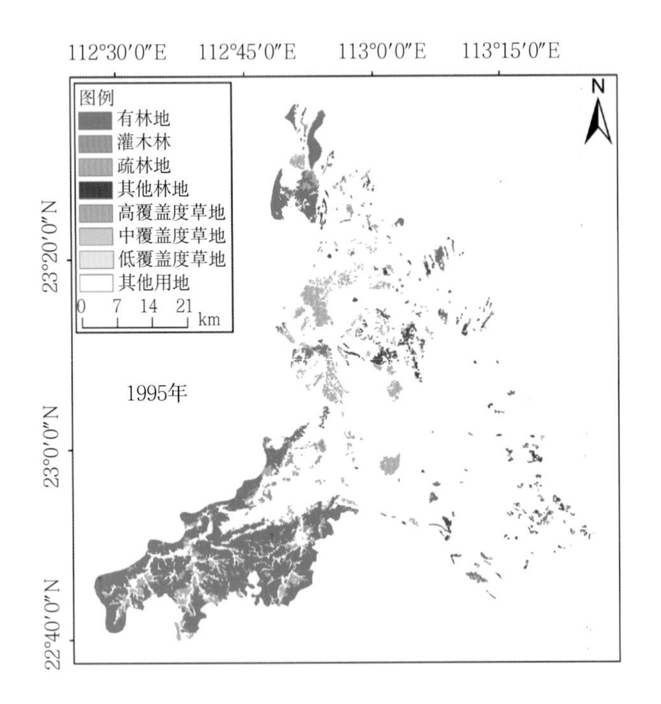
112°30′0″E
112°45′0″E
113°0′0″E
113°15′0″E
23°20′0″N
23°0′0″N
22°40′0″N
图例
有林地
灌木林
疏林地
其他林地
高覆盖度草地
中覆盖度草地
低覆盖度草地
其他用地
0 7 14 21 km
N
1995年

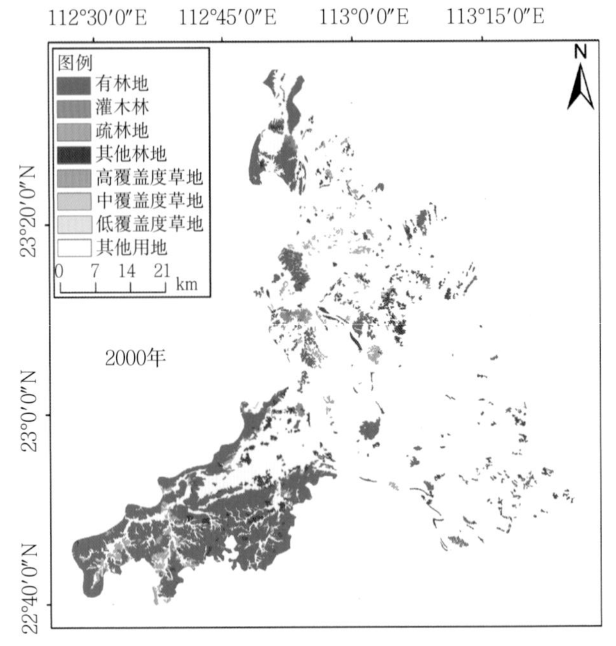
112°30′0″E
112°45′0″E
113°0′0″E
113°15′0″E
23°20′0″N
23°0′0″N
22°40′0″N
图例
有林地
灌木林
疏林地
其他林地
高覆盖度草地
中覆盖度草地
低覆盖度草地
其他用地
0 7 14 21 km
N
2000年

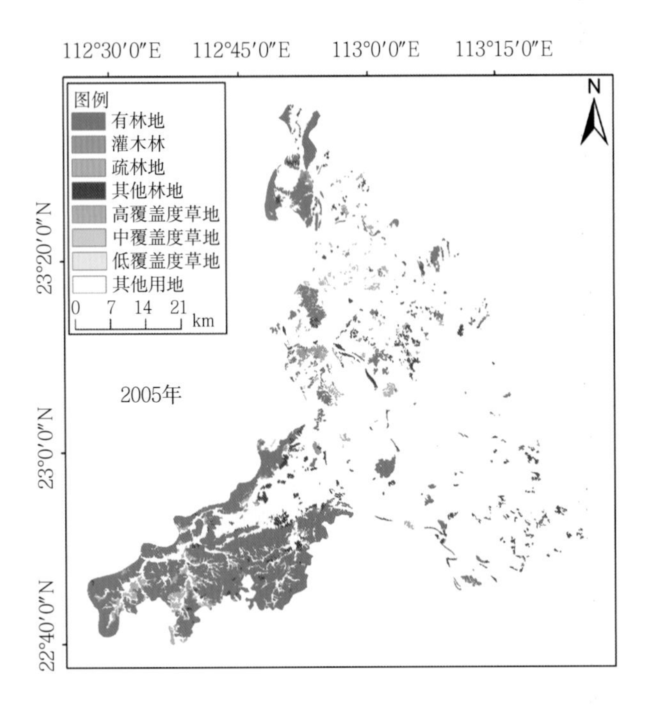
112°30′0″E
112°45′0″E
113°0′0″E
113°15′0″E
23°20′0″N
23°0′0″N
22°40′0″N
图例
有林地
灌木林
疏林地
其他林地
高覆盖度草地
中覆盖度草地
低覆盖度草地
其他用地
0 7 14 21 km
N
2005年

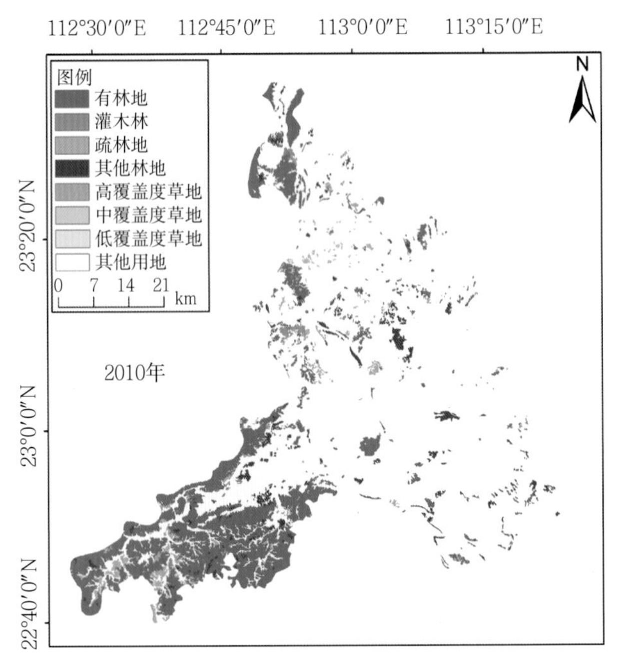
112°30′0″E
112°45′0″E
113°0′0″E
113°15′0″E
23°20′0″N
23°0′0″N
22°40′0″N
图例
有林地
灌木林
疏林地
其他林地
高覆盖度草地
中覆盖度草地
低覆盖度草地
其他用地
0 7 14 21 km
N
2010年

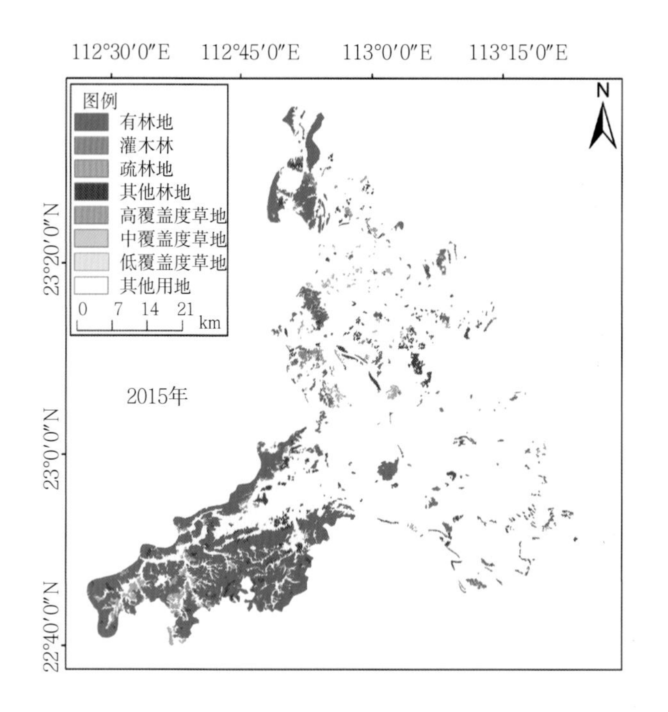


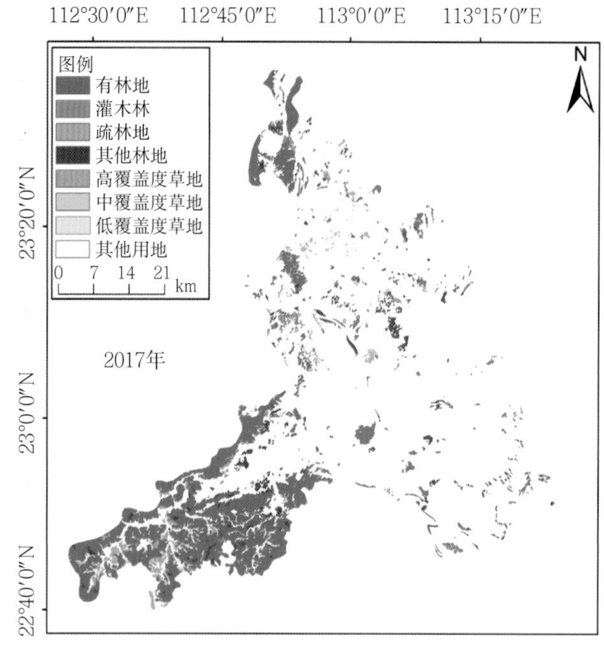


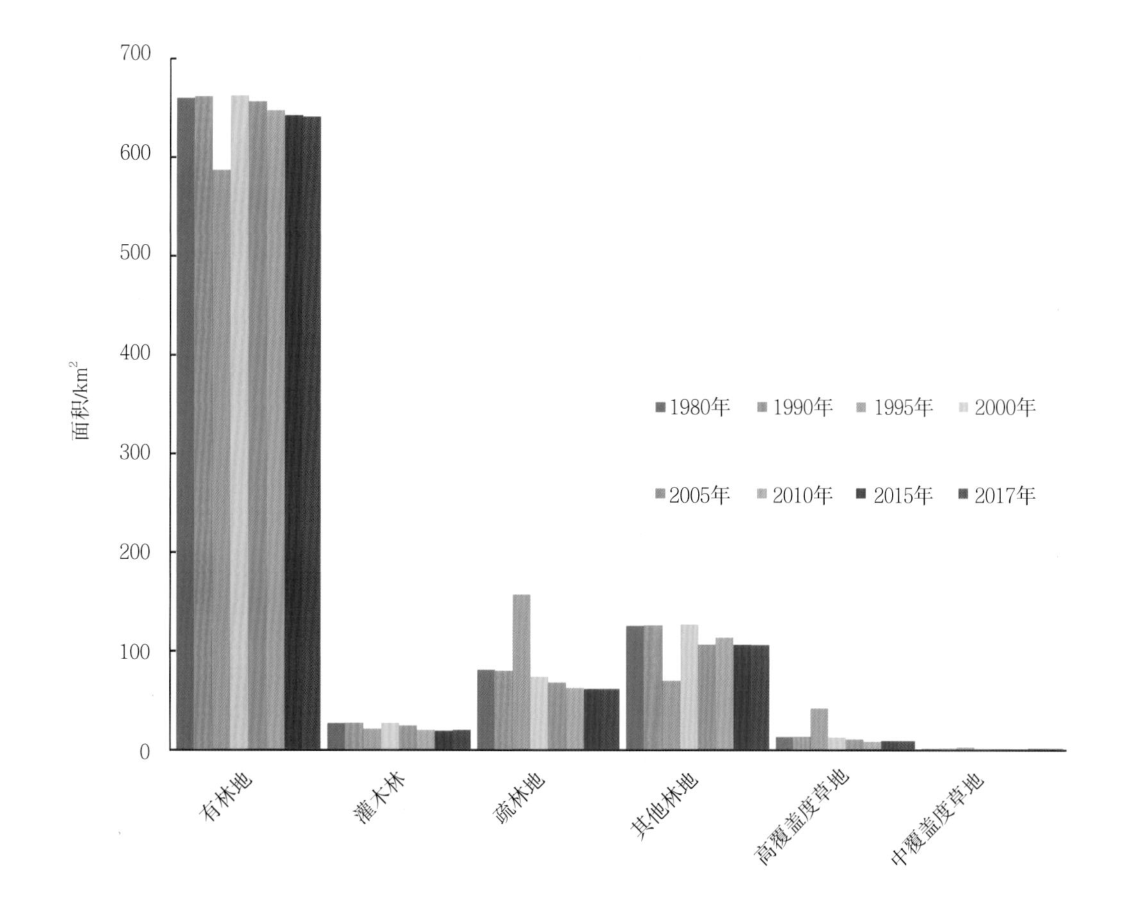


图5-22　佛山植被类型组成及其变化（1980—2017年）

肇庆的植被成分以有林地为主，有林地的历年占比均超过80%（图5-23）。1980年肇庆的有林地面积为9 612.65 km²，2017年下降至9 294.55 km²，降幅为3.31%。1980年肇庆的其他林地面积为224.34 km²，2017年增至539.82 km²，增长了1.4倍。灌木林、疏林地和高覆盖度草地面积基本稳定。低覆盖度草地面积在1990—1995年略有波动。

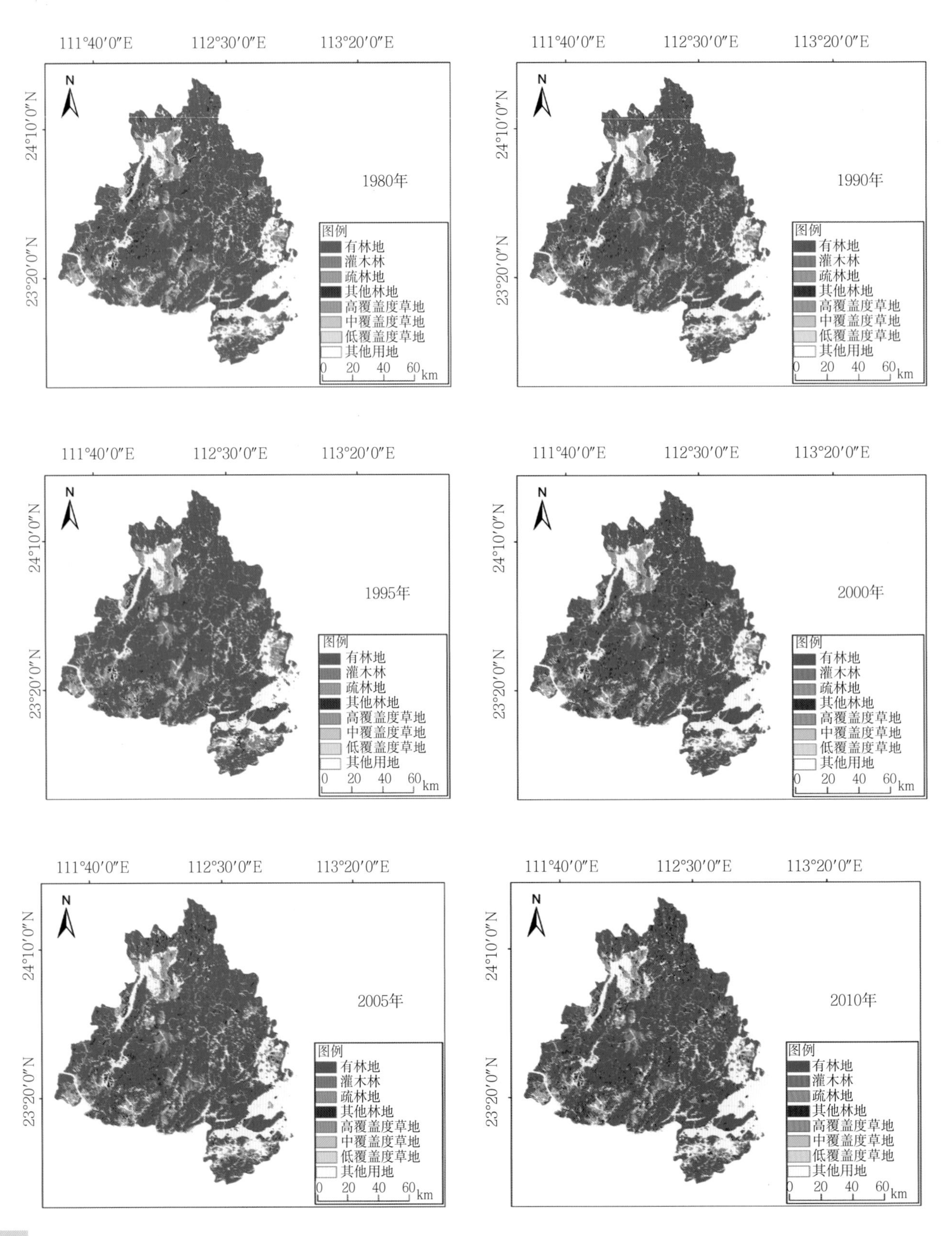

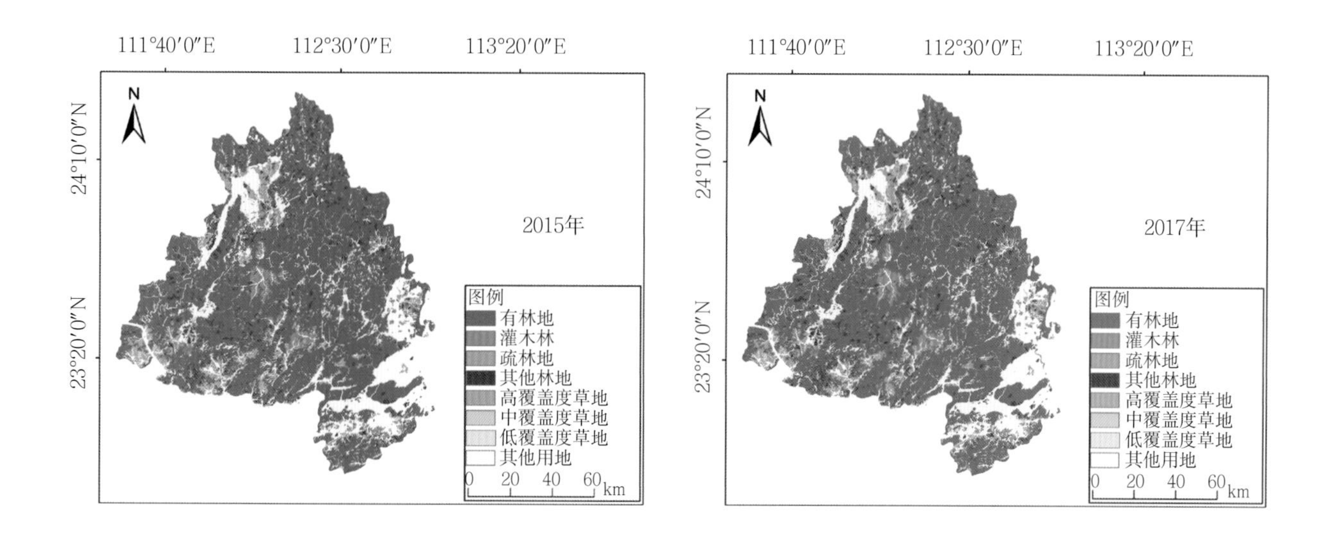


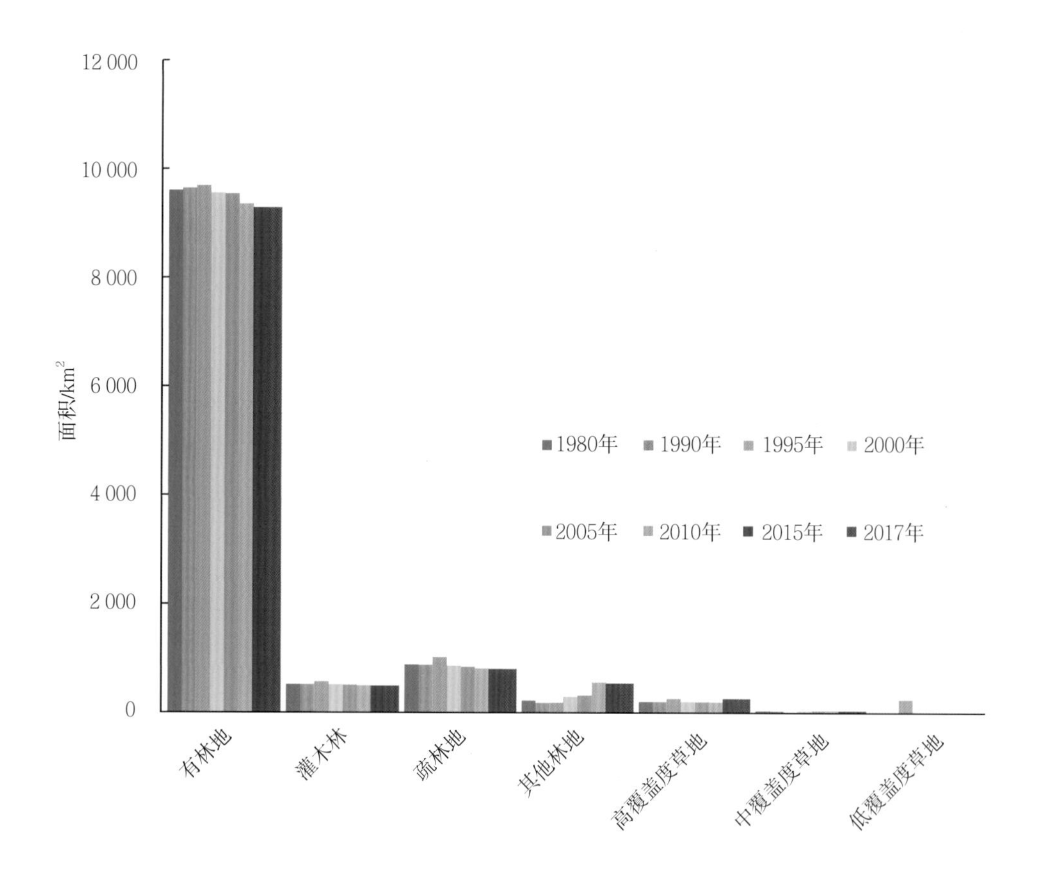


**图5-23　肇庆植被类型组成及其变化（1980—2017年）**

深圳的植被成分以有林地为主（图5-24），它在1980—2017年面积减小，在1990—1995年存在一个明显的低点。1980年深圳的有林地面积为791.77 km$^2$，2017年降至679.54 km$^2$，降幅为14.17%。灌木林从1980年的116.91 km$^2$降至2017年的14.92 km$^2$，降幅为87.24%。疏林地、其他林地以及高覆盖度草地在1990—1995年有明显增长。

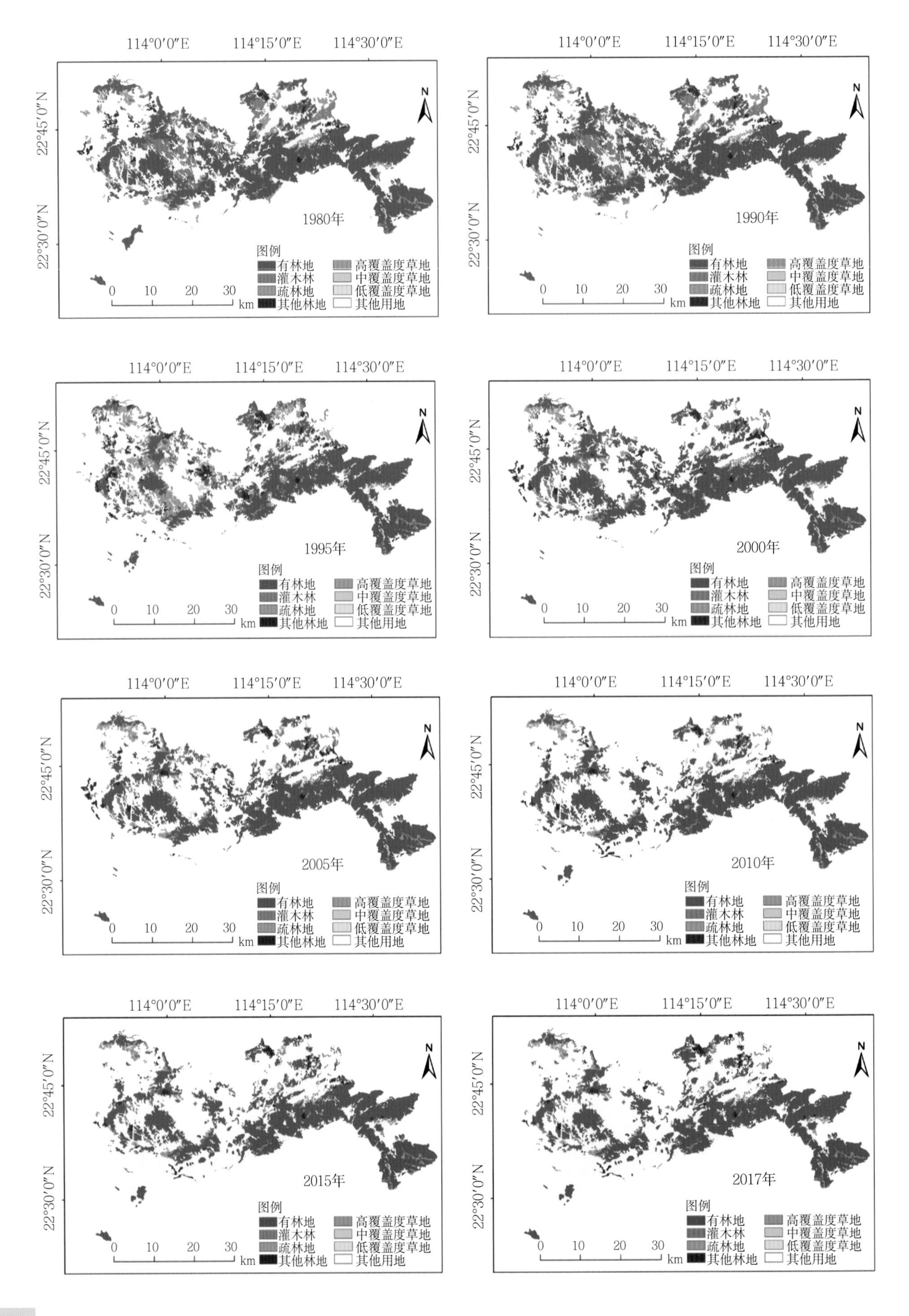
114°0′0″E
114°15′0″E
114°30′0″E
22°45′0″N
22°30′0″N
N
1980年
1990年
1995年
2000年
2005年
2010年
2015年
2017年
图例
有林地
灌木林
疏林地
其他林地
高覆盖度草地
中覆盖度草地
低覆盖度草地
其他用地
0 10 20 30
km

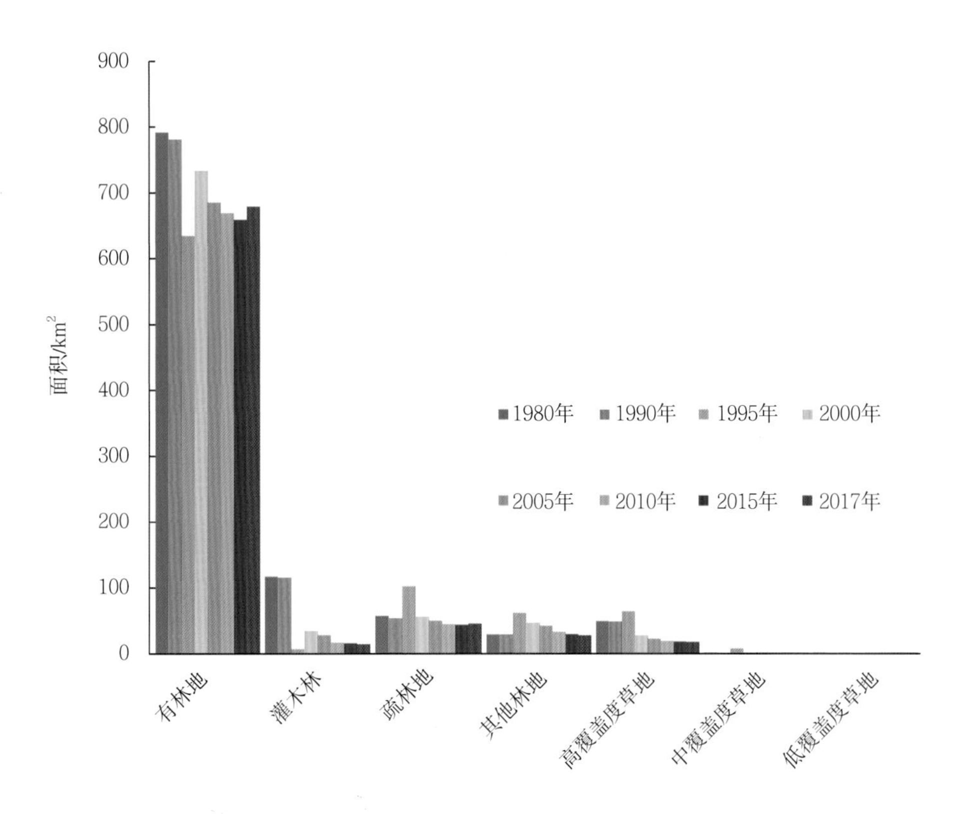


图5-24　深圳植被类型组成及其变化（1980—2017年）

东莞的植被成分与其他城市有差异，以有林地和其他林地为主（图5-25）。1980年两者占比各约为30%，随后有林地所占比例升高，其他林地所占比例降低。2017年东莞的有林地面积为364.42 km²，在植被面积中占比55.24%；其他林地面积为136.40 km²，在植被面积中占比20.67%。1980—2017年均未见低覆盖度草地类型。

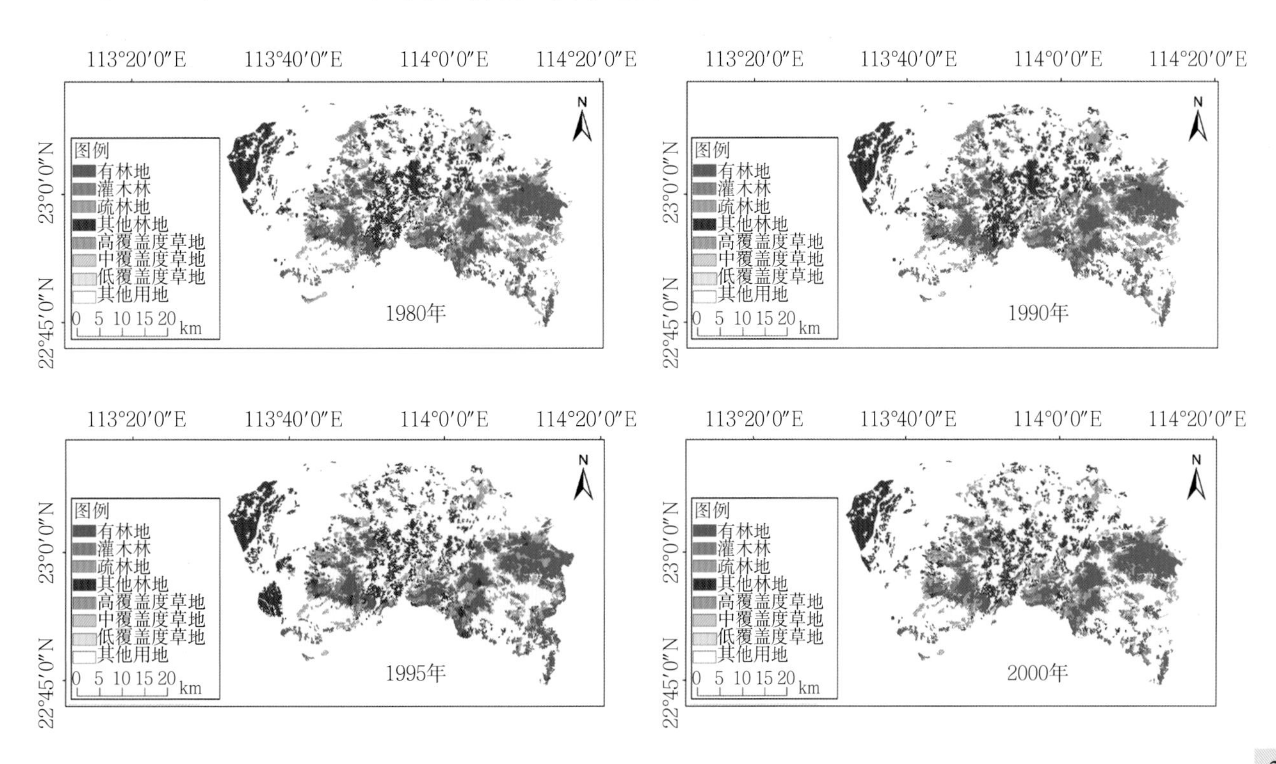

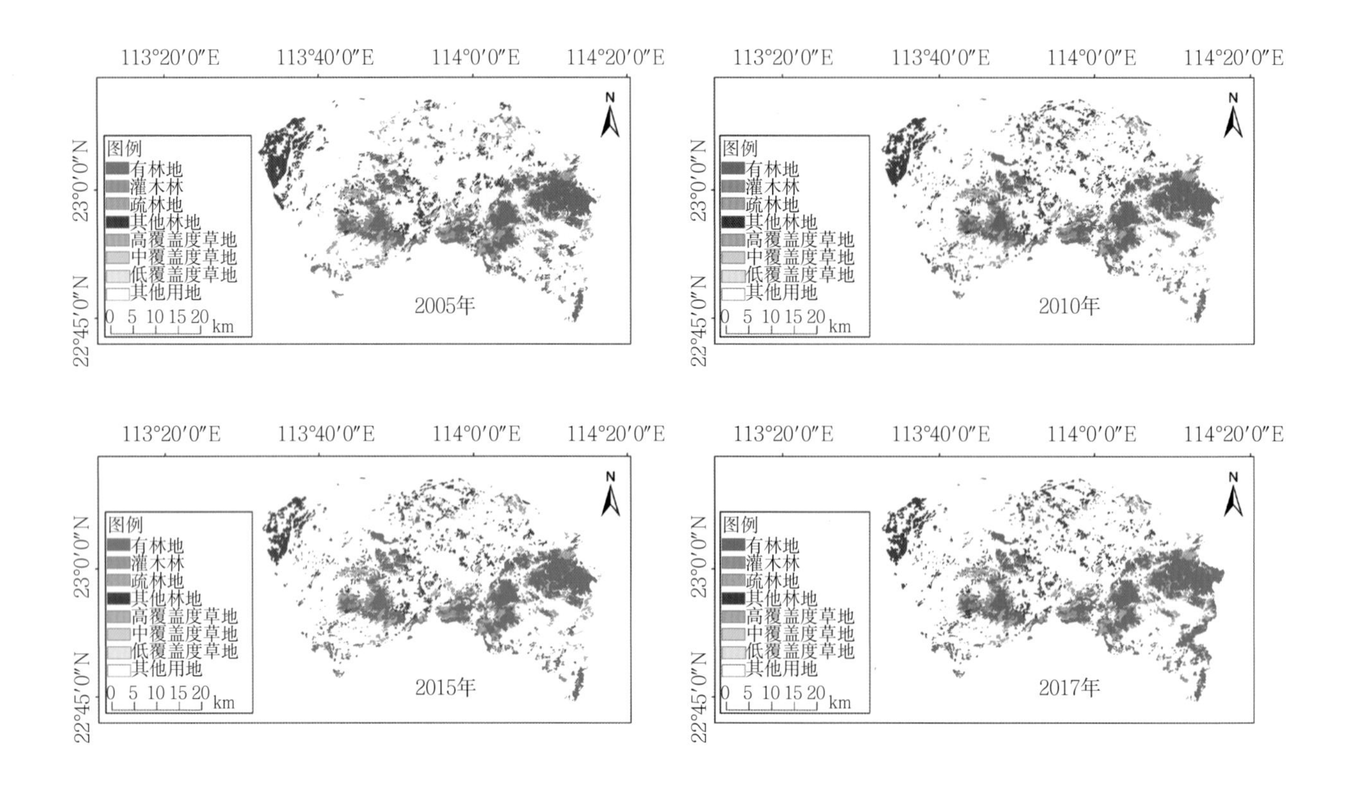


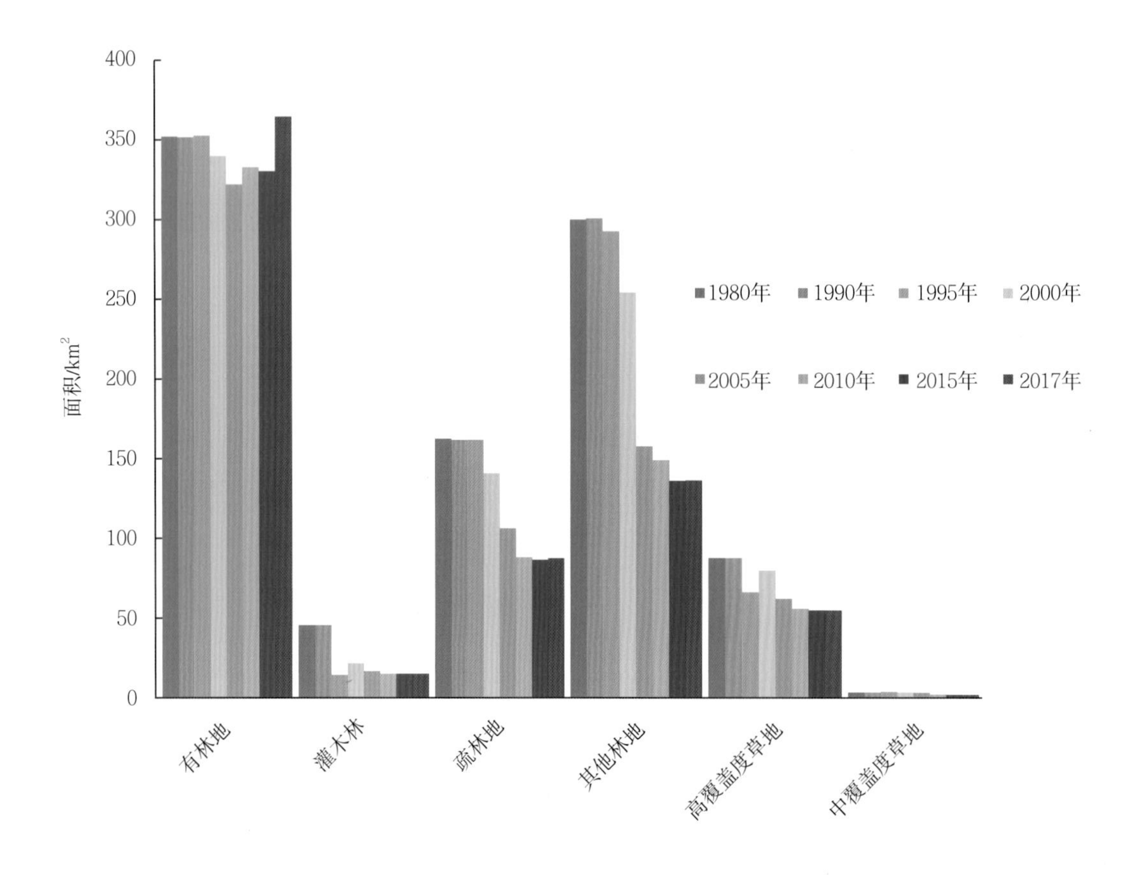


图5-25　东莞植被类型组成及其变化（1980—2017年）

惠州的植被成分以有林地为主，它在1980—2017年占比均约为80%（图5-26）。1980年惠州有林地面积为5 984.09 km$^2$，1990—1995年有明显增长，随后轻微波动。2017年，有林地面积为6 060.46 km$^2$，较1980年略有增长。1990—1995年，其他林地面积明显减少，疏林地和高覆盖度草地面积明显增加。

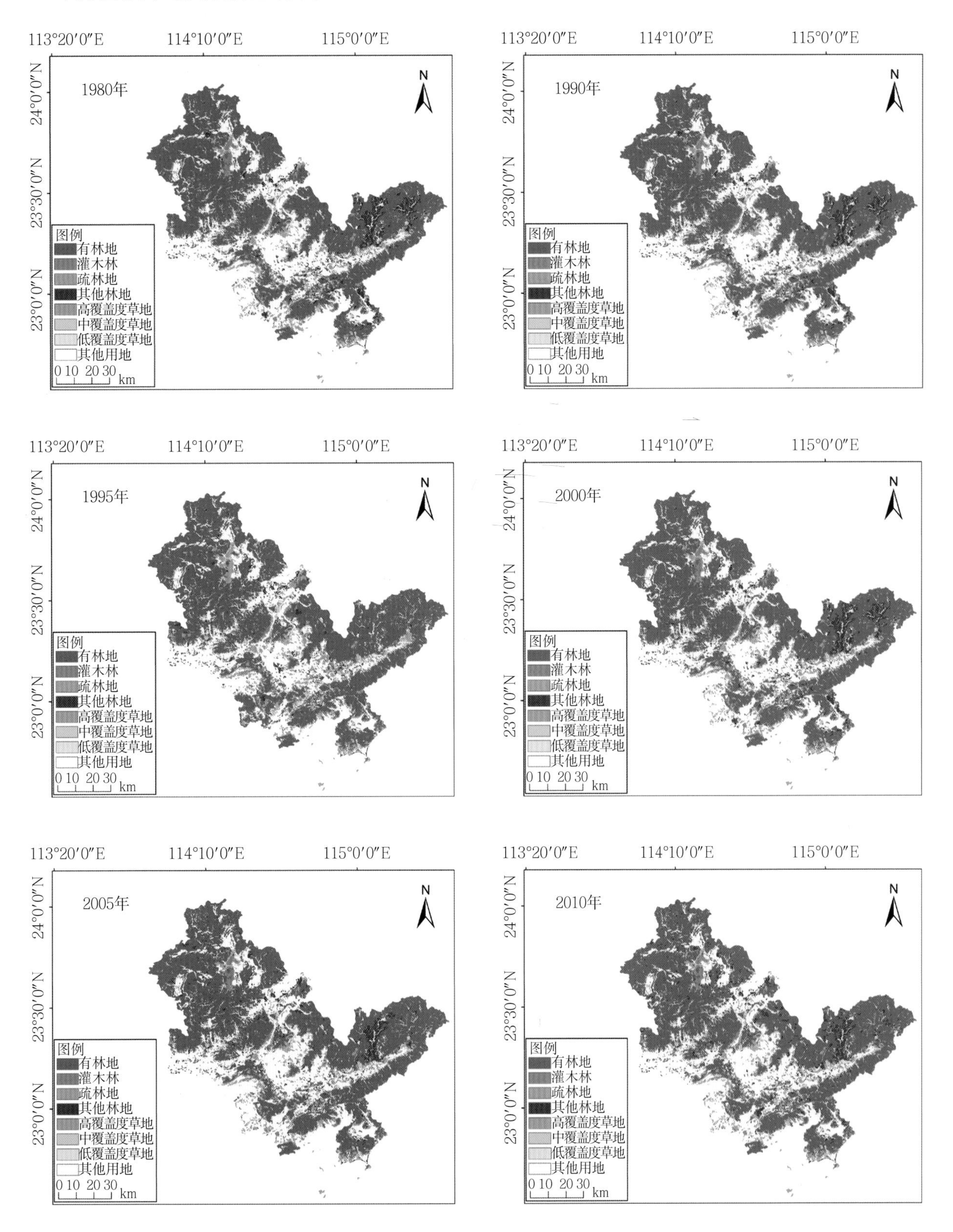

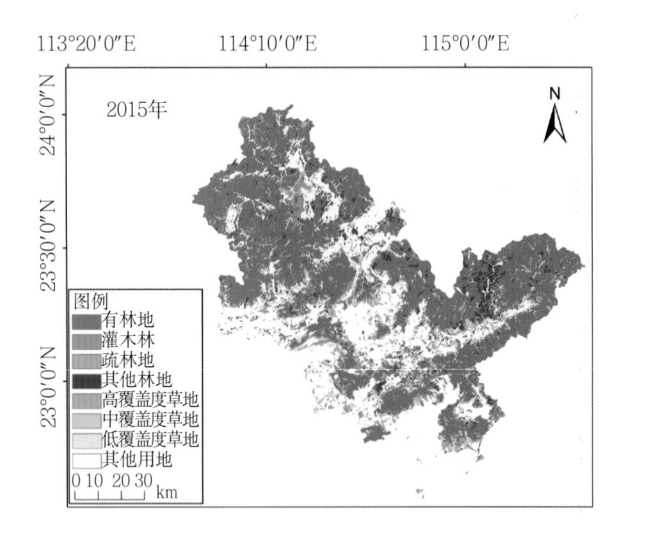


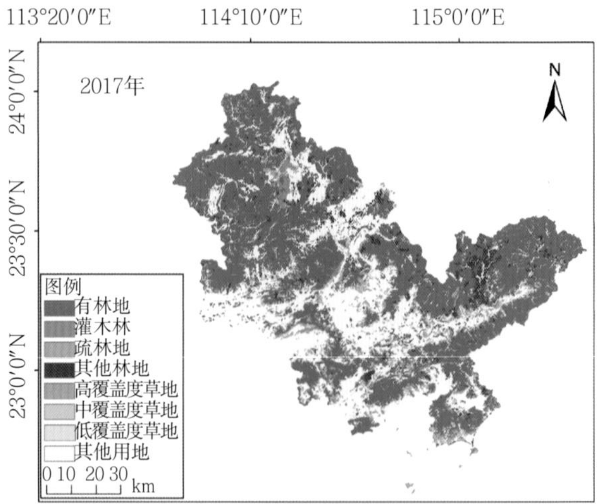


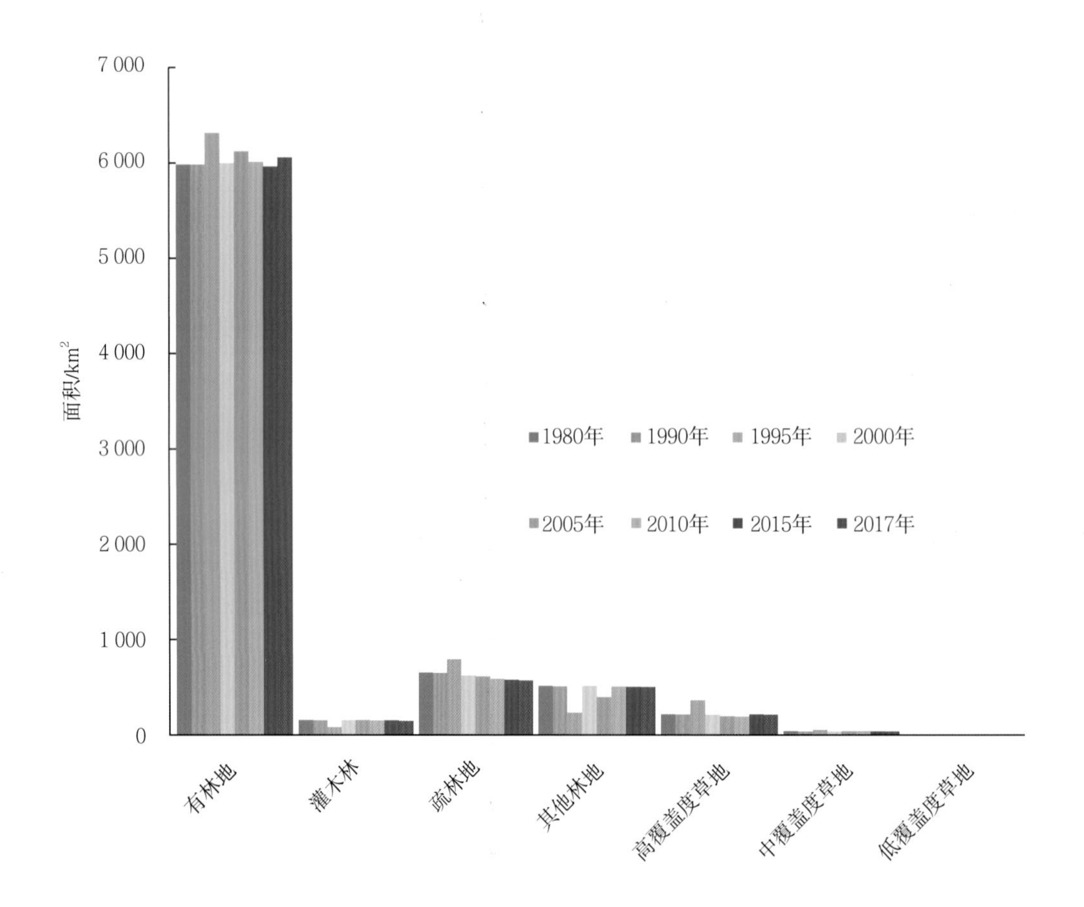


**图5-26　惠州植被类型组成及其变化（1980—2017年）**

珠海的植被成分以有林地为主，草地面积较小（图5-27）。1980—2017年珠海的有林地面积呈下降趋势，其中1990—1995年面积下降明显。1980年珠海的有林地面积为453.71 km²，2017年减为423.93 km²，降幅为6.56%。与此相对应，疏林地和其他林地的面积在1990—1995年有明显增加。

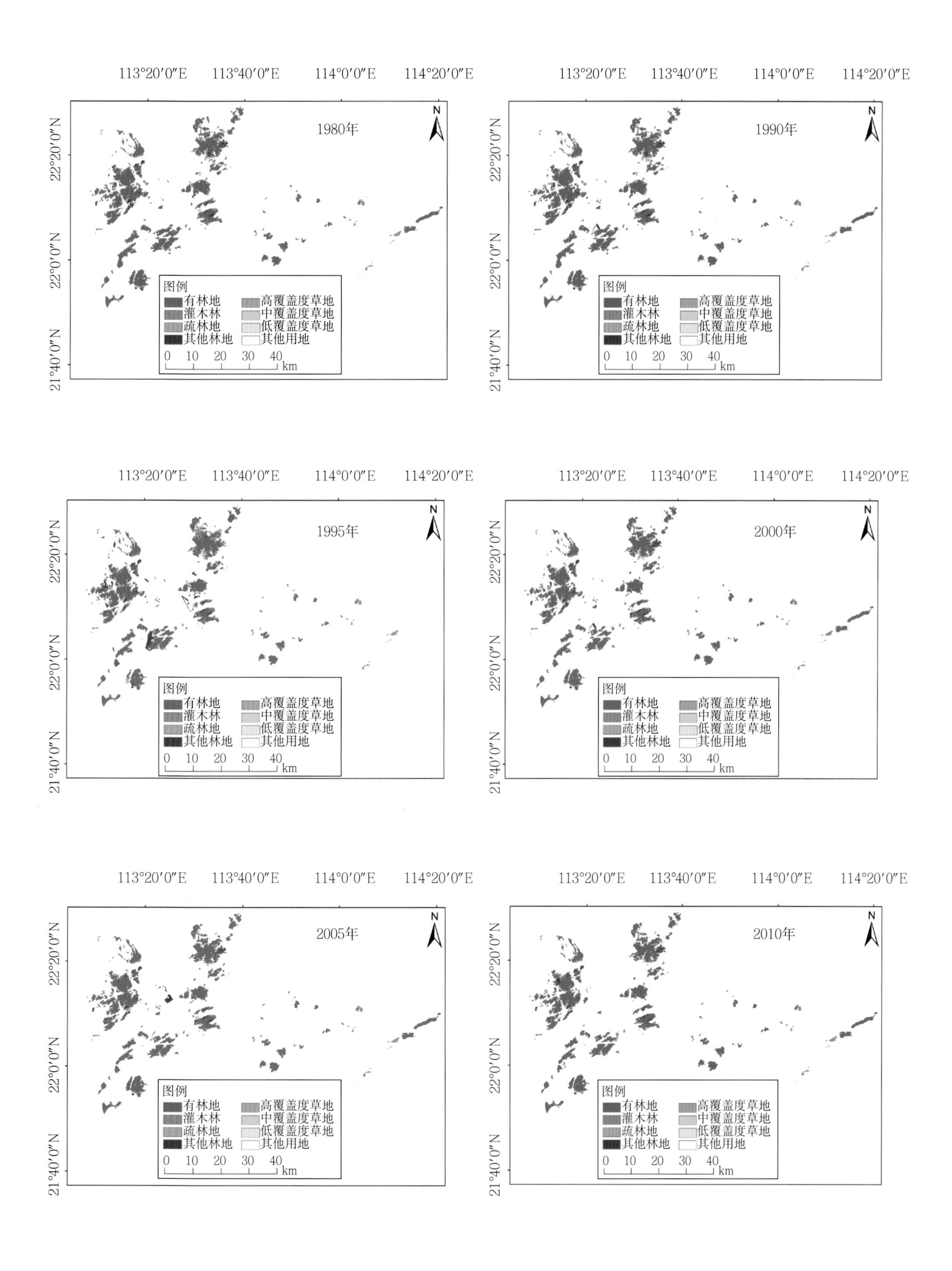
113°20′0″E
113°40′0″E
114°0′0″E
114°20′0″E
22°20′0″N
22°0′0″N
21°40′0″N
N
1980年
1990年
1995年
2000年
2005年
2010年
图例
有林地
灌木林
疏林地
其他林地
高覆盖度草地
中覆盖度草地
低覆盖度草地
其他用地
0 10 20 30 40 km

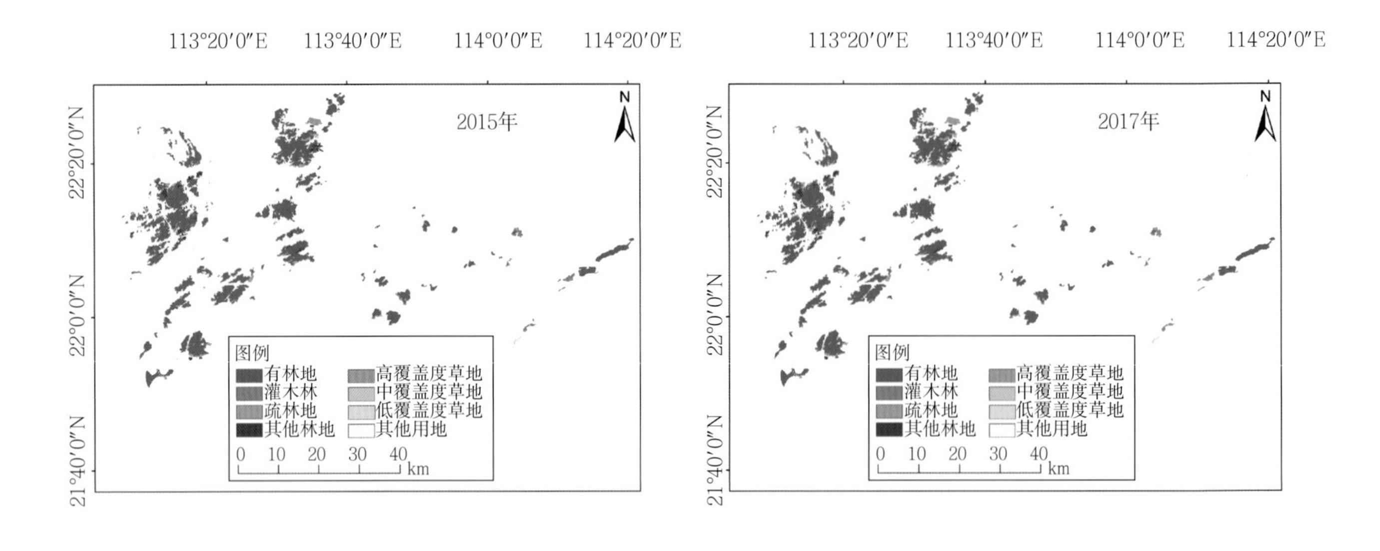


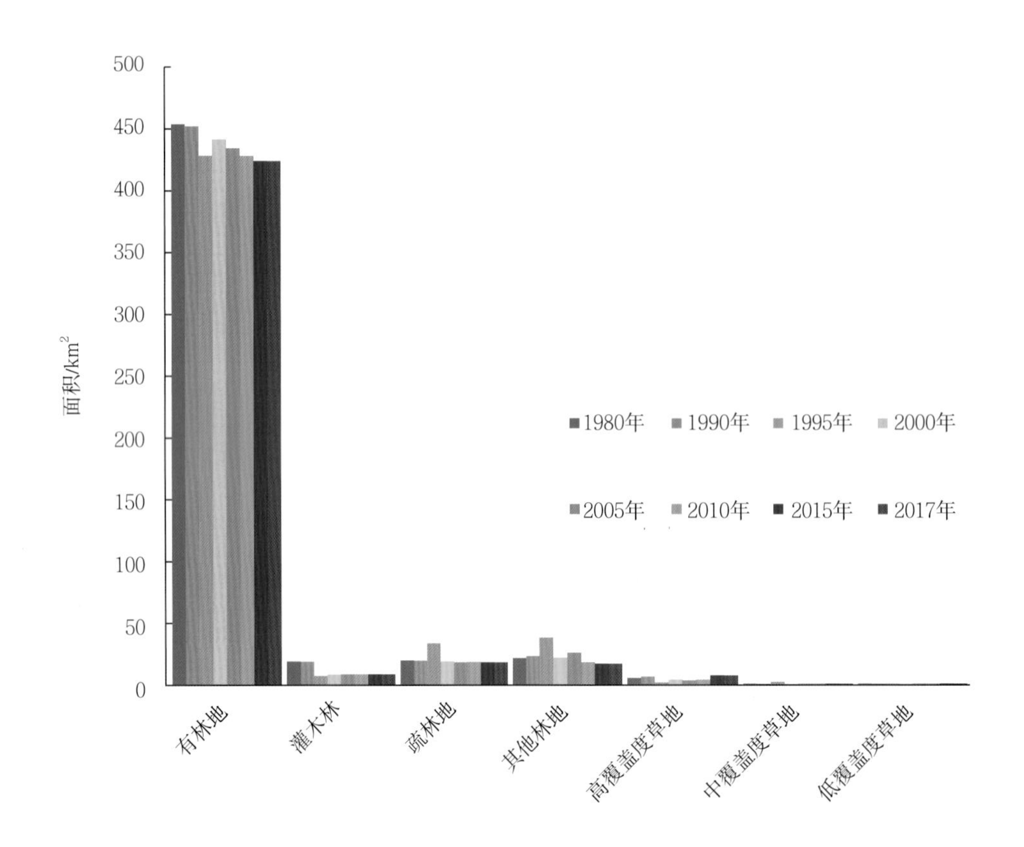


**图5-27 珠海植被类型组成及其变化（1980—2017年）**

中山的植被成分以有林地为主，它在历年的植被中占比约为80%，未见灌木林类型（图5-28）。有林地面积在1980—2017年有所减少。1980年有林地面积为341.47 km²，2017年减为306.56 km²，降幅为10.22%。疏林地、其他林地、高覆盖度草地和中覆盖度草地面积在1990—1995年均有不同程度的增加。

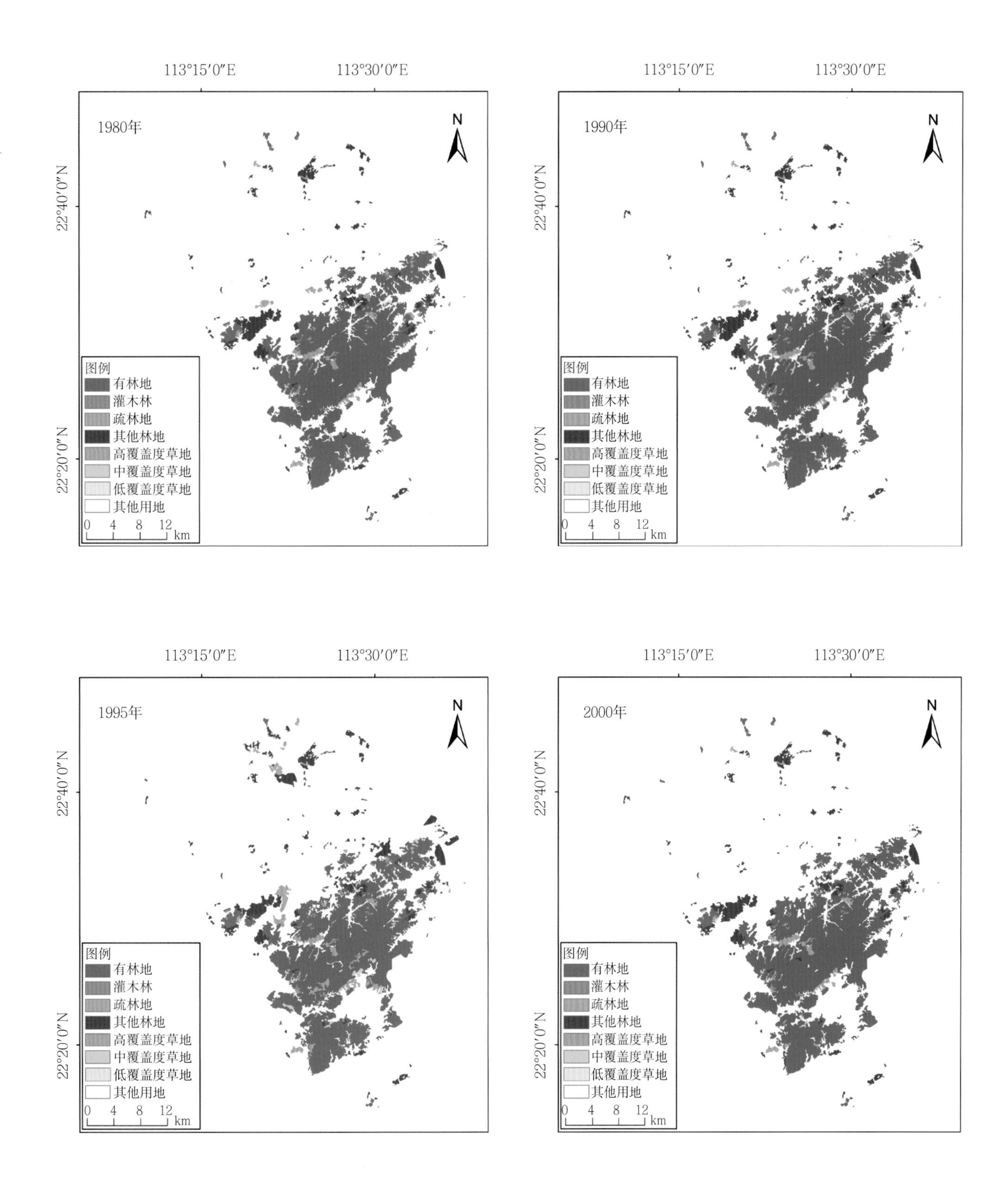

113°15′0″E
113°30′0″E
22°40′0″N
22°20′0″N
1980年
1990年
1995年
2000年
N
图例
有林地
灌木林
疏林地
其他林地
高覆盖度草地
中覆盖度草地
低覆盖度草地
其他用地
0 4 8 12 km

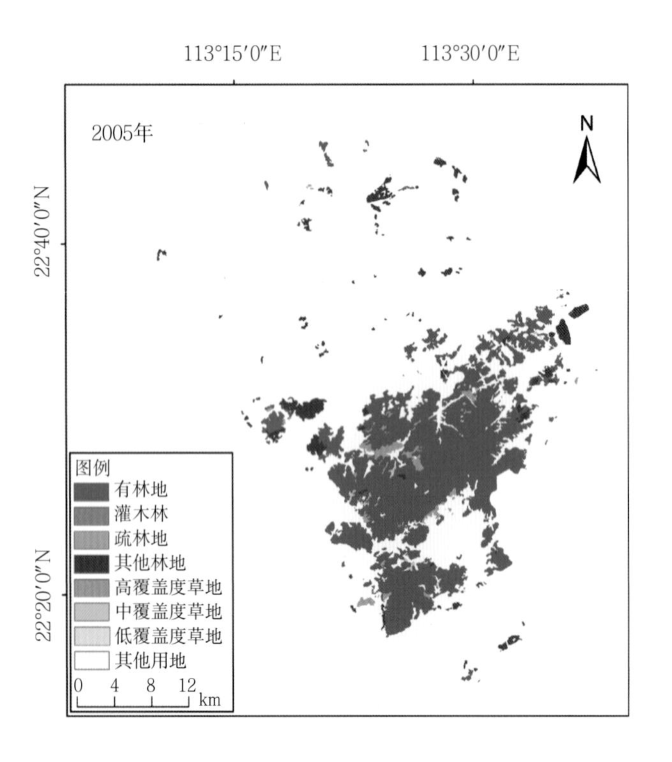
113°15′0″E
113°30′0″E
22°40′0″N
22°20′0″N
2005年
N
图例
有林地
灌木林
疏林地
其他林地
高覆盖度草地
中覆盖度草地
低覆盖度草地
其他用地
0 4 8 12 km

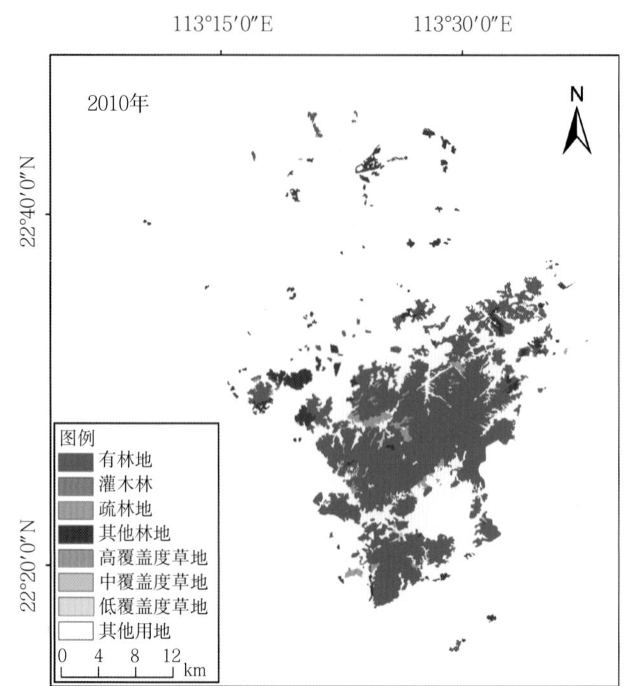
113°15′0″E
113°30′0″E
22°40′0″N
22°20′0″N
2010年
N
图例
有林地
灌木林
疏林地
其他林地
高覆盖度草地
中覆盖度草地
低覆盖度草地
其他用地
0 4 8 12 km

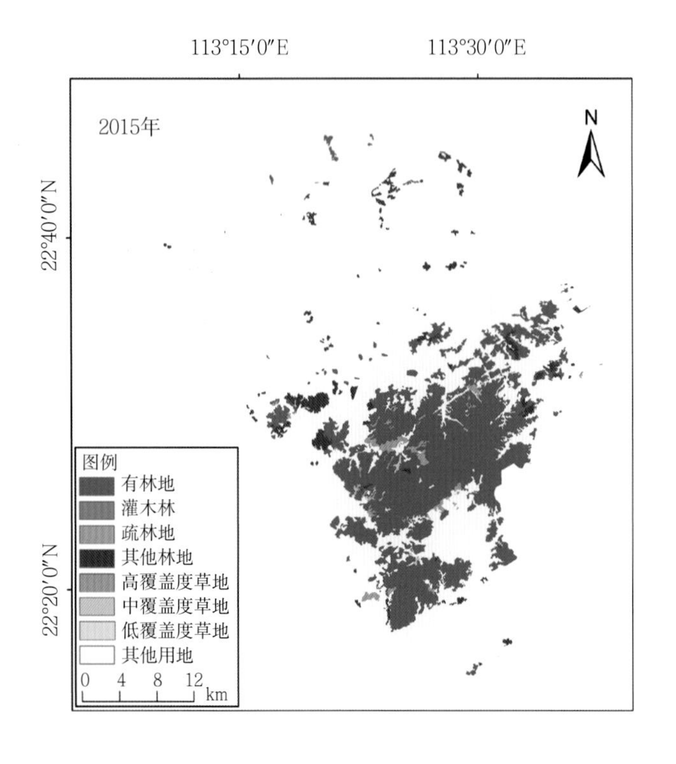
113°15′0″E
113°30′0″E
22°40′0″N
22°20′0″N
2015年
N
图例
有林地
灌木林
疏林地
其他林地
高覆盖度草地
中覆盖度草地
低覆盖度草地
其他用地
0 4 8 12 km

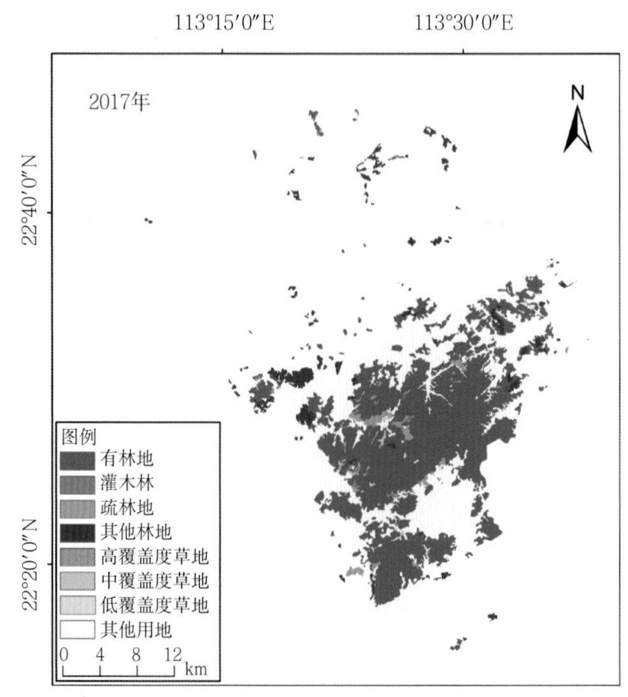
113°15′0″E
113°30′0″E
22°40′0″N
22°20′0″N
2017年
N
图例
有林地
灌木林
疏林地
其他林地
高覆盖度草地
中覆盖度草地
低覆盖度草地
其他用地
0 4 8 12 km

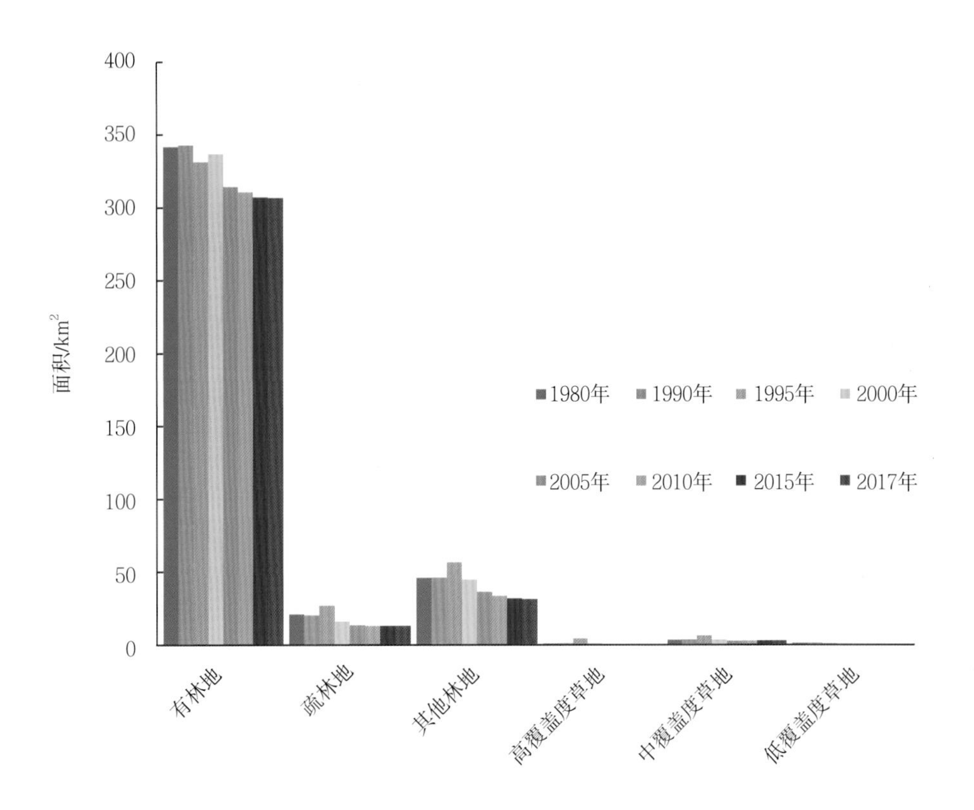


图5-28　中山植被类型组成及其变化（1980—2017年）

江门的植被组成以有林地为主，它在历年植被中的占比均超过70%，中覆盖度草地和低覆盖度草地面积较小（图5-29）。1980—2017年，有林地面积小幅波动。1980年江门的有林地面积为3 762.18 km$^2$，2017年减少为3 722.28 km$^2$，降幅较小。灌木林、疏林地、其他林地以及高覆盖度草地面积均较为稳定。

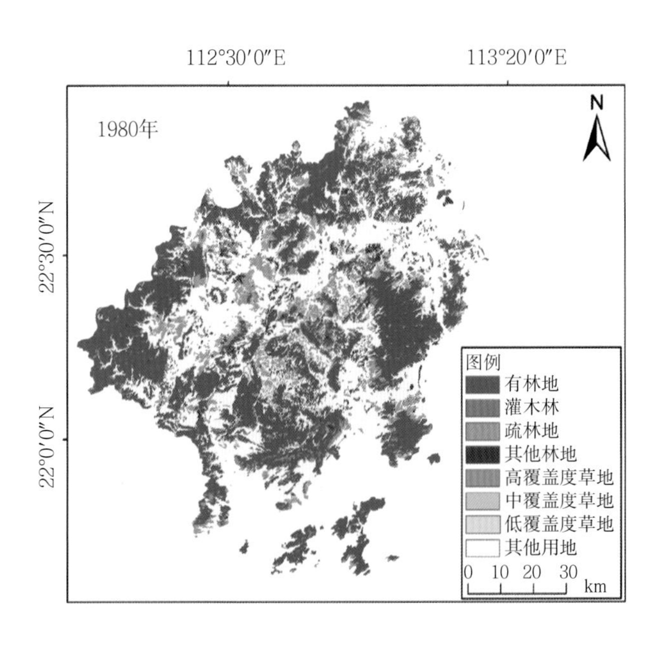


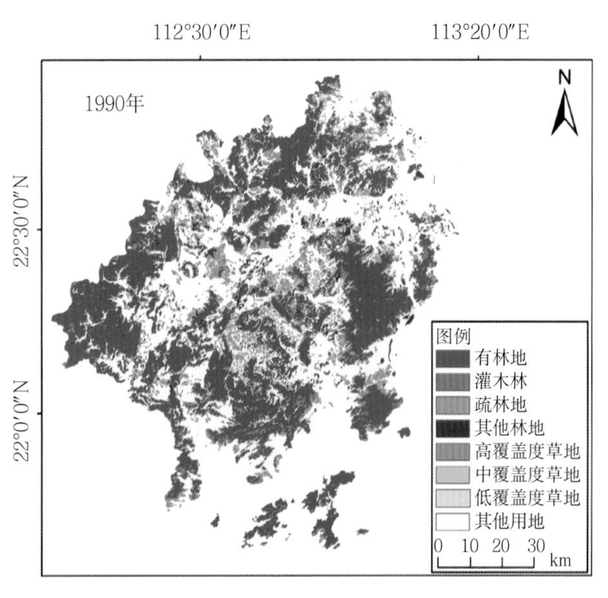

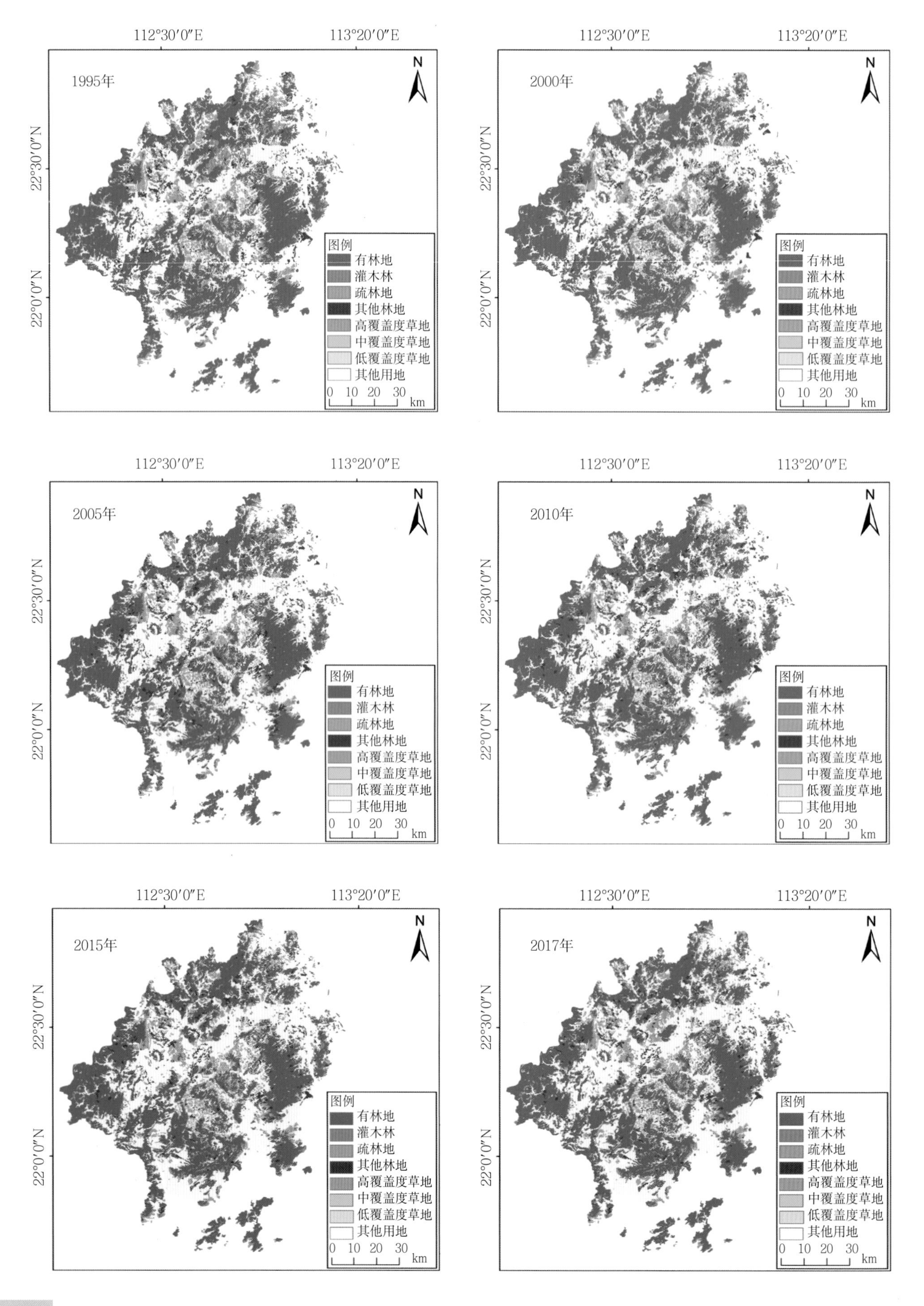
112°30′0″E
113°20′0″E
22°30′0″N
22°0′0″N
1995年
2000年
2005年
2010年
2015年
2017年
N
图例
有林地
灌木林
疏林地
其他林地
高覆盖度草地
中覆盖度草地
低覆盖度草地
其他用地
0 10 20 30
km

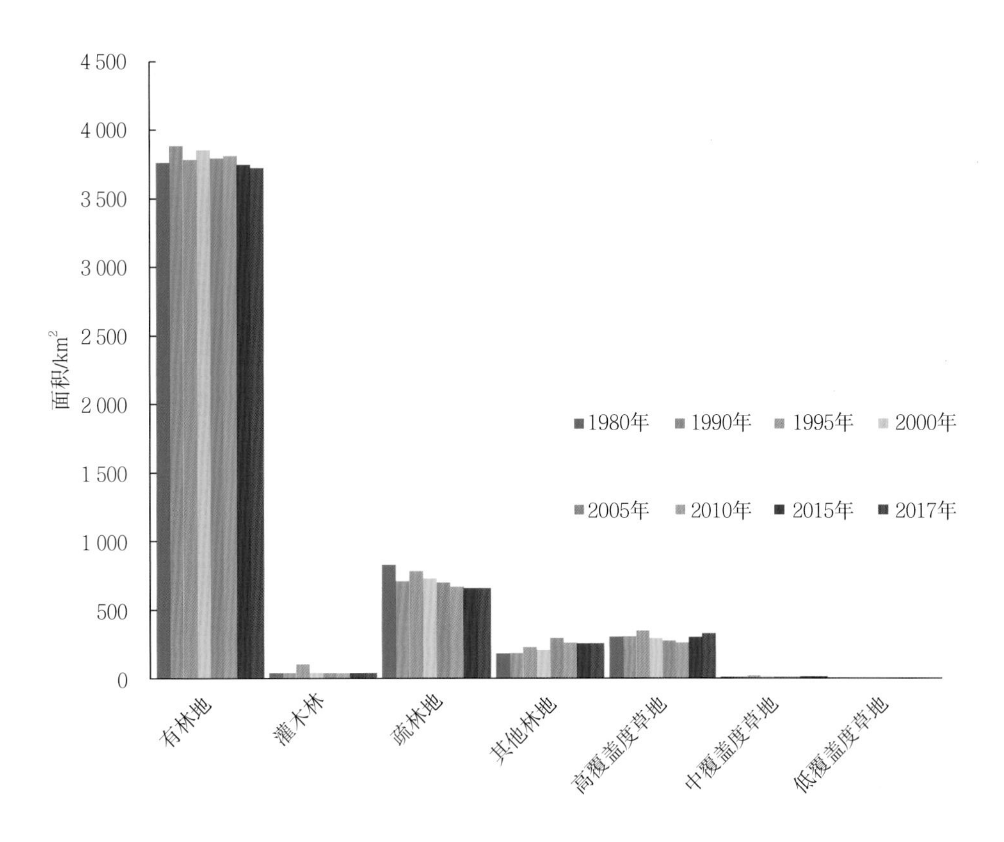


**图5-29　江门植被类型组成及其变化（1980—2017年）**

香港的植被主要由有林地、疏林地和高覆盖度草地组成。灌木林、其他林地及中覆盖度草地、低覆盖度草地较少。有林地占比约为60%，疏林地占比约为16%，高覆盖度草地占比约为17%（图5-30）。1980—2017年，香港的植被组成比例较为稳定，仅在1990—1995年有林地和中覆盖度草地的面积有明显的波动。

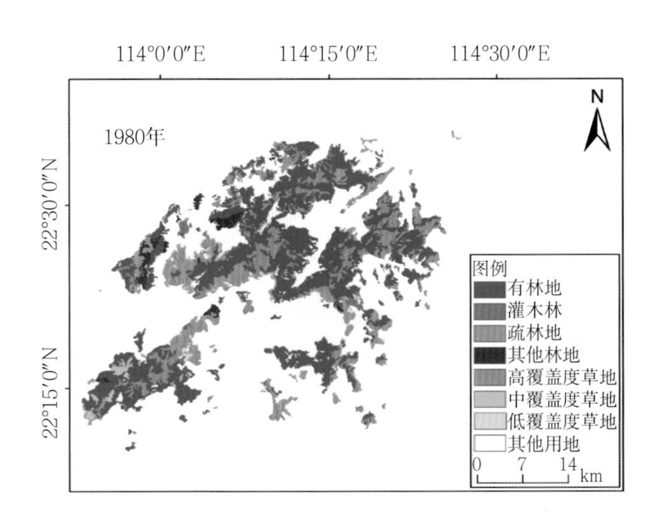


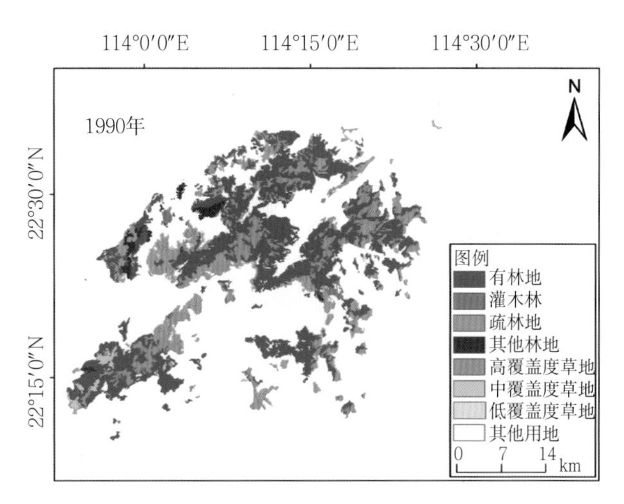

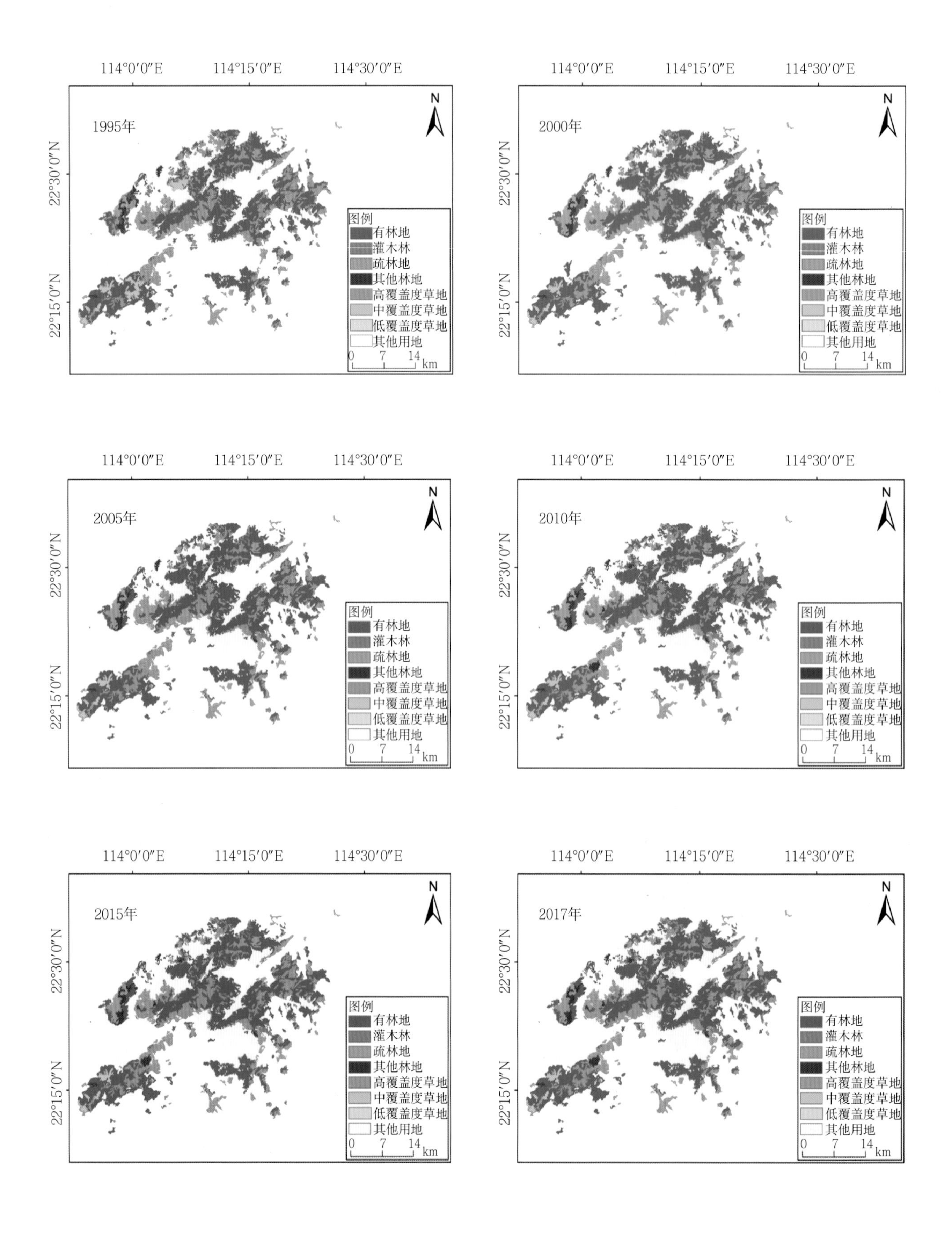
114°0′0″E
114°15′0″E
114°30′0″E
22°30′0″N
22°15′0″N
N
1995年
2000年
2005年
2010年
2015年
2017年
图例
有林地
灌木林
疏林地
其他林地
高覆盖度草地
中覆盖度草地
低覆盖度草地
其他用地
0 7 14 km

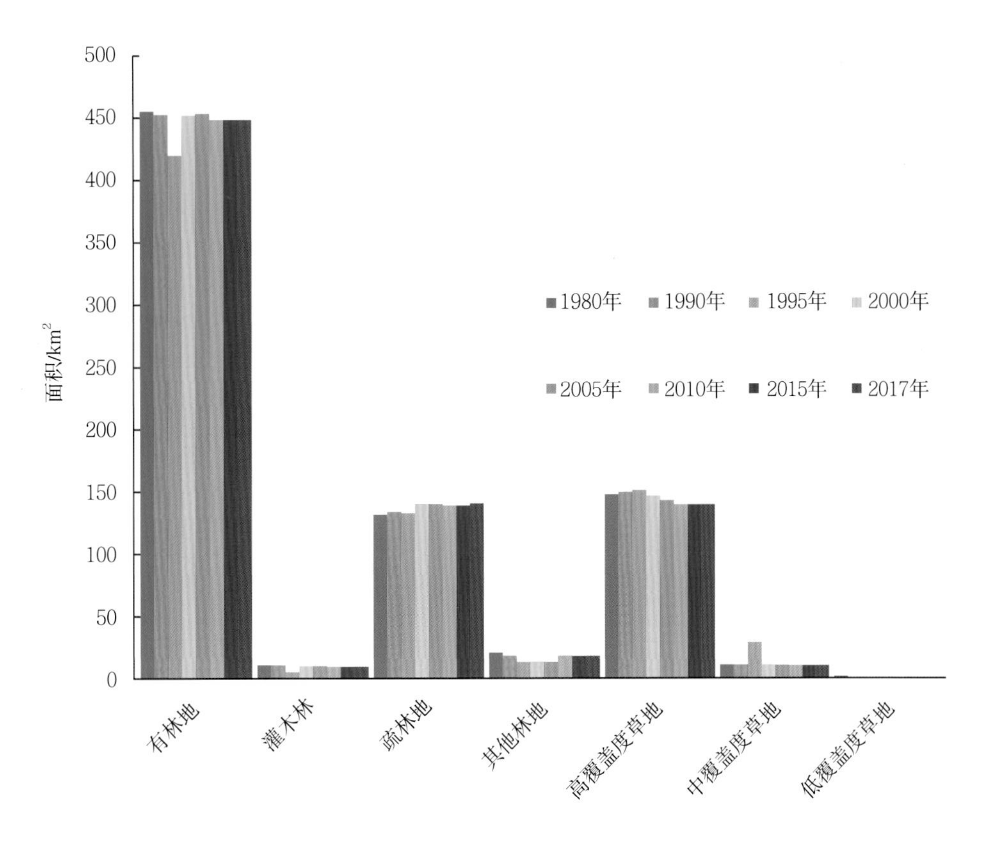


**图5-30　香港植被类型组成及其变化（1980—2017年）**

澳门的植被面积较小，植被组成以有林地为主（图5-31）。有林地在1980—2017年有所增加，成为粤港澳大湾区的特例。1980年澳门有林地的面积为6.59 km$^2$，2017年增至7.54 km$^2$，增幅为14.42%。澳门在2010年以前除有林地外几乎没有其他植被类型。2010年以后，其他林地和高覆盖度草地才开始出现。这主要与氹仔和路环2个离岛之间的填海绿化有关。

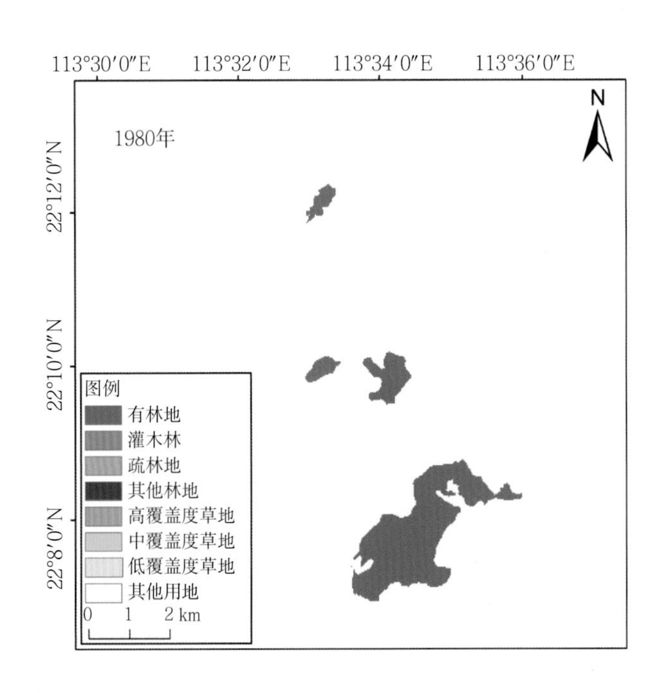


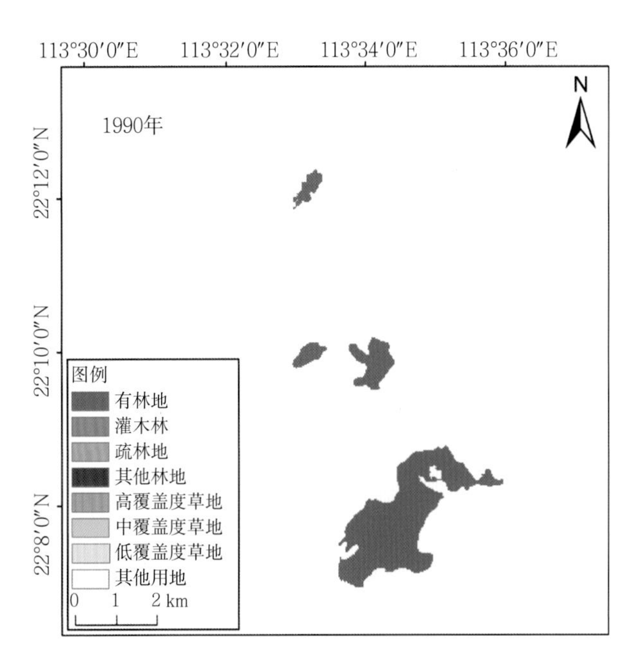

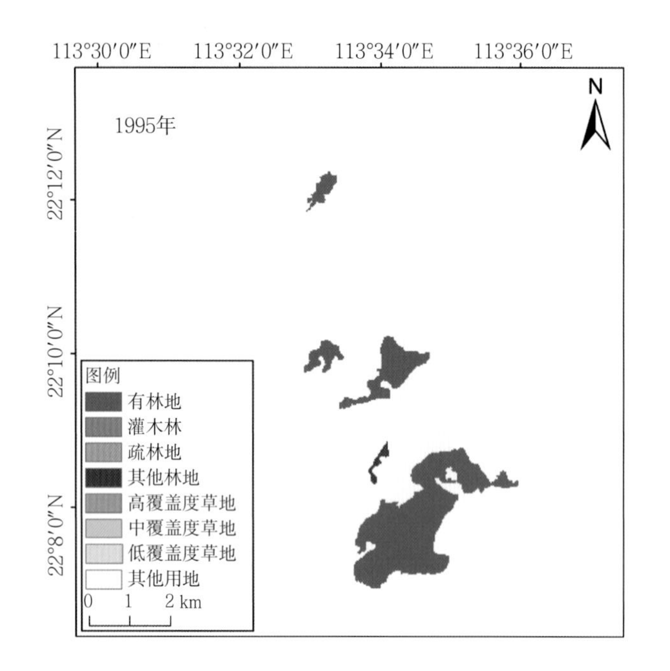
113°30′0″E
113°32′0″E
113°34′0″E
113°36′0″E
1995年
N
22°12′0″N
22°10′0″N
22°8′0″N
图例
有林地
灌木林
疏林地
其他林地
高覆盖度草地
中覆盖度草地
低覆盖度草地
其他用地
0 1 2 km

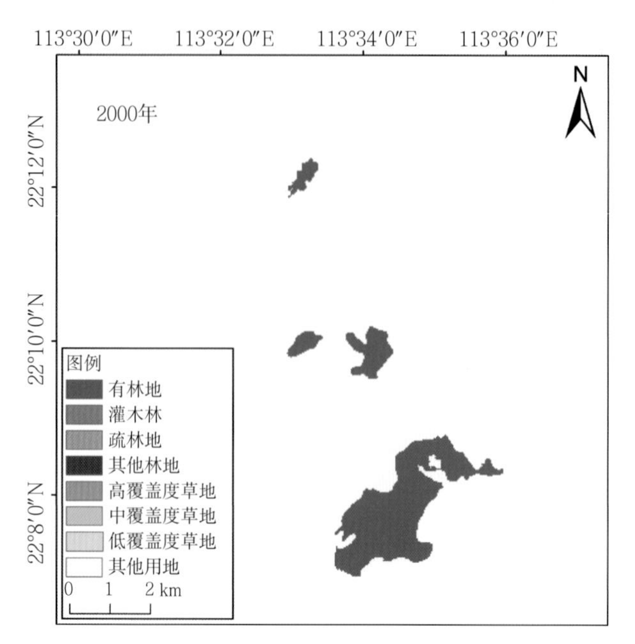
113°30′0″E
113°32′0″E
113°34′0″E
113°36′0″E
2000年
N
22°12′0″N
22°10′0″N
22°8′0″N
图例
有林地
灌木林
疏林地
其他林地
高覆盖度草地
中覆盖度草地
低覆盖度草地
其他用地
0 1 2 km

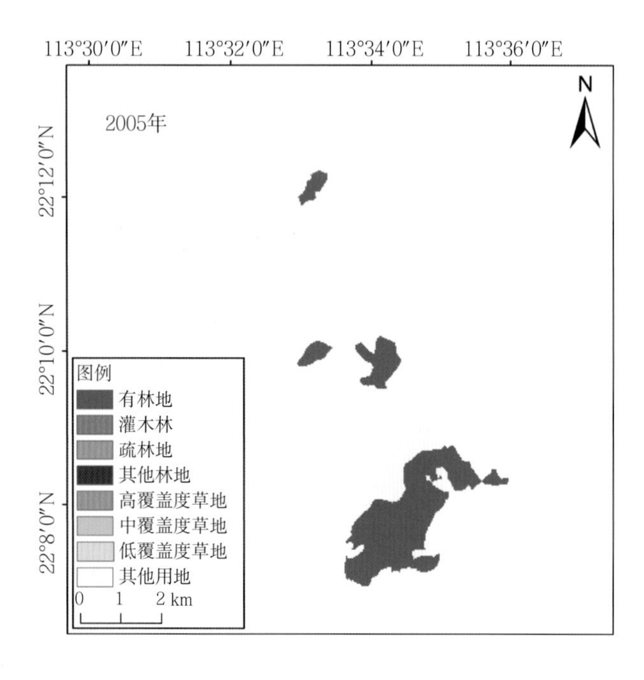
113°30′0″E
113°32′0″E
113°34′0″E
113°36′0″E
2005年
N
22°12′0″N
22°10′0″N
22°8′0″N
图例
有林地
灌木林
疏林地
其他林地
高覆盖度草地
中覆盖度草地
低覆盖度草地
其他用地
0 1 2 km

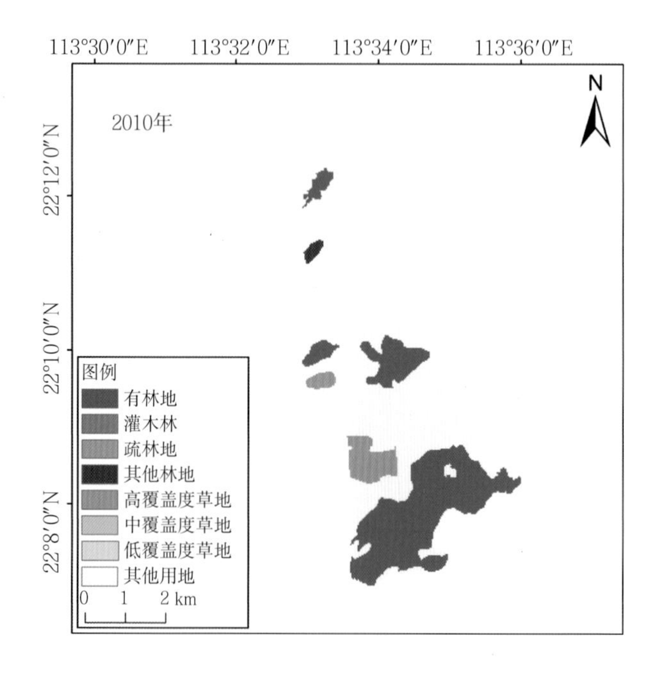
113°30′0″E
113°32′0″E
113°34′0″E
113°36′0″E
2010年
N
22°12′0″N
22°10′0″N
22°8′0″N
图例
有林地
灌木林
疏林地
其他林地
高覆盖度草地
中覆盖度草地
低覆盖度草地
其他用地
0 1 2 km

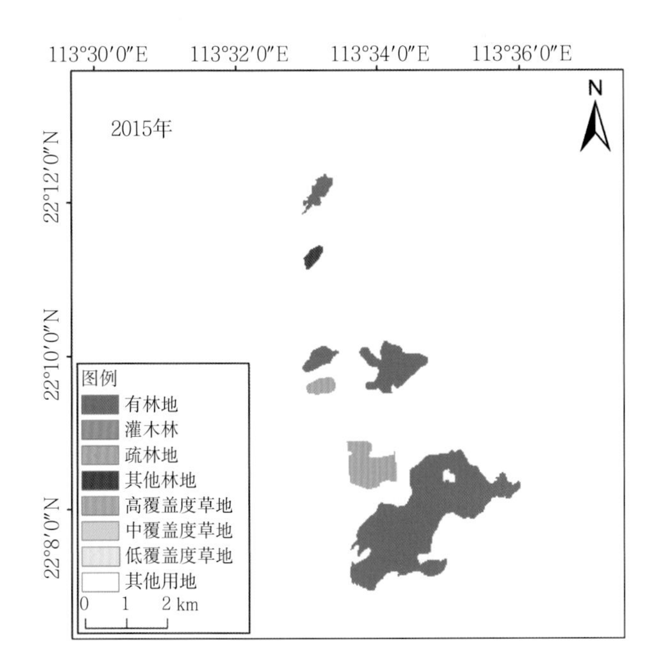


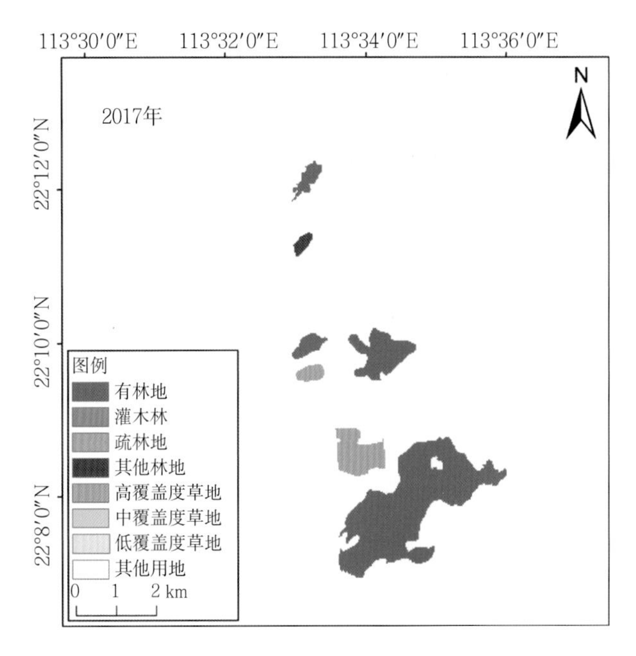


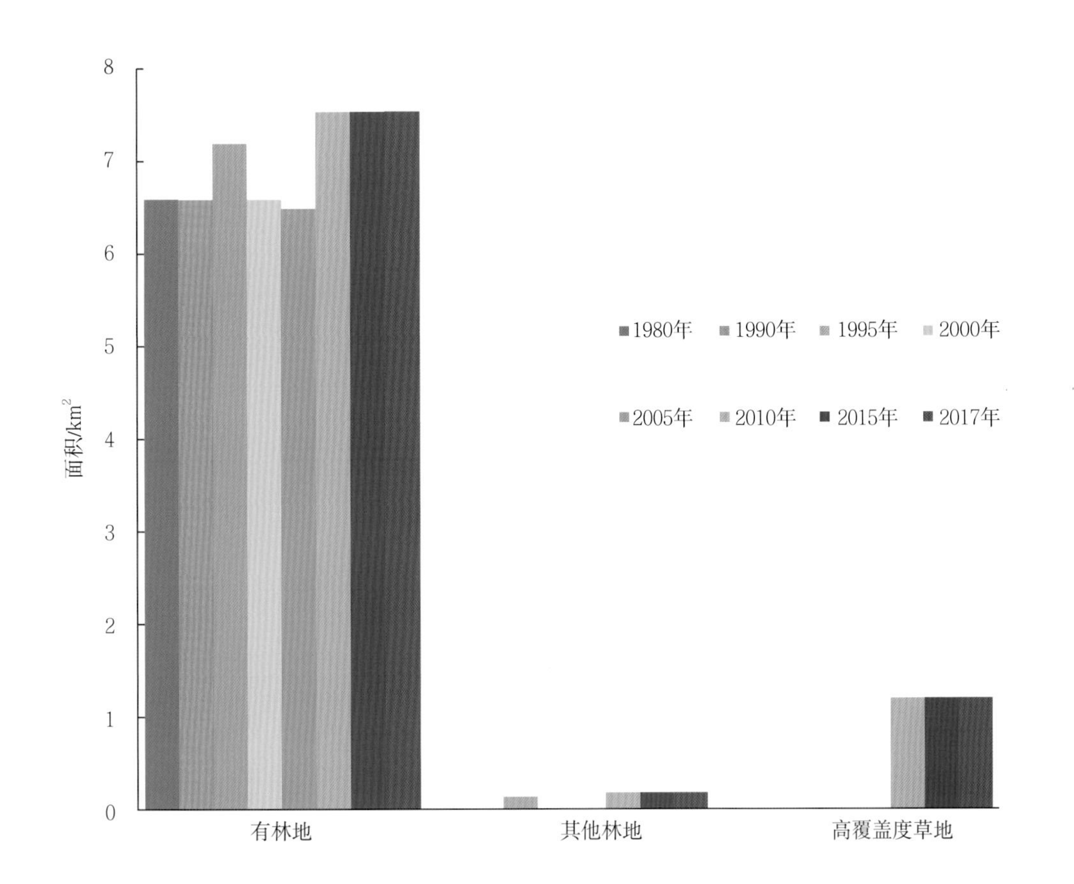


图5-31　澳门植被类型组成及其变化（1980—2017年）

# 三、植被覆盖度变化

归一化植被指数（NDVI）量化了植被的数量与绿度，与叶面积、生物量和植被动态密切相关，是大尺度表征植被覆盖度、植被生产力和植被活力的良好指标。本节以1990年、1995年、2000年、2006年、2010年和2016年的6期Landsat多光谱数据为基础，计算粤港澳大湾区的归一化植被指数（NDVI）并比较其随时间的变化。从结果可见（图5-32），粤港澳大湾区1990年全域的NDVI较高，仅佛山和惠州北部的NDVI较低。1995年，广州、佛山、东莞、中山等地的NDVI全面下降。2000年和2006年的NDVI较1995年有所回升。2010年肇庆的NDVI整体降低，2016年有所回升。

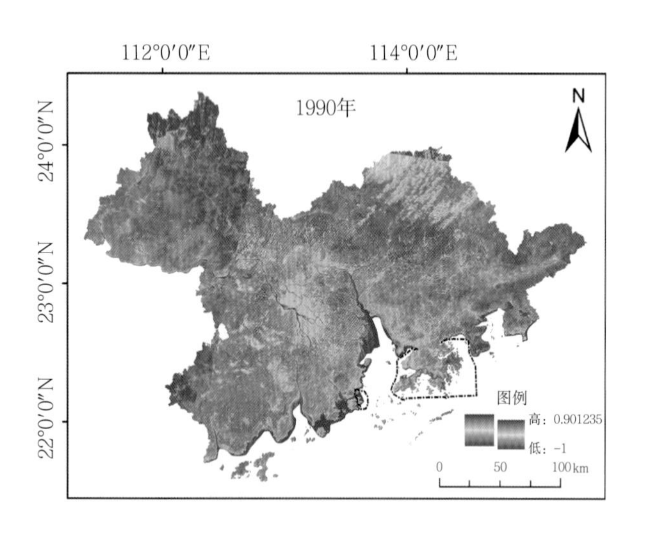


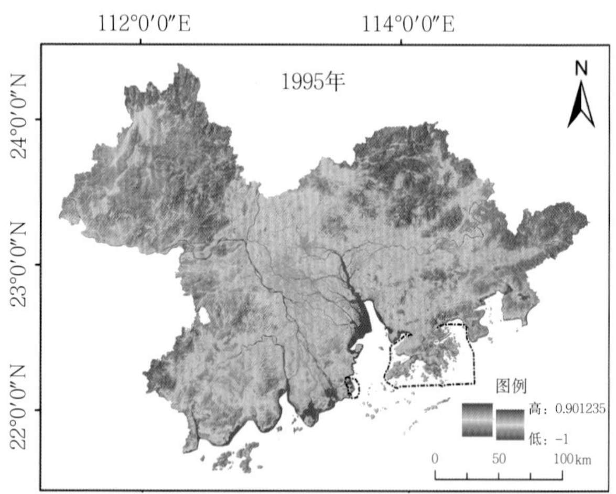


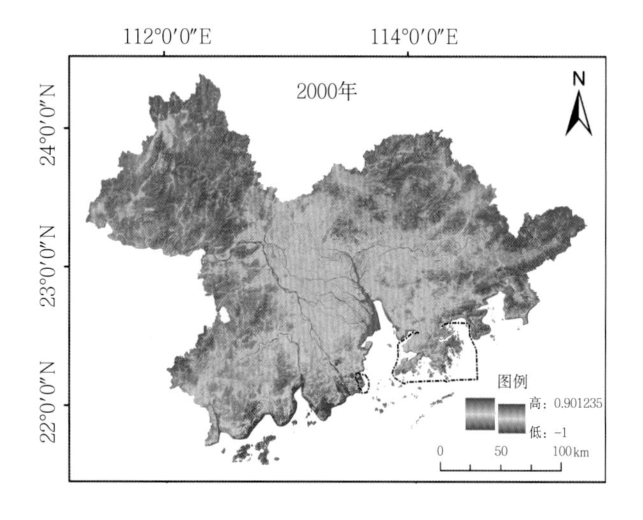


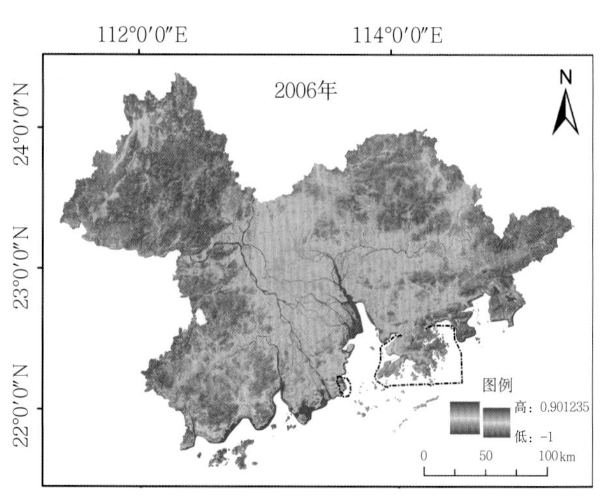

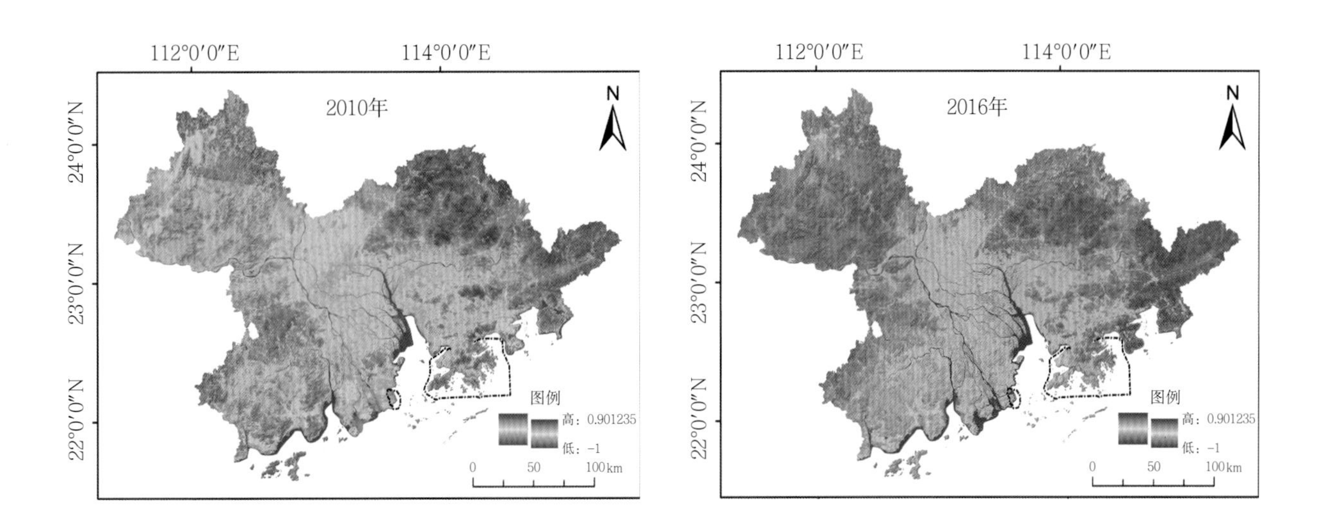


**图5-32　粤港澳大湾区NDVI变化（1990—2016年）**

以1990年、1995年、2000年、2006年、2010年和2016年的6期植被分布数据为基础，整合NDVI结果，将植被的NDVI划分为0～0.2、0.2～0.5和0.5～1.0这3个区间，分别用以指征低、中、高3种植被覆盖度。结果表明（图5-33），粤港澳大湾区的植被以中覆盖度植被为主，约占总植被比例的70%，1990—2016年中覆盖度植被比例呈上升趋势，1990年中覆盖度植被比例为76%，2016年该比例增至91%，增幅为15%。高覆盖度植被比例和低覆盖度植被比例在1990—2016年持续波动。两者此消彼长，关系较为紧密。1990年粤港澳大湾区内高覆盖度植被比例为17%，1995年降至1%，2006年重新升至21%，2016年又降为3%。1990年粤港澳大湾区低覆盖度植被比例为7%，1995年升至30%，2006年降至9%，2016年继续降至6%。

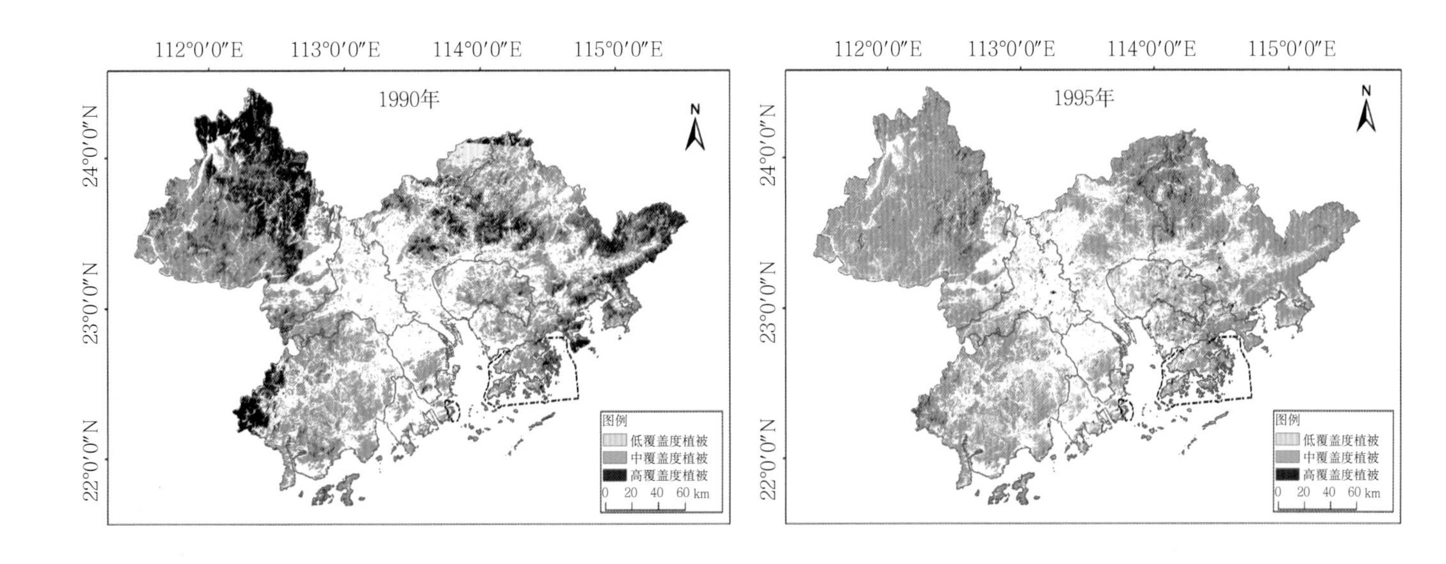

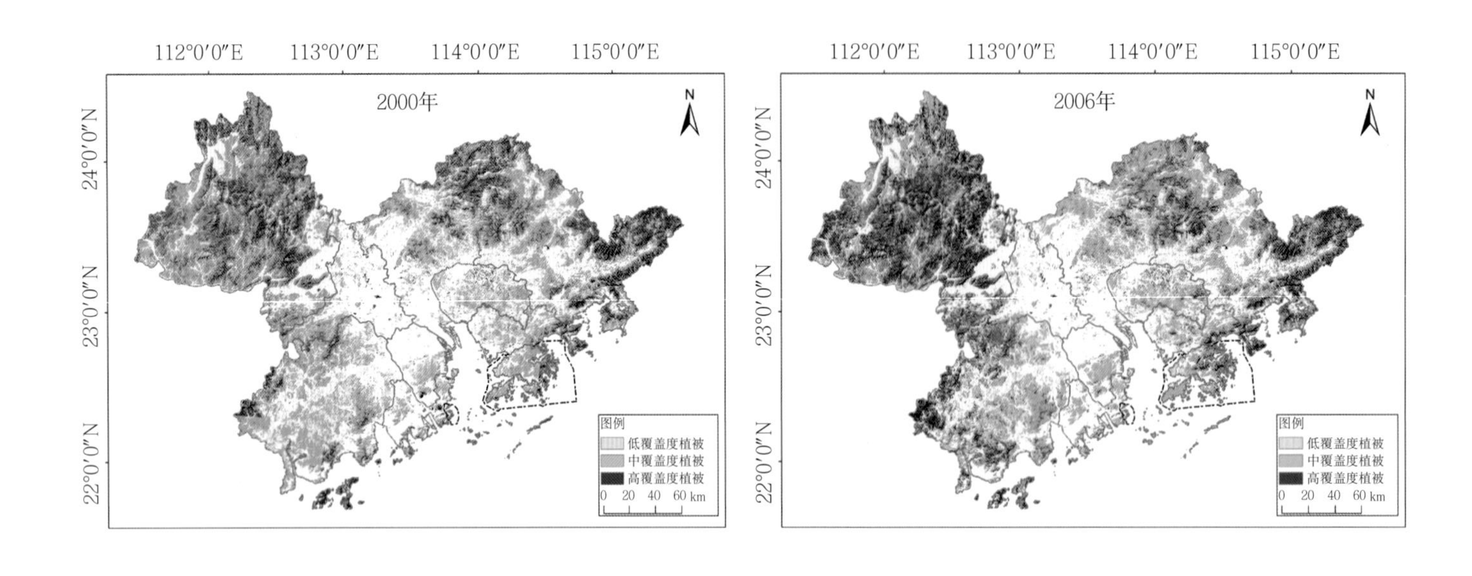


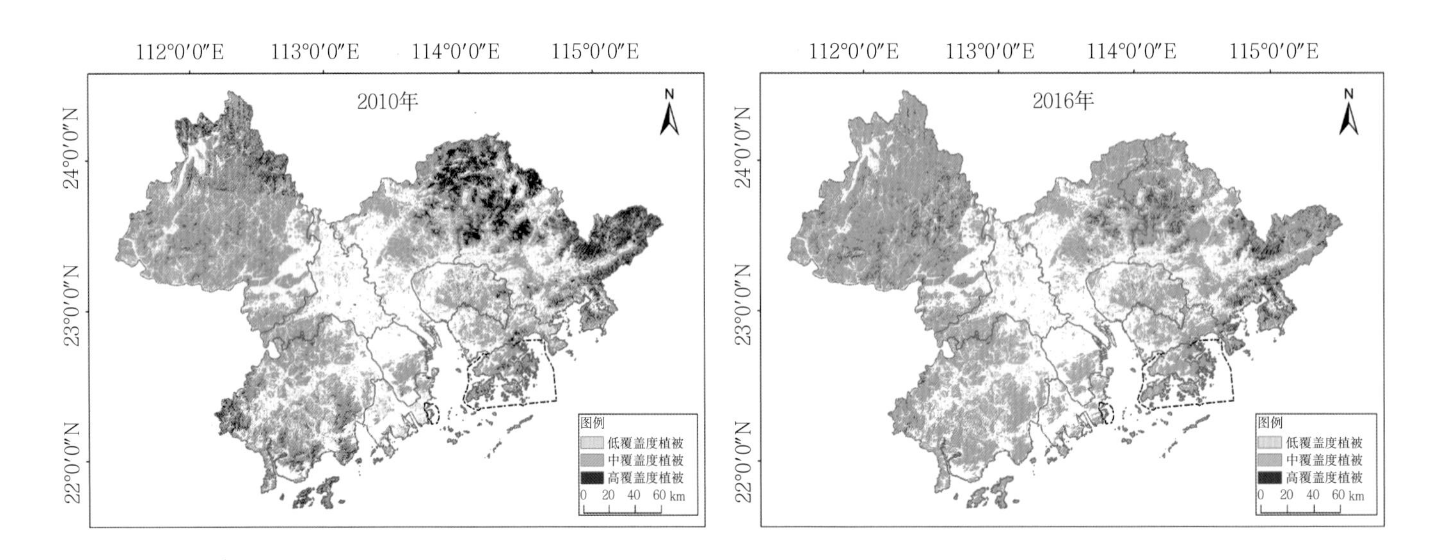


**图5-33　1990—2016年粤港澳大湾区城市化进程中植被覆盖度的结构性变化**

广州的植被覆盖度变化与粤港澳大湾区总体植被覆盖度变化相类似，70%以上为中覆盖度植被，其比例在1990—2016年有所增长（图5-34）。1990年广州的中覆盖度植被比例为72%，2016年增至93%。广州的高覆盖度植被主要集中在北部的从化以及白云。1990年从化出现较大面积的低覆盖度植被，这可能是遥感影像拼接时导致的部分数据缺失异常。总体来讲，广州的低覆盖度植被比例在逐年下降，而高覆盖度植被比例呈轻微波动状态。

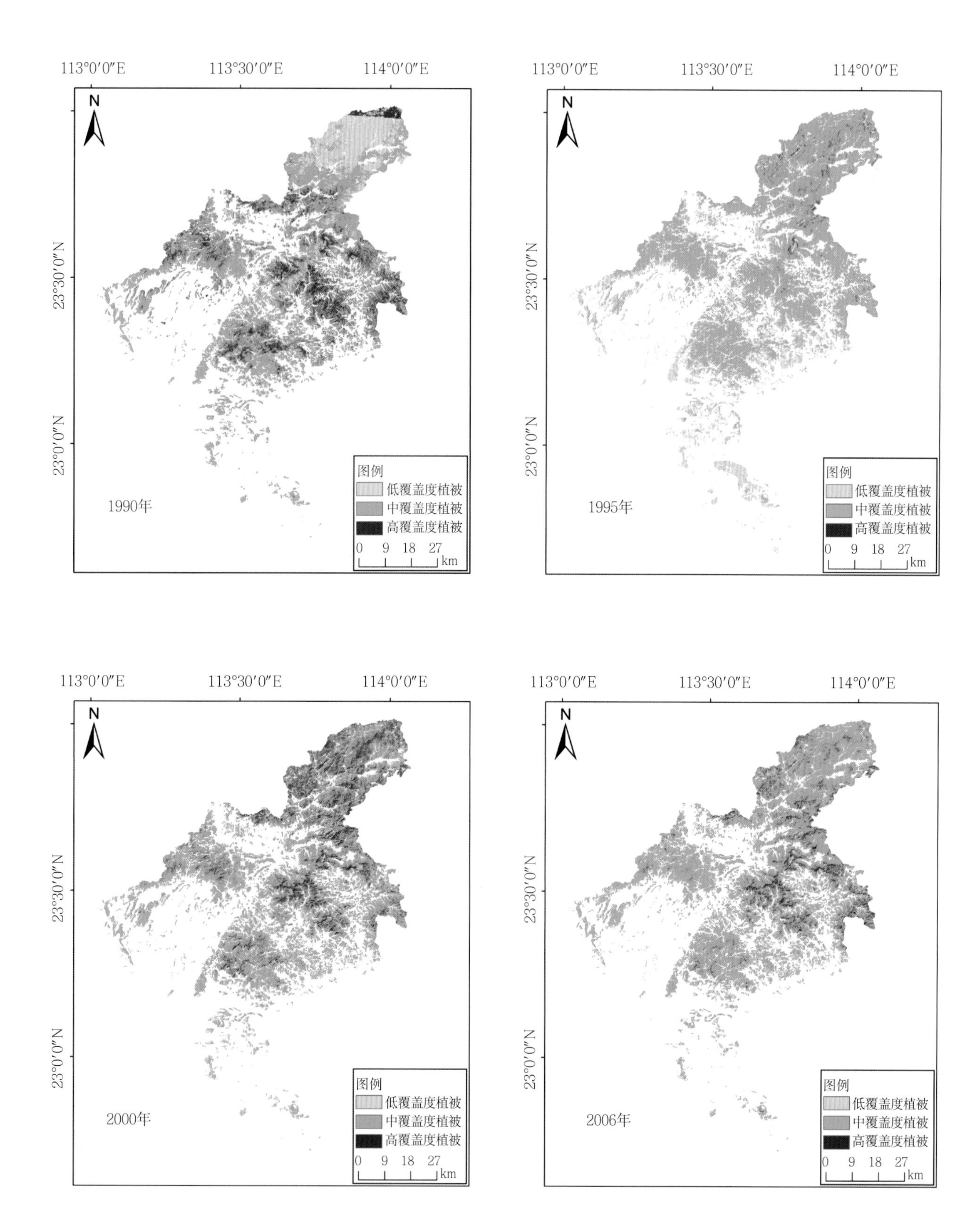
113°0′0″E
113°30′0″E
114°0′0″E
23°30′0″N
23°0′0″N
N
1990年
1995年
2000年
2006年
图例
低覆盖度植被
中覆盖度植被
高覆盖度植被
0 9 18 27
km

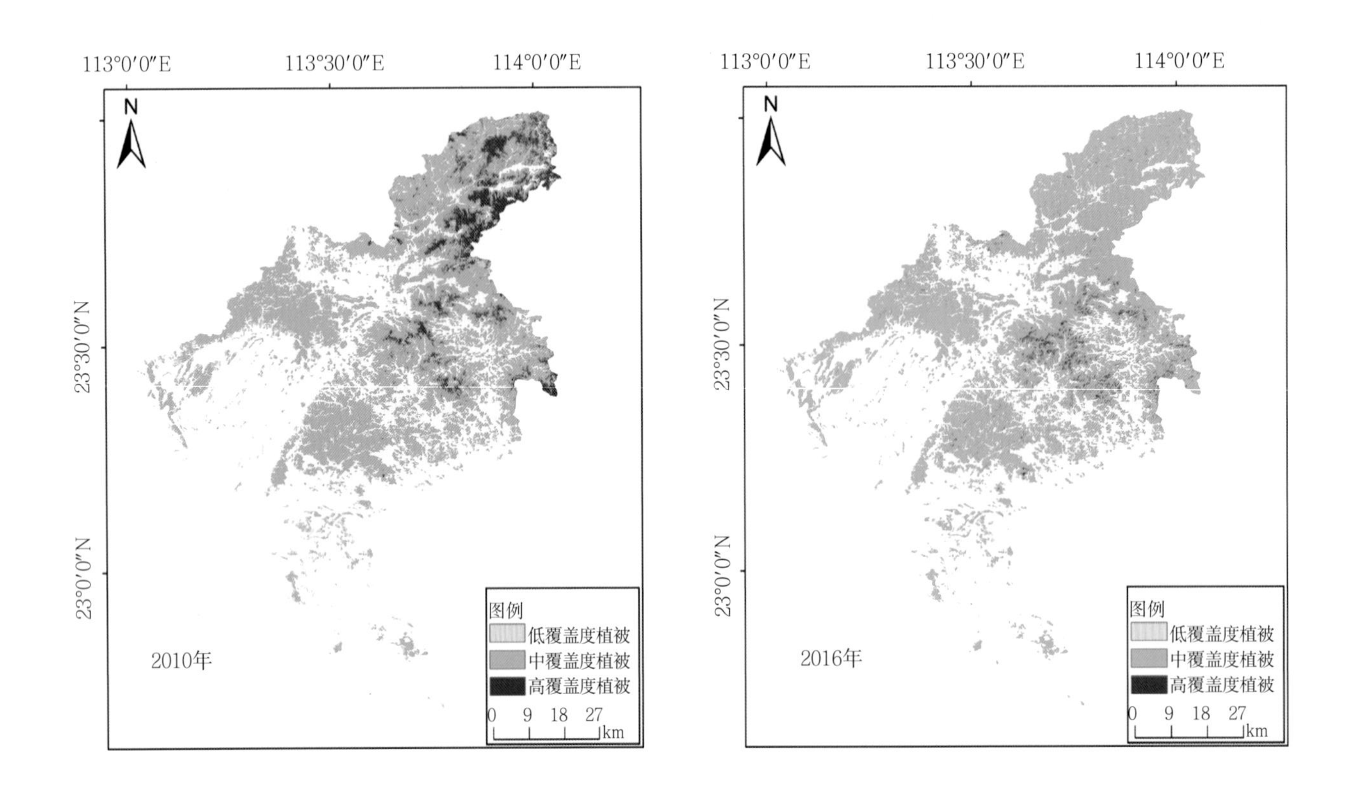


**图5-34 1990—2016年广州城市化进程中植被覆盖度的结构性变化**

佛山的植被覆盖度变化较为剧烈（图5-35）。1990年佛山的中覆盖度植被比例高达91%，1995年下降至44%，随后开始缓慢回升，2016年回升至88%。1990年佛山的低覆盖度植被比例为6%，1995年升至55%，2016年降至12%。1990年佛山的高覆盖度植被比例为4%，1995年降为0，随后有所回升，2006年上升至18%，2010年和2016年再次降为0。

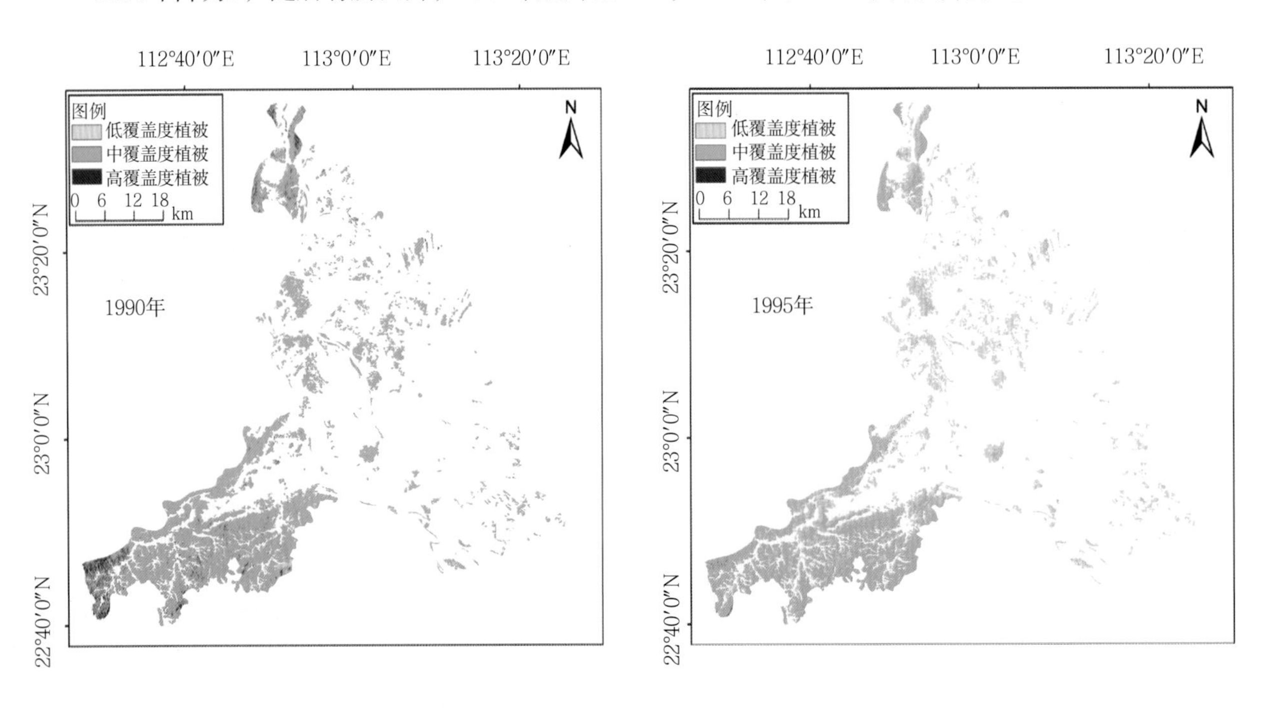

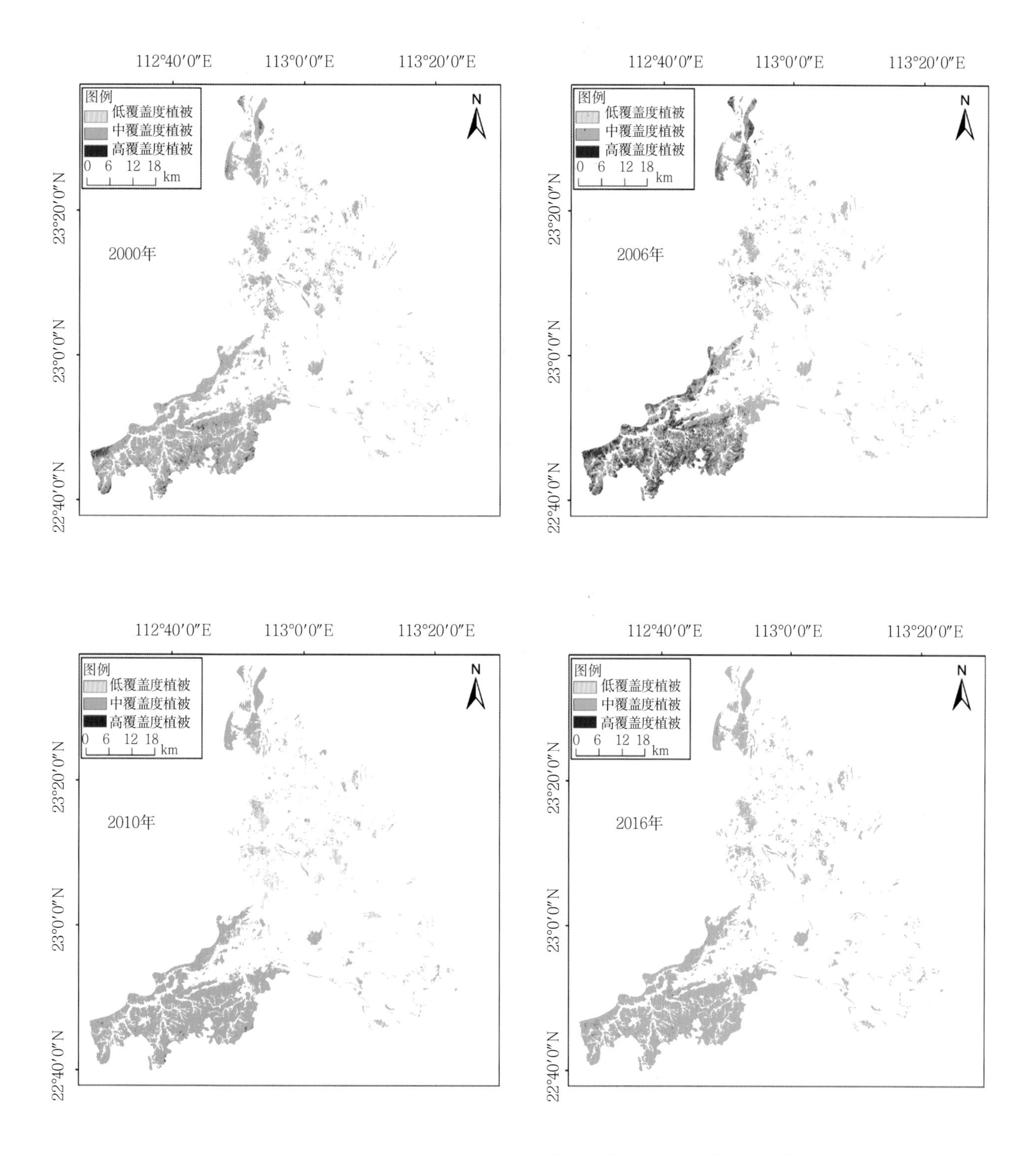


图5-35　1990—2016年佛山城市化进程中植被覆盖度的结构性变化

肇庆的植被覆盖度变化与粤港澳大湾区总体的植被覆盖度变化基本一致，以中覆盖度植被为主，高覆盖度植被比例与低覆盖度植被比例此消彼长（图5-36）。1990年肇庆的中覆盖度植被比例为72%，2016年升至95%。低覆盖度植被比例在1995年和2010年存在两个峰值，分别为26%和19%。高覆盖度植被比例则在1990年和2006年存在两个峰值，分别为26%和30%。肇庆的低覆盖度植被比例和高覆盖度植被比例在2016年分别降至3%和2%。

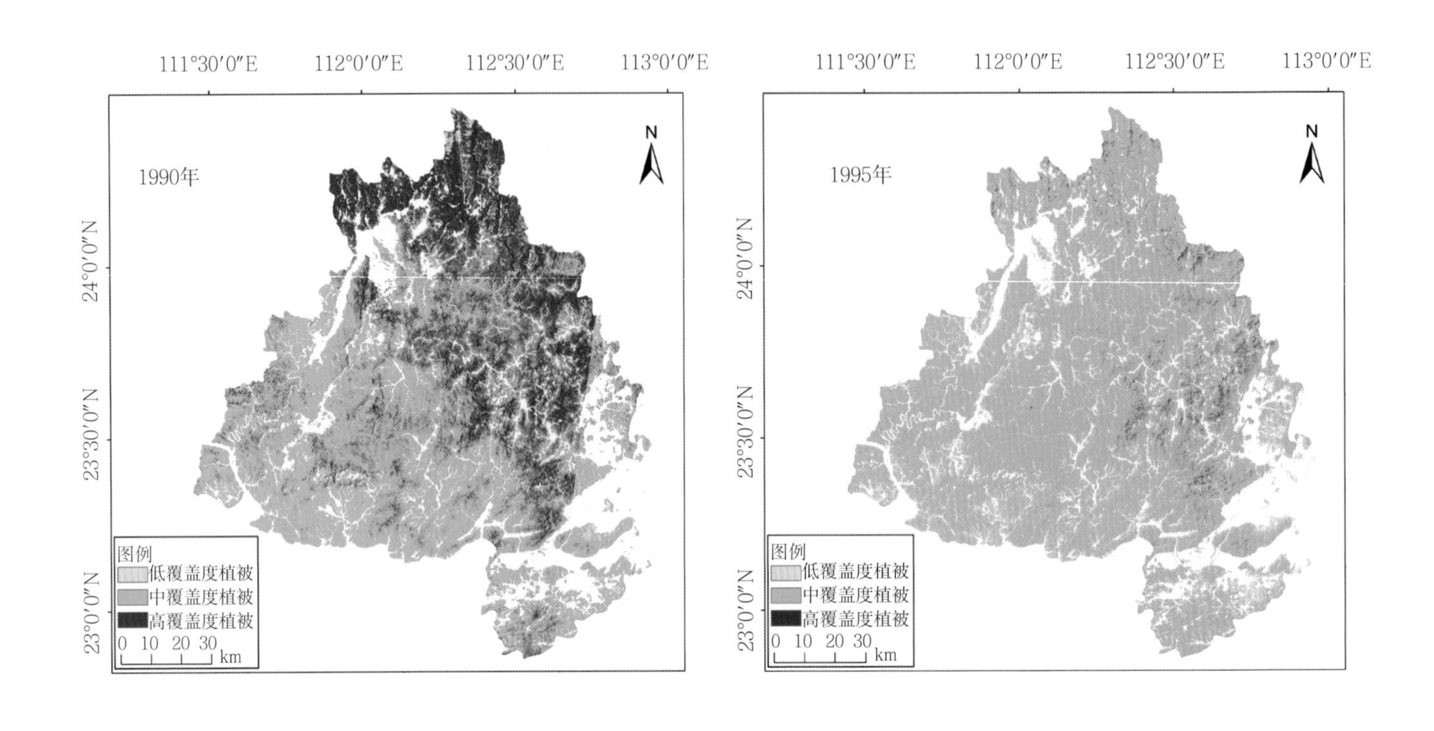
111°30′0″E
112°0′0″E
112°30′0″E
113°0′0″E
24°0′0″N
23°30′0″N
23°0′0″N
1990年
1995年
N
图例
低覆盖度植被
中覆盖度植被
高覆盖度植被
0 10 20 30 km

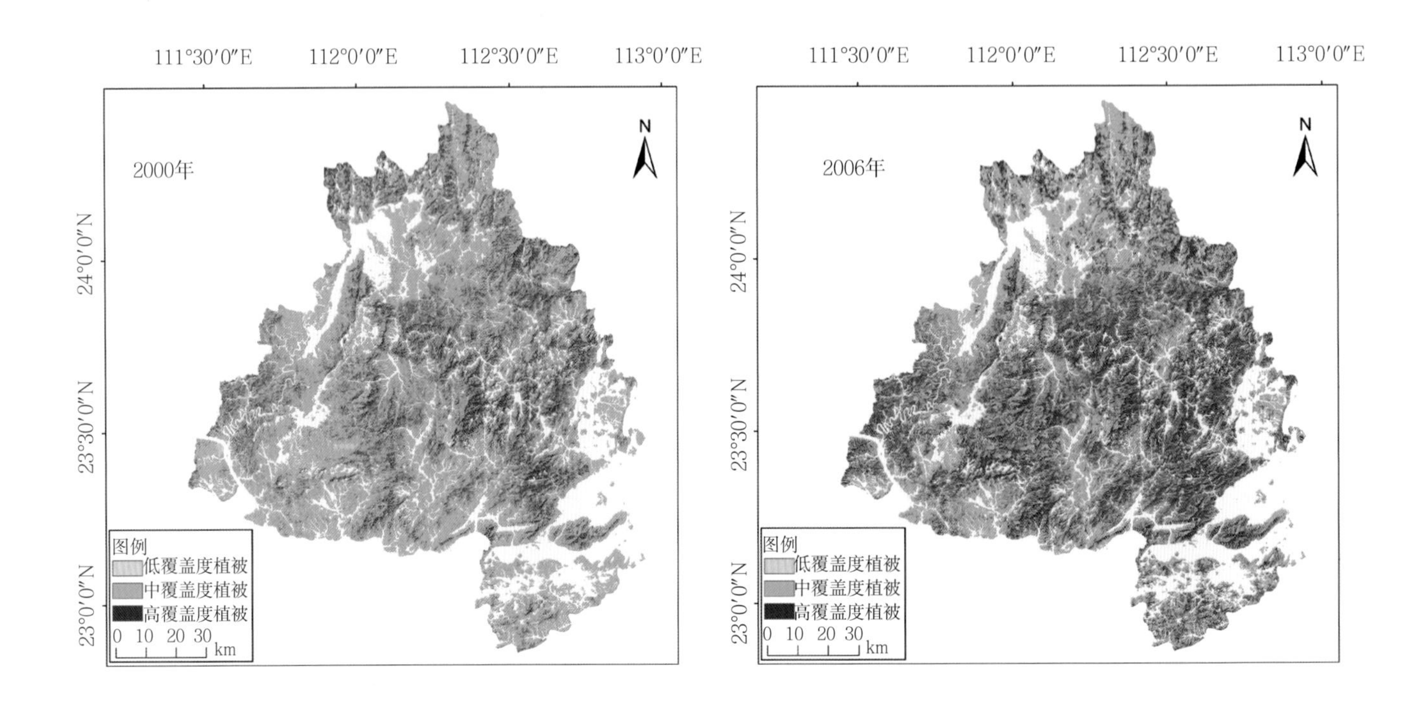
111°30′0″E
112°0′0″E
112°30′0″E
113°0′0″E
24°0′0″N
23°30′0″N
23°0′0″N
2000年
2006年
N
图例
低覆盖度植被
中覆盖度植被
高覆盖度植被
0 10 20 30 km

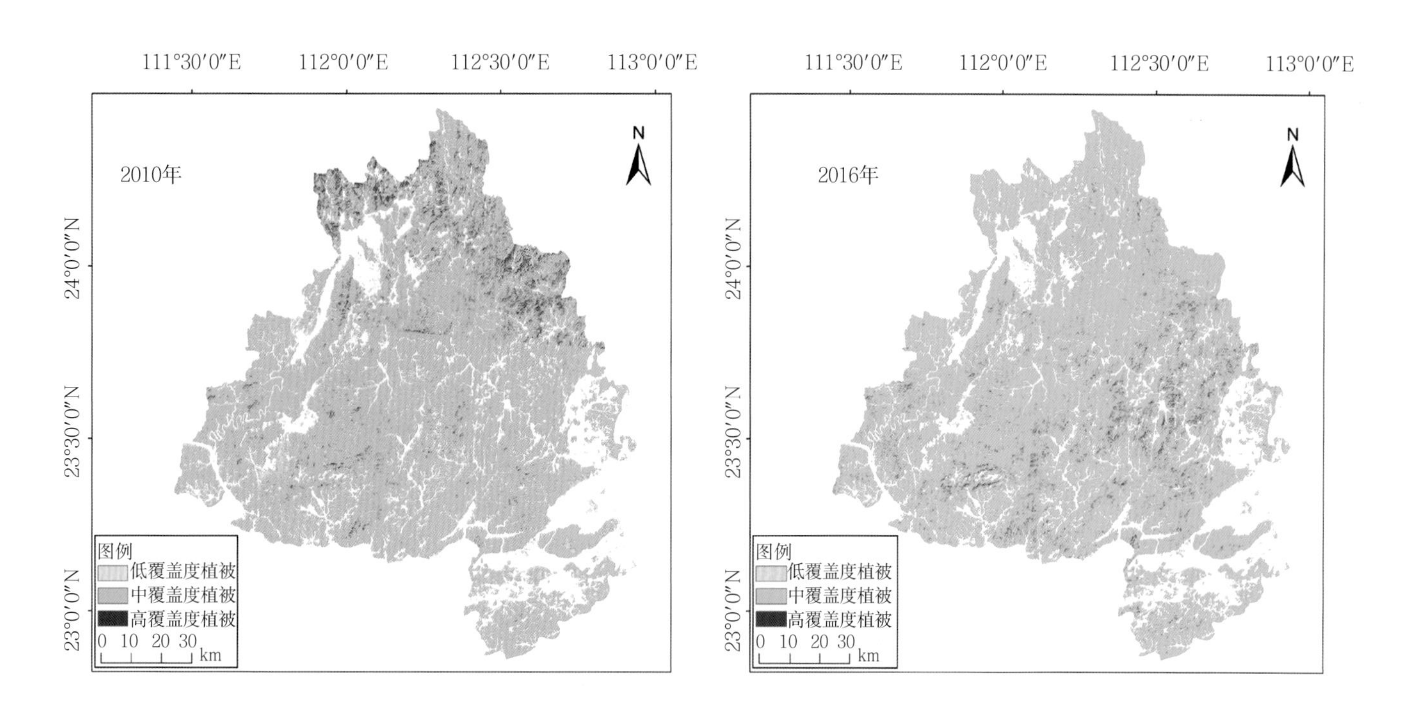


图5-36　1990—2016年肇庆城市化进程中植被覆盖度的结构性变化

深圳的植被以中覆盖度植被为主（图5-37）。1990—2016年，中覆盖度植被的比例先降低后升高。1990年中覆盖度植被的比例为82%，2000年降至58%，2016年重新升至87%。深圳的低覆盖度植被在市域内均有所分布，1990年比例为8%，1995年升至38%，2016年降至9%。其间的植被覆盖度变化主要发生在龙岗区，这与大鹏新区的城市建设有重要关系。深圳的高覆盖度植被也同样分布在龙岗区的大鹏新区。1990年和2006年深圳的高覆盖度植被比例达到两个峰值，分别为10%和18%。

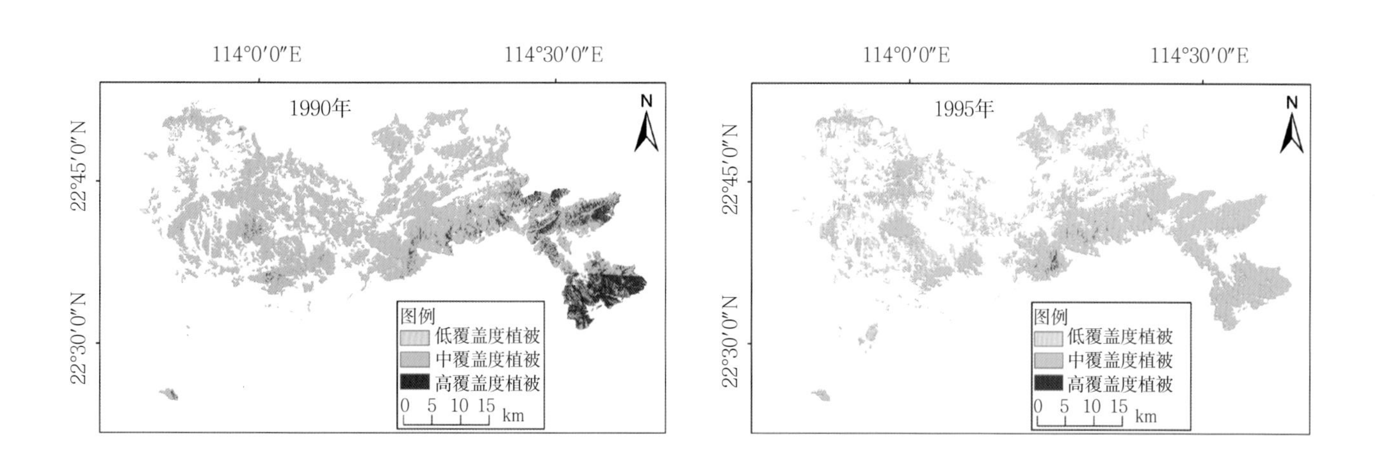

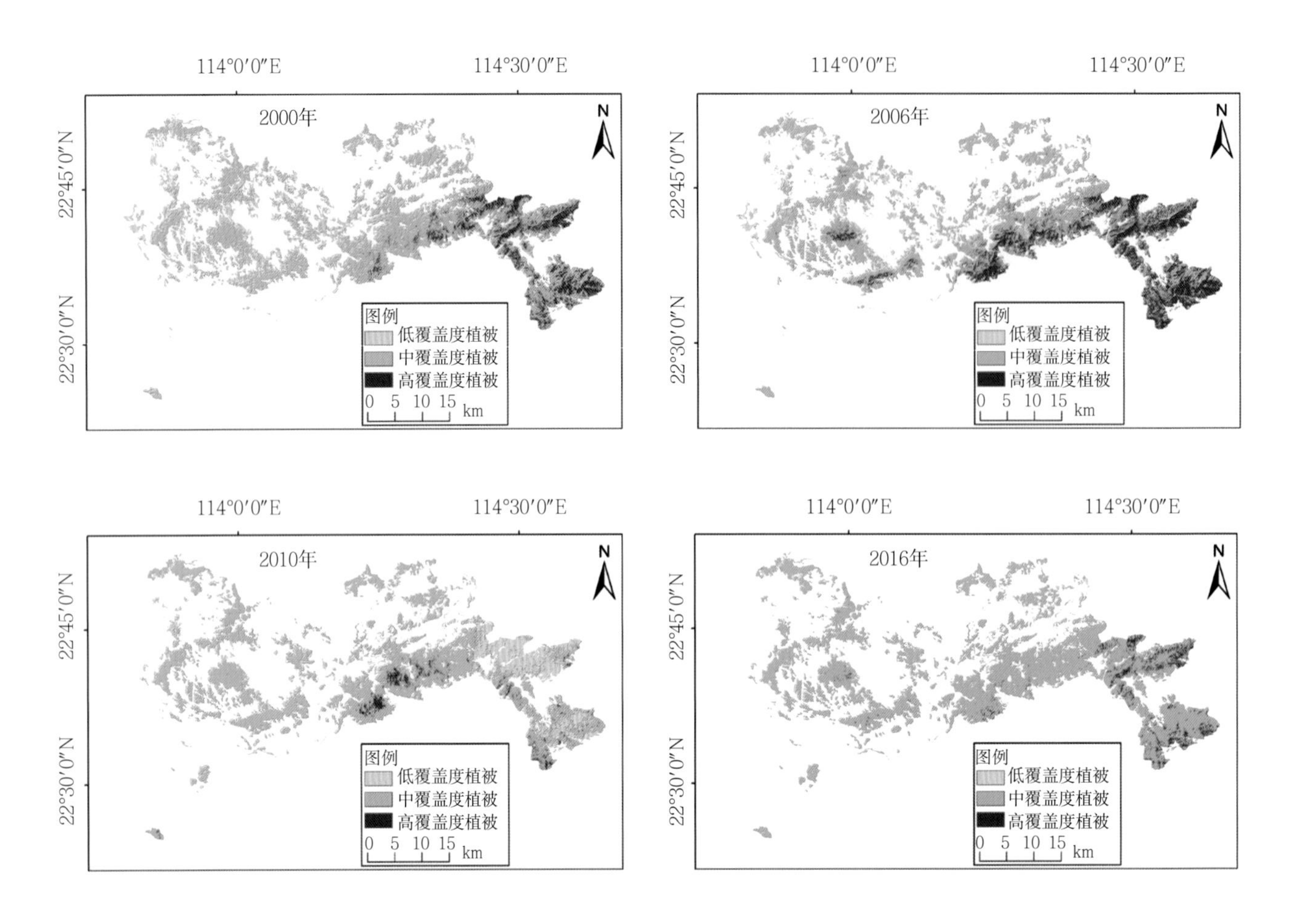


图5-37 1990—2016年深圳城市化进程中植被覆盖度的结构性变化

东莞的植被覆盖度变化与佛山相类似（图5-38）。1990年中覆盖度植被比例高达89%，1995年降至37%，随后逐年升高，2016年重新回到85%。东莞的低覆盖度植被占比较高，1990年比例为8%，1995年升至63%，随后逐年下降，2016年降至15%。东莞的高覆盖度植被比例较低，1995年、2000年和2016年比例均为0。

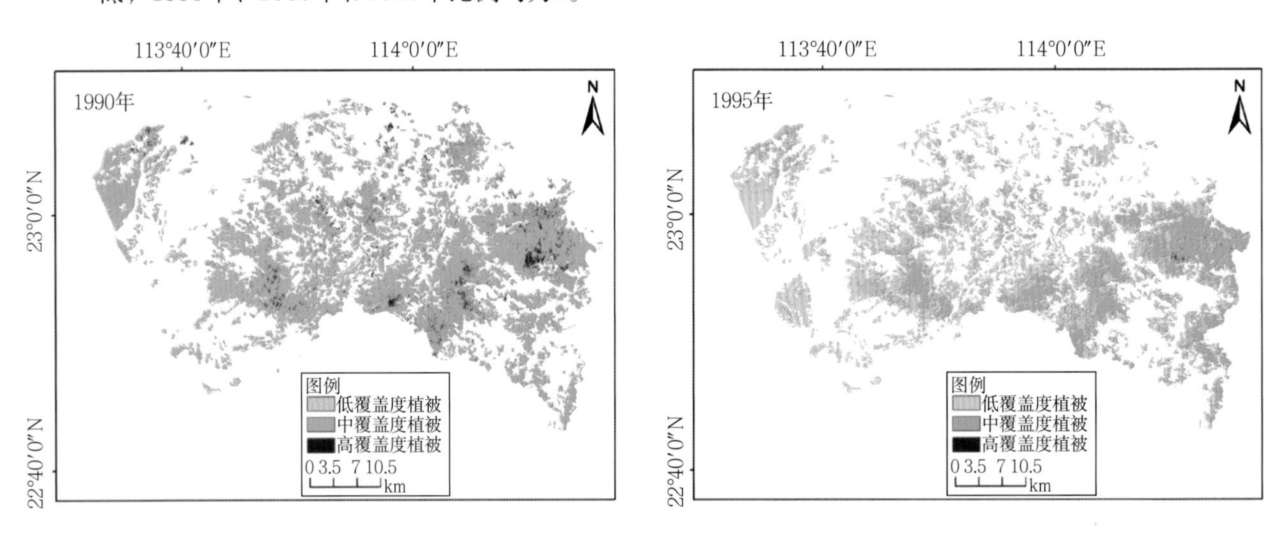

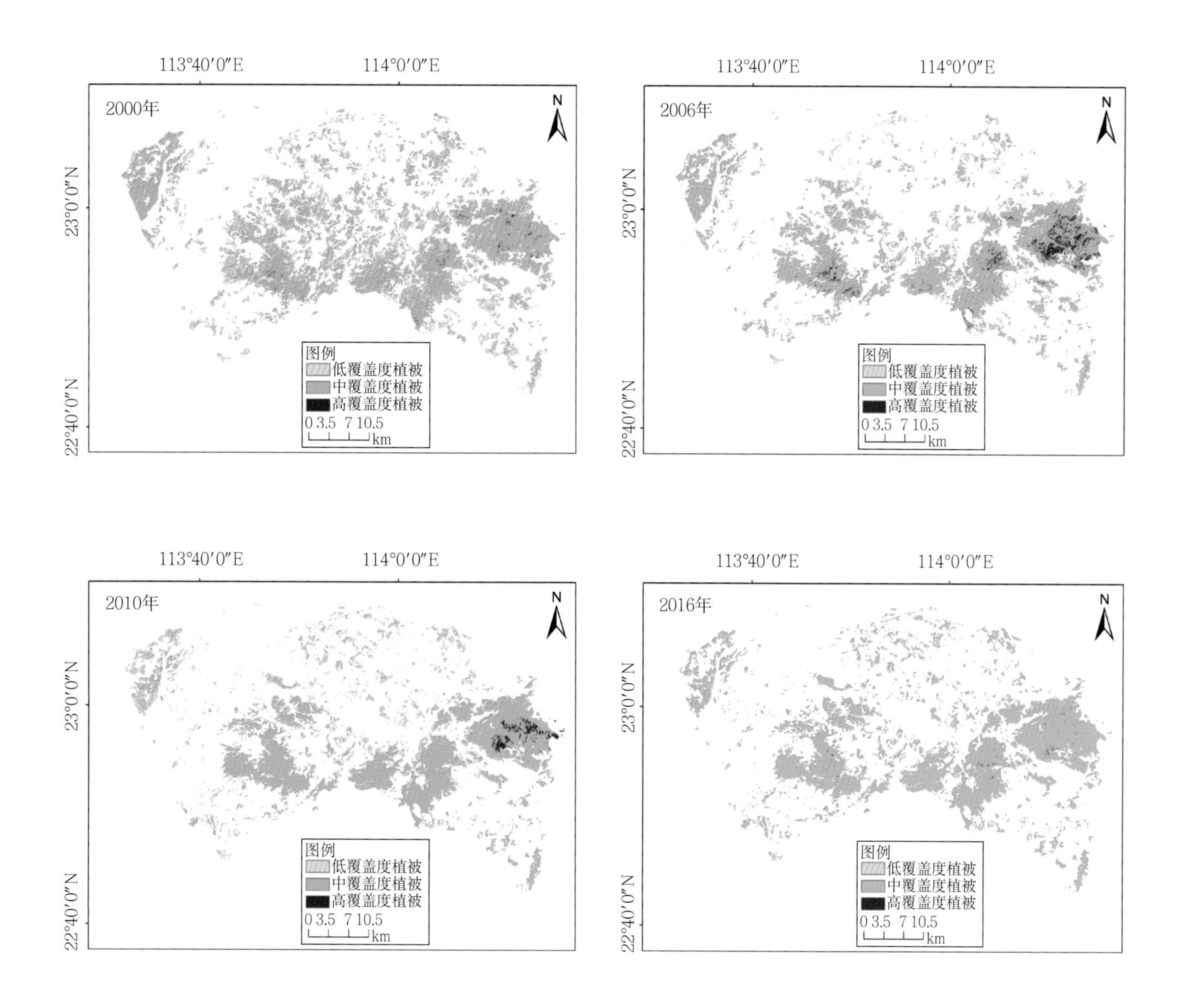


**图5-38　1990—2016年东莞城市化进程中植被覆盖度的结构性变化**

惠州的植被以中覆盖度植被为主，1990—2016年其比例呈上升趋势（图5-39）。1990年惠州的中覆盖度植被比例为72%，2016年升至89%。惠州的低覆盖度植被比例从1990年的12%降至2016年的5%。高覆盖度植被比例波动较大，1990年为16%，1995年降至2%，随后在2000年、2006年和2010年均超过20%，2016年又重新降至7%。

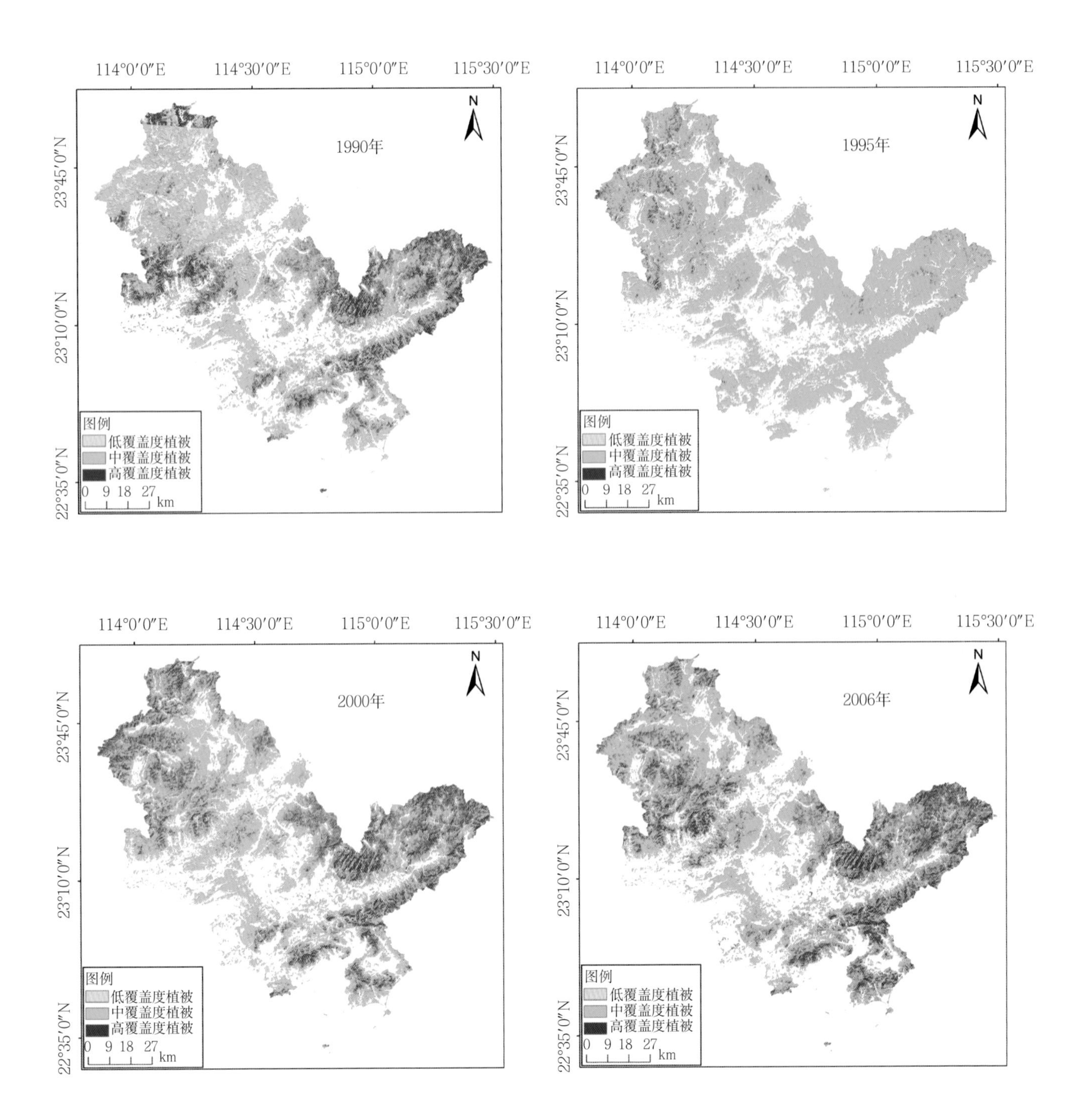
114°0′0″E
114°30′0″E
115°0′0″E
115°30′0″E
23°45′0″N
23°10′0″N
22°35′0″N
N
1990年
1995年
2000年
2006年
图例
低覆盖度植被
中覆盖度植被
高覆盖度植被
0 9 18 27 km

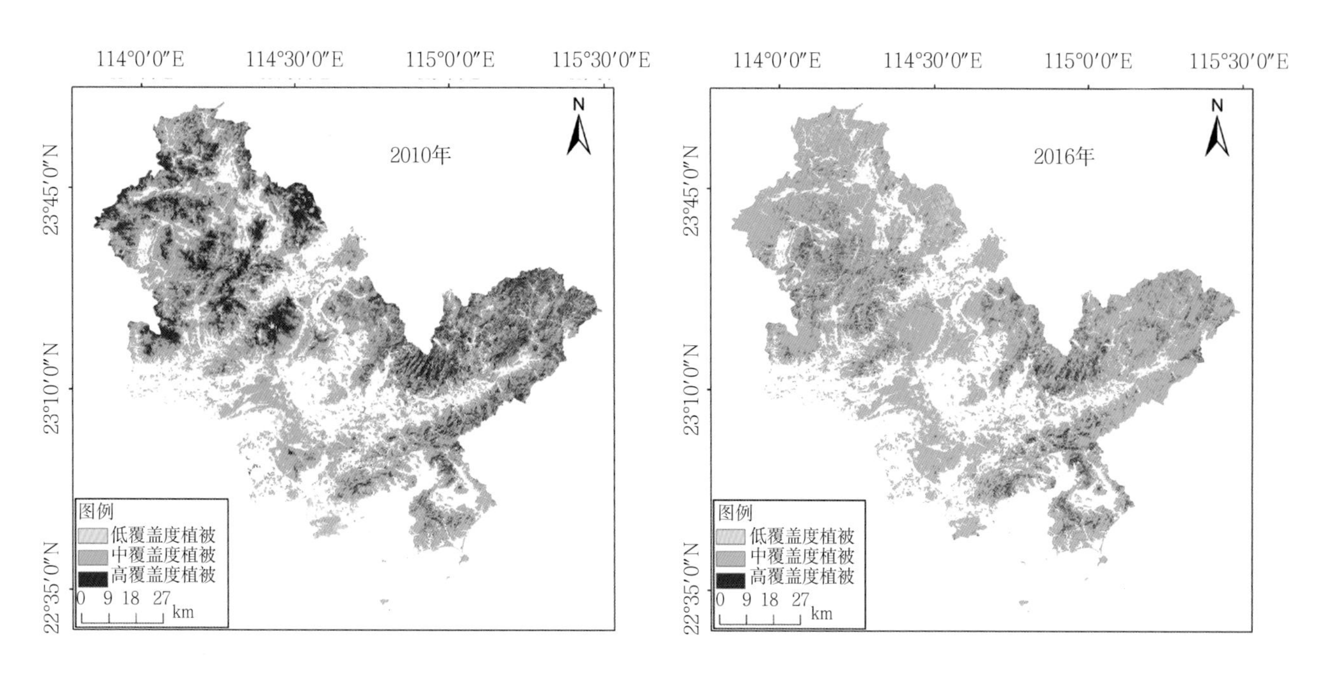


图5-39　1990—2016年惠州城市化进程中植被覆盖度的结构性变化

珠海的植被覆盖度变化与佛山和东莞相类似。中覆盖度植被比例和低覆盖度植被比例大幅波动，高覆盖度植被比例较低（图5-40）。1990年珠海的中覆盖度植被比例为89%，1995年降至41%，2006年回升至79%，2010年又降为43%，2016年重回79%。1990年珠海的低覆盖度植被比例为10%，1995年升至59%，2006年降至18%，2010年重回56%，2016年降至21%。

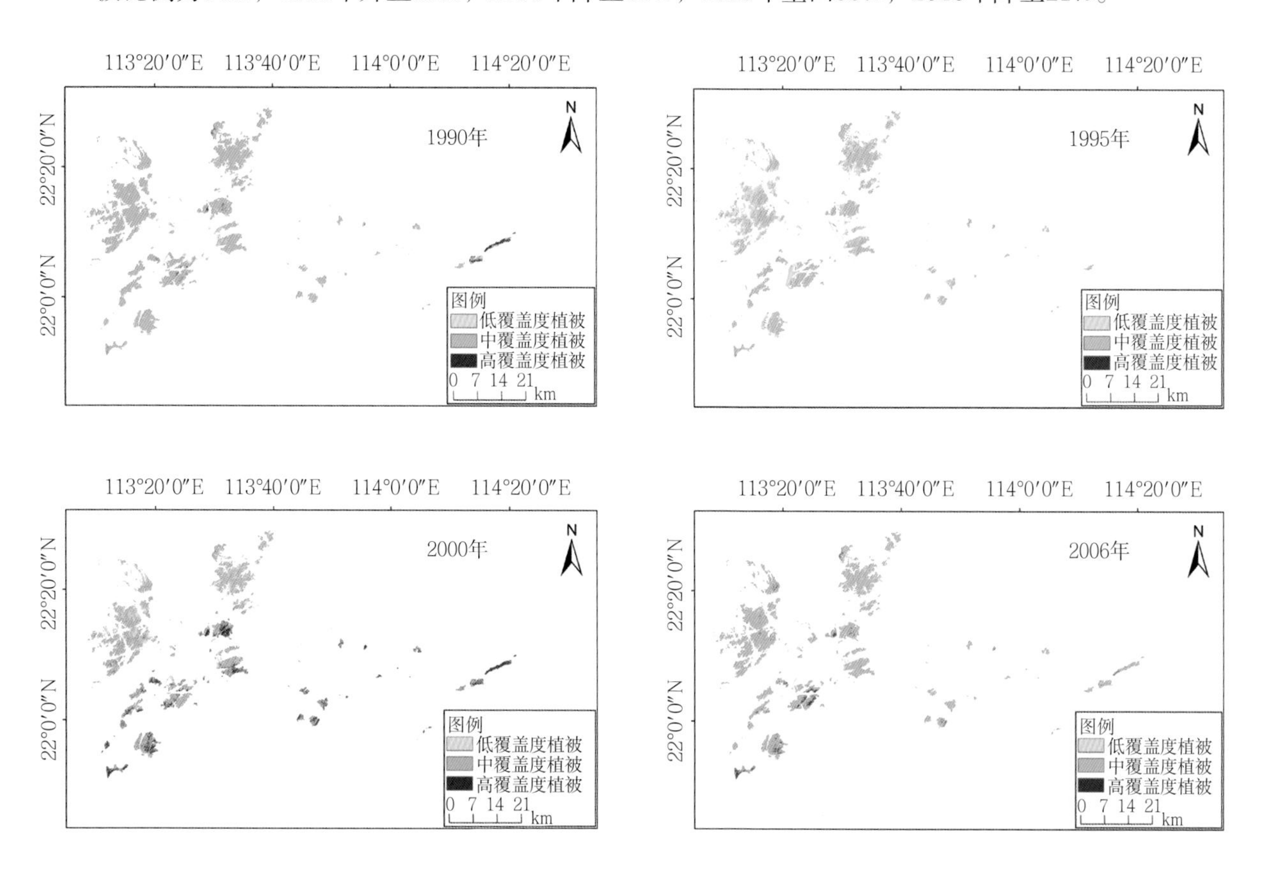

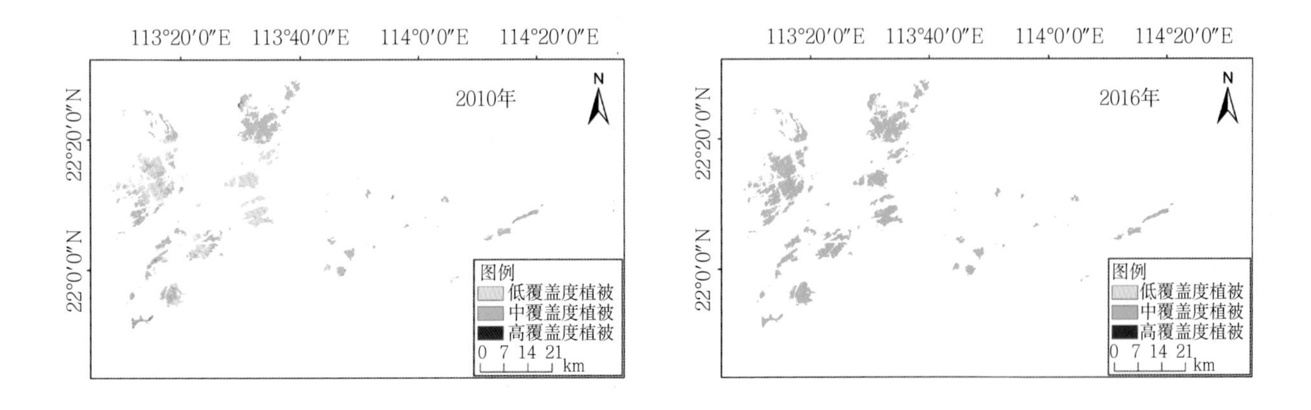


图5-40　1990—2016年珠海城市化进程中植被覆盖度的结构性变化

中山的植被覆盖度变化与佛山、东莞和珠海相似。中覆盖度植被比例和低覆盖度植被比例大幅波动，高覆盖度植被比例极低（图5-41）。1990年中山的中覆盖度植被比例为91%，1995年下降至46%，2006年回升至79%，2016年依然为79%。1990年中山的低覆盖度植被比例为7%，1995年升至54%，2016年降为21%。

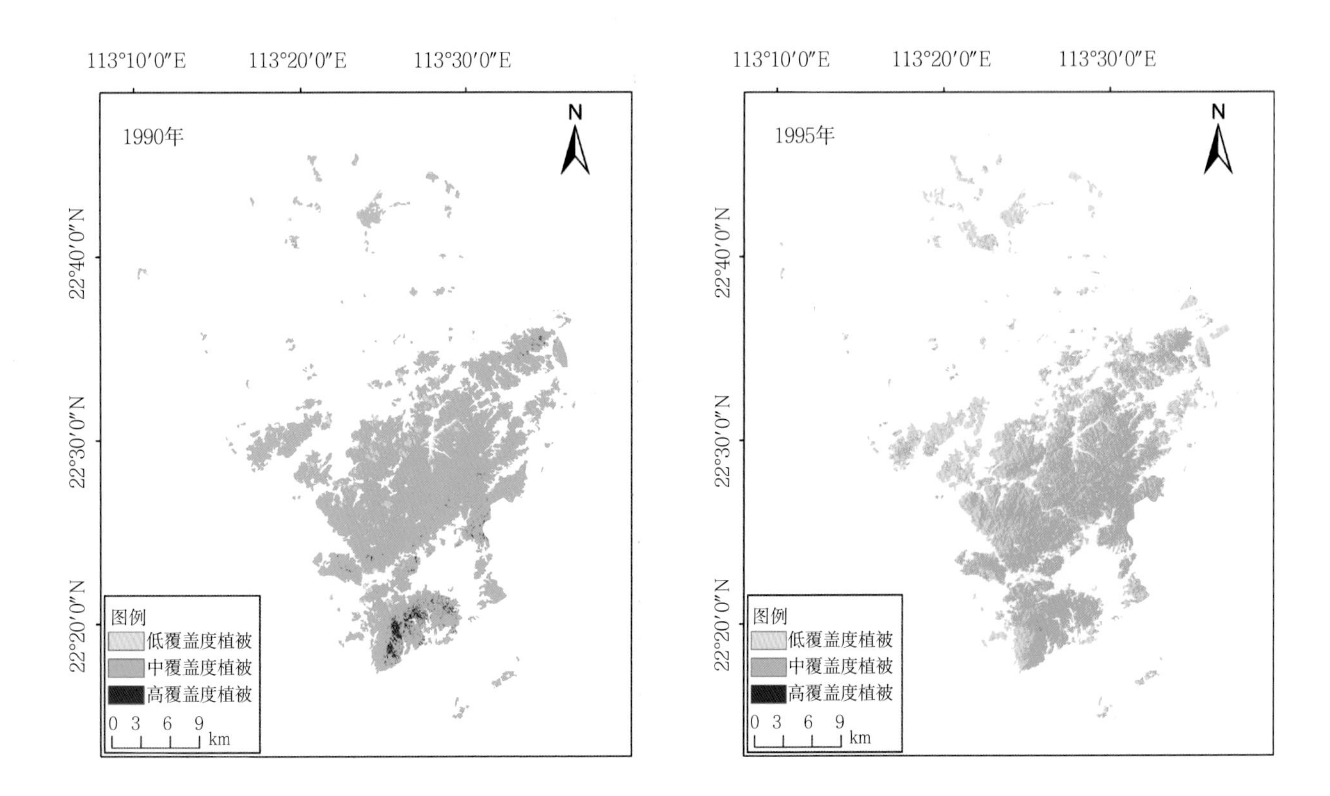

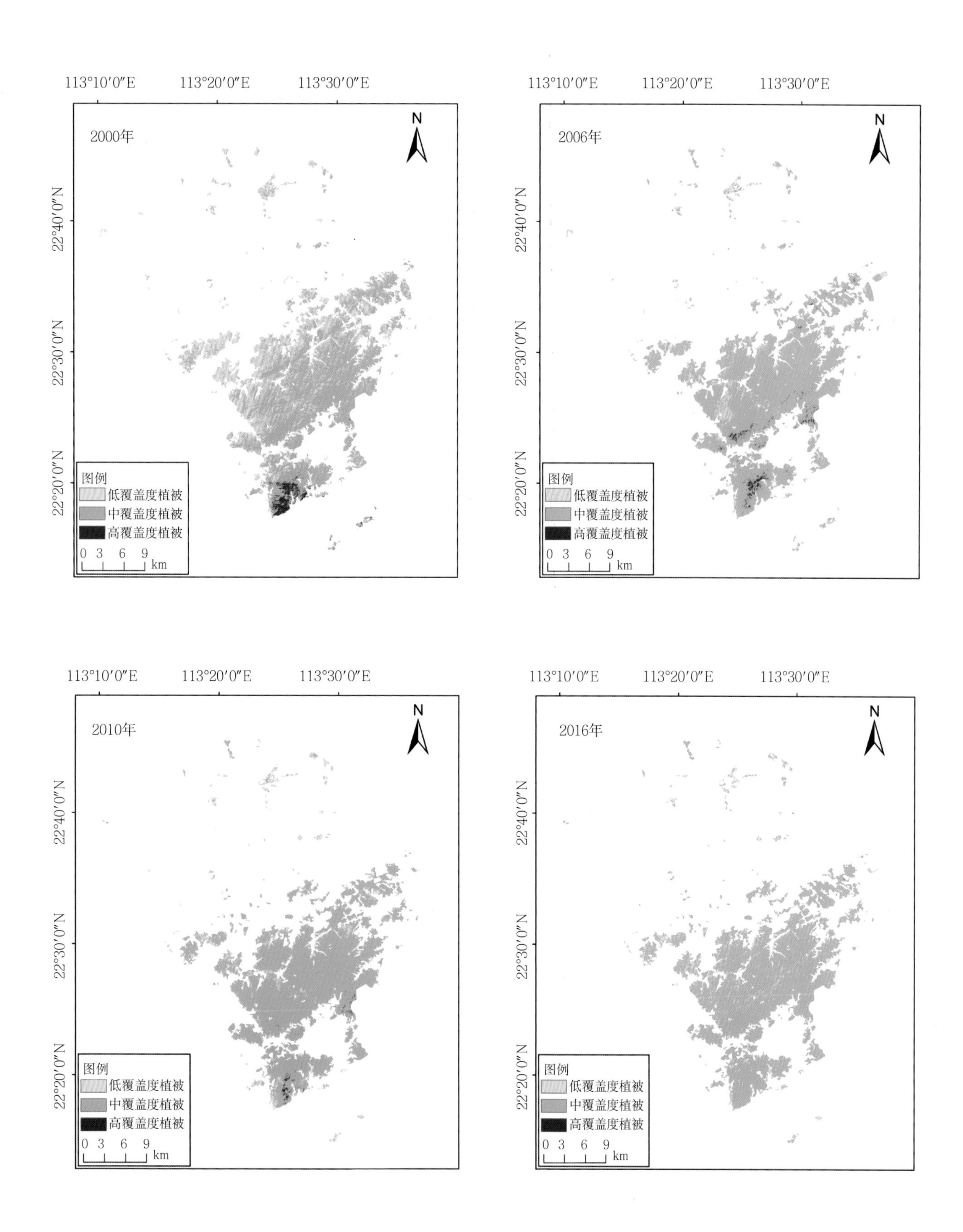


图5-41　1990—2016年中山城市化进程中植被覆盖度的结构性变化

江门的中覆盖度植被、高覆盖度植被和低覆盖度植被的比例波动均较大（图5-42）。1990年江门的中覆盖度植被比例为83%，2000年降至最低点，为43%，随后逐年升高，2016年升至87%。江门的低覆盖度植被比例在1990年为6%，1995年迅速升至40%，2006年降为14%，随后趋于稳定，2016年为13%。江门的高覆盖度植被比例在1990年为11%，2000年达到最高点，为43%，2016年降为0。

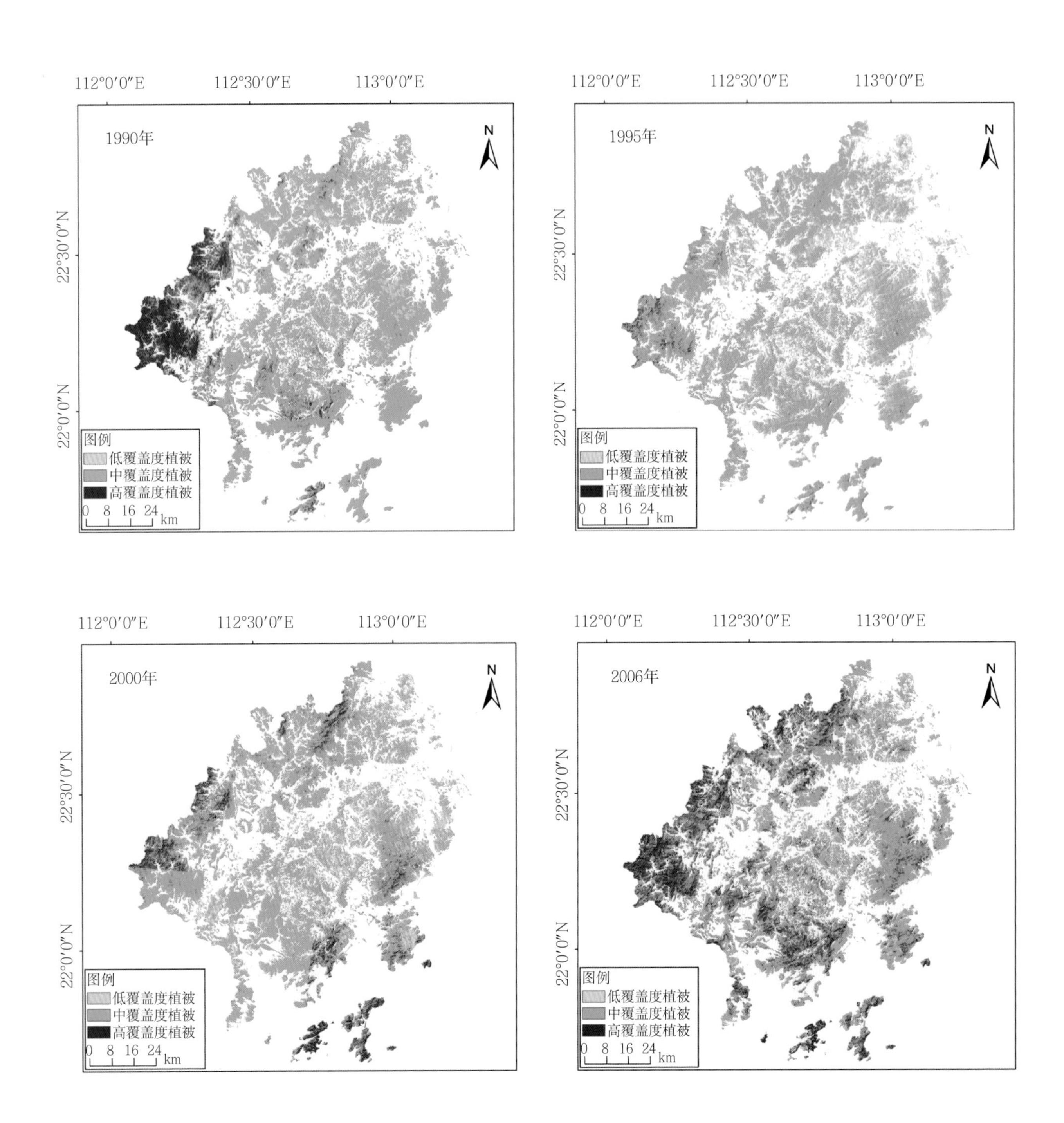

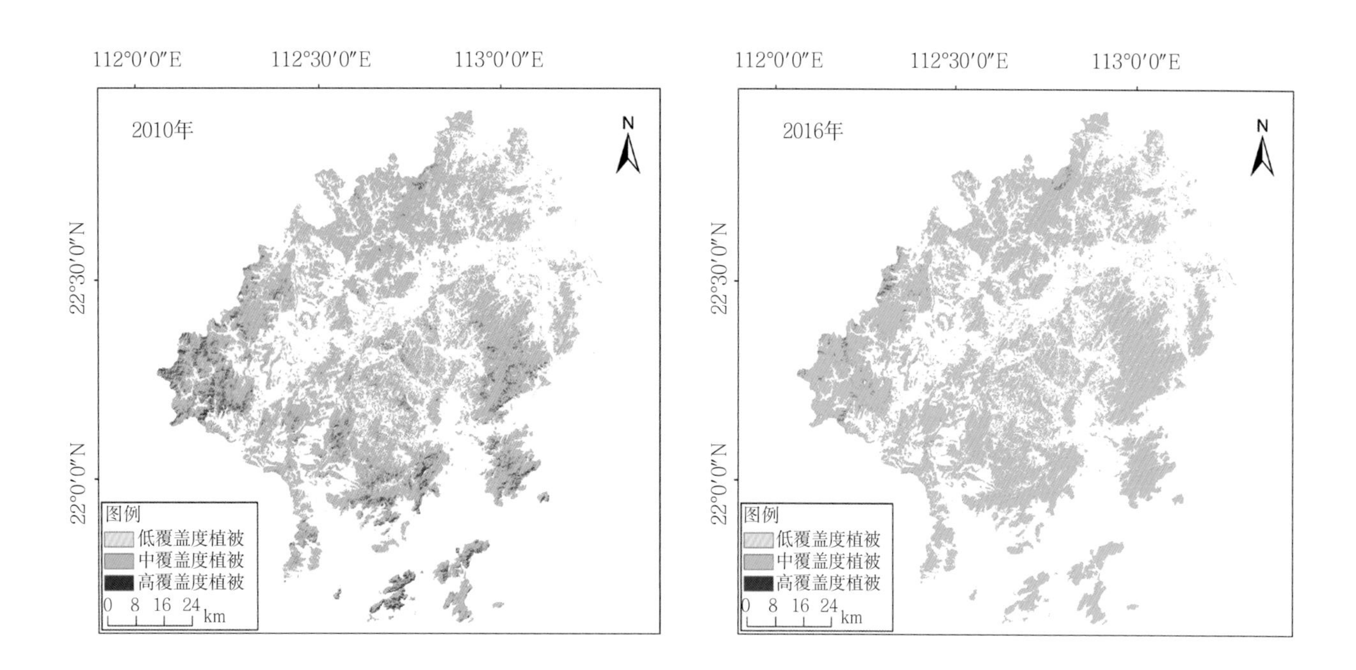


图5-42　1990—2016年江门城市化进程中植被覆盖度的结构性变化

香港的植被覆盖度变化与粤港澳大湾区总体植被覆盖度的变化趋势较为一致以中覆盖度植被为主且中覆盖度植被逐年增加（图5-43）。1990年香港的中覆盖度植被比例为79%，2016年增至89%。香港低覆盖度植被比例在1990年为15%，1995年升至39%，2016年重新降至11%。香港的高覆盖度植被比例在2006年达到最高点，为11%，2016年降为0。

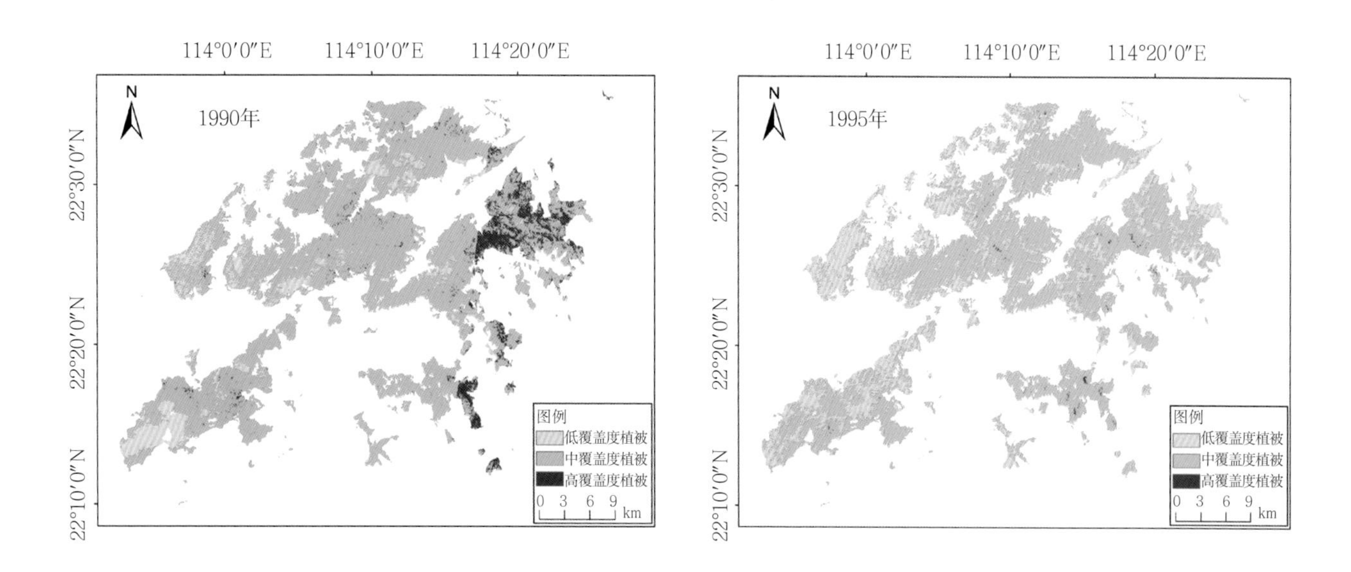

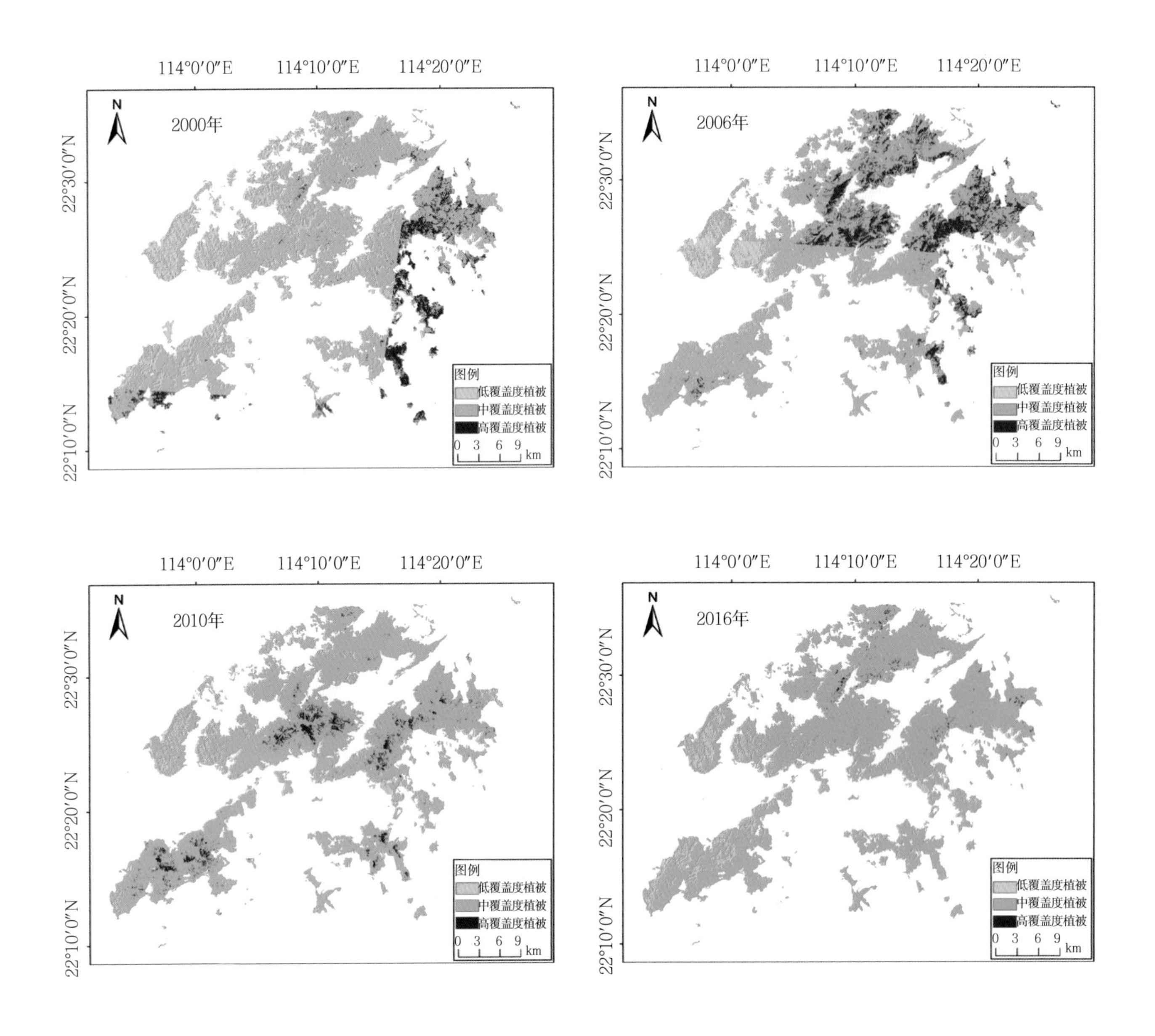


**图5-43　1990—2016年香港植被覆盖度的结构性变化**

澳门的植被覆盖度变化与佛山、东莞、珠海和中山相似，中覆盖度植被比例和低覆盖度植被比例大幅波动，高覆盖度植被比例极低（图5-44）。1990年澳门的中覆盖度植被比例为76%，1995年降至36%，2000年重回70%，2010年降至5%，2016年重新升至67%。澳门低覆盖度植被比例在1990年为24%，1995年升至61%，2000年降至14%，2010年升至95%，2016年降至33%。澳门中覆盖度植被和低覆盖度植被比例的大幅变化与植被类型以及城市建设密不可分。澳门的植被以城市绿地为主，绿化措施对植被覆盖度影响较大，此外澳门的填海工程也在很大程度上影响了区域内的植被覆盖度。

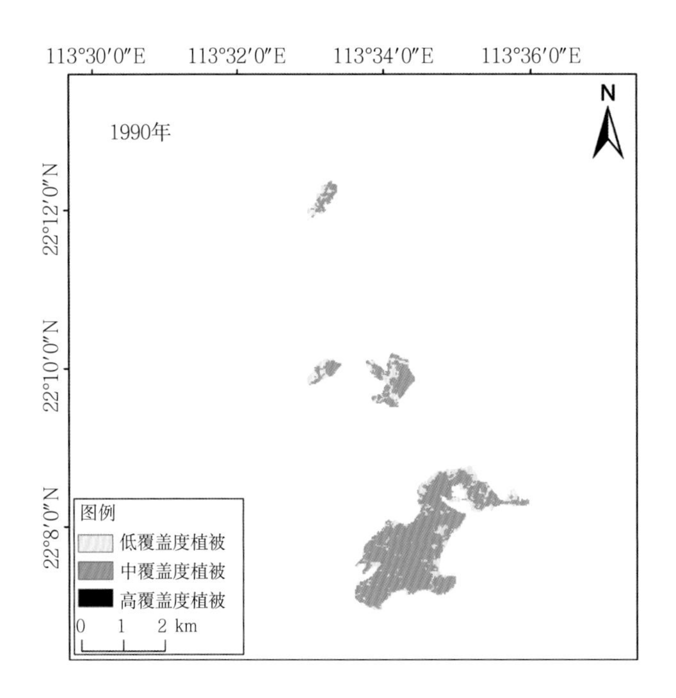
113°30′0″E
113°32′0″E
113°34′0″E
113°36′0″E
22°12′0″N
22°10′0″N
22°8′0″N
N
1990年
图例
低覆盖度植被
中覆盖度植被
高覆盖度植被
0 1 2 km

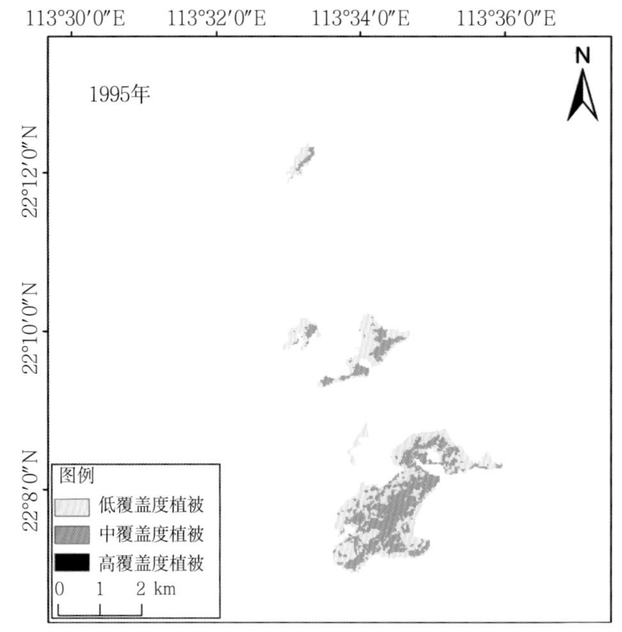
113°30′0″E
113°32′0″E
113°34′0″E
113°36′0″E
22°12′0″N
22°10′0″N
22°8′0″N
N
1995年
图例
低覆盖度植被
中覆盖度植被
高覆盖度植被
0 1 2 km

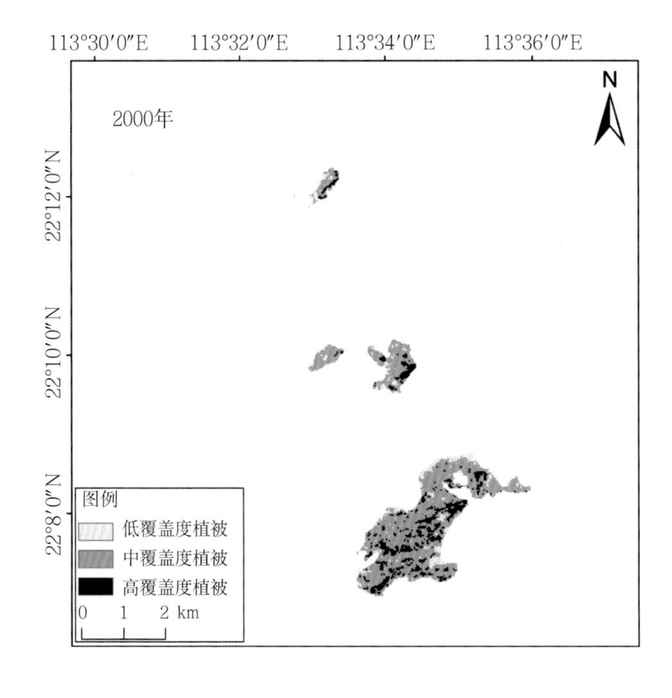
113°30′0″E
113°32′0″E
113°34′0″E
113°36′0″E
22°12′0″N
22°10′0″N
22°8′0″N
N
2000年
图例
低覆盖度植被
中覆盖度植被
高覆盖度植被
0 1 2 km

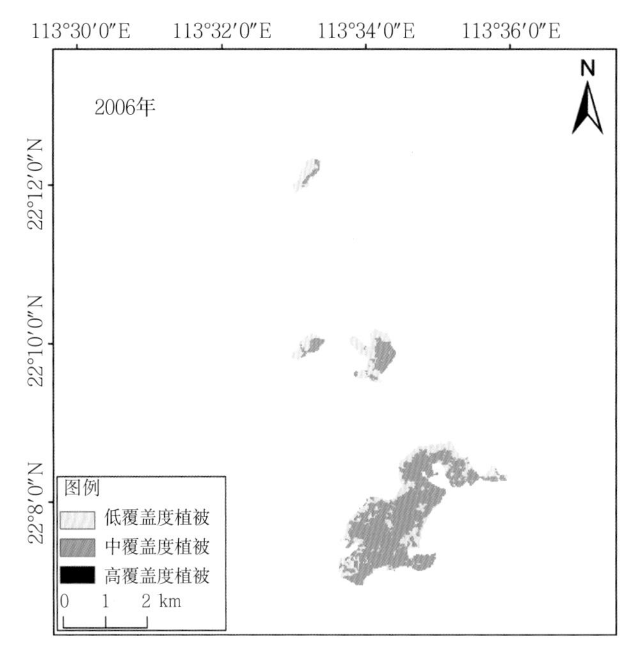
113°30′0″E
113°32′0″E
113°34′0″E
113°36′0″E
22°12′0″N
22°10′0″N
22°8′0″N
N
2006年
图例
低覆盖度植被
中覆盖度植被
高覆盖度植被
0 1 2 km

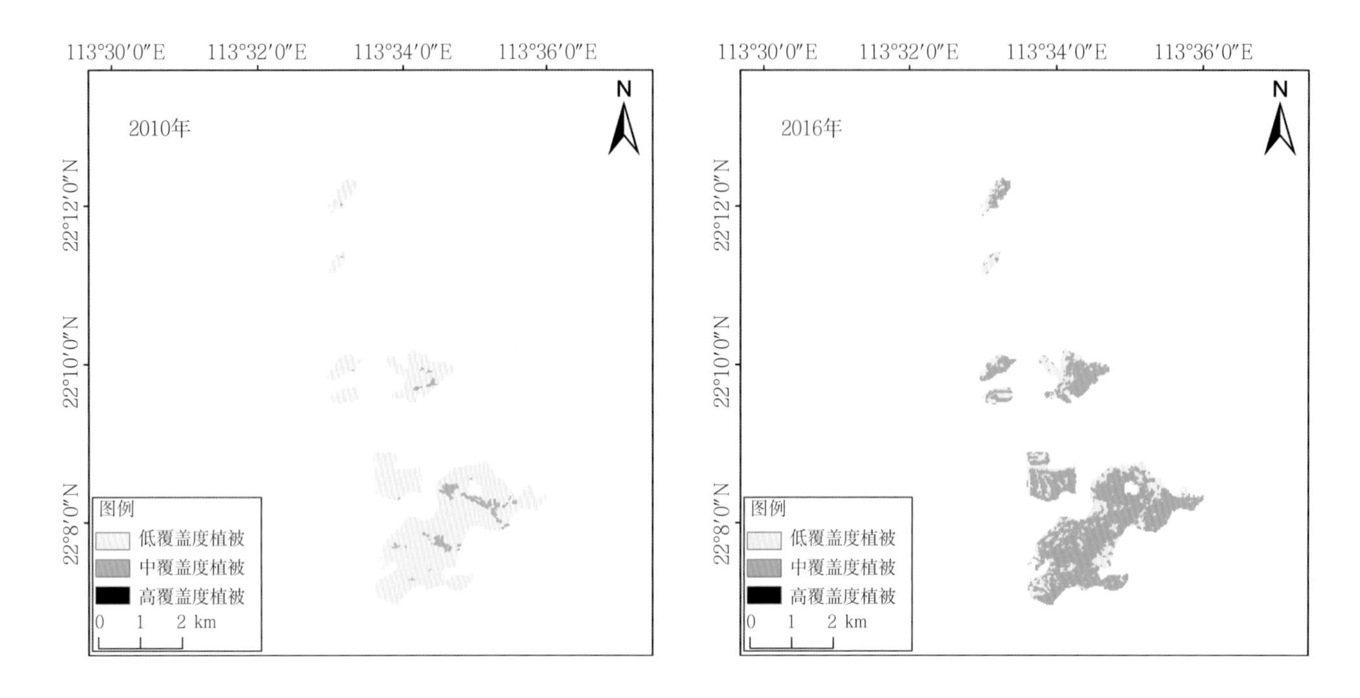


图5-44 1990—2016年澳门植被覆盖度的结构性变化

# 第四节 植被与热环境效应

近几十年来，在全球变暖和快速城镇化的背景下，粤港澳大湾区的生态系统格局发生了深刻变化，尤其是城市地表不透水面的持续增加和耕地及水域的持续减少，显著改变了城市的地表热环境，导致了一系列城市发展面临的生态环境问题，其中城市热岛效应就是最凸显的问题之一。因此，城市热岛强度的时空演变及其与土地利用和植被覆盖度的关系不仅是相关学科研究的热点，也是社会关注的焦点。

城市热岛效应通常指城区的温度明显高于外围郊区温度的现象，是地表热环境的集中反映。城市热岛效应在时间和空间上表现出不同的分异特征，研究表明城市热岛强度在日（张昌顺 等，2015）、月（Haashemi et al.，2016）、季（潘莹 等，2018）和年（Velazquez-Lozada et al.，2006）尺度上均存在明显变化，同时由于下垫面的差异，城市热岛强度的空间分布也具有显著的空间异质性（Chen et al.，2006；Estoque et al.，2017）。另外，大量研究表明城市热岛效应对极端灾害天气（Demanuele et al.，2012）、大气环境质量（赵文慧 等，2009）、植被物候（许格希 等，2011）以及人体健康（Tan et al.，2010）等都具有较大影响。因此，如何缓解城市热岛效应成为城市健康发展亟待解决的主要问题之一。植被的蒸腾作用可以起到有效的降温作用，不同的植被类型及植被覆盖度对城市热岛效应的降温效果有所差异。因此，研究植被与城市热岛强度的关系对城市的生态规划和植被建设具有重要的指导意义。

目前，城市热岛效应研究的数据来源主要有3种，一是通过定点观测得到的气温数据来分析城市热岛的时空变化；二是使用气象站点的气象资料来分析城市热岛特征；三是基于遥感数据反演地表温度来反映城市热岛的时空格局。定点观测和气象资料均为点数据，在表征大尺度空间的城市热环境时具有一定的局限性，而遥感数据凭借时间序列长、空间分辨率高、覆盖面积大、实时同步观测等优势在城市热岛效应研究中得到越来越广泛的应用，尤其是在大中城市群的城市热岛研究中（Du et al.，2016；Wang et al.，2016；Yu et al.，2019）。

## 一、数据采集与处理

地表温度（land surface temperature，LST）通常被用来建立城市热环境监测指标，是研究城市热岛效应的基础数据。本节的LST数据来自Aqua卫星MODIS的地表温度产品MYD11A1，空间分辨率约为1 km，时间分辨率为1天。LST数据经过剔除无效值，镶嵌合成月平均值、季节平均值和年平均值等预处理。另外，MYD11A1包含日间地表温度（day-LST）和夜间地表温度（night-LST）两个波段，因此可以分析地表温度在日间和夜间的差异。本节的归一化植被指数（NDVI）数据来自Terra卫星MODIS的植被指数产品MOD13A3，空间分辨率约为1 km，时间分辨率为1个月。NDVI数据经过剔除无效值和镶嵌合成年平均值等预处理。

由于MODIS的NDVI和LST均在2000年之后才有数据，为了便于与土地利用做分析，本研究选取与2000年之后的4期土地利用相对应的年份，即2005年、2010年、2015年和2017年的数据进行分析。本研究基于多时相的MODIS遥感数据，采用地表温度、热场强度和热岛强度3种指标来表示热环境效应。

（1）地表温度。

地表温度是表示城市热岛效应最基础、最直接的指标，本研究直接采用MYD11A1的地表温度产品来对地表温度进行刻画。

（2）热场强度。

热场强度指数是反映区域内城市热岛空间分布相对变化的有效指标。由于不同时相的地表温度无法直接比较，为消除不同时相绝对温度的差异，本研究引入热场强度指数来反映地表温度相对高低的空间分布特征。计算公式如下：

$$\mathrm{NLST}_i=\frac{\mathrm{LST}_i-\mathrm{LST}_{min}}{\mathrm{LST}_{max}-\mathrm{LST}_{min}} \qquad 式（5\text{-}1）$$

式中，$\mathrm{NLST}_i$表示像元$i$的热场强度指数，$\mathrm{LST}_i$表示像元i的地表温度，$\mathrm{LST}_{min}$和$\mathrm{LST}_{max}$分别表示区域内最低地表温度和最高地表温度。为避免和消除异常值的影响，$\mathrm{LST}_{min}$和$\mathrm{LST}_{max}$分别设置为LST数值范围的0.5%和99.5%处的值。

由计算公式可知，热场强度指数为0～1范围内的值，值越大表示相对温度越高。根据前人研究结果（张佳华 等，2010；潘莹 等，2018），热场强度可以划分为5个等级来表示区域地表热环境的高温区域和低温区域（表5-2）。

表5-2 热场强度等级划分

| 热场强度指数 | 热场强度等级 |
|---|---|
| 0 ~ 0.1 | 低温 |
| 0.1 ~ 0.3 | 较低温 |
| 0.3 ~ 0.7 | 正常 |
| 0.7 ~ 0.9 | 较高温 |
| 0.9 ~ 1.0 | 高温 |

（3）热岛强度。

热岛强度指数一般表示为城区温度与郊区温度之差，是反映城区地表温度高于郊区温度的程度的指标。本研究以城镇周边耕地的平均地表温度来代表郊区温度，然后根据地表温度与郊区温度的差值计算热岛强度指数，进而分析城市热岛效应的时空特征。计算公式如下：

$$UHI_i = LST_i - \frac{1}{n}\sum_{1}^{n} LST_{cropland} \qquad 式（5-2）$$

式中，$UHI_i$表示像元$i$的热岛强度指数，$LST_i$表示像元$i$的地表温度，$LST_{cropland}$表示耕地的地表温度，$n$表示耕地的像元数。

根据计算公式可知，当热岛强度指数大于0时，说明地表温度高于郊区温度，值越大表明热岛效应越强；当热岛强度指数小于0时，说明地表温度低于郊区温度，值越小表明冷岛效应越强。参考以往文献（江学顶 等，2007；叶彩华 等，2011），热岛强度可以划分为7个等级来反映城市热岛效应的强弱（表5-3）。

表5-3 热岛强度等级划分

| 热岛强度指数/℃ | 热岛强度等级 |
|---|---|
| ≤ -5.0 | 强冷岛 |
| -5.0 ~ -3.0 | 较强冷岛 |
| -3.0 ~ -1.0 | 弱冷岛 |
| -1.0 ~ 1.0 | 无热岛 |
| 1.0 ~ 3.0 | 弱热岛 |
| 3.0 ~ 5.0 | 较强热岛 |
| > 5.0 | 强热岛 |

在分析城市热岛效应时空分布特征的基础上，分别基于县域和像元尺度探讨NDVI与热岛强度的关系，揭示植被覆盖度对城市热岛效应的缓解作用。

# 二、植被覆盖度变化

## （一）基于MODIS数据的NDVI时空变化

2001—2018年粤港澳大湾区NDVI呈现波动上升的趋势（图5-45），说明粤港澳大湾区的植被覆盖度整体趋好。整个大湾区2005年的NDVI值最低，仅为0.54，而2017年的NDVI值最高，约为0.64。除了2004年、2005年、2011年、2014年和2018年的NDVI呈现较为明显的下降趋势以外，其他年份的NDVI均呈现基本保持不变或稳步上升的趋势。在过去的18年间，大湾区NDVI平均每年可以增加0.005 1。由于粤港澳大湾区中“粤”的面积远大于“港”和“澳”的面积，因此“粤”的NDVI的变化趋势几乎等同于大湾区整体NDVI的变化趋势，即呈现显著的上升趋势。与大湾区相似，香港的NDVI也呈现显著的上升趋势，在2005年植被状况最差，NDVI值仅为0.57，而在2017年植被状况最好，NDVI值高达0.68。香港NDVI平均每年约增长0.004 9，虽然低于整个大湾区的增长速度，但香港NDVI的平均值是最高的，说明香港植被的整体状况在“粤”“港”和“澳”中为最好。与之相反，澳门的植被状况最差，多年平均NDVI值仅为0.29，约为大湾区（0.58）的一半，远低于香港（0.62）。虽然澳门的NDVI整体也呈现上升的趋势，但平均每年仅增加0.001 8，且NDVI年际波动比较大，其中有一半年份的NDVI表现出下降的趋势。

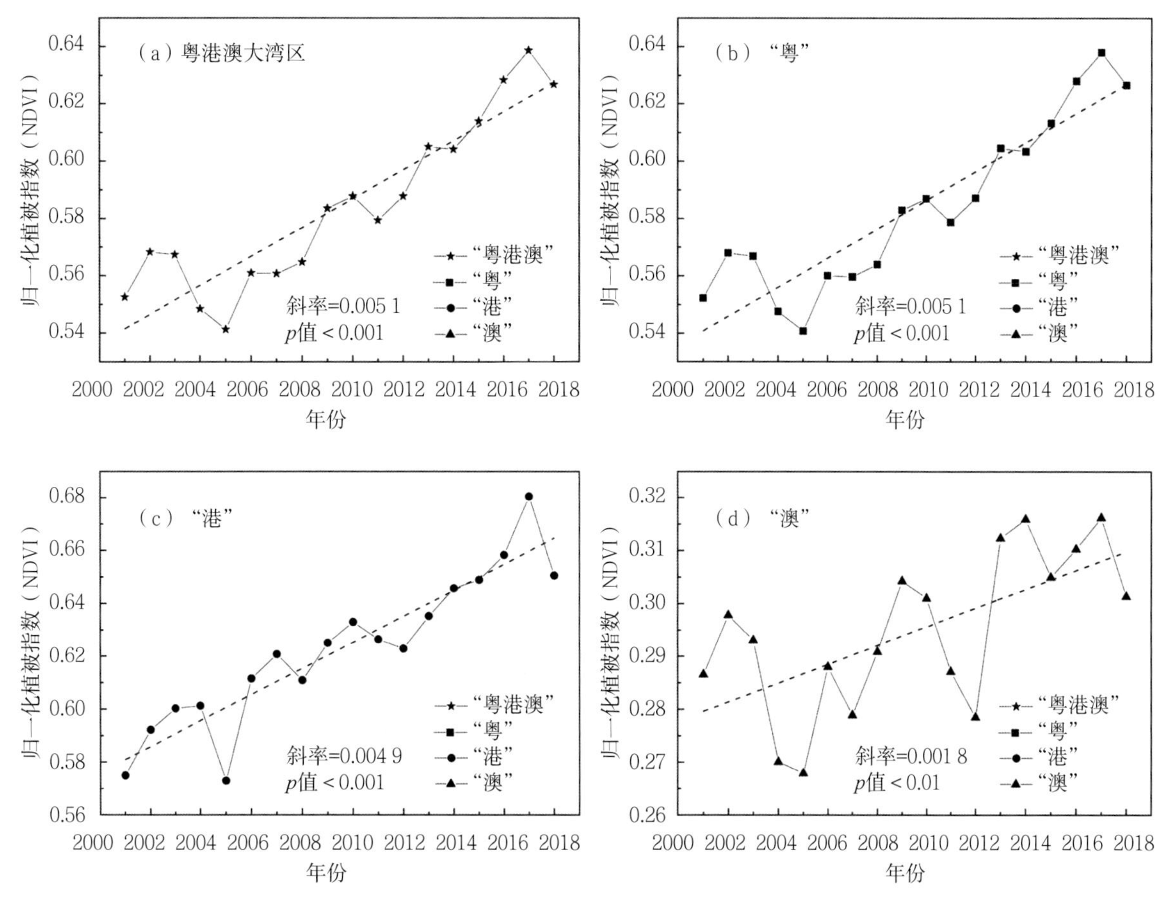


图5-45　2001—2018年粤港澳大湾区NDVI变化趋势

粤港澳大湾区NDVI在空间上的分布表现出较强的空间异质性，整体呈现“中心低，周边高”的空间格局（图5-46）。为了更加清晰地展示和理解NDVI的空间分布特征，根据等间隔法将NDVI的值域范围划分为5个等级，即0～0.2、0.2～0.4、0.4～0.6、0.6～0.8及0.8～1.0。结果显示，以珠江入海口两岸的城镇为中心，NDVI多属于等级0～0.2和0.2～0.4，由城镇向外延伸，NDVI逐渐过渡到等级0.4～0.6，并最终达到等级0.6～0.8和0.8～1.0，高值区主要位于大湾区东北部的惠州、西北部的肇庆、西南部的江门以及香港。另外，从4期的NDVI遥感影像来看，NDVI低值区在逐渐缩小，而NDVI高值区在持续扩大，说明大湾区的植被覆盖度在不断提高。

面积统计结果表明，NDVI各等级的面积占比从2005年到2017年发生了很大变化（图5-47）。等级0～0.2、0.2～0.4和0.4～0.6的面积占比均表现出持续的下降趋势，其中等级0～0.2的面积占比从2005年的3.70%，下降到2010年的1.90%，并继续下降至2015年的1.46%和2017年的0.99%；等级0.2～0.4的面积占比从2005年的17.33%，慢慢下降至2017年的13.03%；而等级0.4～0.6的面积占比则从2005年的34.92%迅速下降至2010年的24.23%，然后逐

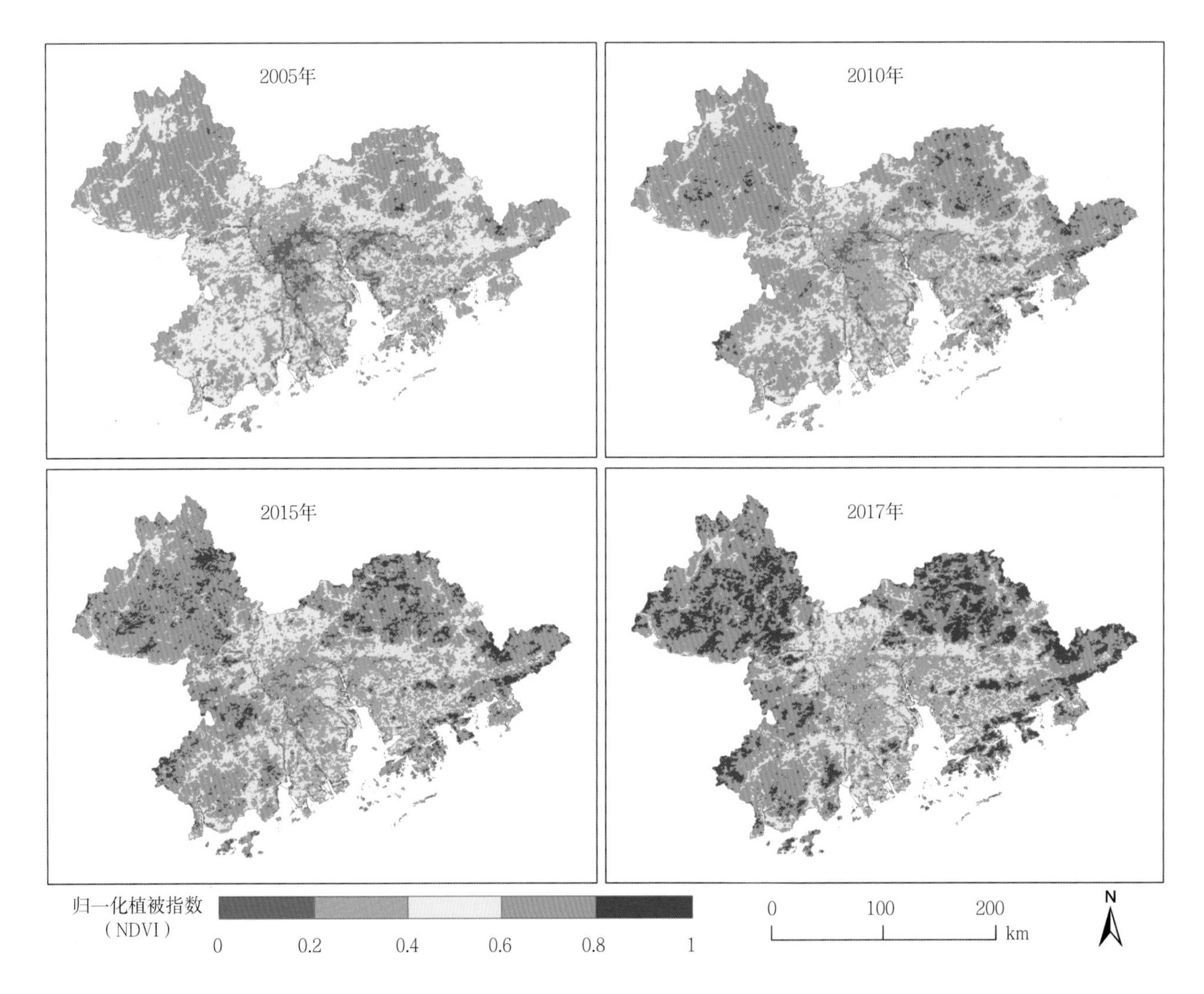


图5-46　粤港澳大湾区2005年、2010年、2015年和2017年NDVI空间格局

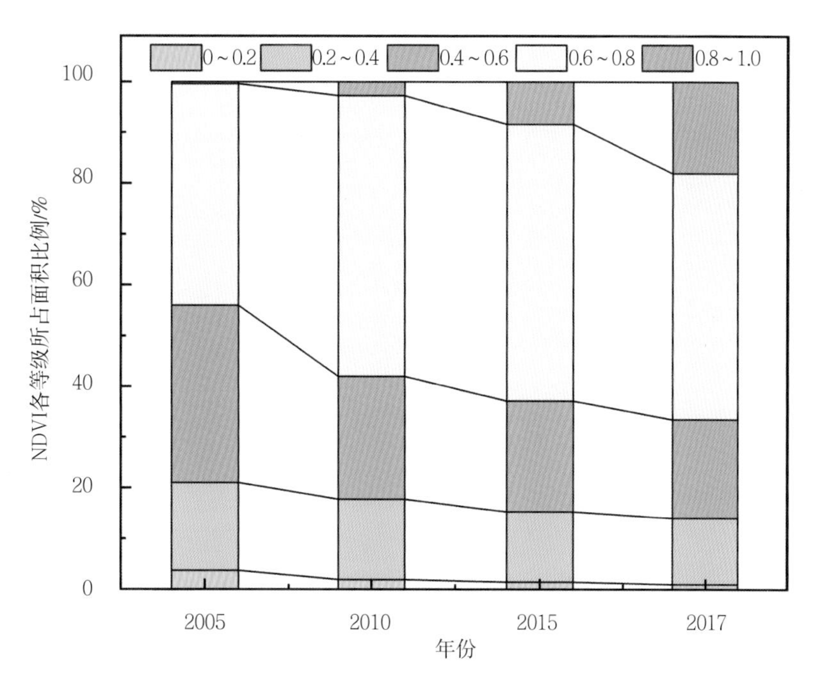


图5-47　粤港澳大湾区2005年、2010年、2015年和2017年NDVI各等级面积占比

渐降低到2017年的19.43%。等级0.6～0.8的面积占比表现出先升高后降低的变化趋势，首先从2005年的43.64%增加至2010年的55.29%，然后逐步降低到2017年的48.48%。与以上4个等级不同，等级0.8～1.0的面积占比呈现持续增加的变化趋势，从2005年的0.40%迅速升高到2017年的18.07%，增加了约44倍。由此可见，粤港澳大湾区NDVI等级0.6～0.8的面积最大，且等级0～0.6的面积在不断减少，而等级0.8～1.0的面积在持续增加。

## （二）林地和草地NDVI变化

粤港澳大湾区NDVI在不同的林地和草地类型之间存在明显差别（图5-48）。对于林地来说，有林地的NDVI最高，其次为灌木林和疏林地，最低的是其他林地如园地等。从2005年到2017年，所有林地类型NDVI均呈现上升趋势，其中有林地从0.66升高到0.76，灌木林从0.57升高到0.70，疏林地从0.57升高到0.69，而其他林地则从0.52升高到0.66，上升幅度最大。对于草地来说，高覆盖度草地和中覆盖度草地的NDVI差别不大，多年均值均为0.64，除了2015年中覆盖度草地的NDVI略高于高覆盖度草地之外，其他3个年份高覆盖度草地的NDVI均高于中覆盖度草地。低覆盖度草地的NDVI远低于高覆盖度草地和中覆盖度草地，多年均值仅为0.60，与林地类型中的其他林地水平相当。总的来说，林地的NDVI高于草地，其中有林地的NDVI最高，低覆盖度草地的NDVI最低，林地和草地的NDVI在时间上均呈现出持续增长的趋势。

## （三）各城市NDVI变化

粤港澳大湾区各城市之间的NDVI具有较大差异（图5-49）。NDVI多年均值在0.60以上的城市包括惠州、江门、肇庆和香港，其中肇庆的NDVI最高（0.68），其次为惠州（0.66）、

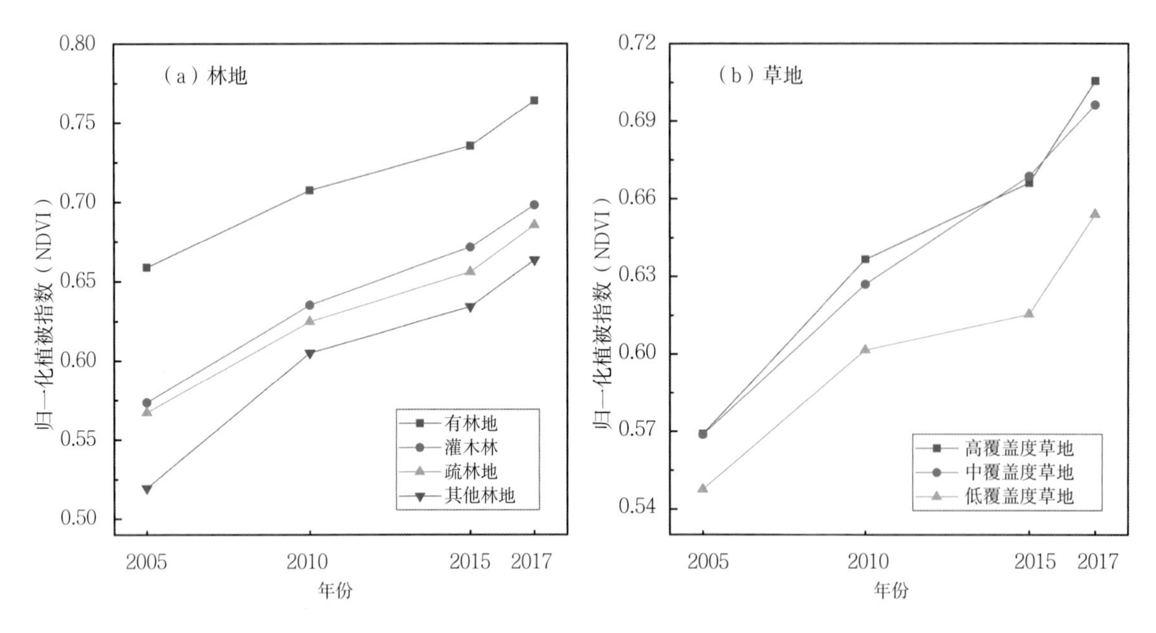


图5-48　2005—2017年粤港澳大湾区林地和草地NDVI的变化趋势

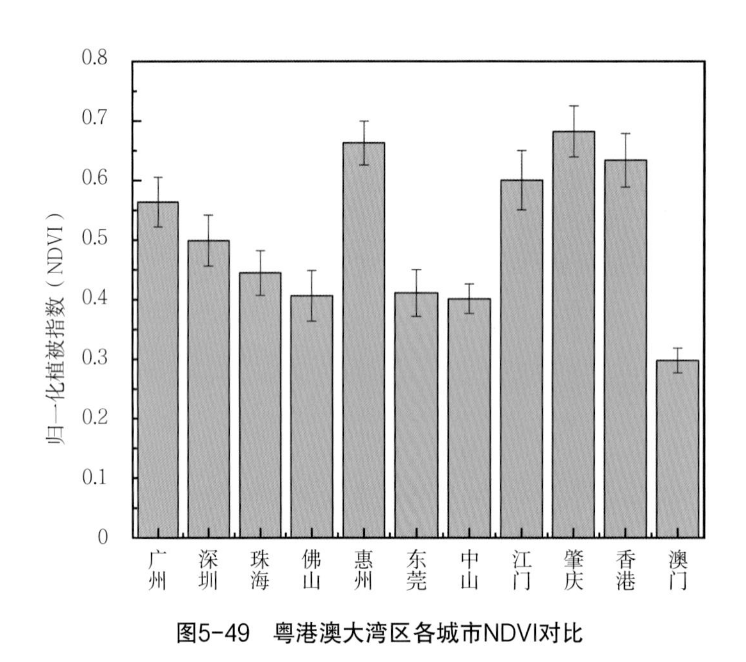


图5-49　粤港澳大湾区各城市NDVI对比

香港（0.63）和江门（0.60）。紧随其后的是广州、深圳和珠海，NDVI依次为0.56、0.50和0.44。佛山、东莞和中山的NDVI相差不大，约为0.40～0.41。澳门的NDVI最低，仅为0.30。

从NDVI的多年变化趋势来看，各个城市的NDVI均呈现增长的趋势，但增长的速度有所不同（表5-4）。澳门的NDVI始终处于所有城市里最低的位置，但其从2005年至2017年NDVI的增长率为18.02%，高于惠州、中山和肇庆。除了澳门之外，2005年佛山的NDVI最低（0.35），其次为东莞（0.36）和中山（0.37），但在2017年时，佛山和东莞的NDVI约为0.45，已经超过中山的0.43，这是因为佛山和东莞从2005年到2017年NDVI的增长率分别高达26.77%和25.59%，是所有城市里NDVI增长速率较快的两座城市，而中山NDVI的增长率为15.77%，在所有城市里仅高于惠州的14.37%。肇庆和惠州的NDVI增长率虽然不高，但这两座城市由于NDVI均值很高，因此仍然是所有城市里植被覆盖度较高的城市。

表5-4　粤港澳大湾区各城市NDVI变化趋势及增长率

| 城市 | NDVI | | | | 增长率/% |
|---|---|---|---|---|---|
| | 2005年 | 2010年 | 2015年 | 2017年 | |
| 广州 | 0.51 | 0.56 | 0.59 | 0.60 | 18.70 |
| 深圳 | 0.44 | 0.49 | 0.52 | 0.54 | 22.52 |
| 珠海 | 0.40 | 0.44 | 0.45 | 0.49 | 22.67 |
| 佛山 | 0.35 | 0.39 | 0.43 | 0.45 | 26.77 |
| 惠州 | 0.61 | 0.66 | 0.68 | 0.70 | 14.37 |
| 东莞 | 0.36 | 0.41 | 0.43 | 0.45 | 25.59 |
| 中山 | 0.37 | 0.39 | 0.41 | 0.43 | 15.77 |
| 江门 | 0.53 | 0.59 | 0.63 | 0.65 | 21.40 |
| 肇庆 | 0.63 | 0.67 | 0.70 | 0.73 | 16.07 |
| 香港 | 0.57 | 0.63 | 0.65 | 0.68 | 18.75 |
| 澳门 | 0.27 | 0.30 | 0.30 | 0.32 | 18.02 |

# 三、地表热环境变化

## （一）地表温度的月份变化

粤港澳大湾区日间和夜间地表温度在一年12个月中呈现相似的变化趋势（图5-50）。除了3月的夜间地表温度略低于2月以外，地表温度在一年中日间和夜间均表现出从1月开始逐渐升高，到8月达到最高，然后开始迅速下降，于12月降至最低的变化规律。由此可见，8月的地表温度最高，日间地表温度和夜间地表温度分别为32.59℃和23.25℃，而12月的地表温度最低，日间地表温度和夜间地表温度分别为20.03℃和9.04℃。在所有月份中，2月和3月地表温度的标准差最大，说明这两个月的地表温度在不同年份之间表现不稳定，波动最大。

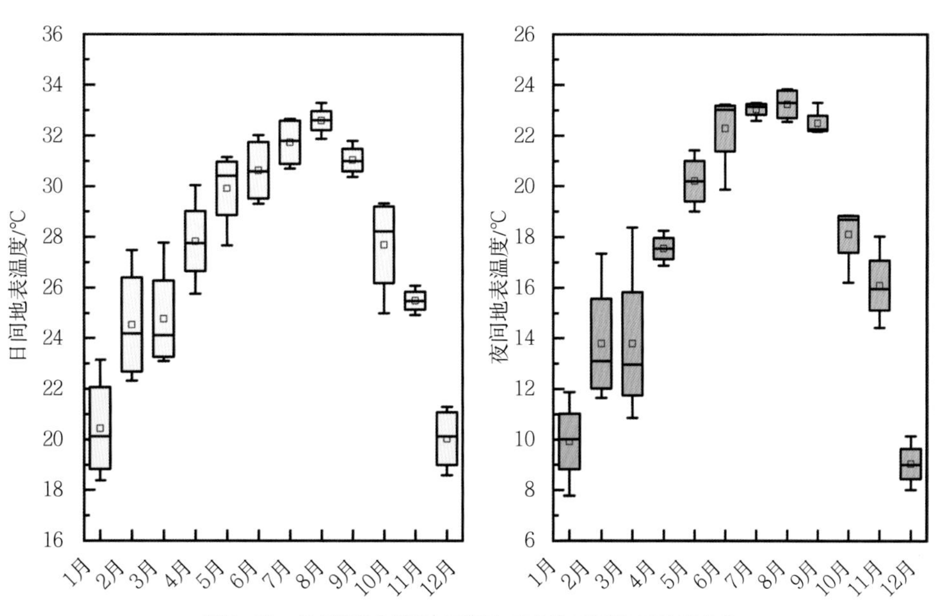


图5-50　粤港澳大湾区日间和夜间地表温度逐月变化

## （二）热场强度的季节变化

粤港澳大湾区日间热场强度在四季呈现出不同的空间分布规律（图5-51）。春季日间热场强度较大的区域主要位于珠江入海口两岸的城镇区域，而热场强度较小的区域则主要位于大湾区东北部的惠州和西北部的肇庆的部分区域。夏季的日间热场强度的空间差异最为明显，表现出热场强度较大的区域更加集聚的特点，且主要集中在内陆城区，比春季的范围更广，而城镇外围以及沿海地区则多为热场强度较小的区域。秋季和春季的日间热场强度空间格局类似，秋季热场强度较大的区域略多于春季。冬季的日间热场强度空间差异最小，热场强度较大的区域在城区集聚的特点有所减弱，但其影响范围较夏季有很大程度的扩大。

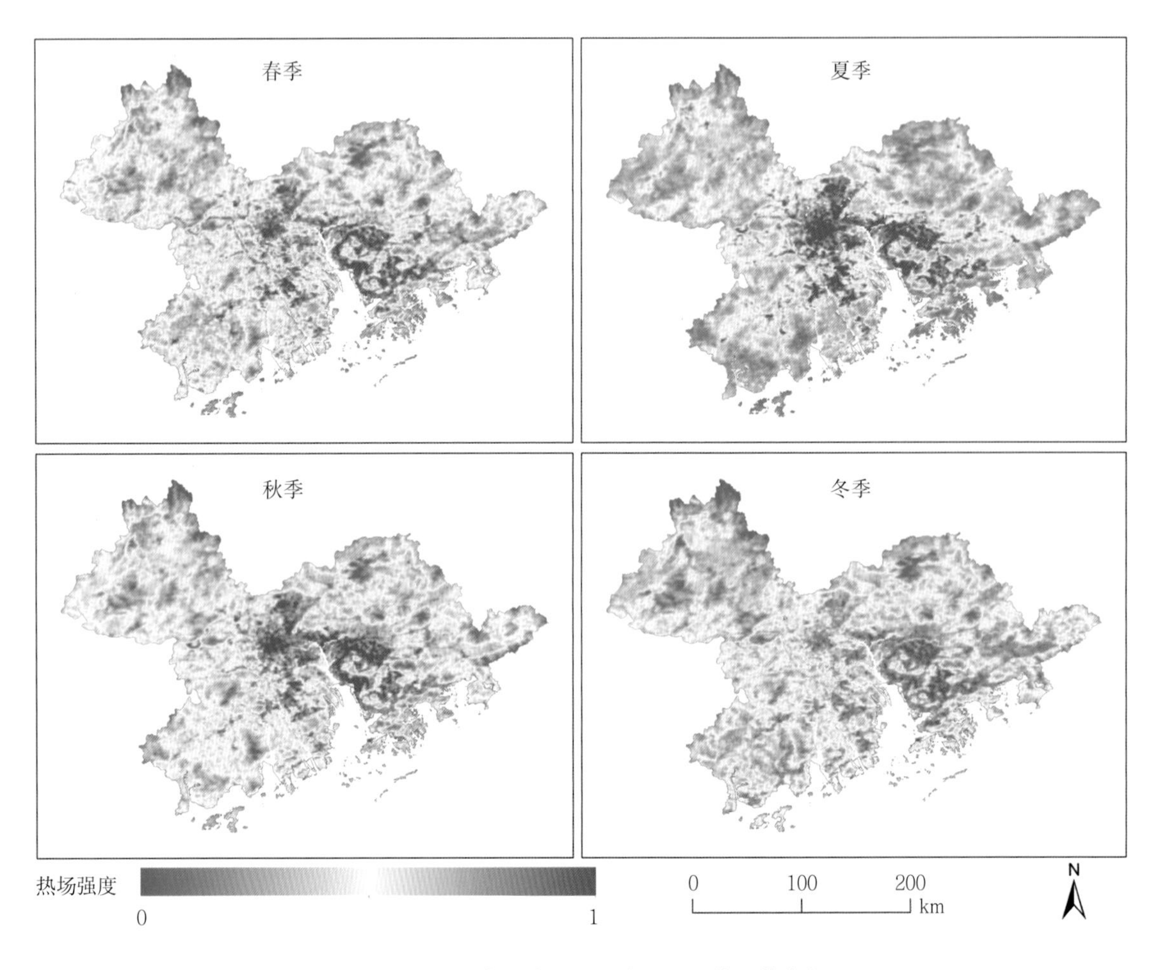


图5-51　粤港澳大湾区日间热场强度的季节变化

粤港澳大湾区夜间热场强度的季节分异规律与日间有所不同（图5-52）。四季夜间热场强度呈现出相对一致的空间格局，即热场强度较大的区域主要位于大湾区中心的建成区及西南部的江门，而东北部的惠州和西北部的肇庆的大部分区域主要为热场强度较小的区域。夏季夜间热场强度较大区域的范围最大，秋季次之，之后是春季，冬季最小。但值得一提的是，香港的夜间热场强度在冬季尤为明显，这与日间的研究结果有很大的不同。

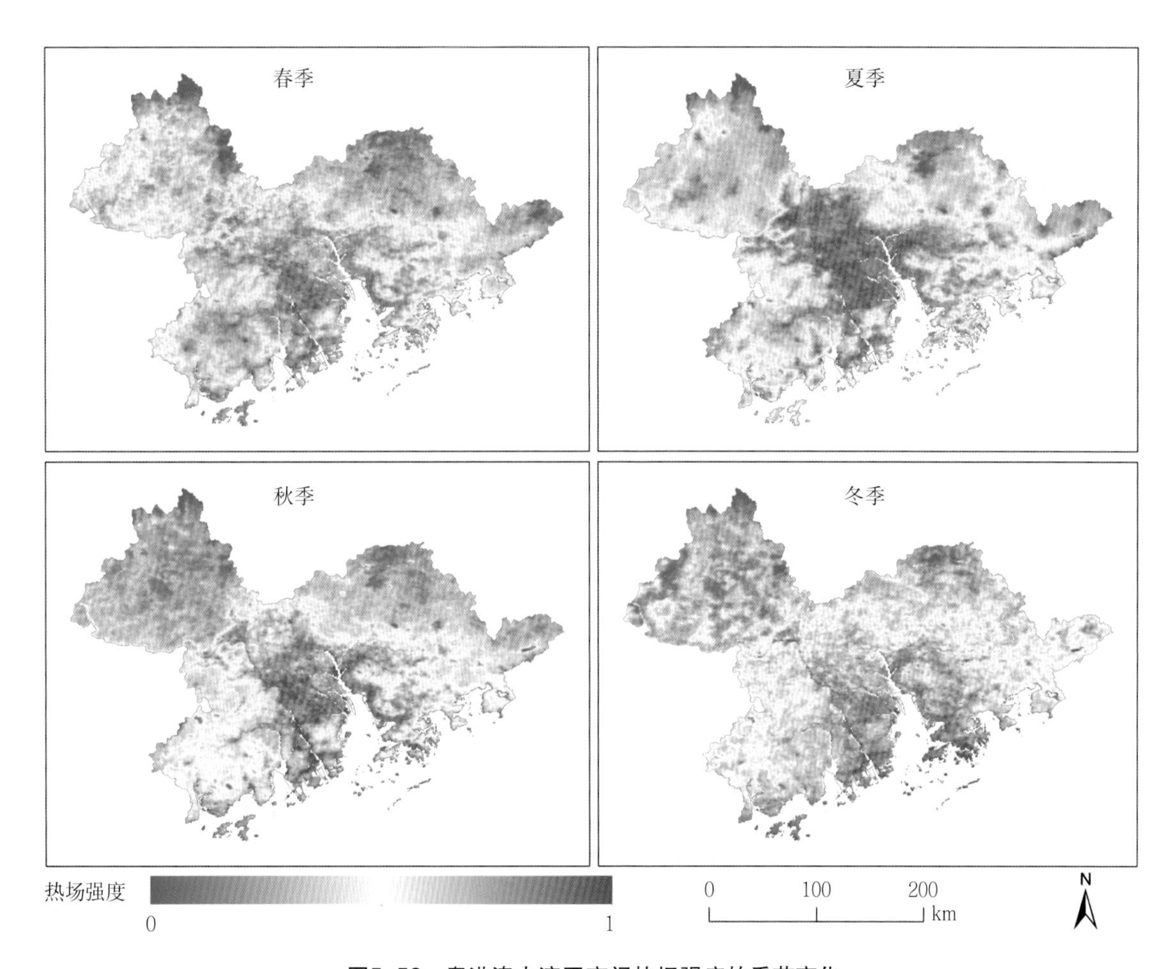


图5-52　粤港澳大湾区夜间热场强度的季节变化

## （三）热场强度的多年变化

2005—2017年粤港澳大湾区日间热场强度等级的整体空间格局大致相同，但局部有所变化（图5-53）。大湾区绝大部分区域日间热场强度属于正常范围，多年平均面积占比超过全区总面积的75%，其中2010年达到最高（79.21%），2017年降至最低（73.85%）。日间高温区和较高温区主要集中在中心城区，其中高温区的面积占比多年间变化不大，稳定在2%左右，而较高温区面积随时间主要呈现减少的趋势，尤其是2005—2010年减少最多，面积占比从14.34%下降到8.62%，主要是大湾区惠州东部和肇庆北部的较高温区演变为正常温区所致。日间低温区和较低温区主要于大湾区的惠州和肇庆呈斑块状分布，其中低温区的面积占比相对稳定，多年均在1.5%左右，而较低温区的面积占比则呈现持续增加的趋势，从2005年的6.33%增加到2017年的13.56%，主要是在原有低温区的基础上继续扩张形成的。总的来说，大湾区日间热场强度多年变化主要表现为中心城镇外围较高温区面积减少和较低温区面积增加的演变特征。

与日间不同，2005—2017年粤港澳大湾区夜间热场强度等级的多年变化呈现与日间大致相反的变化趋势（图5-54）。夜间较高温区面积比例呈现明显的上升趋势，从2005年的11.44%增长到2017年的15.83%；而较低温区面积比例则整体呈现波动下降趋势，从2005年和

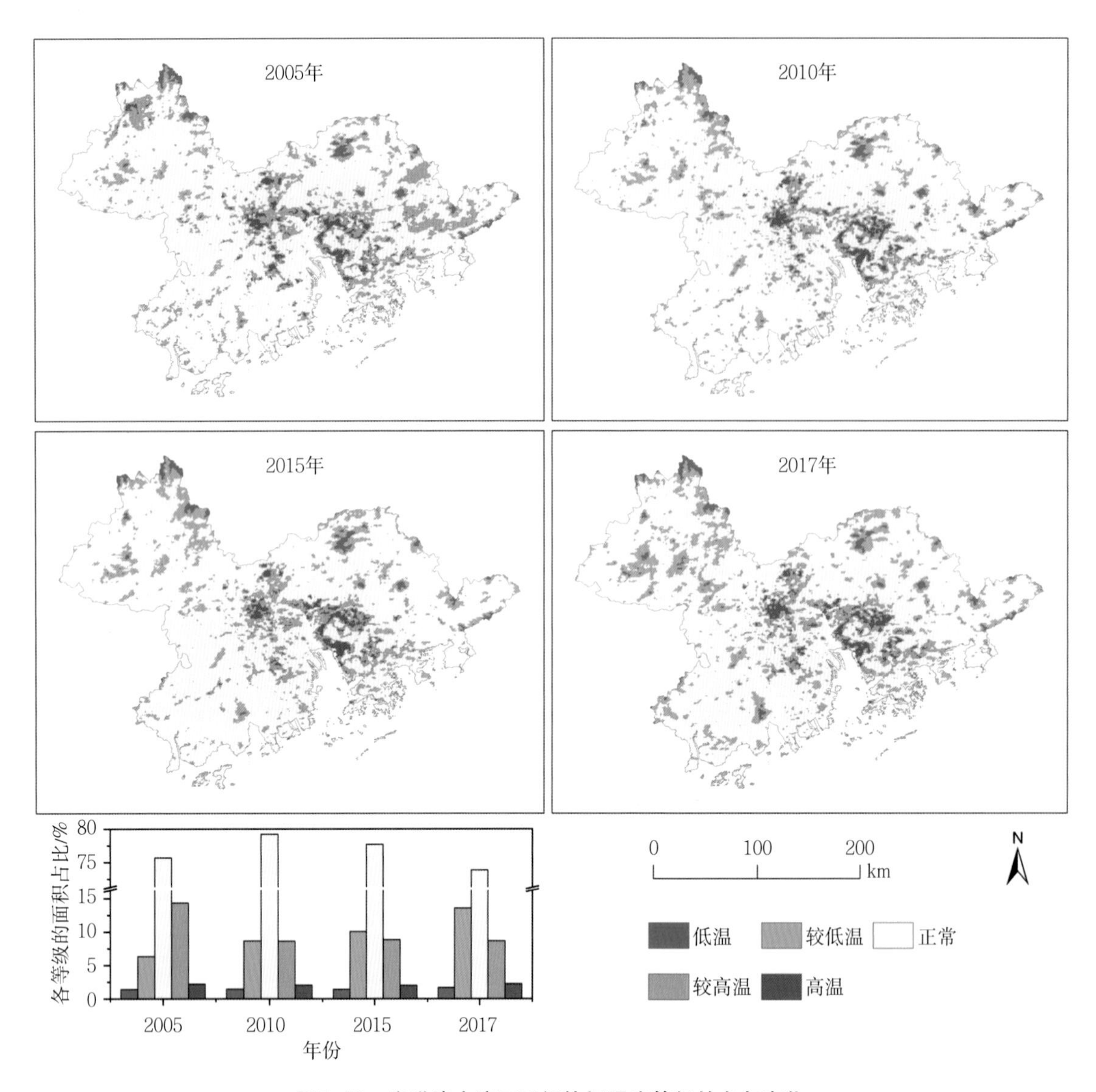


图5-53　粤港澳大湾区日间热场强度等级的多年变化

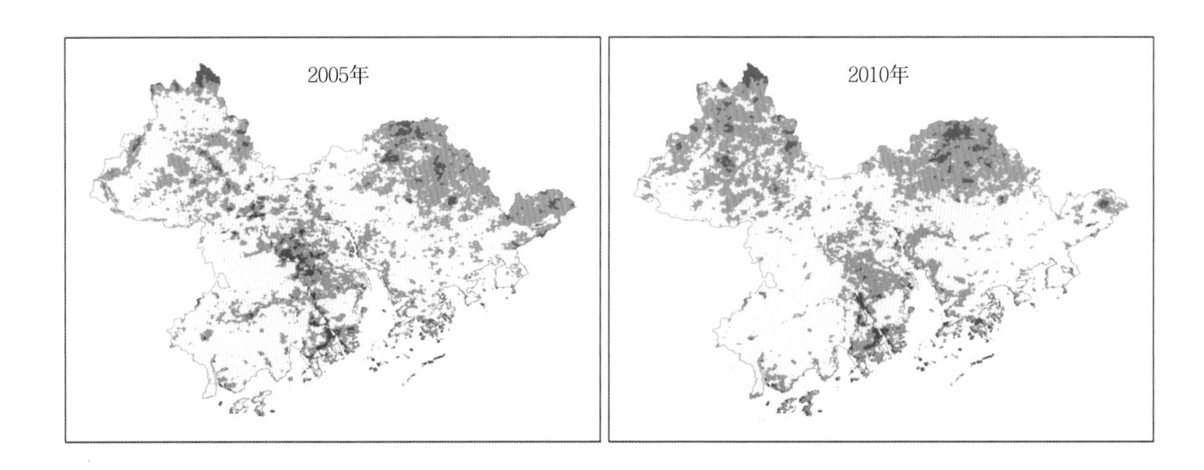

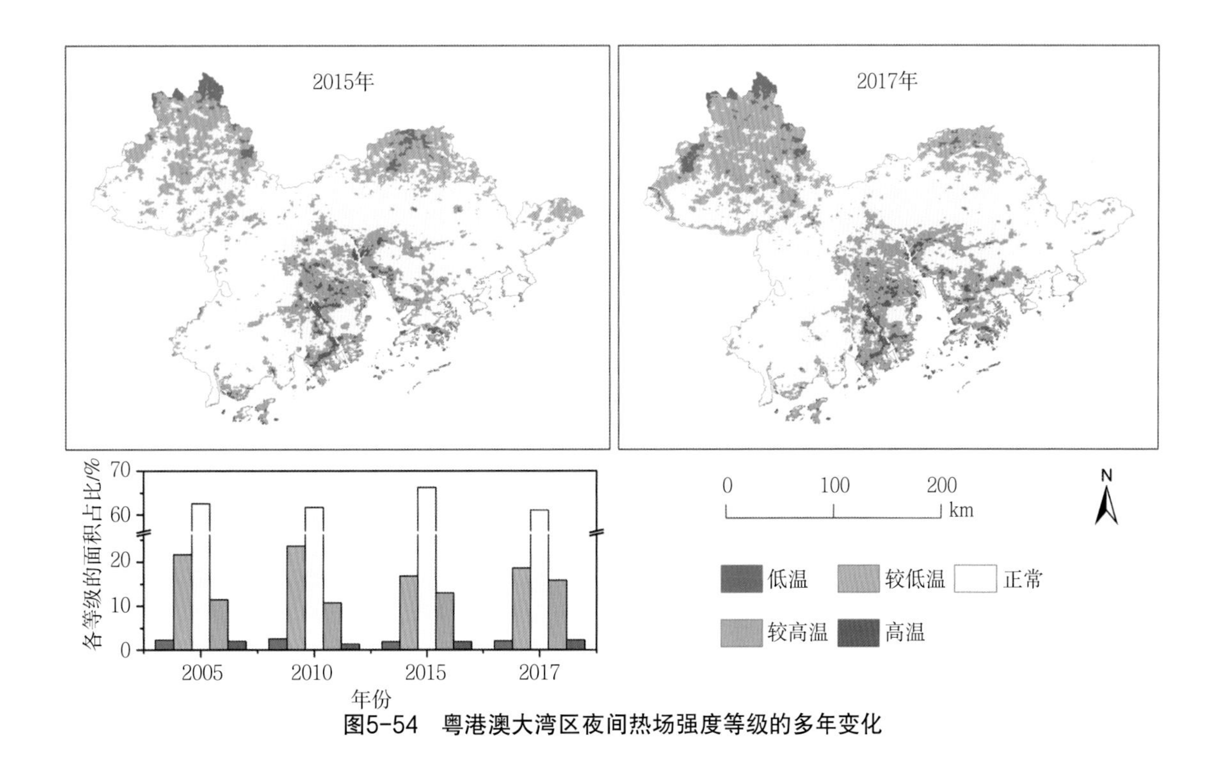


**图5-54　粤港澳大湾区夜间热场强度等级的多年变化**

2010年的21.69%和23.62%降低至2015年和2017年的16.82%和18.65%。夜间正常温区的面积仍然最大，但其比例低于日间，除了2015年达到最高的66.29%以外，其他3个年份均在62%左右。夜间高温区和低温区的面积最小且其多年的面积比例基本稳定在2%左右。另外，2005—2017年大湾区夜间的热场强度发生了显著的空间转变特征，具体表现在夜间高温区和较高温区明显出现了由珠江口西岸向东岸的逐渐演变，而低温区和较低温区则在很大程度上由惠州北部逐步转移到肇庆北部。

## （四）林地和草地地表温度变化

粤港澳大湾区不同林地和草地类型的地表温度存在较大差别（图5-55）。日间有林地的地表温度最低，约为24.52℃，比城镇地表温度低4.43℃；日间灌木林、疏林地和其他林地的地表温度相差不大，平均值为25.98℃，日间3种覆盖度草地的地表温度相似，约为25.53℃，二者比城镇地表温度分别低2.97℃和3.42℃。夜间灌木林的地表温度最低，约为15.45℃，而有林地与之相差无几，仅比灌木林高0.24℃；夜间低覆盖度草地的地表温度最高，约为17.55℃，比其他林地和草地类型的平均地表温度高1.58℃，且仅比城镇地表温度低0.27℃。综合每天日间和夜间的平均地表温度来看，林地（20.74℃）低于草地（21.07℃），其中有林地的地表温度最低，其次为灌木林，而低覆盖度草地最高，三者比城镇地表温度分别低了3.28℃、2.70℃和1.85℃，其他林地和草地类型的地表温度均在21℃左右。

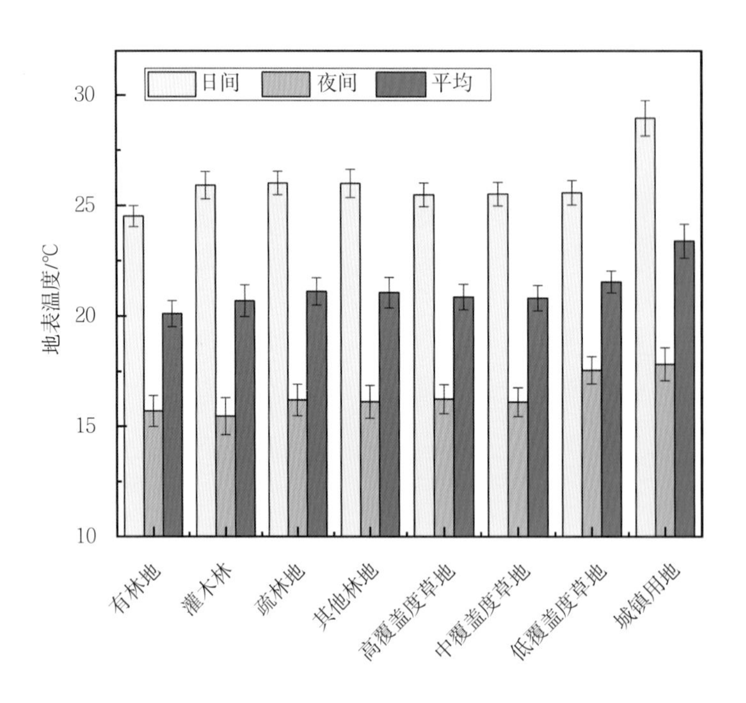


图5-55 粤港澳大湾区林地和草地日间、夜间和平均地表温度与城镇对比

## （五）各城市热场强度变化

粤港澳大湾区不同城市日间、夜间和平均的热场强度均有很大差异（图5-56）。日间东莞的热场强度最高（0.72），而肇庆的最低（0.43）。夜间肇庆的热场强度也最低（0.32），而澳门的最高（0.82）。可以看出，日间的热场强度范围明显小于夜间，说明大湾区夜间地表温度的相对差异更大。在所有城市中，珠海的日间和夜间的热场强度相差最大，日间比夜间低0.26；而深圳的日间和夜间的热场强度相差最小，日间仅比夜间低0.01。除了广州、东莞、惠州和肇庆的日间热场强度高于夜间之外，其他城市均是夜间的热场强度更高。另外，夜间热场强度的波动较大，说明夜间地表温度不及日间稳定。综合每天日间和夜间的平均热场强

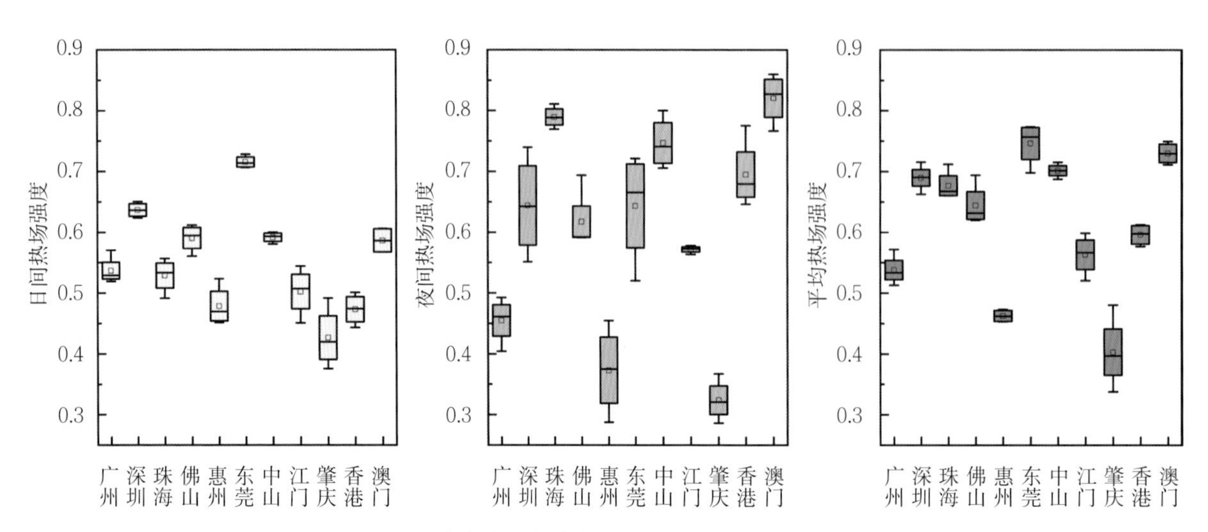


图5-56 粤港澳大湾区各城市日间、夜间和平均热场强度对比

度来看，东莞的相对地表温度最高，肇庆的最低，而且热场强度低于0.5的城市仅为惠州和肇庆，表明仅有这两座城市的地表温度低于全区平均水平。

# 四、植被覆盖度与城市群热岛时空演变

## （一）城市群热岛强度的时空变化

粤港澳大湾区热岛强度的时空变化特征与土地利用的改变密不可分（图5-57）。城乡、工矿和居民用地等建设用地的面积从2005年到2017年逐年增加，面积占比从2005年的11.61%持续增长到2017年的14.84%，伴随着的是耕地、林地和水域面积的减少。相应地，热岛强度为弱热岛和较强热岛的区域围绕着建设用地逐年扩张，其中弱热岛区域的面积占比从2005年的10.08%增长到2017年的14.96%，增长幅度超过48%；而较强热岛区域的面积占比在2005年仅为0.35%，到2017年该比例已经达到2.14%，增长了5倍之多。另外，需要注意的是，弱冷

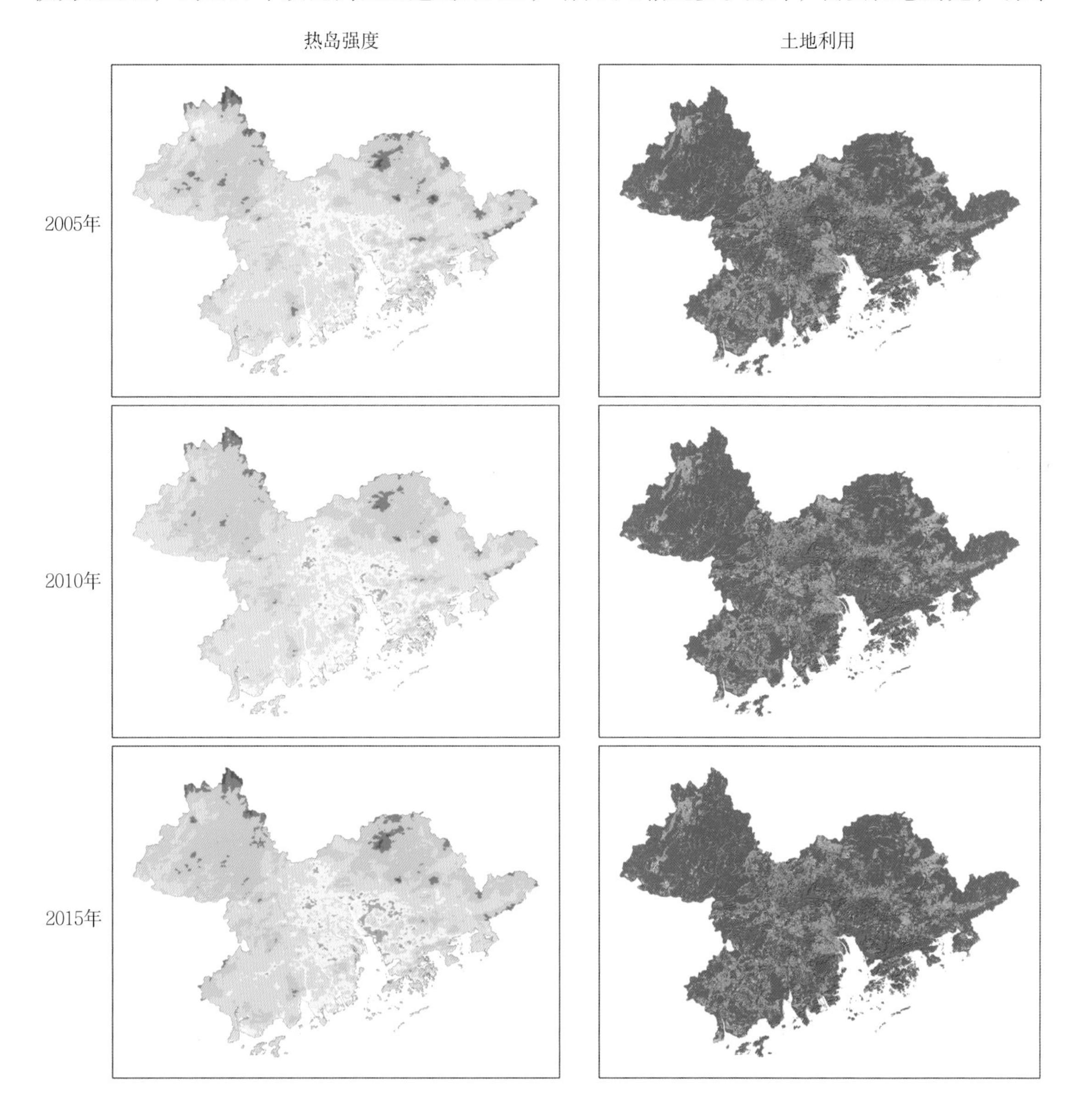

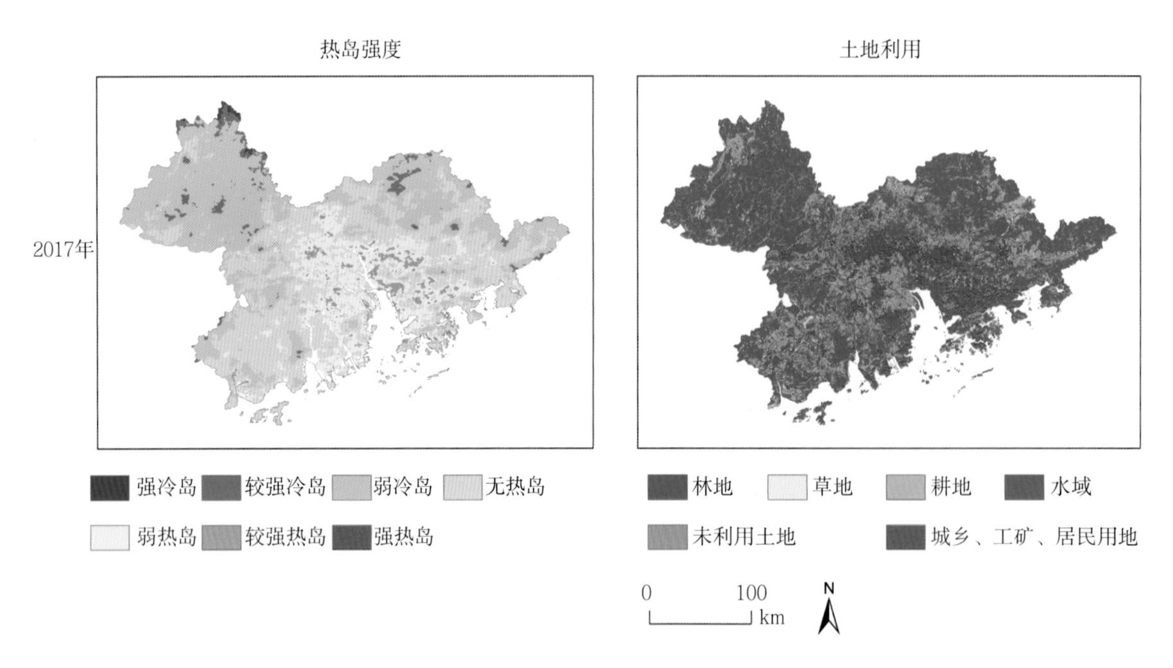


图5-57　粤港澳大湾区城市群热岛强度与土地利用的时空演变

岛区域的面积占比也呈现逐年增加的趋势，从2005年的30.70%增长到2017年的37.19%，主要是由肇庆西北部的无热岛区域演变而来的。无热岛区域的面积虽然在所有热岛强度等级区域面积中占比最大，但其随时间在逐渐缩小，已经从2005年的54.90%降低到2017年的42.26%，而弱热岛、较强热岛和弱冷岛区域的面积均在不断增加，这表明大湾区地表温度呈现出“冷热两极分化”的变化趋势。

## （二）城市群热岛强度日间与夜间的差异

粤港澳大湾区日间和夜间的热岛强度具有不同的时空变化特征（图5-58）。研究结果表明，日间热岛区域主要分布在内陆城区以及珠江入海口的东岸，如佛山、广州、东莞和深圳，而夜间热岛区域则主要位于珠江入海口的两岸，尤其是西岸的珠海和中山一带；日间冷岛区域主要分布在肇庆、惠州、江门以及香港，夜间冷岛区域则主要位于肇庆和惠州，而江门逐渐演变为无热岛区域，香港则向弱热岛区域靠拢。从各热岛强度等级区域的面积变化来看，无论日间还是夜间，无热岛区域的面积均呈现缩小的趋势，而冷岛和热岛区域的面积在日间和夜间均有所增加，但增加的等级和程度有很大不同。日间较强热岛和强热岛区域的面积主要呈现增长的趋势，其中较强热岛的面积占比从2005年的2.62%持续升高到2017年的4.83%，强热岛的面积则增加了约3.8倍，而弱热岛区域的面积则表现出减少的趋势。另外，日间弱冷岛的面积占比也有较大提升，从2005年的32.06%增长到2017年的36.74%。与日间相反，夜间的弱热岛区域面积表现为增加趋势，2017年的面积占比为21.29%，明显高出2005年的15.64%。夜间的强冷岛和较强冷岛区域面积也表现出逐年增加的态势，2005—2017年二者面积比例合计提高2.53%。总的来说，大湾区日间的强热岛、较强热岛和弱冷岛区域的面积呈增加趋势，而夜间的弱热岛、较强冷岛和强冷岛区域的面积呈增加趋势，由此造成了热的

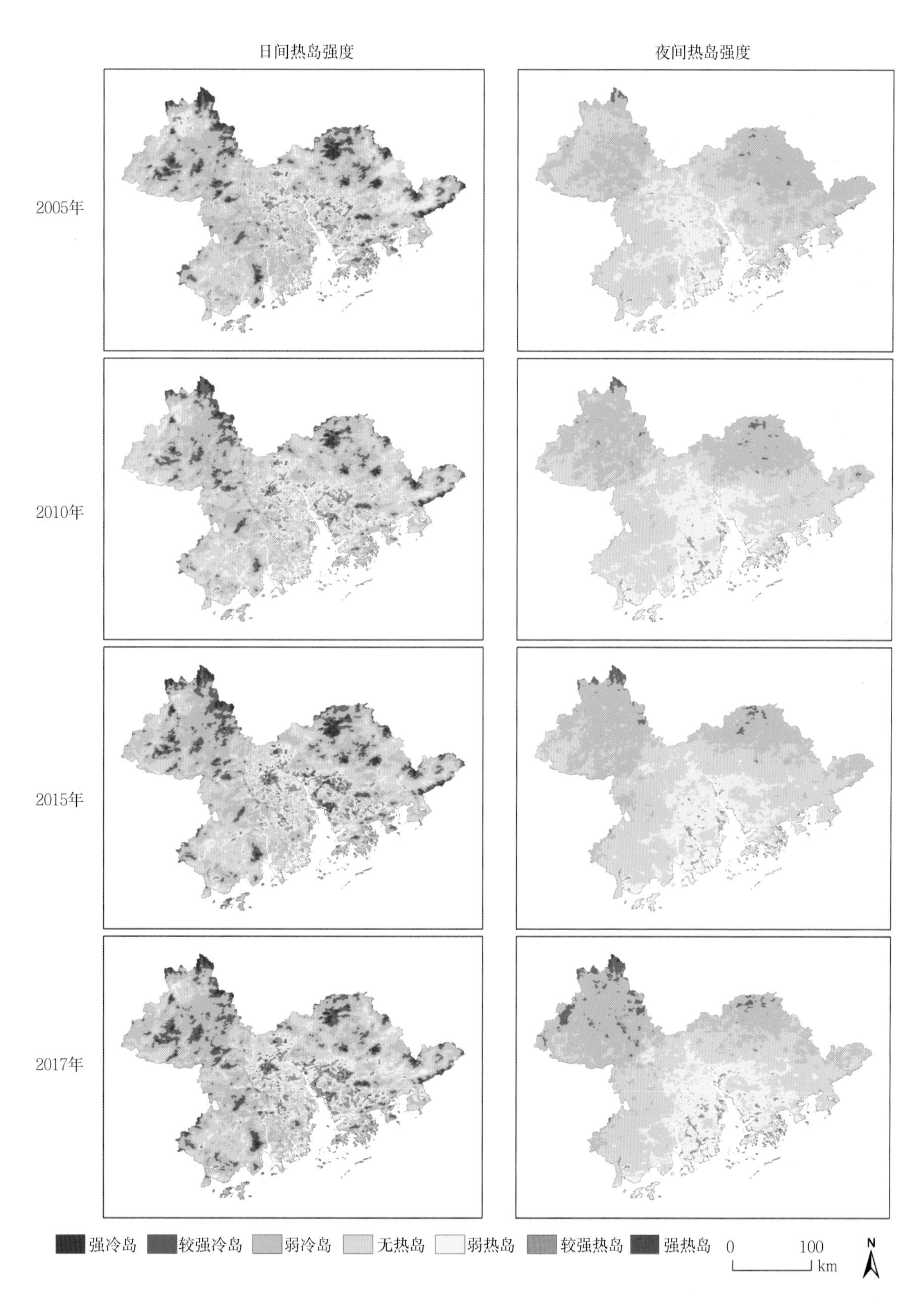


图5-58　粤港澳大湾区日间与夜间城市群热岛强度时空格局

区域更热、冷的区域更冷的现象。

## （三）热岛强度与NDVI的关系

统计粤港澳大湾区每个县的热岛强度均值和NDVI均值，然后基于县域统计结果分析热岛强度与NDVI的相关性。结果表明，2005年、2010年、2015年和2017年的日间、夜间和平均热岛强度与NDVI均呈显著的负相关（图5-59），说明植被覆盖度的增强能够起到降温作用，有利于缓解城市热岛效应。由每年的线性拟合公式可知，日间的斜率的绝对值均大于夜间，表明NDVI对日间热岛强度的降温效果大于夜间；日间的决定系数（$R^2$）也都大于夜间，表明NDVI对日间热岛效应缓解的影响更大。另外，全天平均热岛强度的分析结果的$R^2$通常高于日间和夜间的$R^2$（2017年除外），这说明植被在日间和夜间对城市热岛效应的缓解形成了协同促进效应，NDVI对日间和夜间综合热岛强度的降温影响更大。

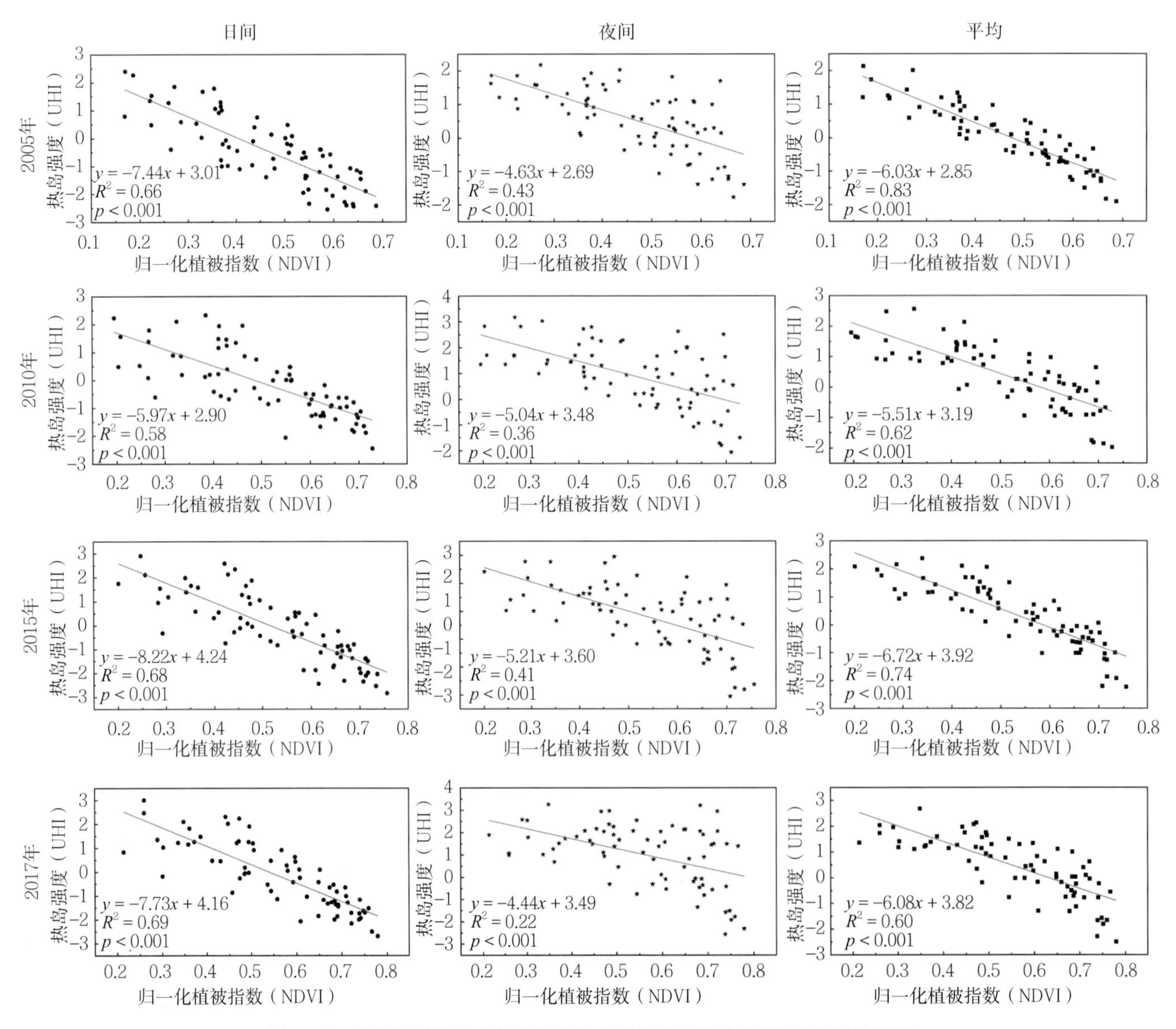


**图5-59 基于县域统计分析的粤港澳大湾区热岛强度与NDVI的相关关系**

由前文分析可知，2005年、2010年、2015年和2017年的NDVI呈持续增长的趋势，但热岛强度也呈现逐渐增强的趋势。既然热岛强度与NDVI呈显著的负相关关系，为什么NDVI增长了，热岛强度反而增强了？这可能是由于以县域为单元去分析，掩盖了两者的真实关系。因此，需要基于像元分析对两者的关系进行重新审视。结果表明，NDVI越高，植被对热岛强度的缓解作用越明显，尤其是日间（图5-60）。当NDVI较高时，热岛强度与NDVI呈现较好的负相关关系，符合基于县域统计分析的结果；当NDVI较低时（如0～0.2），虽然夜间热岛强度基本上随NDVI的增加呈降低趋势，但日间NDVI的降温作用并不明显，甚至出现轻微增温的现象。不过，由于NDVI较低的区域通常为建设用地，也是本研究中热岛强度增强的区域，因此这也可能是由人口、交通、工矿等人为热源的增加所致，具体原因需要在未来的工作中进一步研究。

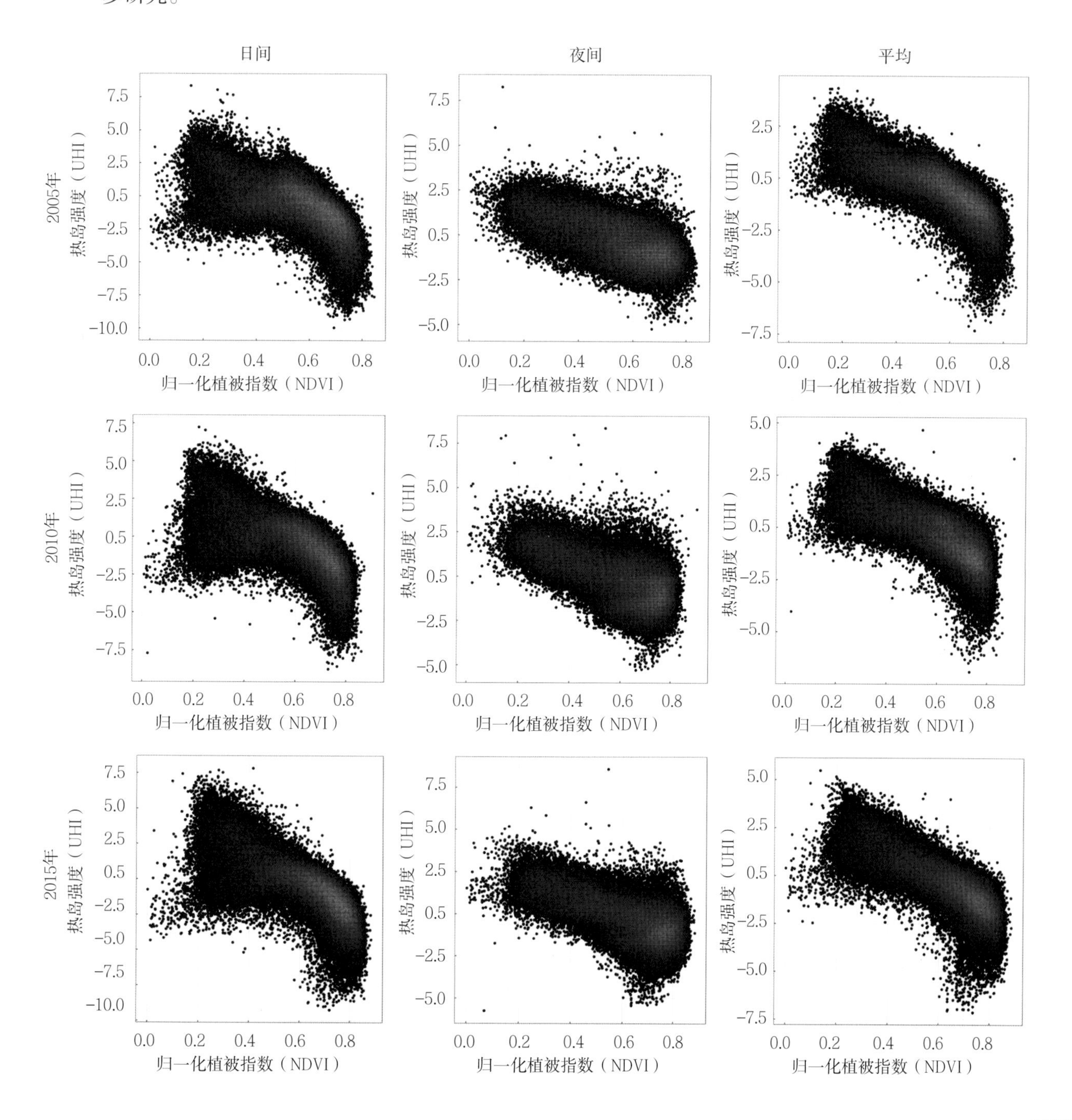

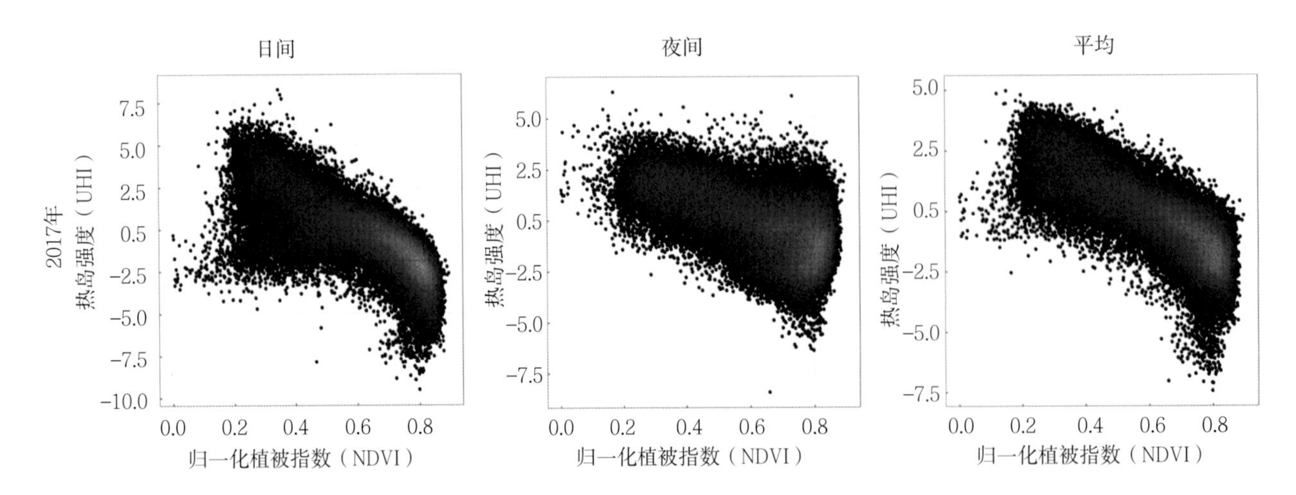


图5-60　基于像元分析的粤港澳大湾区热岛强度与NDVI的关系（散点图颜色越亮表示数据密度越大）

# 第六章　地质环境与地质灾害

粤港澳大湾区正进入地质空间大规模利用时期，面临环境恶化和地质灾害频发等重大挑战，城市人为作用成为与地球内、外动力相并列的第三种驱动力，其深刻改变了城市地质基底系统的结构形态、物质组成和能量转化，改变了在自然作用下建立起来的自然过程和平衡态势，从而诱发或加剧各种地质灾害。

## 第一节　地质环境

### 一、地层岩性

粤港澳大湾区地层从震旦系至第四系均有出露，以泥盆系、石炭系、二叠系、侏罗系、第四系为主（图6-1）。泥盆系、石炭系、二叠系主要分布在三水盆地、高要区南面的盆地和开平—恩平一带的盆地等盆地边缘地带，岩性主要为砂岩、泥岩、灰岩等，其中灰岩主要分布在广花盆地和肇庆等地。三叠系、侏罗系主要分布在惠州西面—东莞黄江镇—深圳布吉镇

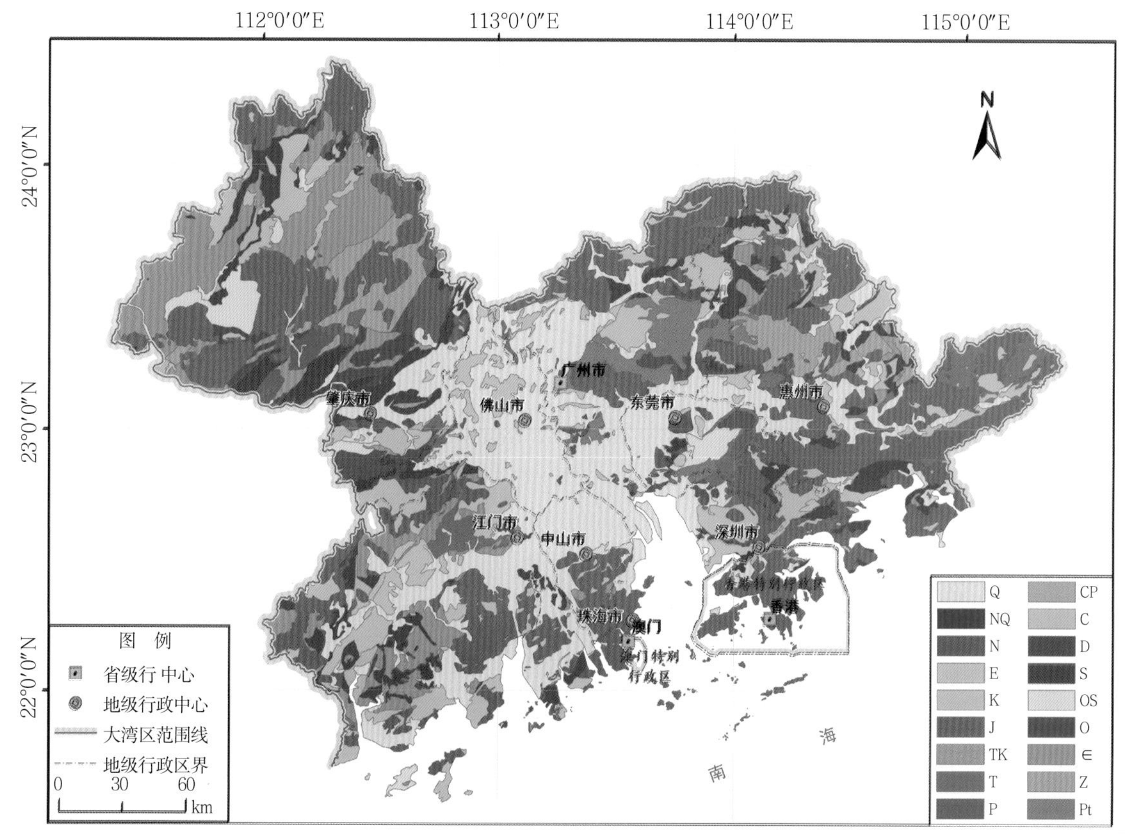

图6-1　粤港澳大湾区区域地质简图

一带地区，惠州的石塘镇—马山镇一带和公庄镇的东北一些地区，岩性为泥岩、页岩、火山碎屑岩等。白垩系、古近系主要分布在三水盆地、高要区南面的盆地、开平—恩平一带的盆地等盆地地区，岩性为砾岩、砂岩、凝灰岩等。

**1. 元古界**

主要为震旦系地层（Pt&Z），自下而上岩性由变质较深的混合岩、片岩、变粒岩、石英岩夹大理岩演变为浅变质的砂岩、页岩互层，夹薄层、厚层状硅质岩，局部地区最上部夹含黄铁矿炭质页岩及含磷硅质页岩，为分布较广的最古老地层。

**2. 古生界**

（1）寒武系（∈）：页岩、粉砂质页岩、粉砂岩及少量灰岩、泥质条带灰岩；灰色夹黄、灰绿色灰岩、泥质灰岩、页岩、粉砂岩、板岩；浅灰、深灰、灰绿色页岩、粉砂岩及碳酸盐岩。

（2）奥陶系（O）：紫红、灰黄、灰绿色粉砂岩、页岩夹泥灰岩；紫红、灰、灰黄等杂色页岩、粉砂岩、石英细砂岩互层；灰、灰绿色页岩夹砂岩、粉砂岩、泥灰岩。

（3）奥陶和志留系互层（OS）:砂岩、泥灰岩、灰岩夹页岩、粉砂岩等。

（4）志留系（S）：灰、灰黑、黄褐色笔石页岩、砂质页岩；肉红、红、紫红、灰色泥质灰岩、泥灰岩、灰岩夹页岩、粉砂岩。

（5）泥盆系（D）：灰黄、紫红、浅肉红色粉砂质灰岩、钙质砂泥岩夹生物碎屑灰岩；浅灰、灰色灰岩、泥质灰岩、泥灰岩夹介壳灰岩、砾状灰岩、灰质页岩；硅质岩；页岩、粉砂质页岩与岩屑细砂岩、粉砂岩互层。

（6）石炭系（C）：砂岩、粉砂岩、钙质粉砂质页岩；上部夹生物灰岩；底部砾岩或含砾砂岩；顶部为铁质泥岩；灰、深灰色灰岩、泥质灰岩夹钙质页岩、生物碎屑灰岩、白云质灰岩；灰色鲕粒或似鲕粒灰岩夹生物碎屑灰岩、含燧石结核灰岩。

（7）石炭和二叠系互层（CP）：白云质灰岩、灰岩、花岗闪长岩等。

（8）二叠系（P）：灰白色灰岩夹鲕状灰岩、角砾状灰岩、白云质灰岩；铁铝质碎屑岩，紫红色粉砂质泥岩、页岩与层凝灰岩、凝灰质砂页岩互层，底部铁质、凝灰质砂岩；灰白色灰岩夹鲕状灰岩、角砾状灰岩、白云质灰岩；灰色灰岩、白云质灰岩、泥灰岩夹页岩。

**3. 中生界**

（1）三叠系（T）：中酸性火山岩；上部灰绿色粉砂岩、页岩夹灰岩；下部细砂岩、粉砂岩夹页岩；褐、灰色粉砂岩、泥岩、砾岩、砂砾岩、细砂岩；底部为砾岩；玄武岩、安山玄武岩、安山岩、流纹岩夹凝灰岩；灰、黄绿色页岩、砂岩及灰岩；玄武岩、安山玄武岩、安山岩、流纹岩夹凝灰岩。

（2）三叠和白垩系互层（TK）：细、中粒闪长岩。

（3）侏罗系（J）：泥岩、石英砂岩夹粉砂岩、泥灰岩；底部常见细砾岩；介壳灰岩、鲕状灰岩、微晶灰岩夹石英细砂岩、钙质页岩及泥岩；紫、暗紫、紫红色砂质页岩、页岩、细砂岩夹泥灰岩、鲕状灰岩及白云质灰岩，局部地区上部为玄武岩。

（4）白垩系（K）：岩性和岩相变化大，主要为各种红色复矿砂岩、砾岩和泥岩夹泥灰岩。官草湖群和局部地区的南雄群夹凝灰质砂岩和流纹斑岩等中酸性火山岩。此外，部分红色碎屑岩中或下部夹数层石膏薄层。

**4. 新生界**

（1）第三系（N）：主要为内陆湖相碎屑岩建造砂岩、砾岩、泥岩互层，其次为湖泊相含膏盐、钙质碎屑岩建造和湖沼相含油可燃有机岩建造砂岩、泥岩夹石膏、钙质砂岩或油页岩和褐煤多层。

（2）第三和第四系互层（NQ）：安山岩。

（3）第四系（Q）：分布于河流两侧、山间盆地或洼地、河口三角洲平原等，以黏土质粉砂、砂砾、卵石、砂砾夹黏性土、黏性土等为主。

## 二、花岗岩

粤港澳大湾区内最为显著的特征是花岗岩广布，燕山期岩浆侵入活动尤其剧烈，如图6-2所示，与太平洋板块同期俯冲相耦合，花岗岩由老到新呈东北方向向沿海迁移。花岗岩分布面积为9 092 km$^2$，约占粤港澳大湾区面积的1/3。广州、深圳和江门这些城市的花岗岩出露面积占城市面积40%以上，是重要的地层类型（谢和平 等，2019）。

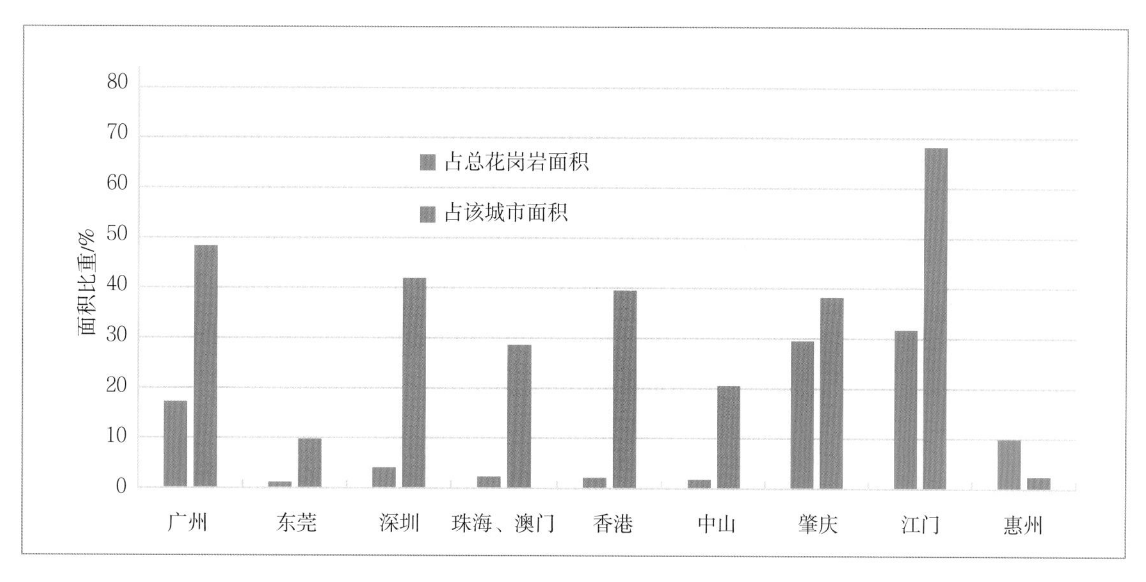


图6-2　粤港澳大湾区花岗岩占比统计

可以看出，花岗岩占总花岗岩面积比重最大的为江门，占比为31.75%，其次为肇庆和广州，中山和东莞的花岗岩占比较小，分别为1.81%和1.18%；在花岗岩占城市面积比重中，江门的占比最大，达到了68.27%，其次为广州，占比为48.40%，占比最小的为东莞和惠州，占比分别为9.78%和2.46%。

## 三、第四系地层

第四系地层在粤港澳大湾区内分布相当广泛，大面积分布于珠江三角洲平原、河谷平原和山间盆地。第四系地层单元较多，成因类型复杂，且有时代互跨现象，粤港澳大湾区第四系地层分布如下（图6-3）。

（1）更新统海进层。分布于珠江三角洲沉积下部的海进层，主要为灰色、灰黑色砂质黏土、淤泥，其下部为灰色、灰黄色砂、砂砾，其顶部地层通常呈风化“花斑状”。

（2）更新统冲洪积层。主要见于内陆河谷平原区，以灰黄色、黄红色、棕红色、褐色砂砾、砂质黏土为主。

（3）全新统湖沼沉积层。主要分布于珠江三角洲后缘与河谷平原的前缘交界地带，主要岩性为灰黑色淤泥、淤泥质黏土、深灰色黏土和砂质黏土。

（4）全新统冲洪积层。分布于西江、北江、东江、潭江、流溪河等河流两岸平原及山区河谷，下部多为灰黄色、灰色卵砾石，夹粗细砂，上部多为深灰色粉砂质黏土、砂质黏土、淤泥，局部有泥炭土。

（5）全新统海积层。广泛见于珠江三角洲平原区表层，主要为深灰色淤泥、粉砂质淤泥、淤泥质黏土。

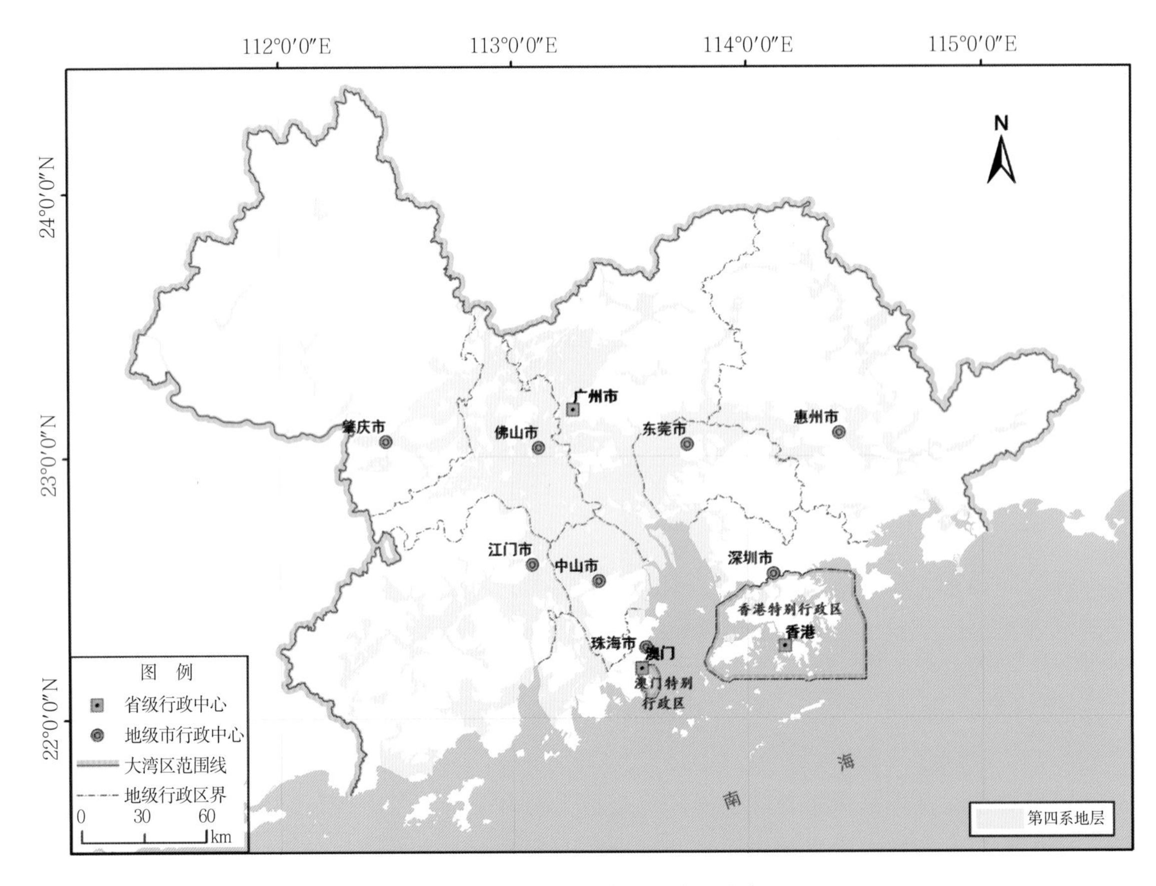


图6-3　粤港澳大湾区第四系地层分布图

## 四、断裂构造与地震

### 1. 断裂构造特征

粤港澳大湾区的断裂活动以继承性活动为主。周边和内部断裂早在燕山期就已经存在，早白垩世初由于周边断裂活动，由边界断裂所围的三角洲断块发生整体陷落，形成巨大的山间盆地。晚白垩世至第三纪，北东向断裂活动将山间盆地分割成三水、新会—东莞两个菱形断陷盆地。新近纪至第四纪初，断块缓慢上升，盆地内处于风化剥蚀阶段，形成红壤型风化壳，断陷盆地内无新近纪地层沉积。断裂的最新活动多发生在中更新世至晚更新世中期。

粤港澳大湾区活动断裂主要有北东方向的滨海断裂带、潮州—汕尾断裂带，以及西部方向的西江断裂带东南段、白坭—沙湾断裂带和狮子洋断裂带。

粤港澳大湾区大致处于华南地震区之东南沿海地震带的中段。该带主要受南海北北西-南南东向构造应力场的推挤。地震活动多集中在地震带的南、北两侧，北西、北东向断裂构造的交接复合部位。历史上有感地震主要发生在广州、顺德、中山、新会、台山、四会、博罗等地，而1970年以后的地震则多分布在恩平、台山的合山、上川岛、下川岛、珠海的斗门、高栏岛、三灶岛和深圳等沿海的北东东向小震密集带，但是地震的频率低、强度不高。担杆岛震级5.75级的最强地震，就发生在沿海地震带南侧，与浅海—海南岛地震带接触带上。地震序列分为1370—1690年、1690年至今两个地震活动周期，能量大释放时间（1584年、1874年）间隔为290年。

**2. 地震活动特征**

粤港澳大湾区地震活动的空间分布特点：①由沿海至内陆，地震活动由强渐弱，破坏性地震主要分布在珠江三角洲南、北西侧，中部少；②最强地震受北东向活动断裂控制，且常发生在北东、北西或东西向两组断裂交接复合部位；③震级大于或等于4.5级的地震多数分布在珠江口断裂以西；④震级为2～4级的小震主要集中在高要、肇庆、恩平、台山、上下川岛、宝安等珠江三角洲外围，并沿高要、开平苍城、西江等活动断裂呈北东、北西向条带状分布，珠江三角洲中部平原佛山、中山等地较少；⑤根据1970—2009年地震频度空间分析，1990年以后，珠海、斗门和深圳、担杆岛附近两个区域的地震活动频度有增强之势。粤港澳大湾区地震动参数如图6-4所示。

**3. 区域地壳稳定性特征**

（1）粤西、粤北稳定区（Ⅰ）。

该区域地形地貌以丘陵为主，部分为低山和台地。地壳结构为块状结构，岩土体为坚硬/次坚硬，该区域的地震动峰值加速度≤0.05$g$（$g$为重力加速度，$g$=9.8m/s$^2$），地震烈度≤Ⅵ度。自有历史记录以来，该区域最大震级地震为1558年封开的Ms为5.5的地震，该地震后未发生过5级以上地震，说明断裂活动性低，地壳稳定性好。

（2）广东沿海较稳定区（Ⅱ）。

该区域的地壳结构为镶嵌结构，岩土体为次坚硬/软弱，地貌以丘陵为主，该区域有多组北东向、东西向断裂通过，同时还有生成较晚的北西向断裂穿插，但其活动性并不高。该区域的地震动峰值加速度为0.05$g$，仅沿海一带为（0.10～0.15）$g$，地震烈度基本为Ⅵ度，区域内地震多为Ms≤5的中小地震，最大地震为1911年的6级地震，位于大亚湾东南区域，1970年以来未发生过Ms≥5的地震，地壳相对稳定。

（3）珠江三角洲稳定性较差区（Ⅲ）。

该区域是相对比较活跃的地块，被多组区域性断裂通过，地壳为块裂结构。北东向断裂有恩平—新丰断裂带、河源断裂带、莲花山断裂带，北西向断裂则为狮子洋断裂带、白坭—沙湾断裂带。北部边界受高要—惠来断裂带控制。这些断裂带规模大、有相当的活动性。该区域的地震动峰值加速度为0.10*g*，局部地区为0.05*g*，地震烈度为Ⅶ度。自有历史记录以来，共发生Ms≥4的地震17次，最大震级Ms为5级，该区域的地壳稳定性较差（原国土资源部中国地质调查局，2017）。

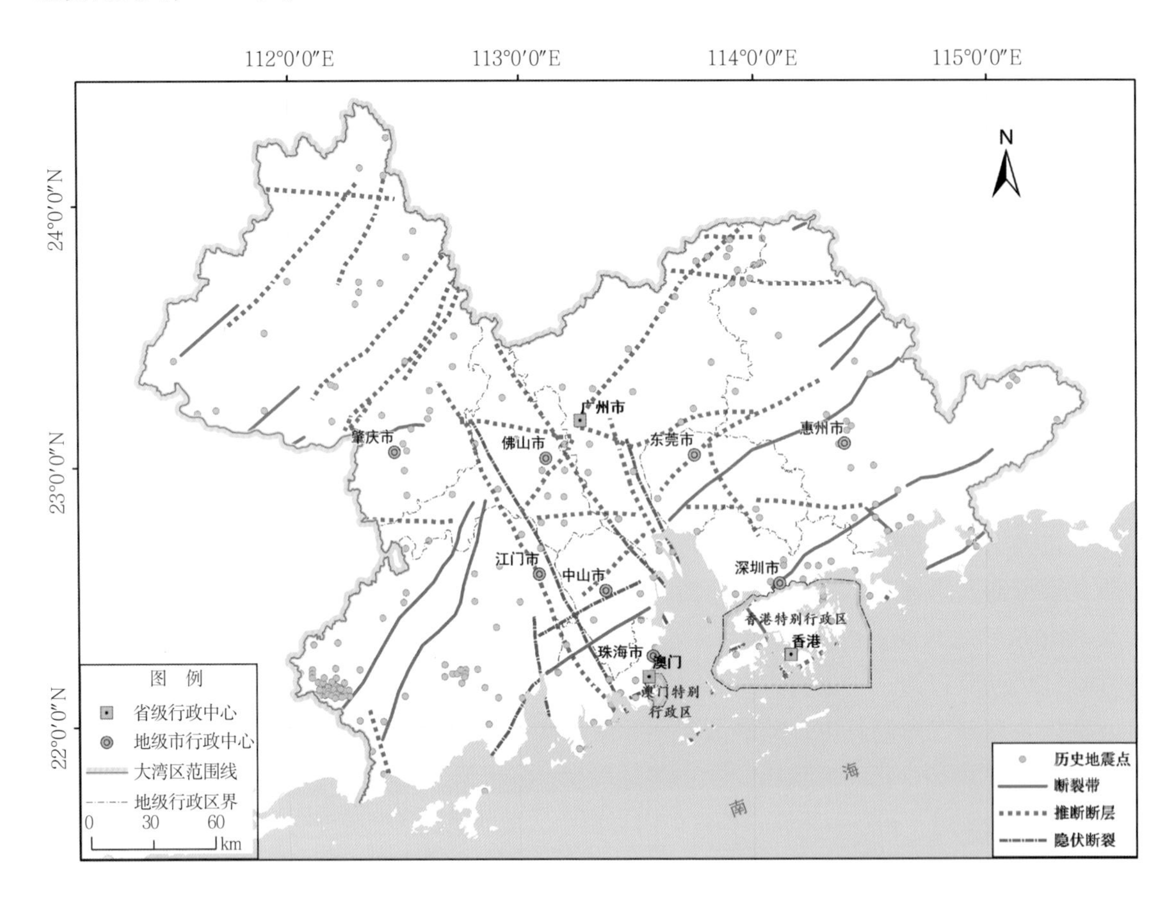


图6-4　粤港澳大湾区断裂带和地震分布图（原国土资源部中国地质调查局，2017）

## 五、水文地质环境

据1：200000区域水文地质调查，粤港澳大湾区的地下水主要有松散岩类孔隙水、红层盆地碎屑岩类孔隙裂隙水、山地丘陵碎屑岩类孔隙裂隙水、碳酸盐类溶洞水、碳酸盐夹碎屑岩类裂隙溶洞水、火山岩类孔隙裂隙水、侵入岩类裂隙水和变质岩类裂隙水共8种类型。松散岩类孔隙水主要分布在珠江三角洲冲积、海积平原区，其次为西江、北江、东江、潭江、流溪河等河谷平原。红层盆地碎屑岩类孔隙裂隙水主要分布于广三盆地、台开恩盆地、东莞盆地、白盆珠盆地、怀集等地段。山地丘陵碎屑岩类孔隙裂隙水广泛分布于大湾区的东北、西部和南部丘陵区。碳酸盐类溶洞水、碳酸盐夹碎屑岩类裂隙溶洞水主要分布于肇庆、花都等地。火山岩类孔隙裂隙水零星分布于大湾区的东部惠东、南部开平等地。侵入岩类裂隙水广泛分布于大湾区东部、西部和南部等山地丘陵区。变质岩类裂隙水主要分布于深圳、东莞、广州和惠州等地。山地丘陵碎屑岩类孔隙裂隙水、侵入岩类裂隙水和变质岩类裂隙水在大湾区内分布面积较广，且富水程度中丰富和中等的比例高，其具有供水价值。

大湾区地下水水质存在明显的区域分布差异。低山丘陵区、残丘台地区以及西江、北江、东江、潭江、流溪河等河谷平原地下水为淡水；三角洲平原、滨海平原地下水普遍为微咸水（矿化度1.0～3.0g/L）、半咸水（矿化度3.0～10g/L）、盐水（矿化度＞10.0g/L）；在降雨入渗下，局部地区出现上淡下咸水。

大湾区平原区铁质水较丰富，部分地段松散岩类孔隙水铁离子含量普遍较高。此外，三角洲平原区高铵地下水发育，主要分布在九江、陈村、市桥一线，狮子洋以西，中山以北和新会以东地区。

# 第二节　地质灾害

## 一、地质灾害类型

粤港澳大湾区地质灾害中崩塌、滑坡、泥石流及岩溶塌陷均具突发性，可冲毁建筑设施，造成重大损失或人员伤亡，崩塌、滑坡几乎遍布各地区，其规模不等；岩溶塌陷多发生于北东和北西向活动断裂交汇处，以及城市建设和采矿区，以土层塌陷为主，广州最多，其次为佛山、肇庆、惠州、深圳、江门等地。地面沉降主要在珠三角入海口附近。

**1. 崩塌**

粤港澳大湾区崩塌地质灾害分布普遍，突发性强，常常造成人员伤亡和财产损失。崩塌活动的空间分布主要受斜坡地层岩性、地形地貌、地质构造、降雨和人类工程活动的控制。

崩塌空间分布受斜坡地层岩性控制。一般而言，具松散结构的残坡积土层、胀缩土和崩坡积土斜坡地带崩塌分布最广泛，这主要是松散岩类斜坡岩性软弱、抗剪强度低，在降雨及人类工程活动影响下容易产生斜坡变形，从而产生崩塌活动；岩浆岩类斜坡崩塌主要分布在全、强风化层地带内；变质岩类斜坡、碎屑岩类斜坡和碳酸盐岩类斜坡以小型块状岩质为主，多沿节理裂隙发生，特别是在软硬相间的岩层中易产生崩塌活动。

崩塌空间分布受地形地貌控制。粤港澳大湾区地形地貌形态复杂，中、低山区斜坡，丘陵地带斜坡和河流岸坡一带的崩塌数量较多，特别是河流深切峡谷地段，边坡陡峭，坡面形态各异，这为崩塌的形成提供了良好的临空面环境。

崩塌空间分布受地质构造控制。软硬相间岩层组成的背斜和向斜轴部山体斜坡，其块体岩质崩塌分布较广泛；新构造运动的差异，导致区域内山体斜坡的岩土结构特征的差异性大，地壳上升幅度大的山区，沟谷切割强烈，地壳变形和地形地貌改造程度高，其斜坡地带崩塌地质灾害的数量多、规模也较大；现今活动断裂带展布地段的山体斜坡中各种软弱结构面发育，斜坡稳定性差，崩塌常常集中发育。

崩塌空间分布受降雨控制。在特定的斜坡地质环境中，崩塌地质灾害的空间分布严格受降雨强度和降雨时间长短的控制。

崩塌空间分布受人类工程活动控制。山区、丘陵地带农村居民切坡建房地带斜坡，崩塌密集发育；沿海城市丘陵斜坡地带开发强度大，雨季崩塌灾害多；铁路及公路干线边坡崩塌分布广泛，危害较大；采石场遍布各地，以珠江三角洲城市地带最多，形成的崩塌以岩质块石崩塌为主，突发性强，常造成人员伤亡。

2. **滑坡**

粤港澳大湾区滑坡分布广泛，其规模以中、小型滑坡为主。滑坡的空间分布特征从整体上看，呈现出区域性滑坡分布的不均匀性；从局部上看，又呈现出小范围滑坡分布的集中性。滑坡空间分布和时间分布主要受斜坡地层岩性、地质构造、地形地貌、斜坡水文地质结构和降雨活动以及人类工程活动的控制。

滑坡空间分布受斜坡地层岩性控制。从地层岩性上看，滑坡主要分布于软弱岩层、软硬相间的岩层、松散堆积层、坡残积层及全、强风化岩斜坡地带，这些易滑地层岩性组成的斜坡岩土体结构松散、裂隙发育，降雨及其地表径流主要沿斜坡岩土体裂隙下渗，极易产生滑坡活动。

滑坡空间分布受地质构造控制。地质构造对滑坡空间分布规律的控制作用以断裂构造最为明显，受断裂构造影响的滑坡多形成于山区河谷下切或上升运动较强烈的地区，常常具有多期滑动的特征，且滑坡的边界与滑动面往往追踪斜坡地质体内部的软弱层带、结构面及断层破碎带发育。

滑坡空间分布受地形地貌控制。滑坡主要分布在地形切割强烈的低山、丘陵和河流两岸地带，特别是堆积厚度较大的斜坡易产生滑坡。图6-5至图6-7为斜坡坡度、高程和坡型与滑坡空间分布特征的分类统计结果。

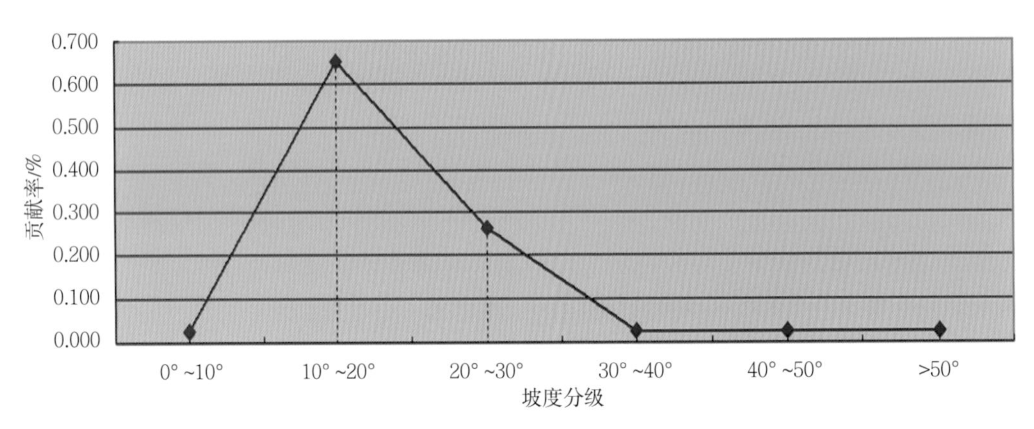


图6-5　滑坡坡度贡献率分析

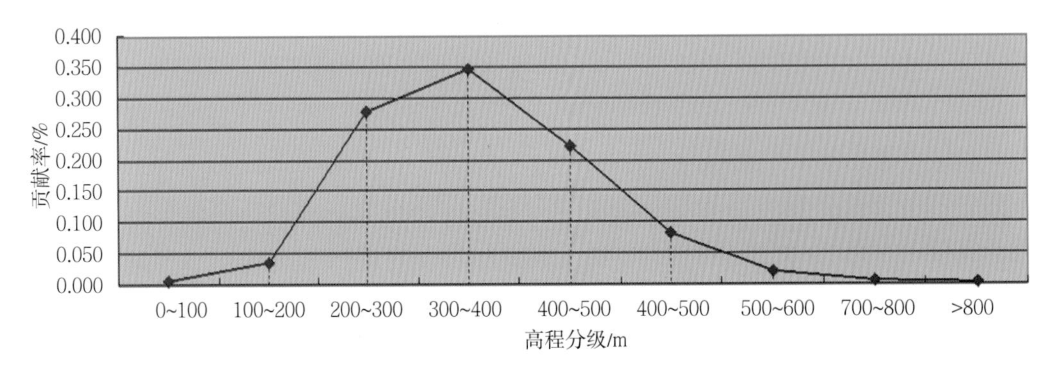


图6-6　滑坡高程贡献率分析

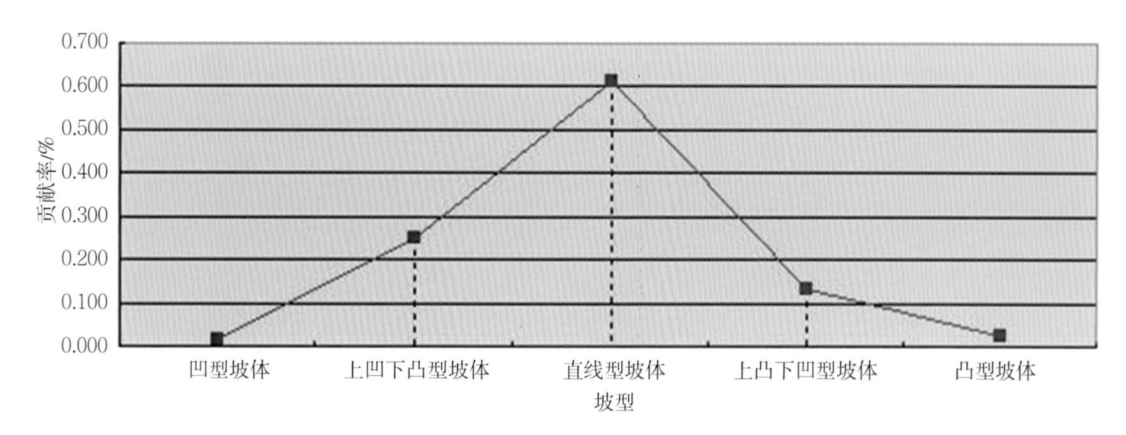


图6-7　滑坡坡型贡献率分析

从斜坡坡度和滑坡灾害空间分布关系可以看出，滑坡在10°～20°的坡度区间贡献率最高，其次为20°～30°的坡度区间，10°以下和30°以上的斜坡坡度对滑坡的贡献率均较低；从斜坡高程和滑坡灾害空间分布关系可以看出，滑坡灾害主要分布在斜坡高程300～400m之间的斜坡地带，其次为200～300m的斜坡高程，高程在100m以下和700m以上的滑坡分布稀疏；从斜坡坡型和滑坡灾害空间分布关系可以看出，直线型坡体对滑坡的贡献率最高，其次为上凹下凸型坡体、上凸下凹型坡体，而单独的凹形坡体和凸型坡体对滑坡的贡献率不高。

滑坡空间分布沿铁路、公路沿线呈带状分布。近年来，随着铁路及公路的大量兴建，交通条件日益改善，但随之而来的沿铁路及公路地带的经济开发的强度和各类工程活动的规模愈来愈大，在高强度的人类工程活动作用下，铁路及公路边坡地带产生了大量的滑坡，滑坡常呈带状集中分布。

将公路、铁路的线状图层按5 km的缓冲距离进行缓冲分析（图6-8），可以看出，距公路、铁路距离<5 km对滑坡的贡献率最大，随着距公路、铁路距离的增加，滑坡的空间分布越稀疏，当距离>20 km时，滑坡零星分布。

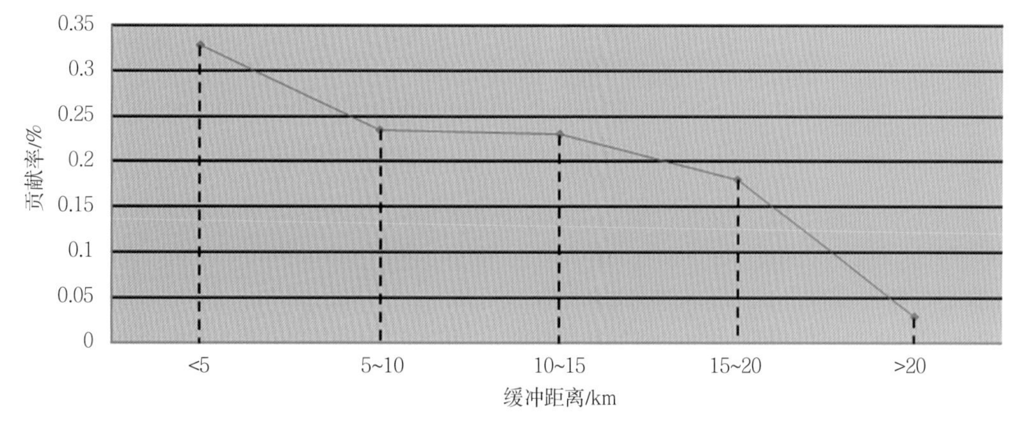


图6-8　滑坡距离线状图层的贡献率分析

滑坡时间分布受降雨活动影响。滑坡明显受降雨的控制，区域滑坡活动与年降雨量分布特征呈正相关。同一年度内滑坡活动的时间分布主要集中在6～10月，总体上呈正态分布形式。

滑坡空间分布特征受人类工程活动的控制。随着区域经济建设的快速发展，人类的各种工程活动规模日益扩大，特别是高速公路、铁路、大中型水库和大面积切坡建房工程的实施，不仅产生了许多新滑坡，而且诱发了较多的老滑坡复活。2015年12月20日，深圳光明新区的红坳余泥渣土受纳场发生了特别重大滑坡事故，造成73人死亡、4人失踪，直接经济损失约8.8亿余元（高杨 等，2019）。

**3. 泥石流**

整体来看，粤港澳大湾区泥石流灾害相对较少，其发育规律具有如下特征：

泥石流多沿中、低山沟谷地形发育。泥石流灾害的发育必须要有陡峻的地形地貌条件、固体物源条件和水动力条件。

泥石流灾害多沿易风化软弱地层沟谷发育。易风化软弱岩石组成的沟谷斜坡，软弱岩层强度低、抗风化能力差，导致其风化残坡积土厚度大，结构松散，在降雨作用冲刷和冲沟汇集洪水的冲击下，斜坡稳定性程度降低，易产生崩塌及滑坡，为泥石流的形成提供了丰富的固体物源，促使泥石流灾害发生。

泥石流灾害的分布与人类工程活动密切相关。近年来，人类工程活动规模的日益扩大，给泥石流灾害提供了大量的固体松散物质储备，如修建公路及铁路的弃土弃渣、矿山开采过程中的尾矿堆积物、毁林开荒导致裸露山体面积增加及水土流失强度变大等，都会给泥石流灾害提供大量的固体物质来源，在强降雨作用下极易导致泥石流发生。

泥石流灾害常与崩塌、滑坡伴生发育。崩塌、滑坡密集发育的沟谷地带，可为泥石流活动提供丰富的物质来源和地形条件，在强降雨诱发下易形成泥石流灾害。例如，1997年5月8日，广州花都区梯面镇发生崩塌及滑坡80余处，并伴生多处泥石流灾害，其中以五联村泥石流灾害最为严重，共造成16人死亡、265人受伤，倒塌房屋1 070间，毁坏工厂5座，受灾人口约为1.2万人，初步估计经济损失达1.2亿元；与梯面镇相邻的从化鳌头镇共发生崩塌、滑坡及泥石流100余处，毁坏公路35 km及桥梁、涵洞30座，倒塌房屋6 000多间，共造成61人死亡、5人失踪，直接经济损失约2.3亿元（易顺民 等，2010）。

**4. 地面塌陷**

珠三角可溶岩分布面积达2 658 $km^2$，其中岩溶塌陷易发区1 937 $km^2$，主要分布于广州白云区、花都区，佛山南海区、三水区，肇庆高要区、怀集县，深圳龙岗区和盐田区（原国土资源部中国地质调查局，2015）。

地面塌陷地质灾害以覆盖型岩溶塌陷为主，其次为矿山采空塌陷。地面塌陷的分布特征受隐伏岩溶发育程度、地质构造、覆盖层岩土结构特征、水文地质环境和人类工程活动等的控制。

地面塌陷分布特征受隐伏岩溶发育程度的控制。隐伏岩溶发育程度是控制地面塌陷的主要因素，塌陷与可溶岩和上覆土层接触界面地带的土洞，可溶岩浅层的溶槽、溶沟及溶洞发育程度等密切相关。

地面塌陷分布特征受地质构造的控制。地面塌陷的空间分布与地质构造的发育程度密切相关。断裂构造特别是断层破碎带地段的岩石裂隙密集，既是岩溶发育带，又是地下水径流作用强烈地带，岩溶发育程度高，在自然因素及采矿大量抽排地下水的情况下，极易产生地面塌陷。

地面塌陷分布特征受覆盖层岩土结构特征的控制。覆盖层岩土结构特征不仅控制地面塌陷的孕育、扩展和破坏的形成过程，而且还控制地面塌陷的形态特征。从覆盖层厚度看，地面塌陷主要集中于0～20 m厚的覆盖层地带；从覆盖层岩性特征看，除砂砾石地层塌陷数量相对较少外，地面塌陷在残坡积黏土、冲洪积黏土、含砾粉质黏土及粉质黏土夹粉土细砂层中均有分布；从覆盖层结构特征看，单层结构、双层结构和混杂堆积结构的覆盖层地带地面塌陷的分布数量最多。

地面塌陷分布特征受水文地质环境控制。地面塌陷分布地带的水文地质结构和地下水径流作用特征是控制地面塌陷的重要因素。从区域上看，无论是自然塌陷，还是抽取地下水及矿井疏干排水引起的地面塌陷，其塌陷坑和地面变形都集中分布于地下水降落漏斗中心及附近地带，这主要是由于在地下水降落漏斗范围内，地下水径流强烈，水力坡降加大，地下水流速明显加快，导致地下水对覆盖层中的松散沉积物及溶沟、溶洞充填物质的潜蚀作用加强，易在降落漏斗中心地面集中形成塌陷灾害。

地面塌陷分布特征受人类工程活动的控制。人类工程活动对地面塌陷空间分布特征的控制作用明显，开采岩溶地下水、矿坑突水、采矿抽排地下水及矿山地下开采形成的大面积采空区是地面塌陷灾害的主要诱发因素。

**5. 地面沉降**

粤港澳大湾区内软土分布面积达 11 187 $km^2$，其中，地面沉降累计大于50 cm的区域761 $km^2$，主要分布于鹤山市以北的平原区，中山横门水道两岸及港口镇北东、浪网镇南西一带，江门双水-睦洲一带，中山坦洲，珠海斗门白蕉镇、红旗镇和三灶镇一带，深圳沙井镇一带；沉降量 10～50 cm的区域5 587 $km^2$，分布于佛山三水-高明-南海-广州片区的北江两岸及西江东岸一带、均安-顺德-石楼-麻涌以南至珠江入海口、江门市以南的西江和潭江两岸至出海口区域、恩平南部横陂-北陡-台山沙栏一带沿海区域等；沉降量小于10 cm的区域 4 839 $km^2$，主要分布于北江、西江、东江及潭江两岸。

软土的工程地质特征是控制软土地面沉降的内因。软土普遍具有含水量高、孔比大、压缩性高、承载力低、易触变流动、变形持续时间长等特点，且工程地质性质差，这些均是导致软土地面沉降的内在因素。

人类工程活动是控制软土地面沉降的外因。①软土分布地带修建多层和高层建筑物，如地基处理不当，可形成严重的软土地面沉降；②软土分布地带大规模地兴修高等级公路和进行地下空间开发，也是导致软土地面沉降的重要因素；③软土地面沉降与沿海地带的填海造地工程活动密切相关。沿海地带特别是珠江三角洲沿海地带的大规模填海造地活动区域，已成为城市发展的重点区域，如深圳湾、深圳宝安机场、深圳大铲湾、珠海西区、广州南沙经济开发区等，这些填海造地的软土分布区域都不同程度地存在较大面积的地面沉降。

## 二、地质灾害特点和影响因素

**1. 地质灾害隐患点分布特征**

粤港澳大湾区地处中国东南沿海，北部丘陵山地多，地势起伏大，地形切割强烈，地质构造较为复杂，地质环境脆弱，地质灾害点多面广、活动频繁，崩塌、滑坡、泥石流等虽然规模较小，但是突发程度高，极易形成重大的人员伤亡案件，对人民群众的生命、财产安全构成了极大的威胁和危害。根据广东省2019年度地质灾害防治方案，2019年粤港澳大湾区地质灾害隐患点如表6-1所示。

表6-1　粤港澳大湾区2019年地质灾害隐患点

| 城市 | 地质灾害隐患点总数情况 | | | 其中威胁100人以上地质灾害隐患点情况 | | |
|---|---|---|---|---|---|---|
| | 地质灾害隐患点总数 | 威胁人数/人 | 潜在经济损失/万元 | 地质灾害隐患点总数 | 威胁人数/人 | 潜在经济损失/万元 |
| 广州 | 633 | 14 797 | 49 682.1 | 15 | 4 705 | 15 491.6 |
| 深圳 | 29 | 378 | 9 615 | 0 | 0 | 0 |
| 珠海 | 135 | 1 220 | 8 429 | 1 | 150 | 150 |
| 佛山 | 179 | 2 306 | 14 356.7 | 0 | 0 | 0 |
| 惠州 | 152 | 13 267 | 54 514.5 | 13 | 11 337 | 36 558 |
| 东莞 | 334 | 1 160 | 8 309 | 0 | 0 | 0 |
| 中山 | 88 | 956 | 9 797 | 0 | 0 | 0 |
| 江门 | 68 | 830 | 9 617 | 0 | 0 | 0 |
| 肇庆 | 277 | 20 924 | 51 834.52 | 44 | 15 653 | 41 209.72 |

可以看出，在粤港澳大湾区中，广州地质灾害隐患点最多，占比为33.4%，其次为东莞和肇庆，占比分别为17.63%和14.62%，灾害隐患点最少的为深圳，占比仅为1.53%；在地质灾害威胁人数方面，肇庆地质灾害威胁人数最多，达到20 924人，占比为37.47%，其次为广州和惠州，占比分别为26.50%和23.76%，威胁人数最少的为深圳，占比仅为0.68%；在地质灾害威胁对象的潜在经济损失方面，惠州、肇庆和广州地质灾害的潜在经济损失均较大，分别达到54 514.5万元、51 834.52万元和49 682.1万元，占比分别为25.22%、23.98%和22.98%，而灾害潜在经济损失最小的为东莞，仅为8 309万元，占比为3.84%。地质灾害隐患点占比、威胁人数占比和潜在经济损失占比统计柱状图见图6-9。

其中，威胁100人以上地质灾害隐患点情况统计图如图6-10所示。可以看出，肇庆、惠州、广州和珠海分布有威胁100人以上的地质灾害隐患点，其中肇庆灾害隐患点占比、威胁人数占比和潜在经济损失占比均较大，分别达到了60.27%、49.15和44.12%。广州的隐患点总数占比为20.55%，相比惠州的17.81%要大，但是灾害威胁人数占比和潜在经济损失占比均较惠州小，前者占比分别为14.77%和16.58%，而后者占比分别为36.60%和39.14%。

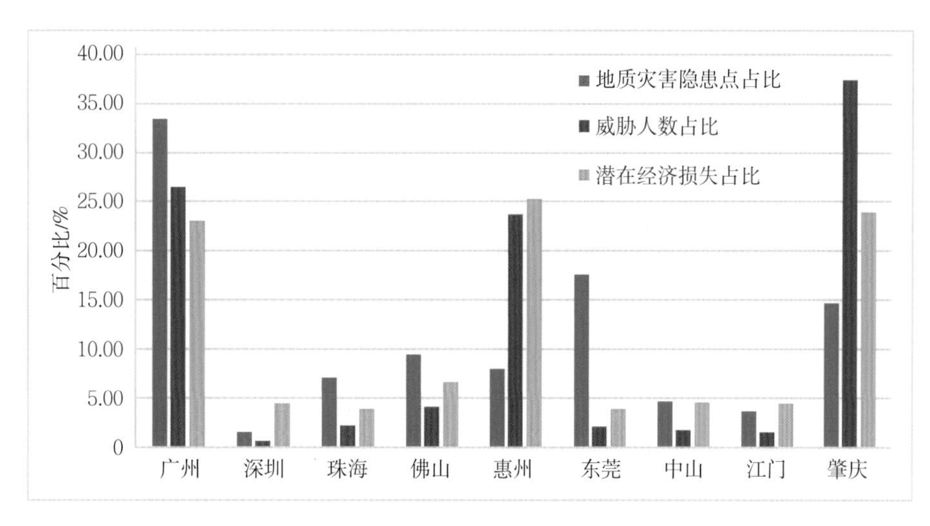


图6-9　2019年粤港澳大湾区地质灾害统计

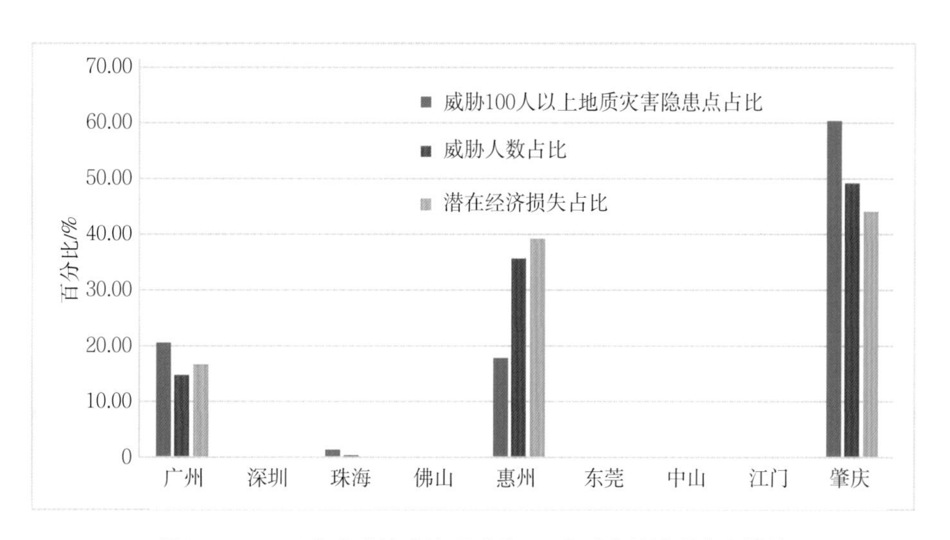


图6-10　2019年粤港澳大湾区威胁100人以上的地质灾害统计

**2. 已发地质灾害统计分析**

在前期充分搜集粤港澳大湾区地质、地层岩性、地形地貌、土地利用、植被覆盖、气象、水文、人类经济活动统计数据和地质灾害典型案例数据等方面的资料的基础上，进行相关数据矢量化、配准、属性库链接，并基于GIS平台分类建立粤港澳大湾区地质灾害数据库。主要包括以下两大类数据：

（1）基础数据，包括基础地理底图，用于反映粤港澳大湾区地形地貌、地质构造、岩土类型、植被、土壤、气象、水文、行政区划、社会经济和人口等信息的资料，这些空间数据反映了粤港澳大湾区地质灾害的形成环境和危害对象，并作为其他专题数据的基础支撑。

（2）专题数据，即滑坡、崩塌、泥石流、岩溶塌陷、地面沉降等灾害的各种专业性数据，如各类地质灾害发生时间、地点、类型、灾情，灾害防治规划和治理方案，此类数据主要反映地质灾害某一方面的专门内容。

上述两类数据均来自地形图、专题地图、统计手册和其他的资料载体（例如网络），它们具有空间属性、专题属性、时间属性和统计属性的特点，形成一个动态数据库，可以随时掌握粤港澳大湾区各地的基础背景信息、地质灾害信息，可以实现地质灾害空间数据的有效管理、查询和数据的分析处理，为地质灾害的风险评估和预警模型的建立提供基础，同时为地质灾害的减灾管理和防灾减灾提供支撑。

通过资料搜集，搜集到的粤港澳大湾区部分已发地质灾害实例如表6-2所示。已发地质灾害分布如图6-11所示。灾害现场图片如图6-12所示。

**表6-2　粤港澳大湾区部分已发地质灾害实例表**

| 山洪灾害发生位置 | 时间 | 灾害类型 | 灾情统计 |
| --- | --- | --- | --- |
| 肇庆广宁县谭布镇第四水电站 | 1985年10月31日 | 滑坡 | 死亡12人，经济损失100万元 |
| 肇庆四会县清塘镇陶矿坑口石场 | 1986年1月29日 | 崩塌 | 死亡9人 |
| 肇庆四会县黄田镇蚊帐布厂边坡肇庆 | 1992年6月10日 | 滑坡 | 死亡5人，直接经济损失约100万元 |
| 深圳下海林工业废物处理站 | 1999年8月27日 | 崩塌 | 死亡4人，受伤1人 |
| 广州花都市梯面镇五联村、联民村、石咀村及联丰村一带 | 1996年5月8日 | 泥石流 | 死亡16人，受伤265人，经济损失1.2亿元 |
| 广州从化市鳌头镇石咀至黄茅村 | 1996年5月8日 | 崩滑流 | 死亡62人，失踪10人，受伤150人，经济损失3.5亿元 |
| 江门恩平市茶水坑水库 | 1998年6月25日 | 泥石流 | 死亡40人，全部经济损失达5亿元 |
| 佛山南海市松岗镇南国桃园 | 2001年4月24日 | 崩塌 | 死亡8人，受伤3人 |
| 广州从化市105国道 | 2004年4月11日 | 崩塌 | 毁坏公路边坡及路基18处，直接经济损失560万元 |
| 深圳滨海制药厂西北侧 | 2005年8月22日 | 滑坡 | 深盐公路堵塞近18个小时 |
| 佛山南海区西樵山 | 2006年8月3日 | 泥石流 | 死亡8人，摧毁房屋51间，直接经济损失超过1.85亿元 |
| 深圳南山区深欧石场 | 2007年8月1日 | 泥石流 | 冲毁采石场道路300 m左右 |
| 佛山顺德区大良街道办大门村飞鹅山西南侧 | 2008年6月17日 | 滑坡 | 万家乐电缆厂、华丰不锈钢厂和志庆自行车零配件厂等工厂停产 |
| 深圳龙岗区布吉街道办木棉湾 | 2008年6月29日 | 滑坡 | 受死亡5人，受伤18人 |
| 深圳布吉街道办水径石场 | 2008年6月29日 | 泥石流 | 死亡3人，毁坏矿山采石设备 |
| 肇庆封开县渔涝镇石便村上棤留山 | 2013年6月11日 | 崩塌 | 死亡3人，经济损失20万元 |
| 肇庆高要市 | 2014年3月31日 | 滑坡 | 死亡6人，受伤1人 |
| 肇庆广宁县江屯镇新坑村委深坑养殖场 | 2015年10月5日 | 崩塌 | 死亡2人，受伤1人 |
| 深圳光明长圳洪浪村 | 2015年12月20日 | 滑坡 | 造成多栋楼坍塌、58人遇难 |

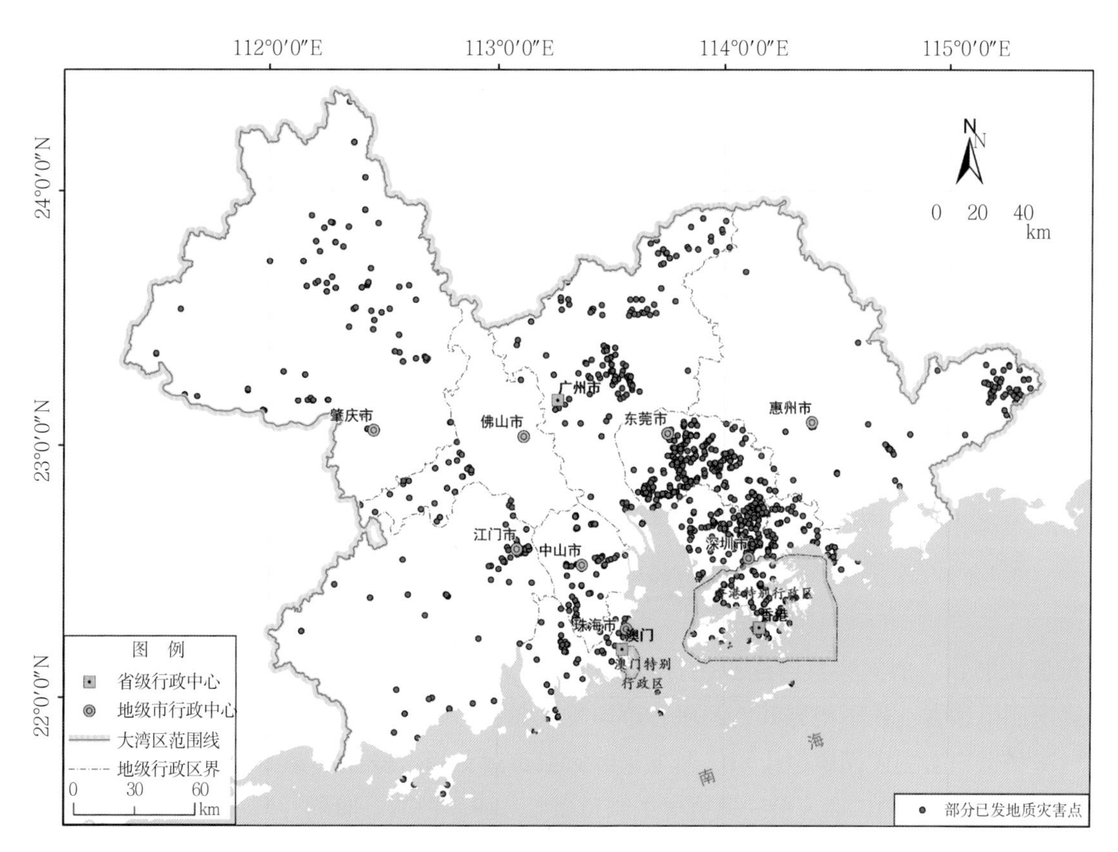


图6-11　粤港澳大湾区部分已发地质灾害分布

深圳光明长圳洪浪村滑坡

广州白云区同和街道崩塌滑坡

肇庆山体滑坡

佛山山体滑坡

图6-12　粤港澳大湾区地质灾害实例

将搜集到的地质灾害数据放在ArcGIS中进行统计分析，结果如图6-13和图6-14所示。可以看出，已发地质灾害中，肇庆地质灾害最多，占比达到了60.99%，灾害分布密度为0.012 3个/ $km^2$；其次为广州，地质灾害占比为18.21%，灾害分布密度为0.007 4个/ $km^2$；惠州地质灾害占比为12.5%，但是灾害分布密度为0.003 4个/ $km^2$，小于江门的灾害分布密度（0.005 0个/

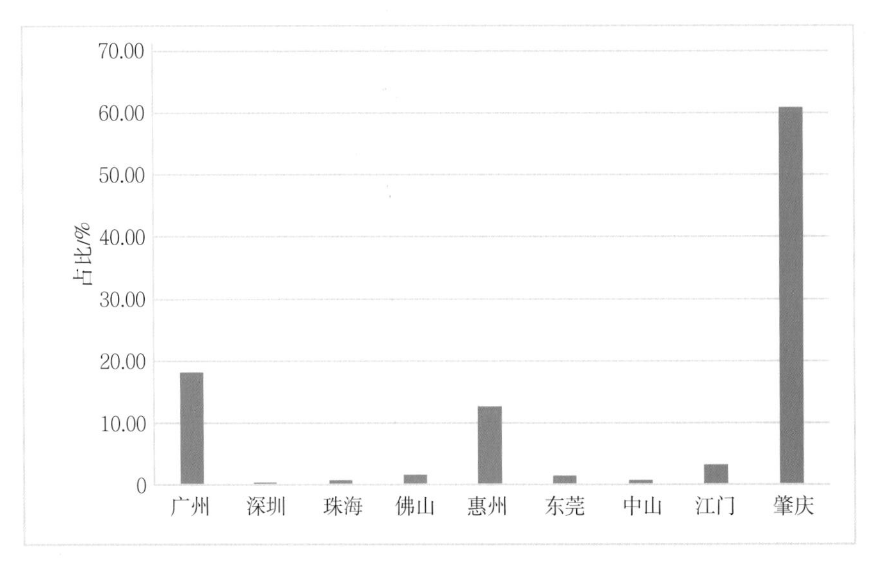


图6-13　粤港澳大湾区已发地质灾害占比

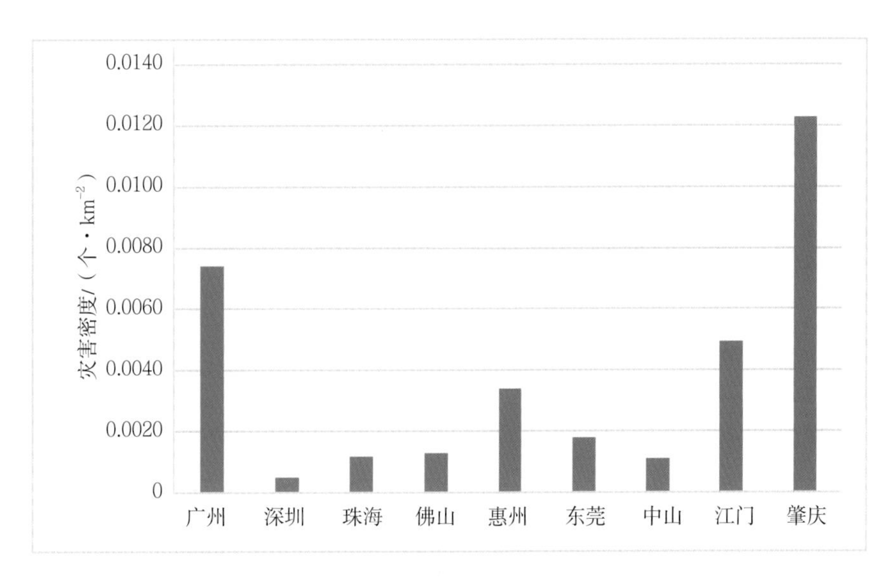


**图6-14　粤港澳大湾区已发地质灾害分布密度**

$km^2$）；灾害占比最小的为深圳，仅为0.33%，灾害分布密度为0.000 5个/ $km^2$；中山和珠海，灾害占比均为0.66%，但是灾害分布密度分别为0.001 1个/ $km^2$和0.001 2个/ $km^2$，珠海灾害分布密度略高于中山。

**3. 地质灾害影响因素分析**

地质灾害的发生与地质条件、地形地貌条件、气候条件、水文条件、植被条件、人为活动条件等密切相关。基于已发地质灾害数据，选择相对高程、坡度、河网密度、地层岩性、多年24 h平均降雨量以及距水系距离6大主要影响因子，采用概率分析的方法，对灾害分布进行定量分析。

采用的概率分析方法如下：

$$P_i = \frac{N_i}{S_i} \qquad 式（6-1）$$

式中，$P_i$为灾害发生的概率；$N_i$为灾害栅格个数；$S_i$为总的栅格个数；$i$为影响因子。首先将影响因子进行分级，分别统计每个分级的栅格总个数以及每个因子分级中地质灾害的个数，然后通过上式，可以计算每个因子等级的灾害发生概率。

每个因子的分布如表6-3和图6-15所示，各因子与灾害关系的拟合曲线如图6-16所示。

**表6-3　因子选择表**

| 因子层 | 数据来源 |
|---|---|
| 相对高程 | 30 m DEM数据 |
| 坡度 | 30 m DEM数据 |
| 河网密度 | 30 m DEM数据 |
| 地层岩性 | 按地层岩性进行工程地质分类 |
| 多年24 h平均降雨量 | 广东省水文手册 |
| 距水系距离 | 水系缓冲 |

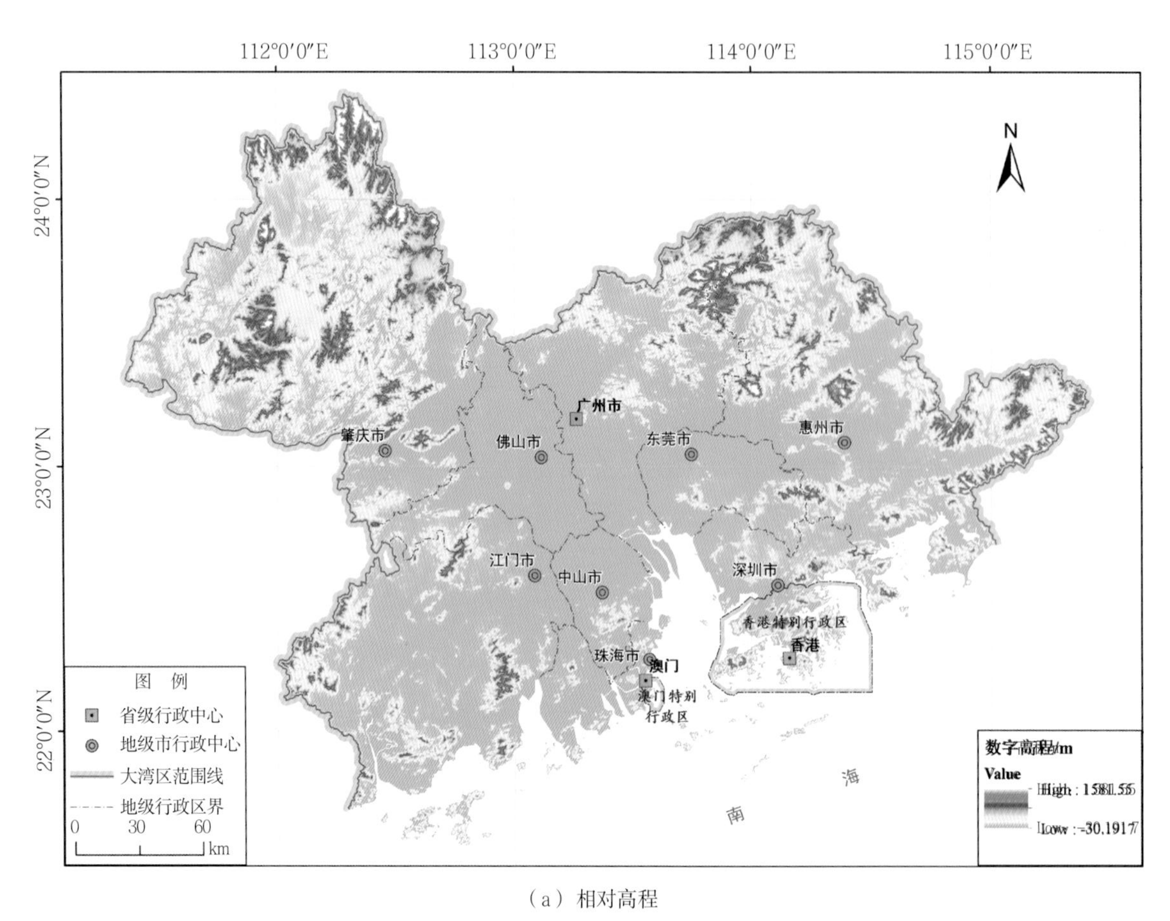
112°0′0″E
113°0′0″E
114°0′0″E
115°0′0″E
24°0′0″N
23°0′0″N
22°0′0″N
N
广州市
肇庆市
佛山市
东莞市
惠州市
江门市
中山市
深圳市
香港特别行政区
香港
珠海市
澳门
澳门特别行政区
图 例
省级行政中心
地级市行政中心
大湾区范围线
地级行政区界
0 30 60 km
南
海
数字高程/m
Value
High：1581.55
Low：-30.1917

（a）相对高程

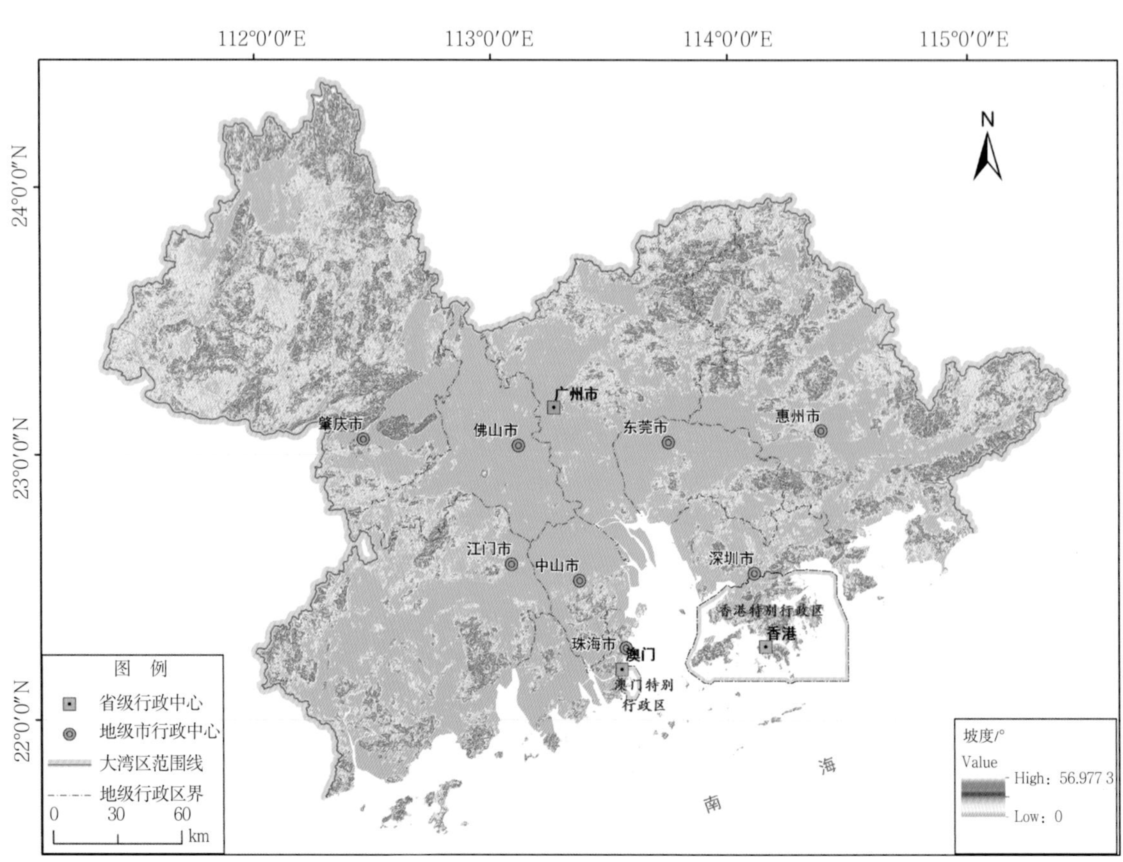
112°0′0″E
113°0′0″E
114°0′0″E
115°0′0″E
24°0′0″N
23°0′0″N
22°0′0″N
N
广州市
肇庆市
佛山市
东莞市
惠州市
江门市
中山市
深圳市
香港特别行政区
香港
珠海市
澳门
澳门特别行政区
图 例
省级行政中心
地级市行政中心
大湾区范围线
地级行政区界
0 30 60 km
南
海
坡度/°
Value
High：56.977 3
Low：0

（b）坡度

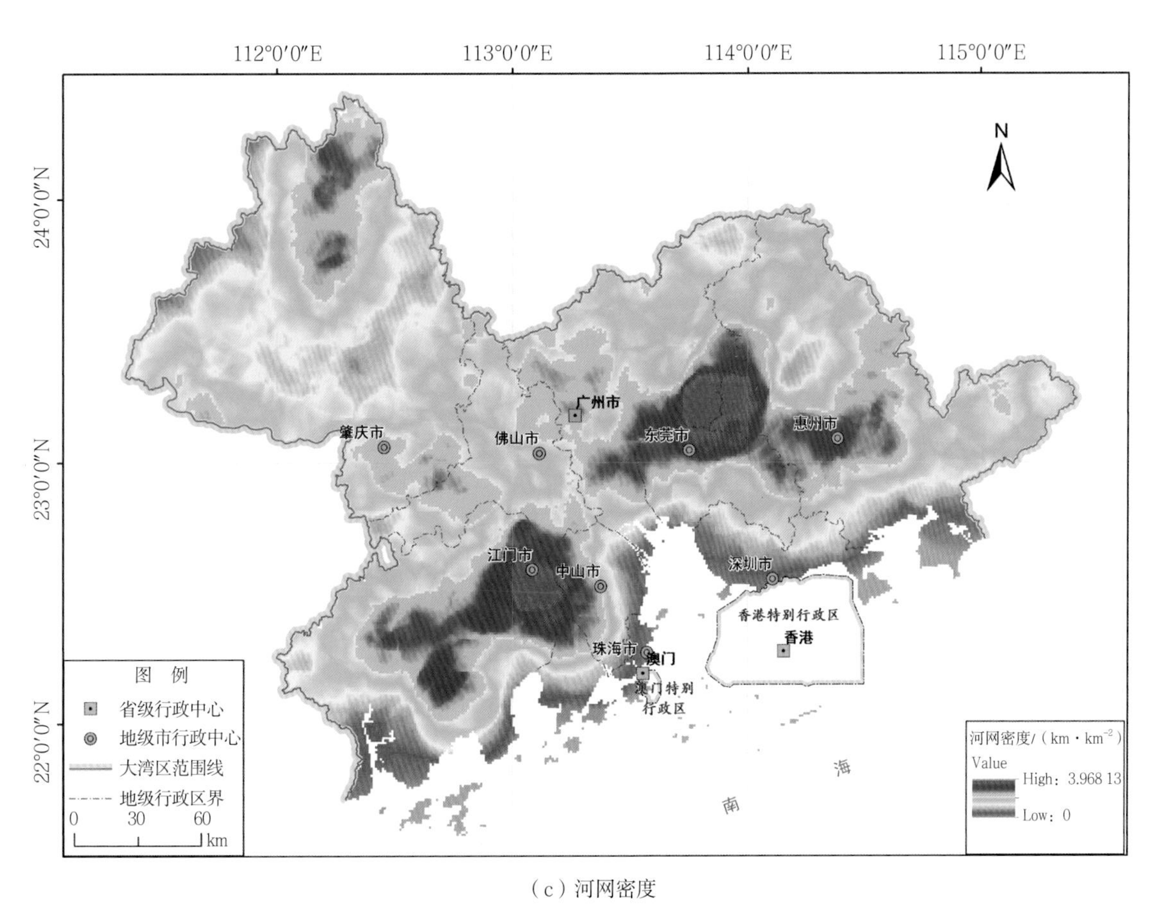
112°0′0″E
113°0′0″E
114°0′0″E
115°0′0″E
24°0′0″N
23°0′0″N
22°0′0″N
N
广州市
肇庆市
佛山市
东莞市
惠州市
江门市
中山市
深圳市
香港特别行政区
香港
珠海市
澳门
澳门特别行政区
南
海
图　例
省级行政中心
地级市行政中心
大湾区范围线
地级行政区界
0　30　60 km
河网密度/（km・km⁻²）
Value
High：3.968 13
Low：0

（c）河网密度

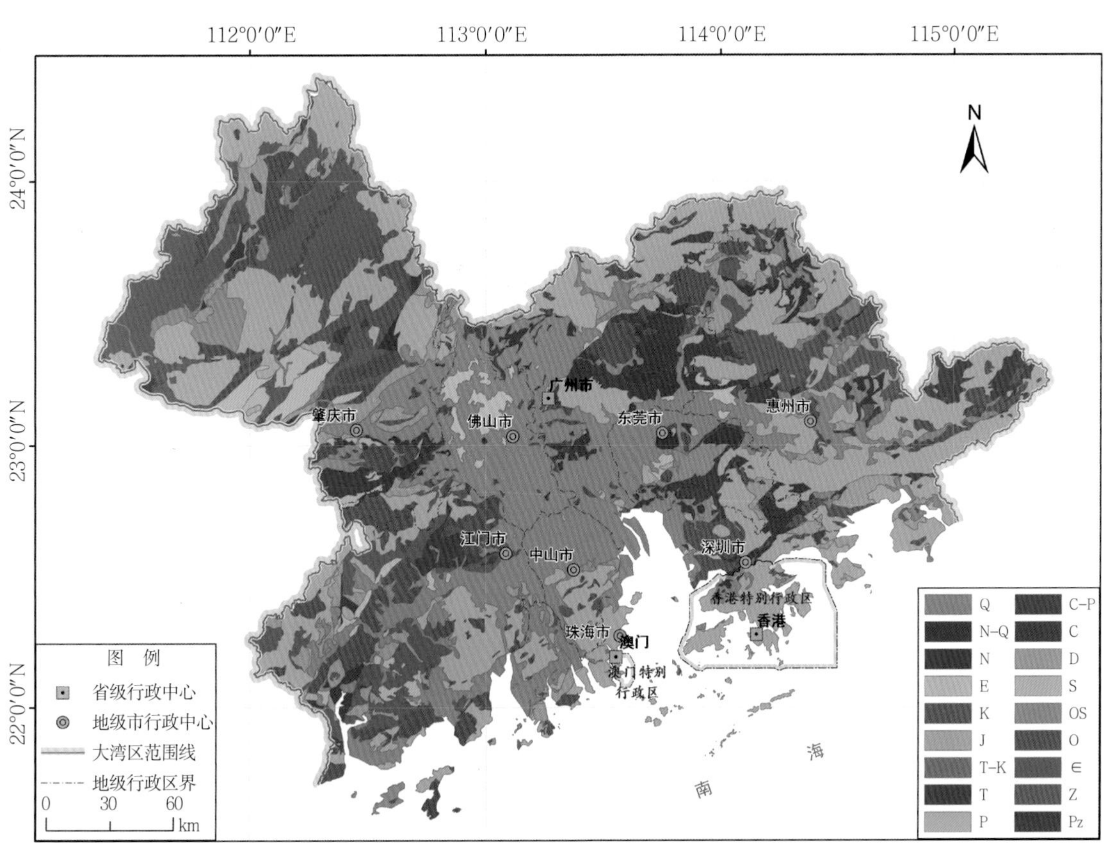
112°0′0″E
113°0′0″E
114°0′0″E
115°0′0″E
24°0′0″N
23°0′0″N
22°0′0″N
N
广州市
肇庆市
佛山市
东莞市
惠州市
江门市
中山市
深圳市
香港特别行政区
香港
珠海市
澳门
澳门特别行政区
南
海
图　例
省级行政中心
地级市行政中心
大湾区范围线
地级行政区界
0　30　60 km
Q
N-Q
N
E
K
J
T-K
T
P
C-P
C
D
S
OS
O
∈
Z
Pz

（d）地层岩性

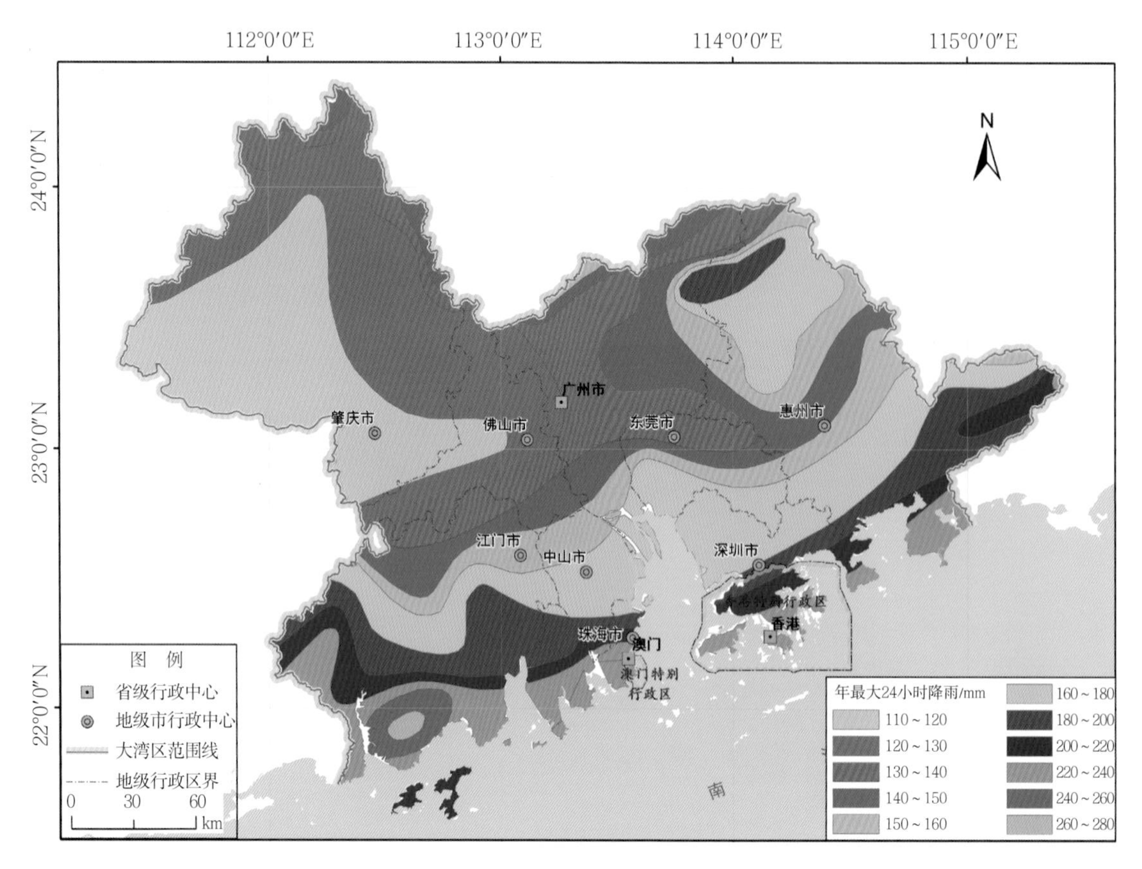


（e）多年24小时平均降雨量

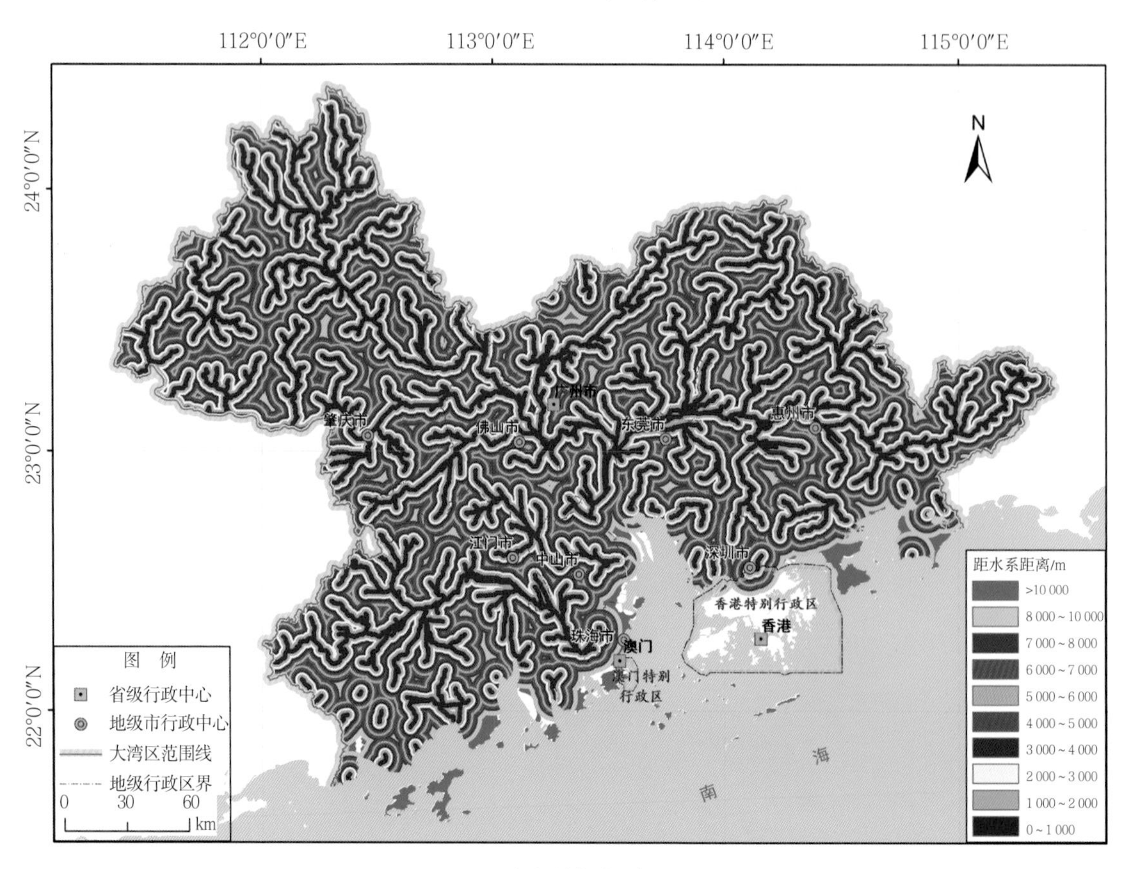


（f）距水系距离

图6-15　因子图层

经过统计分析，得到各因子层与灾害的概率关系（图6-16）。

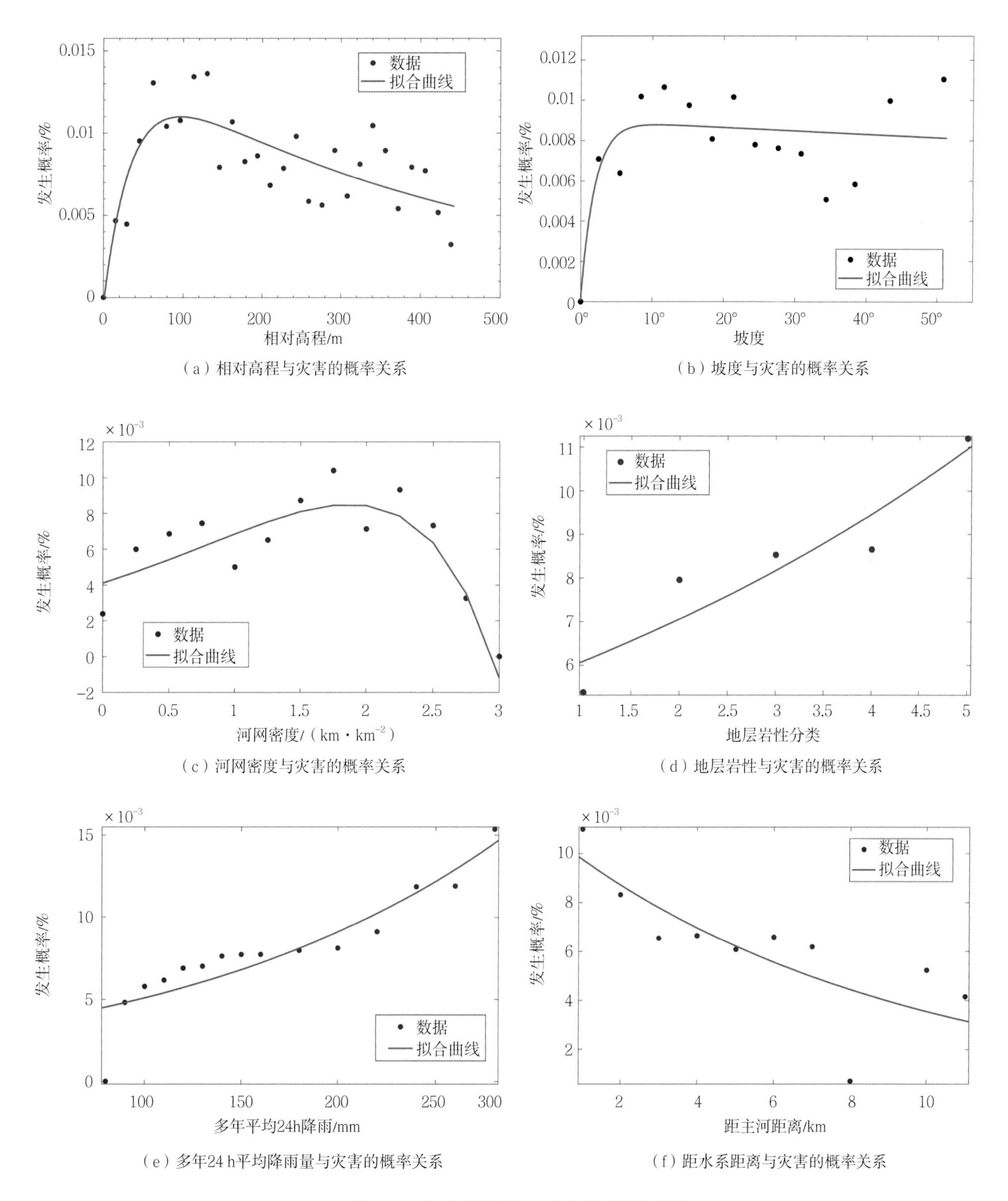


（a）相对高程与灾害的概率关系

（b）坡度与灾害的概率关系

（c）河网密度与灾害的概率关系

（d）地层岩性与灾害的概率关系

（e）多年24 h平均降雨量与灾害的概率关系

（f）距水系距离与灾害的概率关系

**图6-16　各因子图层与灾害的关系拟合曲线**

由图6-16可知，各因子图层与灾害的关系呈不同的曲线形式，总体而言可以用广义指数分布来表示。

## 三、地质灾害灾情特点

近年来，人类工程活动对地质环境的改造作用日趋强烈，导致各类地质灾害活动频繁发生，给粤港澳大湾区经济社会的可持续发展、人居安全等带来了很大的危害。从整体来看，地质灾害活动造成的人员伤亡数量较多、经济损失大、突发程度高，其受暴雨和人类工程活动作用的控制；从局部上看，由于粤港澳大湾区各地的地质环境和人类工程活动的强度差异大，造成不同地区地质灾害活动程度各不相同，其危害性具有明显的地域特征和区域性变化规律。

（1）地质灾害频发，人员伤亡惨重。粤港澳大湾区位于中国大陆最南端，地势北高南低，以中低山和丘陵为主，气候为亚热带季风气候，多年平均气温为22℃，多年平均降雨量为2 300 mm，雨期主要集中在4—9月。大湾区地质构造较为复杂，地势起伏大，人类活动强烈，地质环境脆弱，崩塌、滑坡、泥石流等地质灾害点多面广，活动频繁，虽然规模较小，但突发程度高，极易造成重大的人员伤亡和经济财产的损失。例如2015年12月20日，深圳市光明新区的红坳余泥渣土受纳场发生了特别重大滑坡事故，造成73人死亡、4人失踪，直接经济损失人民币8.8亿余元。

（2）破坏交通设施，中断交通运输。地质灾害具有突发性、成灾迅速，且毁坏大量的交通设施，对交通干线的运输安全造成了极大的危害。每年到了台风雨季，粤港澳大湾区各地的交通设施都会不同程度地受到地质灾害的破坏，特别是近年来兴建高速公路、铁路等人类活动对地质环境的破坏较大，造成地质灾害频发。例如2005年7—8月，深圳连降暴雨，8月22日深圳滨海制药厂西北侧发生滑坡，滑坡位于深盐公路切方边坡处，造成挡土墙顶部排水沟堵塞、断裂，挡土墙外鼓、开裂，人行道地砖隆起，深盐公路路肩开裂，导致交通十分繁忙的深盐公路堵塞近18个小时。

（3）毁坏耕地农田、工厂矿山。粤港澳大湾区耕地农田、各类矿山工厂较多，崩塌、滑坡、泥石流等地质灾害必将给耕地农田、矿山工厂等带来极大的危害。例如2008年6月17日，佛山顺德区大良街道办大门村飞鹅山西南侧山坡发生滑坡灾害，滑坡总体积约为93万$m^3$，滑坡严重威胁到万家乐电缆厂、华丰不锈钢厂和志庆自行车零配件厂等多家工厂与工人的生命和财产安全，导致工厂停产。

（4）毁坏水利工程，造成水库失效，航道堵塞。地质灾害活动经常毁坏大量的水利工程设施，特别是导致水库溃坝，常造成灾难性的后果，经济损失巨大，人员伤亡惨重。随着山洪携带的大量泥沙进入水库，水库淤积日益严重，库容大量淤损，直接影响水库的正常使用寿命。例如1970年，揭西县横洒水库因受7011号强台风影响，台风带来的大暴雨引起山洪灾害暴发，致使土坝渗漏、管涌而垮坝，库水下泄造成下游河婆镇的新四、婆南及下汤3个村庄的全部民房被冲毁，死亡人数超过百人，同时导致揭西、揭阳、普宁及陆丰等地的近百万亩农田受淹，损失惨重。

地质灾害的灾情具有以下主要特点：①地质灾害类型以崩塌、滑坡、泥石流、地面塌陷为主，规模以小型为主；②丘陵山区的花岗岩分布区，由于岩石风化土层厚度大，发生滑坡、崩塌和泥石流等地质灾害频率较高，造成人员伤亡和财产损失严重；③极端天气增多，在局部强降雨的作用下，特别是4—6月“龙舟水”及7—9月台风带来的暴雨，容易引发大规模群发性山体崩塌、滑坡和泥石流等地质灾害，造成较严重的人员伤亡和财产损失；④因工程建设等人为活动导致山体崩塌、滑坡和地面塌陷的地质灾害的发生频率呈上升趋势，并造成一定规模的人员伤亡和经济损失；⑤地质灾害死亡人员以外来人员和60岁以上老人居多。

# 第七章　城市群生态系统服务功能演变与驱动因素

## 第一节　生态系统服务功能评估概述

### 一、生态系统服务的研究背景

1978年改革开放以来，中国经历了世界瞩目的城市化与工业化过程。1978—2016年，城镇人口从1.72亿人增长到7.93亿人，年均增长率达9.47%。城市化水平从17.92%上升到57.35%。与此同时，城市数量也快速增加，地级市个数从1978年的98个增长到2016年的293个，市辖区个数从408个增长到954个。城市化水平的不断提升推动着经济社会的快速发展，持续改善着人们的物质生活水平，同时满足了人们日益增长的文化需求。截至2016年，国内生产总值达到74.36万亿元，人均可支配收入达到2.38万元，人均居民消费水平达到2.12万元。然而，快速的城市化进程给可持续发展带来了诸多挑战，如城市住房与基础设施的过度供给导致的“鬼城”现象（聂翔宇　等，2013），城市扩张带来的热岛效应和全球气候变暖问题（Defries et al.，2010；Chao，2009），等等。而当前最受人们关注并亟须政府和学界解决的问题，无疑是在城市扩张过程中，大量的耕地、林地以及水体等自然与半自然生态用地被建筑用地所侵占，对生态系统造成了严重破坏，阻碍了城市的可持续发展。

在快速城市化背景下，经济发展与生态环境之间的矛盾日益增长。为了实现可持续的发展道路，党和国家对生态文明建设的重视程度也不断提高。1992年6月，联合国环境与发展大会通过了全球可持续发展战略——《21世纪议程》。随后，国务院于1994年提出并批准了第一个国家级可持续发展战略——《中国21世纪人口、环境与发展白皮书》，要求经济社会发展应当遵循人与自然的和谐发展，承担起对社会、自然以及子孙后代的责任，并有与之对应的道德水准。2007年10月，党的十七大首次提出生态文明建设，强调“共同呵护人类赖以生存的地球家园”。2012年11月，党的十八大站在新的历史起点，做出“大力推进生态文明建设”的战略决策，并从10个方面深刻阐述了生态文明建设的具体内容，为我国未来可持续发展战略实施描绘了一幅宏伟蓝图。2015年10月，生态文明建设在十八届五中全会上首次被写入国家五年规划，习近平总书记再次强调了生态文明建设的重要性，提出应当将改善生态环境作为人们生活质量的增长点，让良好生态环境成为展示中国城市良好形象的发力点。2017年10月，在党的十九大报告中，习近平总书记提出“人类必须尊重、顺应和保护自然，人与自然是生命共同体”的倡议，同时指出了中国新时代现代化发展，既要提升经济水平以满足人们日益增长的物质需求，也要提供更优质的生态产品来满足人们对美好生态环境的需求，从而实现人与自然和谐发展的现代化。该报告从“推进绿色发展”“着力解决突出环境问题”“加大生态系统保护力度”和“改革生态环境监管体制”4个方面系统论述了生态文明建设的具体内容，为我国未来一段时期内绿色发展指明了路线图。可以看到，生态文明建设和绿色发展越来越受到党和国家的重视，并且已经成为国家顶层战略设计的重要内容，建设美丽中国已经成为未来发展“新常态”中至关重要的一环。

土地资源不仅为人类提供必要的活动和居住场所，而且为人类提供必要的物质基础和原材料。更为重要的是，土地生态系统为人类生存提供多种必要的非物质服务与功能，如气候调节、废物处理、土壤保护以及娱乐文化等。然而，作为城市化最主要的特征之一，城市的急剧扩张导致了大量的生态用地向建筑用地流转。越来越多的研究认为，城市扩张所引起的土地利用变化对土地生态系统服务的供给产生了显著的影响（Tolessa et al.，2017；Wang et al.，2017；Chaudhary et al.，2016；Pullanikkatil et al.，2016；Chuai et al.，2016；Wang et al.，2014；Wu et al.，2013）。更值得注意的是，土地生态系统服务不同于其他有形的商品或服务。这就导致了在城市化过程中，政府、企业以及个体往往缺少对这种特殊“商品”的关注，进而加剧了对生态安全的威胁。2005年，由95个国家的1300多名科学家花费4年时间完成的《生态系统与人类福利评估框架》（Millennium Ecosystem Assessment，2005）指出，地球上2/3的自然环境资源已经消耗殆尽，并且人类所依赖的生态系统中60%的部分正在经历持续恶化。该报告是由联合国环境规划署（United Nations Environment Programme，UNEP）联合世界卫生组织（World Health Organization，WHO）、世界银行（The World Bank）等多个组织开展的国际合作项目，其首次全面、系统地对全球生态系统进行了评估。随后，多个国家和组织成立了相应的生态系统服务评估和保护项目，旨在应对全球城市化背景下生态系统的持续恶化。如由联合国环境规划署（UNEP）牵头组织多个国家和利益相关方成立的生物多样性和生态系统服务政府间科学决策平台（Intergovernmental Science-Policy Platform on Biodiversity and Ecosystem Services，IPBES）为社会提供生态系统服务和生物多样性评估的有关服务；德国和欧盟委员会（European Commission）在他们所启动的生态系统和多样性经济项目计划（the economics of ecosystems and biodiversity，TEEB）中加入了更多生态系统服务的经济内容，为环保政策制定提供更科学的依据；欧洲环境署（European Environment Agency，EEA）开发的生态系统服务国际通用分类项目（the common international classification of ecosystem services，CICES）为自然资本核算提供一个系统、科学的层次结构分类。在这些国际组织的推动下，针对生态系统服务的价值评估已经逐步从理论走向实践，为我们研究生态系统服务价值对城市化的时空响应提供了扎实的理论基础和科学的核算方法。

综合上述背景，我们迫切需要对生态系统服务价值进行科学评估，在此基础之上，更需要深入探讨城市化与生态系统服务之间的内在关系，定量分析生态系统服务对城市化的时空响应，最终实现将生态系统服务价值纳入国家发展战略，从而为我国城市可持续发展提供科学的政策依据。

## 二、生态系统服务研究的现实意义

我国正处于快速城市化背景之下，生态环境问题已经成为当下亟须解决的重要问题之一。城市化通过建筑用地的急剧扩张和人类活动强度的提高对地区的土地结构和生态景观产生强烈影响，从而改变了原先的生态景观格局，最终阻碍了生态系统服务的可持续供给（Su et al.，2012）。生态系统服务为人类生存提供基本的原材料和物质基础，维持人类乃至整个全球生态圈的正常运作，为人类社会的发展提供最为重要的保障（De Groot et al.，2012）。因此，随着全球城市化进程的加深、生态系统的持续恶化，科学、准确地评估生态系统服务价值，并将其运用到可持续发展管理中已经成为各国政府部门和学术界关注的热门话题。城市化是我们国家经济发展的重要引擎，是社会发展的必然选择。然而，仅仅关注城市化所带来的经济效益，缺乏对生态效益的考量，将会给城市可持续发展带来巨大的威胁。城市系统是一个综合了社会、经济、能源和生态环境的复杂系统，各要素在城市化进程中存在复杂的相互作用和反馈机制。尽管已有研究探索了城市化与能源消耗（Fan et al.，2017）、碳排放（Franco et al.，2017）和社会发展（Zhang et al.，2015）等要素之间的关系，但值得注意的是，城市的急剧扩张所导致的大量生态用地被侵占已经严重威胁城市的生态安全。虽然土地利用规划政策被用来指导城市土地开发，然而这些政策往往缺乏对土地流转过程中生态系统服务价值变化的考量，从而导致了“劣田换良田，远田换近田”等一系列危害生态安全的现象，严重阻碍了城市的可持续发展。因此，对生态系统服务进行价值评估，并分析城市化对生态系统服务价值的影响机制，对实现科学土地规划和可持续发展尤为重要。

目前，大量研究已经从全球层面（Costanza et al.，1997）、国家层面（Li et al.，2016）、区域层面（Gao et al.，2017）和地区层面（Li et al.，2014）探讨了土地使用变化对生态系统服务价值的影响，这些研究极大地增进了人们对生态系统服务的认识。然而，这类研究简单地假设生态系统服务供给与土地覆盖类型之间存在线性关系，并未考虑相同土地覆盖类型所提供的不同的生态系统服务功能会随着不同的气候环境、生态条件以及人类活动而发生变化（马凤娇 等，2013）。这就使得基于土地使用变化所进行的生态系统服务价值评估结果缺乏可靠性，从而制约了生态系统服务价值在土地规划管理中的运用。城市化在带来社会经济繁荣的同时，也对生态系统服务的持续供给带来了巨大压力。以往的城市管理和城市规划往往忽视城市化对生态系统服务的影响，因此政策制定者需要综合考虑社会经济和生态环境两方面因素，进而为地区可持续发展做出正确的决策。更为重要的是，科学的政策制定与实施，首先需要探明城市化对生态系统服务价值变化的影响机制。因此，准确识别影响生态系统服务价值的关键城市化要素，并定量分析这些因素在不同时空条件下对生态系统服务价值的差异化影响，是实现生态城镇化战略的重要前提。“十三五”规划再次为城市化发展指出了详细路线图，新一轮规划涉及19个城市群，覆盖了中东部大部分地区和西部关键地区。可见未来城市化发展不再是地区或区域的局部发展，这就要求城市土地规划管理需要从一个更高的层面进行。然而，目前大多数土地生态系统服务价值研究集中在流域或者地区层面，缺乏对地区与地区之间空间效应的考虑，这会减弱地区生态管理的实施效果。因此，我们需要考虑城市间经济社会活动和生态环境的相互作用，进而为我国可持续发展提供科学的政策建议。

## 三、生态系统服务的理论发展历程

### （一）国外生态系统服务发展历程

第一阶段：生态系统服务研究酝酿阶段（20世纪60年代到80年代）。在生态学中，生态系统服务功能传统地指生态系统运作中一系列的生态过程（Loreau et al.，2004；Hector et al.，2007），它不关注是否对人类有用。然而，从20世纪60年代和70年代开始，研究开始将“functions of nature”定义为服务于人类社会的功能（Helliwell，1969）。在整个70年代和80年代，越来越多的学者开始用经济术语来描述生态问题，以强调人类社会对自然系统的依赖，提高了公众对生态系统保护的兴趣。1970年，联合国大学在*SCEP*（*Study of Critical Environmental Problems*）报告中首次提到了“service”一词，标志着生态系统服务研究的开始。随后，一大批学者对自然和环境的服务功能进行了开创性的研究（Ehrlich，et al. 1971；E.P.Odum，et al.，1972；Holdren et al.，1974）。“nature's service”一词首次在Westman（1977）的研究中出现，标志着自然环境服务的概念逐渐统一。而将自然环境服务最终确定为“ecosystem services”的是P.R.Ehrlich et al.，（1981），并且Ehrlich et al.，（1983）对这一概念进行了更加系统地介绍。

第二阶段：生态系统服务研究关键阶段（20世纪90年代）。这一阶段两项重要的研究成果真正将生态系统服务研究推向了生态经济学的前沿。1995年10月，一批著名学者在美国新罕布什尔州组织了一次会议，会议决定由Gretchen Daily负责主编*Nature's services：societal dependence on natural ecosystems*一书（Daily，1997），该书系统介绍了生态系统服务的概念、历史发展和经济价值评估，囊括了气候和生物多样性服务，所涉及的生物群落包括海洋、淡水、森林、草地和湿地，并且提供了具体生态区域的专题研究等。同年，*The value of the world's ecosystem services and natural capital*在*Nature*杂志上发表（Costanza et al.，1997）。这项研究由众多生态学家和经济学家共同合作完成，他们为生态系统划分了16个生物群落和17种生态系统服务功能，并采用荟萃分析法，首次对全球生态系统服务价值进行了系统性评估。这项研究的重要意义在于，他们明确了生态系统服务的概念，并且为生态系统服务价值评估提供了科学的理论基础和可行的核算方法。1998年，*Ecological Economics*杂志设立专刊对生态系统服务进行专题讨论（Toman，1998）。此后，一批研究围绕生态系统服务概念（Opschoor，1998；Chee，2004）、价值评估（Howarth et al.，2004；Sutton et al.，2002）、评估方法（Alexander et al.,1998；Curtis，2004）和功能类型（Hueting et al.，1998）而展开。

第三阶段：生态系统服务研究快速发展阶段（2005年至今）。随着20世纪90年代两项划时代研究成果问世，针对生态系统服务的研究才真正走向了科学研究的前沿，并且引起了政府和公众的广泛关注。多个国家和国际组织相继开展了专项的研究和保护项目，如国际科学联盟成立的全球土地计划（global land project，GLP）、联合国批准成立的生物多样性和生态系统服务政府间科学决策平台（IPBES）和欧盟提出的生物多样性保护战略等。其中，影响最为广泛的是由时任联合国秘书长安南宣布启动的“千年生态系统评估项目”（Millennium Ecosystem Assessment，2005）。该报告全面、系统地从多个尺度对全球生态系统服务及其对人类福祉的影响进行了评估，对当前生态系统状态做出了可靠评估，并且为政策制定者进行生态环保决策提供了充分的科学支撑。这一报告也激起了大批国外学者对生态系统服务的研究，研究内容包括各种空间尺度、多种生态系统类型、多种评估方法以及实践运用等（Bateman et al., 2011；Boyd et al., 2006；Cardinale et al., 2012；Ehrlich et al., 2012；Fisher et al., 2009；Naidoo et al., 2008；Nelson et al., 2009）。可以看到，国外对生态系统服务的研究起步于20世纪六七十年代，这一阶段的研究主要围绕生态系统服务的概念展开。在经历了长达30多年的探索后，直到Daily（1997）和Costanza et al.（1997）标志性成果的诞生，才引起了国际组织、各国政府和公众对生态系统服务的关注，并且极大地推动了生态系统服务研究的发展。

## （二）国内生态系统服务发展历程

第一阶段：生态系统服务研究起步阶段（1998—2002年）。相比于国外，国内对生态系统服务的研究起步较晚，基本是从Costanza et al.（1997）的研究成果公布之后才开始。1998年，刘晓荻将“生态系统服务”这一名词正式引入中国。随后，欧阳志云等（1999a，1999b）首次对我国陆地生态系统服务功能进行价值评估，采用了替代成本和影子价格等方法，对有机物生产、气体调节、营养物循环、水土保持、水源涵养和污染净化6种服务功能进行了经济价值评估。同年，他们对中国生态系统服务功能和评估方法进行了系统性的介绍，总结了8种关键的生态系统服务功能和3种常用的评估方法（欧阳志云 等，1999a，1999b）。这一阶段以欧阳志云和Costanza等人的研究为起点，学者们开始对中国林地（肖寒 等，2000；吴钢 等，2001；余新晓 等，2002）、草地（谢高地 等，2001）以及海洋生态系统服务功能（帅红 等，2002）进行了初步探索和评估。

第二阶段：生态系统服务研究兴起阶段（2003—2007年）。谢高地等（2003）通过对200位生态学家进行调查访问，对Costanza et al.（1997）的研究成果进行了修正，构建了中国生态系统服务当量因子表，进而估算了青藏高原生态系统服务价值。该当量因子表包括了6种一级生态系统和9种生态系统服务功能。此后，谢高地等（2003）的研究被广泛用于中国生态系统服务价值评估的研究中。这一阶段的研究以生态系统服务价值的评估为主，并从不同空间尺度和不同生态系统类型两个角度进行。其中，国际层面上，赵景柱等（2003）评估和比较了13个国家的生态系统服务价值。国家层面上，陈百明和黄兴文（2003）对中国生态系统服务价值进行了评估，并且基于单位面积生态价值从省级层面对我国的生态区进行了划分。潘耀忠等（2004）采用多光谱通道扫描辐射仪（NOAA/AVHRR）对生态资产评估模型的参数进行了修订，更加客观地反映了我国陆地生态系统服务价值的空间分布。区域层面上，李方等（2004）基于谢高地等（2003）的研究，对三江平原的各种生态系统服务功能价值进行了评估。郝运等（2004）对向海湿地自然保护区的功能效益价值、用途价值和属性价值进行了估算，为该地区的湿地保护提供了科学的依据。地区层面上，彭建等（2005）研究了城市生态系统服务功能，对深圳6种生态功能进行了评估，并识别出净化空气和减弱噪声是城市生态建设中需要重点关注的服务功能。王爱玲等（2007）采用了遥感技术，测算了生态系统类型和质量，提出了生态系统服务价值遥感定量模型，并对内蒙古自治区的生态系统服务价值进行了估算。

此外，各种类型的生态系统被广泛研究。其中被研究最多的是森林生态系统，如马定国等（2003）、赵同谦等（2004）、余新晓等（2005）、康艳等（2005）、段晓峰等（2006），王景升等（2007）采用多种评估方法，从不同空间尺度对我国森林生态系统服务价值进行了评估；其次，湿地和草地生态系统也被广泛讨论（吴玲玲 等，2003；赵同谦 等，2004；崔丽娟，2004；段晓男 等，2005；姜立鹏 等，2007）；同时，也出现了一些对特殊生态系统类型进行的价值评估，如地表水生态系统（赵同谦 等，2003）、农田生态系统（赵荣钦 等，2003）、荒漠生态系统（黄湘 等，2006）以及海洋生态系统（宋睿 等，2007）等。

第三阶段：生态系统服务研究多元化发展阶段（2008年至今）。这一阶段的研究有两个特点。第一，生态系统服务价值的评估方法与技术得到了更深入的研究和拓展；第二，生态系统服务研究从“估值导向”逐步走向“管理导向”。2008年，谢高地等（2008）扩大了调查样本，采访了700位生态学者，对2003年的当量因子表进行了更新，通过与基于物质量估算的生态系统服务价值相比，该研究提供了一种快速且较为精确的评估方法。随着生态系统服务研究的发展与深入，谢高地等（2015）结合了文献调研、专家访问、统计资料分析和遥感技术等多种核算方法，改进了生态系统当量因子表，实现了对14种生态系统和11种生态系统服务功能在空间和时间尺度上的动态评估。其次，RS和GIS技术的发展为更加精确的生态评估提供了更可靠的技术支持（黄博强 等，2015；刘海 等，2017）。同时，这一阶段的研究开始注重生态系统服务价值在生态管理中的应用和实践。郑德凤等（2014）基于生态系统服务价值理论，提出了绿色GDP的评估模型，并估算和分析了中国省区（港澳台除外）的绿色GDP，为考核地区可持续发展水平提供了具体参考。周晨等（2015）从生态系统服务价值的视角为南水北调中线工程中生态补偿问题提供了新的思路，为完善国家生态补偿机制提供了理论依据和操作方法。

综上可以发现，我国对生态系统服务的研究尽管起步较晚，但发展迅速。从1997年Costanza et al.（1997）的成果公布，到2003年谢高地等（2003）中国生态当量因子表的提出，仅经历了短短6年时间。随后，随着RS和GIS技术的兴起，国内对生态系统服务的研究无论是在广度还是深度方面，都取得了丰硕的成果。发展至今，生态系统服务的研究已经逐步从理论研究向管理实践领域展开，为未来生态环境管理提供了更多的科学依据。

## 四、生态系统服务的研究现状

经历了50多年的发展，生态系统服务的研究在基础理论、评估方法以及实际运用等多个方面都取得了巨大的进展。通过对生态系统服务研究历程的梳理和对近阶段研究内容的总结，我们归纳了现阶段生态系统服务研究的3个主要方向。

### （一）生态系统服务内部的相互作用机制

随着生态系统服务研究的深入，越来越多的研究发现各种生态系统服务类型之间存在相互作用，并呈现非线性的关联关系。Lin et al.（2017）对中国西南地区“三江并流”流域的8

种生态系统服务进行了权衡（trade-off）和协同（synergy）分析，结果发现大部分供给服务（如粮食生产、畜牧生产等）与其他服务存在权衡关系，而调节服务（如碳固定和碳储存）与其他服务存在协同关系。Lu et al.（2014），Balbi et al.（2015），Tian et al.（2016），Sun et al.（2017）以及Stepniewska et al.（2017）都发现了类似的权衡协同关系。因而，如何在生态管理中降低由生态系统服务之间的权衡关系带来的影响成为目前的一个研究热点。Ruijs et al.（2013）采用两阶段半参数回归方法，对18个欧洲中东部国家的4种生态系统服务（农业收益、文化服务、碳固定和生物多样性）之间的权衡（trade-off）进行了分析，基于估计结果他们识别了适合土地扩张的区域。Pang et al.（2017）采用土地景观模拟和生态评估工具（the landscape simulation and ecological assessment，LEcA），通过设置两种不同的发展情景，对瑞典林地生态系统服务进行了模拟，并分析了生态系统服务之间的权衡关系，从而为瑞典林地生态系统管理提供了具体的参考建议。Feng et al.（2017）不仅分析了黄土高原地区3种关键生态系统服务之间的权衡关系，并且进一步分析了这层关系背后的驱动机制，结果发现植被类型、海拔和淤泥构成对生态系统服务权衡都有重要影响。

## （二）生态系统服务变化的外部驱动机制

生态系统服务的有效管理关键在于影响因素的识别。土地利用/土地覆盖（land use/land cover，LULC）的改变会通过改变物种分布、生物多样性以及生态过程来影响生态系统服务供给（Vigl et al.，2017）。因此，大量的研究从不同的空间尺度分析了LULC变化对生态系统服务的影响（Hu et al.，2008；Estoque et al.，2013；Kindu et al.，2016；Pullanikkatil et al.，2016）。尽管这些研究揭示了土地使用变化会对生态系统服务产生影响，但并没有进一步分析其背后的驱动机制，因而减弱了结论在政策制定中的参考价值。为了能够揭示外部驱动因素对生态系统服务的影响，学者们主要从两个角度进行了研究。从自然气候角度研究，张明军和周立华（2004）设置3种气候情形，分析了不同情形下中国林地生态系统服务价值的变化。Fu et al.（2017）研究了气候变化对“山川-绿洲-沙漠”系统服务的影响，研究发现干燥的气候会导致绿洲的水产量下降和沙漠地区风蚀程度的增强；从人类活动角度研究，Zhang et al.（2017）采用“土地使用情景动态-城市”（the land use scenario dynamics-urban，LUSD-urban）模型，研究了城市扩张对中国“北京-天津-河北”城市聚集区生态系统服务的影响，研究表明城市扩张对生态系统服务产生了负面影响。刘慧敏等（2017）对人类活动对生态系统服务影响进行了理论分析，从时空尺度、传递载体和量化属性等角度分析人类活动的影响机制。

## （三）生态系统服务在管理实践中的运用

生态系统服务研究的最终目的是实现生态资产的科学管理。目前，生态系统服务被运用于多种管理实践中，主要可以分为3类。第一，对资产账户的重新核算。Obst et al.（2016）尝试将生态系统服务价值纳入国民财富核算体系中，以此来构建更加全面的国家经济指标。第二，制定生态投资和补偿政策。Sheng et al.（2017）基于生态系统服务价值和区域多样性指标，重新计算了北京市山林生态系统的补偿标准，结果发现新的补偿标准高于目前标准的0.7倍到1.2倍。此外，刘某承等（2015），Farley et al.（2011）以及Deng et al.（2011）也对不同地区和不同生态系统类型的生态补偿进行了估算。第三，土地规划管理。Pennington et al.（2017）以及Kovacs et al.（2017）基于有效前沿边界理论，通过将生态系统服务价值考虑进土地规划中，实现了地区土地开发的优化管理。

## 第二节　评估指标体系和评估时段

国际上从20世纪50年代起陆续开展了森林生态效益评价的研究工作，多数研究是从可持续发展的视角出发，侧重生态、经济和社会三大效益的评价，并逐步从定性评价向定量评价发展（徐孝庆，1992；王礼先 等，2000；刘勇，2006）。国内方面，有关部门和科研机构陆续针对三北防护林建设（蔡博峰，2009）、退耕还林（草）（肖文发 等，2012；国家林业局，2014）等重大生态工程开展了生态成效评价，构建了各类评价指标体系，具体包括站点监测数据对比、遥感反演地表生物参数（蔡博峰，2009）、生态系统服务及其价值（余新晓 等，2010；胡云锋 等，2010；国家林业局，2014）等。行业部门颁布了相关评估标准（国家林业局，2009；2015），并发布了工程效益评价报告（国家林业局，2014）。

生态系统服务功能评价以卫星遥感影像、水文气象观测记录、植被和土壤样地定位监测、社会经济统计资料为基础，采用多种生物物理模型对生态系统功能进行评估，评估的指标体系见表7-1。根据Costanza et al.（1997）和Millennium Ecosystem Assessment（2005）的分类体系，生态系统（服务）功能多达20余种，包括调节功能、供给功能、支持功能和文化功能四大类。目前对于生态系统服务功能评估无法面面俱到，一些服务功能的评估方法尚不成熟，或者具有较大不确定性（如传粉播种、生物控制、基因资源、农业害虫的控制、防灾减灾等）。此外，城市生态系统具有一定的景观游憩和文化教育功能，但是不同城市景观因景观类型的不同和交通可达性的限制，其景观游憩和文化教育功能差异很大，衡量标准不统一，不属于共性指标；景观游憩功能和价值的量化方法也不统一，有些地区开发的旅游资源价值可以通过门票价格粗略衡量，而其他保护区价值则难以量化；此外，景观游憩和文化教育功能属于生态系统保护和生境改善的衍生功能，已经在其他指标中有所体现。因此，在此次评估中，景观游憩和文化教育功能不纳入评估范围。

基于上述认识，本研究根据粤港澳大湾区城市群生态系统的实际情况选取5种共性主导生态系统功能进行评估，分别为土壤保持、生态系统固碳、生物多样性保护、水源涵养和水质净化，且主要基于生物物理模型和问卷调查资料完成。土壤保持方面，基于RUSLE模型评估生态系统的土壤保持量；生态系统固碳方面，借助InVEST（intergrated valuation of ecosystem services and fradeoffs，生态系统服务功能与权衡交易综合评价）模型的固碳模块估算；生物多样性保护方面，根据InVEST模型计算栖息地生境质量指数，评估区域尺度上的栖息地质量；水源涵养方面，通过InVEST模型的产水模块计算产水量；水质净化方面，基于水质净化模块和产水量的计算结果，得到水体中氮、磷营养物的输出量。

表7-1 生态系统服务功能评估指标体系和评估方法

| 评估项目 | 一级指标 | 二级指标 | 评估方法 | 空间分辨率/观测尺度 |
| --- | --- | --- | --- | --- |
| 生态系统服务功能 | 土壤保持 | 土壤保持量 | 通过改进的通用土壤流失方程（RUSLE）估算现实植被和无植被两种情景下的土壤侵蚀量，取其差值作为土壤保持量 | 1 km |
| | 生态系统固碳 | 生态系统碳储量 | InVEST模型固碳模块 | 1 km |
| | 生物多样性保护 | 栖息地生境质量 | InVEST模型生物多样性模块 | 1 km |
| | 水源涵养 | 生态系统产水量 | InVEST模型产水模块 | 1 km |
| | 水质净化 | 水体中氮、磷营养物的输出量 | InVEST模型水质净化模块 | 1 km |

本章城市群生态系统服务功能评估的评估时段为1980—2017年，时间跨度涵盖了大湾区自20世纪70年代末改革开放政策实施以来的40年。为了凸显不同阶段生态系统服务功能的差异，以每5年为一个时段开展评估，分别对应20世纪70年代末（1980年前后）、1990年、1995年、2000年、2005年、2010年、2015年和2017年。在此基础上，将研究时段划分为3个阶段，分别为1980—1990年、1990—2000年和2000—2017年。1980—1990年为改革开放政策实施的初期，社会经济建设和城镇化进程速度较慢，可以将其视为本底状况；1990—2000年国家设立了不同级别的经济特区和重点开发区，这一阶段的社会经济建设和城镇化进程速度较快，可以作为阶段性评估结果；2000—2017年是中国经济突飞猛进的发展阶段，各种经济发展政策和措施不断出台，城市建设加速推进，可将其视为生态系统的当前状况。需要说明的是，在生物多样性保护功能评估部分，栖息地生境质量评估同样采取每5年间隔评估方式，但是动植物生物多样性评估因为涉及的调研资料较难获取，绝大部分地区仅能搜集到一期资料，甚至无法找到完整资料，所以本项目不做评估。

# 第三节 评估数据基础

收集研究区基础地理信息、遥感影像和社会经济、水文、气象、土壤、植被、生态监测统计资料等，具体见表7-2。

## 一、基础地理信息数据

基础地理信息数据包括行政区划图、30m分辨率数字高程（DEM）数据、1：100 000土地利用现状图（1980年、1990年、1995年、2000年、2005年、2010年、2015年和2017年共8期）、水系分布图。1980—2017年的土地利用数据获取自中国科学院资源环境科学数据中心。该数据库是在国家科技支撑计划、中国科学院知识创新工程重要方向项目等多项重大科技项目的支持下，经过多年的积累而建立的覆盖全国陆地区域的多时相1∶100 000比例尺土地利用现状数据库，数据生产制作是由刘纪远等以Landsat TM/ETM/OLI遥感影像和其他多源卫星遥感资料为主要数据源，通过人工目视解译生成。该数据库将中国土地利用类型分为包括耕地、林地、草地、水域、居民用地和未利用地6个一级类型和25个二级类型。中国数字高程空间分布数据来源于DIVA-GIS公开数据。

## 二、遥感影像和社会经济统计数据

分别搜集1982—2015年8 km × 8 km分辨率AVHRR GIMMS NDVI3g产品和2000—2015年250 m × 250 m分辨率MODIS NDVI（MOD13Q1）产品用于生态系统植被生长状况分析和生态系统服务功能评估的资料。两套资料的优点分别是时间序列长和空间分辨率高，可以在经过一致性检验和空间重采样后互补使用。2000—2015年县、市级的统计年鉴资料获取自地方统计局。

## 三、水文、气象数据

收集到珠江流域3个国家水文基准站1980—2017年的逐年流量和泥沙含量观测数据；气象资料方面，收集到1980—2017年20个国家基准站和加密站逐月气温、降水、空气湿度、风速、气压等数据。

## 四、土壤、植被和生态监测数据

土壤和植被数据包括植被类型图、土壤类型图、土壤理化性质和侵蚀模数定位监测数据等，同时基于文献资料收集到若干时段的土壤理化性质和侵蚀模数监测数据；生物多样性数据方面，通过问卷调查的方式汇总各个自然保护区范围内不同时段的野生动植物物种数和受保护野生动植物物种数（国家重点保护、珍稀濒危、稀有濒危）等资料，用于生物多样性保护功能评估。

表7-2 基础数据收集列表

| 序号 | 数据类型 | 数据名称 | 来源 |
| --- | --- | --- | --- |
| 1 | 基础地理信息数据 | 行政区划图 | 国家基础地理信息中心 |
| 2 | | 30 m分辨率数字高程数据 | 美国地质调查局 |
| 3 | | 1∶100 000土地利用数据（1980年、1990年、1995年、2000年、2005年、2010年、2015年和2017年） | 中国科学院资源环境科学数据中心 |
| 4 | | 水系分布图 | 国家基础地理信息中心 |
| 5 | 社会经济数据 | 粤港澳地区县级统计年鉴（1990—2015年） | 广东省和地方统计局 |
| 6 | 水文、气象数据 | 珠江流域3个国家水文基准站的逐年流量和含沙量数据（1980—2015年） | 珠江水利委员会、广东省水利厅 |
| 7 | | 粤港澳和周边地区20个国家基准站和加密站的逐月气温、降水等气象数据（1980—2017年） | 国家气象数据共享服务网 |

续表

| 序号 | 数据类型 | 数据名称 | 来源 |
|---|---|---|---|
| 8 | 遥感影像数据 | MODIS NDVI（MOD13Q1）产品（250 m×250 m，2000—2015年） | 美国国家航空航天局 |
| 9 | | AVHRR传感器GIMMS NDVI3g产品（8 km×8 km，1982—2015年） | 美国国家航空航天局 |
| 10 | 植被数据 | 1：100 000植被类型图 | 中国科学院植物所 |
| 11 | 土壤数据 | 1：100 000土壤类型图 | 中国科学院南京土壤研究所 |
| 12 | | 粤港澳地区土壤理化性质监测数据（1980—2015年） | 文献资料 |
| 13 | | 粤港澳地区土壤侵蚀模数监测数据（1980—2015年） | 文献资料 |

# 第四节　生态系统服务功能评估方法

## 一、土壤保持功能评估

本研究定义的土壤保持功能是指生态系统的土壤保持能力（潜力）。土壤保持量是指潜在与实际土壤侵蚀量的差值，即在无植被覆盖和有植被覆盖条件下的土壤侵蚀量的差值（Ouyang et al.，2016）；土壤肥力保持量是指土壤保持量中包含的有机质、全氮、全磷和全钾的物质量。以改进的通用土壤流失方程（revised universal soil loss equation，RUSLE）为基础，根据章文波等（2003）提出的半月模型计算逐日降雨侵蚀力（*R*因子）；以DEM为基础，利用Liu et al（2000）提出的改进算法计算坡长和坡度因子（*LS*因子）；以土壤图为基础，根据EPIC模型计算土壤可蚀性因子（*K*因子）；根据1：100 000土地利用现状图推算工程措施因子（*E*因子）。将上述因子相乘分别计算在无植被覆盖和有植被覆盖两种情景下的潜在和实际土壤侵蚀量，并进一步得到土壤保持量。

通用土壤流失方程USLE（universal soil loss equation）已经被广泛应用于土壤侵蚀估算和水土流失风险评价等领域（王晓慧 等，2011）。该模型以径流小区观测资料为基础，预报坡面或田间尺度年土壤侵蚀量。模型建立在土壤侵蚀量与降雨侵蚀力（*R*）、土壤可蚀性（*K*）、坡长和坡度（*LS*）和作物覆盖与管理（*C*）的统计关系基础上。Renard et al.（1997）集合USLE和侵蚀概念模型提出了改进的通用土壤流失方程RUSLE，RUSLE与USLE相比在内部算法的细化和预测精度上都有所提高（刘敏超等，2005）。土壤保持量的计算公式为：

$$\Delta A = A_0 - A_v = R \times K \times L \times S \times \left(1 - C \times P\right) \qquad \text{式（7-1）}$$

式中，$\Delta A$为单位面积土壤保持量（$t \cdot ha^{-1} \cdot yr^{-1}$）；$A_0$为单位面积潜在土壤侵蚀量（$t \cdot ha^{-1} \cdot yr^{-1}$），即在无植被覆盖和水土保持措施情况下的土壤侵蚀量；$A_v$为单位面积现实土壤侵蚀量（$t \cdot ha^{-1} \cdot yr^{-1}$）；*R*、*K*、*L*和*S*分别表示降雨侵蚀力因子（$MJ \cdot mm \cdot ha^{-1} \cdot h^{-1} \cdot yr^{-1}$）、土壤可蚀性因子（$t \cdot ha \cdot h \cdot ha^{-1} \cdot MJ^{-1} \cdot mm^{-1}$）、坡长因子和坡度因子（王晓慧 等，2011；赖敏，2013；孙文义等，2014）；*C*和*P*分别表示植被覆盖因子和水土保持措施因子；*L*、*S*、*C*和*P*均为无量纲因子（孙文义 等，2014）。

## （一）降雨侵蚀力（R因子）

降雨侵蚀力是水力侵蚀的主要外营力，与土壤侵蚀强度关系密切（Angulo-Martinez et al.，2009；Renard et al.，1997）。降雨侵蚀力的估算方法主要分为两类，分别为根据最大30 min降雨强度（EI30）计算和根据常规气象资料简易推算。因为前者在计算过程中需要降雨动能E和最大30 min降雨强度资料，在中国地区应用时不能完全满足，所以国内学者通常根据区域侵蚀性降雨的特点，基于常规降雨资料估算。本研究采用章文波等（2002）基于日降雨量资料建立的半月降雨侵蚀力模型，该模型以半月为时段反映侵蚀力的季节分布，降雨量和侵蚀力表现为幂函数关系，年降雨侵蚀力为半月降雨侵蚀力的累加值，其公式如下：

$$
\begin{aligned}
&\overline{R_{hj}} = \frac{1}{N}\sum_{i=1}^{N}\left(\alpha\sum_{d=1}^{m}P_{di}^{\beta}\right)\\
&\alpha = 21.586\beta^{-7.1891}\\
&\beta = 0.8363 + \frac{18.144}{P_{d10}} + \frac{24.455}{P_{y10}}\\
&P_{d10} = \frac{1}{N}\sum_{i=1}^{N}\left(\frac{1}{m}\sum_{d=1}^{m}P_{di}\right)\\
&P_{y10} = \frac{1}{N}\sum_{i=1}^{N}\left(\sum_{d=1}^{m}P_{di}\right)
\end{aligned}
\qquad 式（7-2）
$$

式中，$\overline{R_{hj}}$为第$j$半月降雨侵蚀力（$MJ \cdot mm \cdot hm^{-2} \cdot h^{-1} \cdot yr^{-1}$）；$P_{di}$为第$i$年第$d$日大于等于12 mm的日雨量，如果$P_{di}$大于12 mm的阈值，则被认定为侵蚀性降雨，否则，$P_{di}$等于0；$m$表示半月中发生侵蚀性降水的天数；$\alpha$和$\beta$为回归系数；$P_{d10}$为大于等于12 mm日雨量的多年平均值（mm）；$P_{y10}$为大于等于12 mm的日雨量年总量的多年平均值（mm）（张蕴潇 等，2012；孙文义 等，2014）。

## （二）土壤可蚀性（K因子）

K因子反映了土壤对侵蚀的敏感性及降水所产生的径流量与径流速率大小（洪华生等，2005；赵海兵 等，2011）。本研究根据Williams et al.（1984；1990）建立的EPIC模型来确定，计算公式如下：

$$
K = \{0.2 + 0.3\exp[-0.025\,6SAN(1-SIL)/100]\}\left(\frac{SIL}{CLA+SIL}\right)^{0.3} \times \left(1.0 - \frac{0.25C}{C+\exp(3.72-2.95C)}\right)\left(1.0 - \frac{0.7SNI}{SNI+\exp(-5.51+22.9SNI)}\right) \times 0.131\,7 \qquad 式（7-3）
$$

式中，$SAN$、$SIL$和$CLA$分别为砂粒、粉粒、黏粒含量（%）；$C$为土壤有机碳含量（%）；$SNI = 1 - SAN/100$；0.131 7为美制向公制的转化系数（孙文义 等，2014）。

研究所需的土壤理化性质资料为全国第二次土壤普查的成果汇编。在EPIC模型中，要求土壤颗粒分析标准是美国制，而成果汇编中的数据既有国际制又有卡庆斯基制，因此涉及不同分类标准的土壤质地转换问题。本研究采用蔡永明等（2003）的换算方法对土壤颗粒组成分级的标准进行换算。

## （三）坡长和坡度（*LS*因子）

地形是土壤侵蚀发生的直接诱导因子，*LS*因子反映了坡长和坡度对土壤侵蚀的影响（孙文义 等，2014）。具体是指在其他条件均相同的情况下，某一给定坡长和坡度的坡面上土壤流失量与标准径流小区典型坡面土壤流失量的比值（任强，2009；赵海兵 等，2011）。RUSLE的*LS*因子计算是建立在缓坡条件下天然径流小区观测资料的基础上的，该算法仅限于坡度小于18%的研究区域（McCool et al.，1989；胡克志，2016）。Liu et al（1994）通过对黄土高原水土保持站天然径流小区观测资料的研究，建立了陡坡条件下坡长因子的算法，并将坡度范围扩展为9%～55%（胡克志，2016），计算公式如下：

$$L=\left(\frac{\gamma}{22.13}\right)^{m}\quad\begin{cases}m=0.5, & \theta\geqslant 9\%\\ m=0.4, & 9\%>\theta\geqslant 3\%\\ m=0.3, & 3\%>\theta\geqslant 1\%\\ m=0.2, & 1\%>\theta>0\%\end{cases}\qquad 式（7-4）$$

$$S=\begin{cases}10.8\sin\theta+0.03, & \theta<9\%\\ 16.8\sin\theta-0.50, & 9\%\leqslant\theta\leqslant 18\%\\ 21.91\theta-0.96, & \theta>18\%\end{cases}\qquad 式（7-5）$$

式中，$L$为坡长因子；$S$为坡度因子；$\gamma$为坡长（m）；$\theta$为百分比坡度；$m$为无量纲常数，取决于坡度百分比值（$\theta$）（胡克志，2016）。

## （四）植被覆盖（*C*因子）

植被覆盖因子是影响土壤侵蚀最敏感的因子（孙文义 等，2014；胡克志，2016），与植被覆盖度有直接的关系（Renard et al.，1997）。对土壤侵蚀起关键作用是植被的有效盖度，植被覆盖因子的大小对降雨引起的土壤侵蚀影响较为敏感。为了满足大尺度制图的需要，本研究选用蔡崇法等（2000）基于遥感的*C*因子估算方法。该方法的特点是建立在大量试验的基础上，且简单易用（胡克志，2016），计算公式如下：

$$C=\begin{cases}1, & \mathrm{FVC}=0\\ 0.650\,8-0.343\,6\lg\mathrm{FVC}, & 0<\mathrm{FVC}\leqslant 78.3\%\\ 0, & \mathrm{FVC}>78.3\%\end{cases}\qquad 式（7-6）$$

$$\mathrm{FVC}=\frac{(\mathrm{NDVI}-\mathrm{NVDI}_{soil})}{(\mathrm{NDVI}_{veg}-\mathrm{NVDI}_{soil})}\qquad 式（7-7）$$

式中，FVC为植被覆盖度；$\mathrm{NDVI}_{soil}$为纯裸土像元的NDVI值；$\mathrm{NDVI}_{veg}$为纯植被像元的NDVI值（胡克志，2016）。

### （五）水土保持措施（*P*因子）

水土保持措施因子在RUSLE中被定义为采取水土保持措施后的土壤流失量与顺坡种植情况下的土壤流失量的比值（赵海兵 等，2011；胡克志，2016）。水土保持措施主要包括等高耕作，梯田、淤地坝等土地利用模式和工程措施。现阶段因缺乏必要的数据支持，难以对其进行定量研究。考虑到粤北生态特别保护区所在区域的森林覆盖面积达到95%以上（根据2010年土地利用图计算），本次评估参考前人研究成果将该区域的*P*值统一设定为1（Sun et al.，2014；王钧 等，2018）。

## 二、生态系统固碳功能评估

生态系统固碳功能是指生态系统（包括植被和土壤）的自然碳封存过程，包括地上碳、土壤碳、死亡碳（地下碳），通过InVEST模型的固碳模块完成（表7-3）。固碳功能评估的关键是碳储量参数的确定，本研究碳密度参数取值依据如下：水田和旱地地上碳密度取自朱苑维等（2013）和张开等（2017），土壤碳密度来自许泉（2007），死亡碳和地下碳均通过柯新利和唐兰萍（2019）研究中的比例计算得出；森林、灌木林、疏林地以及园地地上碳密度取自覃连欢（2012）、田诗韵（2018）和李伟等（2017），森林土壤碳密度取自杜虎等（2016）。由于其他林地的土壤碳密度数据缺乏，用森林的土壤碳与地上碳比值结合吴佩君等（2016）的研究计算其他类别林地的土壤碳，所有类别林地的地下碳和死亡碳通过吴佩君等（2016）和陈莉等（2017）研究中的比例计算得出；草地类型使用南方草地地上碳密度平均水平指代研究区中覆盖度草地地上碳密度，数据取自刘思瑶（2014）、孙政国等（2015）和张利等（2016）。中覆盖度草地地下碳密度取自刘思瑶（2014），土壤碳密度取自包玉斌（2015），死亡碳根据包玉斌（2015）和吴佩君等（2016）研究中的比例计算得到。高、低覆盖度草地地上碳参考孙政国等（2015）的研究适当推算得出，其他碳库密度通过中高度草地碳库分配比例计算得到；河流、湖泊、水库、冰川积雪的碳密度参考吴佩君等（2016）、柯新利和唐兰萍（2019）；滩涂、滩地、沼泽以及围海造陆4个地类均视为湿地，使用当地典型湿地植被红树林的碳库分配，参考何琴飞等（2017）和谈思泳（2017）；城镇用地、农村居民地和工矿用地在30 m评估精度时通常不考虑地上碳密度，但有必要考虑小块的城市绿地的碳库，地上碳库参考闫涓涛等（2017）适当赋值，土壤碳密度使用城镇闲置地和不透水面土壤碳密度的平均值指代，不考虑死亡碳；沙地、盐碱地、裸地均只考虑土壤碳，使用建设用地的土壤碳密度赋值；裸岩密度、其他未利用地4个碳库密度均为0。

表7-3　InVEST模型固碳模块不同地类碳密度参数取值

| 土地利用/覆被类型 | lucode | C_above | C_below | C_soil | C_dead |
|---|---|---|---|---|---|
| 水田 | 11 | 4.23 | 2.79 | 34.3 | 0.33 |
| 旱地 | 12 | 1.92 | 1.27 | 21.3 | 0.15 |
| 森林 | 21 | 22.31 | 4.462 | 124.7 | 0.432 |

续表

| 土地利用/覆被类型 | lucode | C_above | C_below | C_soil | C_dead |
|---|---|---|---|---|---|
| 灌木林 | 22 | 9.88 | 1.976 | 55.65 | 0.197 6 |
| 有林地 | 23 | 11.13 | 2.226 | 62.22 | 0.222 6 |
| 果园 | 24 | 11.85 | 2.37 | 65.89 | 0.237 |
| 高覆盖度草地 | 31 | 2.37 | 8.295 | 17.2 | 1.185 |
| 中覆盖度草地 | 32 | 1.79 | 6.265 | 13 | 0.895 |
| 低覆盖度草地 | 33 | 1.36 | 4.76 | 9.88 | 0.83 |
| 河流 | 41 | 0 | 0 | 0 | 0 |
| 湖泊 | 42 | 0 | 0 | 0 | 0 |
| 水库 | 43 | 0 | 0 | 0 | 0 |
| 冰川 | 44 | 0 | 0 | 0 | 0 |
| 泥滩 | 45 | 10.83 | 19.18 | 106.7 | 3.98 |
| 滩地 | 46 | 10.83 | 19.18 | 106.7 | 3.98 |
| 城市用地 | 51 | 3.19 | 0.64 | 7.385 | 0 |
| 居民用地 | 52 | 3.19 | 0.64 | 7.385 | 0 |
| 工矿用地 | 53 | 0 | 0 | 7.385 | 0 |
| 沙地 | 61 | 0 | 0 | 7.385 | 0 |
| 盐碱地 | 63 | 0 | 0 | 7.385 | 0 |
| 沼泽 | 64 | 10.83 | 19.18 | 106.7 | 3.98 |
| 裸地 | 65 | 0 | 0 | 7.385 | 0 |
| 裸岩 | 66 | 0 | 0 | 0 | 0 |
| 其他未利用土地 | 67 | 0 | 0 | 0 | 0 |
| 海洋 | 99 | 10.83 | 19.18 | 106.7 | 3.98 |

## 三、生物多样性保护功能评估

本研究中，生物多样性保护功能评估主要是指野生动物栖息地生境质量评价。野生动物栖息地生境质量评估采用InVEST模型完成，将栅格作为评价单元，根据土地覆盖现状、威胁因子、地类对于威胁因子的敏感度以及保护程度等因素计算得到生境退化程度和生境质量因子，并在区域尺度上对其生境质量进行总体评价。InVEST模型生物多样性评价模块的原理是基于人为影响威胁因子来评价（Tallis et al.，2011；Sharp et al.，2014）。通过威胁因子的影响距离、空间权重、法律保护的准入性等因素，来考量生境退化和生境质量，从而揭示土地利用变化可能带来的生态功能和质量的变化（吴季秋，2012）。生物多样性评价模块以栅格作为评价单元，需要4类数据，包括土地利用类型图、威胁因子图层、地类对威胁因子的敏感度以及保护程度（Tallis et al.，2011；Sharp et al.，2014）。

## （一）生物多样性评价模块的输入参数

（1）基准土地利用图及当前土地利用图。前者选取2000年，后者选取2005年和2010年的土地利用类型图，栅格大小为30 m × 30 m。

（2）威胁因子。在InVEST模型中，生态威胁因子的指数相关性和线性相关性表明威胁因子与网格地类间的空间关系，其对生态系统中各地类斑块的影响程度通过空间距离来计算（Tallis et al.，2011；Sharp et al.，2014）。威胁因子的最大影响距离、权重及相关性指数设置见表7-4。

表7-4　InVEST模型生态威胁因子属性表

| 威胁因子 | 最大影响距离/km | 权重 | 衰退线性/非线性相关性 |
|---|---|---|---|
| pad | 4 | 0.4 | linear |
| dry | 4 | 0.6 | linear |
| urb | 10 | 1 | exponential |
| rur | 8 | 0.7 | exponential |
| ind | 6 | 0.5 | exponential |
| san | 5 | 0.3 | linear |
| sal | 5 | 0.5 | linear |

（3）威胁因子敏感度。在生物多样性模型中将各地类划分为天然环境和人工环境，同时威胁因子敏感度的取值范围为0～1（Tallis et al.，2011；Sharp et al.，2014）。依照生态学和景观生态学中生物多样性保护的一般性要求，把天然地类和人工地类对威胁因子的敏感度按照由高到低的顺序划分（Tallis et al.，2011；Sharp et al.，2014）。本研究部分参数结合参考文献取值，其他参数参考软件自带文档取软件默认值。具体参数说明如下：威胁因子通常包括各类建设用地以及未利用地，一些研究中将水田和旱地也视为威胁因子，因为耕地也是一种半自然半人工的生态系统，会受到人为干扰。考虑到南方研究区中水田和旱地具有一定的生境支持能力，所以将水田和旱地的HABITAT得分不设为0。最终威胁因子包括水田（pad）、旱地（dry）、城镇用地（urb）、农村居民点（rur）、工矿用地（ind）、沙地（san）以及盐碱地（sal）共7项，分别从每期的土地利用图提取。具体参数的设定见表7-5，取值依据参考包玉斌（2015）、荣月静等（2016）、刘智方等（2017）、欧维新等（2018）、褚琳等（2018）、邓越等（2018）。

表7-5　InVEST模型生境类型得分和威胁因子敏感性

| 土地利用/覆被类型 | LULC | HABITAT（0～1） | L_pad | L_dry | L_urb | L_rur | L_ind | L_san | L_sal |
|---|---|---|---|---|---|---|---|---|---|
| 水田 | 11 | 0.6 | 0 | 0.2 | 0.5 | 0.5 | 0.3 | 0.5 | 0.7 |
| 旱地 | 12 | 0.3 | 0.2 | 0 | 0.5 | 0.4 | 0.3 | 0.6 | 0.8 |
| 森林 | 21 | 1 | 0.3 | 0.4 | 0.9 | 0.8 | 0.8 | 0.5 | 0.5 |
| 灌木林 | 22 | 0.7 | 0.3 | 0.4 | 0.8 | 0.7 | 0.7 | 0.3 | 0.5 |
| 有林地 | 23 | 0.5 | 0.3 | 0.4 | 0.7 | 0.6 | 0.6 | 0.4 | 0.5 |
| 果园 | 24 | 0.5 | 0.3 | 0.4 | 0.6 | 0.5 | 0.4 | 0.3 | 0.7 |
| 高覆盖度草地 | 31 | 1 | 0.4 | 0.5 | 0.4 | 0.7 | 0.5 | 0.8 | 0.8 |
| 中覆盖度草地 | 32 | 0.6 | 0.4 | 0.5 | 0.3 | 0.6 | 0.5 | 0.7 | 0.7 |
| 低覆盖度草地 | 33 | 0.4 | 0.4 | 0.5 | 0.3 | 0.6 | 0.5 | 0.6 | 0.6 |
| 湖泊 | 41 | 1 | 0.9 | 0.8 | 0.9 | 0.8 | 0.9 | 0.4 | 0.6 |
| 水库 | 42 | 1 | 0.9 | 0.8 | 0.9 | 0.8 | 0.9 | 0.4 | 0.6 |
| 冰川 | 43 | 0.8 | 0.9 | 0.8 | 0.9 | 0.8 | 0.9 | 0.4 | 0.5 |
| 泥滩 | 45 | 0.5 | 0.6 | 0.6 | 0.9 | 0.8 | 0.7 | 0.4 | 0.4 |
| 滩地 | 46 | 0.5 | 0.6 | 0.6 | 0.9 | 0.8 | 0.7 | 0.4 | 0.4 |
| 城市用地 | 51 | 0 | 0 | 0 | 0 | 0 | 0 | 0 | 0.4 |
| 居民用地 | 52 | 0 | 0 | 0 | 0 | 0 | 0 | 0 | 0 |
| 工矿用地 | 53 | 0 | 0 | 0 | 0 | 0 | 0 | 0 | 0 |
| 沙地 | 61 | 0 | 0 | 0 | 0 | 0 | 0 | 0 | 0 |
| 盐碱地 | 63 | 0 | 0 | 0 | 0 | 0 | 0 | 0 | 0 |
| 沼泽 | 64 | 0.8 | 0.7 | 0.7 | 0.9 | 0.8 | 0.9 | 0.4 | 0.4 |
| 裸地 | 65 | 0.2 | 0.3 | 0.3 | 0.3 | 0.6 | 0.5 | 0.4 | 0.4 |
| 裸岩 | 66 | 0.1 | 0.2 | 0.2 | 0.3 | 0.6 | 0.5 | 0.2 | 0.2 |
| 其他未利用土地 | 67 | 0.1 | 0.2 | 0.2 | 0.3 | 0.6 | 0.5 | 0.2 | 0.2 |
| 海洋 | 99 | 0.2 | 0.2 | 0.2 | 0.3 | 0.6 | 0.5 | 0.2 | 0.2 |

## （二）生境质量评估原理与计算公式

生境质量是指栖息地满足个体及群体生存需要的环境水平，在模型中被认为是一个从低到高的连续变量（Tallis et al.，2011；Sharp et al.，2014；吴季秋，2012）。生境质量状况与区域生态结构及生态功能存在相互影响的关系，其高低水平直接决定区域环境内的人们居住和正常生活的各项条件的好坏（Tallis et al.，2011；Sharp et al.，2014；吴季秋，2012）。一般而言，环境质量的变化是由区域的土地利用状况决定的，生境内各种土地利用程度越高则生境质量变化越剧烈（吴季秋，2012），计算公式如下：

$$Q_{ij} = H_j\left[1-\left(\frac{D_{xj}^z}{D_{xj}^z + k^z}\right)\right] \qquad \text{式（7-8）}$$

式中，$Q_{ij}$为生境质量指数；$k$为栅格单元大小尺度值的一半；$H_j$为生态适宜性指数；$D_{xj}$为生境退化程度（吴季秋，2012）。$D_{xj}$计算公式如下：

$$D_{xj}=\sum_{r=1}^{R}\sum_{y=1}^{Yr}\left(\frac{W_r}{\sum_{r=1}^{R}W_r}\right)\times r_y S_{jr} \qquad 式（7-9）$$

式中，$D_{xj}$为生境退化程度；$R$为威胁因子个数；$W_r$为威胁因子的权重；$Y_r$为威胁层在地类图层上的栅格个数；$r_y$为地类图层每个栅格上威胁因子的个数；$S_{jr}$为敏感度大小（吴季秋，2012）。

# 四、水源涵养和水质净化功能评估

InVEST模型基于3S技术的分布式算法，突破了传统评估方法的局限性，为生态系统服务功能的空间表达、动态分析和定量评估提供了一种新的技术手段。本研究中，生态系统产水功能和水质净化功能评估分别基于InVEST模型中产水模块和水质净化模块完成。

产水量评估模块主要基于水量平衡原理，用于评估区域生态系统水源供给量，计算公式如下：

$$Y_{xj}=\left(1-\frac{\mathrm{AET}_{xj}}{P_x}\right)\cdot P_x$$

$$\frac{\mathrm{AET}_{xj}}{P_x}=\frac{1+\omega_x+R_{xj}}{1+\omega_x R_{xj}+\frac{1}{R_{xj}}} \qquad 式（7-10）$$

$$\omega_x=Z\frac{\mathrm{PAWC}_x}{P_x}$$

$$R_{xj}=\frac{k_{xj}\cdot \mathrm{ET}_o}{P_x}$$

式中，$Y_{xj}$为$j$类土地利用类型、栅格$x$的产水量；$\mathrm{AET}_{xj}$为$j$类土地利用类型、栅格$x$的年实际蒸散量；$P_x$为栅格$x$的年降水量；$\omega_x$为无量纲参数；$R_{xj}$为$j$类土地利用类型、栅格$x$的Budyko干燥度指数；$Z$为Zhang系数，表示降雨分布和深度的参数；$\mathrm{PAWC}_x$为栅格$x$的土壤有效含水量；$k_{xj}$为栅格$x$内$j$类土地覆被类型的植被蒸散系数；$\mathrm{ET}_0$为栅格$x$的潜在蒸散发。

产水量模块运算需输入土壤深度、年平均降水量、土壤有效含水量、年均潜在蒸散发和土地利用等栅格数据，流域和子流域矢量数据，生物物理系数表（各类土地利用的最大根系深度和植被蒸散系数），设定季节常数$Z$以完成数据输入，最后运行模型得到结果。下表是水文模块输入参数汇总表（表7-6），适用于产水量、产沙量以及水质净化功能评估。从左到右依次是：地类名称、地类代码、作物系数Kc（蒸散系数）、根系深度root_depth、$C$因子usle_c、$P$因子usle_p、沉积物持留效率sedret_eff、营养物负荷load_n （and/or load_p）、植被保留效率eff_n （and/or eff_p）、地类是否植被覆盖LULC_veg、最大容量保留营养素的距离crit_len_n （and/or crit_len_p）、地下营养物负荷load_subsurface_n （and/or load_subsurface_p）、溶解营养素占营养素总量的比例proportion_subsurface_n。产水量评估模块需要用到的作物系数、根系深度参数主要参考傅斌等（2013）、王小琳（2016）、荣检（2017）、顾晋饴等

表7-6 InVEST模型产水和水质净化模块参数取值表

| 土地利用/覆被类型 | lucode | Kc | root_depth | usle_c | usle_p | sedret_eff | load_n | load_p | eff_n | eff_p | LULC_veg | crit_len_p | crit_len_n | load_subsurface_n | load_subsurface_p | proportion_subsurface_n |
|---|---|---|---|---|---|---|---|---|---|---|---|---|---|---|---|---|
| 水田 | 11 | 1.47 | 300 | 0.217 | 0.15 | 0.5 | 6.89 | 3 | 0.25 | 0.25 | 1 | 15 | 15 | 0.53 | 0.53 | 0.3 |
| 旱地 | 12 | 0.97 | 300 | 0.291 | 0.352 | 0.25 | 28.89 | 4.68 | 0.25 | 0.25 | 1 | 15 | 15 | 0.53 | 0.53 | 0.3 |
| 森林 | 21 | 1 | 5 000 | 0.047 | 1 | 0.6 | 1.8 | 0.11 | 0.7 | 0.7 | 1 | 20 | 20 | 0.18 | 0.18 | 0 |
| 灌丛 | 22 | 0.9 | 2 000 | 0.156 | 1 | 0.5 | 2 | 0.11 | 0.5 | 0.5 | 1 | 20 | 20 | 0.2 | 0.2 | 0 |
| 有林地 | 23 | 0.9 | 3 000 | 0.086 | 1 | 0.55 | 2.8 | 0.11 | 0.5 | 0.5 | 1 | 20 | 20 | 0.2 | 0.2 | 0 |
| 果园 | 24 | 0.8 | 700 | 0.166 | 0.69 | 0.3 | 3.78 | 1.5 | 0.5 | 0.5 | 1 | 20 | 20 | 0.2 | 0.2 | 0 |
| 高覆盖度草地 | 31 | 0.6 | 500 | 0.13 | 1 | 0.45 | 4 | 0.5 | 0.48 | 0.48 | 1 | 30 | 30 | 0.31 | 0.31 | 0 |
| 中覆盖度草地 | 32 | 0.6 | 500 | 0.26 | 1 | 0.4 | 5 | 1 | 0.38 | 0.38 | 1 | 30 | 30 | 0.31 | 0.31 | 0 |
| 低覆盖度草地 | 33 | 0.6 | 500 | 0.373 | 1 | 0.35 | 6 | 1.5 | 0.28 | 0.28 | 1 | 30 | 30 | 0.31 | 0.31 | 0 |
| 河流 | 41 | 1 | 10 | 0 | 0 | 0 | 1.5 | 0.36 | 0.05 | 0.05 | 0 | 15 | 15 | 0.000 1 | 0.000 1 | 0 |
| 湖泊 | 42 | 0.7 | 10 | 0 | 0 | 0 | 1.5 | 0.36 | 0.05 | 0.05 | 0 | 15 | 15 | 0.000 1 | 0.000 1 | 0 |
| 水库 | 43 | 0.5 | 10 | 0 | 0 | 0 | 1.5 | 0.36 | 0.05 | 0.05 | 0 | 15 | 15 | 0.000 1 | 0.000 1 | 0 |
| 冰川 | 44 | 0.4 | 10 | 0.429 | 1 | 0.6 | 1 | 0.2 | 0.8 | 0.8 | 0 | 15 | 15 | 0.2 | 0.2 | 0 |
| 泥滩 | 45 | 0.5 | 300 | 0.429 | 1 | 0.6 | 1 | 0.2 | 0.8 | 0.8 | 0 | 15 | 15 | 0.2 | 0.2 | 0 |
| 滩地 | 46 | 0.5 | 300 | 0.429 | 1 | 0.6 | 1 | 0.2 | 0.8 | 0.8 | 0 | 15 | 15 | 0.2 | 0.2 | 0 |
| 城市用地 | 51 | 0.001 | 10 | 0 | 0.001 | 0 | 19.78 | 0.8 | 0.05 | 0.05 | 0 | 15 | 15 | 0.4 | 0.4 | 0 |
| 居民用地 | 52 | 0.001 | 10 | 0 | 0.001 | 0 | 11 | 0.6 | 0.05 | 0.05 | 0 | 15 | 15 | 0.9 | 0.9 | 0 |
| 工矿用地 | 53 | 0.001 | 10 | 0 | 0.001 | 0 | 11 | 0.6 | 0.05 | 0.05 | 0 | 15 | 15 | 0.8 | 0.8 | 0 |
| 沙地 | 61 | 0.001 | 10 | 0.411 | 1 | 0.05 | 14.9 | 0.51 | 0.05 | 0.05 | 0 | 15 | 15 | 0.4 | 0.4 | 0 |
| 盐碱地 | 63 | 0.001 | 10 | 0.607 | 1 | 0.05 | 14.9 | 0.51 | 0.05 | 0.05 | 0 | 15 | 15 | 0.4 | 0.4 | 0 |
| 沼泽 | 64 | 0.5 | 300 | 0.429 | 1 | 0.6 | 1 | 0.2 | 0.8 | 0.8 | 0 | 15 | 15 | 0.2 | 0.2 | 0 |
| 裸地 | 65 | 0.001 | 10 | 1 | 1 | 0 | 14.9 | 0.51 | 0.05 | 0.05 | 0 | 15 | 15 | 0.4 | 0.4 | 0 |
| 裸岩 | 66 | 0.001 | 10 | 1 | 1 | 0 | 14.9 | 0.51 | 0.05 | 0.05 | 0 | 15 | 15 | 0.4 | 0.4 | 0 |
| 其他未利用土地 | 67 | 0.001 | 10 | 1 | 1 | 0 | 14.9 | 0.51 | 0.05 | 0.05 | 0 | 15 | 15 | 0.4 | 0.4 | 0 |
| 海洋 | 99 | 0.5 | 300 | 0.429 | 1 | 0.6 | 1 | 0.2 | 0.8 | 0.8 | 0 | 15 | 15 | 0.2 | 0.2 | 0 |

（2018），土壤保持需要用到的$C$因子usle_c、$P$因子usle_p、沉积物持留效率sedret_eff参考王敏 等（2014）、包玉斌（2015）和许联芳等（2015）。

氮和磷是生物的重要营养源，随着化肥、洗涤剂和农药的普遍使用，天然水体中氮、磷含量急剧增加，水体中蓝藻、绿藻大量繁殖，水体缺氧并产生毒素，使水质恶化，对水生生物和人体健康产生很大的危害。水质净化模块工作原理主要是基于输出系数法，计算水体氮、磷营养物的输出量，公式如下：

$$\begin{aligned}&\mathrm{AVL}_x=\mathrm{HSS}_x\cdot\mathrm{pol}_x\\&\mathrm{HSS}_x=\frac{\lambda_x}{\lambda_w}\\&\lambda_x=\log\left(\sum_U Y_u\right)\end{aligned}\qquad\text{式（7-11）}$$

式中，$\mathrm{ALV}_x$为栅格$x$处的营养物输出值；$\mathrm{HSS}_x$为栅格$x$的水文敏感性得分；$\mathrm{pol}_x$为栅格$x$的输出系数；$\lambda_x$为栅格$x$的径流指数；$\lambda_w$为研究区流域平均径流指数；$\sum_U Y_u$为栅格产水量总和，包括栅格$x$以及流向栅格$x$的所有栅格。模型主要参数包括DEM、产水量数据（产水量模块提供）、土地利用/覆被和不同地类条件下总氮或总磷输出负荷值等。水质净化模块中使用到的参数在找不到研究区的相关文献资料时，采用相近地区参数代替。其中氮、磷的营养物负荷和植被去除效率参考韩会庆等（2016）和潘丽娟（2016）；参数校准参考了附近流域的非点源污染研究中的氮、磷数据（李丹，2012；柯珉 等，2014；郭艺，2017；纪晓亮，2018）；最大容量保留营养素的距离、地下营养物负荷、溶解营养素占营养素总量的比例这3个参数无相关资料可参考，因此采用InVEST模型自带的数据库，这3个参数的取值对水质净化模块主要的输出结果影响很小。

## 五、生态系统服务功能变化成因分析方法

将粤港澳地区生态系统服务功能评估结果与周边省份（广西、福建、湖南、江西、云南、贵州）进行对比，分析其变化差异。成因分析方面，从气候波动、生态保护和建设以及社会经济发展3个方面详细分析影响生态系统服务功能变化的因素，气候要素包括气温和降水的变化；生态保护和建设工程包括生态恢复、城市绿化等其他保护和建设措施；社会经济发展集中体现在人口增长、经济发展和城镇化进程等3个方面。

# 第五节　生态系统服务功能评估结果

## 一、土壤保持功能

1980—2017年粤港澳大湾区土壤保持量的空间分布格局如图7-1所示。土壤保持量的空间分布与地形因子（*LS*因子）和植被覆盖状况（*C*因子）较为一致，地形起伏和坡度较大的地区土壤保持量高，反之则较低；植被覆盖状况好的地区土壤保持量较高，反之则低。总体上看，1980—2017年粤港澳大湾区的土壤保持量的空间分布格局基本稳定，没有表现出较大的起伏波动。香港有山脉分布和较好植被覆盖的地区如荃湾、大埔、葵青、观塘等地区的土壤保持量较高，平均在4 000～5 000 万t·km$^{-2}$，而黄大仙、屯门、元朗、北区则相对较低，平均在2 000 万t·km$^{-2}$附近或以下；东莞多年平均土壤保持量为800 万t·km$^{-2}$左右，处于较低水平，主要是因为该地区植被覆盖状况较好，所以不易发生土壤侵蚀；广州各地区的土壤保持量差异较大，增城和从化相对较高，分别达到1 500 万t·km$^{-2}$和2 000 万t·km$^{-2}$以上，而天河、荔湾、南沙、黄埔、越秀、海珠、番禺等区都相对较低，均在600 万t·km$^{-2}$以下；深圳盐田区的土壤保持量在2 500 万t·km$^{-2}$以上，而其他地区相对较低，特别是宝安区和南山

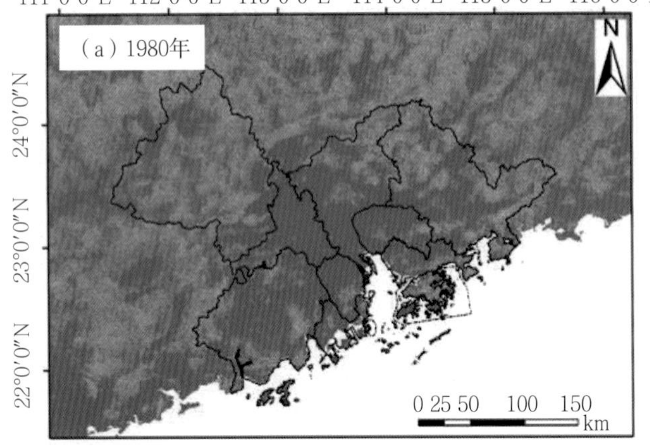


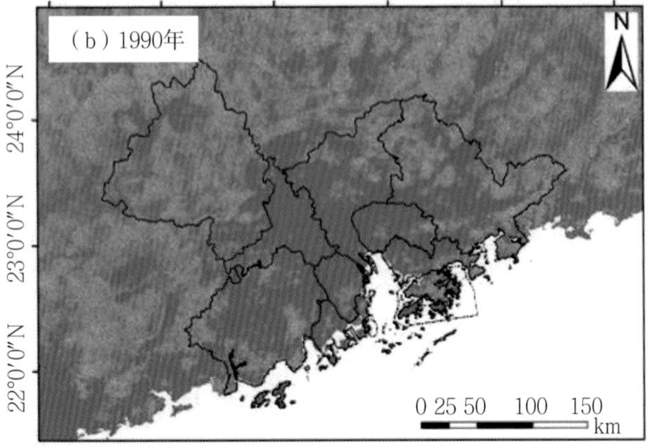


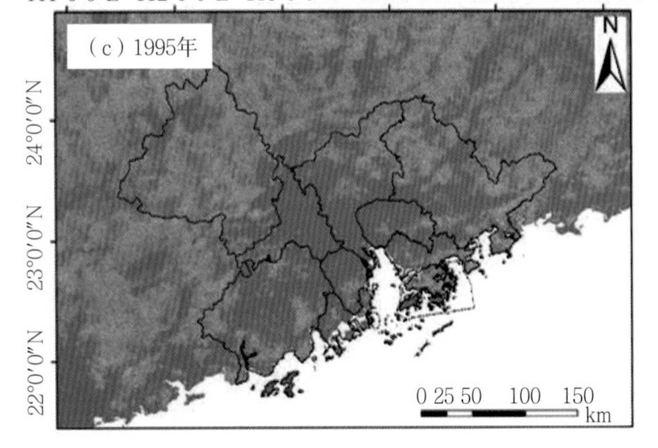


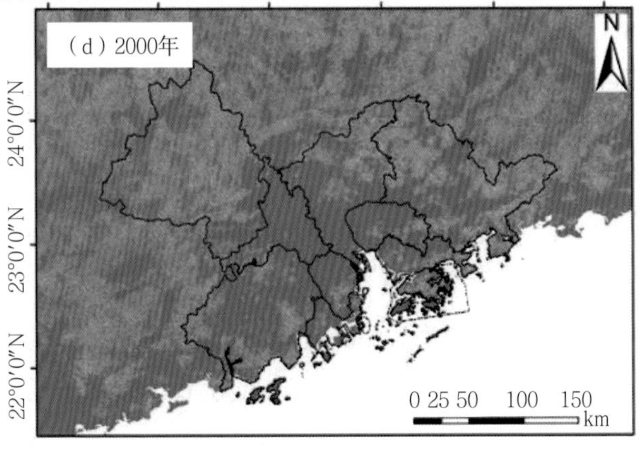

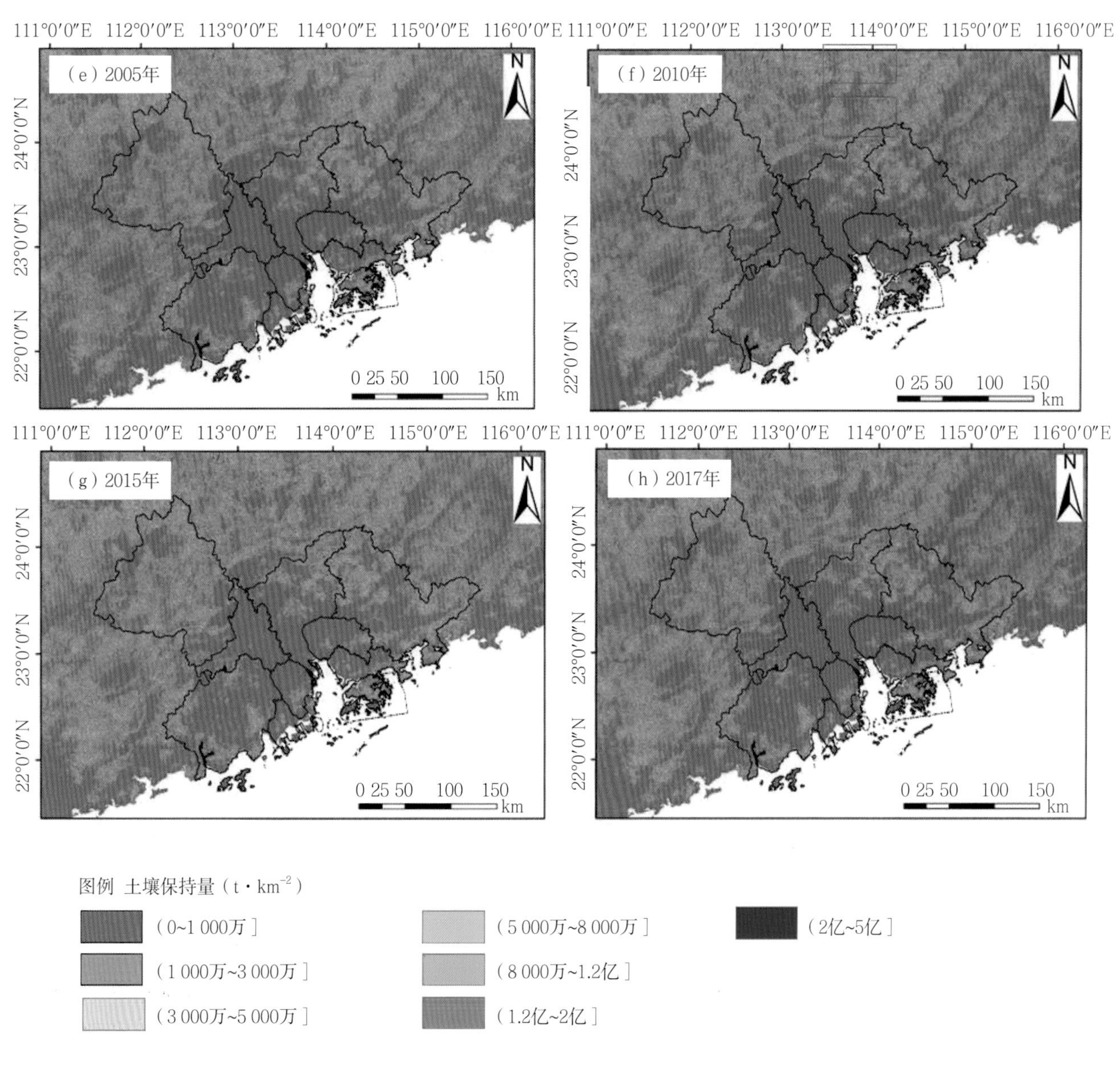


**图7-1　1980—2017年粤港澳大湾区土壤保持量空间变化（实际降水情景）**

区，均位于1 000 万t·km$^{-2}$左右；珠海和中山整体土壤保持量不高，都不超过1 200 万·km$^{-2}$，珠海金湾区最低，仅为300 万t·km$^{-2}$左右；佛山三水区的土壤保持量维持在900 万t·km$^{-2}$以上，而南海、高明、禅城、顺德等地区均处于300 万t·km$^{-2}$及以下水平；惠州惠东区和龙门县超过了2 000 万t·km$^{-2}$，而其他地区均不超过该水平，以惠城区最低，小于1 000 万t·km$^{-2}$；江门台山、鹤山、恩平、新会地区都处于1 200 万t·km$^{-2}$以上水平，而其余地区则相对偏低；肇庆各个县区都超过了1 000 万t·km$^{-2}$，广宁和怀集土壤保持量最高，接近或高于3 000 万t·km$^{-2}$，说明该地区的土壤保持功能较强，主要是因为该地区植被覆盖率较高，基本处于研究区最高水平，所以其保持土壤的能力较强。

1980—2017年粤港澳大湾区土壤保持量的时间波动如图7-2所示，各行政县区的波动变化趋势不尽相同。因土壤数据缺失的问题，本次土壤保持量统计分析仅统计了香港的12个行政区的结果。香港1980—2017年土壤保持量基本的变化规律是一致的，1980—1990年大幅下降，1995年和2000年迅速攀升，而后3个年份持续减少，2017年小幅增加；东莞的变化规律与香港基本一致，但波动幅度较小，且2015年之后土壤保持量轻微增加；对于广州而言，各区的土壤保持量总体呈现增加趋势，以从化区和增城区的增加幅度最大；深圳的各个行政区的波动变化规律基本一致，1980—1990年轻微下降，1990—2000年迅速攀升，而后3个年份持续

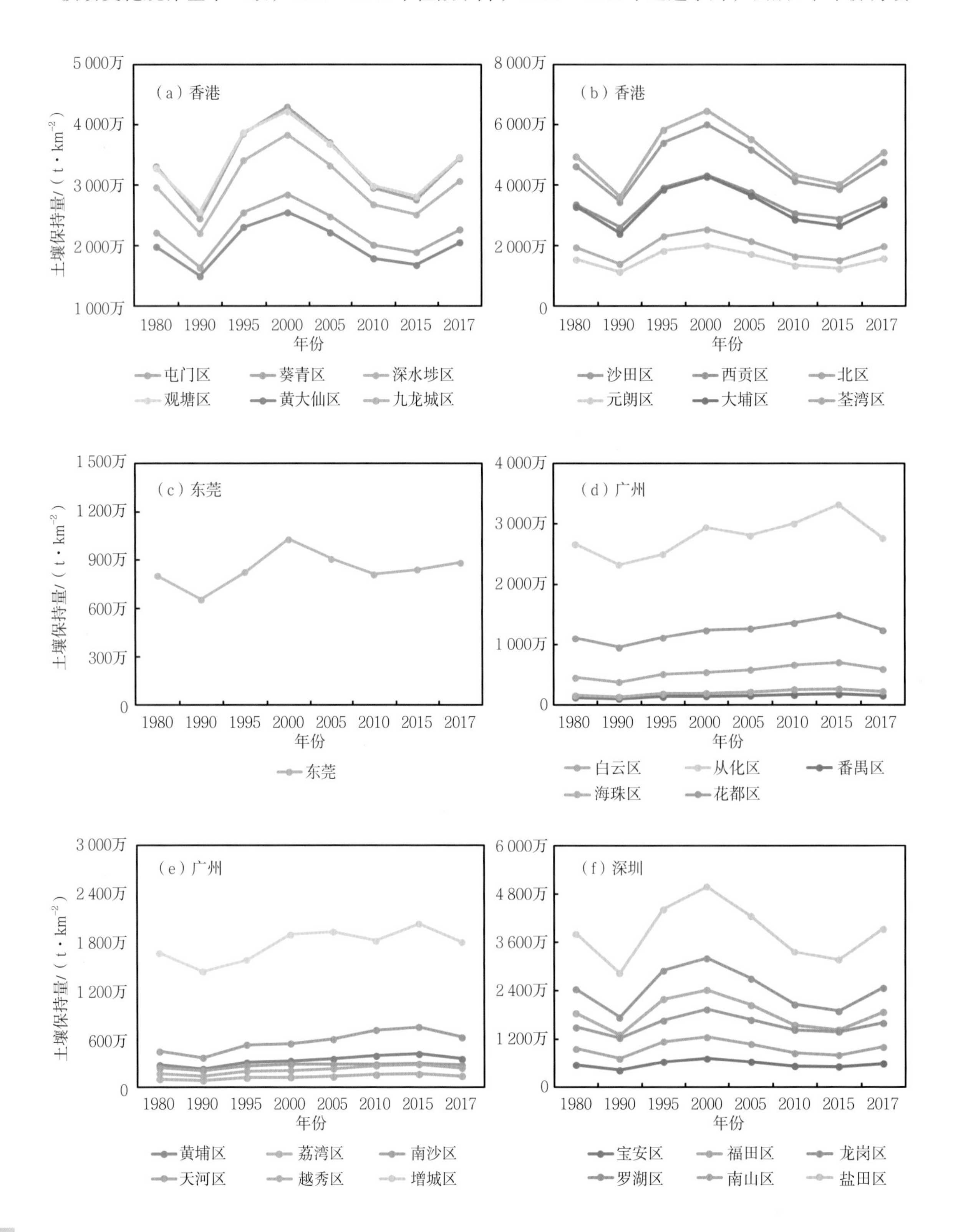

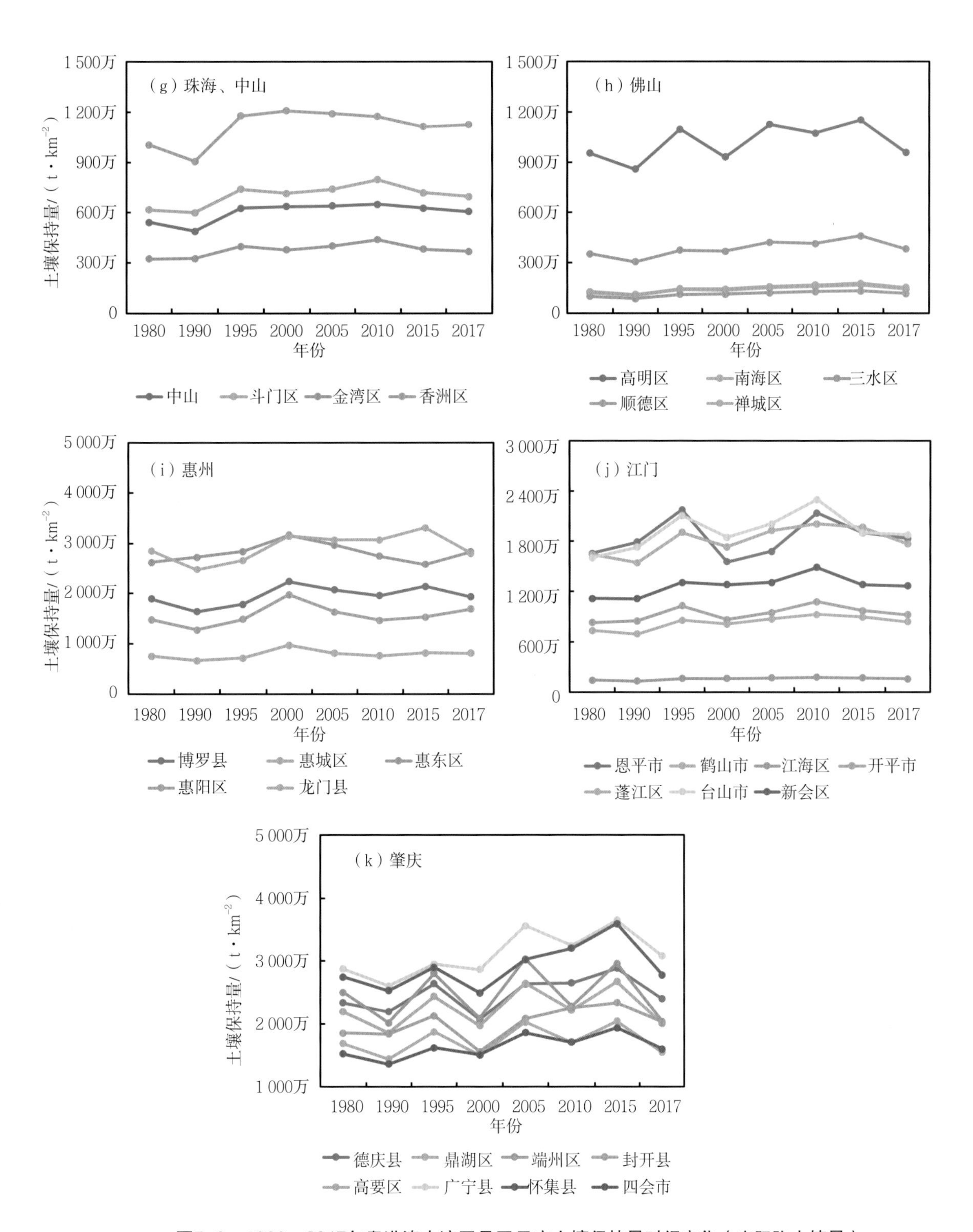


**图7-2　1980—2017年粤港澳大湾区县区尺度土壤保持量时间变化（实际降水情景）**

减少，2017年小幅增加，盐田区的土壤保持量在各个年份都位于最高水平，表明其保持土壤的能力是该地区最强的；珠海和中山的土壤保持量在1980年和1990年处于较低水平，而2000年之后迅速跃升，以珠海香洲区为例，1980年和1990年都处于900万t·km$^{-2}$左右，而2000年之后一直维持在1 200万t·km$^{-2}$左右；佛山的土壤保持量总体呈现波动增加的变化趋势，以高明区的土壤保持量最大，一直保持在900万t·km$^{-2}$以上；惠州、江门和肇庆的各县区土壤保持量都呈现增加趋势，以肇庆和江门最为显著，以肇庆为例，广宁县1980年土壤保持量约为3 000万t·km$^{-2}$，而到了2015年则增长为3 500万t·km$^{-2}$左右；怀集县也从1980年的3 000万t·km$^{-2}$增加到2015年的3 500万t·km$^{-2}$。

## 二、生态系统固碳功能

1980—2017年粤港澳大湾区生态系统碳储量的空间分布格局如图7-3所示。碳储量的空间分布格局与土地利用/覆被类型基本保持一致，森林的碳储量高于灌木，灌木高于草地，而草地高于湿地和城镇建设用地。总体上看，1980—2017年粤港澳大湾区的碳储量的空间分布格局变化剧烈，在肇庆、江门和广州从化区等森林覆盖相对稳定的地区没有表现出较大的起伏波动，而在耕地萎缩区（广州、东莞、佛山、深圳）、城镇建设用地扩张区、湿地水体萎缩区（佛山顺德区等）等相对敏感区域变化较大。香港有山脉分布和较好植被覆盖的地区如屯门区、东区、离岛区、南区和观塘区等碳储量相对稳定，没有较大波动。以屯门区、东区、离岛区、南区的碳储量相对较高，平均在15 000 MgC·km$^{-2}$左右或以上水平，荃湾区、北区、西贡区、大埔区等地区也维持相对较高水平，均大于16 000 MgC·km$^{-2}$。需要指出的是，元朗区的碳储量有所下降，从1980年的13 000 MgC·km$^{-2}$下降到2017年的10 000 MgC·km$^{-2}$

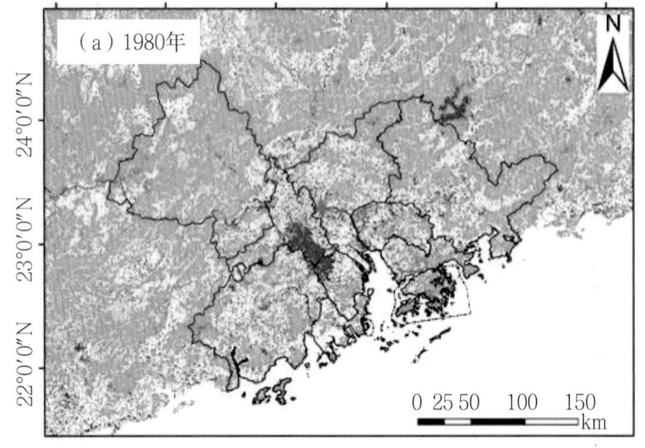


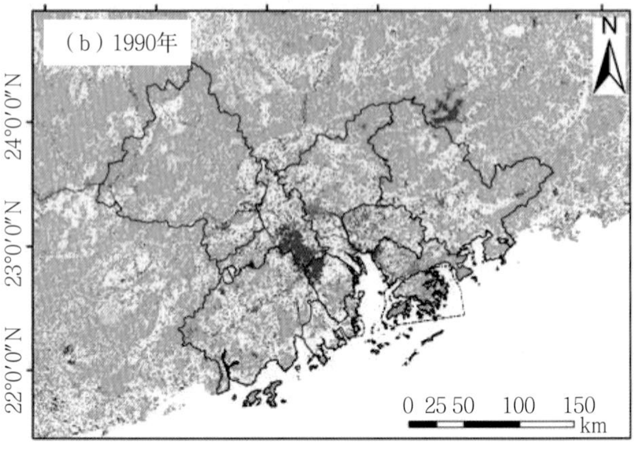


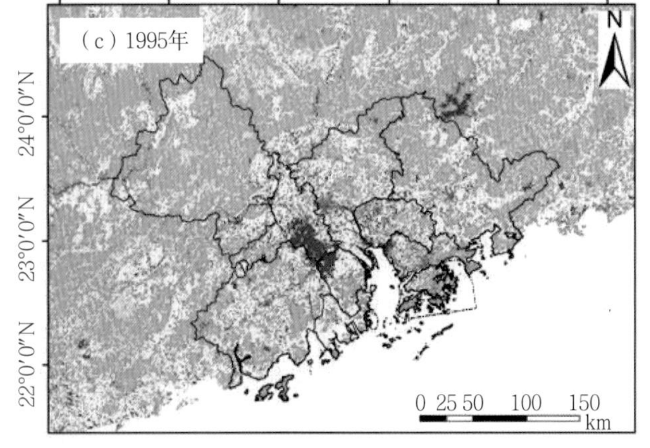


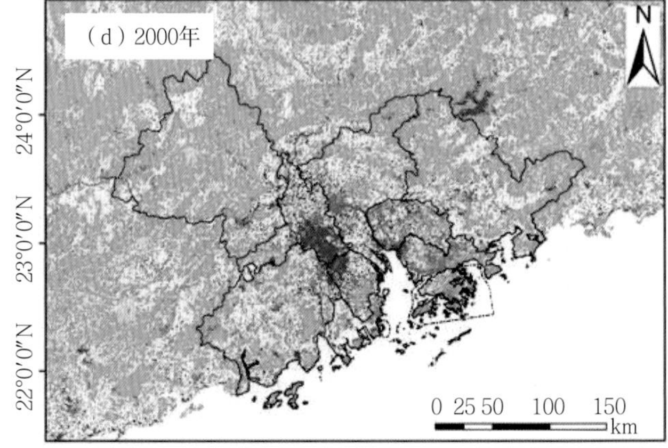

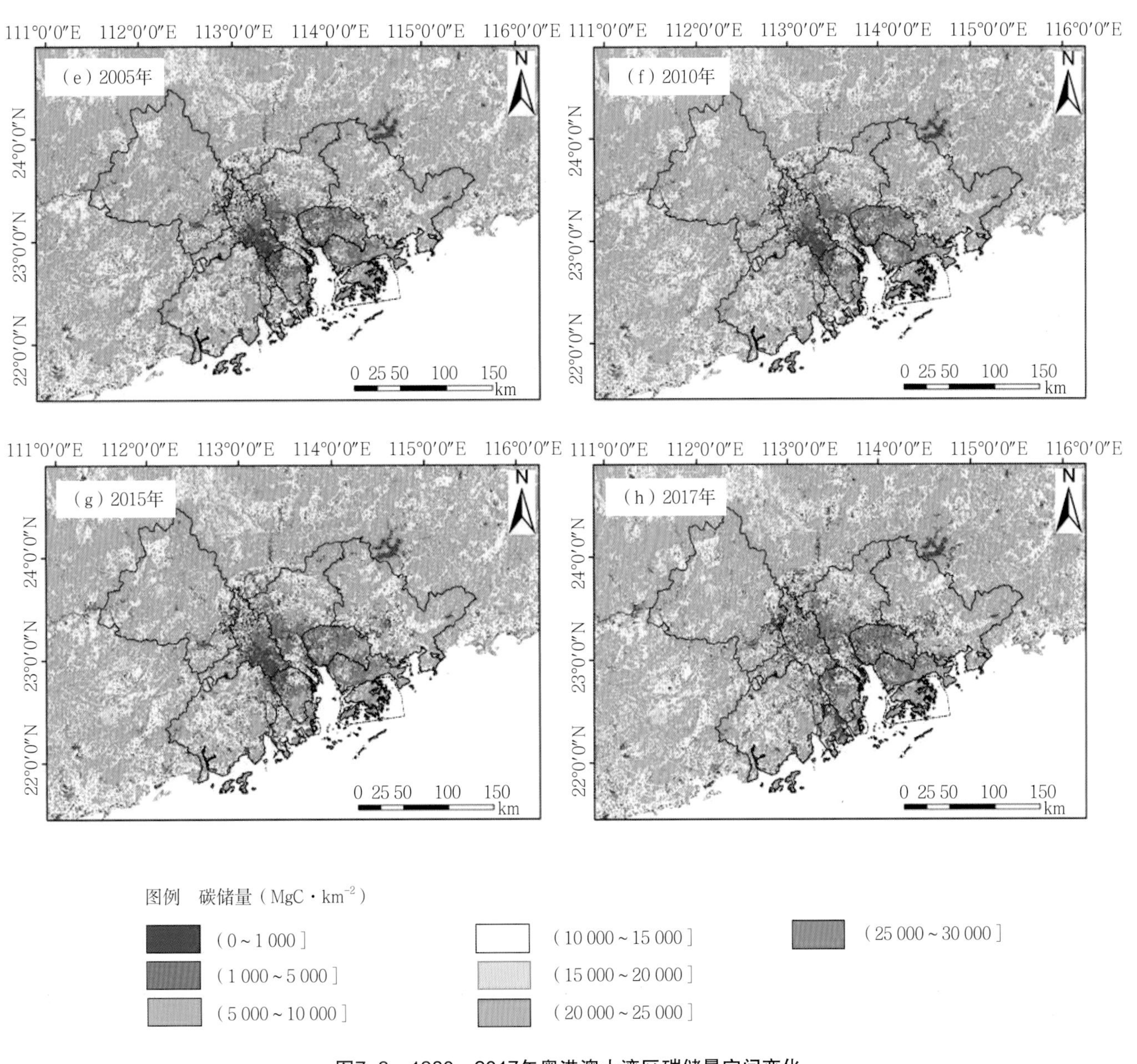


**图7-3 1980—2017年粤港澳大湾区碳储量空间变化**

左右。香港地区开埠较早，在1980年以前城镇建设用地已经发展到相当规模，因此1980年之后变化不是很剧烈，碳储量也相对平稳，没有较大波动。东莞和澳门的碳储量都呈现下降趋势，特别是对于东莞而言，碳储量从1980年的10 000 MgC・$km^{-2}$下降到2017年的不足8 000 MgC・$km^{-2}$。广州各地区的碳储量差异较大，以从化区和增城区的碳储量相对较高，分别达到20 000 MgC・$km^{-2}$和16 000 MgC・$km^{-2}$左右，而天河、荔湾、南沙、黄埔、越秀、海珠、番禺等区都相对较低，均在10 000 MgC・$km^{-2}$以下。深圳盐田区的碳储量在20 000 MgC・$km^{-2}$以上，而其他地区相对较低，特别是福田区和南山区，均位于12 000 MgC・$km^{-2}$以下。珠海和中山整体碳储量不高，均不超过15 000 MgC・$km^{-2}$，以中山最低，仅为10 000 MgC・$km^{-2}$左右。佛山高明区的碳储量维持在15 000 MgC・$km^{-2}$以上，而南海、高明、禅城、顺德等地区均处于10 000 MgC・$km^{-2}$及以下水平，顺德地区1980年代由于湿地水体较多，基塘养殖用地广泛分布，此类地区的碳储量比较低，而随着土地利用/覆被方式的转换（湿地水体转换为耕地和城镇建设用地），碳储量有一定程度的增加。惠州龙门县超过了20 000 MgC・km$^{-2}$，而其他地区均不超过该水平，以惠城区最低，小于15 000 MgC・km$^{-2}$。江门台山、鹤山、恩平、开平地区都处于15 000 MgC・km$^{-2}$以上水平，而其余地区则相对偏低。肇庆广宁县和怀集县的碳储量超过了20 000 MgC・km$^{-2}$，而鼎湖区和端州区低于15 000 MgC・km$^{-2}$，说明广宁和怀集地区的碳储量较高，主要是因为该地区森林植被覆盖率较高，基本处于研究区最高水平，所以其碳存储的能力较强。

1980—2017年粤港澳大湾区碳储量的时间波动如图7-4所示，各行政县区的波动变化趋势不尽相同。香港湾仔区、沙田区、深水埗区、油尖旺区的碳储量在1990年和1995年的波动变化较大，其余地区和年份相对平稳；东莞的碳储量下降迅速，从1980年的10 000 MgC・km$^{-2}$以上下降到2017年的不足8 000 MgC・km$^{-2}$；对于广州而言，伴随着城镇建设用地的不断扩张，各区的碳储量总体呈现减少趋势，以从化区和增城区的减少幅度最大；深圳的各个行政区的波动变化规律基本一致，各行政区碳储量减少，特别是在1995年到2000年的这段时间减少幅度最大，盐田区的碳储量在各个年份都位于最高水平，主要是因为这一地区有大量红树林等森林生态系统分布，所以其碳存储能力是该地区最强的；珠海和中山的碳储量都呈现出减少趋势，其中珠海香洲区的减少趋势相对平缓，只是在1995年至2000年这一段时间明显减少，而珠海金湾区和斗门区等其他地区则表现出连续递减趋势，以珠海金湾区为例，1980年至2000年都处于15 000 MgC・km$^{-2}$左右，而到了2017年则下降到不足10 000 MgC・km$^{-2}$；佛山的碳储量总体呈现波动减少的变化趋势，以南海区的减少幅度最大；惠州、江门和肇庆的各县区碳储量都呈现减少趋势，以肇庆和江门最为显著，以肇庆为例，鼎湖区1980年碳储量约为15 000 MgC・km$^{-2}$，而到了2017年则减少为13 000 MgC・km$^{-2}$左右，端州区也从1980年的13 000 MgC・km$^{-2}$左右减少到2015年的不足12 000 MgC・km$^{-2}$。

## 三、生物多样性保护功能

1980—2017年粤港澳大湾区栖息地质量的空间分布格局如图7-5所示。栖息地质量的空间分布格局与土地利用/覆被类型基本保持一致，森林的栖息地质量高于耕地和湿地水体，而耕地高于城镇建设用地。总体上看，1980—2017年粤港澳大湾区的栖息地质量的空间分布格局变化剧烈，在肇庆、惠州北部和广州从化等森林覆盖相对稳定的地区没有表现出较大的起伏波动，而在耕地萎缩区（广州、东莞、佛山、深圳）、城镇建设用地扩张区、湿地水体萎缩区（佛山顺德区等）等相对敏感区域变化较大。香港有山脉分布和较好植被覆盖的地区如离岛区、屯门区、南区、东区、深水埗区、葵青区、黄大仙区、西贡区的栖息地质量相对稳定，没有较大波动。以离岛区、中西区、南区、沙田区、北区、荃湾区和大埔区的栖息地质量指数相对较高，平均在0.9左右水平，而葵青、黄大仙、九龙城、观塘、油尖旺和荃湾等地区的质量指数介于0.6～0.8，主要是因为这些地区有相当一部分城镇建设用地分布，其生境质量不如林地。香港地区开埠较早，在1980年以前城镇建设用地已经发展到相当规模，因此1980年之后变化不是很剧烈，栖息地质量也相对平稳，没有较大波动。澳门的栖息地质量轻微改善。而对于东莞而言则有所退化，东莞栖息地质量指数从1980年的0.7下降到2017年的0.6左右。广州各地区的栖息地质量差异较大，除了从化区、增城区和越秀区相对稳定之外，

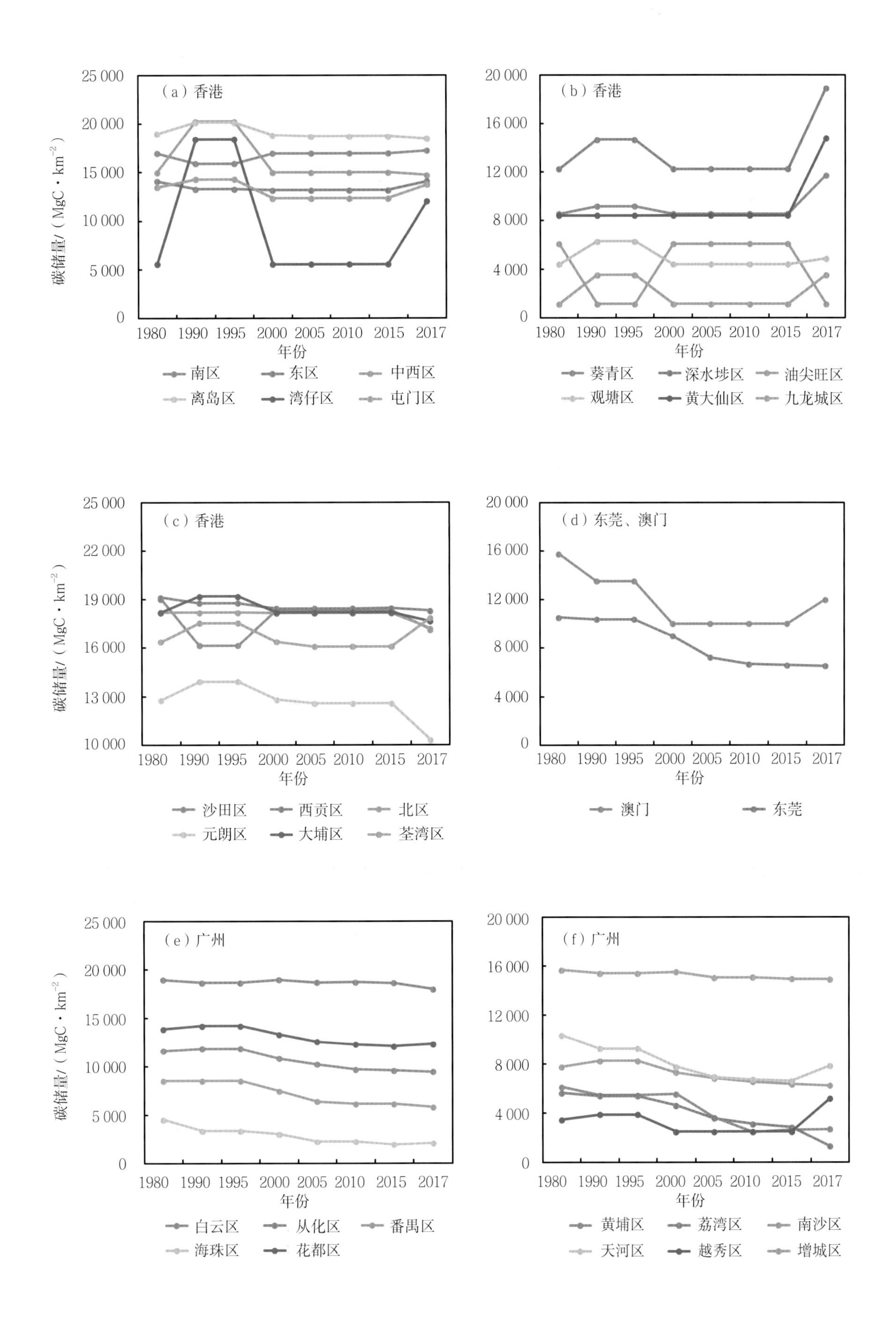

(a) 香港
碳储量/(MgC·km⁻²)
年份
南区
东区
中西区
离岛区
湾仔区
屯门区
(b) 香港
葵青区
深水埗区
油尖旺区
观塘区
黄大仙区
九龙城区
(c) 香港
沙田区
西贡区
北区
元朗区
大埔区
荃湾区
(d) 东莞、澳门
澳门
东莞
(e) 广州
白云区
从化区
番禺区
海珠区
花都区
(f) 广州
黄埔区
荔湾区
南沙区
天河区
越秀区
增城区

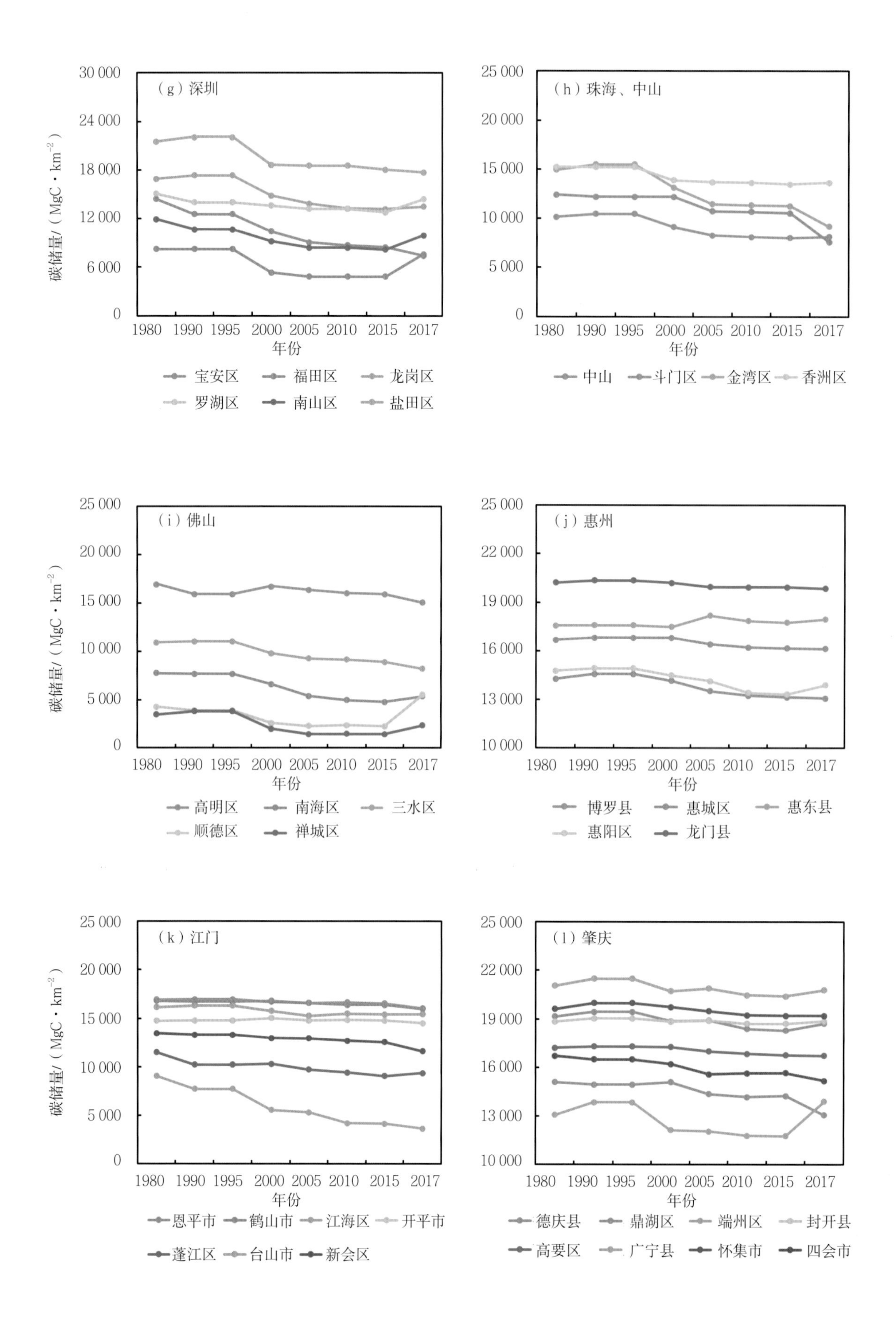


图7-4 1980—2017年粤港澳大湾区县区尺度碳储量时间变化

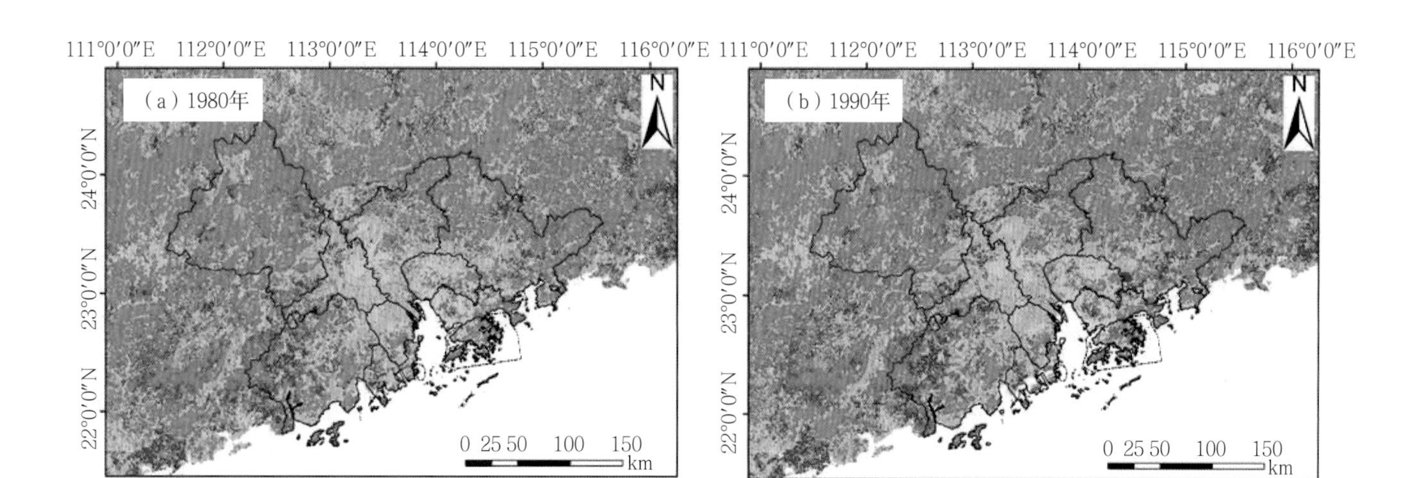
111°0′0″E
112°0′0″E
113°0′0″E
114°0′0″E
115°0′0″E
116°0′0″E
24°0′0″N
23°0′0″N
22°0′0″N
（a）1980年
（b）1990年
N
0 25 50 100 150
km

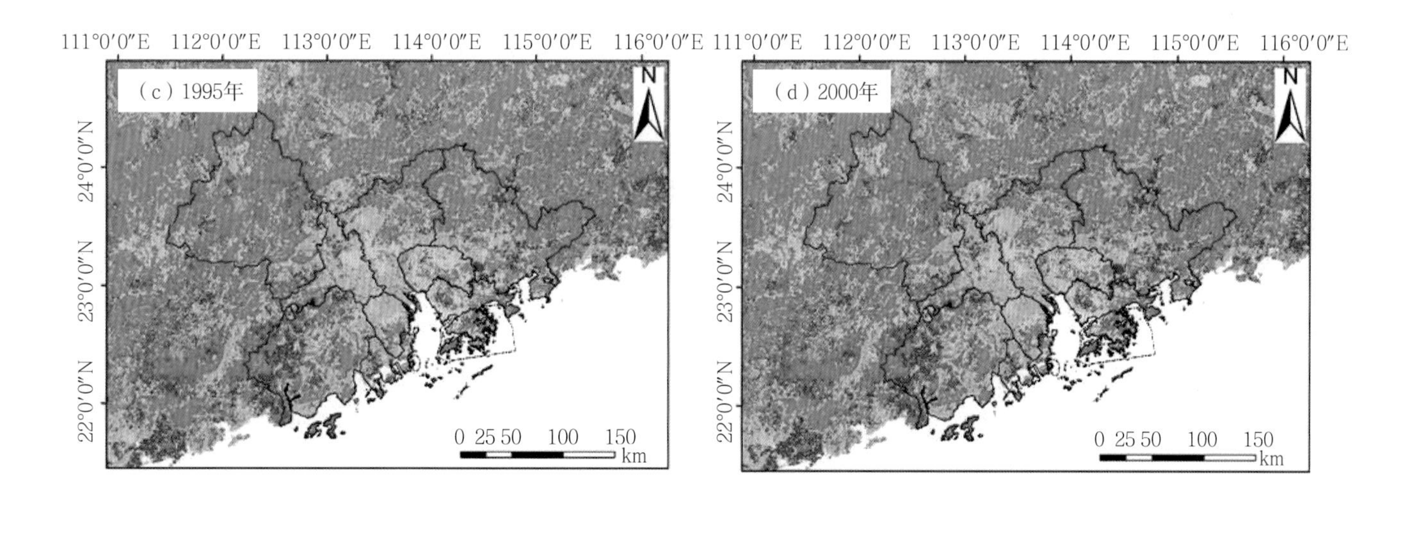
111°0′0″E
112°0′0″E
113°0′0″E
114°0′0″E
115°0′0″E
116°0′0″E
24°0′0″N
23°0′0″N
22°0′0″N
（c）1995年
（d）2000年
N
0 25 50 100 150
km

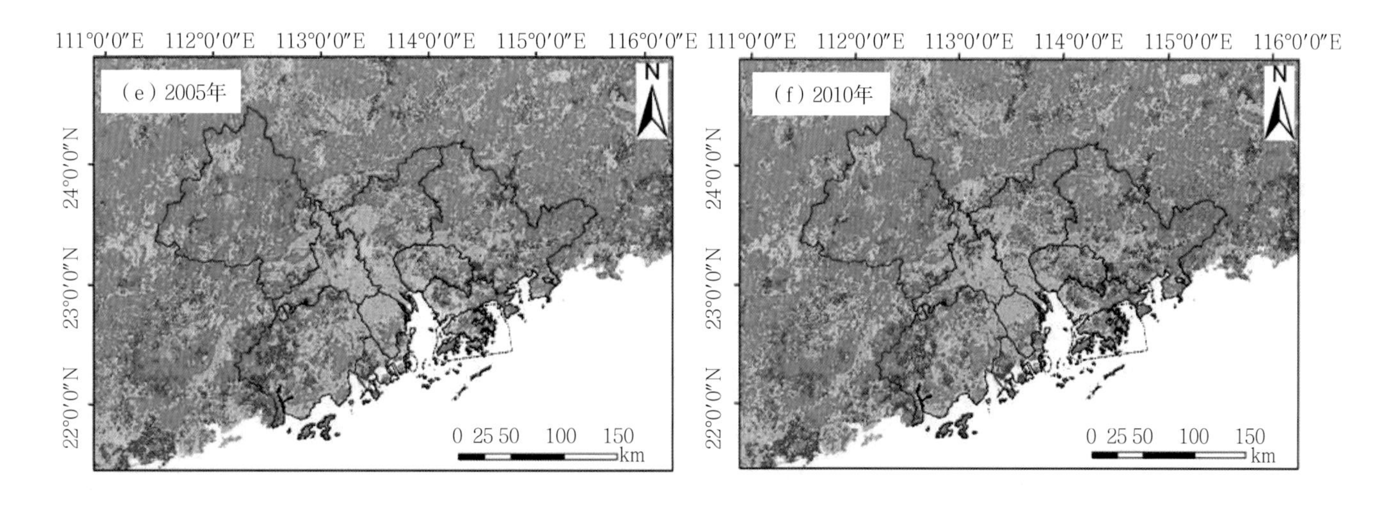
111°0′0″E
112°0′0″E
113°0′0″E
114°0′0″E
115°0′0″E
116°0′0″E
24°0′0″N
23°0′0″N
22°0′0″N
（e）2005年
（f）2010年
N
0 25 50 100 150
km

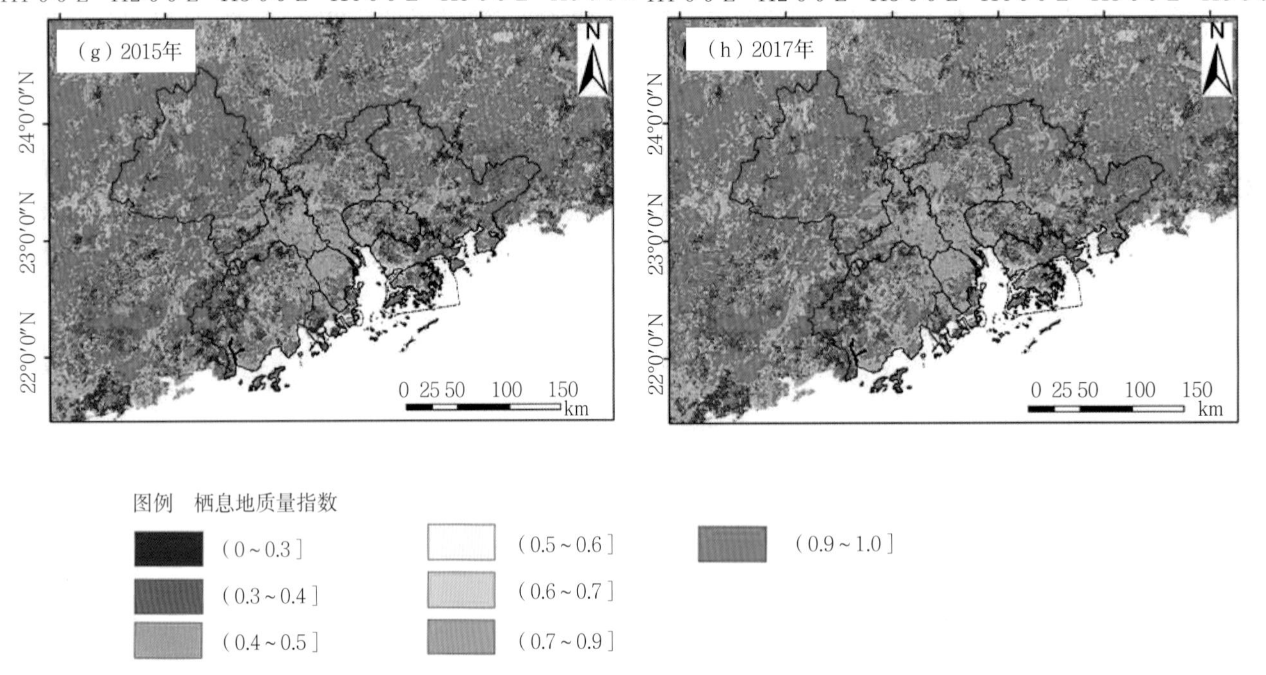


**图7-5 1980—2017年粤港澳大湾区栖息地质量空间变化**

其他地区都呈现出退化趋势，以从化区和增城区的栖息地质量指数相对较高，分别达到0.8和0.75左右，越秀区也相对较高，达到0.75左右，而天河、荔湾、南沙、黄埔、海珠、番禺等区都介于0.55～0.75。深圳盐田区的栖息地质量指数在0.9左右，而其他地区相对较低，特别是宝安区和南山区，均位于0.7左右。珠海和中山整体栖息地质量不高，只有珠海香洲区高于0.8，珠海金湾区、珠海斗门区等其他地区都介于0.6～0.7。佛山只有高明区的栖息地质量指数维持在0.8以上，而南海、高明、禅城、顺德等地区均处于0.6～0.7之间。惠州只有龙门县的质量指数接近0.9，其他地区均不超过0.8，以惠阳区最低，接近0.7。江门的台山、鹤山、恩平、开平、新会等地区都处于0.7～0.8之间，而江海区最低，不足0.6。肇庆只有广宁县的质量指数高于0.9，说明广宁地区的生境质量较好，主要是因为该地区林地的植被覆盖率较高，基本处于研究区最高水平，所以其生境质量较好，而德庆、怀集、封开等县都介于0.8～0.9，其余地区都接近或低于0.8；四会市的栖息地质量指数最低，接近0.75。

1980—2017年粤港澳大湾区栖息地质量指数的时间波动如图7-6所示，各行政县区的波动变化趋势不尽相同。香港湾仔区、观塘区、油尖旺区和大埔区的栖息地质量指数在2010年和2015年波动增加，其余地区和年份相对平稳；东莞的栖息地质量呈现下降趋势，从2005年开始下降速度加快；对于广州而言，伴随着城镇建设用地的不断扩张，各区的栖息地质量总体呈现退化趋势，以番禺、南沙、天河和荔湾下降最为迅速；深圳的各个行政区的波动变化规律基本一致，各行政区变化相对平稳，盐田区在2010年迅速跃升，接近于1.0，盐田区的栖息地质量在各个年份都位于最高水平，主要是因为这一地区有大量红树林等森林生态系统分布，所以其栖息环境相对较好；珠海和中山的栖息地质量指数都呈现出减小趋势，其中珠海香洲区自1980年以来一直呈现减小趋势，特别是2010年以来退化程度加剧，珠海金湾区和珠海斗门区等其他地区则是表现出连续递减趋势；佛山高明区的栖息地质量近几十年来维持相

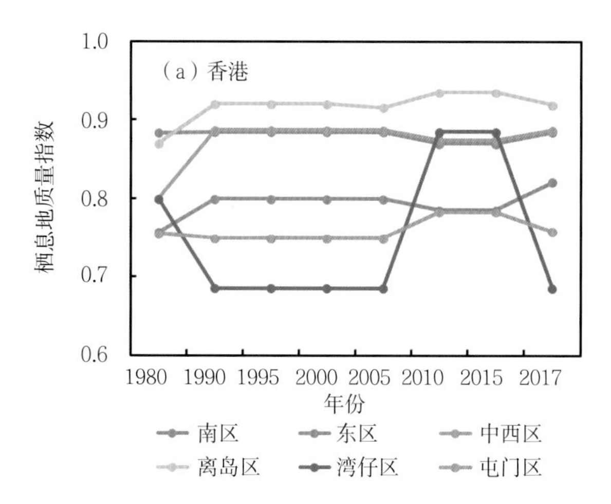
（a）香港
栖息地质量指数
1.0
0.9
0.8
0.7
0.6
1980 1990 1995 2000 2005 2010 2015 2017
年份
南区
东区
中西区
离岛区
湾仔区
屯门区

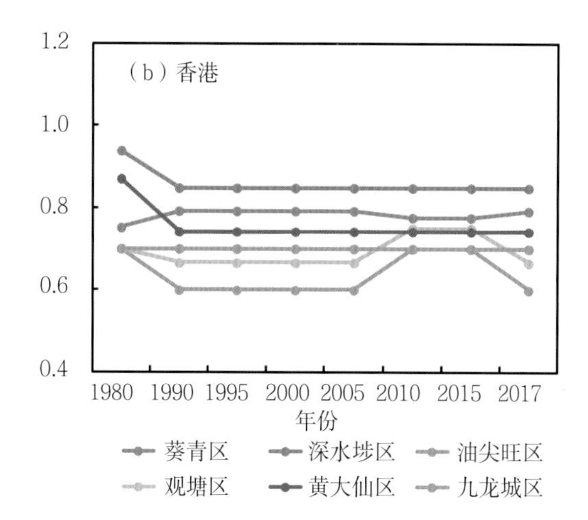
（b）香港
1.2
1.0
0.8
0.6
0.4
1980 1990 1995 2000 2005 2010 2015 2017
年份
葵青区
深水埗区
油尖旺区
观塘区
黄大仙区
九龙城区

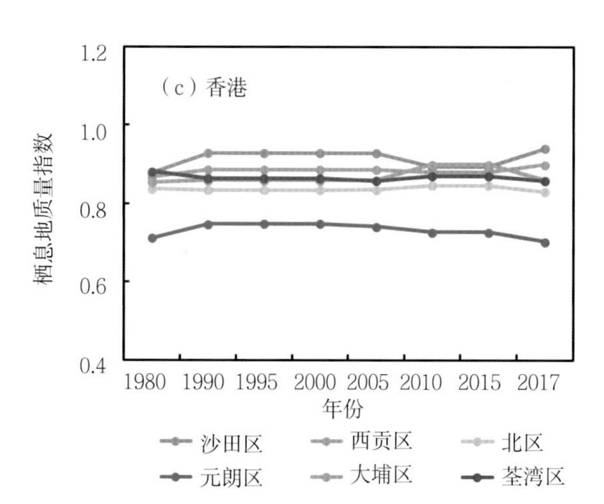
（c）香港
栖息地质量指数
1.2
1.0
0.8
0.6
0.4
1980 1990 1995 2000 2005 2010 2015 2017
年份
沙田区
西贡区
北区
元朗区
大埔区
荃湾区

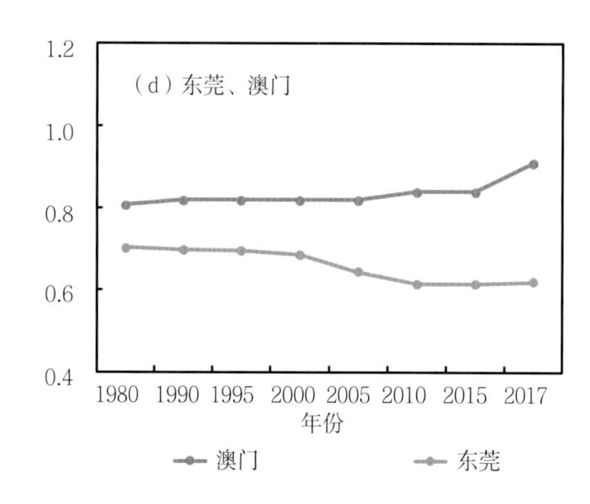
（d）东莞、澳门
1.2
1.0
0.8
0.6
0.4
1980 1990 1995 2000 2005 2010 2015 2017
年份
澳门
东莞

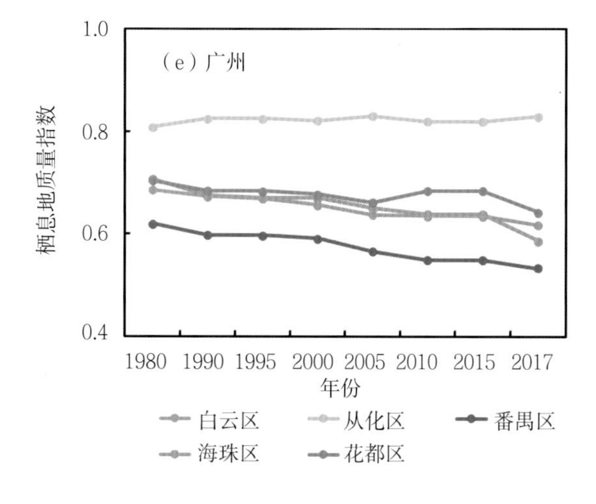
（e）广州
栖息地质量指数
1.0
0.8
0.6
0.4
1980 1990 1995 2000 2005 2010 2015 2017
年份
白云区
从化区
番禺区
海珠区
花都区

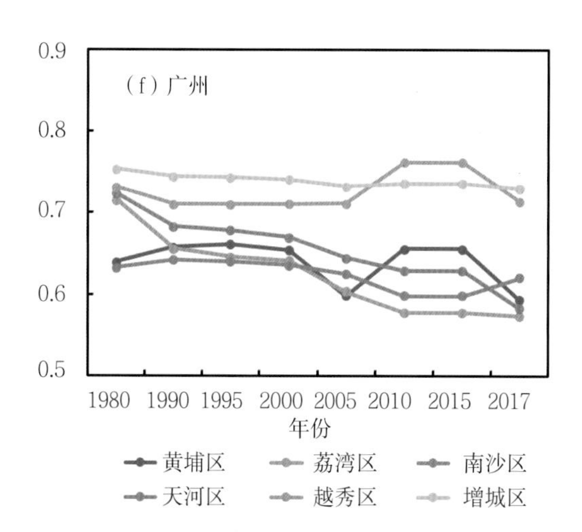
（f）广州
0.9
0.8
0.7
0.6
0.5
1980 1990 1995 2000 2005 2010 2015 2017
年份
黄埔区
荔湾区
南沙区
天河区
越秀区
增城区

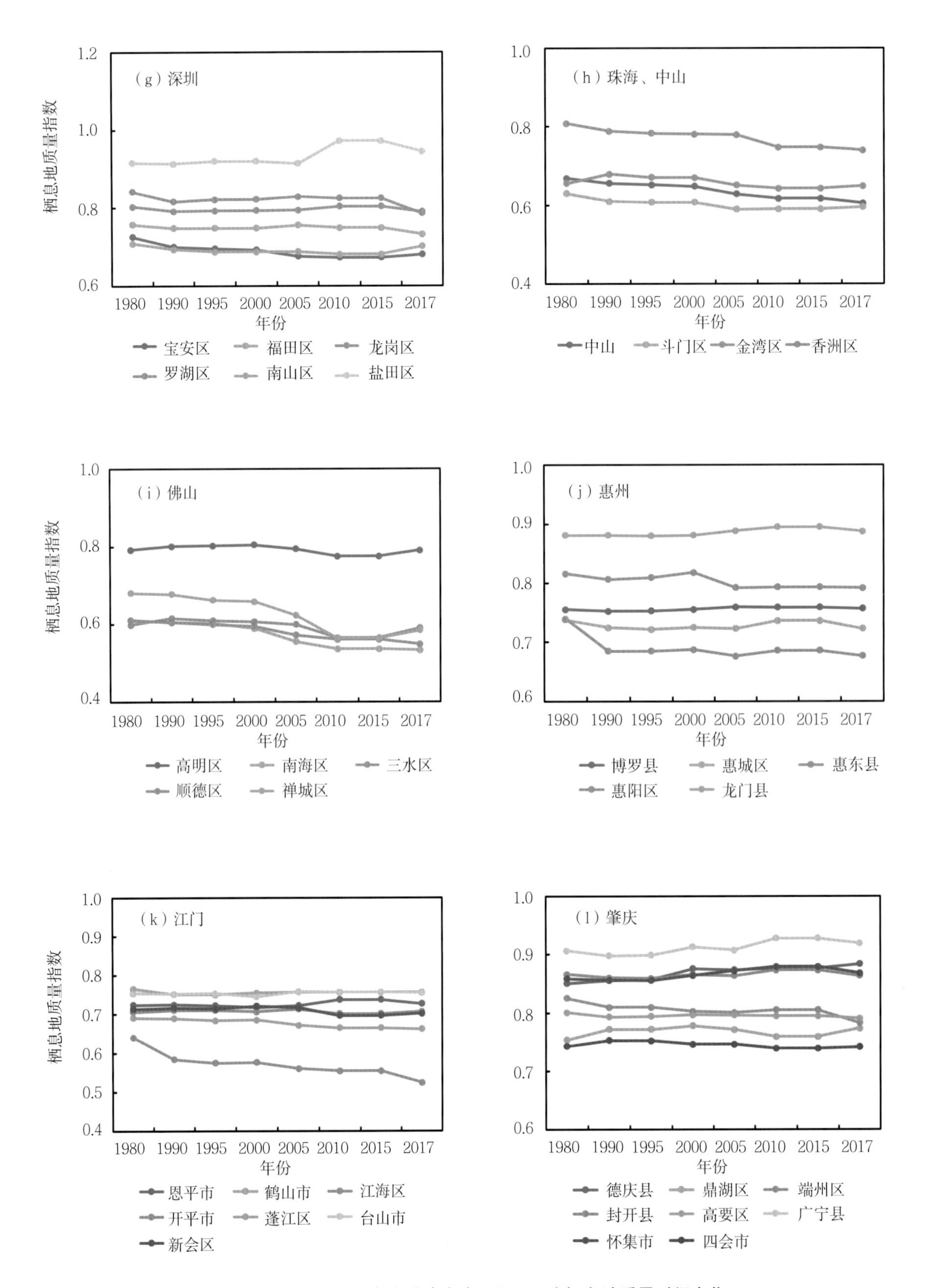


图7-6　1980—2017年粤港澳大湾区县区尺度栖息地质量时间变化

对稳定状态，而禅城区、顺德区、南海区和三水区则呈现下降趋势，顺德地区20世纪80年代由于湿地水体较多，基塘养殖用地广泛分布，此类地区的栖息地质量相对较好。而随着土地利用/覆被方式的转换（湿地水体转换为耕地和城镇建设用地），栖息地质量存在一定程度的退化；惠州、江门和肇庆各县区的栖息地质量表现出不同程度的下降趋势，以肇庆和江门较为明显，以江门江海区为例，该区1980年栖息地质量指数约为0.65，而到了2017年则减少为0.55。

## 四、水源涵养和水质净化功能

为了分别体现降水量波动和土地利用/覆被变化对于产水量的影响，在本次评估中设置两种情景，即分别为采用1980—2017年多年平均降水量作为输入数据得到的产水量，和基于逐年变化降水量得到的评估结果。前者可以反映土地利用/覆被变化对于产水量的影响，而后者可以反映降水波动变化对于产水功能的影响。1980—2017年多年平均降水的产水量空间分布和时序变化如图7-7、图7-8所示。1980—2017年粤港澳大湾区整体的产水量空间分布格局保持稳定，产水量介于1 500～3 000 mm的地区主要集中在香港、深圳、东莞、广州和佛山部分地区，肇庆西北部的产水量介于1 000～1 200 mm，其他地区介于1 200～1 500 mm。香港的9个城区1980—2017年的产水量相对稳定，没有较大波动。以湾仔区、九龙城区、油尖旺区、观塘区的产水量相对较高，接近1 900 mm，其他城区约为1 600 mm。湾仔区、九龙城区、油尖旺区、观塘区城镇建设用地相对集中分布，硬化地表产流系数较高，容易产生径流。而沙田区、西贡区、元朗区、大埔区、荃湾区、北区等地区的森林分布较为密集，产流系数要小很多，因此产水量相对偏低。香港地区开埠较早，在1980年以前城镇建设用地已经发展到相当规模，因此1980年之后变化不是很剧烈，产水量也相对平稳，没有较大波动；澳门的产水量要高于东莞，但两者差距不大，都呈现缓慢增加趋势；广州各地区的产水量呈现波动增加趋势，2000年之后小幅跃升，主要和硬化地表面积增加有关；深圳的产水量也是在2000年之后小幅跃升，各城区的变化规律基本一致，以福田区的产水量最高；珠海和中山整体的产水量缓慢增加，珠海金湾区和珠海香洲区的产水量要高于中山和斗门区；佛山的产水量增加速率相对较快，特别是禅城区、南海区和顺德区，在过去的几十年间，佛山地区的湿地和水体大量转换为耕地和城市建设用地，其水文调蓄功能明显下降，导致产水量大幅增加；惠州、

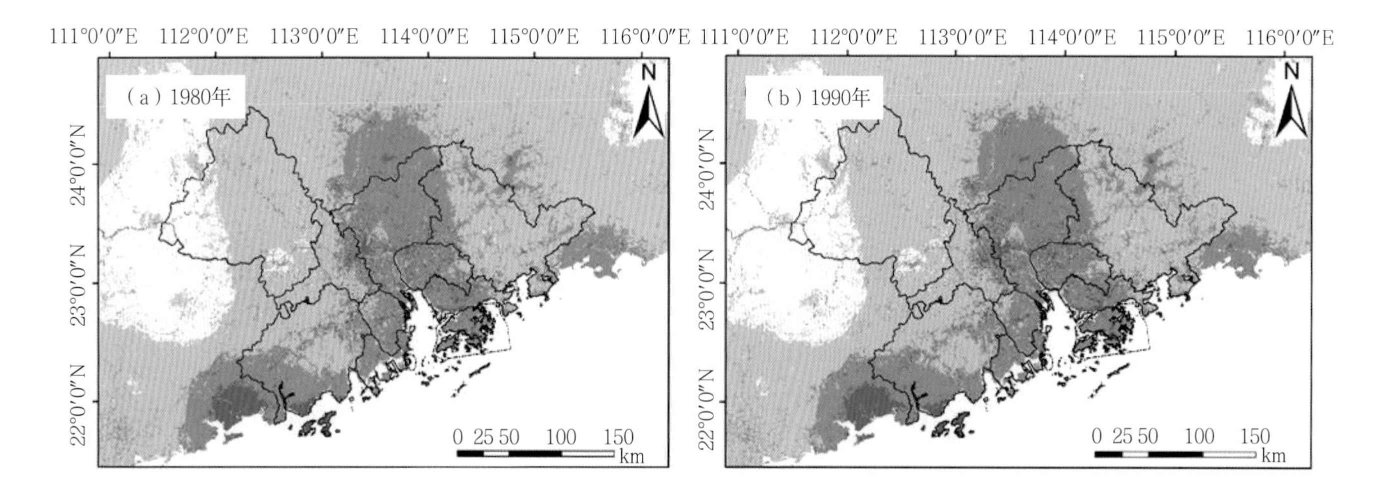

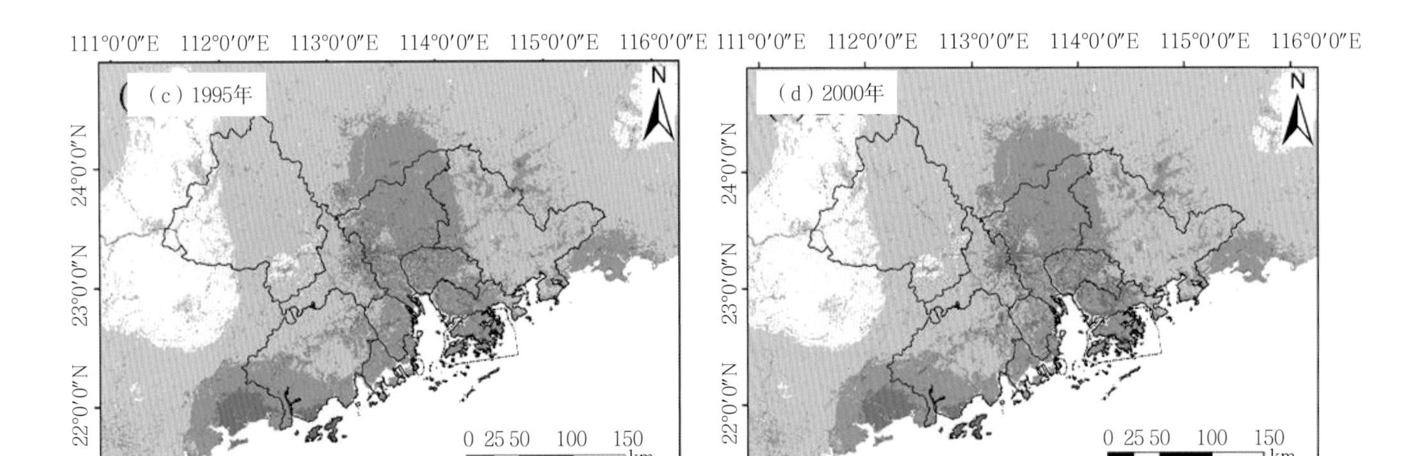


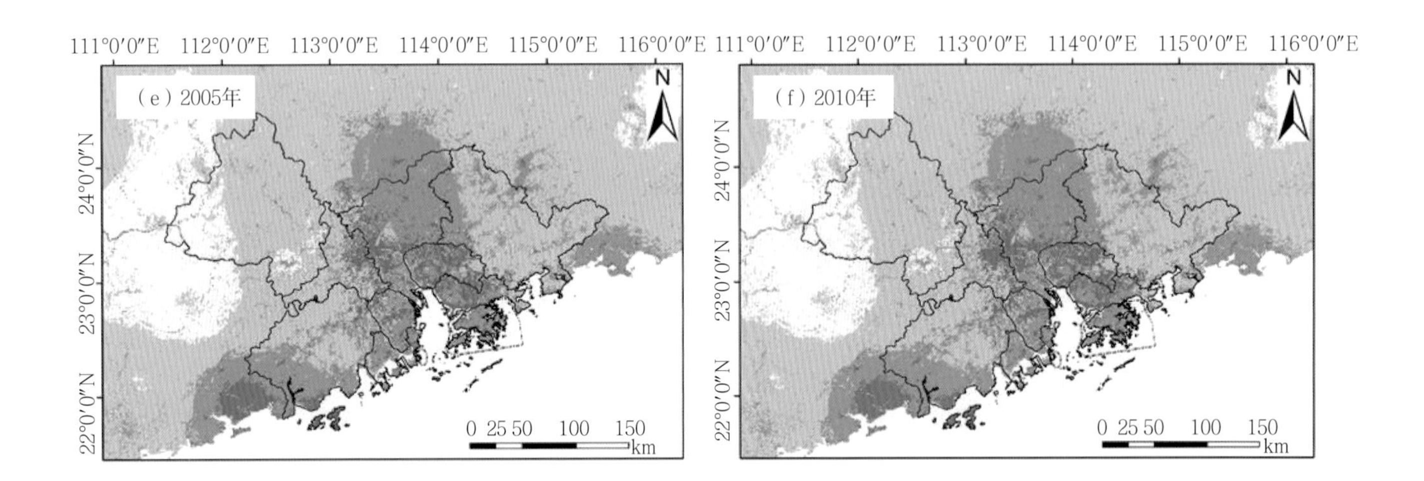


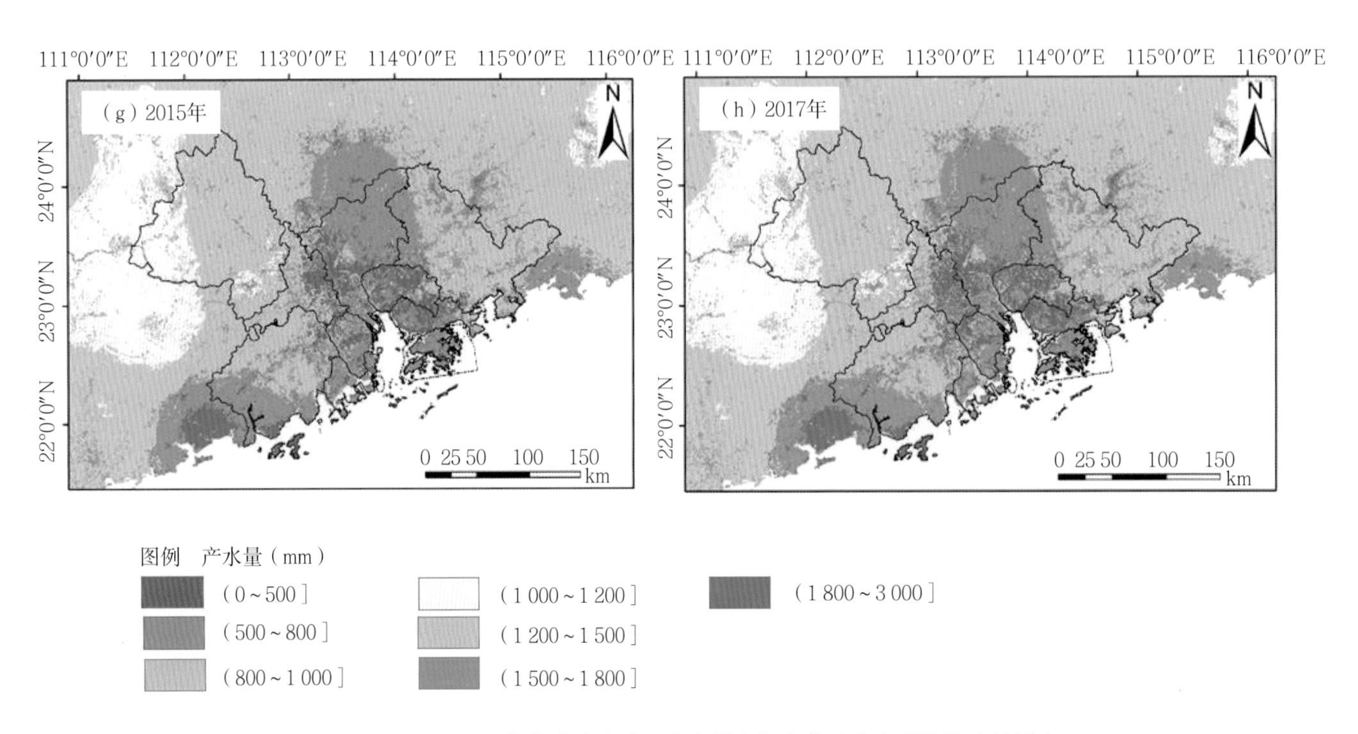


图7-7 1980—2017年粤港澳大湾区产水量空间变化（多年平均降水情景）

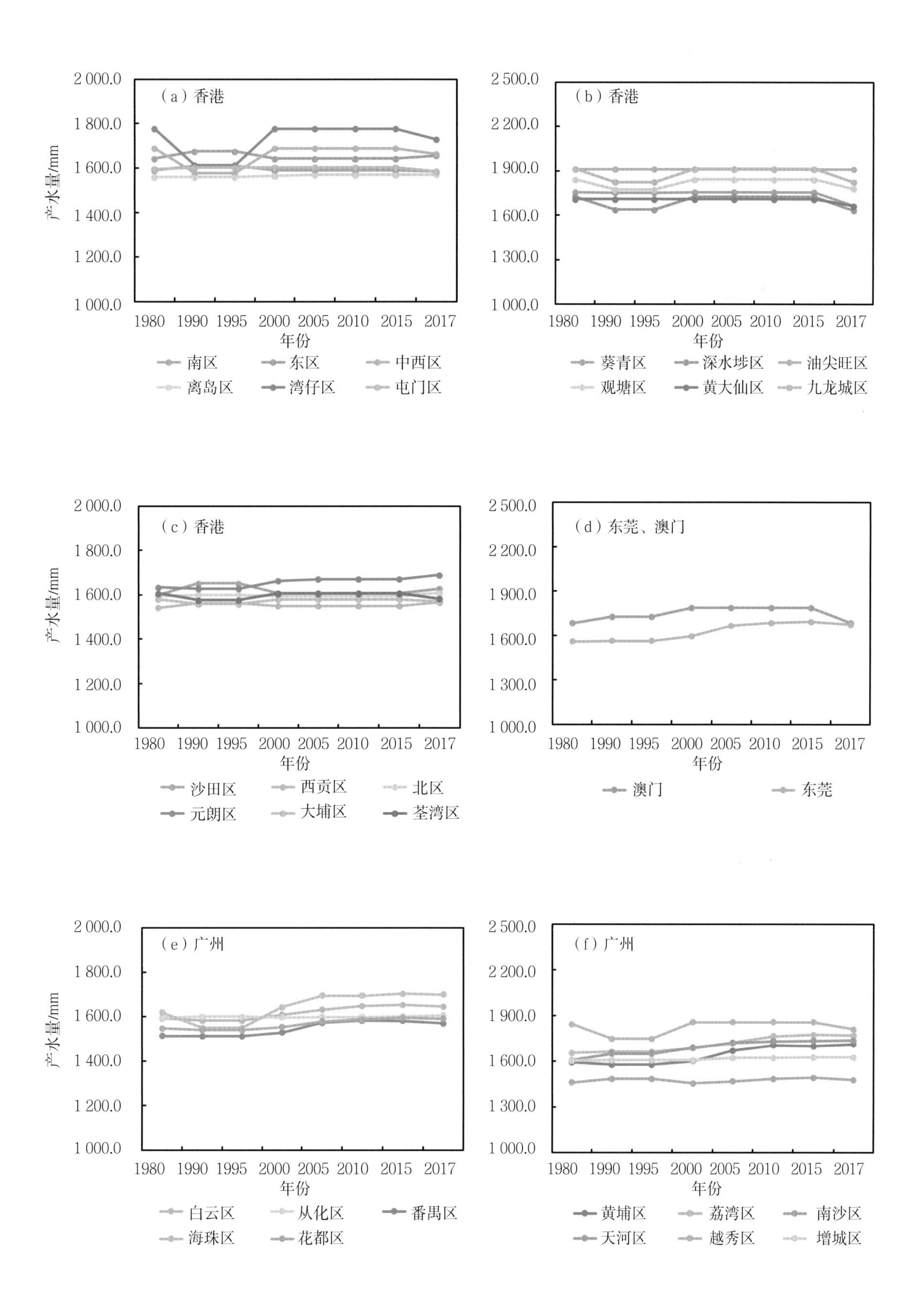

(a) 香港
产水量/mm
2 000.0
1 800.0
1 600.0
1 400.0
1 200.0
1 000.0
1980 1990 1995 2000 2005 2010 2015 2017
年份
南区 东区 中西区
离岛区 湾仔区 屯门区
(b) 香港
2 500.0
2 200.0
1 900.0
1 600.0
1 300.0
1 000.0
葵青区 深水埗区 油尖旺区
观塘区 黄大仙区 九龙城区
(c) 香港
沙田区 西贡区 北区
元朗区 大埔区 荃湾区
(d) 东莞、澳门
澳门 东莞
(e) 广州
白云区 从化区 番禺区
海珠区 花都区
(f) 广州
黄埔区 荔湾区 南沙区
天河区 越秀区 增城区

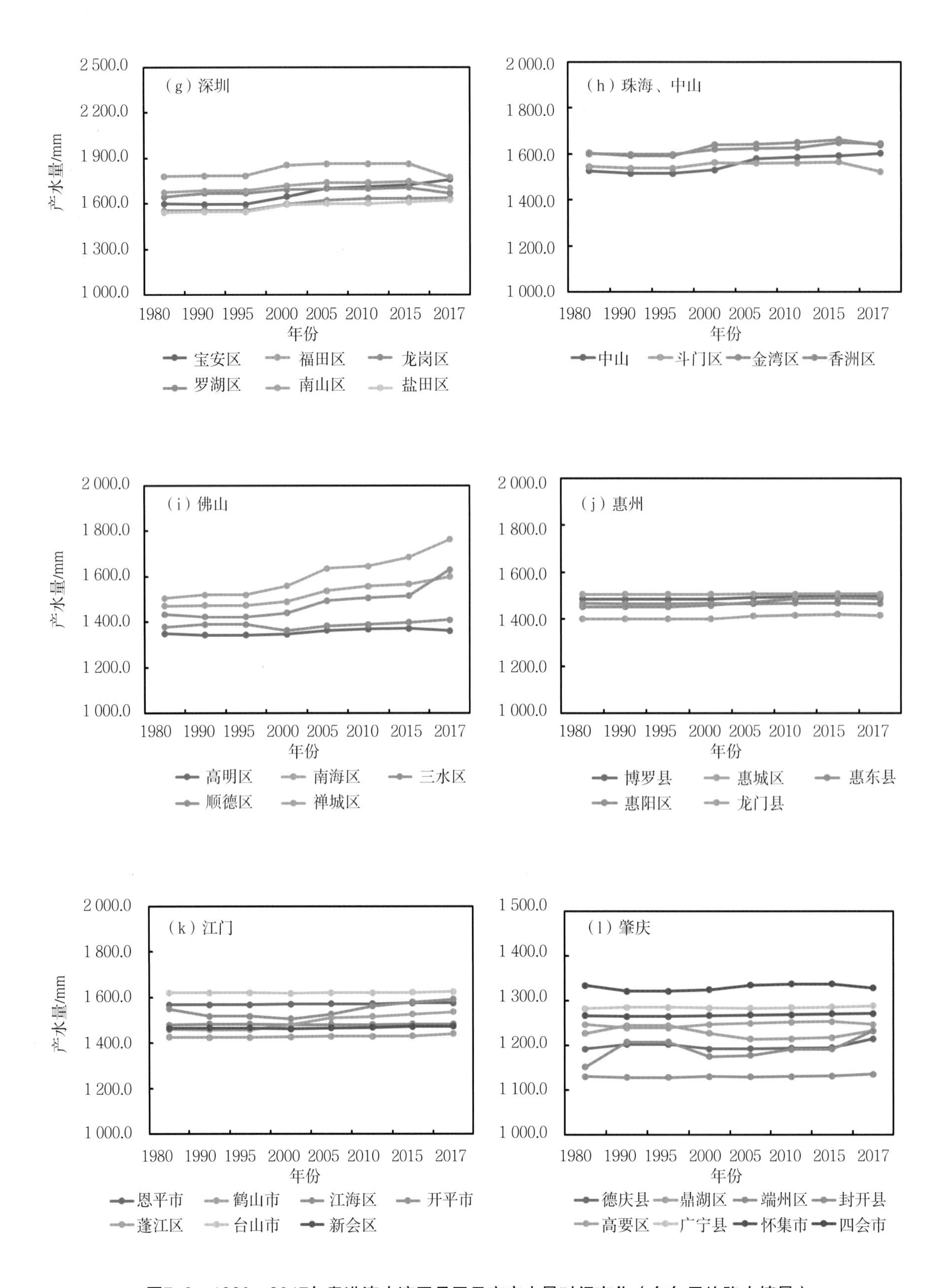


**图7-8　1980—2017年粤港澳大湾区县区尺度产水量时间变化（多年平均降水情景）**

江门和肇庆的产水量没有较大波动变化，相对平稳，主要是因为这几个区域的土地利用/覆被变化不是很剧烈，稳定的下垫面不会导致产水量发生较大变化。

1980—2017年基于真实降水数据估算得到的产水量空间分布和时序变化如图7-9、图7-10所示。产水量的空间分布格局年际差异较大，1980年产水量在大湾区的东南部相对较高，介于1 200～3 000 mm，而西北部肇庆等地相对较低，介于1 000～1 200 mm；1990年香港、深圳、惠州南部、中山、佛山、广州南部、肇庆等地都相对偏低（介于1 000～1 200 mm），只有江门南部等极少数地区达到1 500 mm以上；1995年大湾区降水整体偏丰，因此产水量较大，绝大部分超过了1 200 mm，香港、深圳、东莞、江门、中山、珠海等沿海岸线地区更是达到了1 500～1 800 mm甚至1 800～3 000 mm；2000年和2005年产水量分布格局较为接近，都呈现东南高西北低的格局，区别之处在于2000年肇庆西南部地区更为干旱，产水量没有超过1 000 mm；2010年、2015年和2017年3个年份的产水量分布格局比较接近，以广州、东莞、深圳和香港的产水量最高。香港的18个城区1980—2017年的产水量变化规律基本一致，1995年和2000年快速增加，从不足1 300 mm跃升到2 000 mm以上，而2005年、2010年和2015年则迅速下降到1 300 mm左右；深圳和惠州的变化规律和香港基本一致，也是呈现先增加后下降的波动变化规律；东莞、澳门、广州、珠海、中山、佛山等地都呈现显著增加趋势，这些地区在过去的几十年间土地利用/覆被类型转换较为剧烈，大量耕地和湿地水体大量转换为城市建设用地，不透水层的增多导致产水量大幅增加；江门和肇庆的产水量也呈现增加趋势，但没

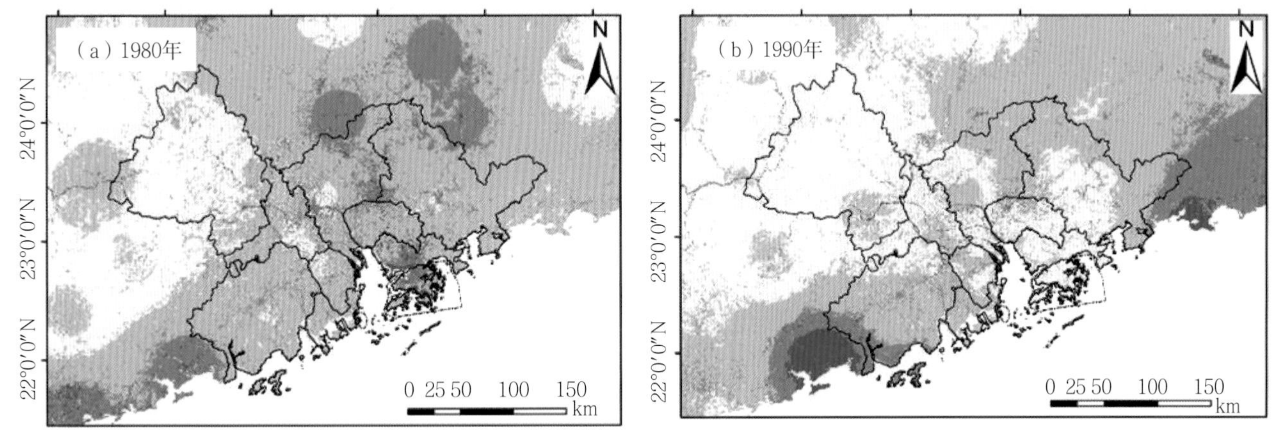

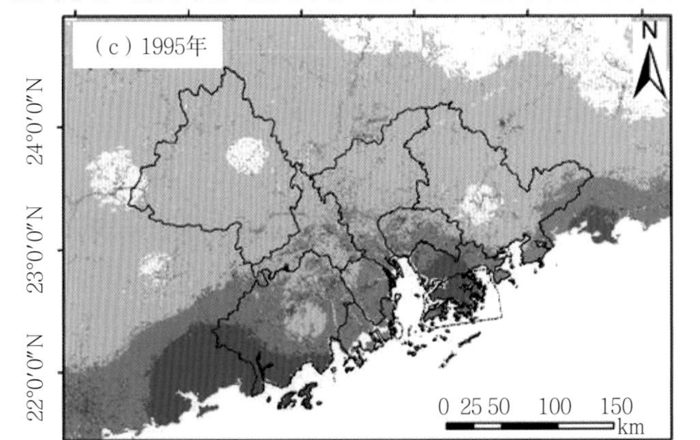


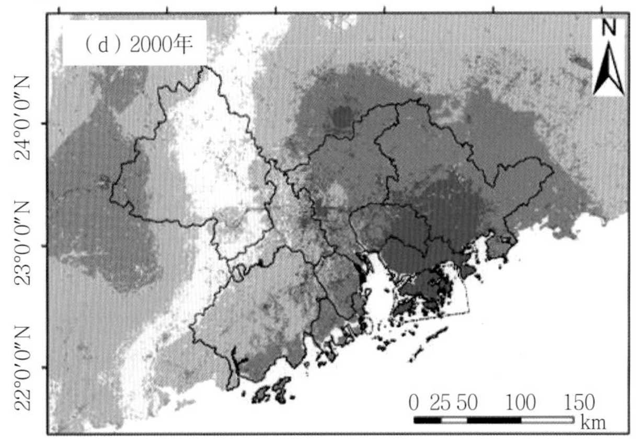

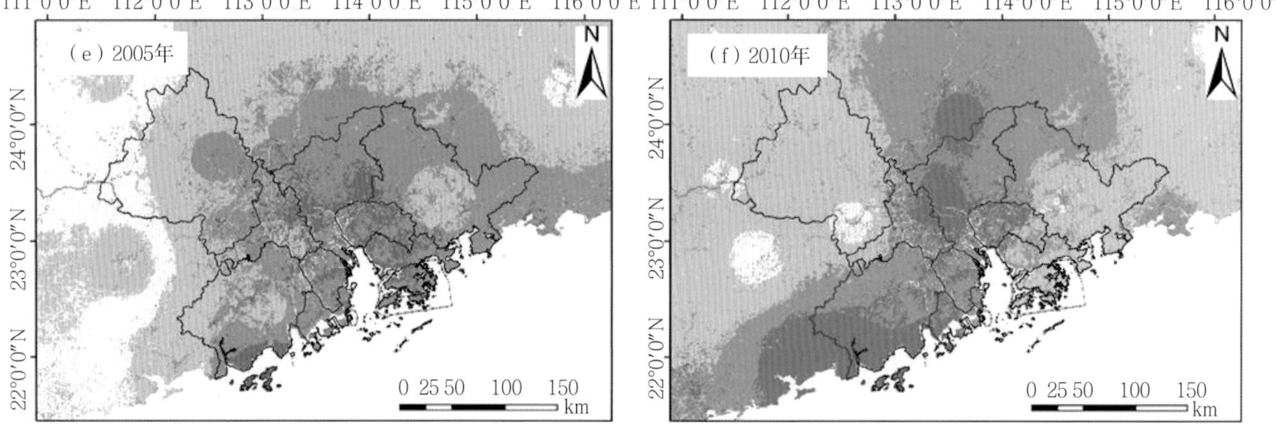


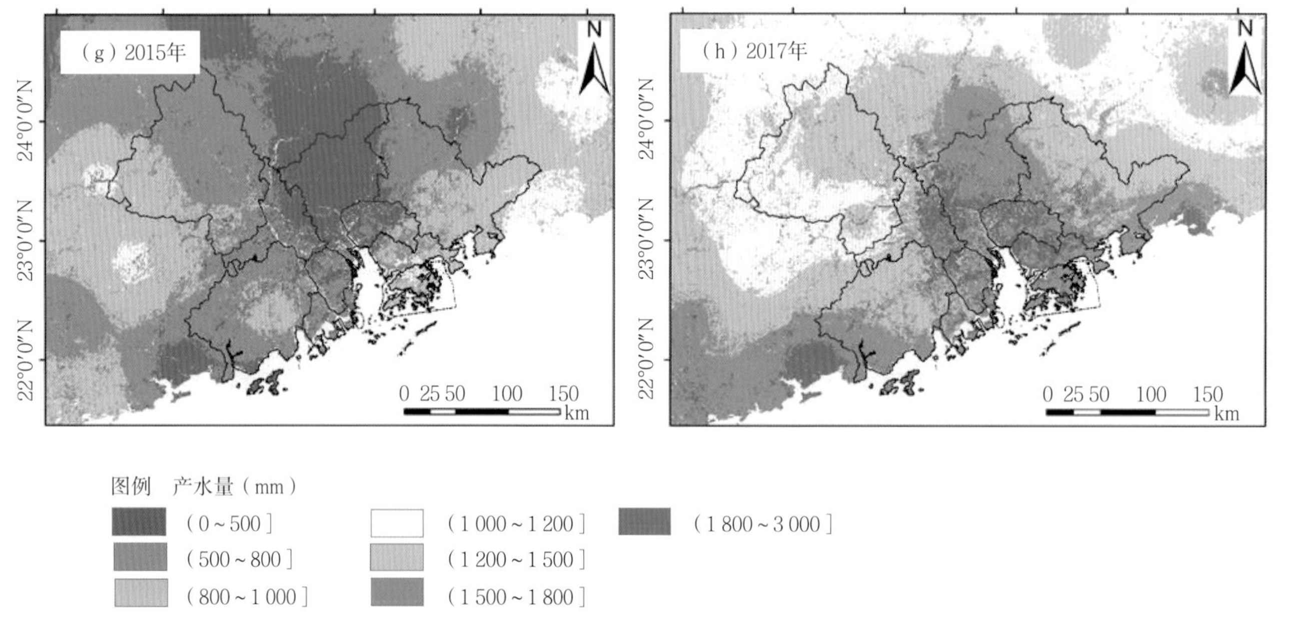


图7-9 1980—2017年粤港澳大湾区产水量空间变化（实际降水情景）

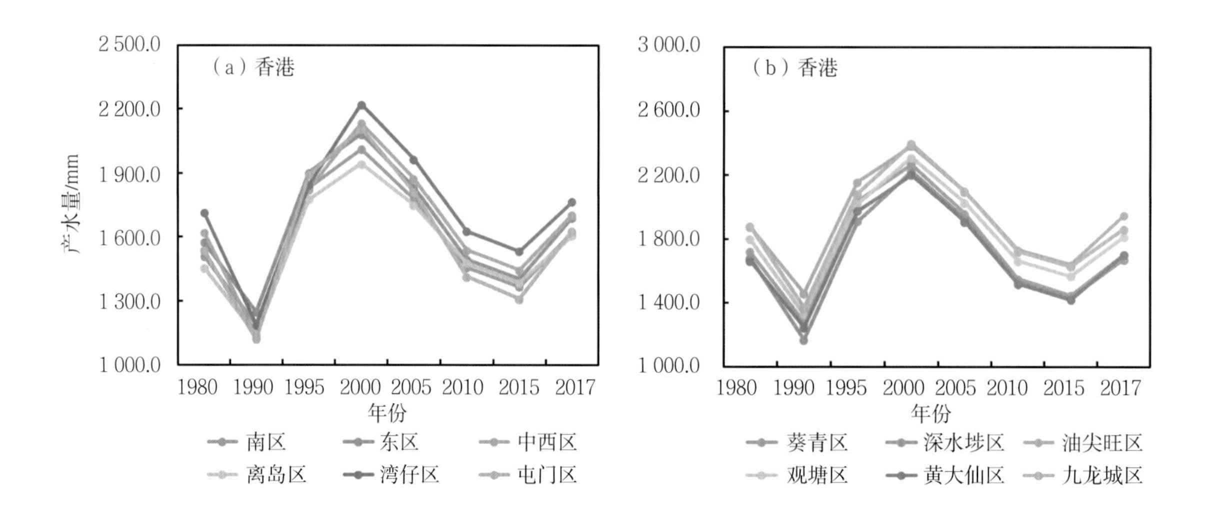

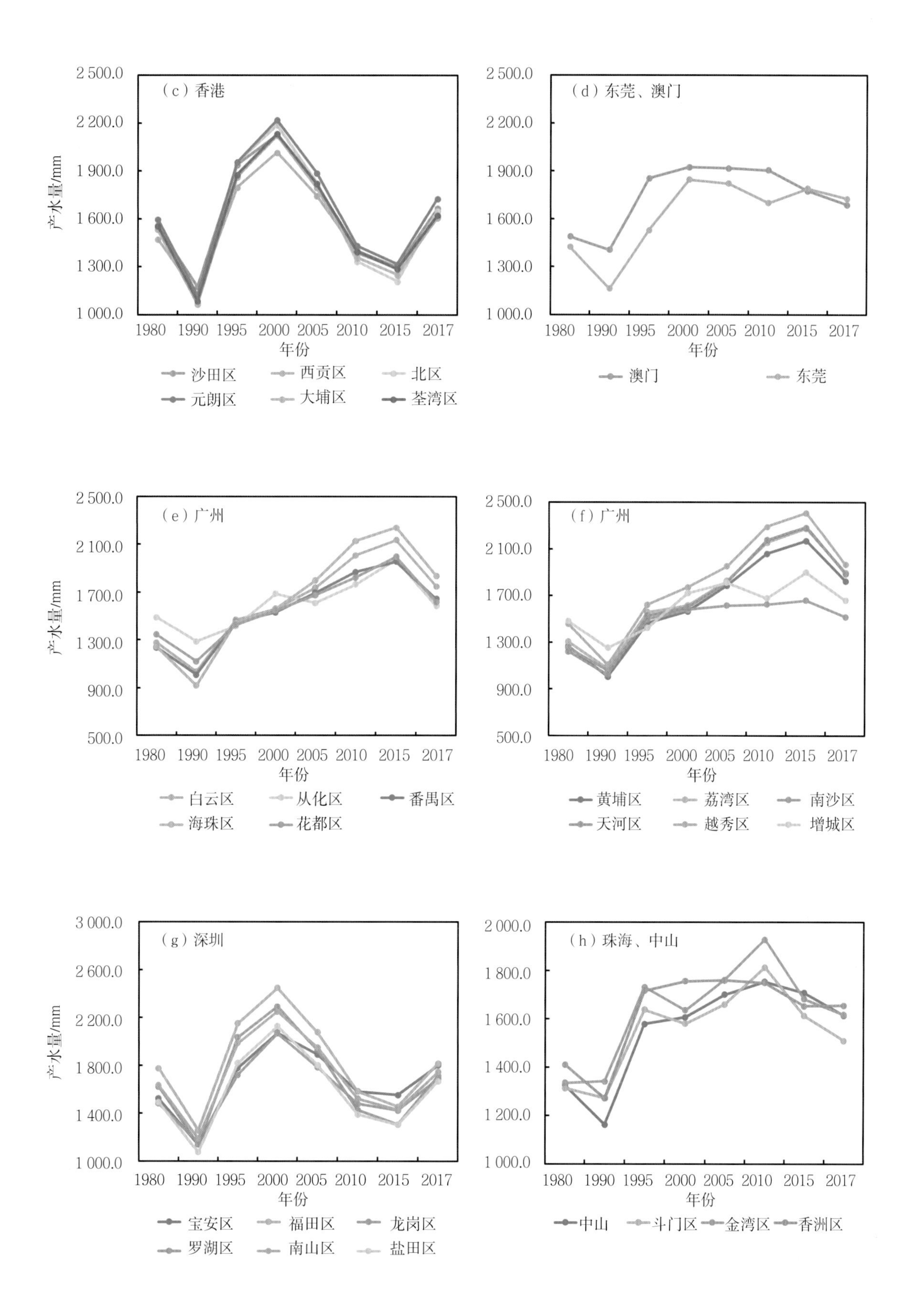
（c）香港
产水量/mm
年份
沙田区
西贡区
北区
元朗区
大埔区
荃湾区
（d）东莞、澳门
澳门
东莞
（e）广州
白云区
从化区
番禺区
海珠区
花都区
（f）广州
黄埔区
荔湾区
南沙区
天河区
越秀区
增城区
（g）深圳
宝安区
福田区
龙岗区
罗湖区
南山区
盐田区
（h）珠海、中山
中山
斗门区
金湾区
香洲区

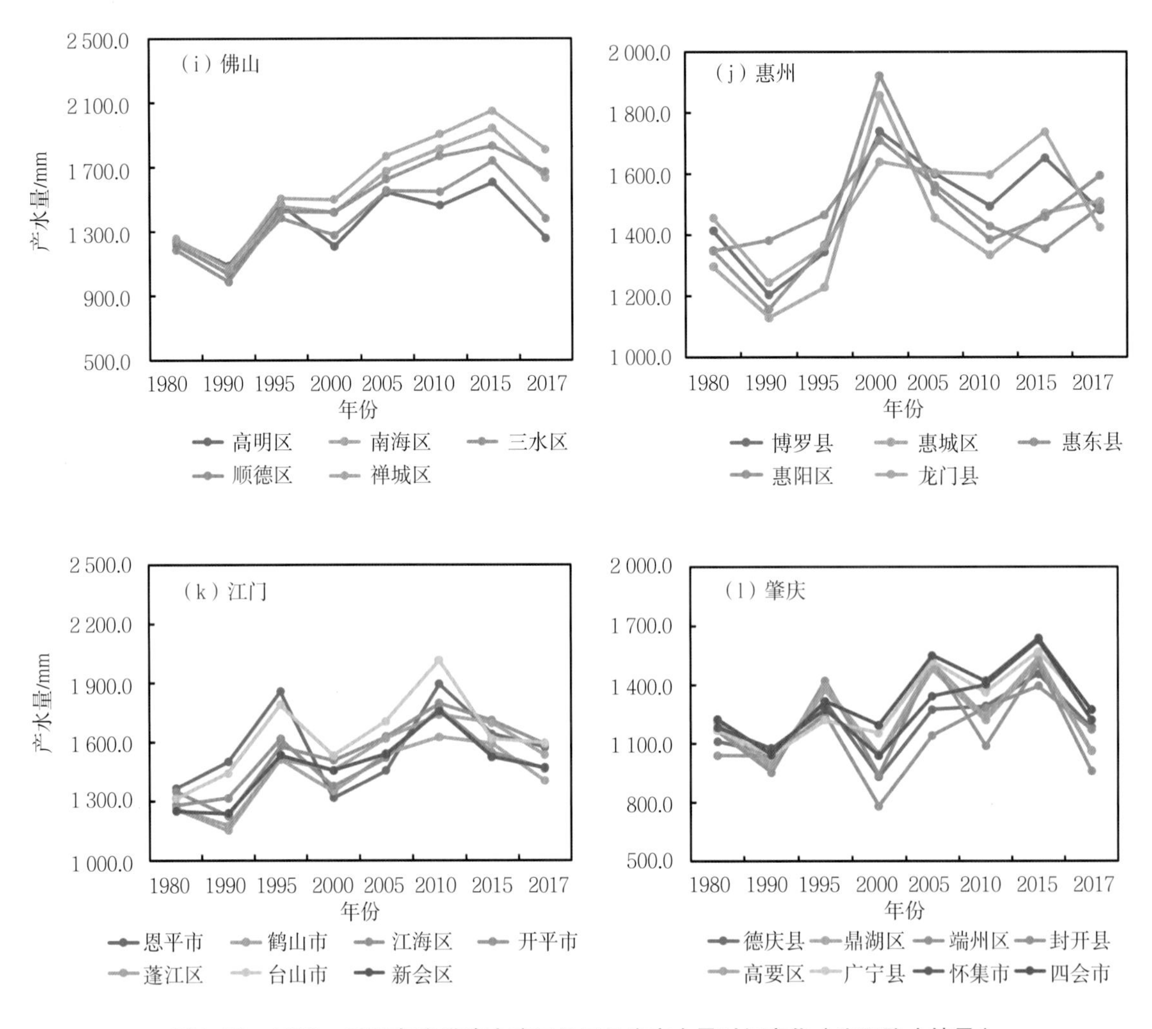


**图7-10 1980—2017年粤港澳大湾区县区尺度产水量时间变化（实际降水情景）**

有东莞、广州、佛山和珠海等地迅速。

为了分别体现降水量波动和土地利用/覆被变化对于水质（污染物输出量）的影响，在本次评估中设置两种情景，即分别为采用1980—2017年多年平均降水量作为输入数据得到的污染物输出量，和基于逐年变化降水量得到的污染物输出量。前者可以反映土地利用/覆被变化对于污染物输出量的影响，而后者可以反映降水波动变化对于水质净化功能的影响。1980—2017年剔除降水影响的污染物输出量空间分布和时序变化如图7-11、图7-12所示。1980—2017年粤港澳大湾区整体的污染物输出量空间分布格局保持稳定，氮营养物输出量介于4～15 kg·km$^{-2}$的地区主要集中在香港、深圳、东莞、广州南部、中山北部和佛山部分地区，肇庆、江门等珠三角外围地区的氮营养物输出量不高于0.5 kg·km$^{-2}$。具体而言，香港元朗区、沙田区和葵青区的氮营养物输出量都高于1.0 kg·km$^{-2}$，葵青区更是高于4.0 kg·km$^{-2}$。香港1980—2017年的氮营养物输出量相对稳定，没有较大波动。香港开埠较早，在1980年以前城

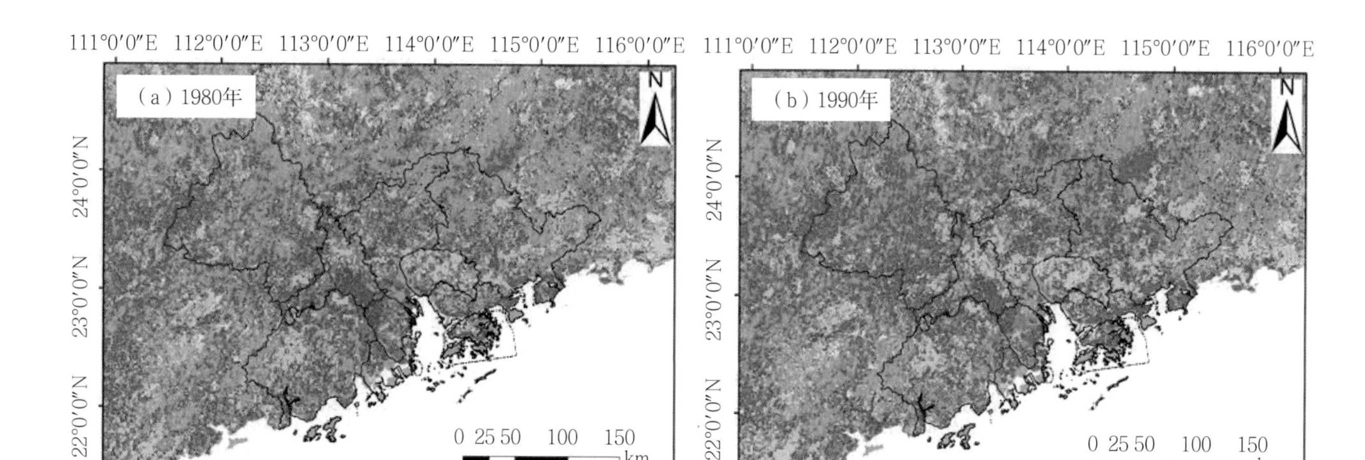
111°0′0″E 112°0′0″E 113°0′0″E 114°0′0″E 115°0′0″E 116°0′0″E
24°0′0″N
23°0′0″N
22°0′0″N
（a）1980年
（b）1990年
N
0 25 50 100 150
km

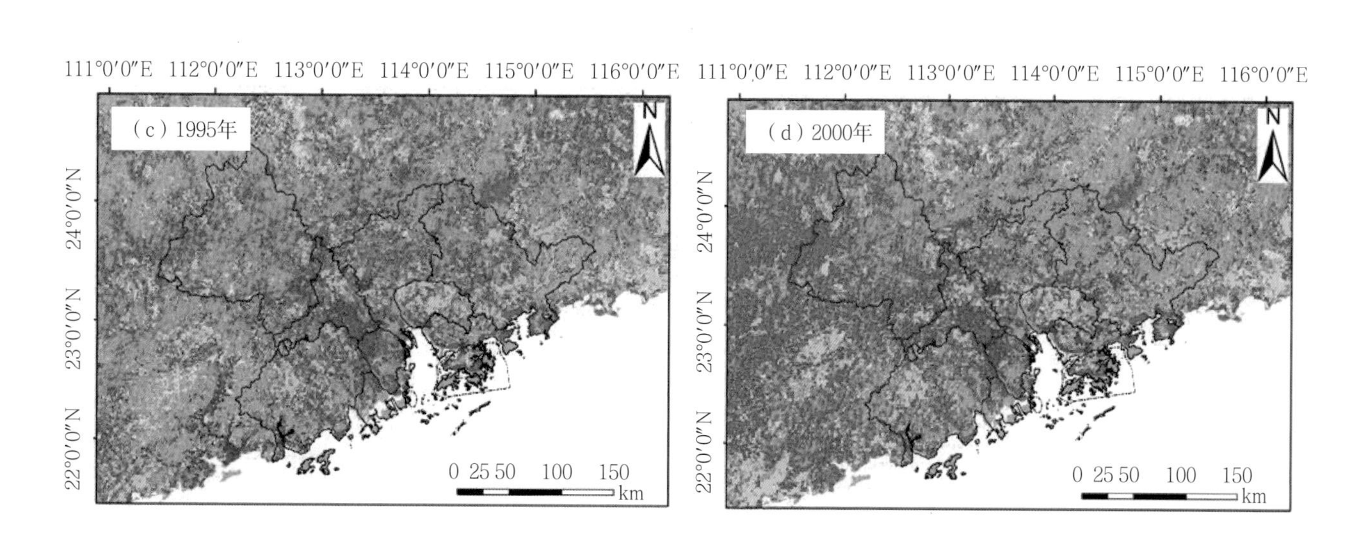
111°0′0″E 112°0′0″E 113°0′0″E 114°0′0″E 115°0′0″E 116°0′0″E
24°0′0″N
23°0′0″N
22°0′0″N
（c）1995年
（d）2000年
N
0 25 50 100 150
km

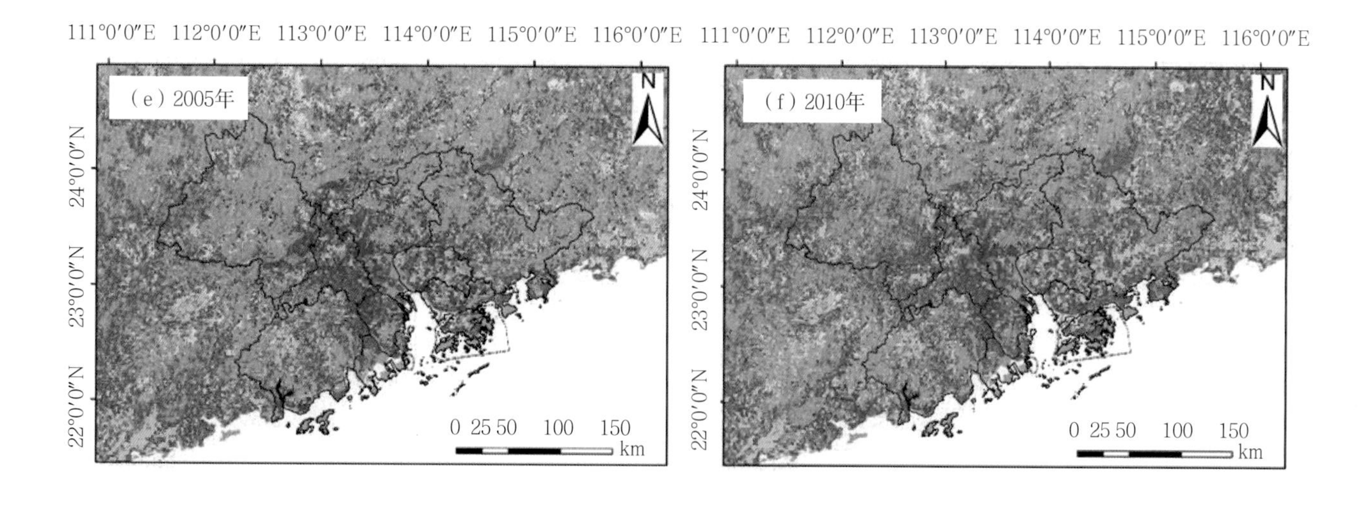
111°0′0″E 112°0′0″E 113°0′0″E 114°0′0″E 115°0′0″E 116°0′0″E
24°0′0″N
23°0′0″N
22°0′0″N
（e）2005年
（f）2010年
N
0 25 50 100 150
km

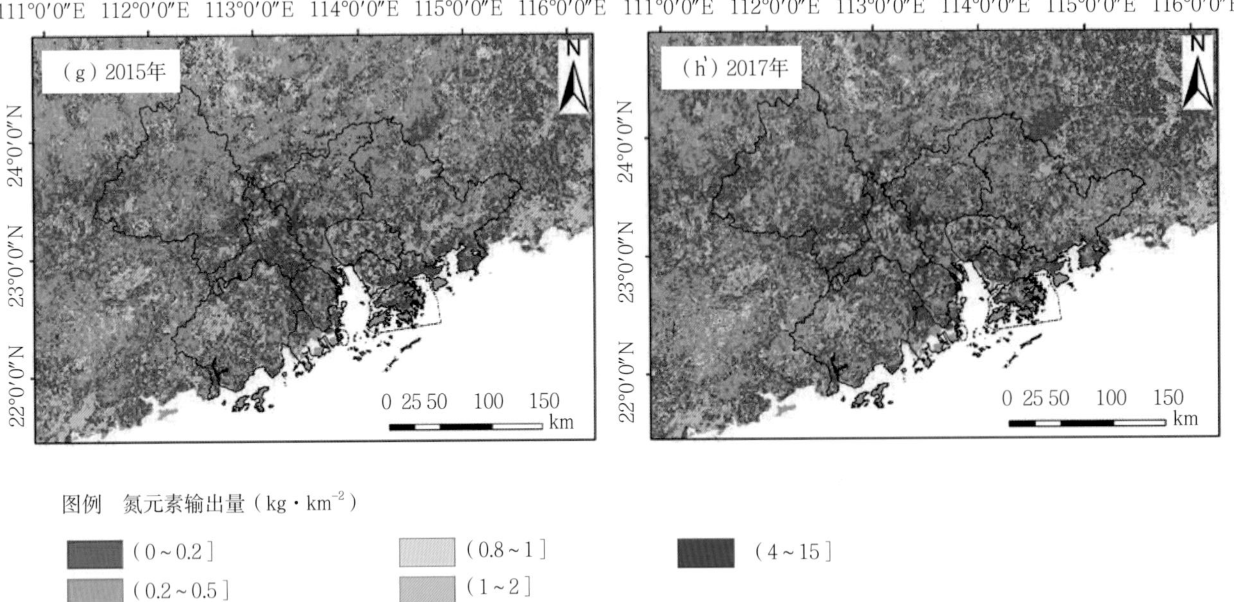


图7-11 1980—2017年粤港澳大湾区氮营养物输出量空间变化(多年平均降水情景)

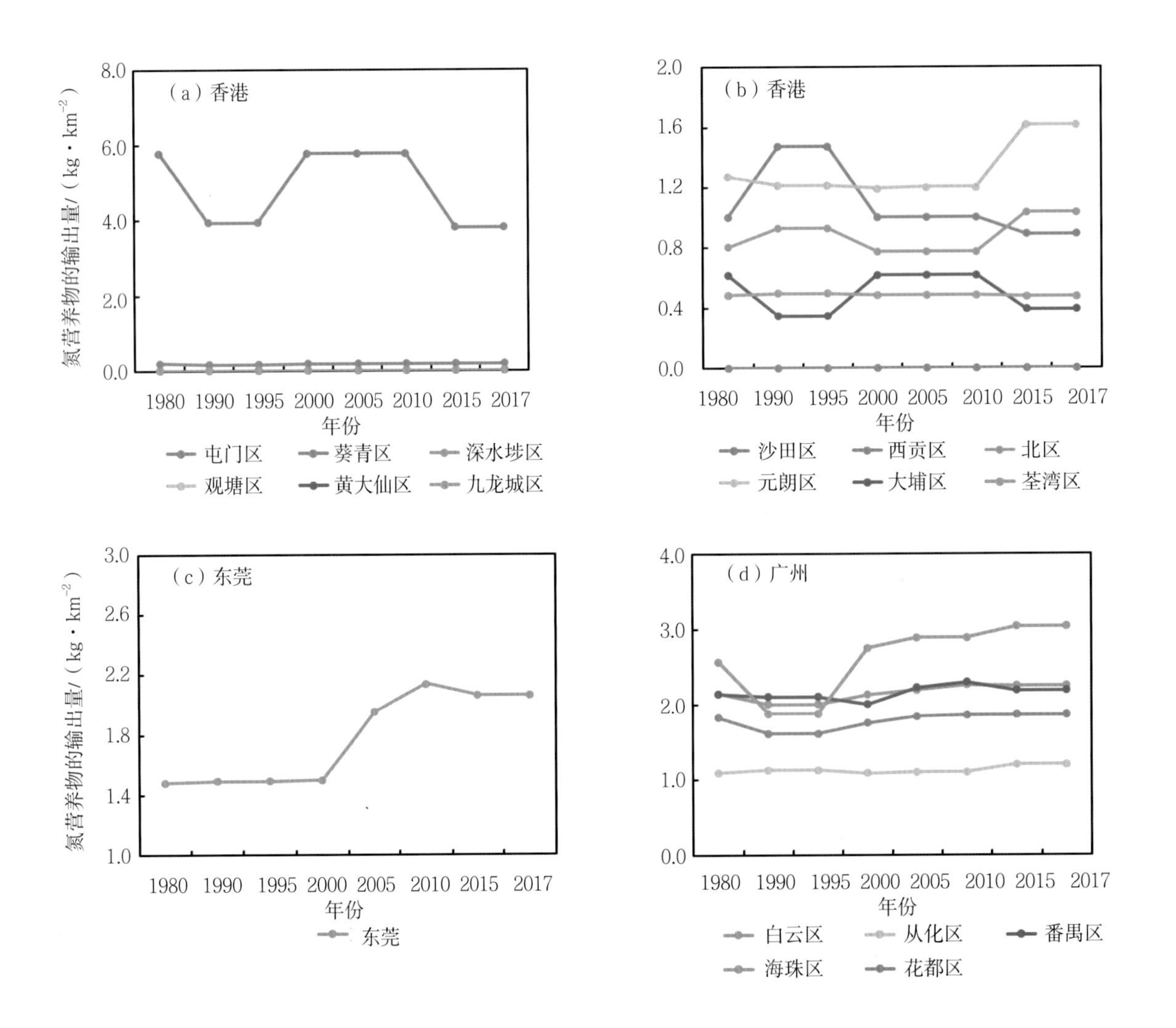

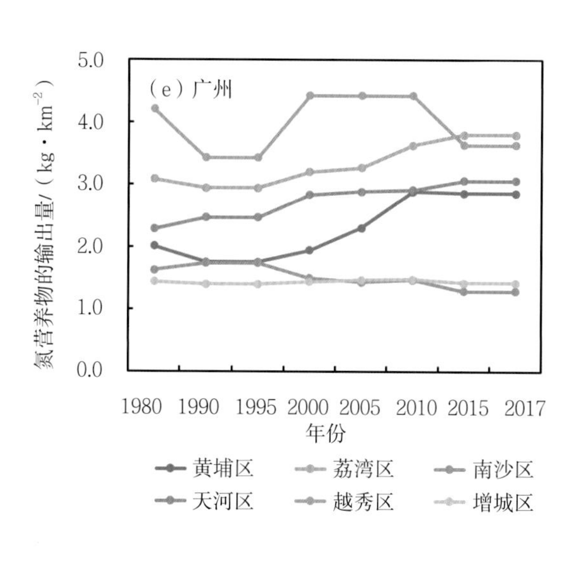
（e）广州
氮营养物的输出量/（kg·km$^{-2}$）
5.0
4.0
3.0
2.0
1.0
0.0
1980 1990 1995 2000 2005 2010 2015 2017
年份
黄埔区
荔湾区
南沙区
天河区
越秀区
增城区

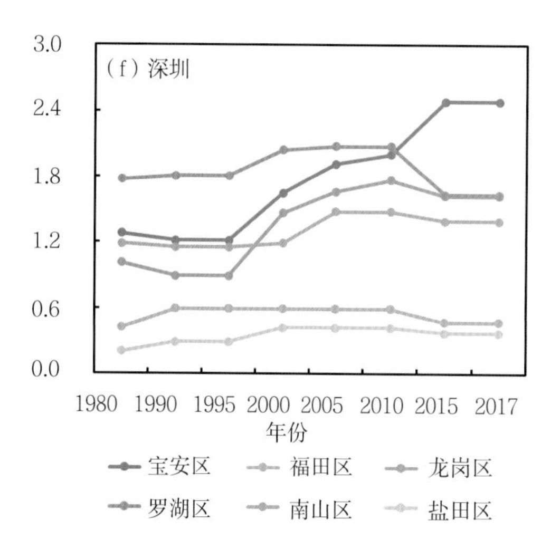
（f）深圳
3.0
2.4
1.8
1.2
0.6
0.0
1980 1990 1995 2000 2005 2010 2015 2017
年份
宝安区
福田区
龙岗区
罗湖区
南山区
盐田区

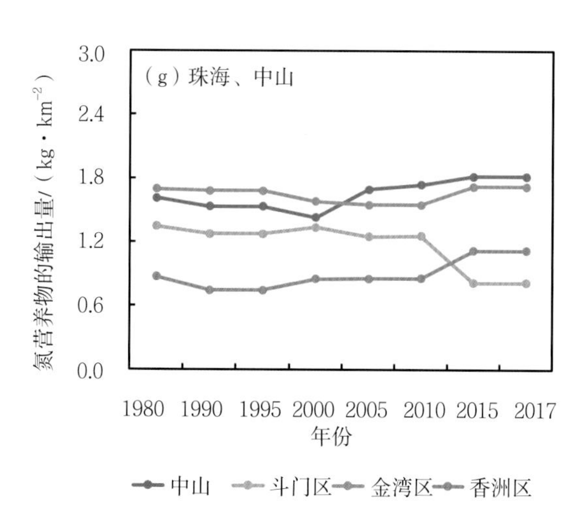
（g）珠海、中山
氮营养物的输出量/（kg·km$^{-2}$）
3.0
2.4
1.8
1.2
0.6
0.0
1980 1990 1995 2000 2005 2010 2015 2017
年份
中山
斗门区
金湾区
香洲区

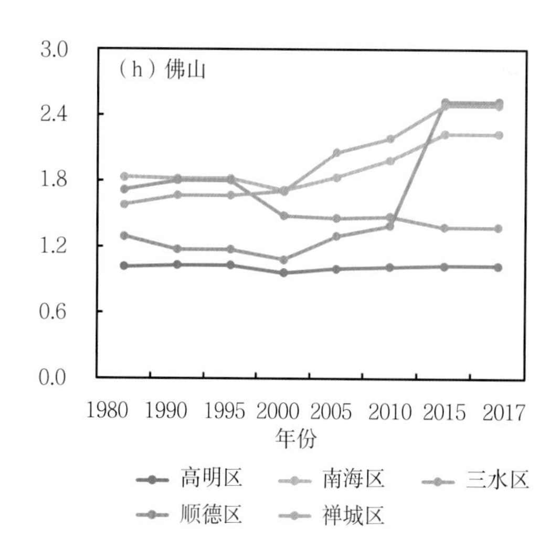
（h）佛山
3.0
2.4
1.8
1.2
0.6
0.0
1980 1990 1995 2000 2005 2010 2015 2017
年份
高明区
南海区
三水区
顺德区
禅城区

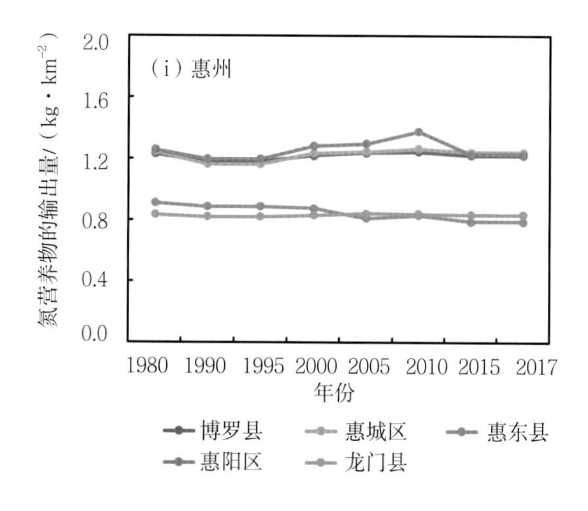
（i）惠州
氮营养物的输出量/（kg·km$^{-2}$）
2.0
1.6
1.2
0.8
0.4
0.0
1980 1990 1995 2000 2005 2010 2015 2017
年份
博罗县
惠城区
惠东县
惠阳区
龙门县

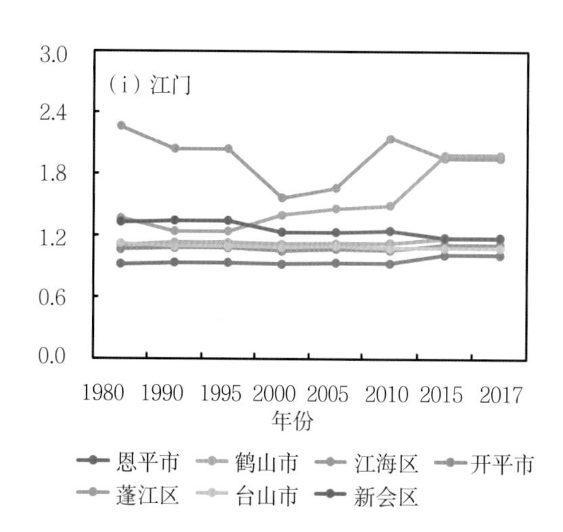
（j）江门
3.0
2.4
1.8
1.2
0.6
0.0
1980 1990 1995 2000 2005 2010 2015 2017
年份
恩平市
鹤山市
江海区
开平市
蓬江区
台山市
新会区

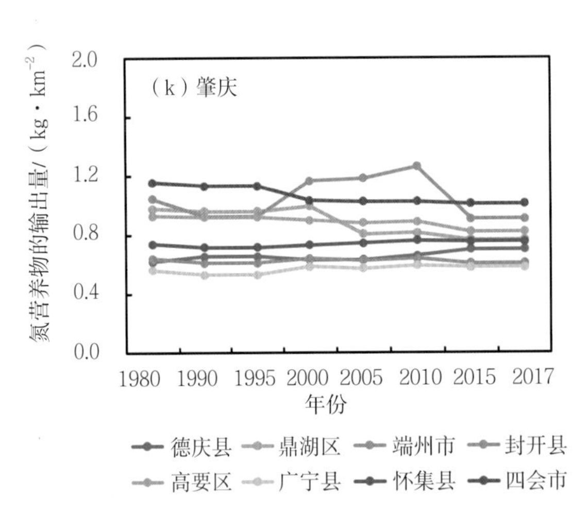


图7-12　1980—2017年粤港澳大湾区县区尺度氮营养物输出量时间变化（多年平均降水情景）

镇建设用地已经发展到相当规模，没有太多新增氮营养物排放源，因此1980年之后变化不是很剧烈，氮营养物输出量也相对平稳，没有较大波动。东莞的氮营养物输出量呈现快速增加趋势，2000年后从1.5 kg·km$^{-2}$快速跃升至2.2 kg·km$^{-2}$。广州各地区的氮营养物输出量也呈现快速增加趋势，2000年之后快速跃升，主要和城镇建设用地面积和人类活动强度增加（物质消耗和污染物排放增多）有关，海珠区、荔湾区、天河区和黄埔区的氮营养物输出量都呈现快速增加趋势。深圳的氮营养物输出量也是在2000年之后快速跃升，以宝安区和龙岗区最为显著。珠海和中山整体的氮营养物输出量相对平稳，珠海金湾区和中山的氮营养物输出量要高于珠海香洲区和斗门区。佛山的氮营养物输出量增加速率相对较快，特别是禅城区、南海区和顺德区，在过去的几十年间，佛山地区的湿地和水体大量转换为耕地和城市建设用地，其污染物排放源不断增多（生活污水、畜禽养殖废水、化肥施用后农田排放的废水、化工企业的废水、水产养殖废水等），导致氮营养物输出量大幅增加。惠州、江门和肇庆的氮营养物输出量没有较大波动变化，相对平稳，主要是因为这几个区域的土地利用/覆被变化不是很剧烈，稳定的下垫面不会导致污染物排放量发生较大变化。

1980—2017年基于真实降水数据估算得到的氮营养物输出量的空间分布和时序变化如图7-13、图7-14所示。营养物输出量的空间分布格局年际差异较大，氮营养物输出量增加最快的是东莞、深圳、广州和佛山，可能是由这些地区高强度人类活动引起的。香港、深圳、惠州、中山、珠海等沿海岸线地区已经被开发殆尽，因此这些城市的多数行政区的氮营养物输出量都呈现显著增加趋势。以广州为例，越秀区和海珠区的氮营养物输出量最高。佛山的南海区、禅城区和顺德区氮营养物输出量都呈现极显著上升趋势，这些地区在过去的几十年间土地利用/覆被类型转换较为剧烈，大量耕地和湿地水体转换为城镇建设用地，不透水层增多和人类活动强度的加大导致氮营养物大幅增加。江门和肇庆的氮营养物输出量也呈现增加趋势，但没有东莞、广州、佛山和深圳等地迅速。

111°0′0″E 112°0′0″E 113°0′0″E 114°0′0″E 115°0′0″E 116°0′0″E
111°0′0″E 112°0′0″E 113°0′0″E 114°0′0″E 115°0′0″E 116°0′0″E

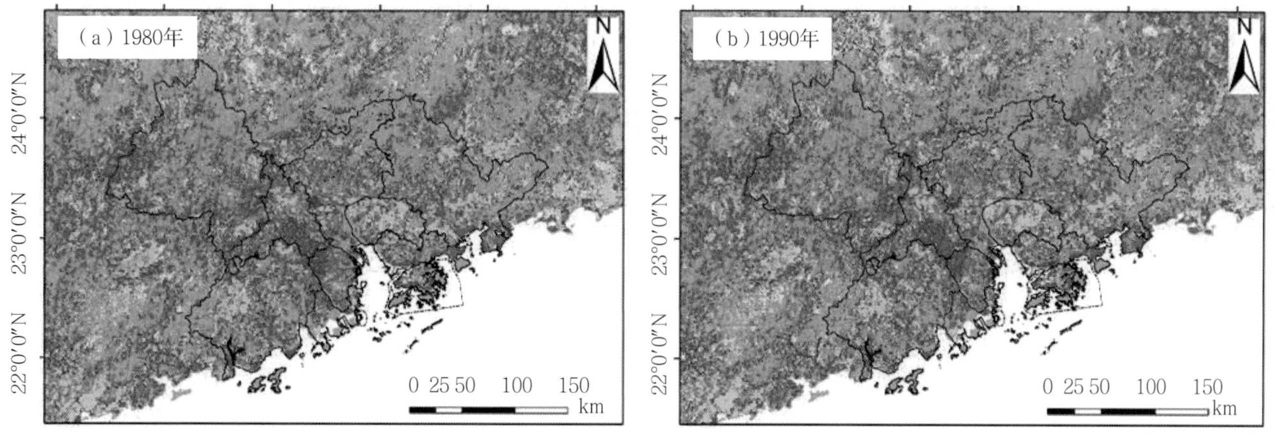
（a）1980年
N
24°0′0″N
23°0′0″N
22°0′0″N
0 25 50 100 150
km
（b）1990年
N
24°0′0″N
23°0′0″N
22°0′0″N
0 25 50 100 150
km

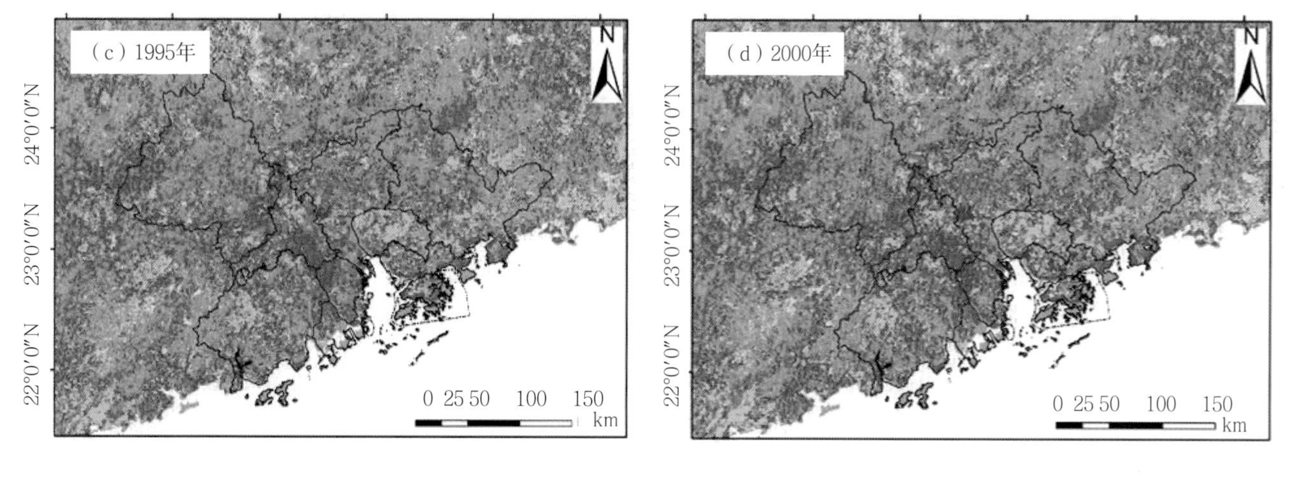
111°0′0″E 112°0′0″E 113°0′0″E 114°0′0″E 115°0′0″E 116°0′0″E
111°0′0″E 112°0′0″E 113°0′0″E 114°0′0″E 115°0′0″E 116°0′0″E
（c）1995年
N
24°0′0″N
23°0′0″N
22°0′0″N
0 25 50 100 150
km
（d）2000年
N
24°0′0″N
23°0′0″N
22°0′0″N
0 25 50 100 150
km

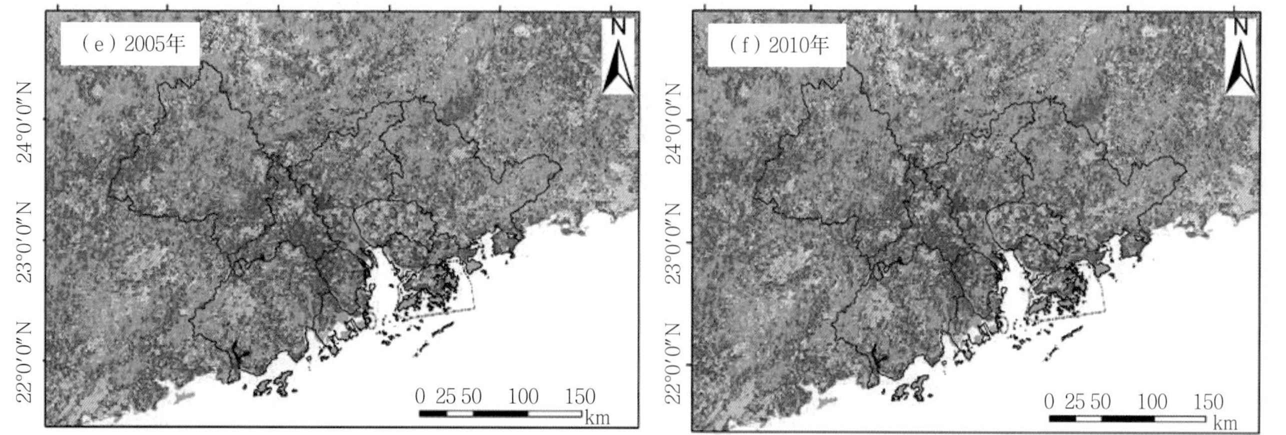
111°0′0″E 112°0′0″E 113°0′0″E 114°0′0″E 115°0′0″E 116°0′0″E
111°0′0″E 112°0′0″E 113°0′0″E 114°0′0″E 115°0′0″E 116°0′0″E
（e）2005年
N
24°0′0″N
23°0′0″N
22°0′0″N
0 25 50 100 150
km
（f）2010年
N
24°0′0″N
23°0′0″N
22°0′0″N
0 25 50 100 150
km

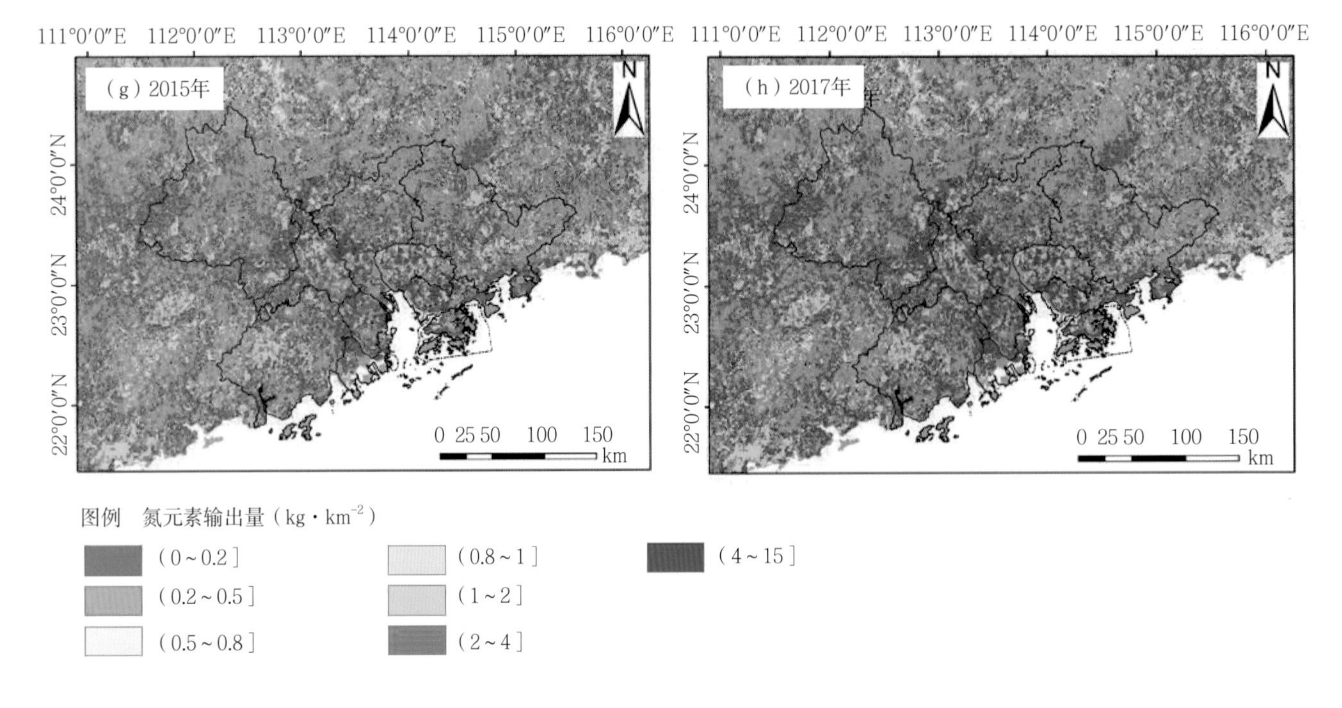


图7-13 1980—2017年粤港澳大湾区氮营养物输出量空间变化（实际降水情景）

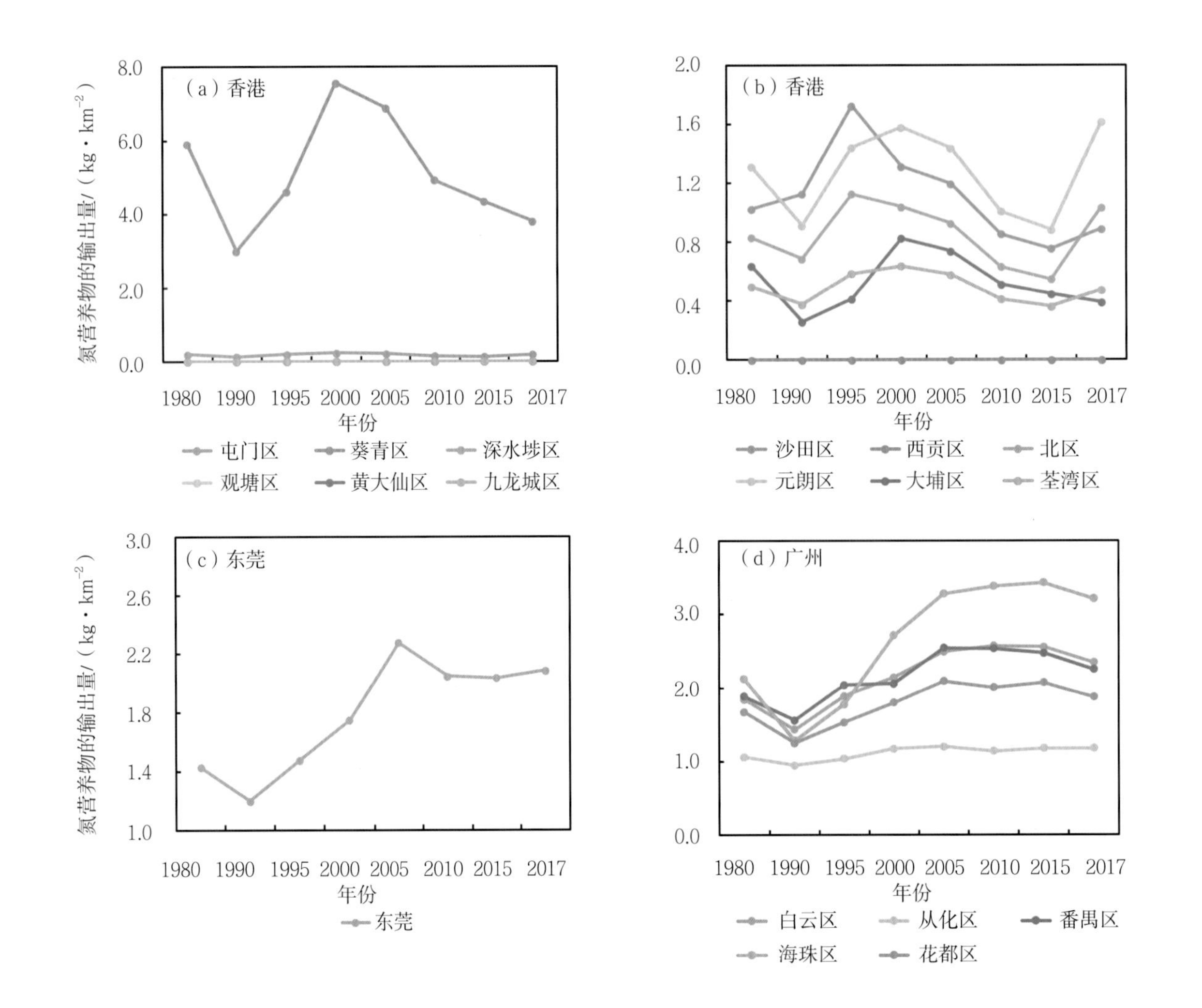

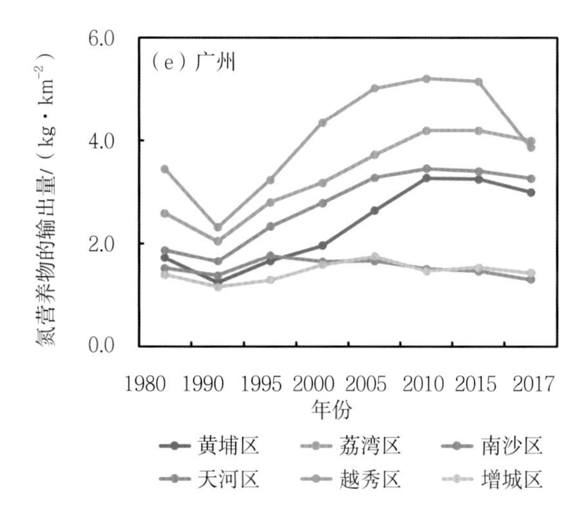
(e) 广州
氮营养物的输出量/(kg·km⁻²)
6.0
4.0
2.0
0.0
1980 1990 1995 2000 2005 2010 2015 2017
年份
黄埔区
荔湾区
南沙区
天河区
越秀区
增城区

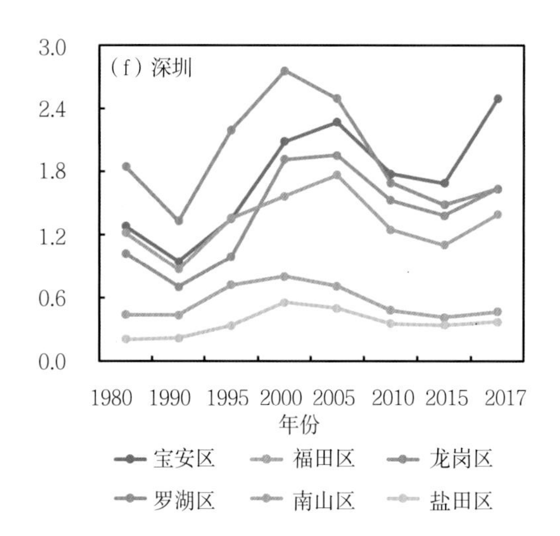
(f) 深圳
3.0
2.4
1.8
1.2
0.6
0.0
1980 1990 1995 2000 2005 2010 2015 2017
年份
宝安区
福田区
龙岗区
罗湖区
南山区
盐田区

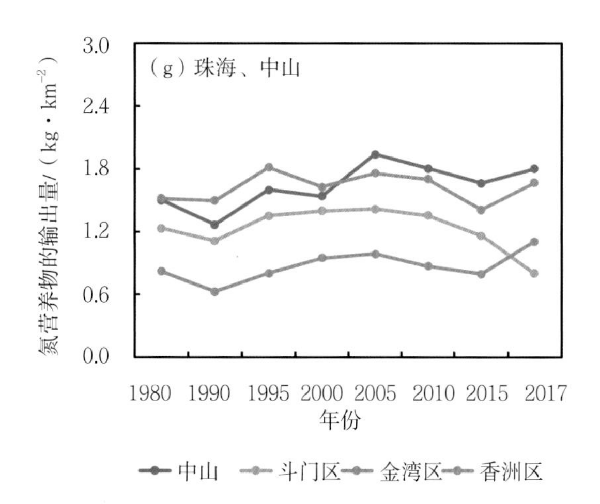
(g) 珠海、中山
氮营养物的输出量/(kg·km⁻²)
3.0
2.4
1.8
1.2
0.6
0.0
1980 1990 1995 2000 2005 2010 2015 2017
年份
中山
斗门区
金湾区
香洲区

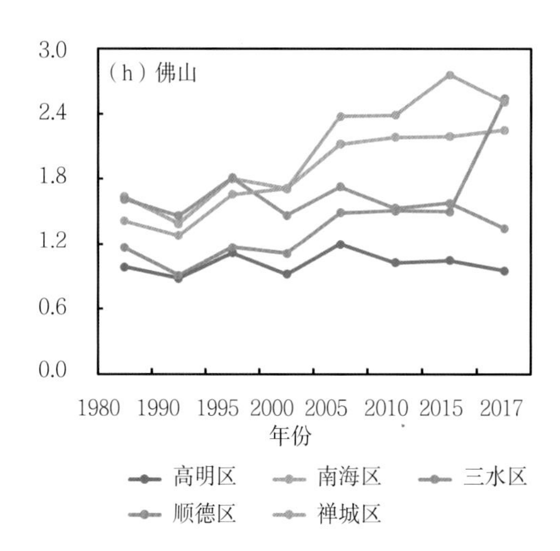
(h) 佛山
3.0
2.4
1.8
1.2
0.6
0.0
1980 1990 1995 2000 2005 2010 2015 2017
年份
高明区
南海区
三水区
顺德区
禅城区

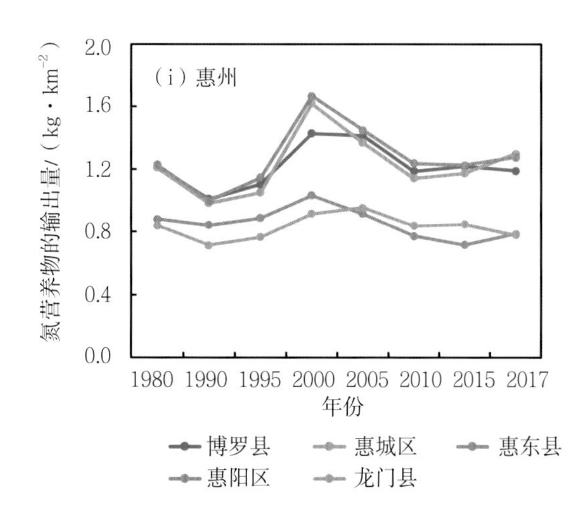
(i) 惠州
氮营养物的输出量/(kg·km⁻²)
2.0
1.6
1.2
0.8
0.4
0.0
1980 1990 1995 2000 2005 2010 2015 2017
年份
博罗县
惠城区
惠东县
惠阳区
龙门县

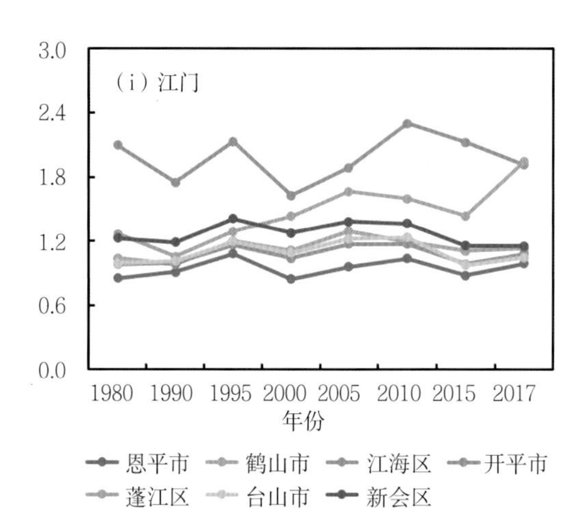
(i) 江门
3.0
2.4
1.8
1.2
0.6
0.0
1980 1990 1995 2000 2005 2010 2015 2017
年份
恩平市
鹤山市
江海区
开平市
蓬江区
台山市
新会区

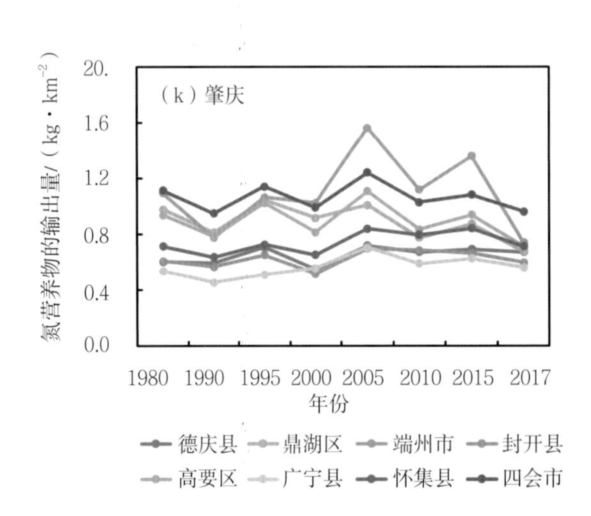


**图7-14　1980—2017年粤港澳大湾区县区尺度氮营养物输出量时间变化（实际降水情景）**

1980—2017年粤港澳大湾区磷营养物输出量时间变化如图7-15、图7-16所示，二者分别反映实际降水情景和多年平均降水情景。实际降水情景是指磷营养物输出量估算的模型输入数据是当年实际降水量，而多年平均降水量是指1980—2017年的平均降水量，通过控制降水量的变化反映土地利用方式变化导致的磷营养物输出量变化。如图7-15所示，在实际降水情景下，粤港澳大湾区多个城市的磷营养物输出量呈现下降趋势，以香港、东莞、深圳、惠州最为显著。广州多个城区的下降速度没有东莞、深圳和惠州快，而江门和肇庆变化相对平稳。对于污染物本身而言，耕地中的水田的含氮污染物（化肥和农药中的氨氮含量）要低于城镇建设用地（居民生活和工业生产产生的废水中氨氮含量比较高），因此粤港澳大湾区快速的城镇化进程（城镇建设用地占用水田、湿地）导致氮营养物质输出总量快速增加。但是对于磷营养物输出量而言则刚好相反，因为耕地施用的化肥中污染物的含磷量要远大于城镇建设用地污染物的含磷量。因此，伴随着城镇化进程，虽然耕地萎缩和城镇建设用地扩张，但磷营养物总输出量反而减少。在多年平均降水情景下（图7-16），各个城市的含磷营养物输出量也呈现显著的减少趋势，但是变化幅度各异，以深圳、东莞、广州、佛山等城市的减少速度最快。

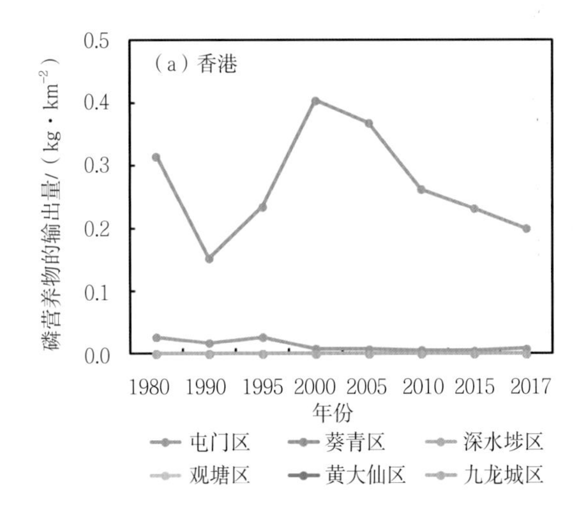


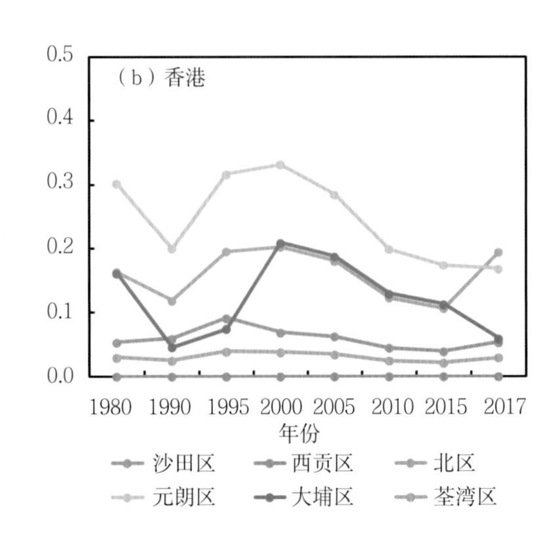

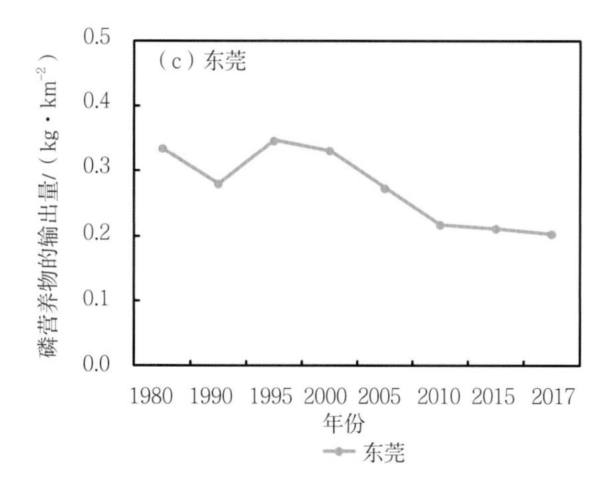

(c) 东莞
磷营养物的输出量/(kg·km^-2)
0.0
0.1
0.2
0.3
0.4
0.5
1980 1990 1995 2000 2005 2010 2015 2017
年份
东莞


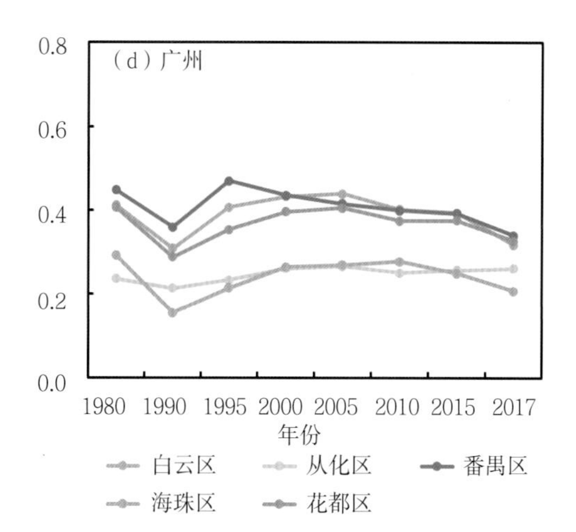

(d) 广州
0.0
0.2
0.4
0.6
0.8
1980 1990 1995 2000 2005 2010 2015 2017
年份
白云区
从化区
番禺区
海珠区
花都区


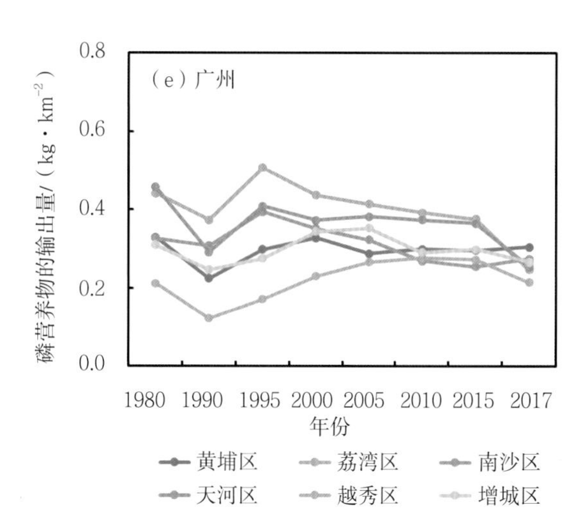

(e) 广州
磷营养物的输出量/(kg·km^-2)
0.0
0.2
0.4
0.6
0.8
1980 1990 1995 2000 2005 2010 2015 2017
年份
黄埔区
荔湾区
南沙区
天河区
越秀区
增城区


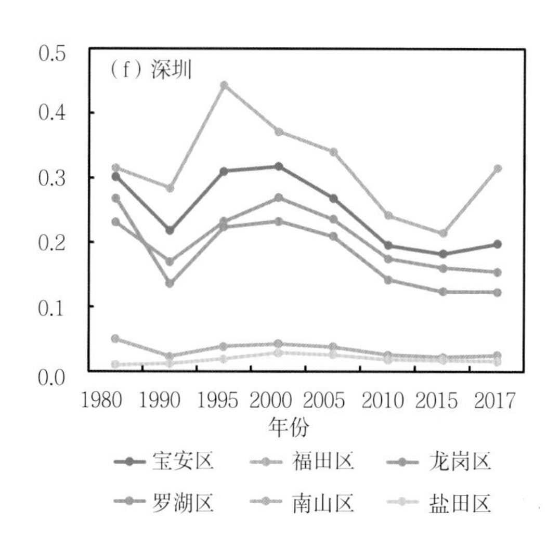

(f) 深圳
0.0
0.1
0.2
0.3
0.4
0.5
1980 1990 1995 2000 2005 2010 2015 2017
年份
宝安区
福田区
龙岗区
罗湖区
南山区
盐田区


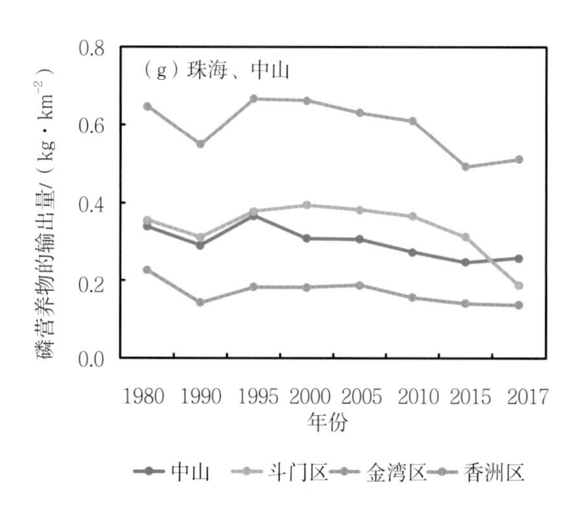

(g) 珠海、中山
磷营养物的输出量/(kg·km^-2)
0.0
0.2
0.4
0.6
0.8
1980 1990 1995 2000 2005 2010 2015 2017
年份
中山
斗门区
金湾区
香洲区


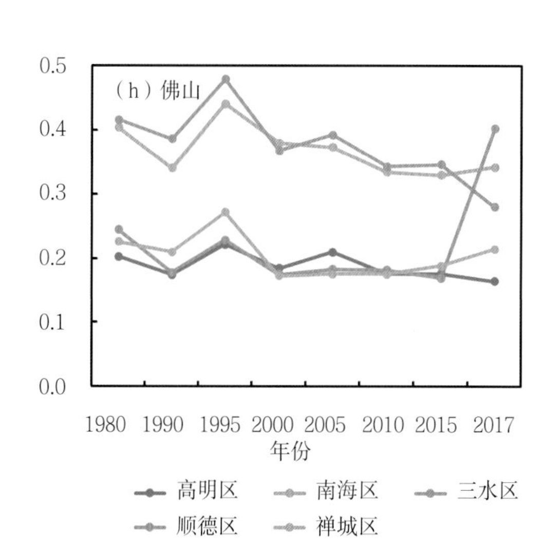

(h) 佛山
0.0
0.1
0.2
0.3
0.4
0.5
1980 1990 1995 2000 2005 2010 2015 2017
年份
高明区
南海区
三水区
顺德区
禅城区

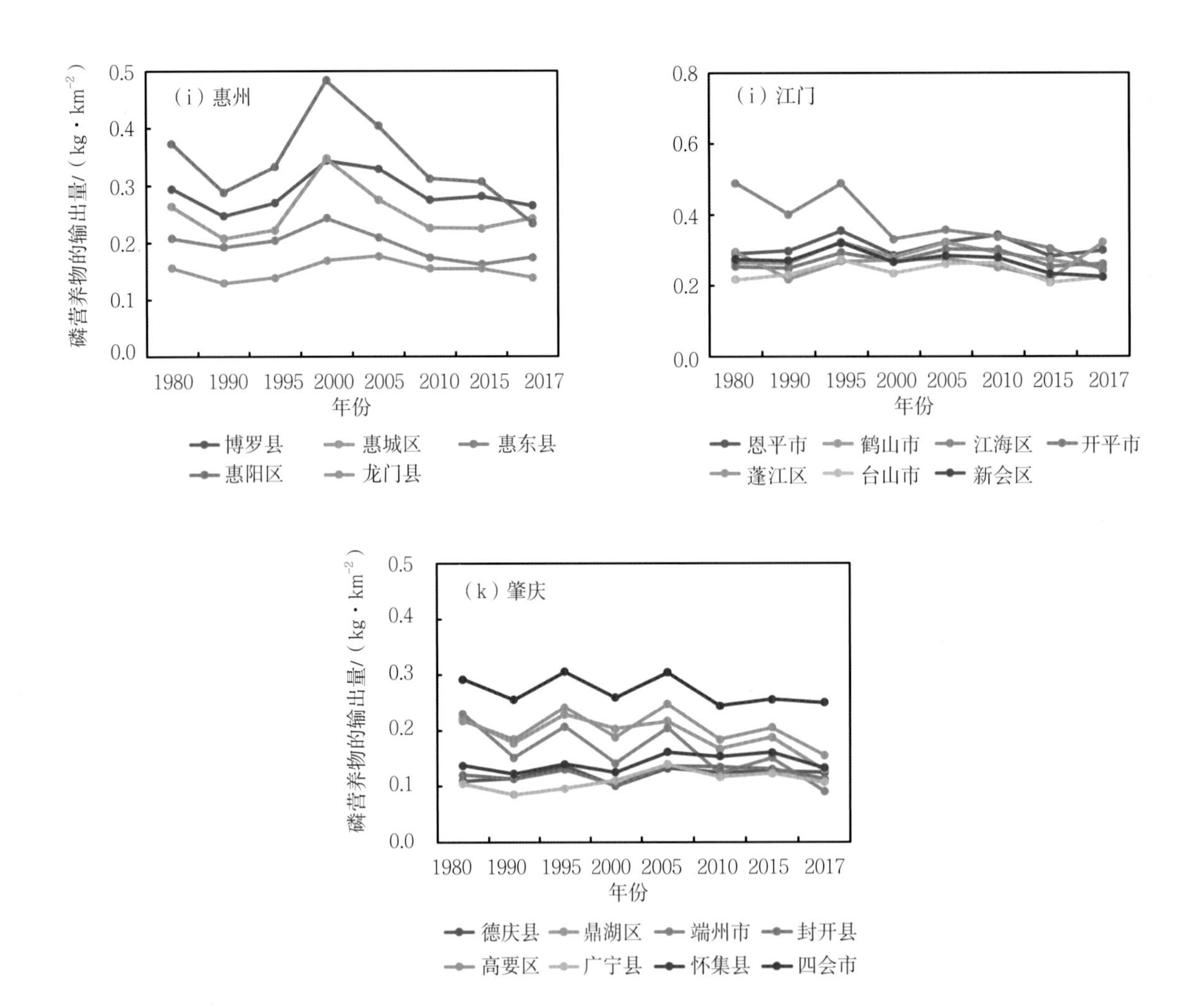


图7-15　1980—2017年粤港澳大湾区县区尺度磷营养物输出量时间变化（实际降水情景）

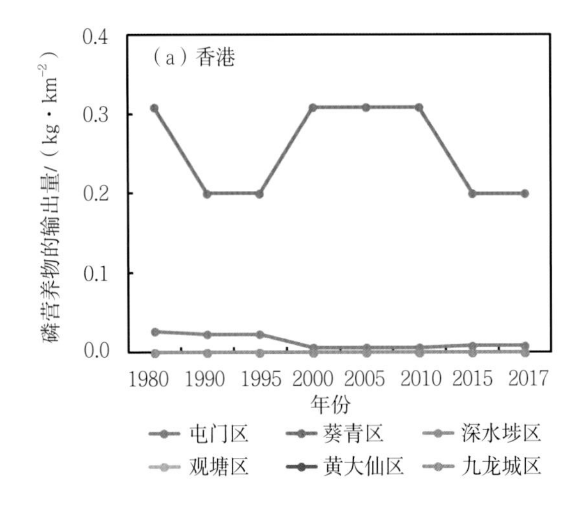


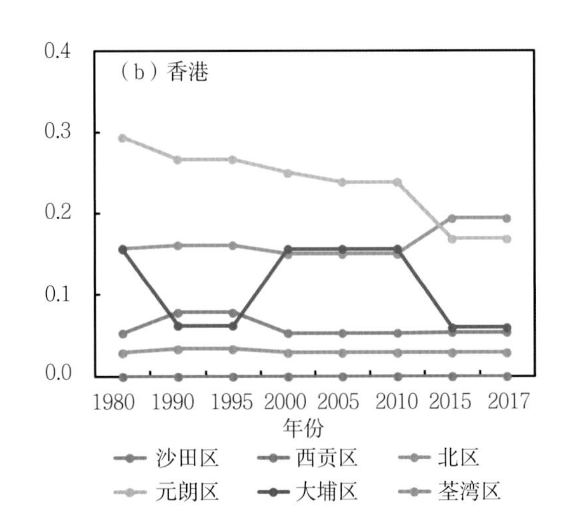

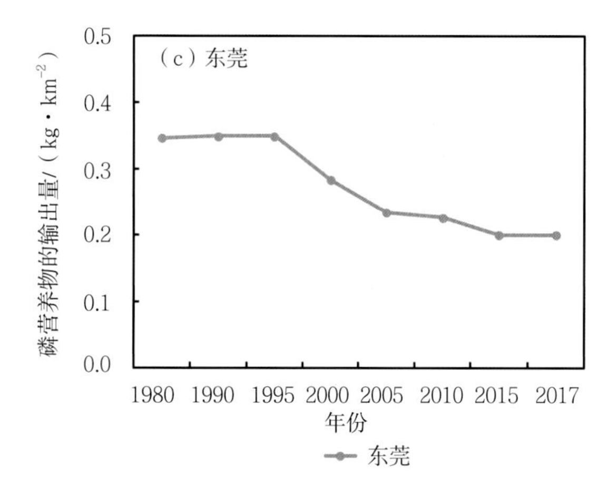
(c) 东莞
磷营养物的输出量/(kg·km$^{-2}$)
0.5
0.4
0.3
0.2
0.1
0.0
1980 1990 1995 2000 2005 2010 2015 2017
年份
东莞

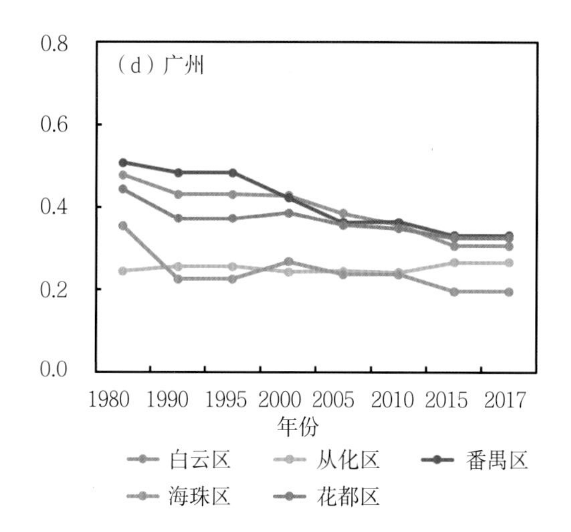
(d) 广州
0.8
0.6
0.4
0.2
0.0
1980 1990 1995 2000 2005 2010 2015 2017
年份
白云区
从化区
番禺区
海珠区
花都区

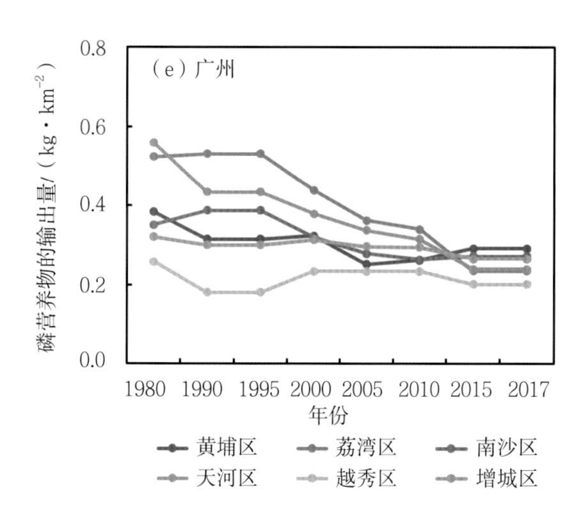
(e) 广州
磷营养物的输出量/(kg·km$^{-2}$)
0.8
0.6
0.4
0.2
0.0
1980 1990 1995 2000 2005 2010 2015 2017
年份
黄埔区
荔湾区
南沙区
天河区
越秀区
增城区

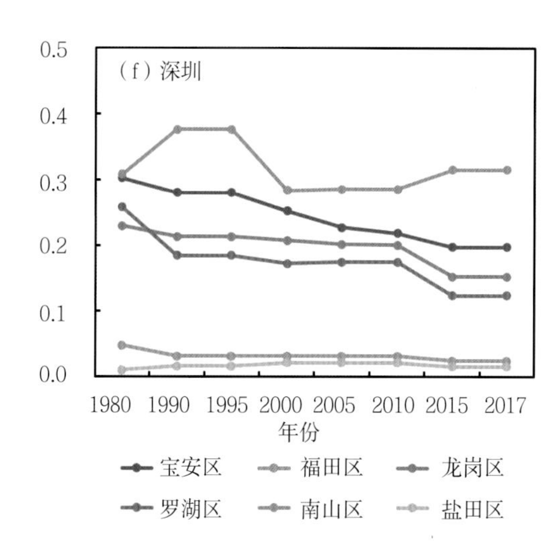
(f) 深圳
0.5
0.4
0.3
0.2
0.1
0.0
1980 1990 1995 2000 2005 2010 2015 2017
年份
宝安区
福田区
龙岗区
罗湖区
南山区
盐田区

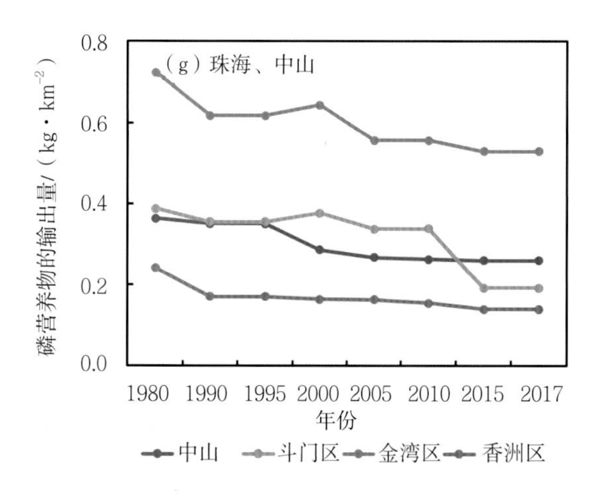
(g) 珠海、中山
磷营养物的输出量/(kg·km$^{-2}$)
0.8
0.6
0.4
0.2
0.0
1980 1990 1995 2000 2005 2010 2015 2017
年份
中山
斗门区
金湾区
香洲区

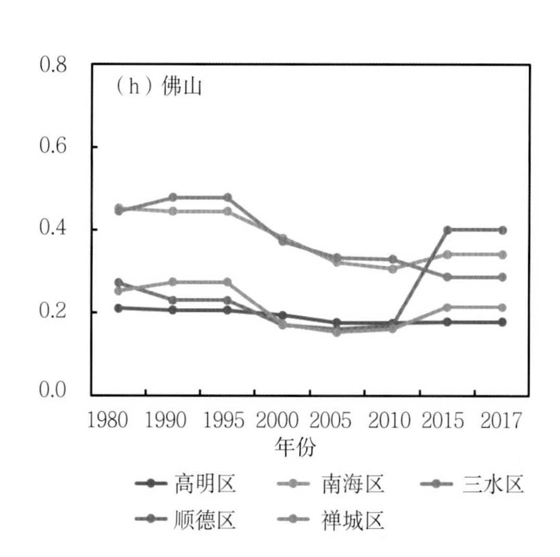
(h) 佛山
0.8
0.6
0.4
0.2
0.0
1980 1990 1995 2000 2005 2010 2015 2017
年份
高明区
南海区
三水区
顺德区
禅城区

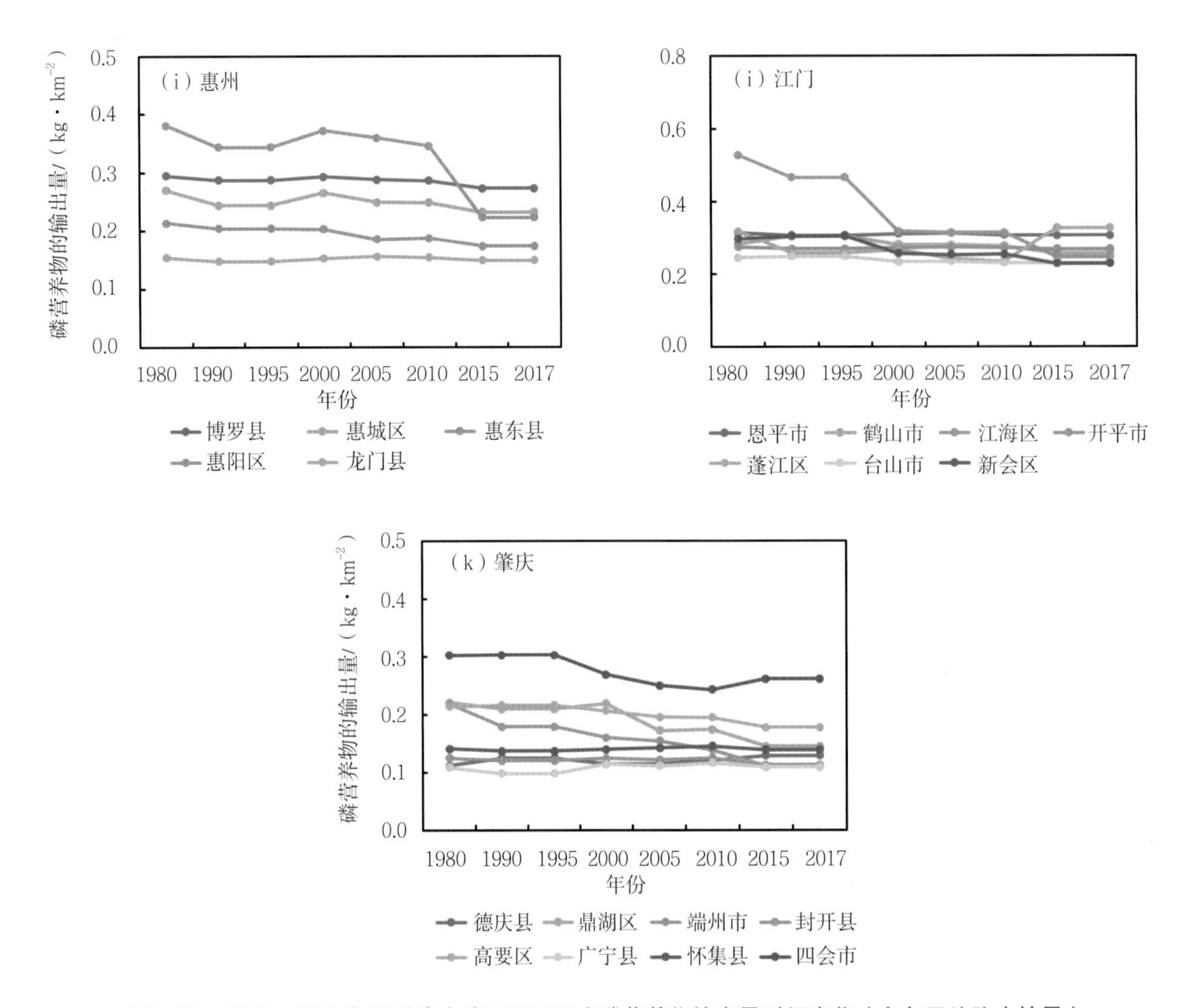


图7-16　1980—2017年粤港澳大湾区县区尺度磷营养物输出量时间变化（多年平均降水情景）

# 五、生态系统服务功能权衡协同关系分析

在不同的城乡梯度上多种生态系统服务功能之间存在明显的权衡和协同关系（图7-17），这里选取城镇化进程较快的广州、深圳、东莞、佛山4个典型城市1980年和2017年的生态系统服务功能作为典型案例进行分析。如图所示，随着城乡梯度的变化（中心城区—近郊—远郊—乡村），广州1980年碳储量、生物多样性保护和土壤保持功能归一化值逐渐上升，而产水量和营养物质输出量则呈现下降趋势；2017年多种生态系统服务功能对于城乡梯度的响应规律整体上与1980年基本一致，但产水量和营养物质输出量对于城乡梯度变化的响应速率更快了（速率加快，即曲线形状变得更陡），表明不同圈层中特别是中心城区的硬化地表（不透水层）面积持续增加，使得生态系统服务功能之间的权衡关系更为突出。硬化地表的产流系数比较高，因此产水量大，而其土壤保持、生物多样性保护和固碳功能则相对较差。佛山多种生态系统服务功能之间的关系与广州基本一致，也随着梯度变化表现出明显的权衡关系。深圳多种生态系统服务功能的梯度响应规律与广州和佛山不完全一样，随着城乡梯度的

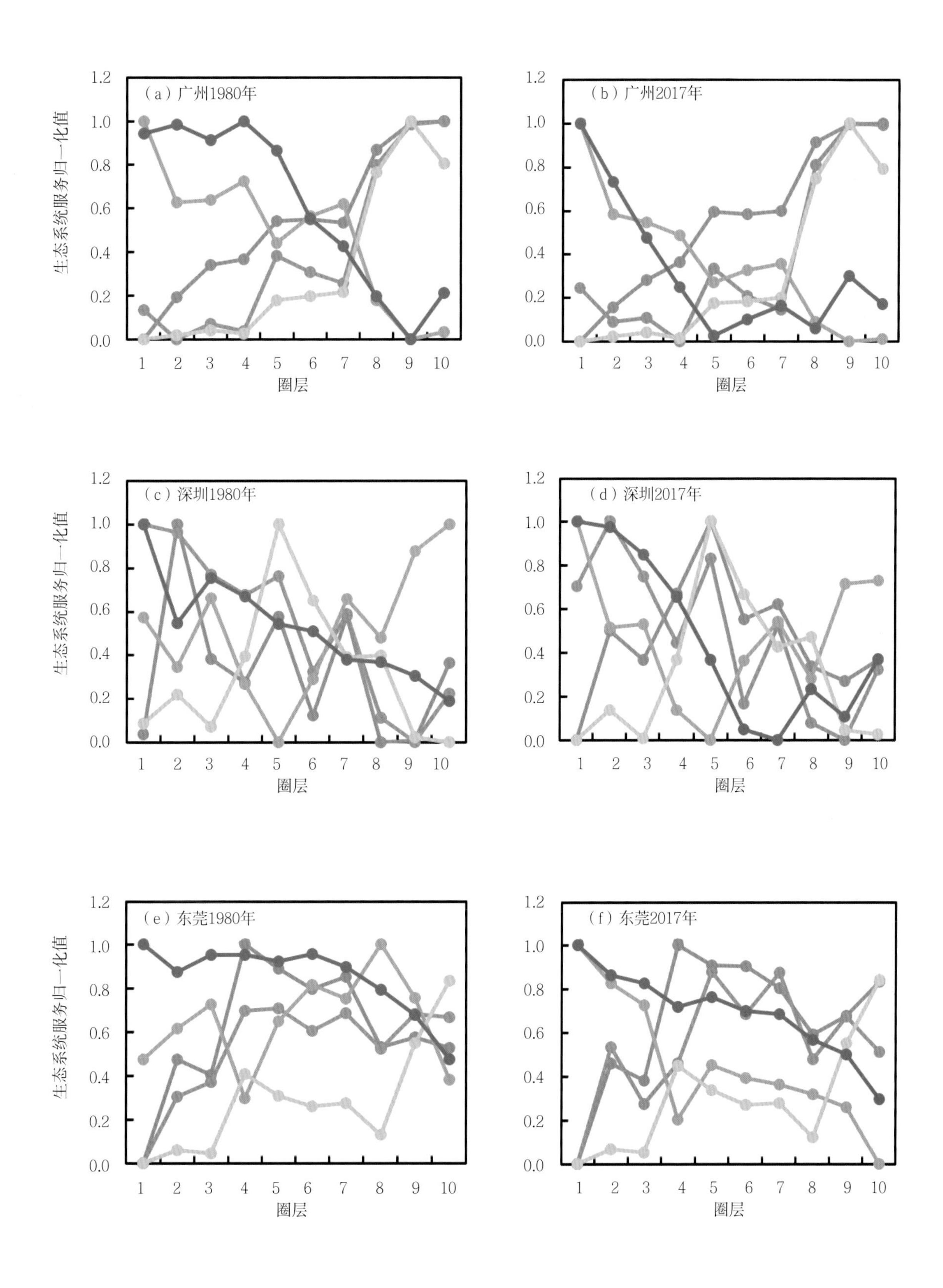
（a）广州1980年
（b）广州2017年
（c）深圳1980年
（d）深圳2017年
（e）东莞1980年
（f）东莞2017年
生态系统服务归一化值
圈层
0.0
0.2
0.4
0.6
0.8
1.0
1.2
1
2
3
4
5
6
7
8
9
10

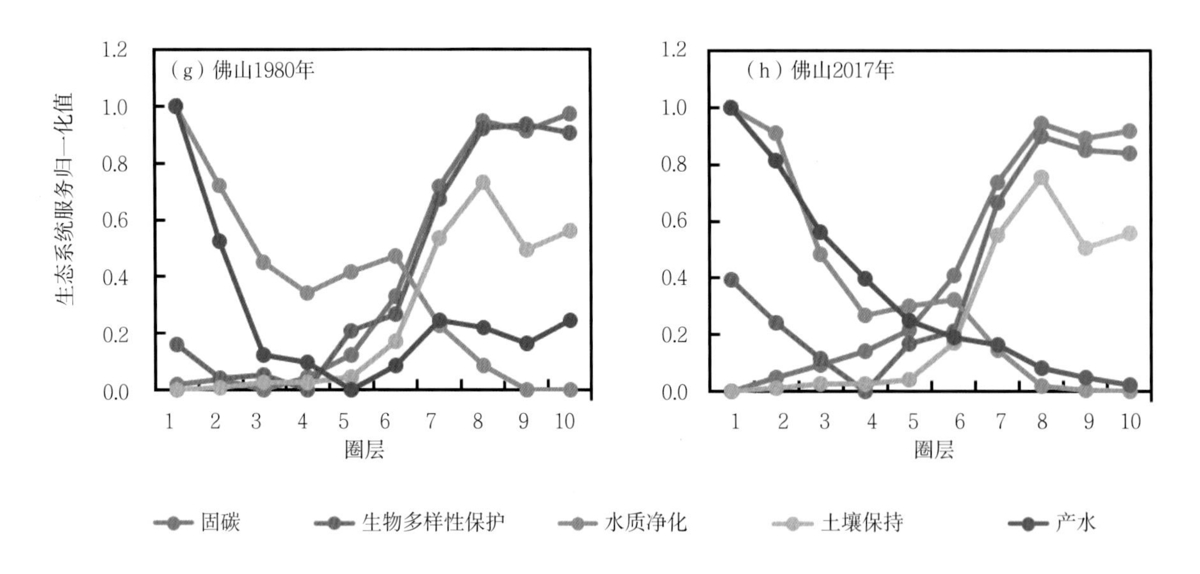


图7-17　粤港澳大湾区重点城市多种生态系统服务功能梯度分布变化

增加生物多样性保护功能逐渐减弱，而土壤保持功能则是先增强后减弱，产水量也呈现递减趋势，而营养物质输出量则是先减小后增大。深圳的土地利用配置属于林地和城镇建设用地交错分布的类型，不属于森林包围城市类型，因此没有表现出不同圈层之间的单调递减或递增的变化规律。东莞的产水量随着城乡梯度变化递减，而碳储量、栖息地质量和土壤保持量则随之递增，几种功能之间存在明显的权衡关系，主要与土地利用的配置方式和空间分布有关。

为了进一步探究快速城市化地区生态系统服务功能之间的关系，选取南方热带、亚热带地区经历快速城市化的典型城市（海口、昆明、贵阳、长沙、南昌、南宁、厦门、福州等地）和北方地区的北京和天津进行对比研究，计算结果获取自张路等（2018），如图7-18所示。需要说明的是，该数据集中固碳和土壤保持功能的概念界定和评估方法与本研究较为接近，而水源涵养功能则不同。本研究对于产水量的定义是指降水转化为地表径流的量，而该数据集中的水源涵养量是指土壤蓄水量，具体评估方法参考Ouyang et al.（2016）。海口、昆明、贵阳、长沙、南昌、南宁、厦门、福州等城市的固碳量随着城乡梯度的增加而增加，北京和天津也表现出同样的变化规律；对于土壤保持功能而言，从城市中心向郊区过渡的过程中土壤保持功能不断增强；对于水源涵养功能而言，随着城乡梯度的增加水源涵养量不断增加。一般而言，城市中心硬化地表的生态功能要明显低于森林、草地和湿地水体生态系统，因此随着城乡梯度的变化生态系统服务功能也呈现出梯度递减/递增的效应。

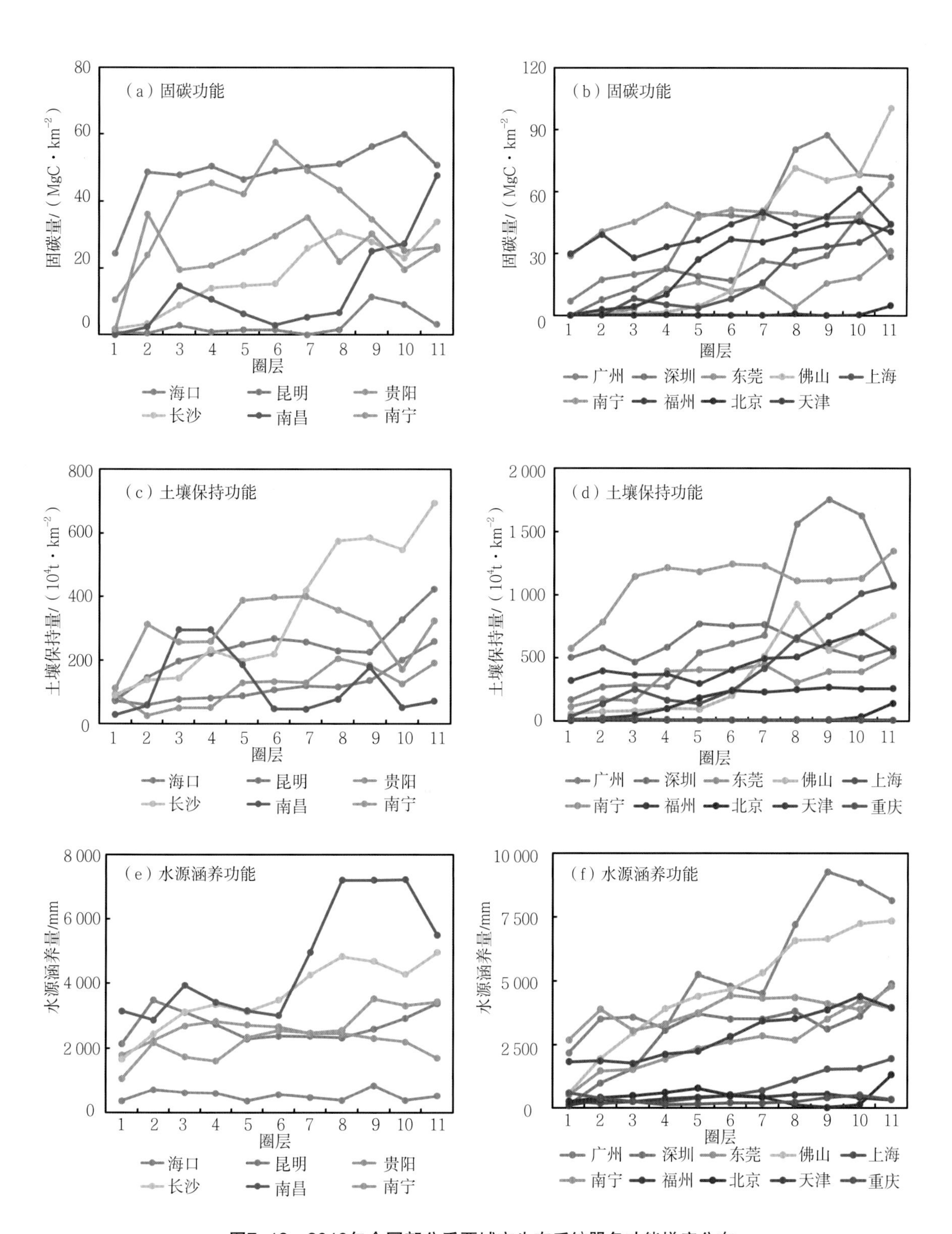


图7-18 2010年全国部分重要城市生态系统服务功能梯度分布

# 六、生态系统服务功能变化成因分析

城市化推动经济、社会、文化等要素全面发展，同时，城市化和人类活动也逐步改变了生态系统的结构（植被覆盖、土地利用/覆被等）和过程（物种减少），使自然生态系统转变为以人为主导或人与自然相耦合的生态系统（Eigenbrod et al.，2011；Li et al.，2012；Huang et al.，2012）。目前，生态系统正面临日益加剧的城市化压力，如何降低城市化对生态系统服务的影响，实现城市可持续发展，已成为世界各地城市规划者和决策者关注的热点问题（Breuste et al.，2011；Breuste et al.，2013；Taylor et al.，2015）。生态系统服务是人类直接或间接从生态系统中获得的商品和服务，是连接生态系统和人类福祉的纽带（Costanza et al.，1998）。生态系统服务可以分为四大类：供给服务（粮食生产、原材料生产等）、调节服务（气候调节、气体调节等）、支持服务（生物多样性维护、土壤保护等）和文化服务（户外娱乐、美学景观等）（Millennium Ecosystem Assessment，2005）。生态系统服务能够表征生态要素和功能，使得其成为研究生态环境问题的重要指标（Estoque et al.，2013；Alam et al.，2016）。随着生态系统功能的退化，城市化如何对生态系统服务产生影响成为生态学和地理学等学科研究的重要课题（Peng et al.，2015；Wan et al.，2015；Li et al.，2016；Zhang et al.，2017）。目前，形成了两大方面的研究成果：（1）利用线性回归模型表征城市化与生态系统服务之间的关系。Wan et al.（2015）利用曲线回归研究城市化对生态系统服务的影响，发现生态系统服务与城市化水平呈现不规则的倒“U”形，即随着城市化的推进，生态系统服务先增加后减少；Peng et al.（2015）利用线性回归研究生态系统服务与3个城市化指标的线性关系，进一步确定了生态系统服务对3个城市化指标的响应阈值。（2）利用空间分析模型解析城市化与生态系统服务空间交互的关系。Li et al.（2016）认为不同程度的城市化与生态系统服务两者的空间关系存在差异；Su et al.（2014）从地理视角探讨了生态系统服务对城市化的响应，研究结果表明它们之间存在非平稳依赖关系。粤港澳大湾区城市群正处于快速的城市化、工业化发展阶段，必然导致对生态系统服务的需求大幅增加，对生态空间和资源环境的侵占加剧。与其他城市群一样，粤港澳大湾区城市群面临着实现可持续发展的挑战，这需要平衡城市化和生态系统服务的空间异质性。

考虑到研究资料的可获取性，对于影响生态系统服务的社会经济指标只考虑地区生产总值、人口密度和城镇化率，其中前两者的时间序列分别是1990—2015年和1990—2013年（图7-19、图7-20），而城镇化率的数据对应5个时间节点，分别为1980年、1990年、2000年、2010年和2015年，如图2-26所示。1990—2015年珠三角地区各个城市的GDP都呈现快速增加

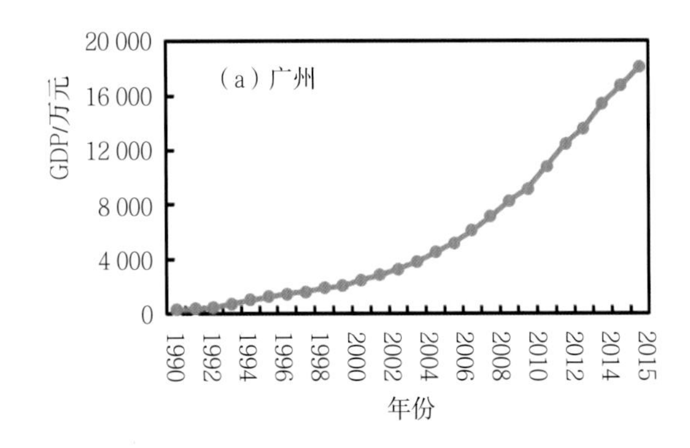


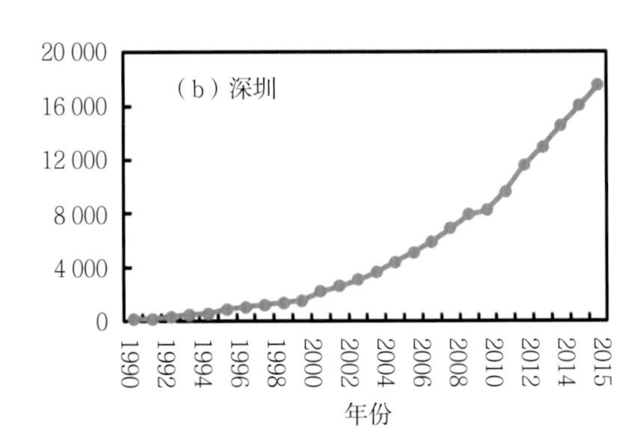

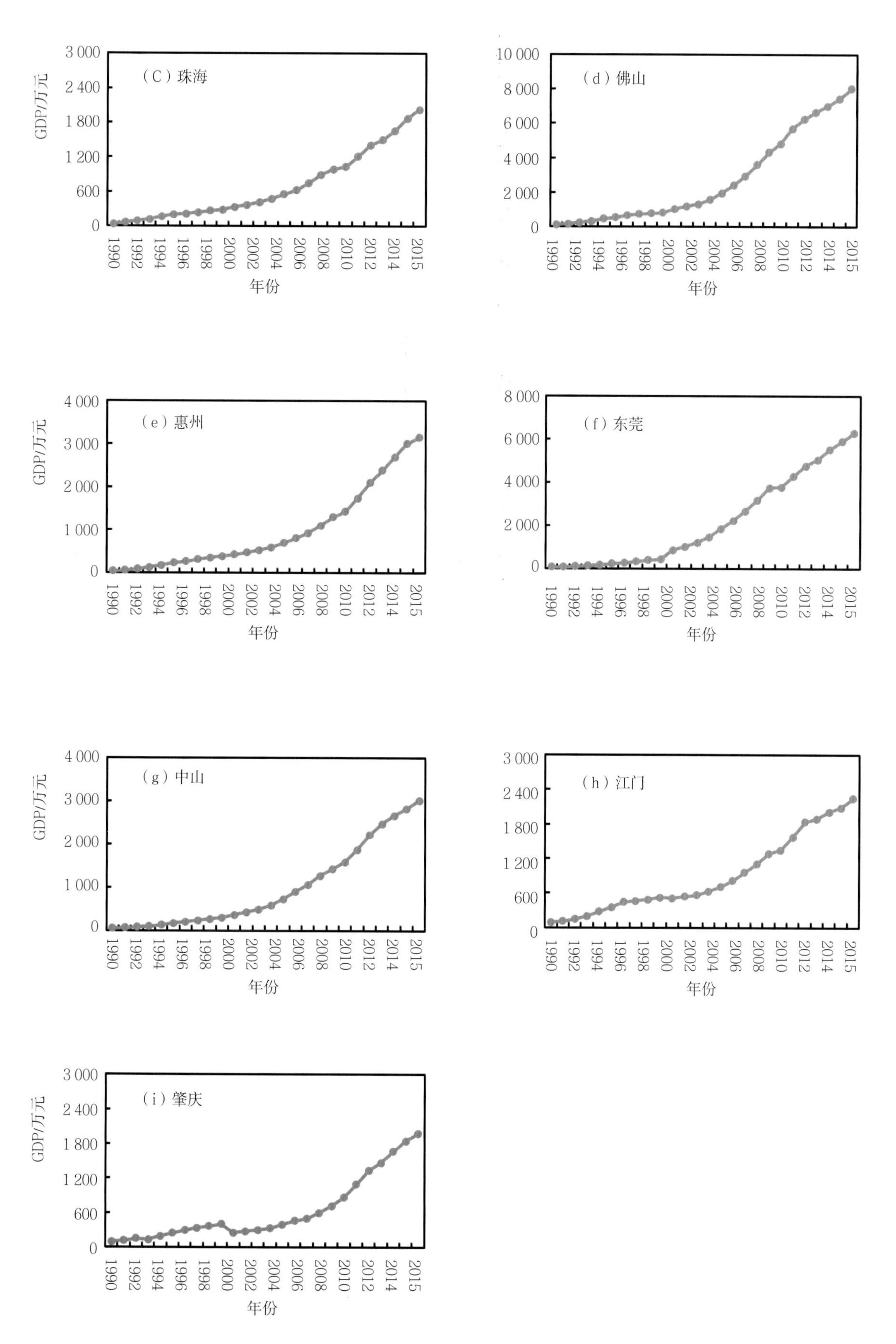


图7-19 1990—2015年粤港澳大湾区城市地区生产总值变化

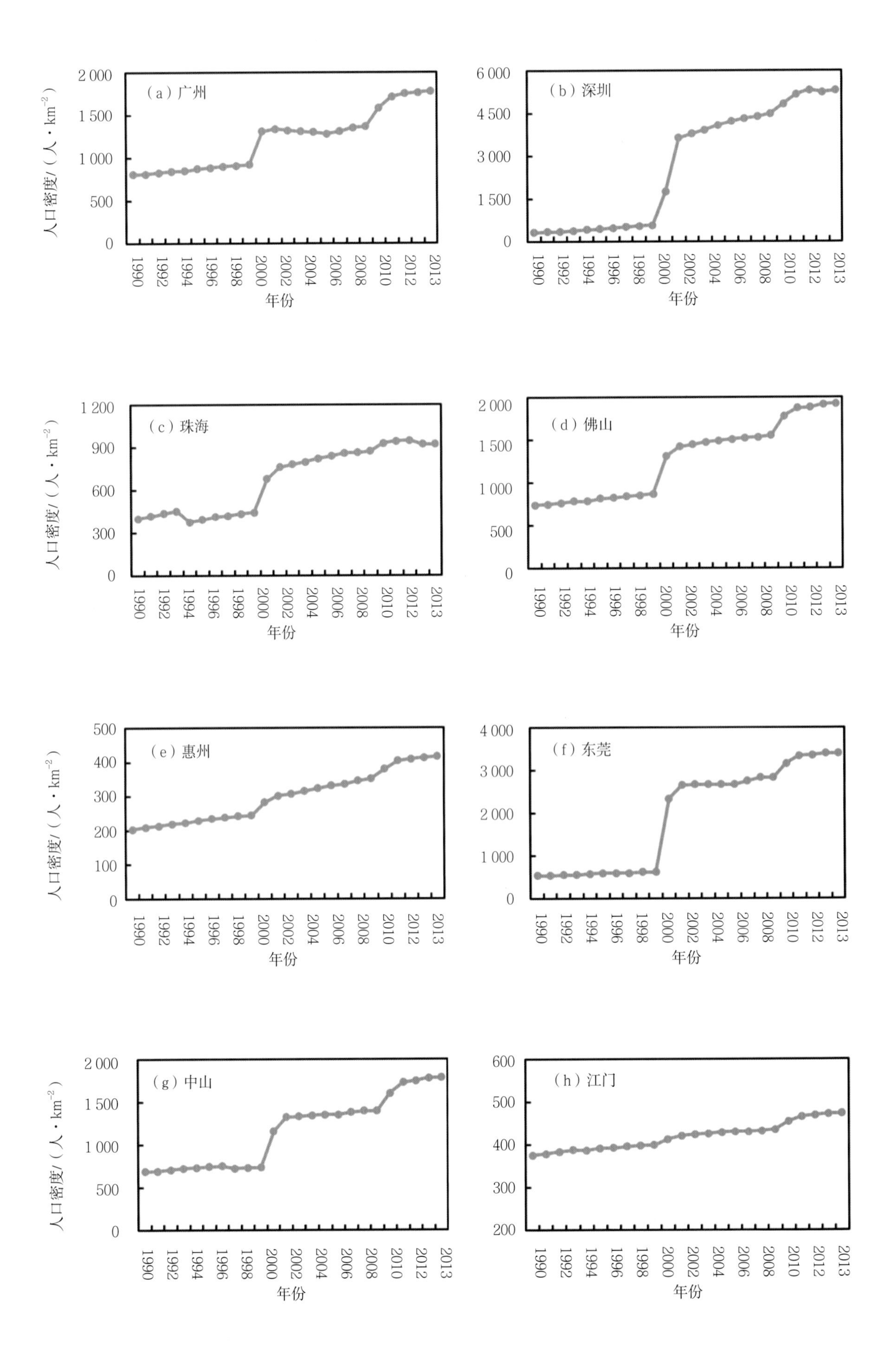

(a) 广州
(b) 深圳
(c) 珠海
(d) 佛山
(e) 惠州
(f) 东莞
(g) 中山
(h) 江门
人口密度/(人·km⁻²)
年份

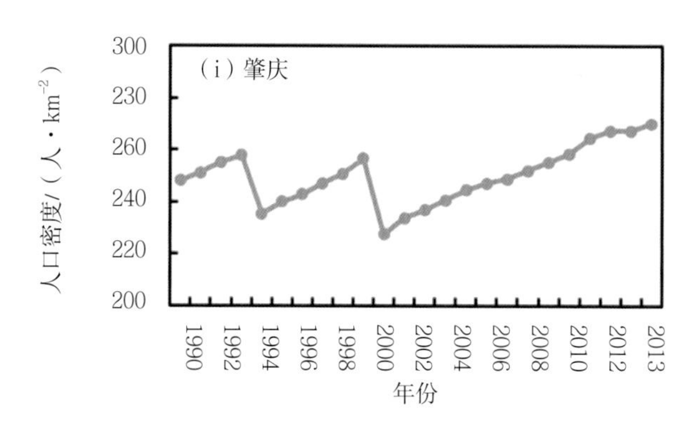


**图7-20 1990—2013年粤港澳大湾区城市人口密度变化**

趋势，经济总量以广州和深圳居冠，都超过万亿元大关，其次是佛山和东莞，低于万亿元。人口变化方面，所有城市的人口都有所增加，以广州、深圳、东莞、佛山等城市的增加幅度最大。以2013年为例，人口密度最大的城市是深圳，高于4 500 人/$km^2$，其次是东莞，也超过了3 000人/$km^2$。江门和肇庆两个城市的人口密度变化较为平稳，在波动中增长。

城镇化率方面（图2-26），珠三角地区各个城市的城镇化率都迅速增长，特别是2000年以来的16年。2000年以前，除香港外各个城市的城镇化率均没有超过40%，而到了2015年，深圳、东莞、佛山、广州整体的城镇化率都已经接近或超过50%，部分发展较早的老城区甚至接近100%。快速的城镇化进程不可避免地影响生态系统服务功能，包括道路硬化引起的产水量增加，生产生活废物导致的水污染情况加剧、栖息地质量下降、固碳量减少等，这部分细节已经在之前的分析中做过详细介绍，此处不再赘述。

生态保护与建设方面，历史上“七山一水二分田”的广东森林茂盛，但是经过1958年、1968年、1978年的3次大砍伐，到了1985年广东省1.5亿亩山地中只剩下6 900万亩森林，荒山荒坡超过全省山地总面积1/3，广东成了荒山大户，森林覆盖率只有27.7%。于是，“五年消灭宜林荒山，十年绿化广东大地”的改革行动就此如火如荼地展开。经过不懈的努力，在1986年到1990年的5年里，广东省共办省、市、县三级领导造林点517个，其他各部门办点1 1942个；5年里，广东省投入资金13亿元，造林种果338.6万$hm^2$，封山育林70万$hm^2$，95%的宜林山地种上了树，如期消灭了宜林荒山，创造了造林绿化史上的一个新纪录。2012年1月，广东省委十届十一次会议专题部署生态景观林带建设，成为继“十年绿化广东”之后的新一轮“十年绿化广东”；2012年2月27日，广东省生态景观林带工程开工，这是新一轮绿化广东的首个重点生态工程，同期，广东省林业工作会议宣布启动新一轮绿化广东大行动；2013年8月，广东省委、省政府作出《关于全面推进新一轮绿化广东大行动的决定》，新一轮绿化广东大行动正式上升为广东省委、省政府的战略决策。一系列生态保护与建设工程实施后生态系统植被覆盖率显著提升（图2-33、图2-34），与此同时多种生态系统服务功能也随之增强。

# 主要参考文献

澳门特别行政区政府推动构建节水型社会工作小组，2010. 澳门节水规划大纲[EB/OL]. 澳门.

包玉斌，2015. 基于InVEST模型的陕北黄土高原生态服务功能时空变化研究[D]. 西安：西北大学.

蔡博峰，2009. 三北防护林工程监测和评价研究[M]. 北京：化学工业出版社.

蔡崇法，丁树文，史志华，等，2000. 应用USLE模型与地理信息系统IDRISI预测小流域土壤侵蚀量的研究[J]. 水土保持学报，22（2）：19-24.

蔡汉泉，1984. 重金属底质、污泥对广州近郊农业环境的影响及其趋势分析[J].广州化工（1）：24-28.

蔡永明，张科利，李双才，2003. 不同粒径制间土壤质地资料的转换问题研究[J]. 土壤学报，40（4）：511-517.

蔡运龙，1995. 持续发展——人地系统优化的新思路[J]. 应用生态学报，6（3）：329-333.

柴世伟，温琰茂，韦献革，等，2004. 珠江三角洲主要城市郊区农业土壤的重金属含量特征[J]. 中山大学学报（自然科学版），（4）：90-94.

陈百明，黄兴文，2003. 中国生态资产评估与区划研究[J]. 中国农业资源与区划，24（6）：20-24.

陈发，陈鹏生，刘士哲，2005. 佛山高明区耕地环境质量评价初报[J].广东农业科学，（6）：48-51.

陈怀满，郑春荣，周东美，等，2006. 土壤环境质量研究回顾与讨论[J].农业环境科学学报，（4）：821-827.

陈利顶，傅伯杰，1996. 黄河三角洲地区人类活动对景观结构的影响分析——以山东省东营市为例[J]. 生态学报，16（4）：337-344.

陈莉，宋敏，宋同清，等，2017. 广西不同林龄软阔林碳储量及其分配格局[J]. 生态学杂志，36（3）：592-600.

陈寅，李阳兵，谭秋，2014. 茂兰自然保护区景观格局空间变化研究[J]. 地球与环境，42（2）：179-186.

程昌秀，史培军，宋长青，等，2018. 地理大数据为地理复杂性研究提供新机遇[J]. 地理学报，73（8）：1397-1406.

程汝饱，1985. 珠江三角洲土壤的有机质状况[J]. 土壤学报，22（2）：198-202.

程维明，高晓雨，马廷，等，2018. 基于地貌分区的1990—2015年中国耕地时空特征变化分析[J].地理学报，73（9）：1613-1629.

褚琳，张欣然，王天巍，等，2018. 基于CA-Markov和InVEST模型的城市景观格局与生境质量时空演变及预测[J]. 应用生态学报，29（12）：4106—4118.

崔丽娟，2004. 鄱阳湖湿地生态系统服务功能价值评估研究[J]. 生态学杂志，23（4）：47-51.

邓晓军，许有鹏，韩龙飞，等，2016. 城市化背景下嘉兴市河流水系的时空变化[J]. 地理学报，71（01）：75-85.

邓越，蒋卫国，王文杰，等，2018. 城市扩张导致京津冀区域生境质量下降[J]. 生态学报，38（12）：4516-4525.

丁圣彦，宋永昌，2004. 常绿阔叶林植被动态研究进展[J].生态学报，24（8）：1765-1775.

丁一汇，2008. 中国气象灾害大典：综合卷[M]. 北京：气象出版社.

窦磊，杜海燕，游远航，等，2014. 珠江三角洲经济区生态地球化学评价[J].现代地质，28（5）：915-927.

杜虎，曾馥平，宋同清，等，2016. 广西主要森林土壤有机碳空间分布及其影响因素[J]. 植物生态学报，40（4）：282-291.

段晓峰，许学工，2006. 区域森林生态系统服务功能评价——以山东省为例[J]. 北京大学学报（自然科学版），42（6）：751-756.

段晓男，王效科，欧阳志云，2005. 乌梁素海湿地生态系统服务功能及价值评估[J]. 资源科学，27（2）：110-115.

樊杰，2014. 人地系统可持续过程、格局的前沿探索[J]. 地理学报，69（8）：1060-1068.

樊杰，2018. “人地关系地域系统”是综合研究地理格局形成与演变规律的理论基石[J]. 地理学报，73（4）：597-607.

樊杰，陈东， 2009. 珠江三角洲产业结构转型与空间结构调整的战略思考[J]. 中国科学院院刊，24（2）：138-144.

樊杰，2015. 中国主体功能区划方案[J]. 地理学报，70（2）：186-201.

范红英，王国莉，陈孟君，2014. 惠州仲恺高新技术开发区土壤重金属的污染及评价[J].惠州学院学报，34（3）：31-39.

方创琳，2004. 中国人地关系研究的新进展与展望[J]. 地理学报，59（7S）：21-32.

方创琳，任宇飞，2017. 京津冀城市群地区城镇化与生态环境近远程耦合能值代谢效率及环境压力分析[J]. 中国科学：地球科学,47（7）：833-846.

方创琳，王振波，马海涛，2018. 中国城市群形成发育规律的理论认知与地理学贡献[J]. 地理学报，73（4）：651-665.

冯峥嵘，2010. 浅谈珠三角地区土质边坡灾害的一般规律 [J]. 武汉生物工程学院学报，6（2）：117-120.

付淑清，韦振权，袁少雄，等， 2019. 珠江口沉积物与土壤的重金属特征及潜在生态危害评价[J].安全与环境学报，19（2）：600-606.

傅抱璞，1997. 我国不同自然条件下的水域气候效应[J]. 地理学报，52（3）：246-253.

傅斌，徐佩，王玉宽，等，2013. 都江堰市水源涵养功能空间格局[J]. 生态学报，33（3）：789-797.

傅伯杰，1995. 黄土区农业景观空间格局分析[J]. 生态学报，15（2）：113-120.

傅伯杰，2014. 地理学综合研究的途径与方法：格局与过程耦合[J]. 地理学报，69（8）：1052-1059.

傅伯杰， 2018. 面向全球可持续发展的地理学[J]. 科技导报，36（2）：1.

甘海华，彭凌云，2005. 江门新会区耕地土壤养分空间变异特征[J].应用生态学报，16（8）：1437-1442.

高凯，周志翔，杨玉萍，等，2010. 基于Ripley K 函数的武汉市景观格局特征及其变化[J]. 应用生态学报，21（10）：2621-2626.

高杨，卫童瑶，李滨，等，2019. 深圳“12. 20”渣土场远程流化滑坡动力过程分析[J]. 水文地质工程地质，46（1）：129-138，147.

宫阿都，陈云浩，李京，等，2007. 北京市城市热岛与土地利用/覆盖变化的关系研究[J]. 中国图象图形学报，12（8）：1476-1482.

宫兆宁，张翼然，宫辉力，等，2011. 北京湿地景观格局演变特征与驱动机制分析[J]. 地理学报，66（1）：77-88.

龚伟，颜晓元，王景燕，2011. 长期施肥对土壤肥力的影响[J].土壤，43（3）：336-342.

龚子同，陈鸿昭，张甘霖，2015. 寂静的土壤[M]. 北京：科学出版社.

龚子同，1998. 香港土壤和土壤学科特点[J]. 土壤，30（3）：121-124.

顾晋饴，李一平，杜薇，2018. 基于InVEST模型的太湖流域水源涵养能力评价及其变化特征分析[J]. 水资源保护，34（3）：62-67，84.

广东省科学院丘陵山区综合科学考察队，1990. 广东山区植物资源[M]. 广州：广东科技出版社.

广东省科学院丘陵山区综合科学考察队，1991a. 广东山区植被[M]. 广州：广东科技出版社.

广东省科学院丘陵山区综合科学考察队，1991b. 广东山区水土流失及其治理[M]. 广州：广东科技出版社.

广东省科学院丘陵山区综合科学考察队，1991c. 广东山区土壤[M]. 广州：广东科技出版社.

广东省人民政府办公厅，2012.印发广东省实行最严格水资源管理制度考核暂行办法的通知[EB/OL]. (2012 -02 -09) . http://www.gd.gov.cn/gkmlpt/content/0/140/post_140436.html#7.

广东省水利厅，2016.水资源公报2015[EB/OL]. (2016-08-12).http://slt.gd.goV.cn/szygb2015/.

广东省水利厅，2011.关于印发广东省地下水保护与利用规划的通知[EB/OL].（2011-04-07）. http://slt.gd.gov.cn/gkmlpt/content/1/1061/post_1061695.html#971.

广东省水利厅， 2007. 广东省水功能区划[EB/OL].（2007-06-07）. https://www.docin.com/p-1671501822.html.

广东省土壤普查办公室，1993. 广东土壤[M]. 北京：科学出版社.

广东省土壤普查办公室，1996. 广东土种志[M]. 北京：科学出版社.

广东省自然资源厅，2019. 广东省2019年度地质灾害防治方案[EB/OL]. http：//nr.gd.gov.cn/gkmlpt/content/2/2384/post_2384049.html

广东植物研究所，1976. 广东植被[M]. 北京：科学出版社.

郭盛晖，司徒尚纪，2010. 农业文化遗产视角下珠三角桑基鱼塘的价值及保护利用[J]. 热带地理，30（4）：452-458.

郭艺，2017. 流域非点源磷污染的输出系数时空变异性及其定量识别[D]. 杭州：浙江大学.

郭勇，龙步菊，刘伟东，等，2006. 北京城市热岛效应的流动观测和初步研究[J]. 气象科技，

34（6）：656-661.
郭治兴，王静，柴敏，等，2011. 近30年来广东省土壤pH值的时空变化[J]. 应用生态学报，22（02）：425-430.
国家环境保护总局，2002. 地表水环境质量标准：GB3838—2002[S]. 北京.
国家林业局，2009. 退耕还林工程建设效益监测评价GB/T 23233—2009[S]. 北京：中国标准出版社.
国家林业局，2014. 退耕还林工程生态效益监测国家报告（2013）[R]. 北京：中国林业出版社.
国家林业局，2015. 三北防护林工程评估技术规程：LY/T 2411—2015[S]. 北京：中国标准出版社.
国土资源部中国地质调查局，2011. 中华人民共和国多目标区域地球化学图集：广东省珠江三角洲经济区[M]. 北京：地质出版社.
国土资源部中国地质调查局，2015. 中国重要经济区和城市群地质环境图集：珠江三角洲经济区、海南国际旅游岛 [M]. 武汉：中国地质大学出版社.
国土资源部中国地质调查局，2016. 中国地质调查百项成果 [M]. 北京：地质出版社.
国土资源部中国地质调查局，2019. 粤港澳大湾区自然资源与环境图集[M]. 北京：科学出版社.
国务院，2012. 国务院关于实行最严格水资源管理制度的意见:国发(2012)3号[EB/0L]. (2021-02-15) . http://www.gov.cn/zhuanti/2015-06/ 13 content_2878992.htm.
韩会庆，罗绪强，游仁龙，等，2016. 基于InVEST模型的贵州省珠江流域水质净化功能分析[J]. 南京林业大学学报（自然科学版），46（5）：87-92.
韩志轩，王学求，迟清华，等，2018. 珠江三角洲冲积平原土壤重金属元素含量和来源解析[J]. 中国环境科学，38（9）：3455-3463.
郝运，赵妍，刘颖，等，2004. 向海湿地自然保护区生态系统服务效益价值估算[J]. 吉林林业科技，33（4）：25-26，34.
何琴飞，郑威，黄小荣，等，2017. 广西钦州湾红树林碳储量与分配特征[J]. 中南林业科技大学学报，37（11）：121-126.
何述尧，胡学铭，黄惠芳，1991. 浅论广州土壤环境Cd、As、Hg元素的残留[J].农业环境科学学报（2）：71-72，91-97.
洪华生，杨远，黄金良，2005. 基于GIS和USLE的下庄小流域土壤侵蚀量预测研究[J]. 厦门大学学报（自然科学版），44（5）：675-679.
胡宝清，李玲，蒋树芳，2005. 基于景观空间方法的广西喀斯特石漠化空间格局分析[J]. 地球与环境，33（S1）：581-587.
胡非，洪钟祥，雷孝恩，2003. 大气边界层和大气环境研究进展[J]. 大气科学，27（4）：712-728.
胡克志，2016. 黄土高原不同生物气候区土壤侵蚀动态变化研究[J]. 人民长江，47（13）：16-23.
胡兆量，2009. 珠三角港澳化及湾区中心化：关于大珠三角地区发展的几点思考 [J]. 城市问题

（9）：2-4.
胡振宇，2004. 珠江三角洲重金属排放及空间分布规律研究[D].广州：中国科学院研究生院（广州地球化学研究所）.
黄博强，黄金良，李迅，等，2015. 基于GIS和InVEST模型的海岸带生态系统服务价值时空动态变化分析：以龙海市为例[J]. 海洋环境科学，34（6）：916-924.
黄惠芳，胡学铭，何述尧，1990. 应用生物遗传相关的分析方法探讨广州区域土壤金属元素背景值与成土母质的关系[J].农业环境科学学报（2）：14-16，48.
黄文红，王伟，刘军，等，2012. 太阳热反射涂层试验路铺筑及性能评价[J]. 重庆交通大学学报（自然科学版），31（5）：982-985，1085.
黄湘，李卫红，2006. 荒漠生态系统服务功能及其价值研究[J]. 环境科学与管理，31（7）：64-70，73.
黄颖敏，薛德升，黄耿志，2017. 改革开放以来珠江三角洲基层非正规土地利用实践与制度创新：以东莞长安镇为例[J]. 地理科学，37（12）：1831-1840.
纪平，2017. 严格水生态空间管控为国家生态安全提供坚实支撑和保障[J].中国水利（12）：1.
纪晓亮， 2018. 长乐江流域非点源氮污染定量溯源与控制模拟[D]. 杭州：浙江大学.
季翔，刘黎明，李洪庆，2014. 基于生命周期的乡村景观格局演变的预测方法：以湖南省金井镇为例[J]. 应用生态学报，25（11）：3270-3278.
贾琦，运迎霞，黄焕春，2012. 快速城市化背景下天津市城市景观格局时空动态分析[J].干旱区资源与环境，26（12）：14-21.
江学顶，夏北成，2007. 珠江三角洲城市群热环境空间格局动态[J]. 生态学报，27（4）：1461-1470.
焦利民，肖丰涛，许刚，等，2015. 武汉都市区绿地破碎化格局对城市扩张的时空响应[J]. 资源科学，37（8）：1650-1660.
开前正，刘干斌，张军军，等，2011. 纳米材料改性沥青热反射性能试验研究[J]. 工程与建设，25（2）：229-231.
康艳，刘康，李团胜，等，2005. 陕西省森林生态系统服务功能价值评估[J]. 西北大学学报（自然科学版），35（3）：351-354.
柯珉，敖天其，周理，等，2014. 基于输出系数模型的西充河流域：西充县境内面源污染综合评价[J]. 中国农村水利水电（3）：20-24.
柯新利，唐兰萍，2019. 城市扩张与耕地保护耦合对陆地生态系统碳储量的影响：以湖北省为例[J]. 生态学报，39（2）：672-683.
赖敏，2013. 三江源基于生态系统服务价值的生态补偿研究[D]. 北京：中国科学院研究生院.
雷国建，陈志良，刘千钧，等，2013. 广州郊区土壤重金属污染程度及潜在生态危害评价[J].中国环境科学，33（S1）：49-53.
李丹，2012. 基于SWAT模型安吉县非点源污染模拟[D]. 杭州：浙江大学.
李方，张柏，张树清，2004. 三江平原生态系统服务价值评估[J]. 干旱区资源与环境，18（5）：19-23.
李芳柏，刘传平，张会化，等， 2013. 珠江三角洲地区土壤环境质量状况及其污染防治对策

[C]//广东可持续发展研究.89-98.
李红，李德志，宋云，等，2009. 快速城市化背景下上海崇明植被覆盖度景观格局分析[J]. 华东师范大学学报（自然科学版）（6）：89-100.
李婧贤，王钧，杜依杭，等，2019. 快速城市化背景下珠江三角洲滨海湿地变化特征[J]. 湿地科学，17（3）：267-276.
李平日，周晴，2017. 再论珠江口伶仃洋开发与治理问题[J]. 热带地理，37（4）：620-626.
李全峰，胡守庚，瞿诗进，2017. 1990—2015年长江中游地区耕地利用转型时空特征[J].地理研究，36（8）：1489-1502.
李书严，轩春怡，李伟，等，2008. 城市中水体的微气候效应研究[J]. 大气科学，32（3）：552-560.
李伟，张翠萍，李士美，2017. 基于第8次森林资源清查数据的广西森林碳储量特征研究[J]. 西南林业大学学报（自然科学），37（3）：127-133.
李志刚，张碧胜，翟欣，等，2010. 广州不同生境类型区域昆虫多样性[J]. 生态学杂志，29（2）：357-362.
梁国付，丁圣彦，2005. 河南黄河沿岸地区景观格局演变[J]. 地理学报，60（4）：665-672.
梁樻，覃英宏，谭康豪，2016. 反射路面对城市峡谷反射率的影响[J]. 土木建筑与环境工程，38（3）：129-137.
林初昇，1997. 港粤整合与珠江三角洲的空间转型：以东莞为例[J]. 地理学报，52（S1）：71-79.
林荣誉，苏结雯，吴灵，2016. 珠海农用地土壤重金属污染情况调查[J].资源节约与环保（8）：180-181.
刘海，殷杰，林苗，等，2017. 基于GIS的鄱阳湖流域生态系统服务价值结构变化研究[J]. 生态学报，37（8）：2575-2587.
刘慧敏，刘绿怡，丁圣彦，2017. 人类活动对生态系统服务流的影响[J]. 生态学报，37（10）：3232-3242.
刘纪远，布和敖斯尔，2000. 中国土地利用变化现代过程时空特征的研究：基于卫星遥感数据[J]. 第四纪研究，20（3）：229-239.
刘纪远，匡文慧，张增祥，等，2014. 20世纪80年代末以来中国土地利用变化的基本特征与空间格局[J]. 地理学报，69（1）：3-14.
刘纪远，刘明亮，庄大方，等，2002. 中国近期土地利用变化的空间格局分析[J]. 中国科学（D辑：地球科学），32（12）：1031-1040，1058-1060.
刘纪远，宁佳，匡文慧，等，2018. 2010—2015年中国土地利用变化的时空格局与新特征[J]. 地理学报，73（5）：789-802.
刘纪远，张增祥，庄大方，等，2005. 20世纪90年代中国土地利用变化的遥感时空信息研究[M].北京：科学出版社.
刘纪远，张增祥，庄大方，等，2003. 20世纪 90 年代中国土地利用变化时空特征及其成因分析[J].地理研究，22（1）：1-12.
刘绿怡，卞子亓，丁圣彦，2018. 景观空间异质性对生态系统服务形成与供给的影响[J].生态学报，38（18）：6412-6421.
刘萌萌，张振明，刘佳凯，等，2012. 北京市自然保护区景观格局分析[J].广东农业科学，39（11）：168-170，180.
刘敏超，李迪强，温琰茂，等，2005. 三江源地区土壤保持功能空间分析及其价值评估[J]. 中国环境科学，25（5）：627-631.
刘某承，孙雪萍，林惠凤，等，2015. 基于生态系统服务消费的京承生态补偿基金构建方式[J]. 资源科学，37（8）：1536-1542.
刘瑞，朱道林，2010. 基于转移矩阵的土地利用变化信息挖掘方法探讨[J].资源科学，32（8）：1544-1550.
刘树基，刘腾辉，池钜庆，1985. 珠江三角洲滨海平原区几种土壤理化性质的研究[J].华南农业大学学报（1）：12-24
刘思瑶，2014. 遥感过程模型应用于中国南方草地近30年碳储量变化的研究[D]. 成都：成都理工大学.
罗军，2017. 基于多尺度层次的深圳城市平面格局演进研究[D]. 华南理工大学.
刘霞，2016. 珠江三角洲河涌整治思路探讨[J]. 广东水利水电，5（05）：1-4.
刘晓荻，1998. 生态系统服务[J]. 环境导报（1）：44-45.
刘毅，王云，李宏，2020. 世界级湾区产业发展对粤港澳大湾区建设的启示[J]. 中国科学院院刊，35（3）：312-321.
刘毅，杨宇，2014. 中国人口、资源与环境面临的突出问题及应对新思考[J]. 中国科学院院刊，29（2）：248-257.
刘永强，龙花楼，2016. 黄淮海平原农区土地利用转型及其动力机制[J].地理学报，71（04）：666-679.
刘勇，2006. 中国林业生态工程后评价理论与应用研究[D]. 北京：北京林业大学.
刘智方，唐立娜，邱全毅，等，2017. 基于土地利用变化的福建省生境质量时空变化研究[J]. 生态学报，37（13）：4538-4548.
柳孝图，陈恩水，余德敏，1997. 城市热环境及其微热环境的改善[J]. 环境科学，18（1）：54-58.
林芷欣，许有鹏，代晓颖，等，2018. 城市化对平原河网水系结构及功能的影响：以苏州市为例[J]. 湖泊科学，30（06）：1722-1731.
龙虎，2017. 深圳城市碳汇资源评估[D]. 长春：吉林大学.
卢曦，王远成，吴文权，2005. 城市峡谷热容量的数值模拟[J]. 上海理工大学学报，27（1）：75-78.
卢瑛，2017. 中国土系志：广东卷[M]. 北京：科学出版社.
陆大道，2002. 关于地理学的“人-地系统”理论研究[J]. 地理研究，21（2）：135-145.
陆大道，2014. “未来地球”框架文件与中国地理科学的发展：从“未来地球”框架文件看黄秉维先生论断的前瞻性[J]. 地理学报，69（8）：1043-1051.
陆大道，2017. 关于珠江三角洲大城市群与泛珠三角经济合作区的发展问题[J]. 经济地理，37（4）：1-4.

陆大道，郭来喜，1998. 地理学的研究核心：人地关系地域系统论吴传钧院士的地理学思想与学术贡献[J]. 地理学报，53（2）：97-105.

陆发熹，1988. 珠江三角洲土壤[M]. 北京：中国环境科学出版社，65-115.

罗小玲，郭庆荣，谢志宜，等，2014. 珠江三角洲地区典型农村土壤重金属污染现状分析[J]. 生态环境学报，23（3）：485-489.

骆永明，章海波，2007.香港地区土壤及其环境[M].北京：科学出版社.

骆永明，章海波，滕应，等，2012. 长江、珠江三角洲土壤及其环境[M].北京：科学出版社.

吕雅琼，杨显玉，马耀明，2007. 夏季青海湖局地环流及大气边界层特征的数值模拟[J]. 高原气象，26（4）：686-692.

吕一河，陈利顶，傅伯杰，2007. 景观格局与生态过程的耦合途径分析[J]. 地理科学进展，26（3）：1-10.

马定国，舒晓波，刘影，等，2003. 江西省森林生态系统服务功能价值评估[J]. 江西科学，21（3）：211-216.

马恩朴，蔡建明，林静，等，2019. 远程耦合视角下的土地利用/覆被变化解释[J]. 地理学报，74（3）：421-431.

马凤娇，刘金铜，ENEJI AE，2013. 生态系统服务研究文献现状及不同研究方向评述[J]. 生态学报，33（19）：5963-5972.

马瑾，2003. 珠江三角洲典型区域：东莞：土壤重金属污染探查研究[D]. 南京：南京农业大学.

马世骏，王如松，1984. 社会-经济-自然复合生态系统[J]. 生态学报（01）：1-9.

马田田，梁晨，李晓文，等，2015. 围填海活动对中国滨海湿地影响的定量评估[J]. 湿地科学，13（6）：653-659.

毛汉英，2018. 人地系统优化调控的理论方法研究[J]. 地理学报，73（4）：608-619.

毛以伟，陈正洪，王珏，等，2005. 三峡水库坝区蓄水前水体对水库周边气温的影响[J]. 气象科技，33（4）：334-339.

莫晓琪，朱颖，胡义涛，等，2017. 1995—2015年天目湖流域湿地景观格局演变分析[J]. 西北林学院学报，32（1）：293-300，307.

尼尔·布雷迪，雷·韦尔，2019. 土壤学与生活[M]. 14版.北京：科学出版社.

聂翔宇，刘新静，2013. 城市化进程中“鬼城”的类型分析及其治理研究[J]. 南通大学学报（哲学社会科学版），29（4）：111-117.

欧维新，张伦嘉，陶宇，等，2018. 基于土地利用变化的长三角生态系统健康时空动态研究[J]. 中国人口·资源与环境，28（5）：84-92.

欧阳志云，王如松，赵景柱. 1999. 生态系统服务功能及其生态经济价值评价[J]. 应用生态学报，10（5）：635-640.

欧阳志云，王效科，苗鸿，1999. 中国陆地生态系统服务功能及其生态经济价值的初步研究[J]. 生态学报，19（5）：607-613.

潘丽娟，2016. 未来土地利用情景下的南京市生态系统水质净化功能模拟[D]. 南京：南京信息工程大学.

潘耀忠，史培军，朱文泉，等，2004. 中国陆地生态系统生态资产遥感定量测量[J]. 中国科学

（D辑：地球科学），34（4）：375-384.
潘莹，崔林林，刘昌脉，等，2018. 基于MODIS数据的重庆市城市热岛效应时空分析[J]. 生态学杂志，37（12）：3736-3745.
裴韬，刘亚溪，郭思慧，等，2019. 地理大数据挖掘的本质[J]. 地理学报，74（3）：586-598.
彭建，王仰麟，陈燕飞，等， 2005. 城市生态系统服务功能价值评估初探：以深圳为例[J]. 北京大学学报（自然科学版），41（4）：594-604.
朴世龙，方精云，郭庆华， 2001. 利用CASA模型估算我国植被净第一性生产力[J]. 植物生态学报，25（5）：603-608.
乔伟峰，盛业华，方斌，等，2013. 基于转移矩阵的高度城市化区域土地利用演变信息挖掘：以江苏省苏州市为例[J]. 地理研究，32（8）：1497-1507.
全国土壤普查办公室，1998. 中国土壤[M]. 北京：中国农业出版社.
任海，陆宏芳，李意德，等，2019. 植被生态系统恢复及其在华南的研究进展[J]. 热带亚热带植物学报，27（5）：469-480
任平，洪步庭，刘寅，等，2014. 基于RS与GIS的农村居民点空间变化特征与景观格局影响研究[J]. 生态学报，34（12）：3331-3340.
荣检，2017. 基于InVEST模型的广西西江流域生态系统产水与固碳服务功能研究[D]. 南宁：广西师范学院.
荣月静，张慧，王岩松， 2016. 基于Logistic-CA-Markov与InVEST模型对南京市土地利用与生物多样性功能模拟评价[J]. 水土保持研究，23（3）：82-89.
邵学新，黄标，顾志权，等，2006. 长三角经济高速发展地区土壤pH时空变化及其影响因素[J]. 矿物岩石地球化学通报，25（2）：143-149.
沈道英，许晓斌，司徒权江，等，1985. 珠江三角洲土壤供钾能力的研究[J].土壤学报，24（4）：340-349.
沈德才，陈跃洲，周永东，等，2014. 东莞林地土壤肥力空间异质性分析[J].广东林业科技，30（5）：1-6.
史培军，1997. 人地系统动力学研究的现状与展望[J]. 地学前缘（Z1）：201-211.
史培军，宋长青，程昌秀， 2019. 地理协同论：从理解“人—地关系”到设计“人—地协同”[J]. 地理学报，74（1）：3-15.
帅红，夏北成，吴仁海，2002. 海洋生态系统对其海岛之服务功能初探：以广东省南澳岛为例[J]. 广州环境科学，17（4）：43-46.
水利部办公厅，2016. 水利部办公厅关于印发《全国水资源承载能力监测预警技术大纲(修订稿)》的通知[EB/0L]. (2016-12-21) . http://szy.mwr.gov.cn/tzgg/201901/t20190101__1072755.html.
水利部办公厅，2016. 全国水资源承载能力监测预警技术大纲：修订稿. [EB/0L]（2016-11-16）https://www.docin.com/p-1990 978552.html?docfrom_rrela.
水利部水资源司，水利部水利水电规划设计总院，2013 . 全国重要江河湖泊水功能区划手册[M].北京：中国水利水电出版社.
宋睿，郑洪波，张树深，2007. 海洋生态系统服务功能及其价值评估的研究[J]. 环境保护与循环经济，27（6）：47-50.
宋永昌，戚仁海，由文辉，等，1999. 生态城市的指标体系与评价方法[J]. 城市环境与城市生态（5）：16-19.
孙彬彬，2008. 珠江三角洲土壤元素时空变化研究[D].北京：中国地质大学.
孙文义，邵全琴，刘纪远，2014. 黄土高原不同生态系统水土保持服务功能评价[J]. 自然资源学报，29（3）：365-376.
孙政国，刘信宝，沈益新，等，2015. 基于MODIS数据的南方草地植被碳密度、碳储量估算及其动态变化研究[C]//2015中国草原论坛论文集. 锡林浩特：28-35.
谈思泳，2017. 华南红树林湿地表层土壤有机碳分布特征及其影响因子[D]. 南宁:广西师范学院.
覃连欢，2012. 广西森林植被碳储量及价值估算研究[D]. 南宁：广西大学.
谭洁，赵赛男，谭雪兰，等，2017. 1996—2016年洞庭湖区土地利用及景观格局演变特征[J]. 生态科学，36（6）：89-97.
唐克丽，2004. 中国水土保持[M]. 北京：科学出版社.
田诗韵，2018. 1977—2015年广西森林乔木林碳储量变化及其驱动因素分析[D]. 南宁：广西大学.
佟光臣，林杰，陈杭，等，2017. 1986—2013年南京市土地利用/覆被景观格局时空变化及驱动力因素分析[J]. 水土保持研究，24（2）：240-245.
佟华，刘辉志，李延明，等，2005. 北京夏季城市热岛现状及楔形绿地规划对缓解城市热岛的作用[J]. 应用气象学报，16（3）：357-366.
万洪富，杨国义，张天彬，等，2005. 第三章我国华南沿海典型区域农业土壤污染特点、原因及其对策[C]//中国土壤科学的现状与展望：276-305.
王爱玲，朱文泉，李京，等，2007. 内蒙古生态系统服务价值遥感测量[J]. 地理科学，27（3）：325-330.
王光军，张虹鸥，王淑婧，2007. 改革开放以来珠江三角洲工业结构的演变[J].经济地理，27（3）：423-426.
王建凯，王开存，王普才，2007. 基于MODIS地表温度产品的北京城市热岛：冷岛：强度分析[J]. 遥感学报，11（3）：330-339.
王劲峰，葛咏，李连发，等，2014. 地理学时空数据分析方法[J].地理学报，69（9）：1326-1345.
王景升，李文华，任青山，等，2007. 西藏森林生态系统服务价值[J]. 自然资源学报，22（5）：831-841.
王礼先，王斌瑞，2000. 林业生态工程学[M]. 2版.北京：中国林业出版社.
王丽群，张志强，李格，等，2018. 北京边缘地区景观格局变化及对生态系统服务的影响评价：以牛栏山-马坡镇为例[J]. 生态学报，38（3）：750-759.
王梦梦，原梦云，苏德纯，2017. 我国大气重金属干湿沉降特征及时空变化规律[J].中国环境科学，37（11）：4085-4096.
王敏，阮俊杰，姚佳，等，2014. 基于InVEST模型的生态系统土壤保持功能研究：以福建宁德为例[J]. 水土保持研究，21（4）：184-189.

王清奎，汪思龙，冯宗炜，等，2005. 土壤活性有机质及其与土壤质量的关系[J].生态学报，25（3）：513-519.
王兮之，李森，王金华，2007. 粤北典型岩溶山区土地石漠化景观格局动态分析[J]. 中国沙漠，27（5）：758-764.
王小琳，2016. 基于InVEST模型的贵州省水源涵养功能研究[D]. 贵阳：贵州师范大学.
王晓慧，陈永富，陈尔学，等，2011. 基于遥感和GIS的黄土高原中阳县土壤侵蚀评价[J]. 山地学报，29（4）：442-448.
王玉明，2018. 粤港澳大湾区环境治理合作的回顾与展望[J]. 哈尔滨工业大学学报（社会科学版），20（1）：117-126.
邬建国，2007. 景观生态学：格局、过程、尺度与等级[M]. 2版.北京：高等教育出版社.
邬军军，刘毅，李中华，2018. 惠州部分农村环境土壤重金属Pb、Cd、Cr污染状况的调查分析[J].公共卫生与预防医学，29（5）：33-36.
吴传钧，1991. 论地理学的研究核心：人地关系地域系统[J]. 经济地理（3）：1-6.
吴钢，肖寒，赵景柱，等，2001. 长白山森林生态系统服务功能[J]. 中国科学（C辑：生命科学），31（5）：471-480.
吴季秋，2012. 基于CA-Markov和InVEST模型的海南八门湾海湾生态综合评价[D]. 海口：海南大学.
吴玲玲，陆健健，童春富，等，2003. 长江口湿地生态系统服务功能价值的评估[J]. 长江流域资源与环境，12（5）：411-416.
吴佩君，刘小平，黎夏，等，2016. 基于InVEST模型和元胞自动机的城市扩张对陆地生态系统碳储量影响评估：以广东省为例[J]. 地理与地理信息科学，32（5）：22-28，36.
肖寒，欧阳志云，赵景柱，等，2000. 森林生态系统服务功能及其生态经济价值评估初探：以海南岛尖峰岭热带森林为例[J]. 应用生态学报，11（4）：481-484.
肖文发，黄志霖，唐万鹏，等，2012. 长江三峡库区退耕还林工程生态效益监测与评价[M]. 北京：科学出版社.
谢高地，鲁春霞，冷允法，等，2003. 青藏高原生态资产的价值评估[J]. 自然资源学报，18（2）：189-196.
谢高地，张彩霞，张雷明，等，2015. 基于单位面积价值当量因子的生态系统服务价值化方法改进[J]. 自然资源学报，30（8）：1243-1254.
谢高地，张钇锂，鲁春霞，等，2001. 中国自然草地生态系统服务价值[J]. 自然资源学报，16（1）：47-53。
谢高地，甄霖，鲁春霞，等，2008. 一个基于专家知识的生态系统服务价值化方法[J]. 自然资源学报，23（5）：911-919.
谢和平，杨仲康，邓建辉，2019.粤港澳大湾区地热资源潜力评估 [J]. 工程科学与技术，51（1）：1-8.
徐进勇，张增祥，赵晓丽，等，2015. 近40年珠江三角洲主要城市时空扩展特征及驱动力分析[J].北京大学学报（自然科学版），51（6）：1119-1131.
徐敏，蒋维楣，季崇萍，等，2002. 北京地区气象环境数值模拟试验[J]. 应用气象学报，13

（z1）：61-68.

徐永祥，李运德，师华，等，2010. 太阳热反射隔热涂料研究进展[J]. 涂料工业，40（1）：70-74.

徐争启，倪师军，庹先国，等，2008. 潜在生态危害指数法评价中重金属毒性系数计算[J].环境科学与技术,31（2）：112-115.

许格希，裴顺祥，郭泉水，等，2011. 城市热岛效应对气候变暖和植物物候的影响[J]. 世界林业研究，24（06）：12-17.

许联芳，张海波，张明阳，等，2015. 南方丘陵山地带土壤保持功能及其经济价值时空变化特征[J]. 长江流域资源与环境，24（9）：1599-1605.

许泉，2007. 南方水田土壤有机碳变化特征及保护性耕作增碳效应研究[D]. 南京：南京农业大学.

许学强，李郇，2009. 改革开放30年珠江三角洲城镇化的回顾与展望[J]. 经济地理，29（1）：13-18.

许自力，2009. 珠江三角洲流域水系景观特征及结构性问题[J]. 中国园林，25（4）：54-58.

轩春怡，王晓云，蒋维楣，等，2010. 城市中水体布局对大气环境的影响[J]. 气象，36（12）：94-101.

闫涓涛，王钧，鲁顺子，等，2017. 深圳快速城市化对城市生态系统碳动态的影响研究[J]. 生态环境学报，26（4）：553-560.

杨凯，唐敏，刘源，等，2004. 上海中心城区河流及水体周边小气候效应分析[J]. 华东师范大学学报（自然科学版）（3）：105-114.

杨晴，张梦然，赵伟，等，2017. 水生态空间功能与管控分类[J].中国水利（12）：3-7，21.

杨小波，1998. 南亚热带不同演替阶段的森林群落优势种种群动态研究[J].海南大学学报（自然科学版）（4）：45-51.

杨宇，李小云，董雯，等，2019. 中国人地关系综合评价的理论模型与实证[J]. 地理学报，74（6）：1063-1078.

杨玉环，罗顺辉，李伯欣，2016. 珠海耕地地力现状及改良对策[J].南方农业，10（27）：155-156.

叶彩华，刘勇洪，刘伟东，等，2011. 城市地表热环境遥感监测指标研究及应用[J]. 气象科技，39（1）：95-101.

易杰祥，吕亮雪，刘国道，2006. 土壤酸化和酸性土壤改良研究[J].华南热带农业大学学报，12（1）：23-28.

易顺民，梁池生，2010. 广东省地质灾害及防治 [M]. 北京：科学出版社.

余新晓，鲁绍伟，靳芳，等，2005. 中国森林生态系统服务功能价值评估[J]. 生态学报，25（8）：2096-2102.

余新晓，秦永胜，陈丽华，等，2002. 北京山地森林生态系统服务功能及其价值初步研究[J]. 生态学报，22（5）：783-786.

余兆武，肖黎姗，郭青海，等，2016. 城镇化过程中福建省山区县农村聚落景观格局变化特征[J]. 生态学报，36（10）：3021-3031.

俞孔坚，王春连，李迪华，等，2019. 水生态空间红线概念、划定方法及实证研究[J]. 生态学报，39（16）：5911-5921.

粤港澳大湾区城市群年鉴编纂委员会，2017. 粤港澳大湾区城市群年鉴（2017）[M]. 北京：方志出版社.

张秉刚，卓慕宁，黄湘兰， 1984. 珠江三角洲土壤颗粒的区域分布及理化性状[J].热带地理，4（4）：221-227.

张昌顺，谢高地，鲁春霞，等， 2015. 北京城市绿地对热岛效应的缓解作用[J]. 资源科学，37（6）：1156-1165.

张定煌，林森馨，卢维盛，等，2011. 万国富.中山菜园土壤肥力的调查与评价[J].广东农业科学，38（18）：44-46.

张广才，1998. 珠江三角洲生态环境与可持续发展的探讨[J].南方农村（6）：45-47.

张海燕，樊江文，邵全琴，等，2016. 2000—2010年中国退牧还草工程区生态系统宏观结构和质量及其动态变化[J]. 草业学报，25（4）：1-15.

张虹鸥，王洋，叶玉瑶，等，2018. 粤港澳区域联动发展的关键科学问题与重点议题[J]. 地理科学进展，37（12）：1587-1596.

张虹鸥，叶玉瑶，罗晓云，等，2004. 珠江三角洲城市群城市流强度研究[J]. 地域研究与开发，23（6）：53-56.

张洪江，程金花，2014. 土壤侵蚀原理[M]. 3版.北京：科学出版社.

张佳华，2010. 城市热环境遥感[M]. 北京：气象出版社.

张开，罗怀良，王睿，2017. 安岳县2008—2012年农田作物植被碳储量及其空间分布[J]. 西南农业学报，30（8）：1860-1866.

张利，周广胜，汲玉河，等，2016. 中国草地碳储量时空动态模拟研究[J]. 中国科学：地球科学，46（10）：1392-1405.

张路，肖燚，郑华，等，2018. 2010年中国生态系统服务空间数据集[J]. 中国科学数据，3（4）：11-23.

张美玲，陈全功，蒋文兰，等，2011. 基于草地综合顺序分类法的CASA模型改进[J]. 中国草地学报，33（4）：5-11.

张乃明，2001. 大气沉降对土壤重金属累积的影响[J].土壤与环境，10（2）：91-93.

张玉彪，李阳兵，安裕伦，等， 2010. 花溪区土地利用变化研究[J]. 地球与环境，38（4）：476-480.

张蕴潇，孙紫英，2012. 基于3S技术内蒙古水土保持普查土壤侵蚀模型建立及参数提取[J]. 内蒙古农业大学学报（自然科学版），33（4）：108-112.

张振明，余新晓，朱建刚 ，等，2010. 北京山区森林景观格局特征研究[J].林业资源管理（4）：74-78.

章文波，付金生，2003. 不同类型雨量资料估算降雨侵蚀力[J]. 资源科学，23（1）：35-41.

章文波，谢云，刘宝元，2002. 利用日雨量计算降雨侵蚀力的方法研究[J]. 地理科学，20（6）：705-711.

赵海兵，安裕伦，夏品华，等， 2011. 基于GIS的喀斯特流域土壤侵蚀模数估算：以贵阳麦西河流域为例[J]. 水土保持研究，18（5）：99-103，295.
赵景柱，肖寒，吴刚，2000. 生态系统服务的物质量与价值量评价方法的比较分析[J]. 应用生态学报，11（2）：290-292.
赵景柱，徐亚骏，肖寒，等，2003. 基于可持续发展综合国力的生态系统服务评价研究：13个国家生态系统服务价值的测算[J]. 系统工程理论与实践，23（1）：121-127.
赵林，陈玉春，吕世华，等，2010. 金塔绿洲解放村水库夏季晴天水文气象效应的数值模拟[J]. 高原气象，29（6）：1414-1422.
赵荣钦，黄爱民，秦明周，等，2003. 农田生态系统服务功能及其评价方法研究[J]. 农业系统科学与综合研究，19（4）：267-270.
赵同谦，欧阳志云，贾良清，等，2004. 中国草地生态系统服务功能间接价值评价[J]. 生态学报，24（6）：1101-1110.
赵同谦，欧阳志云，王效科，等，2003. 中国陆地地表水生态系统服务功能及其生态经济价值评价[J]. 自然资源学报，18（4）：443-452.
赵同谦，欧阳志云，郑华，等，2004. 中国森林生态系统服务功能及其价值评价[J]. 自然资源学报，19（4）：480-491.
赵文慧，宫辉力，赵文吉，等，2009. 北京市可吸入颗粒物的空间分布特征及与气象因子的CCA分析[J]. 地理与地理信息科学，25（1）：71-74.
赵中华，李春林，郄瑞卿，等，2012. 基于景观生态学的土地利用景观格局特征分析：以磐石市为例[J]. 安徽农业科学，40（8）：4658-4659，4702.
郑德凤，臧正，孙才志，2014. 改进的生态系统服务价值模型及其在生态经济评价中的应用[J]. 资源科学，36（3）：584-593.
郑度，2002. 21世纪人地关系研究前瞻[J]. 地理研究，21（1）：9-13.
郑木莲，何利涛，高璇，等，2013. 基于降温功能的沥青路面热反射涂层性能分析[J]. 交通运输工程学报，13（5）：10-16.
中国、加拿大水土保持协作组，1989. 广东省水土保持研究[M]. 北京：科学出版社.
中国环境监测总站，1990. 中国土壤元素背景值[M]. 北京：中国环境科学出版社.
中国农业百科全书编辑部，1996. 中国农业百科全书：土壤卷[M]. 北京：中国农业出版社.
钟功甫，1980. 珠江三角洲的“桑基鱼塘”：一个水陆相互作用的人工生态系统[J]. 地理学报，35（3）：200-209，277-278.
钟继洪，余炜敏，骆伯胜，等，2009. 珠江三角洲耕地土壤质量演化及其机制[J].生态环境学报，18（5）：1917-1922.
中华人民国共和国国家标准，2015. 中国地震动参数区划图：GB18306—2015[S].
周晨，丁晓辉，李国平，等，2015. 南水北调中线工程水源区生态补偿标准研究：以生态系统服务价值为视角[J]. 资源科学，37（4）：792-804.
周春山，金万富，张国俊，等，2019. 中国国有建设用地供应规模时空特征及影响因素[J].地理学报，74（1）：16-31.
周春山，林赛南，代丹丹，2013. 改革开放以来珠江三角洲区域投资环境变化[J]. 热带地理，33（5）：511-517，541.

周洪建，史培军，王静爱，等，2008，近30年来深圳河网变化及其生态效应分析[J]. 地理学报，63（09）：969-980.

周启星，2005. 健康土壤学：土壤健康质量与农产品安全[M]. 北京：科学出版社.

周小成，庄海东，李新虎，2012. 九龙江口湿地景观格局变化遥感监测与分析[J]. 福州大学学报（自然科学版），40（6）：731-737.

朱会义，李秀彬，2003. 关于区域土地利用变化指数模型方法的讨论[J]. 地理学报，58（5）：643-650.

朱文泉，潘耀忠，何浩，等，2006. 中国典型植被最大光利用率模拟[J]. 科学通报，51（6）：700-706.

朱永官，陈保冬，林爱军，等，2005. 珠江三角洲地区土壤重金属污染控制与修复研究的若干思考[J]. 环境科学学报，25（12）：1575-1579.

朱苑维，管东生，胡燕萍，2013. 珠三角地区农田生态系统植被碳储量与碳密度动态研究[J]. 南方农业学报，44（8）：1313-1317.

庄国泰，2015. 我国土壤污染现状与防控策略[J].中国科学院院刊，30（4）：477-483.

宗庆霞，窦磊，侯青叶，等，2017. 基于土地利用类型的土壤重金属区域生态风险评价：以珠江三角洲经济区为例[J].地球科学进展，32（8）：875-884.

ALAM M，DUPRAS J，MESSIER C，2016. A framework towards a composite indicator for urban ecosystem services [J]. Ecological Indicators，60：38-44.

ACUTO M，PARNELL S，SETO K C，2018. Building a global urban science[J]. Nature Sustainability，1（1）：2-4.

ALAM M，DUPRAS J，MESSIER C，2016. A framework towards a composite indicator for urban ecosystem services [J]. Ecological Indicators，60：38-44.

ALEXANDER A M，LIST J A，MARGOLIS M，et al.，1998. A method for valuing global ecosystem services [J]. Ecological Economics，27（2）：161-170.

ALLEN R G，PEREIRA L S，RAES D，et al.，1998. Crop evapotranspiration guidelines for computing crop water requirements [R]. Rome：FAO Irrigation and Drainage.

ARNFIELD A J，2003. Two decades of urban climate research：A review of turbulence，exchanges of energy and water，and the urban heat island[J]. International Journal of Climatology，23（1）：1-26.

BALBI S，DEL PRADO A，GALLEJONES P，et al.，2015. Modeling trade-offs among ecosystem services in agricultural production systems [J]. Environmental Modelling and Software，72：314-326.

BARAK PHILLIP，JOBEBABOU O，PETERSON LLOYD A，et al.，1997. Effects of long-term soil acidification due to nitrogen fertilizer inputs in Wisconsin [J]. Plant and Soil，197：61-69.

BATEMAN I J，MACE G M，FEZZI C，et al.，2011. Economic analysis for ecosystem service assessments [J]. Environmental and Resource Economics，48（2）：177-218.

BOYD J，BANZHAF S，2006. What are ecosystem services? The need for standardized environmental accounting units [J]. Ecological Economics，63（2）：616-626.

BREUSTE，JÜRGEN，QURESHIS，et al.，2013. Applied urban ecology for sustainable urban environment [J]. Urban Ecosystems，16（4）：675–680.

BUYANTUYEV A，WU J，GRIES C， 2015. Multiscale analysis of the urbanization pattern of the Phoenix metropolitan landscape of USA：Time，space and thematic resolution [J]. Landscape and Urban Planning，94（3）：206–217.

CABRAL A I R，COSTA F L， 2017. Land cover changes and landscape pattern dynamics in Senegal and Guinea Bissau borderland [J]. Applied Geography，82：115–128.

CAI L M，HUANG L C，ZHOU Y Z，et al.，2010. Heavy metal concentrations of agricultural soils and vegetables from Dongguan，Guangdong[J]. Journal of Geographical Sciences，20：121–134.

CAI Q Y，MO C–H，LI H–Q，et al.，2013. Heavy metal contamination of urban soils and dusts in Guangzhou，South China[J]. Environmental Monitoring and Assessment，185（2）：1095–1106.

CARDINALE B J，DUFFY J E，GONZALEZ A，et al.，2012. Biodiversity loss and its impact on humanity [J]. Nature，2012，486（7401）：59–67.

CHANG C Y，YU H Y，CHEN J J，et al.，2014. Accumulation of heavy metals in leaf vegetables from agricultural soils and associated potential health risks in the Pearl River Delta，South China[J]. Environmental Monitoring and Assessment，186（3）：1547–1560.

CHAO R，2009. Effects of increased urbanization [J]. Science，324 （5923）：37.

CHAUDHAR Y S，UDDIN K，KHATRI T B，et al.，2016. Implications of land cover change on ecosystems services and people’s dependency：A case study from the Koshi Tappu Wildlife Reserve，Nepal [J]. Ecological Complexity，28：200–211.

CHEE Y E，2004. An ecological perspective on the valuation of ecosystem services [J]. Biological Conservation，2004，120（4）：549–565.

CHEN L G，XU Z C，DING X Y，et al.，2012. Spatial trend and pollution assessment of total mercury and methylmercury pollution in the Pearl River Delta soil，South China [J]. Chemosphere，88：612–619.

CHEN X L，ZHAO H M，LI P X，et al.，2006. Remote sensing image–based analysis of the relationship between urban heat island and land use/cover changes[J]. Remote Sensing of Environment，104（2）：133–146.

CHIN A，FU R，HARBOR J，et al.，2013. Anthropocene：Human interactions with earth systems[J]. Anthropocene，1：1–2.

CHUAI X，HUANG X，WU C，et al.，2016. Land use and ecosystems services value changes and ecological land management in coastal Jiangsu，China [J]. Habitat International，57：164–174.

CONNORS J，GALLETTI C，CHOW W，2013. Landscape configuration and urban heat island effects：Assessing the relationship between landscape characteristics and land surface temperature in Phoenix，Arizona [J]. Landscape Ecology，28（2）：271–283.

COSTANZA R，D'ARGE R，GROOT R D，et al.，1997. The value of the world’s ecosystem services and natural capital [J]. Nature，387（1）：3–15.

COSTANZA R，D'ARGE R，DE GROOT R，et al.，1998. The value of ecosystem services：putting the issues in perspective [J]. Ecological Economics，25（1）：67–72.

COSTANZA R，DE GROOT R，BRAAT L，et al.，2017. Twenty years of ecosystem services：How far have we come and how far do we still need to go? [J]. Ecosystem Services，28：1–16.

COSTANZA R，DE GROOT R，SUTTON P，et al.，2014. Changes in the global value of ecosystem services [J]. Global environmental change，26：152–158.

COSTANZA R，PÉREZ–MAQUEO O，MARTINEZ M L，et al.，2008. The value of coastal wetlands for hurricane protection [J]. AMBIO：A Journal of the Human Environment，37（4）：241–248.

COSTANZA R D'ARGE R，RUDOLF DE GROOT，et a1.，1997. The value of the world's ecosystem services and natural capital 3456 [J]. Nature，387：253–260.

CURTIS I A，2004. Valuing ecosystem goods and services：A new approach using a surrogate market and the combination of a multiple criteria analysis and a Delphi panel to assign weights to the attributes [J]. Ecological Economics，50（3–4）：163–194.

DAILY G C，1997. Nature' s services：Societal dependence on natural ecosystems [J]. Corporate Environmental Strategy，6（2）：220–221.

DE GROOT R，BRANDER L，VAN DER PLOEG S，et al.，2012. Global estimates of the value of ecosystems and their services in monetary units [J]. Ecosystem Services，1（1）：50–61.

DEFRIES R S，RUDEL T，URIARTE M，et al.，2010. Deforestation driven by urban population growth and agricultural trade in the twenty–first century [J]. Nature Geoscience，3（3）：178–181.

DEMANUELE C，MAVROGIANNI A，DAVIES M，et al.，2012. Using localised weather files to assess overheating in naturally ventilated offices within London's urban heat island[J]. Building Services Engineering Research and Technology，33（4）：351–369.

DENG H，ZHENG P，LIU T，et al.，2011. Forest ecosystem services and eco–compensation mechanisms in China [J]. Environmental Management，48（6）：1079–1085.

DENG L，LIU G B，SHANGGUAN Z P，2014. Land– use conversion and changing soil carbon stocksin China's 'Grain– for– Green' Program：A synthesis [J]. Global Change Biology，20（11）：3544–3556.

DU H Y，WANG D D，WANG Y Y，et al.，2016. Influences of land cover types，meteorological conditions，anthropogenic heat and urban area on surface urban heat island in the Yangtze River Delta Urban Agglomeration[J]. Science of the Total Environment，571：461–470.

EHRLICH P R，EHRLICH A，1981. Extinction：The causes and consequences of the Disappearance of Species [M]. New York：Random House.

EHRLICH P R，HOLDREN J P，1971. Impact of population growth [J]. Science，171（3977）：1212.

EHRLICH P R，KAREIVA P M，DAILY G C，2012. Securing natural capital and expanding equity to rescale civilization [J]. Nature，486（7401）：68–73.

EHRLICH P R，MOONEY H A，1983. Extinction，Substitution，and Ecosystem Services [J]. Bioscience，33（4）：248–254.

EIGENBROD F, BELL V A, DAVIES H N, et al., 2011. The impact of projected increases in urbanization on ecosystem services [J]. Proceedings: Biological Sciences, 278 (1722): 3201-3208.

ELMQVIST T, ANDERSSON E, FRANTZESKAKI N, et al., 2019. Sustainability and resilience for transformation in the urban century[J]. Nature Sustainability, 2 (4): 267-273.

ESTOQUE R C, MURAYAMA Y, MYINT S W, 2017. Effects of landscape composition and pattern on land surface temperature: An urban heat island study in the megacities of Southeast Asia[J]. Science of the Total Environment, 577: 349-359.

ESTOQUE R C, MURAYAMA Y, 2013. Landscape pattern and ecosystem service value changes: Implications for environmental sustainability planning for the rapidly urbanizing summer capital of the Philippines [J]. Landscape and Urban Planning, 116: 60-72.

ESTOQUE R C, MURAYAMA Y, 2012. Examining the potential impact of land use/cover changes on the ecosystem services of Baguio city, the Philippines: A scenario-based analysis [J]. Applied Geography, 35 (1-2): 316-326.

FAN J L, ZHANG Y J, WANG B, 2017. The impact of urbanization on residential energy consumption in China: An aggregated and disaggregated analysis [J]. Renewable and Sustainable Energy Reviews, 75: 220-233.

FARLEY K A, ANDERSON W G, BREMER L L, et al., 2011. Compensation for ecosystem services: an evaluation of efforts to achieve conservation and development in Ecuadorian pά ramo grasslands [J]. Environmental Conservation, 38 (4): 393-405.

FENG Q, ZHAO W, FU B, et al., 2017. Ecosystem service trade-offs and their influencing factors: A case study in the Loess Plateau of China [J]. Science of the Total Environment, 607: 1250-1263.

FISHER B, TURNER R K, MORLING P, 2009. Defining and classifying ecosystem services for decision making [J]. Ecological Economics, 68 (3): 643-653.

FRANCO S, MANDLA V R, RAO K R M, 2017. Urbanization, energy consumption and emissions in the Indian context A review [J]. Renewable and Sustainable Energy Review, 71: 898-907.

FU B, LI Y, 2016. Bidirectional coupling between the Earth and human systems is essential for modeling sustainability[J]. National Science Review, 3 (2095-5138): 398.

FU B, WANG S, SU C, et al., 2013. Linking ecosystem processes and ecosystem services[J]. Current Opinion in Environmental Sustainability, 5 (1): 4-10.

FU B, WEI Y, 2018. Editorial overview: Keeping fit in the dynamics of coupled natural and human systems[J]. Current Opinion in Environmental Sustainability, 33: A1-A4.

FU Q, LI B, HOU Y, et al., 2017. Effects of land use and climate change on ecosystem services in Central Asia' s arid regions: A case study in Altay Prefecture, China [J]. Science of the Total Environment, 607: 633-646.

FUTURE EARTH, 2013. Future earth initial design: Report of the transition Team[R]. Paris: International Council for Science (ICSU).

GAO J，LI F，GAO H，ZHANG X，et al.，2017. The impact of land-use change on water-related ecosystem services：A study of the Guishui River Basin，Beijing，China [J]. Journal of Cleaner Production，163（10）：S148-S155.

GELET M，SURYABHAGAVAN K V，2010. Balakrishnan，M. Land-use and landscape pattern changes in Holeta-Berga watershed，Ethiopia [J]. International Journal of Ecology and Environmental Sciences，36（2-3）：117-132.

GLP，Science Plan and Implementation Strategy，2005.IGBP Report No. 53/IHDP Report No.19[EB/OL]Stockholm. 64.

GONG P，LI X C，ZHANG W，2019. 40-Year（1978-2017）human settlement changes in China reflected by impervious surfaces from satellite remote sensing[J]. Chinese Science Bulletin，64（11）：756-763.

HAASHEMI S，WENG Q H，DARVISHI A，et al.，2016. Seasonal variations of the surface urban heat island in a semi-arid city[J]. Remote Sensing，8（4）：352.

HAKANSON L，1980. An ecological risk index for aquatic pollution control：A sedimentological approach [J]. Water Research，14（8）：975-1001.

HECTOR A，JOSHI J，SCHERER-LORENZEN M，et al.，2007. Biodiversity and ecosystem functioning：reconciling the results of experimental and observational studies [J]. Functional Ecology，21：998-1002.

HELLIWELL D R，1969. Valuation of wildlife resources [J]. Regional Studies，3：41-49.

HOEKSTRA A Y，WIEDMANN T O，2014. Humanity's unsustainable environmental footprint[J]. Science，344（6188）：1114-1117.

HOLDREN J P，EHRLICH P R，1974. Human population and the global environment [J]. American Scientist，62（3）：282-292.

HOWARTH R B，FARBER S，2004. Accounting for the value of ecosystem services [J]. Ecological Economics，41（3）：421-429.

HOWELLS M，HERMANN S，WELSCH M，et al.，2013. Integrated analysis of climate change，land-use，energy and water strategies [J]. Nature Climate Change，3（7）：621-626.

HU Y A，CHENG H F，2013. Application of stochastic models in identification and apportionment of heavy metal pollution sources in the surface soils of a large-scale region [J]. Environmental Science and Technology，47（8）：3752-3760.

HU H，LIU W，CAO M，2008. Impact of land use and land cover changes on ecosystem services in Menglun，Xishuangbanna，Southwest China [J]. Environmental Monitoring and Assessment，146（1-3）：147-156.

HUANG Y，DENG M H，LI T Q，et al.，2017. Anthropogenic mercury emissions from 1980 to 2012 in China [J]. Environmental Pollution，226：230-239.

HUANG G，LONDON J，2012. Mapping cumulative environmental effects，social vulnerability，and health in the San Joaquin Valley，California [J]. American Journal of Public Health，102（5）：830-832.

HUBACEK K，FENG K，MINX J C，et al.，2014. Teleconnecting consumption to environmental impacts at multiple spatial scales[J]. Journal of Industrial Ecology，18（1）：7–9.

HUETING R，REIJNDERS L，BOER B D，et al.，1998. The concept of environmental function and its valuation [J]. Ecological Economics，25（1）：31–35.

KIENAST F，1993. Analysis of historic landscape patterns with a geographical information system–A methodological outline [J]. Landscape Ecology，8（2）：103–118.

KINDU M，SCHNEIDER T，TEKETAY D，et al.，2016. Changes of ecosystem service values in response to land use/land cover dynamics in Munessa–Shashemene landscape of the Ethiopian highlands [J]. Science of the Total Environment，547：137–147.

KLINE J D，MOSES A，ALIG R J，2001. Integrating urbanization into landscape–level ecological assessments [J]. Ecosystems，4（1）：3–18.

KOVACS K，WEST G，XU Y，2017. The use of efficiency frontiers to evaluate the optimal land cover and irrigation practices for economic returns and ecosystem services [J]. Journal of Hydrology，547：474–488.

LAMBIN E F，BAULIES X，BOCKSTAEL N，et al.，1999. Land–use and land–cover change（LUCC）：Implementation strategy. A core project of the International Geosphere– Biosphere Programme and the International Human Dimensions Programme on Global Environmental Change. IGBP Report 48. IHDP Report 10. IGBP[EB/OL]，Stockholm，125.

LAWLER J J，LEWIS J D，NELSON E，et al.，2014. Projected land–use change impacts on ecosystem services in the United States [J]. Proceedings of the National Academy of Sciences，111（20）：7492–7497.

LI B，CHEN D，WU S，et al.，2016. Spatio–temporal assessment of urbanization impacts on ecosystem services：Case study of Nanjing City，China [J]. Ecological Indicators，71：416–427.

LI F，YE Y P，SONG B W，et al.，2014. Assessing the changes in land use and ecosystem services in Changzhou municipality，Peoples' Republic of China，1991–2006 [J]. Ecological Indicators，42（1）：95–103.

LI G，FANG C，WANG S，2016. Exploring spatiotemporal changes in ecosystem–service values and hotspots in China [J]. Science of the Total Environment，545：609–620.

Li YANGFAN，Li Yi，ZHOU Y，et al.，2012. Investigation of a coupling model of coordination between urbanization and the environment [J]. Journal of Environmental Management，98：127–133.

LIN S，WU R，YANG F，et al.，2017. Spatial trade–offs and synergies among ecosystem services within a global biodiversity hotspot [J]. Ecological Indicators，84：371–381.

LIOUBIMTSEVA E，DEFOURNY P，1999. GIS–based landscape classification and mapping of European Russia [J]. Landscape and Urban Planning，44（2–3）：63–75.

LIU J Y，ZHANG Z X，XU X L，et al.，2010. Spatial patterns and driving forces of land use change in China during the early 21st century[J]. Journal of Geographical Sciences，20（4）：483–494.

LIU J，DIETZ T，CARPENTER S R，et al.，2007a. Complexity of coupled human and natural systems[J]. Science，317（5844）：1513–1516.

LIU J, DIETZ T, CARPENTER S R, et al., 2007b. Coupled human and natural systems[J]. Ambio, 36（8）: 639–649.

LIU, J, HULL V, BATISTELLA M, et al., 2013. Framing sustainability in a telecoupled world[J]. Ecology and Society, 18（2）: 26.

LIU J, HULL V, LUO J, et al., 2015a. Multiple telecouplings and their complex interrelationships[J]. Ecology and Society, 20（3）: 44.

LIU J, MOONEY H, HULL V, et al., 2015b. Systems integration for global sustainability[J]. Science, 347（6225）: 12588832.

LOREAU M, NAEEM S, INCHAUSTI P, et al., 2004. Biodiversity and ecosystem functioning: synthesis and perspectives [J]. Restoration Ecology, 12（4）: 611–612.

LU Y, JIA C J, ZHANG G L, et al., 2016. Spatial distribution and source of potential toxic elements （PTEs） in urban soils of Guangzhou, China[J]. Environmental Earth Sciences, 75: 329.

LU N, FU B, JIN T, et al., 2014. Trade–off analyses of multiple ecosystem services by plantations along a precipitation gradient across Loess Plateau landscapes [J]. Landscape Ecology, 29（10）: 1697–1708.

MCGARIGAL K, CUSHMAN S A, NEEL M C, et al., 2002. FRAGSTATS: Spatial pattern analysis program for categorical maps [EB/OL].(2003–09–12)[2016–10–20]. http: //www.umass.edu/landeco/research/fragstats/fragstats.html.

MESSERLI B, GROSJEAN M, HOFER T, et al., 2000. From nature–dominated to human–dominated environmental changes[J]. Quaternary Science Reviews, 19（1）: 459–479.

MESSERLI B, GROSJEAN M, HOFER T, et al., 2001. From Nature–Dominated to Human–Dominated Environmental Changes[M]. In: E. Ehlers and T. Krafft （Editors）, Understanding the Earth System: Compartments, Processes and Interactions. Springer Berlin Heidelberg, Berlin, Heidelberg, 195–205.

MEYFROIDT P, LAMBIN E F, ERB K, et al., 2013. Globalization of land use: Distant drivers of land change and geographic displacement of land use [J]. Current Opinion in Environmental Sustainability, 5: 438–444.

Millennium Ecosystem Assessment, 2005. Ecosystems and human well–being: A framework for assessment [M]. Washington DC: Island Press, 77–101.

MOONEY H A, DURAIAPPAH A, 2013. Larigauderie, A. Evolution of natural and social science interactions in global change research programs [J]. Proceedings of the National Academy of Sciences, 110（1）: 3665–3672.

MOTESHARREI S, RIVAS J, KALNAY E, et al., 2016. Modeling sustainability: population, inequality, consumption, and bidirectional coupling of the Earth and Human Systems[J]. National Science Review, 3（4）: 470–494.

NAIDOO R, BALMFORD A, COSTANZA R, et al., 2008. Global mapping of ecosystem services and conservation priorities [J]. Proceedings of the National Academy of Sciences of the United States of America, 105 ( 28 ) : 9495-9500.

NELSON E, MENDOZA G, REGETZ J, et al., 2009. Modeling multiple ecosystem services, biodiversity conservation, commodity production, and tradeoffs at landscape scales [J]. Frontiers in Ecology and the Environment, 7 ( 1 ) : 4-11.

OBST C, HEIN L, EDENS B, 2016. National accounting and the valuation of ecosystem assets and their services [J]. Environmental and Resource Economics, 64 ( 1 ) : 1-23.

ODUM E P, ODUM H T, 1972. Natural areas as necessary components of man' s total environment [J]. Diagnostic Cytopathology, 34 ( 9 ) : 631-635.

OPSCHOOR J B, 1998. The value of ecosystem services: whose values? [J]. Ecological Economics, 25 ( 1 ) : 41-43.

OUYANG Z, ZHENG H, XIAO Y, et al., 2016. Improvements in ecosystem services from investments in natural capital [J]. Science, 352 ( 3292 ) : 1455-1459.

PANG X, NORDSTRÖM E M, BÖTTCHER H, et al., 2017. Trade-offs and synergies among ecosystem services under different forest management scenarios-The LEcA tool [J]. Ecosystem Services, 28: 67-79.

PENG J, LIU Y, WU J, et al., 2015. Linking ecosystem services and landscape patterns to assess urban ecosystem health: A case study in Shenzhen City, China [J]. Landscape and Urban Planning, 143: 56-68.

PENNINGTON D N, DALZELL B, NELSON E, et al., 2017. Cost-effective land use planning: optimizing land use and land management patterns to maximize social benefits [J]. Ecological Economics, 139: 75-90.

PIAO S, FANG J, ZHOU L, et al., 2005. Changes in vegetation net primary productivity from 1982 to 1999 in China [J]. Global Biogeochemical Cycles, 19 ( 2 ) : 1605-1622.

POTTER C S, RANDERSON J T, FIELD C B, et al., 1993. Terrestrial ecosystem production: A process model based on global satellite and surface data [J]. Global Biogeochemical Cycles, 7 ( 4 ) : 811-841.

PRATA A J, 1993. Land surface temperature derived from the Advanced Very High Resolution Radiometer and Along-Track Scanning Radiometer 1. Theory[J]. Journal of Geophysical Research, 98: 16689-16702.

PULLANIKKATIL D, PALAMULENI L G, RUHIIGA T M, 2016,Land use/land cover change and implications for ecosystems services in the Likangala River Catchment, Malawi [J]. Physics and Chemistry of the Earth Parts A/b/c, 93: 96-103.

RUIJS A, WOSSINK A, KORTELAINEN M, et al., 2013. Trade-off analysis of ecosystem services in Eastern Europe [J]. Ecosystem Services, 4: 82-94.

SAARONI H, ZIV B, 2003. The impact of a small lake on heat stress in a Mediterranean urban park: The case of Tel Aviv, Israel[J]. International Journal of Biometeorology, 47 ( 3 ) : 156-165.

SHARP R, TALLIS H T, RICKETTS T, et al., 2014. InVEST 3.3.2 User' s Guide [M]. The

Natural Capital Project, Stanford University, University of Minnesota, the Nature Conservancy, and World Wildlife Fund.

SHENG W, ZHEN L, XIE G, et al., 2017. Determining eco-compensation standards based on the ecosystem services value of the mountain ecological forests in Beijing, China [J]. Ecosystem Services, 26: 422-430.

STEFFEN W, RICHARDSON K, ROCKSTRÖM J, et al., 2015. Planetary boundaries: Guiding human development on a changing planet[J]. Science, 347 (6223): 1259855.

STEPNIEWSKA M, SOBCZAK U, 2017. Assessing the synergies and trade-offs between ecosystem services provided by urban floodplains: The case of the Warta River Valley in Poznań, Poland [J]. Land Use Policy, 69: 238-246.

SU S, LI D, HU Y, et al., 2014. Spatially non-stationary response of ecosystem service value changes to urbanization in Shanghai, China [J]. Ecological Indicators, 45: 332-339.

SU S, XIAO R, JIANG Z, et al. 2012. Characterizing landscape pattern and ecosystem service value changes for urbanization impacts at an eco-regional scale [J]. Applied Geography, 34 (1): 295-305.

SUN X, LI F, 2017. Spatiotemporal assessment and trade-offs of multiple ecosystem services based on land use changes in Zengcheng, China [J]. Science of the Total Environment, 609: 1569-1581.

SUTTON P C, COSTANZA R, 2002. Global estimates of market and non-market values derived from nighttime satellite imagery, land cover, and ecosystem service valuation [J]. Ecological Economics, 41 (3): 509-527.

SVORAY T, BAR P, BANNET T, 2005. Urban land-use allocation in a Mediterranean ecotone: Habitat heterogeneity model incorporated in a GIS using a multi-criteria mechanism [J]. Landscape and Urban Planning, 72 (4): 337-351.

SWETNAM R D, RAGOU P, FIRBANK L G, et al., 1998. Applying ecological models to altered landscapes: Scenario-testing with GIS [J]. Landscape & Urban Planning, 41 (1): 3-18.

TALLIS H T, RICKETTS T, GUERRY AD, et al., 2011. InVEST 2.2.2 user's guide [Z]. Stanford, USA: The Natural Capital Project.

TAN J G, ZHENG Y F, TANG X, et al., 2010. The urban heat island and its impact on heat waves and human health in Shanghai[J]. International Journal of Biometeorology, 54 (1): 75-84.

TAYLOR L, HOCHULI D F, 2015. Creating better cities: How biodiversity and ecosystem functioning enhance urban residents' wellbeing [J]. Urban Ecosystems, 18 (3): 747-762.

TIAN H, LU C, PAN S, et al., 2018. Optimizing resource use efficiencies in the food - energy - water nexus for sustainable agriculture: From conceptual model to decision support system[J]. Current Opinion in Environmental Sustainability, 33: 104-113.

TIAN Y, WANG S, BAI X, et al., 2016. Trade-offs among ecosystem services in a typical Karst watershed, SW China [J]. Science of the Total Environment, 566: 1297-1308.

TOLESSA T, SENBETA F, KIDANE M, 2017. The impact of land use/land cover change on ecosystem services in the central highlands of Ethiopia [J]. Ecosystem Services, 23: 47-54.

TOMAN M，1998. Special section：forum on valuation of ecosystem services：Why not to calculate the value of the world' s ecosystem services and natural capital [J]. Ecological Economics，25（5748）：57–60.

TROLL C，1939. Luftbildplan und kologische Bodenforschung [J]. Die Erde；Zeitschrift der Gesellschaft f ü r Erdkunde zu Berlin，1939（7/8）：241–298.

TURNER B L，SKOLE D，SANDERSON S，et al.，1995. Land Cover Change Science/Research Plan，IGBP Report No.35，IHDP Report 7[EB/OL]. IGBP of the ICSU and IHDP of the ISSC，Stockholm and Geneva.

TURNER M G，1990. Spatial and temporal analysis of landscape patterns [J]. Landscape Ecology，4（1）：21–30.

VELAZQUEZ–LOZADA A，GONZALEZ J E，WINTER A，2006. Urban heat island effect analysis for San Juan，Puerto Rico[J]. Atmospheric Environment，40（9）：1731–1741.

VIGL L E，TASSER E，SCHIRPKE U，et al.，2017. Using land use/land cover trajectories to uncover ecosystem service patterns across the Alps [J]. Regional Environmental Change，17（8）：2237–2250.

VOOGT J A，OKE T R，2003. Thermal remote sensing of urban climates[J]. Remote Sensing of Environment，86（3）：370–384.

Vulnerability of ecosystem services provisioning to urbanization，2015. A case of China [J]. Ecological Indicators，57：505–513.

WAN L，YE X，LEE J，et al.，2015. Effects of urbanization on ecosystem service values in a mineral resource–based city [J]. Habitat International，46：54–63.

WANG D，WU G L，ZHU Y J，et al.，2014. Grazing exclusion effects on above–and below–ground C and N pools of typical grassland on the Loess Plateau（China）[J]. Catena，123：113–120.

WANG J，HUANG B，FU D J，et al.，2016. Response of urban heat island to future urban expansion over the Beijing–Tianjin–Hebei metropolitan area[J]. Applied Geography，70：26–36.

WANG J，PENG J，ZHAO M，et al.，2017. Significant trade–off for the impact of Grain–for–Green Programme on ecosystem services in North–western Yunnan，China [J]. Science of the Total Environment，574：57–64.

WANG S，FU B，ZHAO W，et al.，2018. Structure，function，and dynamic mechanisms of coupled human - natural systems[J]. Current Opinion in Environmental Sustainability，33：87–91.

WESTMAN W E，1977. How much are nature's services worth? [J]. Science，197（4307）：960–964.

WONG S C，LI X D，ZHANG G，et al.，2002. Heavy metals in agricultural soils of the Pearl River Delta，South China [J]. Environmental Pollution，2002（119）：33–44.

WRIGHT K C，WIMBERLY M C，2013. Recent land use change in the Western Corn Beltthreatens grasslands and wetlands [J]. Proceedings of the National Academy of Sciences，110（10）：4134–4139.

WU K Y，YE X Y，QI Z F，et al.，2013. Impacts of land use/land cover change and socioeconomic development on regional ecosystem services: The case of fast-growing Hangzhou metropolitan area, China [J]. Cities, 31 (2) : 276-284.

WU Y, WANG S X, STREETS D G, et al., 2006. Trends in anthropogenic mercury emissions in China from 1995 to 2003 [J]. Environmental Science and Technology, 40 (17) : 5312 - 5318.

WULDER M A, WHITE J C, GOWARD S N, et al., 2008. Landsat continuity: Issues and opportunities for land cover monitoring [J]. Remote Sensing of Environment, 112: 955-969.

YARLAGADDA P S, MATSUMOTO M R, VANBENSCHOTEN J E, et al., 1995. Characteristics of heavy metals in contaminated soils[J]. Journal of Environmental Engineering, 121 (4) : 276-286.

YU Y, FENG K, HUBACEK K, 2013. Tele-connecting local consumption to global land use[J]. Global Environmental Change, 23 (5) : 1178-1186.

YU Z W, YAO Y W, YANG G Y, et al., 2019. Strong contribution of rapid urbanization and urban agglomeration development to regional thermal environment dynamics and evolution[J]. Forest Ecology and Management, 446: 214-225.

ZHANG D, HUANG Q, HE C, et al., 2017. Impacts of urban expansion on ecosystem services in the Beijing-Tianjin-Hebei urban agglomeration, China: A scenario analysis based on the shared socioeconomic pathways [J]. Resources, Conservation and Recycling, 125: 115-130.

ZHANG L, WANG S X, YU L, 2015, Is social capital eroded by the state-led urbanization in China? A case study on indigenous villagers in the urban fringe of Beijing [J]. China Economic Review, 35: 232-246.

ZHANG Z, GAO J, FAN X, et al., 2017. Response of ecosystem services to socioeconomic development in the Yangtze River Basin, China [J]. Ecological Indicators, 72 (1) : 481-493.

ZHAO Z L, ZHANG Y L, LIU L S, et al., 2015. Recent changes in wetlands on the Tibetan Plateau: A review[J]. Journal of Geographical Sciences, 25 (7) : 879-896.

ZHENG J Y, ZHANG L J, CHE W W, et al., 2009. A highly resolved temporal and spatial air pollutant emission inventory for the Pearl River Delta region, China and its uncertainty assessment[J]. Atmospheric Environment, 43: 5112-5122.

ZHU Z, WOODCOCK C E, 2014. Continuous change detection and classification of land cover using all available Landsat data [J]. Remote Sensing of Environment, 144: 152-171.